Quantenmechanik IV

Oliver Tennert

Quantenmechanik IV

Von den Grundlagen der nichtrelativistischen QED bis zur relativistischen Quantenmechanik

Springer Spektrum

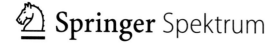

Oliver Tennert
Tübingen, Deutschland

ISBN 978-3-662-68590-7 ISBN 978-3-662-68591-4 (eBook)
https://doi.org/10.1007/978-3-662-68591-4

Die Deutsche Nationalbibliothek verzeichnet diese Publikation in der Deutschen Nationalbibliografie; detaillierte bibliografische Daten sind im Internet über https://portal.dnb.de abrufbar.

Planung/Lektorat: Gabriele Ruckelshausen
Springer Spektrum ist ein Imprint der eingetragenen Gesellschaft Springer-Verlag GmbH, DE und ist ein Teil von Springer Nature.
Die Anschrift der Gesellschaft ist: Heidelberger Platz 3, 14197 Berlin, Germany

Für Ilka, Victoria, Sarah, Jan & Martin

Vorwort

Das vorliegende Buch ist der vierte Band eines auf insgesamt vier Bände ausgelegten Lehrbuchs zur Quantenmechanik. Alle Angaben zur Zielgruppe (Studenten der Physik ab etwa dem dritten Semester oder höher, die idealerweise die Grundvorlesungen im heutigen Kanon des typischen Bachelor-Studiengangs Physik bereits hinter sich haben), zu den Voraussetzungen (Kenntnisse der Theoretischen Mechanik, der Elektrodynamik und der Speziellen Relativitätstheorie), zu den zentralen Leitmotiven (Symmetrien und Propagatoren, sowie Wegweisungen hin zur Quantenfeldtheorie) und zur Bedeutung der Beschäftigung mit Originalarbeiten können ganz einfach dem Vorwort des ersten Bandes entnommen werden. Sie gelten unverändert weiter. Das Gleiche gilt für die Darstellungsform und die flache Gliederung.

Zum Inhalt des vierten Bandes im Einzelnen:

Wir nähern uns in weiten Schritten der relativistischen Quantentheorie, legen aber zunächst mit Kapitel 1 eine Zwischenstation ein: was traditionell als „Quantentheorie der Strahlung" bezeichnet wird, ist eigentlich nichts anderes als die nichtrelativistische Quantenelektrodynamik und findet üblicherweise ihren Platz am Ende vieler Lehrbücher zur Quantenmechanik. In ihr vereinigen sich sehr viele der bislang erarbeiteten fortgeschrittenen Konzepte: Eichtheorien, Störungstheorie, identische Teilchen, Fock-Raum und natürlich Feldquantisierung. Gezeigt wird der konzeptionell wichtige, wenn auch nicht manifest kovariante, und auf Enrico Fermi zurückgehende Zugang, der sich bei einer Betrachtung im Rahmen der nichtrelativistischen Quantentheorie anbietet und sich nahtlos an den bisherigen Formalismus anfügt. Es lassen sich das Plancksche Strahlungsgesetz, die Kramers–Heisenberg-Formel und damit die wichtigsten nichtrelativistischen Streueffekte von Photonen an atomaren Elektronen, sowie die Lamb-Verschiebung in quantitativ hinreichender Genauigkeit berechnen. Die Untersuchung der Lamb-Verschiebung wäre unvollständig ohne die Beschäftigung mit dem Konzept der Renormierung. Hier soll der Leser zum Verständnis geführt werden, dass die Notwendigkeit der Renormierung ihren Grund weder in der Quantentheorie hat, noch in der relativistischen Physik, sondern eine Folge von Wechselwirkung ist und bereits in der klassischen Physik vorhanden ist. Lamb-Verschiebung, nichtrelativistische Renormierung und Casimir-Effekt sind die thematischen Höhepunkte dieses Kapitels und stellen den weitestgehenden Ausflug in die Quantenelektrodynamik dar, den wir in diesem Buch machen werden.

Die Wichtigkeit, vom vertrauten und altbewährten Formalismus abzukehren und neue Wege zu gehen, zeigt sich dann in den nun anschließenden und auch abschließenden Kapiteln zur relativistischen Quantenmechanik. Es zeigt sich nämlich nicht nur, dass relativistische Korrekturen bisweilen notwendig sind, um beispielsweise die atomare Feinstruktur korrekt zu berechnen. Es stellt sich vielmehr heraus, dass es überhaupt keine konsistente relativistische Quantenmechanik mehr gibt! An der Einteilchen-Interpretation kann nicht mehr festgehalten werden, denn sie führt zu inneren Widersprüchen wie dem Klein-Paradoxon. Die Relativitätstheorie zwingt die Quantentheorie gewissermaßen zur Realisierung von Antiteilchen und dem Konzept der Ladung. Und *weil* es dann eben Teilchenerzeugung und -vernichtung gibt, *muss* man Quantenfeldtheorie betreiben.

Kapitel 2 zeigt die wesentlichen Aspekte relativistischer Wellengleichungen auf, aufbauend zunächst auf der Klein–Gordon-Gleichung, und dient vor allem dazu, die Grenzen einer relativistischen Quantenmechanik aufzuzeigen, sie bis dahin aber maximal auszureizen. Die Vernachlässigung des Spins ist hierbei hilfreich, um relativistische Effekte von Spin-Effekten zu trennen, und das Spin-0-Teilchen bietet bereits alles Wesentliche: die Antiteilchen-Hypothese, die Grenzen der Einteilchen-Interpretation in Form von einer Nicht-Lokalisierbarkeit von Einteilchen-Zuständen, Zitterbewegung, Klein-Paradoxon, die korrekte Einteilchen-Näherung über eine zweikomponentige Klein–Gordon-Gleichung in Schrödinger-Form, Feynman–Stückelberg-Interpretation, Foldy–Wouthuysen-Transformation, alles da.

Anschließend untersuchen wir dann das, was Spin-$\frac{1}{2}$ in einer relativistischen Wellengleichung Neues bringt, und das sind natürlich im Wesentlichen Verkomplizierungen der Berechnungen, weil man nun mit Spinoren hantiert anstelle von skalaren Wellenfunktionen. Natürlich darf die heuristische Ableitung der Dirac-Gleichung nicht fehlen, aber nur mit dem Zusatz versehen, dass Spin-$\frac{1}{2}$ als ursprünglich unerwartetes Nebenprodukt des Linearisierungsansatzes abfiel, aber ansonsten kein relativistisches Phänomen darstellt, sondern ein Quantenphänomen. Gewissermaßen als Schmankerl wird auch eine auf Feynman und Gell-Mann zurückgehende „Klein–Gordon-Form“ der Dirac-Gleichung abgeleitet. Die gerade erwähnte Foldy–Wouthuysen-Transformation entwickelt nun ihr volle Kraft, und wir müssen nochmals die Einteilchen-Interpretation eingehend untersuchen. Das steht nicht in jedem Lehrbuch, möchte ich sagen – was mir schleierhaft ist, denn natürlich berechnen wir die Feinstruktur des Wasserstoffatoms mit Hilfe dieser Transformation, aufbauend auf der Einteilchen-Interpretation, die wir ja bereits für Spin-0 eingeführt haben, ganz entgegen der historischen Entwicklung. Aber wie bettet man dies in ein Gesamtverständnis, ohne jemals etwas von Newton–Wigner gehört zu haben? Dem Klein-Paradoxon wird eine umfangreiche Betrachtung gewidmet, in der Hoffnung, etwas Licht in den verwirrten (und verwirrenden) Dschungel der unterschiedlichen Darstellungen zu bringen.

Mit Kapitel 3 über Symmetrien in der relativistischen Quantentheorie und die Darstellungstheorien der Lorentz- und der Poincaré-Gruppe findet dieses Buch dann seinen Abschluss. Wir diskutieren die nicht-unitären (weil endlich-dimensionalen) Darstellungen der Lorentz-Gruppe und die unitären (unendlich-dimensionalen) Darstellungen der Poincaré-Gruppe. Die ausführliche Behandlung des masselosen Falles, die Betrachtung von Wigner–İnönü-Kontraktionen oder die Untersuchungen zur Existenz eines Ortsoperators in der relativistischen Quantenmechanik finden sich sicherlich in den allerwenigsten Lehrbüchern. Die Betrachtung der diskreten Symmetrietransformationen in der relativistischen Quantentheorie bildet dann den Abschluss dieses Bandes und damit der gesamten Lehrbuchreihe.

Konventionen

Viele mathematische Formeln und Zusammenhänge, die ohne Herleitung dargestellt werden, wie beispielsweise Lösungen von Differentialgleichungen oder Konventionen in der Definition oder der Notation der Speziellen Funktionen sind hauptsächlich dem *''Arfken''*, einem unverzichtbaren Referenzwerk [AWH13; AW05], entnommen. Bis auf wenige Ausnahmen stimmen die dortigen Konventionen mit dem alten *''Abramowitz and Stegun''* des ehemaligen *National Bureau of Standards (NBS)* überein, welcher seit 1965 von Dover Publications verlegt wird [AS65]. Dessen vollkommene Neubearbeitung mit angepasster Notation kommt in Form des *NIST Handbook of Mathematical Functions* daher, das seit 2010 als Druckversion [Olv+10] und darüber hinaus in Form einer ständig aktualisierten und verbesserten Online-Version [Olv+22] existiert. Ebenfalls weitestgehend konsistent mit diesen Konventionen ist das hervorragende Online-Portal *Wolfram MathWorld™* [Wei], das es in unregelmäßigen Abständen auch als Druckversion gibt [Wei09].

In diesem Buch wird konsequent das insbesondere in der relativistischen Physik verbreitete **Gaußsche Einheitensystem** verwendet. Die Naturkonstanten $\hbar$ und c werden stets mitgeführt und nicht – wie in der weiterführenden Literatur der relativistischen Quantenfeldtheorie üblich – zu Eins gesetzt. Die Maxwell-Gleichungen – die gewissermaßen die Referenzformeln liefern – lauten dann:

$$\begin{aligned}
\nabla \cdot \boldsymbol{E} &= 4\pi\rho, \\
\nabla \times \boldsymbol{E} &= -\frac{1}{c}\frac{\partial \boldsymbol{B}}{\partial t}, \\
\nabla \cdot \boldsymbol{B} &= 0, \\
\nabla \times \boldsymbol{B} &= \frac{4\pi}{c}\boldsymbol{j} + \frac{1}{c}\frac{\partial \boldsymbol{E}}{\partial t}.
\end{aligned}$$

Zusammenhang zwischen Feldstärken und Feldpotentialen:

$$\begin{aligned}
\boldsymbol{E} &= -\nabla\phi - \frac{1}{c}\frac{\partial \boldsymbol{A}}{\partial t}, \\
\boldsymbol{B} &= \nabla \times \boldsymbol{A}.
\end{aligned}$$

Weitere wichtige Formeln lauten:

$$\begin{aligned}
\boldsymbol{F} &= q\left(\boldsymbol{E} + \frac{\boldsymbol{v}}{c} \times \boldsymbol{B}\right) \quad \text{(Lorentz-Kraft)}, \\
\boldsymbol{E} &= \frac{q}{r^2}\boldsymbol{e}_r \quad \text{(Coulomb-Feld)}, \\
\boldsymbol{S} &= \frac{c}{4\pi}\boldsymbol{E} \times \boldsymbol{B} \quad \text{(Poynting-Vektor)}, \\
H_{\text{em}} &= \frac{1}{8\pi}\int \mathrm{d}^3\boldsymbol{r}(\boldsymbol{E}^2 + \boldsymbol{B}^2) \quad \text{(Energie des elektromagnetischen Felds)}.
\end{aligned}$$

Wichtige physikalische Konstanten sind:

$$\alpha = \frac{e^2}{\hbar c} \quad \text{(Feinstrukturkonstante)},$$

$$\mu_\mathrm{B} = \frac{e\hbar}{2m_\mathrm{e}c} \quad \text{(Bohrsches Magneton)},$$

$$\Phi_0 = \frac{2\pi\hbar c}{e} \quad \text{(magnetisches Flussquantum)},$$

$$\lambda_\mathrm{C} = \frac{h}{m_\mathrm{e}c} \quad \text{(Compton-Wellenlänge des Elektrons)},$$

$$\bar{\lambda}_\mathrm{C} = \frac{\hbar}{m_\mathrm{e}c} \quad \text{(reduzierte Compton-Wellenlänge des Elektrons)}.$$

In relativistisch kovarianter Notation wird die „Westküstenmetrik" verwendet:

$$\eta_{\mu\nu} = \begin{pmatrix} 1 & 0 & 0 & 0 \\ 0 & -1 & 0 & 0 \\ 0 & 0 & -1 & 0 \\ 0 & 0 & 0 & -1 \end{pmatrix},$$

$$x^\mu = (ct, \boldsymbol{r}),$$

$$p^\mu = (E/c, \boldsymbol{p}),$$

$$\partial^\mu = \left(\frac{1}{c}\frac{\partial}{\partial t}, -\nabla\right).$$

Für das vollständig antisymmetrische Levi-Civita-Symbol $\epsilon^{\mu\nu\rho\sigma}$ gilt:

$$\epsilon^{0123} = +1 \Longrightarrow \epsilon_{0123} = -1, \epsilon^{1230} = -1.$$

Elektromagnetischer Feldstärketensor:

$$F^{\mu\nu} = \begin{pmatrix} 0 & -E_1 & -E_2 & -E_3 \\ E_1 & 0 & -B_3 & B_2 \\ E_2 & B_3 & 0 & -B_1 \\ E_3 & -B_2 & B_1 & 0 \end{pmatrix}, \quad F_{\mu\nu} = \begin{pmatrix} 0 & E_1 & E_2 & E_3 \\ -E_1 & 0 & -B_3 & B_2 \\ -E_2 & B_3 & 0 & -B_1 \\ -E_3 & -B_2 & B_1 & 0 \end{pmatrix}.$$

Die Einsteinsche Summenkonvention verwenden wir auch im nichtrelativistischen $\mathbb{R}^3$:

$$\epsilon_{ijk}\hat{r}_j\hat{p}_k = \sum_{j=1}^{3}\sum_{k=1}^{3}\epsilon_{ijk}\hat{r}_j\hat{p}_k.$$

Danksagung
Wie bereits im Vorwort des ersten Bands zum Ausdruck gebracht, gilt mein ganz besonderer Dank Professor Dr. Markus King, der mich mit seinem exzellenten Detailwissen an vielen

Stellen immer wieder dazu gebracht hat, Dinge neu zu sehen und Inhalte anders darzustellen. Ich habe unsere freudig angeregten, teilweise abendfüllenden Diskussionen immer sehr genossen und genieße sie noch! Dipl.-Physiker Mark Pröhl gebührt der Dank, mich seit vielen Jahren ständig über die *gory details* der TeX-Engine und der LaTeX-Umgebung mit all ihren Erweiterungen aufzuklären und mich immer wieder auf die Subtilitäten korrekter Typographie aufmerksam zu machen. Jede Stelle in diesem Buch, die von den Standards hervorragenden Textsatzes abweicht, geht vollkommen auf meine Kappe.

Für die zahlreichen Ermunterungen, inhaltlichen Beiträge, Verbesserungsvorschläge oder konstruktives Feedback möchte ich mich außerdem bei Professor Dr. Bernhard Wunderle, Dr. Roland Bosch, Professor Dr. Beate Stelzer und Dr. Rasmus Wegener bedanken. Ein herzlicher Dank geht diesbezüglich ebenfalls an Dipl.-Physiker Bernd Zell sowie an Dr. Michael Arndt.

Nie verjähren wird sicherlich meine Prägung durch das jahrelange akademische Umfeld, das mir die Arbeitsgruppe meines damaligen Doktorvaters Professor Dr. Hugo Reinhardt am Institut für Theoretische Physik der Universität Tübingen bot. Die Atmosphäre wissenschaftlichen Austauschs, ja das regelrechte Baden in wissenschaftlicher Kreativität und die Freundschaftlichkeit dieser Arbeitsgruppe waren beispielhaft herausragend und eine wunderbare Erfahrung.

Ganz gewiss nicht unerwähnt lassen darf ich an dieser Stelle einen weiteren akademischen Lehrer von mir, Professor Dr. Herbert Pfister, der leider im Jahre 2015 nach kurzer Krankheit verstarb. Seine damaligen Vorlesungen, Seminare und besonders meine Erfahrungen im direkten Austausch mit ihm hatten mich maßgeblich beeinflusst in der Art und Weise, auf die Theoretische Physik zu sehen und sie zu verstehen.

Ich freue mich sehr über die Veröffentlichung der vier Bände dieses Lehrbuchs im Springer-Verlag. In diesem Zusammenhang möchte ich Gabriele Ruckelshausen und Stefanie Adam recht herzlich für ihre fortwährende und engagierte Unterstützung während der Umsetzung des Projekts danken.

Nach all den vorgenannten Personen dürfen natürlich die wichtigsten Menschen in meinem Leben nicht fehlen: meine Frau Ilka und meine vier Kinder Victoria, Sarah, Jan und Martin (in chronologischer Reihenfolge). Ihr Langmut und ihr ungläubiges Kopfschütteln während der zahllosen Abende und Wochenenden, an denen ich gedankenversunken bis spät am Rechner saß und in die Tastatur tippte, boten mir Ansporn und Geborgenheit zugleich. Ich bin sehr glücklich, sie zu haben, und widme ihnen dieses Buch.

Korrekturen

Die Elimination von Druckfehlern ergibt eine nicht besonders gut konvergierende Folge von Dokumentenversionen. Mit der Hinzufügung neuer Inhalte wird diese Folge sogar semi-konvergent. Ich bin für alle Leserinnen und Leser dankbar, die mich auf alle Arten von Fehlern aufmerksam machen und mir diese am besten an `tennert.quantenmechanik@t-online.de` senden.

Kolophon

Dieser Text wurde mit LuaTEX in der Version 1.18.0 erstellt. Als Editor habe ich TEXworks, Version 0.6.5, verwendet, die Dokumentenklasse ist `scrbook` (KOMA-Script v3.41). Die Hauptschriftart ist Times (aus der Fontfamilie TEX Gyre Termes), wofür ich die recht neuen `newtx`-Pakete in der Version 1.742 verwendet habe. Für numerische Ausdrücke und Maßeinheiten wurde das `siunitx`-Paket (v3.3.12) verwendet. Die Hervorhebung wichtiger Gleichungen wurde mit dem Paket `empheq` bewerkstelligt. Die mathematischen Einschübe sind mit Hilfe des `mdframed`-Pakets realisiert. Für das Literaturverzeichnis mit BibLaTEX (Version 3.19) wurde das Biber-Backend in Version 2.19 verwendet und für das Stichwort- und das Personenverzeichnis das `imakeidx`-Paket sowie Xindy in der Version 2.5.1.

Die mathematische Notation ist weitestgehend konform zum Standard ISO/IEC 80000-2, ehemals ISO 31-11. Das bedeutet unter anderem, dass die mathematischen Konstanten $\mathrm{\pi}$, i und e oder das Kronecker-Symbol $\mathrm{\delta}_{ij}$ beziehungsweise das Dirac-Funktional $\mathrm{\delta}(x)$ aufrecht geschrieben werden, genauso wie Differentialoperatoren wie d, ∂ oder $\mathrm{\delta}$.

Ebenfalls aufrecht geschrieben werden bekannte mathematische Funktionen wie die Heaviside-Funktion $\Theta(x)$, die Gamma-Funktion $\Gamma(x)$, die sphärischen Bessel-Funktionen $\mathrm{j}_l(r)$ oder die Kugelflächenfunktionen $\mathrm{Y}_{lm}(\theta, \phi)$.

Vektoren werden dick und kursiv gesetzt: $\boldsymbol{r}$, auch wenn die Komponenten Matrizen sind: $\boldsymbol{\sigma}$. Daneben werden die Permutationsoperatoren π kursiv belassen, genauso wie Winkelvariable $\alpha, \beta, \gamma, \delta$. Mit großen griechischen Buchstaben bezeichnete Variablen werden kursiv gesetzt.

Die Menge $\mathbb{N}$ der natürlichen Zahlen beinhaltet die Null!

Quantenmechanische Operatoren, gleich ob hermitesch oder unitär, bekommen ein Dach verpasst: $\hat{p}, \hat{a}, \hat{H}, \hat{U}$. Konsequenterweise sind vektorwertige Operatoren dann fett, kursiv und haben ein Dach: $\hat{\boldsymbol{A}}, \hat{\boldsymbol{r}}$. Und die imaginäre Einheit i taucht im Allgemeinen nie in einem Nenner auf, die Ausnahme besteht beim in der Funktionentheorie häufig vorkommenden Ausdruck $2\mathrm{\pi i}$.

Die meisten Diagramme, speziell Funktionsgraphen, wurden mit `gnuplot` in der Version 5.4.3 erstellt, unter Zuhilfenahme des `gnuplottex`-Pakets und mit `cairolatex` als Ausgabeterminal. Einige Vektorgrafiken wurden mit `inkscape` in der Version 1.0.1 erzeugt. Die diagrammatischen Illustrationen in der Störungs- und Streutheorie und der nichtrelativistischen Quantenfeldtheorie – auch wenn sie keine Feynman-Diagramme darstellen – wurden mit dem `tikz-feynman`-Paket in der Version 1.1.0 erstellt.

Inhaltsverzeichnis

Verzeichnis der mathematischen Einschübe

Teil 1

Quantisierung des elektromagnetischen Feldes

Die Quantisierung des elektromagnetischen Felds führt zur nichtrelativistischen Quantenelektrodynamik (QED), auch häufig als „Quantentheorie der Strahlung" bezeichnet. In ihr findet das Photonkonzept seine theoretische Fundierung und ontologische Einbettung, 22 Jahre nach Einsteins Lichtquantenhypothese. Die geladenen Teilchen werden hierbei entweder weiterhin im Formalismus der nichtrelativistischen Quantenmechanik behandelt oder im Rahmen eines quantisierten Schrödinger-Felds.

Die nichtrelativistische QED erklärt den Photoeffekt, die spontane Emission, das Plancksche Strahlungsgesetz sowie den Zerfall angeregter Zustände, und zwar dadurch, dass – im Gegensatz zur semiklassischen Betrachtung – erst im Zusammenspiel des Atoms mit dem umgebenden Strahlungsfeld ein abgeschlossenes System entsteht, in dem Energie- und Impulserhaltung gilt und Photonen erzeugt und vernichtet werden können. Die Quantenfeldtheorie liefert dazu den notwendigen Formalismus.

Wir berechnen unter anderem die wichtige Kramers–Heisenberg-Formel als Grundlage für sämtliche nichtrelativistische Streuvorgänge von Photonen an atomaren Elektronen und diskutieren im Zusammenhang mit der Lamb-Verschiebung und dem Casimir-Effekt das Phänomen der Renormierung.

O. Tennert, *Quantenmechanik IV*, https://doi.org/10.1007/978-3-662-68591-4_1

1 Zur frühen Geschichte der Quantenelektrodynamik 1925–1934

Die historische Entwicklung der **Quantenelektrodynamik** – kurz **QED** – als Quantentheorie des elektromagnetischen Feldes und die Entwicklung des quantenfeldtheoretischen Formalismus im Allgemeinen sind untrennbar miteinander verknüpft im Bemühen, eine relativistische Quantentheorie zu formulieren. Dennoch habe ich mich im Folgenden bemüht, doch einen gewissen Trennstrich zu führen, wenn es um die Entstehungsgeschichte relativistischer Wellengleichungen geht – diese wird dann in den Abschnitten 13 und 18 diskutiert. Die QED stellt nicht nur die allererste Quantenfeldtheorie überhaupt dar, sondern ist auch der einfachste Vertreter der wichtigen Klasse der Eichtheorien, deren allgemeine, korrekte Quantisierung noch Jahrzehnte nach Jordans ersten Gedanken zur Feldquantisierung auf sich warten ließ und im Grunde bis heute nicht vollständig verstanden ist.

Wir wollen in diesem Abschnitt einen Überblick über die frühe Entwicklung der QED und der Feldquantisierung geben. Zur Ergänzung der vorliegenden Darstellungen seien [Dun12, Kapitel 2] und vor allem [Sch94, Kapitel 1] empfohlen. Sehr lesenswert sind auch die Aufsätze von Rudolf Peierls [Pei73] und Gregor Wentzel [Wen73]. Speziell zu Diracs Leistungen auf diesem Gebiet siehe auch den leicht lesbaren Beitrag [Koj02], sowie [MS87]. Weitestgehend ausgespart bleiben an dieser Stelle wichtige Fragestellungen rund um die Selbstenergie des Elektrons und weitere Unendlichkeiten, da der gesamte Themenkomplex Renormierung erst nach dem zweiten Weltkrieg eine Klärung erfuhr und konzeptionell eine eigenständige Betrachtung verdient – wir gehen in Abschnitt 11 eingehender darauf ein. Ansonsten siehe zur Vertiefung die weiterführende Literatur. Es sei darüber hinaus die äußerst kurzweilige Zusammenfassung von Steven Weinberg aus dem Jahre 1977 als Lektüre empfohlen [Wei77]: ein Schweinsgalopp durch mehr als 100 Jahre Quantenfeldtheorie, angefangen bei Faraday 1849.

Die Anfänge der Quantenelektrodynamik: Dirac

Wie bereits in Abschnitt I-10 angedeutet, gehen die Anfänge der QED auf Dirac zurück [Dir27b], der sie anfänglich allerdings noch nichtrelativistisch ansetzte, weil eine aus damaliger Sicht zufriedenstellende relativistische Wellengleichung für das Materiefeld zu diesem Zeitpunkt noch nicht zur Verfügung stand – wir werden in Abschnitt 13 auf die Klein-Gordon-Gleichung als relativistische Wellengleichung für Spin-0-Teilchen im zeitlichen Kontext eingehen. Man erinnere sich, dass Jordan zwei Jahre zuvor in der „Dreimännerarbeit" [BHJ25] das Fundament darlegte, wie ein freies Feld zu quantisieren sei (Abschnitt I-8).

Insgesamt betrachtete Dirac daher ein freies elektromagnetisches Feld, das von nichtrelativistischen Punktteilchen „gestört" wird – im heutigen quantenfeldtheoretischen Jargon stellt diese „Störung" dann den Wechselwirkungsterm zwischen den verschiedenen Feldern dar. Die spezielle Form des Hamilton-Operators, den Dirac wählte, lässt die Photonenzahl invariant. Photonenerzeugung findet gewissermaßen durch Anregung eines Photons aus einem See an Nullenergie-Photonen statt – in heutigem Jargon würde man sagen, Dirac stellte sich den Grundzustand des Photonengases als Bose–Einstein-Kondensat vor, aus dem Photonen mittels Erzeugungsoperatoren gewissermaßen „entweichen" und in den sie mittels Vernichtungsoperatoren „hineinkondensieren". In Retrospektive lässt das die spätere Löchertheorie für Elektronen und Antielektronen erahnen. Durch Forderung der kanonischen Kommutatorrelationen zwischen diesen führte er dann die „zweite Quantelung" ein, ohne sie als solche zu bezeichnen – die Namensprägung stammt von Fock und Jordan, siehe Abschnitt II-52 – und konnte so nicht nur mühelos die Einstein-Koeffizienten herleiten (siehe Abschnitt I-3), sondern auch *ab initio* den Zusammenhang zwischen Übergangsamplituden für Strahlungsprozesse und den Matrixelementen des Ortsoperators $\hat{\boldsymbol{r}}$ des Elektrons herleiten, der in Heisenbergs „magischer Arbeit" [Hei25] gewissermaßen vom Himmel gefallen war (siehe (I-8.4)).

Mit der Ableitung der nach ihm benannten Dirac-Gleichung 1928 stand nun endlich eine relativistische Wellengleichung zur Verfügung, die konstruktionsbedingt gleich in Form einer Schrödinger-Gleichung vorlag und nebenbei auch noch den Spin-$\frac{1}{2}$ des Elektrons berücksichtigte [Dir28a; Dir28b]. Eine Ironie der Geschichte ist, dass Dirac selbst nicht der Gedanke kam, eine „zweite Quantisierung" des Elektronenfeldes durchzuführen, vielmehr betrachtete er einen N-Elektron-Zustand nach wie vor (in Ortsdarstellung) als eine Wellenfunktion in einem $3N$-dimensionalen Koordinatenraum, und auf Wechselwirkungen wandte er Mittelfeldnäherungen an. In der von ihm 1930 vorgeschlagenenen „Löchertheorie" [Dir30] (ein eigentlich sehr hochgegriffener Terminus) wurde die Instabilität von Materie durch Übergänge zwischen Zuständen mit positiver Energie zu denen mit negativer Energie schlichtweg dadurch vermieden, dass das physikalische Vakuum – also der Null-Elektron-Zustand – darin bestand, dass alle Zustände negativer Energie bereits besetzt sind. Als Fermion kann das Elektron somit gar nicht in einen Zustand mit $E < 0$ übergehen! Das Fehlen eines Elektrons in diesem hypothetischen „Dirac-See" wurde dann als das Vorhandensein eines positiv geladenen Teilchens mit positiver Energie interpretiert, und als natürlicher Kandidat für dieses Teilchen galt, wie von Dirac und Hermann Weyl propagiert, zunächst das Proton. Dass dieses jedoch eine fast 2000-fach größere Masse als das Elektron besitzt, wurde durchaus als Problem erkannt, aber mangels einer besseren Erklärung gewissermaßen als ein solches verdrängt. Mit der Entdeckung des Positrons 1931 durch den US-Amerikaner Carl David Anderson wurde jedoch schnell klar, dass dieses das nunmehr wenige Monate zuvor von Dirac postulierte Antiteilchen [Dir31] zum negativ geladenen Elektron sein müsste, was zunächst der Löchertheorie neuen Aufschub verlieh. Es sollte noch einige Zeit dauerrn, bis ein sauberer Zugang über den Fock-Raum-Formalismus und der „zweiten Quantelung" im engeren Sinne etabliert und der gesamte Ad-hoc-Apparat der Löchertheorie über Bord geworfen wurde. Der Haupttreiber dieses Fortschrittes war zu diesem Zeitpunkt in jeglicher Hinsicht Pascual Jordan.

Die „zweite Quantelung" des freien Materiefelds: Jordan, Klein, Wigner

Im Unterschied zu Dirac war Jordan stets ein Verfechter des Gedankens, den Welle-Teilchen-Dualismus gleichermaßen für (elektromagnetische) Felder wie auch auf „Materiefelder" auf eine mathematisch einheitliche Weise auszudrücken. Zusammen mit dem schwedischen Theoretischen Physiker Oskar Klein schrieb Jordan 1927 in der bedeutenden Arbeit [JK27]: *„Dieser Gesichtspunkt dürfte deshalb geeignet sein zu einem Angriff auf das relativistische Mehrkörperproblem, weil hierbei die Materie und das Feld mathematisch in gleichartiger*

Weise beschrieben werden, nämlich durch partielle Differentialgleichungen. In der Tat besitzen wir in der Wellenmechanik des Einkörperproblems in seinem Zusammenhang mit der Feldtheorie ein ‚klassisches Modell', das den Forderungen der Relativitätstheorie genügt, und es liegt deshalb nahe, zu versuchen, ob dieses als Grundlage für das Mehrkörperproblem benutzt werden kann, indem man die darin auftretenden Größen – elektromagnetische Potentiale und Schrödingersche Wellenfunktion – einer „Quantelung" unterwirft." Jordan beschreibt hier nichts anderes als die „zweite Quantelung" des zunächst nichtrelativistischen Schrödinger-Wellenfelds, freilich noch ohne Klärung der Frage, wie Fermionen zu quantisieren sind. Die betrachteten Teilchen sind also nichtrelativistische Bosonen, und der Begriff „Quantelung" bedeutet nichts anderes als, dass die Wellenfunktion nunmehr als operatorwertig zu betrachten sei (genauer: als operatorwertige singuläre Distribution) und mit ihrer Kanonisch-Konjugierten den kanonischen Kommutatorrelationen genüge.

In dieser Arbeit führten Jordan und Klein auch bereits das ein, was später als **Normalordnung** bezeichnet wurde, nämlich die Vorschrift, dass in einem Produkt von Erzeugern und Vernichtern sämtliche Erzeuger links von den Vernichtern zu stehen haben (siehe später Abschnitt 2). Diese Vorschrift bewirkt eine Subtraktion divergenter Terme bei der Berechnung der Coulomb-Selbstenergie geladener Teilchen und ist im Verlaufe der frühen 1930er-Jahre als „Klein–Jordan-Trick" bekannt geworden. Die Coulomb-Selbstenergie ist in der klassischen Elektrodynamik gegeben durch

$$E_{\text{Coul}} = \frac{1}{2} \iint \frac{\rho(\boldsymbol{r}, t)\rho(\boldsymbol{r}', t)}{|\boldsymbol{r} - \boldsymbol{r}'|} \mathrm{d}^3\boldsymbol{r}\,\mathrm{d}^3\boldsymbol{r}',$$

woraus quantenmechanisch zunächst

$$E_{\text{Coul}} = \frac{e^2}{2} \iint \frac{\Psi^*(\boldsymbol{r}, t)\Psi(\boldsymbol{r}, t)\Psi^*(\boldsymbol{r}', t)\Psi(\boldsymbol{r}', t)}{|\boldsymbol{r} - \boldsymbol{r}'|} \mathrm{d}^3\boldsymbol{r}\,\mathrm{d}^3\boldsymbol{r}'$$

wird. Nach der „zweiten Quantisierung" ist die Reihenfolge der Operatoren nun relevant, da

$$[\hat{\Psi}(\boldsymbol{r}, t), \hat{\Psi}^\dagger(\boldsymbol{r}', t)] = \delta(\boldsymbol{r} - \boldsymbol{r}'). \tag{1.1}$$

In Normalordnung erhält man so einen korrigierten (in heutigem Jargon: renormierten) Ausdruck für die Coulomb-Selbstenergie:

$$\begin{aligned} E_{\text{Coul,corr}} &= \frac{e^2}{2} \iint \frac{\hat{\Psi}^\dagger(\boldsymbol{r}, t)\hat{\Psi}^\dagger(\boldsymbol{r}', t)\hat{\Psi}(\boldsymbol{r}, t)\hat{\Psi}(\boldsymbol{r}', t)}{|\boldsymbol{r} - \boldsymbol{r}'|} \mathrm{d}^3\boldsymbol{r}\,\mathrm{d}^3\boldsymbol{r}' \\ &= E_{\text{Coul}} - \frac{e^2}{2} \iint \frac{\hat{\Psi}^\dagger(\boldsymbol{r}, t)\hat{\Psi}(\boldsymbol{r}', t)}{|\boldsymbol{r} - \boldsymbol{r}'|} \delta(\boldsymbol{r} - \boldsymbol{r}')\mathrm{d}^3\boldsymbol{r}\,\mathrm{d}^3\boldsymbol{r}', \end{aligned}$$

wobei der zweite Term in der letzten Zeile den divergenten Ausdruck eines Punktteilchens darstellt. Als weitere anekdotische Anmerkungen sei erwähnt, dass die Notation eines adjungierten Operators mit einem Dolchsymbol † ebenfalls auf diese Arbeit zurückgeht.

Die Klärung, wie die kanonische Feldquantisierung für Fermionen zu erfolgen hat – nämlich durch die Ersetzung der Kommutatoren durch Antikommutatoren – führten Jordan und Wigner dann 1928 herbei [JW28]. Immer noch betrachteten Jordan und Wigner nichtrelativistische Teilchen, denn Diracs Ableitung der nach ihm benannten relativistischen Wellengleichung für Fermionen folgte erst später im selben Jahr [Dir28a; Dir28b].

Zur Messbarkeit der elektromagnetischen Feldgrößen: Jordan, Pauli, Bohr, Rosenfeld
Wenige Wochen, bevor Jordan und Wigner zeigten, wie die Quantisierung fermionischer Felder zu erfolgen hatte, wandten sich Jordan und Pauli der Frage der relativistischen Kovarianz bei der Quantisierung der Elektrodynamik zu [JP28] und leiteten explizit die relativistisch kovarianten Kommutatorrelationen für die Feldstärken $\hat{\boldsymbol{E}}, \hat{\boldsymbol{B}}$ ab. In etwas modernerer Notation:

$$[\hat{E}_j(\boldsymbol{r},t), \hat{E}_k(\boldsymbol{r}',t')] = 4\pi i\hbar c\left(\delta_{jk}\frac{1}{c^2}\frac{\partial}{\partial t}\frac{\partial}{\partial t'} - \partial_j\partial'_k\right)D(\boldsymbol{r}-\boldsymbol{r}',t-t'),$$
$$[\hat{B}_j(\boldsymbol{r},t), \hat{B}_k(\boldsymbol{r}',t')] = [\hat{E}_j(\boldsymbol{r},t), \hat{E}_k(\boldsymbol{r}',t')],$$
$$[\hat{E}_j(\boldsymbol{r},t), \hat{B}_k(\boldsymbol{r}',t')] = -4\pi i\hbar \sum_l \epsilon_{jkl}\partial_l\frac{\partial}{\partial t'}D(\boldsymbol{r}-\boldsymbol{r}',t-t'),$$

wir werden die Ableitung in Abschnitt 4 führen. Dabei ist $D(\boldsymbol{r},t)$ eine vierdimensionale, kovariante Verallgemeinerung des Dirac-Funktionals:

$$D(\boldsymbol{r},t) = \frac{1}{4\pi r}\left[\delta(r+ct) - \delta(r-ct)\right], \tag{1.2}$$

mit den Eigenschaften

$$D(\boldsymbol{r},0) = 0, \tag{1.3}$$
$$D(\boldsymbol{r},t) = 0 \quad (t < r/c), \tag{1.4}$$
$$\left.\frac{\partial D(\boldsymbol{r},t)}{\partial t}\right|_{t=0} = c\delta(\boldsymbol{r}). \tag{1.5}$$

Die Distribution $D(\boldsymbol{r},t)$ verschwindet also außerhalb des Lichtkegels, konsequenterweise können das elektrische und das magnetische Feld mit beliebiger Genauigkeit nur an zwei Raumzeit-Punkten $(\boldsymbol{r},t)$, $(\boldsymbol{r}',t')$ mit raumartigem Abstand gleichzeitig gemessen werden. Bemerkenswerterweise jedoch wird dieser Sachverhalt von Jordan und Pauli nicht sonderlich hervorgehoben, obwohl die Mikrokausalität bei Paulis späterem Beweis des Spin-Statistik-Zusammenhangs eine notwendige Bedingung ist. Doch bis dahin ist es noch mehr als ein Jahrzehnt. 1933 diskutieren Niels Bohr und der belgische theoretische Physiker Léon Rosenfeld die Frage des Messproblems bei elektromagnetischen Feldgrößen [BR33].

Der kanonische Formalismus der Quantenfeldtheorie: Heisenberg und Pauli
Im Jahre 1929 formulierten Heisenberg und Pauli in einer mehr als 60-seitigen Arbeit diejenige Methode, die heute als Standardzugang zur kanonischen Quantisierung relativistischer (und auch nichtrelativistischer) Feldtheorien dient: die Bildung einer skalaren Lagrange-Dichte führt zu einer relativistisch invarianten Wirkung und stellt die Verallgemeinerung des Lagrange-Formalismus der klassischen Mechanik dar. Durch Bildung

kanonisch-konjugierter Impulsdichten und der Forderung von kanonischen Kommutatorrelationen wird das Feld dann „quantisiert“ [HP29]. Im Unterschied zum Hamilton-Formalismus erlaubt der Lagrange-Formalismus die manifest kovariante Formulierung klassischer Feldtheorien, was allerdings bei Eichtheorien zum Artefakt „überflüssiger Freiheitsgrade“ führt (englisch: *''spurious degrees of freedom''*).

Wir haben dies bereits in den Abschnitten II-50 und II-52 im Rahmen der Betrachtung identischer Teilchen für das Schrödinger-Feld durchexerziert und festgestellt, dass sich dieser Formalismus auf natürliche Weise an den Fock-Raum-Formalismus anschließt. Allerdings war zum Zeitpunkt des Erscheinens dieser Arbeit der Fock-Raum-Formalismus noch nicht erarbeitet, und Diracs Löchertheorie war immer noch gewissermaßen *state of the art*.

Zu den wesentlichen Beiträgen dieser äußerst umfangreichen Arbeit zählen:

1. Heisenberg und Pauli zeigen, dass eine relativistisch invariante Wirkung zu relativistisch kovarianten Kommutatorrelationen führen. Insbesondere führt das Verschwinden der gleichzeitigen (Anti-)Kommutatorrelationen in einem Inertialsystem zum entsprechenden Verschwinden dieser in einem anderen. Es wird erstmalig das Prinzip der Mikrokausalität in der relativistischen Quantenfeldtheorie formuliert.
2. Angewandt auf das elektromagnetische Feld läuft der kanonische Formalismus sofort in Schwierigkeiten, da der kanonisch-konjugierte Impuls des skalaren Potentials $A_0(\boldsymbol{r}, t)$ identisch verschwindet. Heisenberg und Pauli schlagen daraufhin – in Ermangelung einer besseren Methode wie der viele Jahre später entwickelten Gupta–Bleuler-Quantisierung – die Ergänzung der Lagrange-Dichte um einen Term $\frac{\epsilon}{2}(\partial_\mu A^\mu)^2$ vor, der die Eichsymmetrie im Allgemeinen explizit bricht – was sie selbst als „Kunstgriff“ bezeichneten. Nach Berechnung aller observablen Größen lasse man dann $\epsilon \longrightarrow 0$ gehen.
3. Die Lagrange-Dichte für das Fermion-Feld wird aufgestellt. Deren Euler–Lagrange-Gleichung ist dann die Dirac-Gleichung. Die kanonische Quantisierung erfolgt über Antikommutatoren, nicht über Kommutatoren. Zu diesem Zeitpunkt ist Heisenberg und Pauli aber immer noch nicht klar, warum der Spin-Statistik-Zusammenhang so ist, wie er ist: *„Man sieht, dass auch vom Standpunkt der Quantelung der Wellen [...] die beiden Arten von Lösungen, namlich Einstein-Bose-Statistik einerseits, Ausschließungsprinzip (Äquivalenzverbot) andererseits noch immer als formal vollkommen gleichberechtigt erscheinen und eine befriedigende Erklärung für die Bevorzugung der zweiten Möglichkeit durch die Natur also nicht gegeben werden kann.“*
4. In moderner Sprache wird man zusammenfassen: das Noether-Theorem für Zeittranslationen und die Erhaltungssätze für den Energie-Impuls-Tensor werden abgeleitet.

In der Nachfolgearbeit aus dem Jahre 1930 [HP30] vereinfachten Heisenberg und Pauli dann die Behandlung der Quantenelektrodynamik, die aufgrund der Eichfreiheit gewisse Schwierigkeiten mit sich bringt (siehe Abschnitt 2) – erstmals sprechen sie *„nach Weyl“* von **Eichinvarianz**. Sie zeigten insbesondere, dass man stets in der nicht-kovarianten Coulomb-Eichung rechnen kann, um dennoch relativistisch invariante Ergebnisse zu erhalten. Nach einer Lorentz-Transformation in ein neues Bezugssystem kann durch eine Eichtransformation stets wieder die Coulomb-Eichung erreicht werden. Eine großartige Erleichterung!

Außerdem verallgemeinerten sie die Betrachtungen zum Noether-Theorem (siehe Abschnitt II-51) und nahmen nun auch die unabhängig erarbeiteten Ergebnisse von Fermi auf (siehe weiter unten).

Trotz der Triumphe dieser beiden großartigen Arbeiten traten aber auch immer deutlicher die technischen Probleme der Feldquantisierung in den Vordergrund: die Berechnung der elektromagnetischen Selbstenergie des Elektrons in zweiter Ordnung der Ladung e führt zu einem linear divergenten Ausdruck wie im klassischen Fall weiter oben – wir werden das bei der Berechnung der Lamb-Verschiebung in Abschnitt 10 sehen. Diese und weitere Divergenzen sollten einer konsistenten Formulierung der Quantenelektrodynamik als eine Quantenfeldtheorie, die messbare Vorhersagen liefert, noch viele Jahre bis nach dem Ende des zweiten Weltkrieges im Wege stehen.

Die Quantenelektrodynamik von Heisenberg und Pauli war immer noch nur eine Theorie der Elektronen im elektromagnetischen Feld – Diracs Antiteilchen-Hypothese und die Entdeckung des Positrons waren noch 2 Jahre in der Zukunft. Von demher war die Frage der physikalischen Interpretation negativer Energiezustände nach wie vor ungeklärt, und eine korrekte „zweite Quantisierung" klassischer Feldtheorien sollte erst 1934 durch Pauli und Weisskopf erfolgen, zunächst am einfachsten Fall des Klein–Gordon-Feldes [PW34]. Die Vorarbeit dazu stammte 1932 von Vladimir Fock. Zuvor werfen wir aber kurz einen Blick auf die Entwicklung der QED in Italien.

Quantisierung der Elektrodynamik durch Nebenbedingungen: Fermi

Die Beiträge des gebürtigen Römers Enrico Fermi während der Gründungsphase der Quantenmechanik 1925 und unmittelbar danach waren zwar gering – mit Ausnahme der nach ihm benannten Statistik (siehe Abschnitt I-11), nicht umsonst tragen ja Teilchen mit halbzahligem Spin seinen Namen. Was hingegen seine Arbeiten zur Formulierung der QED anging und natürlich erst recht mit dem Aufkommen der theoretischen Kernphysik und seiner Theorie des Beta-Zerfalls, sah die Sache ganz anders aus. In anfänglicher Unkenntnis der Arbeiten von Heisenberg und Pauli, wohl aber nach Studium der Arbeiten von Dirac und von Pauli und Jordan, reichte Fermi 1929–1930 mehrere Arbeiten an der römischen *Accademia dei Lincei* – der „Akademie der Luchsartigen", im Sinne von Scharfsinnigen – ein, zwei davon beschäftigten sich direkt mit den Grundlagen der Quantenelektrodynamik [Fer29; Fer30].

Fermi wandte zur Quantisierung des elektromagnetischen Felds nicht den kanonischen Formalismus gemäß Heisenberg und Pauli an, sondern formulierte zunächst den Hamilton-Operator als Ausdruck in den Fourier-Transformierten der Potentialgrößen $\phi(\boldsymbol{r}, t)$, $\boldsymbol{A}(\boldsymbol{r}, t)$ um. Das erlaubte ihm einen direkten Quantisierungsansatz wie beim harmonischen Oszillator (wir werden dies in Abschnitt 2 durchführen).

Fermi bemerkte ferner, dass die kovariante Eichbedingung $\partial_\mu A^\mu = 0$ nach Quantisierung nicht als Operatoridentität betrachtet werden darf, sondern als Randbedingung an physikalische Zustände, gewissermaßen als Vorläufer zur späteren, korrekten Gupta–Bleuler-Quantisierung:

$$(\hat{p}_\mu \hat{A}^\mu) \, |\Psi\rangle = 0, \tag{1.6}$$

und zeigte die Äquivalenz zur Coulomb-Eichung. (Genaugenommen ist (1.6) zu streng. In der Gupta–Bleuler-Quantisierung wird die Randbedingung daher auf das Notwendigste

Enrico Fermi 1928 (Abbildung: Photo by G. C. Trabacchi, courtesy AIP Emilio Segrè Visual Archives).

abgeschwächt.) Sein Hamilton-Operator für das elektromagnetische Feld in Wechselwirkung mit einem geladenen Teilchen war dann

$$\hat{H} = \frac{1}{8\pi}\int \mathrm{d}^3\boldsymbol{r}\left[\frac{1}{c^2}\left(\frac{\partial \hat{\boldsymbol{A}}}{\partial t}\right)^2 + (\nabla \times \hat{\boldsymbol{A}})^2\right] + \sum_i \frac{\hat{\boldsymbol{p}}_i^2}{2m_i}$$
$$+ \sum_i \frac{q_i}{m_i c}\hat{\boldsymbol{p}}_i \cdot \hat{\boldsymbol{A}}(\boldsymbol{r}_i) + \sum_i \frac{q_i^2}{2m_i c^2}\hat{\boldsymbol{A}}(\boldsymbol{r}_i)^2 + \frac{1}{2}\sum_{ij}\frac{q_i q_j}{r_{ij}},$$

mit der Randbedingung $(\nabla \cdot \hat{\boldsymbol{A}})\,|\psi\rangle \equiv 0$. Fermi bringt hier explizit sowohl das instantane Coulomb-Potential als auch die Transversalität des die Strahlung beschreibenden Vektorpotentials zum Ausdruck. Wir leiten diesen Hamilton-Operator in Abschnitt 7 ab.

Im Jahre 1932 schrieb Fermi seine gesammelten Arbeiten zur QED in einem Review [Fer32] zusammen, das nachfolgenden Physikern lange Zeit dazu diente, die Grundlagen der QED zu lernen. Zur weiteren Lektüre über Fermis Rolle in der Begründung der QED seien die Artikel [Cin01; Sch02] empfohlen.

Symmetrie von Teilchen und Antiteilchen: Fock, Pauli, Weisskopf

Die Geschichte der Quantenelektrodynamik in der 1930er-Jahren bis in die frühen 1940er-Jahre hinein ist geprägt von Irrungen und Wirrungen, aber vor allem durch ein völliges Unverständnis ob vorrangig zweier grundlegender Probleme, die lange Zeit wirklichen Fortschritt im Verständnis der Feldquantisierung hemmten.

Zum einen war da das Problem negativer Energien und Diracs Löchertheorie als Antwort darauf, welche sich trotz ihrer großen konzeptionellen Schwierigkeiten hartnäckig hielt. Wir hatten es weiter oben bereits erwähnt: Dirac selbst hatte die „zweite Quantisierung“ von Materiefeldern nicht vorangetrieben, das war Jordan. Während für den Fall der Elektronen, welche Fermionen sind, der ganze Löcheransatz bestenfalls ad hoc und nicht wirklich elegant wirkte, versagte er im Falle von Bosonen katastrophal.

Das zweite große Problem bestand im Auftauchen von Divergenzen bei der Berechnung diverser Größen in der Quantenelektrodynamik wie der Selbstenergie des Elektrons, die unvermeidbar schienen, wenn man an den zugrundeliegenden physikalischen Prinzipien nicht rütteln wollte.

Das erste der beiden Probleme wurde bereits 1932 durch Fock gelöst. In seiner maßgeblichen Arbeit [Foc32] führte er das ein, was heute als Fock-Raum bezeichnet wird (Abschnitt II-47). Außerdem, und das war viel wichtiger, betrachtete er nicht Elektronen als fundamental und deren Antiteilchen als davon abgeleitete Objekte, sondern stellte vielmehr im Aufbau des Hamilton-Operators vollständige Symmetrie zwischen Teilchen und Antiteilchen her, was angesichts identischer Masse und entgegengesetzter Ladung im Nachhinein betrachtet eigentlich ein naheliegender Ansatz war. In modernerer Notation nimmt sein freier Hamilton-Operator die Form

$$\hat{H}_0 = \int \mathrm{d}^3\boldsymbol{p}E(p) \sum_{\sigma} \left(\hat{b}^\dagger_\sigma(\boldsymbol{p})\hat{b}_\sigma(\boldsymbol{p}) + \hat{d}^\dagger_\sigma(\boldsymbol{p})\hat{d}_\sigma(\boldsymbol{p}) \right) + \text{const} \tag{1.7}$$

an, mit Erzeugern und Vernichtern für Elektronen ($\hat{b}^\dagger, \hat{b}$) und Positronen ($\hat{d}^\dagger, \hat{d}$), sowie der relativistischen Energie $E(p) = \sqrt{\boldsymbol{p}^2 + m^2}$ als Matrixelement des Einteilchen-Dirac-Hamilton-Operators in Ortsdarstellung. Der Index σ durchläuft den Spinraum. Sowohl die $\hat{b}^\dagger, \hat{b}$ als auch die $\hat{d}^\dagger, \hat{d}$ erfüllen dabei jeweils für sich die kanonischen Antikommutatorrelationen. Eine unendliche Konstante in (1.7), die durch Umordnung der Erzeuger und Vernichter entstanden ist, wird im Weiteren als physikalisch irrelevant betrachtet und fallengelassen.

Der freie Hamilton-Operator (1.7) führt aufgrund seiner Form zur Erhaltung der Teilchenzahl sowohl der Elektronen als auch der Positronen. Wechselwirkungsterme, die zu Teilchenerzeugung und -vernichtung führen (bei gleichzeitiger Ladungserhaltung), müssen, wie Fock bereits ausführt, ungerade Terme der Form

$$\int \mathrm{d}^3\boldsymbol{p}\mathrm{d}^3\boldsymbol{p}' \sum_{\sigma,\sigma'} \left\{ \hat{V}_{\sigma\sigma'}(\boldsymbol{p},\boldsymbol{p}')\hat{b}^\dagger_\sigma(\boldsymbol{p})\hat{d}^\dagger_{\sigma'}(\boldsymbol{p}') + \text{h.c.} \right\}$$

enthalten, wobei „h.c.“ kurz für „hermitesch-konjugiert“ steht. Es sollte sich später herausstellen, dass Terme dieser Art genau im Hamilton-Operator für das elektromagnetische Feld mit minimaler Kopplung an ein Materiefeld auftauchen (Abschnitt 7).

Pauli und Weisskopf [PW34] nahmen 1934 genau diesen Ansatz zum Ausgangspunkt ihrer Betrachtungen, seltsamerweise ohne die obige Arbeit von Fock zu referenzieren. Sie sparen dabei in ihrem *''anti-Dirac paper''*, wie Pauli selbst es bezeichnete, auch nicht mit Kritik am bisherigen Umgang insbesondere mit der Klein–Gordon-Gleichung und ihrer Interpretation. Schon am Anfang ihrer Arbeit schreiben sie:

„*Was nun das erwähnte a priori-Argument Diracs gegen die skalare Wellengleichung betrifft, so beruht es wesentlich auf zwei Voraussetzungen.*

1. *Es ist in der relativistischen Quantentheorie widerspruchsfrei möglich, ein* Einkörperproblem *zu formulieren.*
2. *Die (statistisch zu interpretierende) räumliche Teilchendichte $\rho(\boldsymbol{x})$ ist ein sinnvoller Begriff. [...]*"

Und schon eineinhalb Seiten weiter stellen sie monierend fest:

„*Ohne auf die Schwierigkeiten einer widerspruchsfreien und relativistisch und eichinvarianten Formulierung dieser Diracschen Löchertheorie [...] näher einzugehen, können wir folgendes feststellen:*

1. *Wegen der Prozesse der Paarerzeugung und wegen der neuen Interpretation der Zustände negativer Energie überhaupt ist es nicht mehr möglich, sich auf ein Einkörperproblem zu beschränken.*
2. *Die Teilchendichte hat keinen direkten physikalischen Sinn mehr. [...]*
3. *Dagegen ist nicht nur die Gesamtladung, sondern auch die Ladungsdichte $\rho(\boldsymbol{x})$ eine sinnvolle Observable. [...]*"

Tatsächlich räumen Pauli und Weisskopf am Beginn ihrer Arbeit bereits mit einer relativistischen Quantenmechanik im herkömmlichen Stil auf, bevor sie auch nur eine einzige Rechnung durchgeführt haben.

Sie betrachten daraufhin ein massives komplexes Klein–Gordon-Feld $\hat{\phi}(\boldsymbol{r},t), \hat{\phi}^*(\boldsymbol{r},t)$ in einem endlichen Volumen V, zunächst für den freien Fall, dann mit minimaler Kopplung an ein elektromagnetische Feld. Durch die Komplexwertigkeit des Feldes sind Teilchen und Antiteilchen unterschiedlich voneinander, mit jeweils entgegengesetzter Ladung. Wir modernisieren im Folgenden die Notation. Pauli und Weisskopf gehen aus vom Hamilton-Operator

$$\hat{H}_0 = \frac{1}{2}\int \mathrm{d}^3\boldsymbol{r}\left(\frac{1}{c^2}\frac{\partial\hat{\phi}^\dagger(\boldsymbol{r},t)}{\partial t}\frac{\partial\hat{\phi}(\boldsymbol{r},t)}{\partial t} + \left[\nabla\hat{\phi}^\dagger(\boldsymbol{r},t)\right]\cdot\nabla\hat{\phi}(\boldsymbol{r},t) + m^2\hat{\phi}(\boldsymbol{r},t)\hat{\phi}(\boldsymbol{r},t)\right) \tag{1.8}$$

und wenden dann die Fourier-Zerlegung (gewissermaßen in relativistischer Verallgemeinerung von (II-47.43d)) an:

$$\hat{\phi}(\boldsymbol{r},0) = \sum_{\boldsymbol{k}}\left(\frac{\hbar c^2}{2V\omega_{\boldsymbol{k}}}\right)^{1/2}\left[\hat{a}(\boldsymbol{k})\mathrm{e}^{\mathrm{i}\boldsymbol{k}\cdot\boldsymbol{r}} + \hat{b}^\dagger(\boldsymbol{k})\mathrm{e}^{-\mathrm{i}\boldsymbol{k}\cdot\boldsymbol{r}}\right]. \tag{1.9}$$

Die Operatoren $\hat{a}, \hat{b}$ sind dabei Vernichter von Teilchen und Antiteilchen, die hermitesch-konjugierten Operatoren $\hat{a}^\dagger, \hat{b}^\dagger$ hiervon entsprechend die Erzeuger. Der Hamilton-Operator (1.8) ergibt sich dann zu:

$$\hat{H}_0 = \sum_{\boldsymbol{k}} E(k)\left[\hat{a}^\dagger(\boldsymbol{k})\hat{a}(\boldsymbol{k}) + \hat{b}^\dagger(\boldsymbol{k})\hat{b}(\boldsymbol{k}) + 1\right], \tag{1.10}$$

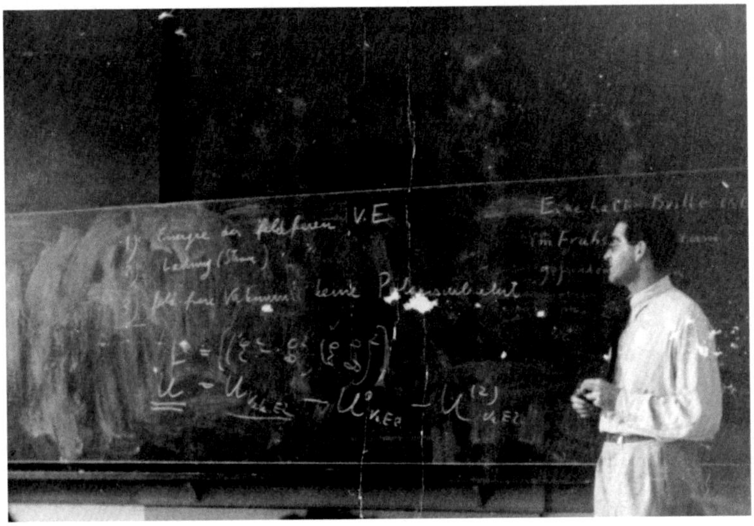

Victor Weisskopf etwa 1934 während einer Vorlesung auf einer Konferenz in Kopenhagen (Abbildung: Photograph by Paul Ehrenfest, Jr., AIP Emilio Segrè Visual Archives, Weisskopf Collection).

und die unendlich große Konstante im dritten Term wird als unbeobachtbare Vakuumsenergie abgetan und kurzerhand subtrahiert. Die Energie $E(k)$ ist positiv für Teilchen wie für Antiteilchen, und ein Ladungsoperator $\hat{Q}$ ergibt sich dann gemäß

$$\hat{Q} := \sum_{\boldsymbol{k}} \left[\hat{a}^\dagger(\boldsymbol{k})\hat{a}(\boldsymbol{k}) - \hat{b}^\dagger(\boldsymbol{k})\hat{b}(\boldsymbol{k})\right] . \tag{1.11}$$

Im weiteren Verlauf ihrer Arbeit untersuchten Pauli und Weisskopf bereits die skalare Quantenelektrodynamik durch minimale Kopplung des skalaren Felds an das elektromagnetische Feld. Als Ergebnis erhielten sie eine wechselwirkende Theorie, in der Ladungserhaltung galt, und berechneten die Häufigkeit von Paarerzeugung und -vernichtung, und das alles ohne „Löcher" in einem wie auch immer zu interpretierenden unendlichen Hintergrundsee an Antiteilchen – als Vergleich dienten die entsprechenden Berechnungen von Bethe und Heitler aus demselben Jahr im Rahmen der nunmehr überflüssig gewordenen Löchertheorie, welche von nun an eigentlich ad acta hätte gelegt werden können. Dass das nicht passierte, sondern dass sich die Löchertheorie noch viele weitere Jahre mindestens im Jargon sogar von Personen wie Weisskopf widerspiegelte, als er 1939 in einer ebenfalls maßgeblichen Arbeit zeigte, dass nur unter gleichwertiger Berücksichtigung von Teilchen und Antiteilchen die lineare Divergenz in der Selbstenergie geladener Teilchen zu einer logarithmischen abgeschwächt wird, ist im Nachhinein schwer zu verstehen. Walter Heitlers Buch *"The Quantum Theory of Radiation"*, 1936 in der ersten, 1947 in der zweiten und zuletzt 1954 in der dritten Auflage erschienen, fasste im Wesentlichen das Gesamtverständnis über die Quantenelektrodynamik im Rahmen der Löchertheorie zusammen und war lange Zeit das

Standardwerk zur QED.

In der Wirkungsgeschichte naturwissenschaftlicher Ansätze und Konzepte spielen neben Zeitgeist und äußeren Einflüssen auch die jeweilige Persönlichkeit der agierenden Charaktere eine große Rolle. Zur Ehrenrettung der damaligen Physiker muss sicherlich anerkannt werden, dass die offenkundige phänomenologische Asymmetrie zwischen Teilchen und Antiteilchen, die letztlich ihren Ursprung in der Verletzung der Paritätsinvarianz und der CP-Invarianz der schwachen Wechselwirkung hat, eine symmetrische theoretische Behandlung nicht intuitiv nahelegte.

Die Arbeit von Pauli und Weisskopf aus dem Jahre 1934 war aus heutiger Sicht in jedem Fall einer der wichtigsten Meilensteine hin zu einer konsistenten Formulierung einer relativistischen Quanten(feld!)theorie samt ihrer korrekten physikalischen Interpretation.

2 Quantisierung des freien elektromagnetischen Feldes I: direkte Quantisierung in Coulomb-Eichung

Wir haben in Abschnitt III-19 gesehen, dass eine klassische Behandlung des elektromagnetischen Feldes zwar stimulierte Emission und Absorption im Rahmen der zeitabhängigen Störungstheorie erklären kann, nicht aber spontane Emission. Darüber hinaus ist es bislang nicht gerechtfertigt, im Rahmen der bisherigen quantenmechanischen Betrachtungen überhaupt von absorbierten oder emittierten Photonen zu sprechen, da diese bislang nicht Bestandteil des Theoriegebäudes sind. Eine semiklassische Behandlung ist immer dann gültig, wenn der Teilchencharakter der Strahlung nicht in Erscheinung tritt, wenn also die Welleneigenschaften zur Beschreibung ausreichen, und das ist im Allgemeinen bei hohen Strahlungsintensitäten der Fall.

Bei niedrigeren Intensitäten wird die Teilchennatur von Licht immer dominanter, und eine klassische Behandlung ist immer weniger in der Lage, die Phänomenologie korrekt zu beschreiben. In diesem Fall müssen wir eine Quantentheorie elektromagnetischer Strahlung entwickeln, die **Quantenelektrodynamik (QED)**. Im Rahmen dieser quantentheoretischen Beschreibung elektromagnetischer Strahlung müssen klassische Felder wie $\boldsymbol{A}(\boldsymbol{r},t)$, $\boldsymbol{E}(\boldsymbol{r},t)$ und $\boldsymbol{B}(\boldsymbol{r},t)$ notwendigerweise durch hermitesche Operatoren ersetzt werden. Daher wollen wir nun im Folgenden die Quantisierung des Strahlungsfeldes – ein anderes Wort für das freie elektromagnetische Feld, also in Abwesenheit von Ladungen und Strömen – durchführen, und zwar zunächst ähnlich wie Fermi auf direktem Wege, wozu wir zunächst einen Ausdruck für den Hamilton-Operator des elektromagnetischen Felds in geeigneter Form benötigen. Wir bleiben dabei noch kurz klassisch und verwenden von Anfang an die nicht manifest kovariante Coulomb-Eichung, das bedeutet: zuerst erfolgt die Eichung, dann die Quantisierung. In Abschnitt 4 führen wir die Quantisierung im kanonischen Formalismus nach Heisenberg und Pauli durch, vergleiche Abschnitte II-50 und II-52. Natürlich werden wir am Schluss dasselbe Ergebnis erhalten.

Die Hamilton-Funktion des freien elektromagnetischen Feldes

Im Vakuum – also in Abwesenheit von Ladungen und Strömen – sind die Felder $\boldsymbol{E}(\boldsymbol{r},t)$ und $\boldsymbol{B}(\boldsymbol{r},t)$ vollständig durch das Vektorpotential $\boldsymbol{A}(\boldsymbol{r},t)$ gegeben und können wie gewohnt über die Maxwell-Gleichungen berechnet werden. Da wir die Coulomb-Eichung $\nabla \cdot \boldsymbol{A}(\boldsymbol{r},t) = 0$ verwenden, gilt (III-19.10):

$$\boldsymbol{E}(\boldsymbol{r},t) = -\frac{1}{c}\frac{\partial \boldsymbol{A}(\boldsymbol{r},t)}{\partial t}, \tag{2.1}$$

$$\boldsymbol{B}(\boldsymbol{r},t) = \nabla \times \boldsymbol{A}(\boldsymbol{r},t), \tag{2.2}$$

und sowohl $\boldsymbol{A}(\boldsymbol{r},t)$, als auch $\boldsymbol{E}(\boldsymbol{r},t)$, $\boldsymbol{B}(\boldsymbol{r},t)$ sind transversal. Daher besitzt $\boldsymbol{A}(\boldsymbol{r},t)$ jeweils nur zwei nichtverschwindende Komponenten entlang der zwei ebenfalls zu $\boldsymbol{k}$ orthogonalen Polarisationseinheitsvektoren $\epsilon_{\boldsymbol{k},1}$ und $\epsilon_{\boldsymbol{k},2}$. Außerdem betrachten wir Felder in einem endlichen würfelförmigen Volumen L^3 und wählen periodische Randbedingungen. Wir gehen also aus von einer Fourier-Entwicklung

$$\begin{aligned} A(r,t) &= \sum_{k}\sum_{\lambda=1}^{2}\left[A_{k,\lambda}\epsilon_{k,\lambda}\mathrm{e}^{\mathrm{i}(k\cdot r-\omega t)} + A^*_{k,\lambda}\epsilon_{k,\lambda}\mathrm{e}^{-\mathrm{i}(k\cdot r-\omega t)}\right] \\ &=: \sum_{k}\sum_{\lambda=1}^{2}\left[A_{k,\lambda}(t)\epsilon_{k,\lambda}\mathrm{e}^{\mathrm{i}k\cdot r} + A^*_{k,\lambda}(t)\epsilon_{k,\lambda}\mathrm{e}^{-\mathrm{i}k\cdot r}\right], \end{aligned} \tag{2.3}$$

mit $A_{k,\lambda}(t) = A_{k,\lambda}\mathrm{e}^{-\mathrm{i}\omega t}$, wobei der Wellenvektor k nur Komponenten besitzt, die ein ganzzahliges Vielfaches von $2\pi/L$ sind. Setzt man (2.3) in (III-19.9) ein, erhält man bekanntermaßen die Dispersionsrelation $\omega(k) = ck$. Die Vektoren $\epsilon_{k,1}, \epsilon_{k,2}, k/k$ stellen in unserer Konvention ein Orthonormalsystem dar, und es gilt $\epsilon_{k,1} \times \epsilon_{k,2} = k/k$. Damit ist $\epsilon_{-k,1} = -\epsilon_{k,1}$ und $\epsilon_{-k,2} = +\epsilon_{k,2}$.

Die Hamilton-Funktion H_{em} des Strahlungsfelds können wir aus der Hamilton-Dichte $\mathcal{H}_{\mathrm{em}}$ der klassischen Elektrodynamik ableiten, diese ist gleich der Energiedichte des elektromagnetischen Felds:

$$\mathcal{H}_{\mathrm{em}} = \frac{1}{8\pi}\left(|E(r,t)|^2 + |B(r,t)|^2\right). \tag{2.4}$$

Berechnen wir zunächst Ausdrücke für $E(r,t)$ und $B(r,t)$. Aus (2.3) und (2.1,2.2) folgt nach kurzer Rechnung:

$$E(r,t) = \mathrm{i}\sum_{k,\lambda} k\epsilon_{k,\lambda}\left[A_{k,\lambda}(t)\mathrm{e}^{\mathrm{i}k\cdot r} - A^*_{k,\lambda}(t)\mathrm{e}^{-\mathrm{i}k\cdot r}\right], \tag{2.5}$$

$$B(r,t) = \mathrm{i}\sum_{k,\lambda} k\times\epsilon_{k,\lambda}\left[A_{k,\lambda}(t)\mathrm{e}^{\mathrm{i}k\cdot r} - A^*_{k,\lambda}(t)\mathrm{e}^{-\mathrm{i}k\cdot r}\right], \tag{2.6}$$

so dass sich für $|E(r,t)|^2$ und $|B(r,t)|^2$ zunächst ergibt:

$$\begin{aligned} |E(r,t)|^2 = \sum_{k,k',\lambda,\lambda'} & kk'(\epsilon_{k,\lambda}\cdot\epsilon_{k',\lambda'}) \\ & \times\Big[A_{k,\lambda}(t)A^*_{k',\lambda'}(t)\mathrm{e}^{\mathrm{i}(k\cdot r-k'\cdot r)} - A_{k,\lambda}(t)A_{k',\lambda'}(t)\mathrm{e}^{\mathrm{i}(k\cdot r+k'\cdot r)} \\ & -A^*_{k,\lambda}(t)A^*_{k',\lambda'}(t)\mathrm{e}^{-\mathrm{i}(k\cdot r+k'\cdot r)} + A^*_{k,\lambda}(t)A_{k',\lambda'}(t)\mathrm{e}^{-\mathrm{i}(k\cdot r-k'\cdot r)}\Big], \\ |B(r,t)|^2 = \sum_{k,k',\lambda,\lambda'} & (k\times\epsilon_{k,\lambda})\cdot(k'\times\epsilon_{k',\lambda'}) \\ & \times\Big[A_{k,\lambda}(t)A^*_{k',\lambda'}(t)\mathrm{e}^{\mathrm{i}(k\cdot r-k'\cdot r)} - A_{k,\lambda}(t)A_{k',\lambda'}(t)\mathrm{e}^{\mathrm{i}(k\cdot r+k'\cdot r)} \\ & -A^*_{k,\lambda}(t)A^*_{k',\lambda'}(t)\mathrm{e}^{-\mathrm{i}(k\cdot r+k'\cdot r)} + A^*_{k,\lambda}(t)A_{k',\lambda'}(t)\mathrm{e}^{-\mathrm{i}(k\cdot r-k'\cdot r)}\Big]. \end{aligned}$$

Eine Vereinfachung ergibt sich nun dadurch, dass wir eigentlich nicht an der Energie- oder Hamilton-Dichte interessiert sind, sondern am Raumintegral hiervon:

$$H_{\mathrm{em}} = \int_V \mathrm{d}^3 \boldsymbol{r} \mathcal{H}_{\mathrm{em}}(\boldsymbol{r}, t). \tag{2.7}$$

Innerhalb dieses Volumenintegrals werden durch die Relation

$$\int_V \mathrm{d}^3 \boldsymbol{r} \mathrm{e}^{\mathrm{i}(\boldsymbol{k} \mp \boldsymbol{k}') \cdot \boldsymbol{r}} = L^3 \delta_{\boldsymbol{k}, \pm \boldsymbol{k}'} \tag{2.8}$$

bereits sämtliche Mischterme in $\boldsymbol{k}, \boldsymbol{k}'$ eliminiert, denn für $\lambda = 1, 2$ eliminieren sich aufgrund unserer obigen Definition von $\boldsymbol{\epsilon}_{-\boldsymbol{k},1}, \boldsymbol{\epsilon}_{-\boldsymbol{k},2}$ die Ausdrücke $\boldsymbol{\epsilon}_{\boldsymbol{k},\lambda} \cdot \boldsymbol{\epsilon}_{-\boldsymbol{k},\lambda'}$ und $(\boldsymbol{k} \times \boldsymbol{\epsilon}_{\boldsymbol{k},\lambda}) \cdot (\pm \boldsymbol{k} \times \boldsymbol{\epsilon}_{-\boldsymbol{k},\lambda'})$ gegenseitig, so dass sich letztlich die $\boldsymbol{A}_{\boldsymbol{k}} \boldsymbol{A}_{-\boldsymbol{k}}$- beziehungsweise $\boldsymbol{A}^*_{\boldsymbol{k}} \boldsymbol{A}^*_{-\boldsymbol{k}}$-Terme aus dem $|\boldsymbol{E}^2|$ und dem $|\boldsymbol{B}^2|$-Beitrag gegenseitig aufheben. Man erhält:

$$H_{\mathrm{em}} = \frac{L^3}{4\pi} \sum_{\boldsymbol{k},\lambda} k^2 \left[A_{\boldsymbol{k},\lambda} A^*_{\boldsymbol{k},\lambda} + A^*_{\boldsymbol{k},\lambda} A_{\boldsymbol{k},\lambda} \right]. \tag{2.9}$$

Die Zeitabhängigkeit ist ebenfalls verschwunden, da sich auch die Exponentialterme gegenseitig aufheben.

Wir fassen an dieser Stelle die beiden Summanden absichtlich nicht zusammen, obwohl sie an dieser Stelle natürlich noch einfache komplexe Zahlen sind und dies erlaubt wäre. Es macht die nachfolgende Diskussion um die Normalordnung von Operatoren allerdings deutlicher, wenn wir die Reihenfolge der Faktoren in (2.9) zunächst so belassen.

Direkte Quantisierung des elektromagnetischen Felds

Die Quantisierung erfolgt nun durch die Ersetzung der in der Hamilton-Funktion auftauchenden Größen durch hermitesche Operatoren:

$$A_{\boldsymbol{k},\lambda} \to \hat{A}_{\boldsymbol{k},\lambda}, \tag{2.10}$$

$$A^*_{\boldsymbol{k},\lambda} \to \hat{A}^\dagger_{\boldsymbol{k},\lambda}, \tag{2.11}$$

und ferner durch die Postulierung von Kommutatorrelationen zwischen kanonisch konjugierten Operatoren, welche wir aber erst identifizieren müssen. Dazu führen wir zunächst die Operatoren $\hat{Q}_{\boldsymbol{k},\lambda}, \hat{P}_{\boldsymbol{k},\lambda}$ ein:

$$\hat{Q}_{\boldsymbol{k},\lambda} = \sqrt{\frac{L^3}{4\pi c^2}} (\hat{A}^\dagger_{\boldsymbol{k},\lambda} + \hat{A}_{\boldsymbol{k},\lambda}), \tag{2.12}$$

$$\hat{P}_{\boldsymbol{k},\lambda} = \mathrm{i}\omega \sqrt{\frac{L^3}{4\pi c^2}} (\hat{A}^\dagger_{\boldsymbol{k},\lambda} - \hat{A}_{\boldsymbol{k},\lambda}), \tag{2.13}$$

so dass sich dann mit

$$\hat{A}_{\boldsymbol{k},\lambda} = \sqrt{\frac{\pi c^2}{L^3}} \left(\hat{Q}_{\boldsymbol{k},\lambda} + \frac{\mathrm{i}}{\omega} \hat{P}_{\boldsymbol{k},\lambda} \right),$$

$$\hat{A}^\dagger_{\boldsymbol{k},\lambda} = \sqrt{\frac{\pi c^2}{L^3}} \left(\hat{Q}_{\boldsymbol{k},\lambda} - \frac{\mathrm{i}}{\omega} \hat{P}_{\boldsymbol{k},\lambda} \right),$$

$$\hat{A}_{\boldsymbol{k},\lambda} \hat{A}^\dagger_{\boldsymbol{k},\lambda} = \frac{\pi c^2}{L^3} \left(\hat{Q}^2_{\boldsymbol{k},\lambda} + \frac{1}{\omega^2} \hat{P}^2_{\boldsymbol{k},\lambda} - \frac{\mathrm{i}}{\omega} [\hat{Q}_{\boldsymbol{k},\lambda}, \hat{P}_{\boldsymbol{k},\lambda}] \right),$$

$$\hat{A}^\dagger_{\boldsymbol{k},\lambda} \hat{A}_{\boldsymbol{k},\lambda} = \frac{\pi c^2}{L^3} \left(\hat{Q}^2_{\boldsymbol{k},\lambda} + \frac{1}{\omega^2} \hat{P}^2_{\boldsymbol{k},\lambda} + \frac{\mathrm{i}}{\omega} [\hat{Q}_{\boldsymbol{k},\lambda}, \hat{P}_{\boldsymbol{k},\lambda}] \right)$$

zunächst folgender Ausdruck für den Hamilton-Operator $\hat{H}_{\mathrm{em}}$ ergibt:

$$\hat{H}_{\mathrm{em}}(\hat{Q}_{\boldsymbol{k},\lambda}, \hat{P}_{\boldsymbol{k},\lambda}) = \frac{1}{2} \sum_{\boldsymbol{k}} \sum_{\lambda=1}^{2} \left(\hat{P}^2_{\boldsymbol{k},\lambda} + \omega^2 \hat{Q}^2_{\boldsymbol{k},\lambda} \right). \tag{2.14}$$

In dieser Form besitzt (2.14) bereits die Struktur mehrerer unabhängiger harmonischer Oszillatoren und ist uns wohlvertraut. Jetzt ist auch ersichtlich, warum wir in (2.9) die Reihenfolge der komplex-konjugierten Faktoren beibehalten haben und nicht zusammengefasst haben: nur in der in $\hat{A}_{\boldsymbol{k},\lambda}, \hat{A}^\dagger_{\boldsymbol{k},\lambda}$ symmetrisierten Form – ganz im Sinne von Weyls Symmetrisierungsvorschrift (Abschnitt I-16) – heben sich die Kommutatorausdrücke $[\hat{Q}_{\boldsymbol{k},\lambda}, \hat{P}_{\boldsymbol{k},\lambda}]$ in (2.14) gegenseitig auf, und der Hamilton-Operator erhält die wohlbekannte Form. Nun fordern wir die kanonischen Kommutatorrelationen

$$[\hat{Q}_{\boldsymbol{k},\lambda}, \hat{P}_{\boldsymbol{k}',\lambda'}] = \mathrm{i}\hbar \delta_{\boldsymbol{k},\boldsymbol{k}'} \delta_{\lambda,\lambda'}, \tag{2.15}$$

$$[\hat{Q}_{\boldsymbol{k},\lambda}, \hat{Q}_{\boldsymbol{k}',\lambda'}] = [\hat{P}_{\boldsymbol{k},\lambda}, \hat{P}_{\boldsymbol{k}',\lambda'}] = 0. \tag{2.16}$$

Im nächsten Schritt führen wir die Erzeugungs- und Vernichtungsoperatoren

$$\hat{a}_{\boldsymbol{k},\lambda} := \left[\sqrt{\frac{\omega}{2\hbar}} \hat{Q}_{\boldsymbol{k},\lambda} + \frac{\mathrm{i}}{\sqrt{2\hbar\omega}} \hat{P}_{\boldsymbol{k},\lambda} \right] = \sqrt{\frac{L^3 k}{2\pi\hbar c}} \hat{A}_{\boldsymbol{k},\lambda}, \tag{2.17a}$$

$$\hat{a}^\dagger_{\boldsymbol{k},\lambda} := \left[\sqrt{\frac{\omega}{2\hbar}} \hat{Q}_{\boldsymbol{k},\lambda} - \frac{\mathrm{i}}{\sqrt{2\hbar\omega}} \hat{P}_{\boldsymbol{k},\lambda} \right] = \sqrt{\frac{L^3 k}{2\pi\hbar c}} \hat{A}^\dagger_{\boldsymbol{k},\lambda} \tag{2.17b}$$

ein. Dann ist

$$\hat{a}_{\boldsymbol{k},\lambda} \hat{a}^\dagger_{\boldsymbol{k},\lambda} = \frac{\omega}{2\hbar} \left(\hat{Q}^2_{\boldsymbol{k},\lambda} + \frac{1}{\omega^2} \hat{P}^2_{\boldsymbol{k},\lambda} - \frac{\mathrm{i}}{\omega} [\hat{Q}_{\boldsymbol{k},\lambda}, \hat{P}_{\boldsymbol{k},\lambda}] \right),$$

$$\hat{a}^\dagger_{\boldsymbol{k},\lambda} \hat{a}_{\boldsymbol{k},\lambda} = \frac{\omega}{2\hbar} \left(\hat{Q}^2_{\boldsymbol{k},\lambda} + \frac{1}{\omega^2} \hat{P}^2_{\boldsymbol{k},\lambda} + \frac{\mathrm{i}}{\omega} [\hat{Q}_{\boldsymbol{k},\lambda}, \hat{P}_{\boldsymbol{k},\lambda}] \right),$$

und es gilt:

$$[\hat{a}_{\boldsymbol{k},\lambda}, \hat{a}^{\dagger}_{\boldsymbol{k}',\lambda'}] = \delta_{\boldsymbol{k},\boldsymbol{k}'}\delta_{\lambda,\lambda'}, \tag{2.18a}$$

$$[\hat{a}_{\boldsymbol{k},\lambda}, \hat{a}_{\boldsymbol{k}',\lambda'}] = [\hat{a}^{\dagger}_{\boldsymbol{k},\lambda}, \hat{a}^{\dagger}_{\boldsymbol{k}',\lambda'}] = 0. \tag{2.18b}$$

Somit lässt sich der Hamilton-Operator (2.14) dann schreiben:

$$\hat{H}_{\text{em}} = \sum_{\boldsymbol{k}} \sum_{\lambda=1}^{2} \frac{\hbar\omega(k)}{2} [\underbrace{\hat{a}_{\boldsymbol{k},\lambda}\hat{a}^{\dagger}_{\boldsymbol{k},\lambda}}_{=\hat{a}^{\dagger}_{\boldsymbol{k},\lambda}\hat{a}_{\boldsymbol{k},\lambda}+1} + \hat{a}^{\dagger}_{\boldsymbol{k},\lambda}\hat{a}_{\boldsymbol{k},\lambda}], \tag{2.19}$$

und schließlich:

$$\hat{H}_{\text{em}} = \sum_{\boldsymbol{k}} \sum_{\lambda=1}^{2} \hbar\omega(k) \left(\hat{N}_{\boldsymbol{k},\lambda} + \frac{1}{2}\right), \tag{2.20}$$

mit dem Besetzungszahloperator

$$\hat{N}_{\boldsymbol{k},\lambda} := \hat{a}^{\dagger}_{\boldsymbol{k},\lambda}\hat{a}_{\boldsymbol{k},\lambda}, \tag{2.21}$$

sowie der Relation $\omega(k) = ck$.

Der Hamilton-Operator (2.20) besitzt nun endgültig die Form, wie wir sie für (hier abzählbar) unendlich viele unabhängige harmonische Oszillatoren erwarten. Das elektromagnetische Feld ist also äquivalent zu einer (hier abzählbar) unendlichen Summe unabhängiger Oszillatoren, die jeweils durch ihren Wellenvektor $\boldsymbol{k}$ beziehungsweise ihre Frequenz ω sowie der Polarisationsrichtung λ charakterisiert sind. Der Besetzungszahloperator $\hat{N}_{\boldsymbol{k},\lambda}$ steht für die Anzahl der Quanten mit den entsprechenden Werten $(\boldsymbol{k}, \lambda)$. Allerdings besitzt (2.20) noch einen Makel: der Erwartungswert für den Grundzustand ist Unendlich! Wir kommen gleich darauf zurück.

Physikalische Interpretation und Photonen

Die mathematische Analyse des quantenmechanischen Oszillators ist uns wohlvertraut (Kapitel I-4), alleine wir müssen nun verstehen, was sich physikalisch hinter den Ergebnissen verbirgt.

Ausgehend von einem Grundzustand $|0\rangle$ kann durch $n_{\boldsymbol{k},\lambda}$-fache Anwendung eines Erzeugungsoperators $\hat{a}^{\dagger}_{\boldsymbol{k},\lambda}$ ein Zustand $|n_{\boldsymbol{k},\lambda}\rangle$ erzeugt werden, der einen n-$(\boldsymbol{k}, \lambda)$-Quanten-Zustand darstellt und Eigenzustand zum Hamilton-Operator $\hat{H}_{\text{em}}$ mit dem Eigenwert $\hbar\omega(k)(n_{\boldsymbol{k},\lambda} + \frac{1}{2})$ ist, siehe (I-34.22). Die Energiequanten des elektromagnetischen Feldes heißen **Photonen** (zur Geschichte der Namensgebung siehe Abschnitt I-3). Photonen sind ein neuer und integraler Bestandteil der Quantenelektrodynamik. Sie sind durch den Wellenvektor $\boldsymbol{k}$ beziehungsweise durch die Energie $\hbar\omega(k)$ und die Polarisationsrichtung $\boldsymbol{\epsilon}_{\boldsymbol{k},\lambda}$ gekennzeichnet. Ein Vernichtungsoperator $\hat{a}_{\boldsymbol{k},\lambda}$ verringert die entsprechende Anzahl der $(\boldsymbol{k}, \lambda)$-Photonen im Gesamtsystem entsprechend um eins. Das elektromagnetische Feld ist also gequantelt: für einen gegebenen Werte für $k = |\boldsymbol{k}|$ und damit für $\omega(k)$ ändert sich die Energie in diskreten gleichwertigen Sprüngen $\hbar\omega(k)$. Es gibt also im Allgemeinen keine Erhaltung der Photonenzahl. Da es unendlich viele mögliche Werte von $\boldsymbol{k}$ gibt, ist ein allgemeiner N-Photon-Zustand dann gegeben durch

$$|n_{\boldsymbol{k}_1,\lambda_1}, n_{\boldsymbol{k}_2,\lambda_2}, \ldots\rangle = \frac{(\hat{a}^{\dagger}_{\boldsymbol{k}_1,\lambda_1})^{n_{\boldsymbol{k}_1,\lambda_1}} (\hat{a}^{\dagger}_{\boldsymbol{k}_2,\lambda_2})^{n_{\boldsymbol{k}_2\lambda_2}} \cdots}{\sqrt{n_{\boldsymbol{k}_1,\lambda_1}!}\sqrt{n_{\boldsymbol{k}_2,\lambda_2}!}\cdots} |0\rangle , \tag{2.22}$$

mit

$$\sum_i n_{\boldsymbol{k}_i,\lambda_i} = N, \tag{2.23}$$

vergleiche mit (II-47.12).

Der Grundzustand $|0\rangle$ wird **Vakuumzustand** genannt. Der Vakuumerwartungswert des Hamilton-Operators

$$\langle 0|\hat{H}_{\mathrm{em}}|0\rangle = \frac{1}{2}\sum_{\boldsymbol{k},\lambda} \hbar\omega(k) \tag{2.24}$$

heißt auch **Nullpunkts-Energie** und bedarf allerdings noch einer besonderen Betrachtung. Zu fordern ist aus physikalischen Gründen, dass dieser Erwartungswert verschwindet, was durch eine simple Redefinition des Energienullpunkts geschieht. Formal definiert man die **Normalordnung** eines Produktes von Feldoperatoren dadurch, dass sämtliche Erzeuger links von sämtlichen Vernichtern stehen. Für zwei Operatoren gilt:

$$:\hat{A}\hat{B}: = \hat{A}\hat{B} - \langle 0|\hat{A}\hat{B}|0\rangle \, . \tag{2.25}$$

Wendet man diese Normalordnung auf (2.19) an, wird man dann nicht auf (2.20) geführt, sondern auf das renormierte Ergebnis $\hat{H}_{\mathrm{em,ren}} = :\hat{H}_{\mathrm{em}}:$ und damit

$$\hat{H}_{\mathrm{em,ren}} = \sum_{\boldsymbol{k}} \sum_{\lambda=1}^{2} \hbar\omega(k)\hat{N}_{\boldsymbol{k},\lambda}. \tag{2.26}$$

Im Folgenden werden wir das Subskript „ren“ für renormierte Größen der einfacheren Notation wegen fallenlassen.

Wir haben bei der semiklassischen Behandlung der Wechselwirkung von Strahlung mit Materie gesehen, dass elektromagnetische Wellen eine klassische harmonische Störung eines Quantensystems darstellen und Übergänge zwischen Energieniveaus induzieren (Abschnitt III-19). Spontane Übergänge hingegen sind semiklassisch nicht erklärbar, mit einem quantisierten Strahlungsfeld allerdings sehr wohl, wie wir in Abschnitt 5 sehen werden.

3 Impuls und Drehimpuls des quantisierten Strahlungsfelds

Die quantisierten Versionen der Formeln (2.3), (2.5) und (2.6) lauten:

$$\hat{\boldsymbol{A}}(\boldsymbol{r},t) = \sum_{\boldsymbol{k},\lambda} \sqrt{\frac{2\pi\hbar c}{L^3 k}} \left[\hat{a}_{\boldsymbol{k},\lambda}(t)\boldsymbol{\epsilon}_{\boldsymbol{k},\lambda}\mathrm{e}^{\mathrm{i}\boldsymbol{k}\cdot\boldsymbol{r}} + \hat{a}^\dagger_{\boldsymbol{k},\lambda}(t)\boldsymbol{\epsilon}_{\boldsymbol{k},\lambda}\mathrm{e}^{-\mathrm{i}\boldsymbol{k}\cdot\boldsymbol{r}}\right], \tag{3.1a}$$

$$\hat{\boldsymbol{E}}(\boldsymbol{r},t) = \mathrm{i}\sum_{\boldsymbol{k},\lambda} \sqrt{\frac{2\pi\hbar c}{L^3 k}} k\boldsymbol{\epsilon}_{\boldsymbol{k},\lambda} \left[\hat{a}_{\boldsymbol{k},\lambda}(t)\mathrm{e}^{\mathrm{i}\boldsymbol{k}\cdot\boldsymbol{r}} - \hat{a}^\dagger_{\boldsymbol{k},\lambda}(t)\mathrm{e}^{-\mathrm{i}\boldsymbol{k}\cdot\boldsymbol{r}}\right], \tag{3.1b}$$

$$\hat{\boldsymbol{B}}(\boldsymbol{r},t) = \mathrm{i}\sum_{\boldsymbol{k},\lambda} \sqrt{\frac{2\pi\hbar c}{L^3 k}} \boldsymbol{k}\times\boldsymbol{\epsilon}_{\boldsymbol{k},\lambda} \left[\hat{a}_{\boldsymbol{k},\lambda}(t)\mathrm{e}^{\mathrm{i}\boldsymbol{k}\cdot\boldsymbol{r}} - \hat{a}^\dagger_{\boldsymbol{k},\lambda}(t)\mathrm{e}^{-\mathrm{i}\boldsymbol{k}\cdot\boldsymbol{r}}\right]. \tag{3.1c}$$

Die Gesamtenergie des elektromagnetischen Felds haben wir bereits mit (2.26) erhalten. Nun berechnen wir zunächst den Gesamtimpuls

$$\hat{\boldsymbol{P}}_{\mathrm{em}} = \frac{1}{4\pi c}\int \mathrm{d}^3\boldsymbol{r}\left(:\hat{\boldsymbol{E}}(\boldsymbol{r},t)\times\hat{\boldsymbol{B}}(\boldsymbol{r},t):\right). \tag{3.2}$$

Die Rechnung dazu ist elementar. Wir ignorieren zunächst die Normalordnungsvorschrift. Es ist mit $\hat{p}_i = (4\pi c)^{-1}\sum_{jl}\epsilon_{ijl}\hat{E}_j\hat{B}_l$:

$$\begin{aligned}\hat{p}_i(\boldsymbol{r},t) = &-\frac{1}{4\pi c}\sum_{\boldsymbol{k},\boldsymbol{k}',\lambda,\lambda'}\frac{2\pi\hbar c}{L^3}\sqrt{\frac{k}{k'}}\sum_{jl}\epsilon_{ijl}\epsilon_{\boldsymbol{k},\lambda,j}\sum_{mn}\epsilon_{lmn}k'_m\epsilon_{\boldsymbol{k}',\lambda',n}\\ &\times\Big[\hat{a}_{\boldsymbol{k},\lambda}(t)\hat{a}_{\boldsymbol{k}',\lambda'}(t)\mathrm{e}^{\mathrm{i}(\boldsymbol{k}+\boldsymbol{k}')\cdot\boldsymbol{r}} + \hat{a}^\dagger_{\boldsymbol{k},\lambda}(t)\hat{a}^\dagger_{\boldsymbol{k}',\lambda'}(t)\mathrm{e}^{-\mathrm{i}(\boldsymbol{k}+\boldsymbol{k}')\cdot\boldsymbol{r}}\\ &\quad-\hat{a}_{\boldsymbol{k},\lambda}(t)\hat{a}^\dagger_{\boldsymbol{k}',\lambda'}(t)\mathrm{e}^{\mathrm{i}(\boldsymbol{k}-\boldsymbol{k}')\cdot\boldsymbol{r}} - \hat{a}^\dagger_{\boldsymbol{k},\lambda}(t)\hat{a}_{\boldsymbol{k}',\lambda'}(t)\mathrm{e}^{-\mathrm{i}(\boldsymbol{k}-\boldsymbol{k}')\cdot\boldsymbol{r}}\Big]\end{aligned} \tag{3.3}$$

Da wir auch wieder am Raumintegral dieses Ausdrucks interessiert sind, können wir die Relation (2.8) sowie die dazugehörige Argumentation verwenden. Es ergibt sich nach kurzer Indexgymnastik:

$$\begin{aligned}\hat{\boldsymbol{P}}_{\mathrm{em}} &= \int_V \mathrm{d}^3\boldsymbol{r}\,\hat{\boldsymbol{p}}(\boldsymbol{r},t)\\ &= \frac{1}{4\pi c}\sum_{\boldsymbol{k},\lambda,\lambda'}2\pi\hbar c(\boldsymbol{\epsilon}_{\boldsymbol{k},\lambda}\cdot\boldsymbol{\epsilon}_{\boldsymbol{k},\lambda'})\boldsymbol{k}\left[\hat{a}_{\boldsymbol{k},\lambda}\hat{a}^\dagger_{\boldsymbol{k},\lambda'} + \hat{a}^\dagger_{\boldsymbol{k},\lambda}\hat{a}_{\boldsymbol{k},\lambda'}\right]\\ &= \frac{1}{2}\sum_{\boldsymbol{k},\lambda}\hbar\boldsymbol{k}\left[\hat{a}_{\boldsymbol{k},\lambda}\hat{a}^\dagger_{\boldsymbol{k},\lambda} + \hat{a}^\dagger_{\boldsymbol{k},\lambda}\hat{a}_{\boldsymbol{k},\lambda}\right]\\ &= \sum_{\boldsymbol{k},\lambda}\hbar\boldsymbol{k}\left[\hat{N}_{\boldsymbol{k},\lambda} + \frac{1}{2}\right],\end{aligned}$$

und somit, nach Anwendung der Normalordnung (2.25):

$$\hat{\boldsymbol{P}}_{\text{em}} = \sum_{\boldsymbol{k},\lambda} \hbar \boldsymbol{k} \hat{N}_{\boldsymbol{k},\lambda}. \tag{3.4}$$

Der Ausdruck (3.4) ist plausibel interpretierbar als Summe der Impulsbeiträge $\hbar\boldsymbol{k}$ einzelner Photonen mit Wellenvektor $\boldsymbol{k}$ und Polarisationsrichtung λ.

Zuguterletzt berechnen wir den Drehimpuls

$$\hat{\boldsymbol{J}}_{\text{em}} = \frac{1}{4\pi c} \int \mathrm{d}^3 r\, \boldsymbol{r} \times \left(:\hat{\boldsymbol{E}}(\boldsymbol{r},t) \times \hat{\boldsymbol{B}}(\boldsymbol{r},t): \right) \tag{3.5}$$

des elektromagnetischen Feldes. Auch diese Rechnung ist elementar, bedingt aber noch ein wenig mehr Indexgymnastik, und wir erhalten am Ende einen etwas komplizierteren Ausdruck. Wir formen zunächst etwas um, denn das zusätzliche $\boldsymbol{r}$ im Integranden macht die Rechnung insgesamt komplizierter. Ignorieren wir wieder für einen Augenblick die Normalordnung, ist zunächst

$$\begin{aligned}
\hat{J}_{\text{em},i} &= \frac{1}{4\pi c} \int_V \mathrm{d}^3\boldsymbol{r} \sum_{jl} \epsilon_{ijl} r_j \sum_{mn} \epsilon_{lmn} \hat{E}_m \hat{B}_n \\
&= \frac{1}{4\pi c} \int_V \mathrm{d}^3\boldsymbol{r} \sum_{jl} \epsilon_{ijl} r_j \sum_{mn} \epsilon_{lmn} \hat{E}_m \sum_{op} \epsilon_{nop} \partial_o \hat{A}_p \\
&= \frac{1}{4\pi c} \int_V \mathrm{d}^3\boldsymbol{r} \epsilon_{ijl} r_j \left[\hat{E}_m \partial_l \hat{A}_m - \hat{E}_m \partial_m \hat{A}_l \right] \\
&= \frac{1}{4\pi c} \int_V \mathrm{d}^3\boldsymbol{r} \Big\{ \epsilon_{ijl} r_j \hat{E}_m \partial_l \hat{A}_m \\
&\qquad - \epsilon_{ijl} \Big[\partial_m \left(r_j \hat{E}_m \hat{A}_l \right) - \left(\partial_m r_j \right) \hat{E}_m \hat{A}_l - r_j \left(\partial_m \hat{E}_m \right) \hat{A}_l \Big] \Big\}.
\end{aligned}$$

In diesem Ausdruck trägt der zweite Term nichts zum Integral bei, da er einen Gradienten darstellt und wir voraussetzen wollen, dass sämtliche Feldoperatoren (in einer geeigneten Norm) im Unendlichen verschwinden und wir daher Oberflächenterme ignorieren können. Im dritten Term können wir $\partial_m r_j = \delta_{mj}$ setzen, und der vierte Term verschwindet, da für das freie Feld gilt: $\nabla \cdot \hat{\boldsymbol{E}}(\boldsymbol{r},t) = 0$. Es bleibt:

$$\hat{J}_{\text{em},i} = \frac{1}{4\pi c} \int_V \mathrm{d}^3\boldsymbol{r} \left[\epsilon_{ijl} r_j \hat{E}_m \partial_l \hat{A}_m + \epsilon_{ijl} \hat{E}_j \hat{A}_l \right], \tag{3.6}$$

beziehungsweise

$$\hat{\boldsymbol{J}}_{\text{em}} = \frac{1}{4\pi c} \int_V \mathrm{d}^3\boldsymbol{r} \left[\sum_l \hat{E}_l(\boldsymbol{r},t) \left(\boldsymbol{r} \times \nabla \right) \hat{A}_l(\boldsymbol{r},t) + \hat{\boldsymbol{E}}(\boldsymbol{r},t) \times \hat{\boldsymbol{A}}(\boldsymbol{r},t) \right]. \tag{3.7}$$

Schauen wir uns zunächst den ersten Term in (3.7) genauer an. Der Ausdruck $(\boldsymbol{r} \times \nabla)$ erinnert schon sehr stark an eine Art Bahndrehimpuls. Wir verwenden (3.1) und erhalten

$$
\begin{aligned}
\hat{L}_{\mathrm{em},i} &:= \frac{1}{4\pi c} \int_V \mathrm{d}^3\boldsymbol{r} \epsilon_{ijl} r_j \hat{E}_m \partial_l \hat{A}_m \\
&= -\frac{1}{4\pi c} \int_V \mathrm{d}^3\boldsymbol{r} \sum_{\boldsymbol{k},\lambda,\boldsymbol{k}',\lambda'} \frac{2\pi\hbar c}{L^3} \sqrt{\frac{k}{k'}} \epsilon_{ijl} r_j k'_l \epsilon_{\boldsymbol{k},\lambda,m} \epsilon_{\boldsymbol{k}',\lambda',m} \\
&\quad \times \Big[\hat{a}_{\boldsymbol{k},\lambda} \hat{a}_{\boldsymbol{k}',\lambda'} \mathrm{e}^{\mathrm{i}(\boldsymbol{k}+\boldsymbol{k}')\cdot\boldsymbol{r}} + \hat{a}^\dagger_{\boldsymbol{k},\lambda} \hat{a}^\dagger_{\boldsymbol{k}',\lambda'} \mathrm{e}^{-\mathrm{i}(\boldsymbol{k}+\boldsymbol{k}')\cdot\boldsymbol{r}} \\
&\quad - \hat{a}_{\boldsymbol{k},\lambda} \hat{a}^\dagger_{\boldsymbol{k}',\lambda'} \mathrm{e}^{\mathrm{i}(\boldsymbol{k}-\boldsymbol{k}')\cdot\boldsymbol{r}} - \hat{a}^\dagger_{\boldsymbol{k},\lambda} \hat{a}_{\boldsymbol{k}',\lambda'} \mathrm{e}^{-\mathrm{i}(\boldsymbol{k}-\boldsymbol{k}')\cdot\boldsymbol{r}} \Big],
\end{aligned}
$$

und somit schlichtweg

$$
\hat{\boldsymbol{L}}_{\mathrm{em}} = \int_V \mathrm{d}^3\boldsymbol{r} \, (\boldsymbol{r} \times \hat{\boldsymbol{p}}(\boldsymbol{r},t)), \tag{3.8}
$$

mit der Impulsdichte $\hat{\boldsymbol{p}}(\boldsymbol{r},t) = \sum_i \hat{p}_i(\boldsymbol{r},t)\boldsymbol{e}_i$ wie in (3.3). Damit erhält man schließlich:

$$
\hat{\boldsymbol{L}}_{\mathrm{em}} = \int_V \mathrm{d}^3\boldsymbol{r} \, (\boldsymbol{r} \times :\hat{\boldsymbol{p}}(\boldsymbol{r},t):). \tag{3.9}
$$

Es ist daher plausibel, die Größe (3.9) als den Bahndrehimpuls des elektromagnetischen Feldes zu verstehen.

Der Spin des elektromagnetischen Feldes

Nun untersuchen wir den zweiten Term in (3.7) genauer, der nach den obigen Betrachtungen nichts anderes darstellen kann als den Spin des elektromagnetischen Feldes. Seine renormierte Formulierung lautet:

$$
\hat{\boldsymbol{S}}_{\mathrm{em}} := \frac{1}{4\pi c} \int_V \mathrm{d}^3\boldsymbol{r} \left[:\hat{\boldsymbol{E}}(\boldsymbol{r},t) \times \hat{\boldsymbol{A}}(\boldsymbol{r},t): \right], \tag{3.10}
$$

aber wir werden die Normalordnungsvorschrift zunächst wieder ignorieren. Mit (3.1) erhalten wir dann zunächst

$$
\begin{aligned}
\hat{S}_{\mathrm{em},i} &= \frac{1}{4\pi c} \int_V \mathrm{d}^3\boldsymbol{r} \epsilon_{ijl} \hat{E}_j \hat{A}_l \\
&= \frac{\mathrm{i}}{4\pi c} \int_V \mathrm{d}^3\boldsymbol{r} \sum_{\boldsymbol{k},\lambda,\boldsymbol{k}',\lambda'} \frac{2\pi\hbar c}{L^3} \sqrt{\frac{k}{k'}} \epsilon_{ijl} \epsilon_{\boldsymbol{k},\lambda,j} \epsilon_{\boldsymbol{k}',\lambda',l} \\
&\quad \times \Big[\hat{a}_{\boldsymbol{k},\lambda} \hat{a}_{\boldsymbol{k}',\lambda'} \mathrm{e}^{\mathrm{i}(\boldsymbol{k}+\boldsymbol{k}')\cdot\boldsymbol{r}} - \hat{a}^\dagger_{\boldsymbol{k},\lambda} \hat{a}^\dagger_{\boldsymbol{k}',\lambda'} \mathrm{e}^{-\mathrm{i}(\boldsymbol{k}+\boldsymbol{k}')\cdot\boldsymbol{r}} \\
&\quad - \hat{a}_{\boldsymbol{k},\lambda} \hat{a}^\dagger_{\boldsymbol{k}',\lambda'} \mathrm{e}^{\mathrm{i}(\boldsymbol{k}-\boldsymbol{k}')\cdot\boldsymbol{r}} + \hat{a}^\dagger_{\boldsymbol{k},\lambda} \hat{a}_{\boldsymbol{k}',\lambda'} \mathrm{e}^{-\mathrm{i}(\boldsymbol{k}-\boldsymbol{k}')\cdot\boldsymbol{r}} \Big] \\
&= \frac{\mathrm{i}\hbar}{2} \sum_{\boldsymbol{k},\lambda,\lambda'} \underbrace{\epsilon_{ijl} \epsilon_{\boldsymbol{k},\lambda,j} \epsilon_{\boldsymbol{k},\lambda',l}}_{[\boldsymbol{\epsilon}_{\boldsymbol{k},\lambda} \times \boldsymbol{\epsilon}_{\boldsymbol{k},\lambda'}]_i} \left[\hat{a}_{\boldsymbol{k},\lambda} \hat{a}_{-\boldsymbol{k},\lambda'} - \hat{a}^\dagger_{\boldsymbol{k},\lambda} \hat{a}^\dagger_{-\boldsymbol{k},\lambda'} + \hat{a}_{\boldsymbol{k},\lambda} \hat{a}^\dagger_{\boldsymbol{k},\lambda'} - \hat{a}^\dagger_{\boldsymbol{k},\lambda} \hat{a}_{\boldsymbol{k},\lambda'} \right].
\end{aligned}
$$

In den ersten beiden Summanden ist eine Vertauschung $\boldsymbol{k} \leftrightarrow -\boldsymbol{k}$ äquivalent mit einer Vertauschung $\lambda \leftrightarrow \lambda'$, welche aber einen Vorzeichenwechsel nach sich zieht. Daher summieren sich sämtliche Kreuzterme zu Null. Es verbleibt:

$$\hat{S}_{\mathrm{em},i} = \frac{\mathrm{i}\hbar}{2} \sum_{\boldsymbol{k},\lambda,\lambda'} \epsilon_{ijl} \epsilon_{\boldsymbol{k},\lambda,j} \epsilon_{\boldsymbol{k},\lambda',l} \left[\hat{a}_{\boldsymbol{k},\lambda} \hat{a}^{\dagger}_{\boldsymbol{k},\lambda'} - \hat{a}^{\dagger}_{\boldsymbol{k},\lambda} \hat{a}_{\boldsymbol{k},\lambda'} \right],$$

und nach Normalordnung

$$\begin{aligned} \hat{S}_{\mathrm{em},i} &= \frac{\mathrm{i}\hbar}{2} \sum_{\boldsymbol{k},\lambda,\lambda'} \epsilon_{ijl} \epsilon_{\boldsymbol{k},\lambda,j} \epsilon_{\boldsymbol{k},\lambda',l} : \left[\hat{a}_{\boldsymbol{k},\lambda} \hat{a}^{\dagger}_{\boldsymbol{k},\lambda'} - \hat{a}^{\dagger}_{\boldsymbol{k},\lambda} \hat{a}_{\boldsymbol{k},\lambda'} \right] : \\ &= \mathrm{i}\hbar \sum_{\boldsymbol{k},\lambda,\lambda'} \epsilon_{ijl} \epsilon_{\boldsymbol{k},\lambda,j} \epsilon_{\boldsymbol{k},\lambda',l} \hat{a}^{\dagger}_{\boldsymbol{k},\lambda'} \hat{a}_{\boldsymbol{k},\lambda}, \end{aligned} \tag{3.11}$$

beziehungsweise

$$\hat{\boldsymbol{S}}_{\mathrm{em}} = \mathrm{i}\hbar \sum_{\boldsymbol{k},\lambda,\lambda'} \boldsymbol{\epsilon}_{\boldsymbol{k},\lambda} \times \boldsymbol{\epsilon}_{\boldsymbol{k},\lambda'} \hat{a}^{\dagger}_{\boldsymbol{k},\lambda'} \hat{a}_{\boldsymbol{k},\lambda}. \tag{3.12}$$

Die Größe (3.12) stellt den **Spin** des elektromagnetischen Felds dar. Eine andere Formel ergibt aus der Tatsache, dass $\boldsymbol{\epsilon}_{\boldsymbol{k},1} \times \boldsymbol{\epsilon}_{\boldsymbol{k},2} = \boldsymbol{k}/k$ und $\boldsymbol{\epsilon}_{\boldsymbol{k},2} \times \boldsymbol{\epsilon}_{\boldsymbol{k},1} = -\boldsymbol{k}/k$:

$$\hat{\boldsymbol{S}}_{\mathrm{em}} = \mathrm{i}\hbar \sum_{\boldsymbol{k}} \frac{\boldsymbol{k}}{k} \left(\hat{a}^{\dagger}_{\boldsymbol{k},2} \hat{a}_{\boldsymbol{k},1} - \hat{a}^{\dagger}_{\boldsymbol{k},1} \hat{a}_{\boldsymbol{k},2} \right), \tag{3.13}$$

oder

$$\hat{S}_{\mathrm{em},i} = -\mathrm{i}\hbar \sum_{\boldsymbol{k}} \epsilon_{ijl} \hat{a}^{\dagger}_{\boldsymbol{k},j} \hat{a}_{\boldsymbol{k},l}. \tag{3.14}$$

Natürlich hätte sich (3.14) auch direkt aus (3.11) ergeben, wenn man $\epsilon_{\boldsymbol{k},\lambda,j} = \delta_{\lambda,j}$ und $\epsilon_{\boldsymbol{k},\lambda',l} = \delta_{\lambda',l}$ setzt. Man vergleiche (3.14) im Übrigen mit dem entsprechenden Ausdruck (II-52.26) für das Schrödinger-Feld, den wir über das Noether-Theorem erhalten haben.

Abschließend sei an dieser Stelle die Bemerkung angebracht, dass wir ja im gesamten Kapitel die Coulomb-Eichung verwenden und weder (3.11,3.12,3.13) noch die Aufteilung $\hat{\boldsymbol{J}}_{\mathrm{em}} = \hat{\boldsymbol{L}}_{\mathrm{em}} + \hat{\boldsymbol{S}}_{\mathrm{em}}$ in (3.7) überhaupt eichinvariant sind. Wir haben im übrigen bereits in Abschnitt II-51 gesehen, dass wir stets einen symmetrischen Energie-Impuls-Tensor in Form des Belinfante-Tensors bilden können, so dass die Aufteilung in einen Bahndrehimpuls- und einen Spin-Anteil per Konstruktion verloren geht. Hingegen ist die Projektion des Spins auf die Impulsrichtung, die **Helizität**, für masselose Teilchen eine eichinvariante Größe, der wir uns im Folgenden zuwenden. Die Abschnitte §§2.6, 2.8 in der Monographie von Jauch und Rohrlich bieten ebenfalls eine kurze Diskussion hierzu, siehe die weiterführende Literatur am Ende dieses Kapitels.

Helizität des Photons und Helizitäts-Eigenzustände

Man beachte, dass aufgrund der Wahl des Koordinatensystens nur die $(i = 3)$-Komponente von $\hat{\boldsymbol{S}}_{\text{em}}$ von Null verschieden ist. Transversalität des elektromagnetischen Felds bedeutet, dass es nur zwei mögliche Messwerte für den Photonenspin gibt, entsprechend der zwei möglichen Polarisationseinstellungen. Wir konstruieren zunächst

$$|\boldsymbol{k}, 1\rangle := \hat{a}^\dagger_{\boldsymbol{k},1} |0\rangle , \tag{3.15}$$

$$|\boldsymbol{k}, 2\rangle := \hat{a}^\dagger_{\boldsymbol{k},2} |0\rangle , \tag{3.16}$$

und wenden $\hat{S}_{\text{em},z}$ darauf an. Wir erhalten mit (3.14):

$$\begin{aligned} \hat{S}_{\text{em},z} |\boldsymbol{k}, 1\rangle &= \mathrm{i}\hbar \left(\hat{a}^\dagger_{\boldsymbol{k},2} \hat{a}_{\boldsymbol{k},1} - \hat{a}^\dagger_{\boldsymbol{k},1} \hat{a}_{\boldsymbol{k},2} \right) \hat{a}^\dagger_{\boldsymbol{k},1} |0\rangle \\ &= +\mathrm{i}\hbar |\boldsymbol{k}, 2\rangle , \\ \hat{S}_{\text{em},z} |\boldsymbol{k}, 2\rangle &= \mathrm{i}\hbar \left(\hat{a}^\dagger_{\boldsymbol{k},2} \hat{a}_{\boldsymbol{k},1} - \hat{a}^\dagger_{\boldsymbol{k},1} \hat{a}_{\boldsymbol{k},2} \right) \hat{a}^\dagger_{\boldsymbol{k},2} |0\rangle \\ &= -\mathrm{i}\hbar |\boldsymbol{k}, 1\rangle , \end{aligned}$$

also sind $|\boldsymbol{k}, 1\rangle$, $|\boldsymbol{k}, 2\rangle$ keine Eigenzustände von $\hat{S}_{\text{em},z}$. Diese sind aber schnell konstruiert: wir setzen

$$|\boldsymbol{k}, \pm\rangle := \mp \frac{|\boldsymbol{k}, 1\rangle \pm \mathrm{i} |\boldsymbol{k}, 2\rangle}{\sqrt{2}} , \tag{3.17}$$

wobei die Vorzeichenkonvention der der Kugelflächenfunktionen $\mathrm{Y}_{1,\pm 1}(x, y, z)$ entspricht (siehe Abschnitt II-3). Entsprechend ist dann:

$$\hat{a}^\dagger_{\boldsymbol{k},\pm} = \mp \frac{1}{\sqrt{2}} \left(\hat{a}^\dagger_{\boldsymbol{k},1} \pm \mathrm{i} \hat{a}^\dagger_{\boldsymbol{k},2} \right) , \tag{3.18a}$$

$$\hat{a}_{\boldsymbol{k},\pm} = \mp \frac{1}{\sqrt{2}} \left(\hat{a}_{\boldsymbol{k},1} \mp \mathrm{i} \hat{a}_{\boldsymbol{k},2} \right) , \tag{3.18b}$$

und es gilt

$$[\hat{a}_{\boldsymbol{k},\pm}, \hat{a}^\dagger_{\boldsymbol{k}',\pm}] = \delta_{\boldsymbol{k},\boldsymbol{k}'} , \tag{3.19}$$

$$[\hat{a}_{\boldsymbol{k},\pm}, \hat{a}^\dagger_{\boldsymbol{k}',\mp}] = [\hat{a}_{\boldsymbol{k},\mp}, \hat{a}^\dagger_{\boldsymbol{k}',\pm}] = 0. \tag{3.20}$$

Dann ist

$$\hat{S}_{\text{em},z} |\boldsymbol{k}, \pm\rangle = \pm\hbar |\boldsymbol{k}, \pm\rangle . \tag{3.21}$$

Die Ein-Photon-Zustände $|\boldsymbol{k}, \pm\rangle$ sind also Eigenzustände zu $\hat{S}_{\text{em},z}$ und stellen **rechts-zirkular** beziehungsweise **links-zirkular polarisierte** Photonen positiver beziehungsweise negativer **Helizität** dar. Sie werden daher auch **Helizitäts-Eigenzustände** genannt. Allgemein ist die Helizität eines Punktteilchens definiert durch

$$h := \left\langle \frac{\hat{\boldsymbol{S}} \cdot \hat{\boldsymbol{p}}}{|\hat{\boldsymbol{p}}|} \right\rangle ,$$

also durch den Erwartungswert der Projektion des Spin auf den Impuls, und wir haben sie bereits in Abschnitt II-5 kennengelernt. Die Tatsache, dass $\hat{S}_{\mathrm{em},z}$ bei Photonen nur zwei Eigenwerte besitzt anstatt drei, wie angesichts von $s^2 = 1$ zu erwarten wäre, ist deren Masselosigkeit geschuldet. Diesen Zusammenhang werden wir detailliert im Rahmen der Darstellungstheorie der Poincaré-Gruppe in Abschnitt 28 untersuchen. Veranschaulichen kann man sich dies an dieser Stelle dadurch, dass es keine (eigentlich-orthochrone) Lorentz-Transformation gibt, die ein rechts- in ein linkshändiges Photon überführt und umgekehrt, und damit erst recht keine, die quasi den Spin transversal „zur Seite kippt", was gleichbedeutend wäre mit der Existenz eines Ruhesystems für Photonen. Für masselose Teilchen wie Photonen ist die Helizität eine Lorentz-Invariante.

Wir können zuguterletzt (3.13) noch in den Operatoren $\hat{a}_{\boldsymbol{k},\pm}, \hat{a}^\dagger_{\boldsymbol{k},\pm}$ ausdrücken:

$$\hat{\boldsymbol{S}}_{\mathrm{em,ren}} = \hbar \sum_{\boldsymbol{k}} \frac{\boldsymbol{k}}{k} \left(\hat{a}^\dagger_{\boldsymbol{k},+} \hat{a}_{\boldsymbol{k},+} - \hat{a}^\dagger_{\boldsymbol{k},-} \hat{a}_{\boldsymbol{k},-} \right), \tag{3.22}$$

4 Quantisierung des freien elektromagnetischen Feldes II: kanonischer Formalismus in Coulomb-Eichung

Der kanonische Formalismus zur Feldquantisierung fängt wie in den Abschnitten II-50 und II-52 (dort für das Schrödinger-Feld) ausgeführt mit der Lagrange-Dichte an. Für das freie elektromagnetische Feld lautet sie bekanntermaßen:

$$\begin{aligned}\mathcal{L} &= \frac{1}{8\pi}\left(\boldsymbol{E}(\boldsymbol{r},t)^2 - \boldsymbol{B}(\boldsymbol{r},t)^2\right)\\ &= \frac{1}{8\pi}\left[\frac{1}{c^2}\left(\frac{\partial \boldsymbol{A}(\boldsymbol{r},t)}{\partial t}\right)^2 - (\nabla\times\boldsymbol{A}(\boldsymbol{r},t))^2\right],\end{aligned} \tag{4.1}$$

unter Verwendung von (2.1,2.2). Die erste Zeile gilt noch allgemein, in der zweiten haben wir wieder von vornherein die Coulomb-Eichung verwendet.

Die zu $\boldsymbol{A}(\boldsymbol{r},t)$ kanonisch-konjugierten Impulse erhält man nun durch Anwendung von (II-50.5):

$$\pi_i(\boldsymbol{r},t) = \frac{\partial\mathcal{L}}{\partial\dot{A}_i(\boldsymbol{r},t)} = \frac{1}{4\pi c^2}\frac{\partial A_i(t)}{\partial t}, \tag{4.2}$$

und diese sollen nun als hermitesche Operatoren die kanonischen Kommutatorrelationen erfüllen:

$$[\hat{A}_i(\boldsymbol{r},t),\hat{\pi}_j(\boldsymbol{r}',t)] \overset{!}{=} \mathrm{i}\hbar\delta_{ij}\delta(\boldsymbol{r}-\boldsymbol{r}'). \quad \text{Obacht!} \tag{4.3}$$

Schauen wir mal was passiert, wenn wir die quantisierten Formen von (2.3) und (2.17) verwenden. Es ist

$$\frac{\partial\hat{A}_i(t)}{\partial t} = \sum_{\boldsymbol{k}}\sum_{\lambda=1}^{2}\left[(-\mathrm{i}\omega)\hat{A}_{\boldsymbol{k},\lambda}(t)\epsilon_{\boldsymbol{k},\lambda,i}\mathrm{e}^{\mathrm{i}\boldsymbol{k}\cdot\boldsymbol{r}} + (\mathrm{i}\omega)\hat{A}^{\dagger}_{\boldsymbol{k},\lambda}(t)\epsilon_{\boldsymbol{k},\lambda,i}\mathrm{e}^{-\mathrm{i}\boldsymbol{k}\cdot\boldsymbol{r}}\right],$$

so dass

$$\begin{aligned}[\hat{A}_i(\boldsymbol{r},t),\hat{\pi}_j(\boldsymbol{r}',t)] &= \frac{1}{4\pi c^2}\sum_{\boldsymbol{k},\boldsymbol{k}',\lambda,\lambda'}\mathrm{i}\omega'\left[\hat{A}_{\boldsymbol{k},\lambda}(t)\epsilon_{\boldsymbol{k},\lambda,i}\mathrm{e}^{\mathrm{i}\boldsymbol{k}\cdot\boldsymbol{r}} + \hat{A}^{\dagger}_{\boldsymbol{k},\lambda}(t)\epsilon_{\boldsymbol{k},\lambda,i}\mathrm{e}^{-\mathrm{i}\boldsymbol{k}\cdot\boldsymbol{r}},\right.\\ &\qquad\left.-\hat{A}_{\boldsymbol{k}',\lambda'}(t)\epsilon_{\boldsymbol{k}',\lambda',j}\mathrm{e}^{\mathrm{i}\boldsymbol{k}'\cdot\boldsymbol{r}'} + \hat{A}^{\dagger}_{\boldsymbol{k}',\lambda'}(t)\epsilon_{\boldsymbol{k}',\lambda',j}\mathrm{e}^{-\mathrm{i}\boldsymbol{k}'\cdot\boldsymbol{r}'}\right]\\ &= \frac{\mathrm{i}\hbar}{2L^3}\sum_{\boldsymbol{k},\boldsymbol{k}',\lambda,\lambda'}\sqrt{\frac{k'}{k}}\left[\hat{a}_{\boldsymbol{k},\lambda}(t)\epsilon_{\boldsymbol{k},\lambda,i}\mathrm{e}^{\mathrm{i}\boldsymbol{k}\cdot\boldsymbol{r}} + \hat{a}^{\dagger}_{\boldsymbol{k},\lambda}(t)\epsilon_{\boldsymbol{k},\lambda,i}\mathrm{e}^{-\mathrm{i}\boldsymbol{k}\cdot\boldsymbol{r}},\right.\\ &\qquad\left.-\hat{a}_{\boldsymbol{k}',\lambda'}(t)\epsilon_{\boldsymbol{k}',\lambda',j}\mathrm{e}^{\mathrm{i}\boldsymbol{k}'\cdot\boldsymbol{r}'} + \hat{a}^{\dagger}_{\boldsymbol{k}',\lambda'}(t)\epsilon_{\boldsymbol{k}',\lambda',j}\mathrm{e}^{-\mathrm{i}\boldsymbol{k}'\cdot\boldsymbol{r}'}\right]\\ &= \frac{\mathrm{i}\hbar}{2L^3}\sum_{\boldsymbol{k}}\left(\mathrm{e}^{\mathrm{i}\boldsymbol{k}\cdot(\boldsymbol{r}-\boldsymbol{r}')} + \mathrm{e}^{-\mathrm{i}\boldsymbol{k}\cdot(\boldsymbol{r}-\boldsymbol{r}')}\right)\sum_{\lambda=1}^{2}\epsilon_{\boldsymbol{k},\lambda,i}\epsilon_{\boldsymbol{k},\lambda,j}\\ &= \frac{\mathrm{i}\hbar}{L^3}\sum_{\boldsymbol{k}}\mathrm{e}^{\mathrm{i}\boldsymbol{k}\cdot(\boldsymbol{r}-\boldsymbol{r}')}\sum_{\lambda=1}^{2}\epsilon_{\boldsymbol{k},\lambda,i}\epsilon_{\boldsymbol{k},\lambda,j}.\end{aligned}$$

Hierbei haben wir einen entscheidenden Schritt gemacht: wir haben Relation (2.18) verwendet – schließlich sollte das ja ohnehin herauskommen, oder? Dann wird es wohl auch mit (4.3) kompatibel sein? Ist es aber nicht! Ginge der Index λ über $1, 2, 3$, ergäbe sich wegen $\sum_\lambda \delta_{\lambda,i}\delta_{\lambda,j} = \delta_{ij}$ letztlich die Kommutatorrelation (4.3). Es ist aber die Einschränkung auf transversale Wellen, die sich durch die Coulomb-Eichung ergibt, die dazu führt, dass vielmehr mit (III-19.39) weiter gilt:

$$[\hat{A}_i(\boldsymbol{r},t), \hat{\pi}_j(\boldsymbol{r}',t)] = \frac{\mathrm{i}\hbar}{L^3}\sum_{\boldsymbol{k}} \mathrm{e}^{\mathrm{i}\boldsymbol{k}\cdot(\boldsymbol{r}-\boldsymbol{r}')}\left(\delta_{ij} - \frac{k_i k_j}{k^2}\right),$$

so dass wir schlussendlich anstelle von (4.3) schreiben:

$$[\hat{A}_i(\boldsymbol{r},t), \hat{\pi}_j(\boldsymbol{r}',t)] = \mathrm{i}\hbar\delta^{\perp}_{ij}(\boldsymbol{r}-\boldsymbol{r}'), \tag{4.4}$$

mit dem **transversalen Delta-Funktional**

$$\delta^{\perp}_{ij}(\boldsymbol{r}-\boldsymbol{r}') = \frac{1}{L^3}\sum_{\boldsymbol{k}} \mathrm{e}^{\mathrm{i}\boldsymbol{k}\cdot(\boldsymbol{r}-\boldsymbol{r}')}\left(\delta_{ij} - \frac{k_i k_j}{k^2}\right), \tag{4.5}$$

beziehungsweise für $L \longrightarrow \infty$, so dass sich wegen

$$\frac{1}{L^3}\sum_{\boldsymbol{k}} = \sum_{\boldsymbol{k}} \frac{\Delta\boldsymbol{k}}{(2\pi)^3} \xrightarrow{L\to\infty} \frac{1}{(2\pi)^3}\int \mathrm{d}^3\boldsymbol{k} \tag{4.6}$$

ergibt:

$$\delta^{\perp}_{ij}(\boldsymbol{r}-\boldsymbol{r}') = \frac{1}{(2\pi)^3}\int \mathrm{d}^3\boldsymbol{k}\,\mathrm{e}^{\mathrm{i}\boldsymbol{k}\cdot(\boldsymbol{r}-\boldsymbol{r}')}\left(\delta_{ij} - \frac{k_i k_j}{k^2}\right), \tag{4.7}$$

$$= \delta_{ij}\delta(\boldsymbol{r}-\boldsymbol{r}') - \frac{\mathrm{i}\hbar}{4\pi}\partial_i\partial'_j\left[\frac{1}{|\boldsymbol{r}-\boldsymbol{r}'|}\right]. \tag{4.8}$$

Die Form in der zweiten Zeile erhalten wir schnell durch mit Hilfe des Tricks

$$\int \mathrm{d}^3\boldsymbol{k}\,\mathrm{e}^{\mathrm{i}\boldsymbol{k}\cdot(\boldsymbol{r}-\boldsymbol{r}')}\frac{k_i k_j}{k^2} = \partial_i\partial'_j \int \mathrm{d}^3\boldsymbol{k}\,\mathrm{e}^{\mathrm{i}\boldsymbol{k}\cdot(\boldsymbol{r}-\boldsymbol{r}')}\frac{1}{k^2},$$

und anschließender Rechnung wie hin zu (I-25.16), nach Setzen von $m = \frac{1}{2}$ und $p = 0$.

Das transversale Delta-Funktional besitzt die Eigenschaft, dass es von einem beliebig vorgegebenen Vektorfeld $\boldsymbol{F}(\boldsymbol{r})$ den transversalen Teil $\boldsymbol{F}(\boldsymbol{r})^{\perp}$ herausprojiziert:

$$F^{\perp}_i(\boldsymbol{r}) = \sum_{j=1}^{3}\int \mathrm{d}^3\boldsymbol{r}\,\delta^{\perp}_{ij}(\boldsymbol{r}-\boldsymbol{r}')F_j(\boldsymbol{r}'). \tag{4.9}$$

Es ist schnell zu erkennen, dass nur (4.4) kompatibel ist mit der Coulomb-Eichung, nicht aber (4.3): denn nimmt man die Divergenz auf beiden Seiten von (4.3), kommt auf der rechten Seite nicht Null heraus, wie es sein muss, sondern $i\hbar\partial_j\delta(\boldsymbol{r}-\boldsymbol{r}')$, während die rechte Seite von (4.4) nach Divergenzbildung korrekterweise verschwindet:

$$\sum_i [\partial_i \hat{A}_i(\boldsymbol{r},t), \hat{\pi}_j(\boldsymbol{r}',t)] = i\hbar \sum_i \partial_i \delta^{\perp}_{ij}(\boldsymbol{r}-\boldsymbol{r}') = 0. \tag{4.10}$$

(Man beachte, dass $\hat{\pi}_i(\boldsymbol{r},t)$ nichts anderes ist als $-E_i/(4\pi c)$, so dass angesichtes der Quellenfreiheit $\partial_i\hat{\pi}_i(\boldsymbol{r},t) \equiv 0$.)

Hier zeigt sich also bereits eine erste Komplikation, die sich bei der Quantisierung einer Eichtheorie ergibt: nach Fixierung der Eichung wie im vorliegenden Fall der Coulomb-Eichung können unter Umständen nicht mehr die kanonischen Kommutatorrelationen in „herkömmlicher Manier" gefordert werden, und der kanonische Formalismus muss abgeändert werden.

Vertauschungsrelationen für die elektromagnetischen Feldstärken

Zwischen den quantisierten Feldern $\hat{\boldsymbol{E}}(\boldsymbol{r},t)$ und $\hat{\boldsymbol{B}}(\boldsymbol{r},t)$ existieren Kommutatorrelationen. Wir beginnen mit den gleichzeitigen Kommutatorrelationen und gehen aus von (4.4):

$$[\hat{A}_i(\boldsymbol{r},t), \hat{\pi}_j(\boldsymbol{r}',t)] = i\hbar\delta^{\perp}_{ij}(\boldsymbol{r}-\boldsymbol{r}'),$$

zusammen mit (4.2) und (2.1,2.2):

$$\hat{\pi}_i(\boldsymbol{r},t) = \frac{1}{4\pi c^2}\dot{\hat{A}}_i(\boldsymbol{r},t) = -\frac{1}{4\pi c}\hat{E}_i(\boldsymbol{r},t),$$
$$\hat{B}_i(\boldsymbol{r},t) = \sum_{jk} \epsilon_{ijk}\nabla_j \hat{A}_k(\boldsymbol{r},t).$$

Zunächst ist schnell zu sehen, dass gelten muss:

$$[\hat{E}_i(\boldsymbol{r},t), \hat{E}_j(\boldsymbol{r}',t)] = [\hat{B}_i(\boldsymbol{r},t), \hat{B}_j(\boldsymbol{r}',t)] = 0. \tag{4.11}$$

Ebenfalls elementar ist die Berechnung von $[\hat{E}_i(\boldsymbol{r},t), \hat{B}_j(\boldsymbol{r}',t)]$. Es ist:

$$\begin{aligned}
[\hat{E}_i(\boldsymbol{r},t), \hat{B}_j(\boldsymbol{r}',t)] &= -4\pi c \sum_{kl} \epsilon_{jkl}[\hat{\pi}_i(\boldsymbol{r},t), \nabla'_k \hat{A}_l(\boldsymbol{r}',t)] \\
&= -4\pi c \sum_{kl} \epsilon_{jkl}\nabla'_k[\hat{\pi}_i(\boldsymbol{r},t), \hat{A}_l(\boldsymbol{r}',t)] \\
&= +4\pi i\hbar c \sum_{kl} \epsilon_{jkl}\nabla'_k \delta^{\perp}_{il}(\boldsymbol{r}-\boldsymbol{r}') \\
&= +4\pi i\hbar c \sum_{kl} \epsilon_{jkl}\nabla'_k \delta_{il}(\boldsymbol{r}-\boldsymbol{r}'),
\end{aligned}$$

wobei der Schritt in der letzten Zeile deswegen gilt, weil mit (4.7)

$$\sum_{kl} \epsilon_{jkl} \nabla'_k e^{i\boldsymbol{k}\cdot(\boldsymbol{r}-\boldsymbol{r}')} \left(\delta_{il} - \frac{k_i k_l}{k^2}\right) = -i \sum_{kl} \epsilon_{jkl} k_k e^{i\boldsymbol{k}\cdot(\boldsymbol{r}-\boldsymbol{r}')} \left(\delta_{il} - \frac{k_i k_l}{k^2}\right)$$
$$= -i \sum_{kl} \epsilon_{jkl} k_k e^{i\boldsymbol{k}\cdot(\boldsymbol{r}-\boldsymbol{r}')} \delta_{il}.$$

Damit ist mit $\nabla' = -\nabla$:

$$[\hat{E}_i(\boldsymbol{r},t), \hat{B}_j(\boldsymbol{r}',t)] = -4\pi i\hbar c \sum_k \epsilon_{ijk} \nabla_k \delta(\boldsymbol{r}-\boldsymbol{r}'). \tag{4.12}$$

Aus dem bislang Erarbeiteten kann man nun insbesondere feststellen, dass der Besetzungszahloperator $\hat{N}_{\boldsymbol{k},\lambda}$ nicht mit den elektromagnetischen Feldoperatoren $\hat{\boldsymbol{E}}(\boldsymbol{r},t), \hat{\boldsymbol{B}}(\boldsymbol{r},t)$ kommutiert. Es ist mit (3.1) schnell gezeigt, dass vielmehr

$$[\hat{N}_{\boldsymbol{k},\lambda}, \hat{\boldsymbol{E}}(\boldsymbol{r},t)] = -ik\boldsymbol{e}_\lambda \left(\hat{A}^\dagger_{\boldsymbol{k},\lambda}(\boldsymbol{r},t) + \hat{A}_{\boldsymbol{k},\lambda}(\boldsymbol{r},t)\right), \tag{4.13}$$

$$[\hat{N}_{\boldsymbol{k},\lambda}, \hat{\boldsymbol{B}}(\boldsymbol{r},t)] = -i\boldsymbol{k} \times \boldsymbol{e}_\lambda \left(\hat{A}^\dagger_{\boldsymbol{k},\lambda}(\boldsymbol{r},t) + \hat{A}_{\boldsymbol{k},\lambda}(\boldsymbol{r},t)\right). \tag{4.14}$$

Eigenzustände bestimmter Photonenzahl sind also nicht Eigenzustände von $\hat{\boldsymbol{E}}(\boldsymbol{r},t)$ oder $\hat{\boldsymbol{B}}(\boldsymbol{r},t)$. Insbesondere ist zwar für den Vakuumzustand $|0\rangle$ sowohl $\langle \hat{N}_{\boldsymbol{k},\lambda}\rangle = 0$ als auch $\langle \hat{\boldsymbol{E}}\rangle = \langle \hat{\boldsymbol{B}}\rangle = 0$, aber es verschwindet nicht das mittlere Schwankungsquadrat, denn es ist $\langle \hat{\boldsymbol{E}}^2\rangle \neq 0, \langle \hat{\boldsymbol{B}}^2\rangle \neq 0$, was beispielsweise zu Verschiebungen der Energieniveaus der Atomzustände führt. Wir werden in Abschnitt 10 darauf zurückkommen.

Nun zu den allgemeinen Kommutatorrelationen zu verschiedenen Zeiten. Mit (2.5), (2.18) und $A_{\boldsymbol{k},\lambda}(t) = A_{\boldsymbol{k},\lambda} e^{-i\omega t}$ erhalten wir sehr schnell:

$$\begin{aligned}
[\hat{E}_i(\boldsymbol{r},t), \hat{E}_j(\boldsymbol{r}',t')] &= \frac{2\pi\hbar c}{L^3} \sum_{\boldsymbol{k},\lambda} k \epsilon_{\lambda,i} \epsilon_{\lambda,j} \left(e^{i\boldsymbol{k}\cdot(\boldsymbol{r}-\boldsymbol{r}')-i\omega(t-t')} - e^{-i\boldsymbol{k}\cdot(\boldsymbol{r}-\boldsymbol{r}')+i\omega(t-t')}\right) \\
&= \frac{4\pi i\hbar c}{L^3} \sum_{\boldsymbol{k},\lambda} k \epsilon_{\lambda,i} \epsilon_{\lambda,j} \sin(\boldsymbol{k}\cdot(\boldsymbol{r}-\boldsymbol{r}') - \omega(t-t')) \\
&= \frac{4\pi i\hbar c}{L^3} \sum_{\boldsymbol{k}} k \left(\delta_{ij} - \frac{k_i k_j}{k^2}\right) \sin(\boldsymbol{k}\cdot(\boldsymbol{r}-\boldsymbol{r}') - \omega(t-t')) \\
&= \frac{4\pi i\hbar c}{L^3} \sum_{\boldsymbol{k}} k \left(\delta_{ij} - \frac{k_i k_j}{k^2}\right) \sin(\boldsymbol{k}\cdot(\boldsymbol{r}-\boldsymbol{r}') - \omega(t-t')) \\
&= \frac{4\pi i\hbar c}{L^3} \left(\delta_{ij} \frac{1}{c^2} \frac{\partial}{\partial t} \frac{\partial}{\partial t'} - \partial_i \partial'_j\right) \sum_{\boldsymbol{k}} \frac{1}{k} \sin(\boldsymbol{k}\cdot(\boldsymbol{r}-\boldsymbol{r}') - \omega(t-t')),
\end{aligned} \tag{4.15}$$

unter Verwendung des Tricks

$$\frac{\mathrm{d}}{\mathrm{d}x}\frac{\mathrm{d}}{\mathrm{d}x'}\sin k(x-x') = -k\frac{\mathrm{d}}{\mathrm{d}x}\cos k(x-x') = k^2\sin k(x-x').$$

Die weitere Berechnung von (4.15) machen wir den Übergang ins Kontinuum. Mit (4.6) ist

$$\begin{aligned}&\frac{1}{L^3}\sum_{\boldsymbol{k}}\frac{1}{k}\sin(\boldsymbol{k}\cdot(\boldsymbol{r}-\boldsymbol{r}')-\omega(t-t')) \xrightarrow{L\to\infty} \frac{1}{(2\pi)^3}\int \mathrm{d}^3\boldsymbol{k}\frac{1}{k}\sin(\boldsymbol{k}\cdot(\boldsymbol{r}-\boldsymbol{r}')-\omega(t-t'))\\ &= \frac{1}{4\pi^2|\boldsymbol{r}-\boldsymbol{r}'|}\int_0^\infty [\cos(k|\boldsymbol{r}-\boldsymbol{r}'|+\omega(t-t'))-\cos(k|\boldsymbol{r}-\boldsymbol{r}'|-\omega(t-t'))]\,\mathrm{d}k, \qquad (4.16)\end{aligned}$$

nach Integration über die Winkelvariablen (Hinweis: die Substitution durch eine Hilfsvariable $y = |\boldsymbol{r}-\boldsymbol{r}'|\cos\theta$ macht die Integration elementar). Die k-Integration schließlich ergibt mit $\omega(k) = kc$:

$$\begin{aligned}&\int_0^\infty [\cos(k|\boldsymbol{r}-\boldsymbol{r}'|+kc(t-t'))-\cos(k|\boldsymbol{r}-\boldsymbol{r}'|-kc(t-t'))]\,\mathrm{d}k\\ &= \lim_{k\to\infty}\frac{\sin(k|\boldsymbol{r}-\boldsymbol{r}'|+kc(t-t'))}{|\boldsymbol{r}-\boldsymbol{r}'|+c(t-t')} - \lim_{k\to\infty}\frac{\sin(k|\boldsymbol{r}-\boldsymbol{r}'|-kc(t-t'))}{|\boldsymbol{r}-\boldsymbol{r}'|-c(t-t')}\\ &= \pi\,[\delta(|\boldsymbol{r}-\boldsymbol{r}'|+c(t-t'))-\delta(|\boldsymbol{r}-\boldsymbol{r}'|-c(t-t'))],\end{aligned}$$

unter Verwendung von (I-15.57). Fassen wir nun alles zusammen, erhalten wir

$$\begin{aligned}&[\hat{E}_i(\boldsymbol{r},t),\hat{E}_j(\boldsymbol{r}',t')] =\\ &\mathrm{i}\hbar c\left(\delta_{ij}\frac{1}{c^2}\frac{\partial}{\partial t}\frac{\partial}{\partial t'}-\partial_i\partial'_j\right)\frac{1}{|\boldsymbol{r}-\boldsymbol{r}'|}[\delta(|\boldsymbol{r}-\boldsymbol{r}'|+c(t-t'))-\delta(|\boldsymbol{r}-\boldsymbol{r}'|-c(t-t'))].\end{aligned} \tag{4.17}$$

Gemehinhin definiert man die **Pauli–Jordan-Distribution**

$$D(\boldsymbol{r},t) = \frac{1}{4\pi|\boldsymbol{r}|}[\delta(|\boldsymbol{r}|+ct)-\delta(|\boldsymbol{r}|-ct)], \tag{4.18}$$

und mit ihr kann man (4.17) schließlich schreiben:

$$[\hat{E}_i(\boldsymbol{r},t),\hat{E}_j(\boldsymbol{r}',t')] = 4\pi\mathrm{i}\hbar c\left(\delta_{ij}\frac{1}{c^2}\frac{\partial}{\partial t}\frac{\partial}{\partial t'}-\partial_i\partial'_j\right)D(\boldsymbol{r}-\boldsymbol{r}',t-t'). \tag{4.19}$$

Auf ähnliche Weise erhält man nach ein wenig Indexgymnastik aus (2.6) schnell:

$$[\hat{B}_i(\boldsymbol{r},t),\hat{B}_j(\boldsymbol{r}',t')] = [\hat{E}_i(\boldsymbol{r},t),\hat{E}_j(\boldsymbol{r}',t')]. \tag{4.20}$$

Interessant ist nun noch der Kommutator $[\hat{E}_i(\boldsymbol{r},t), \hat{B}_j(\boldsymbol{r}',t')]$. Hier führt eine ähnliche Indexgymnastik zunächst zu:

$$[\hat{E}_i(\boldsymbol{r},t), \hat{B}_j(\boldsymbol{r}',t')] = \frac{4\pi i\hbar c}{L^3} \sum_{\boldsymbol{k},l} \epsilon_{ijl} k_l \sin(\boldsymbol{k}\cdot(\boldsymbol{r}-\boldsymbol{r}') - \omega(t-t'))$$
$$= -\frac{4\pi i\hbar}{L^3} \sum_{\boldsymbol{k},l} \epsilon_{ijl} \partial_l \frac{\partial}{\partial t'} \left[\frac{1}{k}\sin(\boldsymbol{k}\cdot(\boldsymbol{r}-\boldsymbol{r}') - \omega(t-t'))\right],$$

so dass wir nach dem Kontinuumsübergang (4.6) erhalten:

$$[\hat{E}_i(\boldsymbol{r},t), \hat{B}_j(\boldsymbol{r}',t')] = -\frac{4\pi i\hbar}{(2\pi)^3} \sum_l \epsilon_{ijl} \partial_l \frac{\partial}{\partial t'} \int d^3\boldsymbol{k}\, \frac{1}{k} \sin(\boldsymbol{k}\cdot(\boldsymbol{r}-\boldsymbol{r}') - \omega(t-t')),$$

und somit letztendlich:

$$[\hat{E}_i(\boldsymbol{r},t), \hat{B}_j(\boldsymbol{r}',t')] = -4\pi i\hbar \sum_l \epsilon_{ijl} \partial_l \frac{\partial}{\partial t'} D(\boldsymbol{r}-\boldsymbol{r}', t-t'). \tag{4.21}$$

Bei allen Kommutatorrelationen taucht die Pauli–Jordan-Distribution $D(\boldsymbol{r},t)$ auf. Deren Form (4.18) macht deutlich, dass die Feldoperatoren $\hat{\boldsymbol{E}}$, $\hat{\boldsymbol{B}}$ überall miteinander kommutieren, außer direkt auf dem Lichtkegel, für den $c(t-t') = \pm|\boldsymbol{r}-\boldsymbol{r}'|$ gilt, und der diejenige Hyperebene in der Raumzeit darstellt, die durch alle Lichtsignale definiert ist, die zum Zeitpunkt $t = t'$ den Ort $\boldsymbol{r} = \boldsymbol{r}'$ erreichen. Das bedeutet, dass Feldstärken an Raumzeit-Punkten, die nicht lichtartig miteinander verbunden sind, miteinander kommutieren und daher mit beliebiger Genauigkeit gleichzeitig gemessen werden können. Auch in einer quantisierten Elektrodynamik breiten sich Signale also mit Lichtgeschwindigkeit aus, und das Prinzip der **Mikrokausalität** ist erfüllt – ein beruhigendes Ergebnis. Eine tiefergehende Analyse befindet sich in der bereits weiter oben erwähnten Arbeit von Bohr und Rosenfeld [BR33].

5 Strahlungsübergänge und spontane Emission

In Abschnitt III-19 haben wir die Wechselwirkung eines atomaren Elektrons mit einem äußeren elektromagnetischen Feld in semiklassischer Näherung betrachtet – das heißt, das elektromagnetische Feld war ein klassisches – und die Übergangsraten von Strahlungsübergängen berechnet. Nun wollen wir die Wechselwirkung eines atomaren Elektrons mit einem äußeren quantisierten elektromagnetischen Felds betrachten. Wir betrachten die nichtrelativstische QED: das Elektron selbst unterliegt weiterhin den Gesetzen des Quantenmechanik, wir betrachten also kein quantisiertes Schrödinger-Feld, da Paarerzeugung von materiellen Teilchen in der nichtrelativistischen Physik keine Rolle spielt. Wie in Abschnitt III-19 beschränken wir uns auf Wasserstoff-ähnliche Atome.

Der Hamilton-Operator des Gesamtsystems aus atomarem Elektron und quantisiertem Strahlungsfeld ist dann – unter den gleichen Näherungen wie in Abschnitt III-19, sprich unter Vernachlässigung des in $\hat{\boldsymbol{A}}$ quadratischen Terms – gegeben durch

$$\hat{H}(t) = \hat{H}_0 + \hat{H}_{\text{em}} + \hat{V}(t), \tag{5.1}$$

wobei $\hat{H}_0$ der Hamilton-Operator (II-28.1) des ungestörten Elektrons ist, $\hat{H}_{\text{em}}$ gemäß (2.26) der des elektromagnetischen Felds und $\hat{V}(t)$ der Wechselwirkungsoperator, wobei dessen explizite Form analog ist zu (III-19.22)-(III-19.23), nur dass $\hat{V}(t)$ nun Erzeuger und Vernichter für Photonen enthält. Wir betrachten zunächst wie in Abschnitt 2 ein endliches Volumen L^3 mit periodischen Randbedingungen:

$$\begin{aligned}\hat{V}(\boldsymbol{r},t) &= \frac{e}{m_\text{e}c}\hat{\boldsymbol{A}}(\boldsymbol{r},t)\cdot\hat{\boldsymbol{p}} \\ &= \sum_{\boldsymbol{k}}\sum_{\lambda=1}^{2}\left(\hat{v}_{\boldsymbol{k},\lambda}\text{e}^{\text{i}\omega t} + \hat{v}^\dagger_{\boldsymbol{k},\lambda}\text{e}^{-\text{i}\omega t}\right),\end{aligned} \tag{5.2}$$

mit

$$\begin{aligned}\hat{v}_{\boldsymbol{k},\lambda} &= \frac{e}{m_\text{e}c}\sqrt{\frac{2\pi\hbar c^2}{\omega L^3}}\hat{a}^\dagger_{\boldsymbol{k},\lambda}\text{e}^{-\text{i}\boldsymbol{k}\cdot\boldsymbol{r}}\boldsymbol{\epsilon}_{\boldsymbol{k},\lambda}\cdot\hat{\boldsymbol{p}}, \\ \hat{v}^\dagger_{\boldsymbol{k},\lambda} &= \frac{e}{m_\text{e}c}\sqrt{\frac{2\pi\hbar c^2}{\omega L^3}}\hat{a}_{\boldsymbol{k},\lambda}\text{e}^{\text{i}\boldsymbol{k}\cdot\boldsymbol{r}}\boldsymbol{\epsilon}_{\boldsymbol{k},\lambda}\cdot\hat{\boldsymbol{p}},\end{aligned} \tag{5.3}$$

unter Verwendung von (2.17). Hierbei ist zu beachten, dass jedes erlaubte Parameterpaar $(\boldsymbol{k},\lambda)$ eine unabhängige harmonische Störung darstellt.

Vor der Wechselwirkung zwischen atomarem Elektron und Strahlungsfeld sei das Gesamtsystem im Anfangszustand

$$|\Psi_\text{i}\rangle = |\psi_\text{i}\rangle\,|n_{\boldsymbol{k}_\text{i},\lambda_\text{i}}\rangle, \tag{5.4}$$

wobei $|\psi_\text{i}\rangle$ den Zustand des atomaren Elektrons bezeichnet und $|n_{\boldsymbol{k}_\text{i},\lambda_\text{i}}\rangle$ den Zustand des Strahlungsfelds. Nach der Wechselwirkung sei entsprechend der Zustand des Gesamtsystems

$$|\Psi_\text{f}\rangle = |\psi_\text{f}\rangle\,|n_{\boldsymbol{k}_\text{f},\lambda_\text{f}}\rangle. \tag{5.5}$$

Betrachten wir zunächst den Fall der Photonemission: dann ist $|\Psi_\mathrm{f}\rangle$ gegeben durch:

$$|\Psi_\mathrm{f}\rangle = |\psi_\mathrm{f}\rangle\,|n_{\boldsymbol{k}_\mathrm{f},\lambda_\mathrm{f}} + 1\rangle\,, \tag{5.6}$$

da ein weiteres Photon erzeugt wird. Das für die Berechnung von Übergangswahrscheinlichkeiten in erster Ordnung Störungstheorie relevante Matrixelement $\langle\Psi_\mathrm{f}|\hat{v}_{\boldsymbol{k},\lambda}|\Psi_\mathrm{i}\rangle$ ist nun mit (5.3):

$$\begin{aligned}
\left\langle\Psi_\mathrm{f}\,\middle|\,\hat{v}_{\boldsymbol{k},\lambda}\,\middle|\,\Psi_\mathrm{i}\right\rangle &= \frac{e}{m_\mathrm{e}c}\sqrt{\frac{2\pi\hbar c^2}{\omega L^3}}\left\langle\Psi_\mathrm{f}\,\middle|\,\hat{a}^\dagger_{\boldsymbol{k},\lambda}\mathrm{e}^{-\mathrm{i}\boldsymbol{k}\cdot\boldsymbol{r}}\boldsymbol{\epsilon}_{\boldsymbol{k},\lambda}\cdot\hat{\boldsymbol{p}}\,\middle|\,\Psi_\mathrm{i}\right\rangle \\
&= \frac{e}{m_\mathrm{e}c}\sqrt{\frac{2\pi\hbar c^2}{\omega L^3}}\left\langle\psi_\mathrm{f}\,\middle|\,\mathrm{e}^{-\mathrm{i}\boldsymbol{k}\cdot\boldsymbol{r}}\boldsymbol{\epsilon}_{\boldsymbol{k},\lambda}\cdot\hat{\boldsymbol{p}}\,\middle|\,\psi_\mathrm{i}\right\rangle\langle n_{\boldsymbol{k}_\mathrm{i},\lambda_\mathrm{i}}+1|\hat{a}^\dagger_{\boldsymbol{k},\lambda}|n_{\boldsymbol{k}_\mathrm{i},\lambda_\mathrm{i}}\rangle \\
&= \frac{e}{m_\mathrm{e}c}\sqrt{\frac{2\pi\hbar c^2}{\omega L^3}}\sqrt{n_{\boldsymbol{k}_\mathrm{i},\lambda_\mathrm{i}}+1}\left\langle\psi_\mathrm{f}\,\middle|\,\mathrm{e}^{-\mathrm{i}\boldsymbol{k}\cdot\boldsymbol{r}}\boldsymbol{\epsilon}_{\boldsymbol{k},\lambda}\cdot\hat{\boldsymbol{p}}\,\middle|\,\psi_\mathrm{i}\right\rangle.
\end{aligned} \tag{5.7}$$

Es ist zu erkennen, dass selbst in Abwesenheit äußerer Strahlung ($n_{\boldsymbol{k}_\mathrm{i},\lambda_\mathrm{i}} = 0$) Photonen erzeugt werden – es findet **spontane Emission** statt, zusätzlich zur in der semiklassischen Betrachtung ausschließlichen induzierten Emission, welche mit steigender Strahlungsintensität ebenfalls steigt.

Bei Photonabsorption ist $|\Psi_\mathrm{f}\rangle$ gegeben durch:

$$|\Psi_\mathrm{f}\rangle = |\psi_\mathrm{f}\rangle\,|n_{\boldsymbol{k}_\mathrm{i},\lambda_\mathrm{i}} - 1\rangle\,, \tag{5.8}$$

da ein Photon vernichtet wird. In diesem Fall benötigen wir wegen (5.3) das Matrixelement $\langle\Psi_\mathrm{f}|\hat{v}^\dagger_{\boldsymbol{k},\lambda}|\Psi_\mathrm{i}\rangle$, und eine analoge Rechnung ergibt:

$$\left\langle\Psi_\mathrm{f}\,\middle|\,\hat{v}_{\boldsymbol{k},\lambda}\,\middle|\,\Psi_\mathrm{i}\right\rangle = \frac{e}{m_\mathrm{e}c}\sqrt{\frac{2\pi\hbar c^2}{\omega L^3}}\sqrt{n_{\boldsymbol{k}_\mathrm{i},\lambda_\mathrm{i}}}\left\langle\psi_\mathrm{f}\,\middle|\,\mathrm{e}^{\mathrm{i}\boldsymbol{k}\cdot\boldsymbol{r}}\boldsymbol{\epsilon}_{\boldsymbol{k},\lambda}\cdot\hat{\boldsymbol{p}}\,\middle|\,\psi_\mathrm{i}\right\rangle.$$

Aufbauend auf (III-18.7) können wir nun die Übergangsraten berechnen. Wir benötigen noch (III-19.33), was wir allerdings umschreiben wie folgt:

$$\begin{aligned}
\mathrm{d}^3 n &= \frac{L^3}{(2\pi\hbar)^3}d\Omega p^2\mathrm{d}p \\
&= \frac{L^3\omega^2}{(2\pi c)^3}\mathrm{d}\omega\mathrm{d}\Omega = \frac{L^3\omega^2}{(2\pi c)^3\hbar}\mathrm{d}E\mathrm{d}\Omega,
\end{aligned}$$

mit $\omega = ck$, so dass die Dichte der Endzustände $\rho(E_\mathrm{f})$ pro Raumwinkeleinheit gegeben ist durch

$$\rho(E_\mathrm{f}) = \frac{L^3\omega^2}{(2\pi c)^3\hbar}. \tag{5.9}$$

Damit ergibt sich nun für die Übergangsraten für Photonenemission und -absorption bei gegebenem $(\boldsymbol{k}, \lambda)$:

$$\begin{aligned} \Gamma_{\mathrm{i}\to\mathrm{f}}^{\mathrm{em}} &= \frac{e^2\omega}{2\pi\hbar c^3 m_\mathrm{e}^2}\left(n_{\boldsymbol{k}_\mathrm{i},\lambda_\mathrm{i}}+1\right)\left|\left\langle\psi_\mathrm{f}\left|\mathrm{e}^{-\mathrm{i}\boldsymbol{k}\cdot\boldsymbol{r}}\boldsymbol{\epsilon}_{\boldsymbol{k},\lambda}\cdot\hat{\boldsymbol{p}}\right|\psi_\mathrm{i}\right\rangle\right|^2, \\ \Gamma_{\mathrm{i}\to\mathrm{f}}^{\mathrm{abs}} &= \frac{e^2\omega}{2\pi\hbar c^3 m_\mathrm{e}^2} n_{\boldsymbol{k}_\mathrm{i},\lambda_\mathrm{i}}\left|\left\langle\psi_\mathrm{f}\left|\mathrm{e}^{\mathrm{i}\boldsymbol{k}\cdot\boldsymbol{r}}\boldsymbol{\epsilon}_{\boldsymbol{k},\lambda}\cdot\hat{\boldsymbol{p}}\right|\psi_\mathrm{i}\right\rangle\right|^2. \end{aligned} \tag{5.10}$$

Wie im semiklassischen Abschnitt III-20 können wir (5.10) in Dipolnäherung weiter vereinfachen. Dann ist analog zu (III-20.2) und (III-20.3)

$$\begin{aligned} \left\langle\psi_\mathrm{f}\left|\mathrm{e}^{\mathrm{i}\boldsymbol{k}\cdot\hat{\boldsymbol{r}}}\boldsymbol{\epsilon}_{\boldsymbol{k},\lambda}\cdot\hat{\boldsymbol{p}}\right|\psi_\mathrm{i}\right\rangle &\approx \boldsymbol{\epsilon}_{\boldsymbol{k},\lambda}\cdot\langle\psi_\mathrm{f}|\hat{\boldsymbol{p}}|\psi_\mathrm{i}\rangle \\ &= \mathrm{i}m_\mathrm{e}\omega\boldsymbol{\epsilon}_{\boldsymbol{k},\lambda}\cdot\langle\psi_\mathrm{f}|\hat{\boldsymbol{r}}|\psi_\mathrm{i}\rangle, \end{aligned}$$

so dass sich für (5.10) in Dipolnäherung ergibt:

$$\begin{aligned} \Gamma_{\mathrm{i}\to\mathrm{f}}^{\mathrm{em}} &= \frac{e^2\omega^3}{2\pi\hbar c^3}\left(n_{\boldsymbol{k}_\mathrm{i},\lambda_\mathrm{i}}+1\right)\left|\boldsymbol{\epsilon}_{\boldsymbol{k},\lambda}\cdot\langle\psi_\mathrm{f}|\hat{\boldsymbol{r}}|\psi_\mathrm{i}\rangle\right|^2, \\ \Gamma_{\mathrm{i}\to\mathrm{f}}^{\mathrm{abs}} &= \frac{e^2\omega^3}{2\pi\hbar c^3} n_{\boldsymbol{k}_\mathrm{i},\lambda_\mathrm{i}}\left|\boldsymbol{\epsilon}_{\boldsymbol{k},\lambda}\cdot\langle\psi_\mathrm{f}|\hat{\boldsymbol{r}}|\psi_\mathrm{i}\rangle\right|^2. \end{aligned} \tag{5.11}$$

Unpolarisierte Übergangsraten

Die Übergangsraten (5.10) beziehungsweise in der Dipolnäherung (5.11) gelten für eine spezifische Polarisierung, also für gegebene Werte für $(\boldsymbol{k}, \lambda)$. Um die unpolarisierte Emssionsrate zu berechnen, müssen wir über die zwei Polarisierungen $\lambda = 1, 2$ summieren und über den Raumwinkel im $\boldsymbol{k}$-Raum integrieren. Wir rechnen nun weiter in Dipolnäherung und beschränken uns hierbei zunächst auf die induzierten Übergänge, die spontane Emission betrachten wir weiter unten.

Hierzu müssen wir wissen, welche Werte wir für $n_{\boldsymbol{k}_\mathrm{i},\lambda_\mathrm{i}}$ ansetzen sollen. Dazu setzen wir Hohlraumstrahlung voraus. Dann ist nämlich $n_{\boldsymbol{k}_\mathrm{i},\lambda_\mathrm{i}}$ nur abhängig von $k = |\boldsymbol{k}|$ und nicht von der Polarisierung λ. Es sei also $u(\omega)$ die **spektrale Energiedichte** der Hohlraumstrahlung. Dann ist $u(\omega)\mathrm{d}\omega$ die räumliche Energiedichte für ein Intervall $[\omega, \omega + \mathrm{d}\omega]$ und $u(\omega)\mathrm{d}\omega/(\hbar\omega)$ die Anzahl der Photonen pro Volumeneinheit in ebendiesem Intervall. Im gesamten Volumen L^3 ist dann die Anzahl N der Photonen in diesem Intervall einerseits gegeben durch

$$N = \frac{L^3 u(\omega)}{\hbar\omega}\mathrm{d}\omega, \tag{5.12}$$

andererseits ist mit der Dichte der Endzustände $\rho(\omega) = L^3\omega^2/(2\pi c)^3$ (man erinnere sich an die Herleitung von (5.9)) die Zahl der Photonen im Volumen L^3 im Intervall $[\omega, \omega + \mathrm{d}\omega)$ gegeben durch

$$N = 2\cdot 4\pi n_{\boldsymbol{k}_\mathrm{i},\lambda_\mathrm{i}}\rho(\omega)\mathrm{d}\omega = \frac{L^3\omega^2}{\pi^2 c^3} n_{\boldsymbol{k}_\mathrm{i},\lambda_\mathrm{i}}\rho(\omega)\mathrm{d}\omega. \tag{5.13}$$

Gleichsetzen von (5.12) und (5.13) ergibt so

$$n_{\boldsymbol{k}_\mathrm{i},\lambda_\mathrm{i}} = \frac{\pi^2 c^3}{\hbar\omega^3} u(\omega), \tag{5.14}$$

und wir erhalten aus (5.11) zunächst

$$\Gamma^{\mathrm{ind}}_{\mathrm{i}\to\mathrm{f}} = \frac{\pi e^2}{2\hbar^2} u(\omega) \left|\boldsymbol{\epsilon}_{\boldsymbol{k},\lambda} \cdot \langle\psi_\mathrm{f}|\hat{\boldsymbol{r}}|\psi_\mathrm{i}\rangle\right|^2 . \tag{5.15}$$

Nun müssen wir über die Polarisierungsrichtungen summieren und über den Raumwinkel integrieren. Es ist:

$$\begin{aligned}\sum_{\lambda=1}^{2} \left|\boldsymbol{\epsilon}_{\boldsymbol{k},\lambda} \cdot \langle\psi_\mathrm{f}|\hat{\boldsymbol{r}}|\psi_\mathrm{i}\rangle\right|^2 &= \left|\boldsymbol{\epsilon}_{\boldsymbol{k},1} \cdot \langle\psi_\mathrm{f}|\hat{\boldsymbol{r}}|\psi_\mathrm{i}\rangle\right|^2 + \left|\boldsymbol{\epsilon}_{\boldsymbol{k},2} \cdot \langle\psi_\mathrm{f}|\hat{\boldsymbol{r}}|\psi_\mathrm{i}\rangle\right|^2 \\ &= |\langle\psi_\mathrm{f}|\hat{x}|\psi_\mathrm{i}\rangle|^2 + |\langle\psi_\mathrm{f}|\hat{y}|\psi_\mathrm{i}\rangle|^2 \\ &= \frac{2}{3} |\langle\psi_\mathrm{f}|\hat{\boldsymbol{r}}|\psi_\mathrm{i}\rangle|^2 ,\end{aligned}$$

wobei wir wieder $\epsilon_{\boldsymbol{k},\lambda,i} = \delta_{\lambda,i}$ gesetzt haben. Integriert man nun noch über den gesamten Raumwinkel, ergibt sich einfach ein zusätzlicher Faktor 4π. (Man beachte, dass wir ja nicht über die Ortskoordinate $\boldsymbol{r}$ des Elektrons integrieren müssen.) Damit ist die unpolarisierte Übergangsrate gegeben durch:

$$\Gamma^{\mathrm{ind,tot}}_{\mathrm{i}\to\mathrm{f}} = \frac{4\pi^2 e^2}{3\hbar^2} u(\omega) \, |\langle\psi_\mathrm{f}|\hat{\boldsymbol{r}}|\psi_\mathrm{i}\rangle|^2 . \tag{5.16}$$

Spontane Emission und das Plancksche Strahlungsgesetz
Nun betrachten wir spontane Emission, es sei also $n_{\boldsymbol{k}_\mathrm{i},\lambda_\mathrm{i}} = 0$, und wir interessieren uns wieder für die unpolarisierte Emissionsrate. Eine analoge Rechnung wie eben für die induzierten Übergänge (Summierung über λ, Faktor 4π) ergibt schnell:

$$\Gamma^{\mathrm{spont,tot}}_{\mathrm{i}\to\mathrm{f}} = \frac{4e^2\omega^3}{3\hbar c^3} \, |\langle\psi_\mathrm{f}|\hat{\boldsymbol{r}}|\psi_\mathrm{i}\rangle|^2 , \tag{5.17}$$

mit $\omega = (E_\mathrm{f} - E_\mathrm{i})/\hbar$.

Es verbleibt, die spektrale Energiedichte $u(\omega)$ selbst zu berechnen. Das ist mit den nun erzielten Ergbnissen geradezu trivial. Wir erinnern an die **Einstein-Koeffizienten** $A_{m\to n}, B_{m\to n}, B_{n\to m}$, auf die wir bereits im historischen Abschnitt I-3 eingegangen sind. Im thermischen Gleichgewicht muss für $u(\omega, T)$ Relation (I-3.11) gelten. Nun ist:

$$\begin{aligned} u(\omega, T) &= \frac{1}{2\pi} \frac{A_{m\to n}/B_{m\to n}}{\mathrm{e}^{\hbar\omega/(k_\mathrm{B}T)} - 1} \\ &= \frac{\Gamma^{\mathrm{spont,tot}}_{\mathrm{i}\to\mathrm{f}}}{\Gamma^{\mathrm{ind,tot}}_{\mathrm{i}\to\mathrm{f}}} \frac{1}{\mathrm{e}^{\hbar\omega/(k_\mathrm{B}T)} - 1} \\ &= \frac{\omega^3\hbar}{c^3\pi^2} \frac{1}{\mathrm{e}^{\hbar\omega/(k_\mathrm{B}T)} - 1} . \end{aligned} \tag{5.18}$$

Gleichung (5.18) ist das **Plancksche Strahlungsgesetz**, das wir nun endlich aus fundamentalen Prinzipien herleiten konnten! Mit $u(\nu, T) = 2\pi u(\omega, T)$ ergibt sich so auch (I-3.11). Zusammenfassend:

$$u(\omega, T) = \frac{\omega^3 \hbar}{c^3 \pi^2} \frac{1}{e^{\hbar\omega/(k_B T)} - 1}, \tag{5.19a}$$

$$u(\nu, T) = \frac{8\pi \nu^3 h}{c^3} \frac{1}{e^{h\nu/(k_B T)} - 1}. \tag{5.19b}$$

Abschließend noch eine Bemerkung zur begrifflichen Präzision: wir haben zwar formuliert – und so ist es in vielen Darstellungen der Fall – dass spontane Emission auch in Abwesenheit von elektromagnetischer Strahlung auftritt. Im Rahmen einer quantenfeldtheoretischen Betrachtung ist diese Aussage irreführend: das atomare Elektron befindet sich zu jedem Zeitpunkt in Wechselwirkung mit dem quantisierten elektromagnetischen Feld, unabhängig von der Anzahl der Photonen im Gesamtsystem und auch bei Photonenzahl $n_{\boldsymbol{k}_i,\lambda_i} = 0$. Auch der Vakuumzustand $|0\rangle$ ist ein Eigenzustand von $\hat{H}_{\text{em}}$ und wirkt! Aus rein quantenfeldtheoretischer Sicht gibt es letzten Endes überhaupt keinen prinzipiellen Unterschied zwischen spontaner und induzierter Emission, denn beide Effekte rühren schließlich von der Kopplung eines elektrisch geladenen Teilchens – in diesem Falle eines atomaren Elektrons – an das stets vorhandene quantisierte elektromagnetische Feld. Die Photonenzahl $n_{\boldsymbol{k}_i,\lambda_i}$ ist hierbei lediglich ein Parameter, der in die Übergangswahrscheinlichkeiten eingeht. Oder anders ausgedrückt: sobald ein Quantensystem elektrisch geladene Teilchen enthält, beinhaltet zu einer konsistenten Beschreibung des Gesamtsystems letzteres zwingend das quantisierte elektromagnetische Feld, und wir müssen die Quantenelektrodynamik betrachten. Dieser Sachverhalt wird nochmals im Rahmen der Renormierungsdiskussion in Abschnitt 10 eine wichtige Rolle spielen.

An dieser Stelle sei die Bemerkung erlaubt, dass es eine interessante Querverknüpfung im Rahmen einer semiklassischen Betrachtung gibt zwischen dem Phänomen der spontanen Emission einerseits und der Strahlungsrückwirkung sowie den Vakuumfluktuationen andererseits, siehe das Werk von Milonni in der weiterführenden Literatur sowie [Mil84].

6 Spontane Übergänge: Mittlere Lebensdauern und Zerfallsbreiten

Spontane Emission ist eine andere Bezeichung für Strahlungszerfall und sorgt für die Instabilität angeregter Zustände und für **spontane Übergänge**, ohne äußere Störung im Sinne der zeitabhängigen Störungstheorie. Die **mittlere Lebensdauer** τ eines angeregten Zustands kann dann durch Aufsummieren der spontanen Emissionsraten erhalten werden. Es sei

$$\overline{\Gamma} = \sum_{\mathrm{f}} \Gamma_{\mathrm{i}\to\mathrm{f}}^{\mathrm{spont,tot}}. \tag{6.1}$$

Dann ist

$$\tau = \frac{1}{\overline{\Gamma}}. \tag{6.2}$$

Im Folgenden wollen wir einige Beispiele durchrechnen, um etwas mehr Fingerübung mit dem bislang erarbeiteten Formalismus zu bekommen.

Der spontane Übergang 2p → 1s des Wasserstoffatoms

Als erstes betrachten wir den spontanen Übergang 2p → 1s (Lyman-α-Übergang) beim Wasserstoffatom, einen elektrischen Dipol-Übergang. Die (unpolarisierte) Emissionsrate in Dipolnäherung ist dann gemäß (5.17) gegeben durch:

$$\Gamma_{\mathrm{2p}\to\mathrm{1s}} = \frac{4e^2\omega^3}{3\hbar c^3} \left|\langle 1\mathrm{s}|\hat{\boldsymbol{r}}|2\mathrm{p}\rangle\right|^2, \tag{6.3}$$

mit $\omega = (E_2 - E_1)/\hbar$, wobei die Energieeigenwerte E_n durch (II-29.12) bestimmt sind:

$$E_n = -\frac{e^2}{2a_0}\frac{1}{n^2}. \tag{6.4}$$

Es gilt nun, das zentrale Matrixelement in (6.3) zu berechnen. Mit (II-29.35) erhalten wir zunächst:

$$\begin{aligned}
\left|\langle 1\mathrm{s}|\hat{\boldsymbol{r}}|2\mathrm{p}\rangle\right|^2 &= \left|\langle 100|\hat{\boldsymbol{r}}|21m\rangle\right|^2 \\
&= \left|\langle 100|\hat{x}|21m\rangle\right|^2 + \left|\langle 100|\hat{y}|21m\rangle\right|^2 + \left|\langle 100|\hat{z}|21m\rangle\right|^2 .
\end{aligned}$$

Wir benötigen nun Tabelle II-3.5 und verwenden folgenden Trick:

$$\begin{aligned}
x &= r\sin\theta\cos\phi = -\sqrt{\frac{2\pi}{3}}r\left(\mathrm{Y}_{11}(\theta,\phi) - \mathrm{Y}_{1,-1}(\theta,\phi)\right), \\
y &= r\sin\theta\sin\phi = \mathrm{i}\sqrt{\frac{2\pi}{3}}r\left(\mathrm{Y}_{11}(\theta,\phi) + \mathrm{Y}_{1,-1}(\theta,\phi)\right), \\
z &= r\cos\theta = \sqrt{\frac{4\pi}{3}}r\mathrm{Y}_{10}(\theta,\phi),
\end{aligned}$$

so dass mit $Y_{00} = 1/\sqrt{4\pi}$:

$$
\begin{aligned}
&\langle 21m|\hat{x}|100\rangle \\
&= \int_0^\infty r^3 R_{21}^*(r)R_{10}(r)\mathrm{d}r \left(-\sqrt{\frac{2\pi}{3}}\right) \int \mathrm{d}\Omega \mathrm{Y}_{1m}^*(\theta,\phi)\mathrm{Y}_{00}(\theta,\phi)\left(\mathrm{Y}_{11}(\theta,\phi) - \mathrm{Y}_{1,-1}(\theta,\phi)\right) \\
&= \frac{1}{\sqrt{6}} a_0^{-4} \int_0^\infty r^4 \mathrm{e}^{-3r/(2a_0)}\mathrm{d}r \left(-\sqrt{\frac{2\pi}{3}}\right) \frac{1}{\sqrt{4\pi}} \left(\delta_{m1} - \delta_{m,-1}\right) \\
&= \frac{1}{\sqrt{6}} a_0^{-4} \frac{256}{81} a_0^5 \left(-\frac{1}{\sqrt{6}}\right) \left(\delta_{m1} - \delta_{m,-1}\right) \\
&= -\frac{2^7}{3^5} a_0 \left(\delta_{m1} - \delta_{m,-1}\right).
\end{aligned}
$$

Der obige Trick erlaubte uns also das Verwenden der Orthonormalitätsrelation (II-3.60) für Kugelfächenfunktionen. Entsprechend erhalten wir:

$$
\begin{aligned}
\langle 21m|\hat{y}|100\rangle &= \mathrm{i}\frac{2^7}{3^5} a_0 \left(\delta_{m1} + \delta_{m,-1}\right), \\
\langle 21m|\hat{z}|100\rangle &= \frac{1}{\sqrt{2}} \frac{2^8}{3^5} a_0 \delta_{m0}.
\end{aligned}
$$

Wir bilden die Betragsquadrate der Amplituden und sortieren das Ergebnis nach Werten von m:

$$
|\langle 1\mathrm{s}|\hat{\boldsymbol{r}}|2\mathrm{p}\rangle|^2 = \begin{cases} |\langle 210|\hat{z}|100\rangle|^2 = \frac{2^{15}}{3^{10}} a_0^2 & (m=0) \\ |\langle 210|\hat{x}|100\rangle|^2 + |\langle 210|\hat{y}|100\rangle|^2 = \frac{2^{15}}{3^{10}} a_0^2 & (m=\pm 1) \end{cases} . \tag{6.5}
$$

Tatsächlich ist also die Übergangsrate unabhängig von m. Das hätten wir aber auch antizipieren können: weil keine Richtung ausgezeichnet ist, besitzt das Problem Kugelsymmetrie. Gemäß dem Wigner–Eckart-Theorem (II-40.5) gilt nämlich:

$$
\langle 00|\hat{V}_q|1m\rangle = C_{m,q,0}^{1,1,0} \langle j'\|\hat{\boldsymbol{r}}\|j\rangle = C_{-q,q,0}^{1,1,0} \langle j'\|\hat{\boldsymbol{r}}\|j\rangle,
$$

aufgrund der Randbedingung $m + q = 0$. Die drei möglichen Clebsch–Gordan-Koeffizienten sind dann:

$$
C_{\mp 1,\pm 1,0}^{1,1,0} = \frac{1}{\sqrt{3}}, \quad C_{0,0,0}^{1,1,0} = -\frac{1}{\sqrt{3}},
$$

so dass deren Quadrate alle gleich $\frac{1}{3}$ ergeben. Also können wir ohne Beschränkung der Allgemeinheit $m = 0$ setzen und hätten die Rechnung von vornherein vereinfachen können.

In jedem Falle erhalten wir nun für (6.3):

$$\begin{aligned}\Gamma_{2\mathrm{p}\to1\mathrm{s}} &= \frac{e^2\omega^3}{\hbar c^3}\frac{2^{17}}{3^{11}}a_0^2 \\ &= \left(\frac{2}{3}\right)^8 \frac{e^8}{\hbar^4 c^3 a_0} = \left(\frac{2}{3}\right)^8 \frac{c}{a_0}\alpha^4. \end{aligned} \tag{6.6}$$

Mit der Feinstrukturkonstanten $\alpha = e^2/(\hbar c) \approx 1/137$ und dem Bohrschen Radius $a_0 \approx 5{,}29 \cdot 10^{-11}$ m ergibt sich eine Übergangsrate

$$\Gamma_{2\mathrm{p}\to1\mathrm{s}} \approx 6{,}28 \cdot 10^8\,\mathrm{s}^{-1}, \tag{6.7}$$

und damit zu einer mittleren Lebensdauer von

$$\tau \approx 1{,}6 \cdot 10^{-9}\,\mathrm{s}. \tag{6.8}$$

Die **Linien-** oder **Zerfallsbreite** Γ dieses Übergangs ist dann gemäß (III-17.17):

$$\Gamma = \hbar\Gamma_{2\mathrm{p}\to1\mathrm{s}} \approx 4 \cdot 10^{-7}\,\mathrm{eV}. \tag{6.9}$$

Der Hyperfeinübergang HI des Wasserstoffatoms

Wir haben in Abschnitt III-6 die Hyperfeinstruktur des Wasserstoffatoms in Störungstheorie untersucht und den HI-Übergang $(F = 1) \to (F = 0)$ betrachtet. Wie dort bereits bemerkt, handelt es sich bei dem HI-Übergang um einen magnetischen Dipol-Übergang. Wir wollen nun die Häufigkeit dieses Übergangs untersuchen.

Die Anfangs- und Endzustände sind in verkürzter Nomenklatur von Abschnitt III-6 gegeben durch

$$|\Psi_\mathrm{i}\rangle = |F = 1, m_F\rangle\,|n_{\boldsymbol{k},\lambda} = 0\rangle\,, \tag{6.10}$$

$$|\Psi_\mathrm{f}\rangle = |F = 0, m_F = 0\rangle\,|n_{\boldsymbol{k},\lambda} = 1\rangle\,, \tag{6.11}$$

und der Wechselwirkungsoperator, dessen Matrixelement wir berechnen müssen, ist nunmehr gegeben durch (III-6.12):

$$\hat{V}(\boldsymbol{r},t) = \frac{e}{m_\mathrm{e}c}\hat{\boldsymbol{S}} \cdot \hat{\boldsymbol{B}}(\boldsymbol{r},t). \tag{6.12}$$

Unter Verwendung von (3.1) erhalten wir so

$$\begin{aligned}\hat{V}(\boldsymbol{r},t) &= \frac{e}{m_\mathrm{e}c}\hat{\boldsymbol{S}} \cdot \left\{\mathrm{i}\sum_{\boldsymbol{k},\lambda}\sqrt{\frac{2\pi\hbar c}{L^3 k}}\,\boldsymbol{k}\times\boldsymbol{\epsilon}_{\boldsymbol{k},\lambda}\left[\hat{a}_{\boldsymbol{k},\lambda}(t)\mathrm{e}^{\mathrm{i}\boldsymbol{k}\cdot\boldsymbol{r}} - \hat{a}^\dagger_{\boldsymbol{k},\lambda}(t)\mathrm{e}^{-\mathrm{i}\boldsymbol{k}\cdot\boldsymbol{r}}\right]\right\} \\ &= \sum_{\boldsymbol{k}}\sum_{\lambda=1}^{2}\left(\hat{v}_{\boldsymbol{k},\lambda}\mathrm{e}^{\mathrm{i}\omega t} + \hat{v}^\dagger_{\boldsymbol{k},\lambda}\mathrm{e}^{-\mathrm{i}\omega t}\right), \end{aligned} \tag{6.13}$$

mit

$$
\begin{aligned}
\hat{v}_{\boldsymbol{k},\lambda} &= -\mathrm{i}\frac{e}{m_\mathrm{e}c}\hat{\boldsymbol{S}}\cdot\sqrt{\frac{2\pi\hbar c}{L^3 k}}\boldsymbol{k}\times\boldsymbol{\epsilon}_{\boldsymbol{k},\lambda}\hat{a}^\dagger_{\boldsymbol{k},\lambda}\mathrm{e}^{-\mathrm{i}\boldsymbol{k}\cdot\boldsymbol{r}},\\
\hat{v}^\dagger_{\boldsymbol{k},\lambda} &= \mathrm{i}\frac{e}{m_\mathrm{e}c}\hat{\boldsymbol{S}}\cdot\sqrt{\frac{2\pi\hbar c}{L^3 k}}\boldsymbol{k}\times\boldsymbol{\epsilon}_{\boldsymbol{k},\lambda}\hat{a}_{\boldsymbol{k},\lambda}\mathrm{e}^{\mathrm{i}\boldsymbol{k}\cdot\boldsymbol{r}},
\end{aligned}
\tag{6.14}
$$

und lediglich $\hat{v}_{\boldsymbol{k},\lambda}$ trägt zum zu berechnenden Matrixelement $\langle\Psi_\mathrm{f}|\hat{v}_{\boldsymbol{k},\lambda}|\Psi_\mathrm{i}\rangle$ bei, da der Anfangszustand null Photonen enthält.

Wir berechnen zunächst die Übergangsrate zu einer spezifischen Polarisation λ, also:

$$
\langle\Psi_\mathrm{f}|\hat{v}_{\boldsymbol{k},\lambda}|\Psi_\mathrm{i}\rangle = -\mathrm{i}\frac{e}{m_\mathrm{e}c}\sqrt{\frac{2\pi\hbar c}{L^3 k}}\langle F=0, m_F=0|\hat{\boldsymbol{S}}\cdot(\boldsymbol{k}\times\boldsymbol{\epsilon}_{\boldsymbol{k},\lambda})\mathrm{e}^{-\mathrm{i}\boldsymbol{k}\cdot\boldsymbol{r}}|F=1, m_F\rangle,
$$

beziehungsweise in magnetischer Dipolnäherung:

$$
\begin{aligned}
\langle\Psi_\mathrm{f}|\hat{v}_{\boldsymbol{k},\lambda}|\Psi_\mathrm{i}\rangle &= -\mathrm{i}\frac{e}{m_\mathrm{e}c}\sqrt{\frac{2\pi\hbar c}{L^3 k}}\langle F=0, m_F=0|\hat{\boldsymbol{S}}\cdot(\boldsymbol{k}\times\boldsymbol{\epsilon}_{\boldsymbol{k},\lambda})|F=1, m_F\rangle\\
&= -\mathrm{i}\frac{e}{m_\mathrm{e}c}\sqrt{\frac{2\pi\hbar c}{L^3 k}}\sum_{ijl}\epsilon_{ijl}\underbrace{\langle F=0, m_F=0|\hat{S}_i|F=1, m_F\rangle}_{=:S_i}k_j\epsilon_{\boldsymbol{k},\lambda,l}.
\end{aligned}
\tag{6.15}
$$

Damit ist die Übergangsrate Γ_HI entsprechend zu (III-18.7) gegeben durch

$$
\begin{aligned}
\Gamma_\mathrm{HI} &= \frac{2\pi}{\hbar}\frac{2\pi\hbar c e^2}{m^2c^2L^3k}\rho(E_\mathrm{f})\sum_{ijl}\epsilon_{ijl}\sum_{nop}\epsilon_{nop}S_i k_j\epsilon_{\boldsymbol{k},\lambda,l}S_n k_o\epsilon_{\boldsymbol{k},\lambda,p}\\
&= \frac{e^2\omega}{2\pi\hbar m_\mathrm{e}^2c^3}\sum_{ijl}\epsilon_{ijl}\sum_{nop}\epsilon_{nop}S_i k_j\epsilon_{\boldsymbol{k},\lambda,l}S_n k_o\epsilon_{\boldsymbol{k},\lambda,p},
\end{aligned}
\tag{6.16}
$$

unter Verwendung von (5.9) und mit $\omega = \Delta E/\hbar$ wie in (III-6.14).

Um die unpolarisierte Übergangsrate zu erhalten, summieren wir wieder über die beiden Polarisationsrichtungen λ und integrieren anschließend über den Raumwinkel im $\boldsymbol{k}$-Raum. Mit (III-19.39) erhalten wir zunächst

$$
\Gamma^\mathrm{tot}_\mathrm{HI} = \frac{e^2\omega}{2\pi\hbar m_\mathrm{e}^2c^3}(S^2k^2 - (\boldsymbol{S}\cdot\boldsymbol{k})^2),
\tag{6.17}
$$

mit $\boldsymbol{S} = \begin{pmatrix} S_1 \\ S_2 \\ S_3 \end{pmatrix}$. Nun zur Raumwinkelintegration. In einer Nebenrechnung erhalten wir:

$$\begin{aligned}\int (\boldsymbol{S} \cdot \boldsymbol{k})^2 \mathrm{d}\Omega &= S^2 k^2 \int_0^{2\pi} \int_0^{\pi} \cos^2\theta \sin\theta \mathrm{d}\theta \mathrm{d}\phi \\ &= 2\pi S^2 k^2 \int_{-1}^{1} u^2 \mathrm{d}u = \frac{4}{3}\pi S^2 k^2, \\ \int S^2 k^2 \mathrm{d}\Omega &= 4\pi S^2 k^2.\end{aligned}$$

Dann wird aus (6.17):

$$\Gamma_{\mathrm{HI}}^{\mathrm{tot}} = \frac{4e^2 \omega k^2}{3\hbar m_{\mathrm{e}}^2 c^3} S^2 = \frac{4e^2 \omega^3}{3\hbar m_{\mathrm{e}}^2 c^5} S^2. \tag{6.18}$$

Zuguterletzt müssen wir das Matrixelement

$$S_i = \langle F = 0, m_F = 0 | \hat{S}_i | F = 1, m_F \rangle \tag{6.19}$$

selbst berechnen. Mit der gleichen Begründung wie oben im Fall des Lyman-α-Übergangs ist es gerechtfertigt, von vornherein $m_F = 0$ zu setzen. Das Wigner–Eckart-Theorem (II-40.5) sagt uns dann, dass in sphärischer Darstellung

$$\langle F = 0, m_F = 0 | \hat{S}_q | F = 1, m_F \rangle \sim C_{0,q,0}^{1,1,0},$$

so dass wir sofort $q \stackrel{!}{=} 0$ ablesen können und daher nur S_z einen Beitrag zu S^2 leistet.

Entsprechend der Kopplung von zwei Spin-$\frac{1}{2}$-Systemen in Abschnitt II-37 in der $|m_s, m_I\rangle$-Darstellung ist

$$\begin{aligned}|F = 1, m_F = 0\rangle &= \frac{1}{\sqrt{2}} \left(|\tfrac{1}{2}, -\tfrac{1}{2}\rangle + |-\tfrac{1}{2}, \tfrac{1}{2}\rangle \right), \\ |F = 0, m_F = 0\rangle &= \frac{1}{\sqrt{2}} \left(|\tfrac{1}{2}, -\tfrac{1}{2}\rangle - |-\tfrac{1}{2}, \tfrac{1}{2}\rangle \right),\end{aligned}$$

und wir erhalten

$$S_z = +\frac{\hbar}{2}, \tag{6.20}$$

und damit

$$S^2 = \frac{\hbar^2}{4}. \tag{6.21}$$

Damit wird aus (6.18):

$$\Gamma_{\mathrm{HI}}^{\mathrm{tot}} = \frac{4e^2 \omega k^2}{3\hbar m_{\mathrm{e}}^2 c^3} S^2 = \frac{\alpha \omega^3 \hbar^2}{3 m_{\mathrm{e}}^2 c^4}.$$

Verwenden wir nun noch $\omega = \Delta E/\hbar$ wie in (III-6.14), erhalten wir schlussendlich

$$\Gamma_{\mathrm{HI}}^{\mathrm{tot}} = \frac{4^3 g_{\mathrm{p}}^3 m_{\mathrm{e}}^4 c^2 \alpha^{13}}{3^4 m_{\mathrm{p}}^3 \hbar}. \tag{6.22}$$

In Zahlen ausgedrückt ergibt sich nun folgendes: die Übergangsrate ist

$$\Gamma_{\mathrm{HI}}^{\mathrm{tot}} \approx 2{,}84 \cdot 10^{-15}\,\mathrm{s}^{-1},$$

so dass sich eine mittlere Lebensdauer des $(F = 1)$-Zustands von

$$\tau \approx 3{,}53 \cdot 10^{14}\,\mathrm{s}$$

ergibt, was einem Zeitraum von etwa 11 Millionen Jahren entspricht! Es leuchtet nun ein, warum dieser Übergang nicht oder nur sehr schwer in Laborexperimenten beobachtet werden kann. Selbst wenn eine hinreichend große Menge an neutralen Wasserstoffatomen präpariert werden kann, was bereits eine große Herausforderung darstellt, muss anschließend vermieden werden, dass diese sich spontan zum stabilen H_2-Molekül rekombinieren oder sonstige Kollisionen zu Anregungen führen, die den HI-Übergang quasi unmöglich machen beziehungsweise völlig überschatten. Stimulierte HI-Übergänge werden beispielsweise beim Wasserstoff-Maser realisiert. Aber nur in den riesigen Weiten des interstellaren Raums, der für irdische Verhältnisse ein extrem gutes Vakuum darstellt, wird die sehr hohe Verdünnung des atomaren Wasserstoffs durch die gigantischen Mengen in den entsprechenden Vorkommen gewissermaßen überkompensiert, um letztlich die 21cm-Linie des spontanen HI-Übergangs zum wichtigsten Leuchtsignal gewöhnlicher Materie im Weltall zu machen. Dies ist ein Beispiel für einen gewissermaßen kosmischen Verstärkungseffekt von stark unterdrückten physikalischen Ereignissen.

7 Kopplung von Schrödinger-Feld und Maxwell-Feld: Nichtrelativistische QED in Coulomb-Eichung

Während wir in den vorhergehenden Abschnitten 2 und 4 das freie elektromagnetische Feld quantisiert haben, sowie in Abschnitt 5 dieses quantisierte Feld nahtlos in den Rahmen der nichtrelativistischen Quantenmechanik eingebettet haben, wollen wir nun den weiteren Schritt gehen und geladene Teilchen als Quanten eines **geladenen Schrödinger-Feldes** mit dem quantisierten elektromagnetischen Feld wechselwirken lassen.

Wir benötigen wieder einige klassische Vorbetrachtungen und behalten weiterhin die Coulomb-Eichung $\nabla \cdot \boldsymbol{A}(\boldsymbol{r},t) = 0$ bei. Diesmal setzen wir aber nicht Quellenfreiheit voraus, wir müssen als Ausgangspunkt also (III-19.1) nehmen:

$$\boldsymbol{E}(\boldsymbol{r},t) = -\nabla\phi(\boldsymbol{r},t) - \frac{1}{c}\frac{\partial \boldsymbol{A}(\boldsymbol{r},t)}{\partial t}, \tag{7.1a}$$

$$\boldsymbol{B}(\boldsymbol{r},t) = \nabla \times \boldsymbol{A}(\boldsymbol{r},t), \tag{7.1b}$$

was von den Maxwell-Gleichungen zu den Potentialgleichungen (III-19.4)

$$-\nabla^2\phi(\boldsymbol{r},t) = 4\pi\rho(\boldsymbol{r},t), \tag{7.2a}$$

$$\left(\frac{1}{c^2}\frac{\partial^2}{\partial t^2} - \nabla^2\right)\boldsymbol{A}(\boldsymbol{r},t) + \frac{1}{c}\frac{\partial}{\partial t}\left[\nabla\phi(\boldsymbol{r},t)\right] = \frac{4\pi}{c}\boldsymbol{j}(\boldsymbol{r},t) \tag{7.2b}$$

führt. Für das skalare Potential konnten wir bereits die instantane Coulomb-Lösung (III-19.5)

$$\phi(\boldsymbol{r},t) = \int_{\mathbb{R}^3} \frac{\rho(\boldsymbol{r}',t)}{|\boldsymbol{r}-\boldsymbol{r}'|}\mathrm{d}^3\boldsymbol{r}' \tag{7.3}$$

ableiten.

Durch die Coulomb-Eichung $\nabla \cdot \boldsymbol{A}(\boldsymbol{r},t) = 0$ ist das Vektorpotential $\boldsymbol{A}(\boldsymbol{r},t)$ immer noch rein transversal, gleiches gilt für das Magnetfeld $\boldsymbol{B}(\boldsymbol{r},t)$. Das elektrische Feld $\boldsymbol{E}(\boldsymbol{r},t)$ hingegen besitzt nun neben dem transversalen auch einen longitudinalen Anteil, nämlich gemäß (7.1a):

$$\boldsymbol{E}^{\perp}(\boldsymbol{r},t) = -\frac{1}{c}\frac{\partial \boldsymbol{A}(\boldsymbol{r},t)}{\partial t}, \tag{7.4a}$$

$$\boldsymbol{E}^{\parallel}(\boldsymbol{r},t) = -\nabla\phi(\boldsymbol{r},t), \tag{7.4b}$$

es ist also kein reines Strahlungsfeld mehr. Die Zerlegung (7.4) in ein divergenzfreies Vektorfeld $\boldsymbol{E}^{\perp}(\boldsymbol{r},t)$, welches als Rotation geschrieben werden kann (siehe (III-19.7)), und ein rotationsfreies Gradientenfeld $\boldsymbol{E}^{\parallel}(\boldsymbol{r},t)$ ist übrigens gemäß dem **Satz von Helmholtz** auf einfach zusammenhängenden Gebieten stets möglich und eindeutig und heißt auch **Helmholtz-Zerlegung**. Zur genaueren Formulierung des Satzes und seiner Voraussetzungen siehe die Literatur zur Mathematik für Physiker am Ende dieses Bandes. Außerdem sei an dieser Stelle nochmals auf [Ste03] verwiesen.

Die Hamilton-Funktion H_{em} des elektromagnetischen Felds können wir wieder aus der Hamilton-Dichte $\mathcal{H}_{\mathrm{em}}$ ableiten. Aus (2.4) erhalten wir

$$\begin{aligned}\mathcal{H}_{\mathrm{em}} &= \frac{1}{8\pi}\left(|\boldsymbol{E}(\boldsymbol{r},t)|^2 + |\boldsymbol{B}(\boldsymbol{r},t)|^2\right)\\ &= \frac{1}{8\pi}\left(|\boldsymbol{E}^{\perp}(\boldsymbol{r},t)|^2 + |\boldsymbol{B}(\boldsymbol{r},t)|^2 + |\boldsymbol{E}^{\parallel}(\boldsymbol{r},t)|^2\right). \end{aligned}\tag{7.5}$$

Die ersten beiden Summanden ergeben wieder die Hamilton-Dichte des Strahlungsfeld $\mathcal{H}_{\mathrm{rad}}$. Also ist

$$H_{\mathrm{rad}} = \frac{1}{8\pi}\int_{\mathbb{R}^3} \mathrm{d}^3\boldsymbol{r}\left(|\boldsymbol{E}^{\perp}(\boldsymbol{r},t)|^2 + |\boldsymbol{B}(\boldsymbol{r},t)|^2\right). \tag{7.6}$$

Der durch $|\boldsymbol{E}^{\parallel}(\boldsymbol{r},t)|^2$ gegebene Term hingegen trägt im Volumenintegral wie folgt bei:

$$\begin{aligned}\frac{1}{8\pi}\int_{\mathbb{R}^3} \mathrm{d}^3\boldsymbol{r}|\boldsymbol{E}^{\parallel}(\boldsymbol{r},t)|^2 &\overset{(7.4b)}{=} \frac{1}{8\pi}\int_{\mathbb{R}^3} \mathrm{d}^3\boldsymbol{r}\,[\nabla\phi(\boldsymbol{r},t)]^2\\ &= -\frac{1}{8\pi}\int_{\mathbb{R}^3} \mathrm{d}^3\boldsymbol{r}\phi(\boldsymbol{r},t)\nabla^2\phi(\boldsymbol{r},t)\\ &\overset{(7.2a)}{=} \frac{1}{2}\int_{\mathbb{R}^3} \mathrm{d}^3\boldsymbol{r}\phi(\boldsymbol{r},t)\rho(\boldsymbol{r},t)\\ &\overset{(7.3)}{=} \frac{1}{2}\int_{\mathbb{R}^3} \mathrm{d}^3\boldsymbol{r}\int_{\mathbb{R}^3} \mathrm{d}^3\boldsymbol{r}'\frac{\rho(\boldsymbol{r},t)\rho(\boldsymbol{r}',t)}{|\boldsymbol{r}-\boldsymbol{r}'|} =: H_{\mathrm{Coul}}. \end{aligned}\tag{7.7}$$

Das bedeutet, der longitudinale Anteil $\boldsymbol{E}^{\parallel}(\boldsymbol{r},t)$ des elektrischen Felds ist nichts anderes als das statische instantane Coulomb-Feld der Ladungsverteilung $\rho(\boldsymbol{r},t)$ und H_{Coul} ist die Selbstenergie dieses Feldes! Dieses Coulomb-Feld wird daher lediglich insofern quantisiert, als dessen Quellen – nämlich das Schrödinger-Feld $\Psi(\boldsymbol{r},t)$ – quantisiert werden, wir kommen weiter unten nochmals darauf zurück. So ist daher mit $\rho(\boldsymbol{r},t) = q\Psi^*(\boldsymbol{r},t)\Psi(\boldsymbol{r},t)$:

$$H_{\mathrm{Coul}} = \frac{q^2}{2}\int_{\mathbb{R}^3} \mathrm{d}^3\boldsymbol{r}\int_{\mathbb{R}^3} \mathrm{d}^3\boldsymbol{r}'\frac{\Psi^*(\boldsymbol{r},t)\Psi(\boldsymbol{r},t)\Psi^*(\boldsymbol{r}',t)\Psi(\boldsymbol{r}',t)}{|\boldsymbol{r}-\boldsymbol{r}'|}. \tag{7.8}$$

Die Kopplung des Schrödinger-Felds an das elektromagnetische Feld schließlich erfolgt wie immer über das Prinzip der minimalen Kopplung:

$$\begin{aligned}H_{\mathrm{Schroe}} &\to H_{\mathrm{Schroe}} - q\phi = H_{\mathrm{Schroe}} - H_{\mathrm{Coul}},\\ \boldsymbol{p} &\to \boldsymbol{p} - \frac{q}{c}\boldsymbol{A},\end{aligned}$$

wobei wir den Ausdruck (7.8) für H_{Coul} gerade berechnet haben und dem ursprünglichen Schrödinger-Feld zugeschlagen haben. Wir erhalten so die gesamte Hamilton-Funktion

$$H_{\mathrm{tot}} = \int \mathrm{d}^3\boldsymbol{r}\Psi^*(\boldsymbol{r},t)\left[\frac{1}{2m_{\mathrm{e}}}\left(-\mathrm{i}\hbar\nabla - \frac{q}{c}\boldsymbol{A}(\boldsymbol{r},t)\right)^2\right]\Psi(\boldsymbol{r},t) + H_{\mathrm{Coul}} + H_{\mathrm{rad}} \tag{7.9a}$$

$$= H_{\mathrm{Schroe}} + H_{\mathrm{Coul}} + H_{\mathrm{rad}} + V_{\mathrm{int}}, \tag{7.9b}$$

mit

$$H_{\text{Schroe}} = \int \mathrm{d}^3\boldsymbol{r} \frac{\hbar^2}{2m} [\nabla\Psi^*(\boldsymbol{r}, t)] \cdot \nabla\Psi(\boldsymbol{r}, t) \tag{7.10}$$

(vergleiche (II-52.8)) und dem Wechselwirkungsterm $V_{\text{int}}(\boldsymbol{r}, t)$ gemäß (III-19.20) (aber ohne Spin):

$$V_{\text{int}} = \int \mathrm{d}^3\boldsymbol{r}\Psi^*(\boldsymbol{r}, t) \left(\frac{\mathrm{i}\hbar q}{m_{\text{e}}c} \boldsymbol{A}(\boldsymbol{r}, t) \cdot \nabla + \frac{q^2}{2m_{\text{e}}c^2} \boldsymbol{A}(\boldsymbol{r}, t)^2 \right) \Psi(\boldsymbol{r}, t). \tag{7.11}$$

Dieser beschreibt die Wechselwirkung zwischen dem Schrödinger- und dem elektromagnetischen Feld und wird für schwache Felder zumeist in Störungstheorie behandelt, das heißt, es sind seine Matrixelemente zwischen den Eigenzuständen des freien Hamilton-Operators zu berechnen, wie wir ja bereits im vorhergegangenen Abschnitt 5 durchexerziert haben.

Quantisierung der gekoppelten Schrödinger- und elektromagnetischen Felder und die Selbstenergie des Elektrons

Die Quantisierung der durch die Hamilton-Funktion (7.9) definierten klassischen Feldtheorie erfolgt nun durch den althergebrachten Übergang von klassischen Feldfunktionen hin zu Feldoperatoren und durch Forderung der kanonischen Kommutatorrelationen (4.4) für das Strahlungsfeld und der kanonischen (Anti-)Kommutatorrelationen (II-52.18) beziehungsweise (II-52.19) für das bosonische beziehungsweise fermionische Schrödinger-Feld. Der sich aus (7.6) abgeleitete reine Strahlungsteil $\hat{H}_{\text{rad}}$ ist dann wieder gegeben durch $\hat{H}_{\text{em}}$ wie in (2.26).

Für die Feldoperatoren sowie sämtliche Observable im Heisenberg-Bild ist dann die unitäre Zeitentwicklung durch die Heisenberg-Gleichung gegeben (siehe Abschnitt II-48), was wir aber an dieser Stelle nicht weiterverfolgen wollen, da wir in diesem Kapitel stets nichtrelativistische Effekte untersuchen. Daher können wir materielle Teilchenerzeugung und -vernichtung völlig vernachlässigen und müssen keine „zweite Quantisierung" des Materiefelds durchführen. Es genügt eine Quantisierung des elektromagnetischen Felds, ansonsten werden wir im üblichen quantenmechanischen Formalismus bleiben, so wie wir bereits in den Abschnitten 5 und 6 verfahren sind und wie wir auch weiterhin in den folgenden Abschnitten verfahren werden. In diesem Sinne sind die Betrachtungen dieses Abschnitts eher grundsätzlicher Natur.

Daher wollen wir an dieser Stelle noch folgenden Sachverhalt beleuchten: Der Coulomb-Term (7.8) sieht nach direkter Quantisierung wie folgt aus:

$$\hat{H}_{\text{Coul}} = \frac{q^2}{2} \int_{\mathbb{R}^3} \mathrm{d}^3\boldsymbol{r} \int_{\mathbb{R}^3} \mathrm{d}^3\boldsymbol{r}' \frac{\hat{\Psi}^\dagger(\boldsymbol{r}', t)\hat{\Psi}^\dagger(\boldsymbol{r}, t)\hat{\Psi}(\boldsymbol{r}, t)\hat{\Psi}(\boldsymbol{r}', t)}{|\boldsymbol{r} - \boldsymbol{r}'|}. \tag{7.12}$$

Man beachte, dass (7.12) genau die Form einer Zwei-Teilchen-Observable (II-49.13) besitzt, so dass nämlich säntliche Erzeugungsoperatoren $\hat{\Psi}^\dagger(\boldsymbol{r}', t)\hat{\Psi}^\dagger(\boldsymbol{r}, t)$ links neben den Vernichtungsoperatoren $\hat{\Psi}(\boldsymbol{r}, t)\hat{\Psi}(\boldsymbol{r}', t)$ stehen. Man beachte auch an dieser Stelle die Normalordnung (2.25) der Feldoperatoren. Gehen wir von der naiven Reihenfolge

$$\rho(\boldsymbol{r}, t)\rho(\boldsymbol{r}', t) = q^2\Psi^*(\boldsymbol{r}, t)\Psi(\boldsymbol{r}, t)\Psi^*(\boldsymbol{r}', t)\Psi(\boldsymbol{r}', t) \rightarrow q^2\hat{\Psi}^\dagger(\boldsymbol{r}, t)\hat{\Psi}(\boldsymbol{r}, t)\hat{\Psi}^\dagger(\boldsymbol{r}', t)\hat{\Psi}(\boldsymbol{r}', t)$$

aus, so sehen wir, dass der so konstruierte Hamilton-Operator für die Coulomb-Energie

$$\hat{H}_{\text{Coul,un}} = \frac{q^2}{2} \int_{\mathbb{R}^3} \mathrm{d}^3\boldsymbol{r} \int_{\mathbb{R}^3} \mathrm{d}^3\boldsymbol{r}' \frac{\hat{\Psi}^\dagger(\boldsymbol{r},t)\hat{\Psi}(\boldsymbol{r},t)\hat{\Psi}^\dagger(\boldsymbol{r}',t)\hat{\Psi}(\boldsymbol{r}',t)}{|\boldsymbol{r}-\boldsymbol{r}'|} \tag{7.13}$$

sich von (7.12) unterscheidet gemäß

$$\hat{H}_{\text{Coul,un}} = \hat{H}_{\text{Coul}} + \frac{q^2}{2} \int_{\mathbb{R}^3} \mathrm{d}^3\boldsymbol{r} \int_{\mathbb{R}^3} \mathrm{d}^3\boldsymbol{r}' \frac{\hat{\Psi}^\dagger(\boldsymbol{r},t)\hat{\Psi}(\boldsymbol{r}',t)\delta(\boldsymbol{r}-\boldsymbol{r}')}{|\boldsymbol{r}-\boldsymbol{r}'|}, \tag{7.14}$$

und damit einen divergenten Term enthält, und zwar unabhängig davon, ob Kommutator- oder Antikommutatorrelationen verwendet werden: da zwei Vertauschungen von $\hat{H}_{\text{Coul,un}}$ nach $\hat{H}_{\text{Coul}}$ notwendig sind, kompensieren sich doppelte Minuszeichen.

Es ist an dieser Stelle wichtig zu verstehen, dass das statische Coulomb-Feld nach Quantisierung *nicht aus Photonen besteht!* Wir haben weiter oben bereits darauf hingewiesen, dass das Coulomb-Feld nur insofern quantisiert wird, als dessen Quellen quantisiert werden, was wir in diesem Kapitel aber aufgrund der Tatsache, dass wir nichtrelativistische Effekte betrachten, nicht machen müssen. Photonen sind vielmehr die Quanten der elektromagnetischen *Strahlung* und besitzen und transportieren als echte, wenn auch masselose Teilchen Energie, Impuls und Drehimpuls im echten Sinne (Abschnitte 2 und 3). Die Transversalität der elektromagnetischen Strahlung stellt sich im Photonbild durch deren zwei möglichen Polarisationsrichtungen beziehungsweise Helizitäten dar (Abschnitt 3). Dies zeigt sich in der in diesem Kapitel verwendeten Coulomb-Eichung am deutlichsten. In einer manifest kovarianten Quantisierungsmethode hingegen wie der in einem späteren Nachfolgeband vorgestellten Gupta–Bleuler-Quantisierung in Lorenz-Eichung zeigt sich die Eichsymmetrie dann von einer anderen Seite: es gibt neben den „echten" Photonen auch zeitartige und longitudinale Photonen, die aber Eichartefakte sind (sogenannte **redundante Freiheitsgrade** oder *''spurious degrees of freedom''*), deren Beiträge in Propagatoren sich gegenseitig kompensieren und die daher nicht in Form physikalisch echt messbarer Teilchen auftauchen. Das physikalische Weltbild bleibt also so, wie es ist.

Es macht aber auch deutlich, dass das insbesondere in populärwissenschaftlichen Darstellungen häufig verwendete Wort „Austauschteilchen" für das Photon ein irreführendes Bild vermittelt, da es insbesondere naiv suggeriert, dass die elektromagnetische Wechselwirkung stets durch Austausch von Photonen zwischen den Quellen stattfindet, was im statischen Fall definitiv nicht stimmt. Diese Semantik und die damit einhergehende naive Interpretation rührt von der störungstheoretischen Behandlung quantisierter Eichtheorien her und führt in deren ontologischer Betrachtung mindestens einmal zu problematischen Vorstellungen, was wir an dieser Stelle aber nicht weiter vertiefen wollen. Der interessierte Leser sei für eine Vertiefung auf die Diskussion [Pas20] in einem der vorliegenden Darstellung angemessen Rahmen verwiesen.

8 Streuung von Photonen an atomaren Elektronen

Wir betrachten in diesem Abschnitt die Streuung von Photonen an atomaren Elektronen, vernachlässigen allerdings völlig den Elektronenspin. Wie bereits am Ende von Abschnitt 7 angesprochen, ist es nicht notwendig, das Schrödinger-Feld zu quantisieren, da wir stets nichtrelativistisch bleiben und daher den üblichen quantenmechanischen Formalismus verwenden können. Einzig das elektromagnetische Feld wird quantisiert, und wir wenden zur Berechnung der Übergangsamplituden die zeitabhängige Störungstheorie aus Kapitel III-2 an (und lehnen uns an die Darstellung von Sakurai an).

Um Artefakte zu vermeiden, die sich aufgrund einer plötzlich einsetzenden Störung zum Zeitpunkt $t = 0$ ergeben, achten wir auf eine ordentliche Regularisierung wie in Abschnitt III-17 eingangs ausgeführt. Anschließend werden wir die gleichwertige Betrachtung im Rahmen der stationären Streutheorie führen und die Streuquerschnitte über die Berechnung des Übergangsoperators ableiten. Selbst dieses in diesem Abschnitt untersuchte äußerst einfache Streuphänomen gibt bereits einen Vorgeschmack darauf, wie umfangreich die Berechnung von Übergangsamplituden beziehungsweise Übergangsraten und Streuquerschnitten in der Quantenfeldtheorie sein kann.

Wir gehen aus vom Wechselwirkungsterm (III-19.20) unter Vernachlässigung des Terms in $\hat{\boldsymbol{S}} \cdot \hat{\boldsymbol{B}}$:

$$\hat{V}(\boldsymbol{r},t) = \underbrace{\frac{e}{m_\mathrm{e}c}\hat{\boldsymbol{A}}(\boldsymbol{r},t)\cdot\hat{\boldsymbol{p}}}_{=:\hat{V}_\mathrm{lin}(\boldsymbol{r},t)} + \underbrace{\frac{e^2}{2m_\mathrm{e}c^2}\hat{\boldsymbol{A}}(\boldsymbol{r},t)^2}_{=:\hat{V}_\mathrm{quad}(\boldsymbol{r},t)}, \tag{8.1}$$

wobei $\hat{\boldsymbol{A}}(\boldsymbol{r},t)$ explizit durch (3.1) gegeben ist. Die zwei Terme in (8.1) tragen jeweils unterschiedlich zum Streugeschehen bei. Der erste, in $\hat{\boldsymbol{A}}$ lineare Term $\hat{V}_\mathrm{lin}$ führt in erster Ordnung Störungstheorie zu einer Veränderung der Photonzahl um Eins, wie man an der expliziten Form (3.1) von $\hat{\boldsymbol{A}}$ in Erzeugern und Vernichtern erkennt, und trägt daher nicht zur Streuung bei. Der zweite, in $\hat{\boldsymbol{A}}$ quadratische Term $\hat{V}_\mathrm{quad}$ hingegen enthält Produkte der Form $\hat{a}_{\boldsymbol{k},\lambda}\hat{a}^\dagger_{\boldsymbol{k},\lambda}$ und $\hat{a}^\dagger_{\boldsymbol{k},\lambda}\hat{a}_{\boldsymbol{k},\lambda}$, und diese besitzen sehr wohl nichtverschwindende Matrixelemente zwischen Zuständen gleicher Photonenzahl. Allerdings ist das nur die halbe Wahrheit: der Beitrag des ersten Terms in zweiter Ordnung Störungstheorie verschwindet nämlich nicht und ist von der gleichen Potenz in der Kopplungskonstanten e wie der des zweiten Terms in erster Ordnung Störungstheorie, wie an (8.1) schnell zu sehen ist.

Um die gesuchten Übergangsraten zu berechnen, dürfen wir also nicht von Fermis Goldener Regel ausgehen, sondern von der Reihenentwicklung (III-15.6), und wir behalten nur Terme der Form $\hat{a}_{\boldsymbol{k},\lambda}\hat{a}^\dagger_{\boldsymbol{k},\lambda}$ und $\hat{a}^\dagger_{\boldsymbol{k},\lambda}\hat{a}_{\boldsymbol{k},\lambda}$. Die Methode lässt sich auch als Streuproblem auffassen: Wir haben in Abschnitt III-26 den Übergangsoperator $\hat{T}$ eingeführt, der sich störungstheoretisch über die Bornsche Reihe (III-26.7) berechnen lässt und der gewissermaßen das Bindeglied zwischen der zeitabhängigen Störungstheorie und der stationären Streutheorie (im asymptotischen Formalismus) darstellt. Exakte Übergangsraten und Streuquerschnitte ergeben sich dann über Fermis Goldene Regel, nur eben angewandt auf den

Übergangsoperator. Bis zur zweiten Ordnung lautet (III-26.7) dann

$$\hat{T} = \hat{V} + \hat{V}\hat{G}_0^{(+)}(E)\hat{V}.$$

Es seien in der Notation der vorangegangenen Abschnitte

$$|\Psi_\mathrm{i}\rangle = |\psi_m\rangle\,|n_{\boldsymbol{k}_\mathrm{f},\lambda_\mathrm{f}} = 0, n_{\boldsymbol{k}_\mathrm{i},\lambda_\mathrm{i}} = 1\rangle = |\psi_m\rangle\,|0,1\rangle$$

der Anfangszustand des Gesamtsystems und

$$|\Psi_\mathrm{f}\rangle = |\psi_n\rangle\,|n_{\boldsymbol{k}_\mathrm{f},\lambda_\mathrm{f}} = 1, n_{\boldsymbol{k}_\mathrm{i},\lambda_\mathrm{i}} = 0\rangle = |\psi_m\rangle\,|1,0\rangle$$

der Endzustand, und wir setzen im Folgenden die Gültigkeit der Dipolnäherung voraus.

Wir beginnen mit dem quadratischen Term und berechnen

$$\begin{aligned}
&\langle\Psi_\mathrm{f}|\hat{V}_\mathrm{quad}(\boldsymbol{r},t)|\Psi_\mathrm{i}\rangle \\
&\quad= \frac{e^2}{2m_\mathrm{e}c^2}\,\langle\psi_n|\psi_m\rangle\,\langle 1,0|\hat{\boldsymbol{A}}(\boldsymbol{r},t)^2|0,1\rangle \\
&\quad= \frac{e^2}{2m_\mathrm{e}c^2}\,\langle\psi_n|\psi_m\rangle \sum_{\boldsymbol{k}',\boldsymbol{k}'',\lambda',\lambda''} \frac{2\pi\hbar c}{L^3\sqrt{k'k''}}(\boldsymbol{\epsilon}_{\boldsymbol{k}',\lambda'}\cdot\boldsymbol{\epsilon}_{\boldsymbol{k}'',\lambda''}) \\
&\qquad\times\Big\langle 1,0\Big|\Big[\hat{a}_{\boldsymbol{k}',\lambda'}(t)\hat{a}^\dagger_{\boldsymbol{k}'',\lambda''}(t)\mathrm{e}^{\mathrm{i}(\boldsymbol{k}'-\boldsymbol{k}'')\cdot\boldsymbol{r}} + \hat{a}^\dagger_{\boldsymbol{k}',\lambda'}(t)\hat{a}_{\boldsymbol{k}'',\lambda''}(t)\mathrm{e}^{-\mathrm{i}(\boldsymbol{k}'-\boldsymbol{k}'')\cdot\boldsymbol{r}}\Big]\Big|0,1\Big\rangle \\
&\quad= \frac{e^2}{2m_\mathrm{e}c^2}\,\langle\psi_n|\psi_m\rangle\,\frac{2\pi\hbar c}{L^3\sqrt{k_\mathrm{f}k_\mathrm{i}}}(\boldsymbol{\epsilon}_{\boldsymbol{k}_\mathrm{f},\lambda_\mathrm{f}}\cdot\boldsymbol{\epsilon}_{\boldsymbol{k}_\mathrm{i},\lambda_\mathrm{i}}) \\
&\qquad\times\Big\langle 1,0\Big|\Big[\hat{a}_{\boldsymbol{k}_\mathrm{i},\lambda_\mathrm{i}}(t)\hat{a}^\dagger_{\boldsymbol{k}_\mathrm{f},\lambda_\mathrm{f}}(t)\mathrm{e}^{\mathrm{i}(\boldsymbol{k}_\mathrm{i}-\boldsymbol{k}_\mathrm{f})\cdot\boldsymbol{r}} + \hat{a}^\dagger_{\boldsymbol{k}_\mathrm{f},\lambda_\mathrm{f}}(t)\hat{a}_{\boldsymbol{k}_\mathrm{i},\lambda_\mathrm{i}}(t)\mathrm{e}^{-\mathrm{i}(\boldsymbol{k}_\mathrm{f}-\boldsymbol{k}_\mathrm{i})\cdot\boldsymbol{r}}\Big]\Big|0,1\Big\rangle,
\end{aligned}$$

beziehungsweise unter Verwendung von $\langle\psi_n|\psi_m\rangle = \delta_{nm}$:

$$\begin{aligned}
\langle\Psi_\mathrm{f}|\hat{V}_\mathrm{quad}(\boldsymbol{r},t)|\Psi_\mathrm{i}\rangle &= \frac{2\pi\hbar e^2}{L^3 m_\mathrm{e}\sqrt{\omega_\mathrm{f}\omega_\mathrm{i}}}\delta_{nm}(\boldsymbol{\epsilon}_{\boldsymbol{k}_\mathrm{f},\lambda_\mathrm{f}}\cdot\boldsymbol{\epsilon}_{\boldsymbol{k}_\mathrm{i},\lambda_\mathrm{i}})\mathrm{e}^{\mathrm{i}(\boldsymbol{k}_\mathrm{i}-\boldsymbol{k}_\mathrm{f})\cdot\boldsymbol{r}}\,\mathrm{e}^{\mathrm{i}(\omega_\mathrm{f}-\omega_\mathrm{i})t} \\
&\approx \frac{2\pi\hbar e^2}{L^3 m_\mathrm{e}\sqrt{\omega_\mathrm{f}\omega_\mathrm{i}}}\delta_{nm}(\boldsymbol{\epsilon}_{\boldsymbol{k}_\mathrm{f},\lambda_\mathrm{f}}\cdot\boldsymbol{\epsilon}_{\boldsymbol{k}_\mathrm{i},\lambda_\mathrm{i}})\mathrm{e}^{\mathrm{i}(\omega_\mathrm{f}-\omega_\mathrm{i})t}.
\end{aligned}$$

Dabei haben wir in der letzten Zeile die Dipolnäherung verwendet. Damit ist mit (III-17.2):

$$c^{(1)}_\mathrm{quad}(t) = -\frac{\mathrm{i}}{\hbar}\frac{2\pi\hbar e^2}{L^3 m_\mathrm{e}\sqrt{\omega_\mathrm{f}\omega_\mathrm{i}}}\delta_{nm}(\boldsymbol{\epsilon}_{\boldsymbol{k}_\mathrm{f},\lambda_\mathrm{f}}\cdot\boldsymbol{\epsilon}_{\boldsymbol{k}_\mathrm{i},\lambda_\mathrm{i}})\mathrm{e}^{\eta t}\mathrm{e}^{\mathrm{i}(E_n-E_m+\omega_\mathrm{f}-\omega_\mathrm{i})t}, \tag{8.2}$$

wobei wir ganz am Ende der Berechnungen den Regularisierungsparameter $\eta \longrightarrow 0$ gehen lassen werden.

Nun zum linearen Teil der Wechselwirkung. Wir berechnen zunächst

$$
\begin{aligned}
\langle \Psi_\mathrm{f}|\hat{V}_\mathrm{lin}(\boldsymbol{r},t)|\Psi_l\rangle &= \frac{e}{m_\mathrm{e}c}\sum_{\boldsymbol{k},\lambda}\sqrt{\frac{2\pi\hbar c^2}{\omega L^3}}\,\langle\psi_n|\boldsymbol{\epsilon}_{\boldsymbol{k},\lambda}\cdot\hat{\boldsymbol{p}}|\psi_l\rangle \\
&\quad\times\left\langle 1,0\left|\left[\hat{a}^\dagger_{\boldsymbol{k},\lambda}\mathrm{e}^{-\mathrm{i}\boldsymbol{k}\cdot\boldsymbol{r}}\mathrm{e}^{\mathrm{i}\omega t}+\hat{a}_{\boldsymbol{k},\lambda}\mathrm{e}^{+\mathrm{i}\boldsymbol{k}\cdot\boldsymbol{r}}\mathrm{e}^{-\mathrm{i}\omega t}\right]\right|n_{\boldsymbol{k}_\mathrm{f},\lambda_\mathrm{f}},n_{\boldsymbol{k}_\mathrm{i},\lambda_\mathrm{i}}\right\rangle \\
&= \frac{e}{m_\mathrm{e}}\sqrt{\frac{2\pi\hbar}{L^3}}\left[\frac{\langle\psi_n|\boldsymbol{\epsilon}_{\lambda_\mathrm{f}}\cdot\hat{\boldsymbol{p}}|\psi_l\rangle\,\mathrm{e}^{\mathrm{i}\omega_\mathrm{f}t}}{\sqrt{\omega_\mathrm{f}}}\delta_{n_{\boldsymbol{k}_\mathrm{f},\lambda_\mathrm{f}},0}\delta_{n_{\boldsymbol{k}_\mathrm{i},\lambda_\mathrm{i}},0}\right. \\
&\quad\left.+\frac{\langle\psi_n|\boldsymbol{\epsilon}_{\lambda_\mathrm{i}}\cdot\hat{\boldsymbol{p}}|\psi_l\rangle\,\mathrm{e}^{-\mathrm{i}\omega_\mathrm{i}t}}{\sqrt{\omega_\mathrm{i}}}\delta_{n_{\boldsymbol{k}_\mathrm{f},\lambda_\mathrm{f}},1}\delta_{n_{\boldsymbol{k}_\mathrm{i},\lambda_\mathrm{i}},1}\right],
\end{aligned}
$$

unter Verwendung der Dipolnäherung und von (I-34.25), sowie $n_{\boldsymbol{k}_\mathrm{f},\lambda_\mathrm{f}} = n_{\boldsymbol{k}_\mathrm{i},\lambda_\mathrm{i}} = 1$. Hierbei sei $|\Psi_l\rangle = |\psi_l\rangle\,|n_{\boldsymbol{k}_\mathrm{f},\lambda_\mathrm{f}}, n_{\boldsymbol{k}_\mathrm{i},\lambda_\mathrm{i}}\rangle$ ein beliebiger Zwischenzustand, wie er in der Berechnung von $c^{(2)}_\mathrm{lin}(t)$ gemäß (III-15.9) auftaucht. Entsprechend ist

$$
\begin{aligned}
\langle \Psi_l|\hat{V}_\mathrm{lin}(\boldsymbol{r},t)|\Psi_\mathrm{i}\rangle &= \frac{e}{m_\mathrm{e}}\sqrt{\frac{2\pi\hbar}{L^3}}\left[\frac{\langle\psi_l|\boldsymbol{\epsilon}_{\boldsymbol{k}_\mathrm{f},\lambda_\mathrm{f}}\cdot\hat{\boldsymbol{p}}|\psi_m\rangle\,\mathrm{e}^{\mathrm{i}\omega_\mathrm{f}t}}{\sqrt{\omega_\mathrm{f}}}\delta_{n_{\boldsymbol{k}_\mathrm{f},\lambda_\mathrm{f}},1}\delta_{n_{\boldsymbol{k}_\mathrm{i},\lambda_\mathrm{i}},1}\right. \\
&\quad\left.+\frac{\langle\psi_l|\boldsymbol{\epsilon}_{\boldsymbol{k}_\mathrm{i},\lambda_\mathrm{i}}\cdot\hat{\boldsymbol{p}}|\psi_m\rangle\,\mathrm{e}^{-\mathrm{i}\omega_\mathrm{i}t}}{\sqrt{\omega_\mathrm{i}}}\delta_{n_{\boldsymbol{k}_\mathrm{f},\lambda_\mathrm{f}},0}\delta_{n_{\boldsymbol{k}_\mathrm{i},\lambda_\mathrm{i}},0}\right].
\end{aligned}
$$

Dann ist

$$
\begin{aligned}
&\sum_l \langle\Psi_\mathrm{f}|\hat{V}_\mathrm{lin}(\boldsymbol{r},t')|\Psi_l\rangle\,\langle\Psi_l|\hat{V}_\mathrm{lin}(\boldsymbol{r},t'')|\Psi_\mathrm{i}\rangle = \\
&\quad\frac{e^2}{m_\mathrm{e}^2}\frac{2\pi\hbar}{L^3}\frac{1}{\sqrt{\omega_\mathrm{f}\omega_\mathrm{i}}}\sum_l\left[\langle\psi_n|\boldsymbol{\epsilon}_{\boldsymbol{k}_\mathrm{f},\lambda_\mathrm{f}}\cdot\hat{\boldsymbol{p}}|\psi_l\rangle\,\mathrm{e}^{\mathrm{i}\omega_\mathrm{f}t'}\,\langle\psi_l|\boldsymbol{\epsilon}_{\boldsymbol{k}_\mathrm{i},\lambda_\mathrm{i}}\cdot\hat{\boldsymbol{p}}|\psi_m\rangle\,\mathrm{e}^{-\mathrm{i}\omega_\mathrm{i}t''}\right. \\
&\qquad\left.+\langle\psi_n|\boldsymbol{\epsilon}_{\boldsymbol{k}_\mathrm{i},\lambda_\mathrm{i}}\cdot\hat{\boldsymbol{p}}|\psi_l\rangle\,\mathrm{e}^{-\mathrm{i}\omega_\mathrm{i}t'}\,\langle\psi_l|\boldsymbol{\epsilon}_{\boldsymbol{k}_\mathrm{f},\lambda_\mathrm{f}}\cdot\hat{\boldsymbol{p}}|\psi_m\rangle\,\mathrm{e}^{\mathrm{i}\omega_\mathrm{f}t''}\right],
\end{aligned}
$$

und somit

$$
\begin{aligned}
&c_{\text{lin}}^{(2)}(t) \\
&= \left(-\frac{\mathrm{i}}{\hbar}\right)^2 \frac{e^2}{m_\mathrm{e}^2} \frac{2\pi\hbar}{L^3\sqrt{\omega_\mathrm{f}\omega_\mathrm{i}}} \int_{-\infty}^{t} \mathrm{d}t' \int_{-\infty}^{t'} \mathrm{d}t'' \sum_l \\
&\quad \left[\langle\psi_n|\boldsymbol{\epsilon}_{\boldsymbol{k}_\mathrm{f},\lambda_\mathrm{f}} \cdot \hat{\boldsymbol{p}}|\psi_l\rangle\, \mathrm{e}^{\eta t'} \mathrm{e}^{\mathrm{i}(E_n - E_l + \hbar\omega_\mathrm{f})t'/\hbar} \langle\psi_l|\boldsymbol{\epsilon}_{\boldsymbol{k}_\mathrm{i},\lambda_\mathrm{i}} \cdot \hat{\boldsymbol{p}}|\psi_m\rangle\, \mathrm{e}^{\eta t''} \mathrm{e}^{\mathrm{i}(E_l - E_m - \hbar\omega_\mathrm{i})t''/\hbar}\right. \\
&\quad \left. + \langle\psi_n|\boldsymbol{\epsilon}_{\boldsymbol{k}_\mathrm{i},\lambda_\mathrm{i}} \cdot \hat{\boldsymbol{p}}|\psi_l\rangle\, \mathrm{e}^{\eta t'} \mathrm{e}^{\mathrm{i}(E_n - E_l - \hbar\omega_\mathrm{i})t'/\hbar} \langle\psi_l|\boldsymbol{\epsilon}_{\boldsymbol{k}_\mathrm{f},\lambda_\mathrm{f}} \cdot \hat{\boldsymbol{p}}|\psi_m\rangle\, \mathrm{e}^{\eta t''} \mathrm{e}^{\mathrm{i}(E_l - E_m + \hbar\omega_\mathrm{f})t''/\hbar}\right] \\
&= +\frac{\mathrm{i}}{\hbar} \frac{e^2}{m_\mathrm{e}^2} \frac{2\pi\hbar}{L^3\sqrt{\omega_\mathrm{f}\omega_\mathrm{i}}} \int_{-\infty}^{t} \mathrm{d}t' \sum_l \\
&\quad \left[\frac{\langle\psi_n|\boldsymbol{\epsilon}_{\boldsymbol{k}_\mathrm{f},\lambda_\mathrm{f}} \cdot \hat{\boldsymbol{p}}|\psi_l\rangle \langle\psi_l|\boldsymbol{\epsilon}_{\boldsymbol{k}_\mathrm{i},\lambda_\mathrm{i}} \cdot \hat{\boldsymbol{p}}|\psi_m\rangle}{E_l - E_m - \hbar\omega_\mathrm{i} - \mathrm{i}\eta} + \frac{\langle\psi_n|\boldsymbol{\epsilon}_{\boldsymbol{k}_\mathrm{i},\lambda_\mathrm{i}} \cdot \hat{\boldsymbol{p}}|\psi_l\rangle \langle\psi_l|\boldsymbol{\epsilon}_{\boldsymbol{k}_\mathrm{f},\lambda_\mathrm{f}} \cdot \hat{\boldsymbol{p}}|\psi_m\rangle}{E_l - E_m + \hbar\omega_\mathrm{f} - \mathrm{i}\eta}\right] \\
&\quad \times \mathrm{e}^{\eta t'} \mathrm{e}^{\mathrm{i}(E_n - E_m + \hbar\omega_\mathrm{f} - \hbar\omega_\mathrm{i})t'/\hbar}.
\end{aligned} \tag{8.3}
$$

Mit den beiden Amplituden (8.2) und (8.3) sowie mit (5.9) und im Grenzübergang $\eta \to 0$ (siehe Abschnitt III-17) berechnen wir nun (III-18.7) und erhalten so:

$$
\begin{aligned}
\Gamma_{\mathrm{i}\to\mathrm{f}} = &\frac{2\pi}{\hbar} \left(\frac{2\pi\hbar e^2}{L^3 m_\mathrm{e}\sqrt{\omega_\mathrm{f}\omega_\mathrm{i}}}\right)^2 \frac{L^3\omega_\mathrm{f}^2}{(2\pi c)^3\hbar} \Bigg| \delta_{nm}(\boldsymbol{\epsilon}_{\boldsymbol{k}_\mathrm{f},\lambda_\mathrm{f}} \cdot \boldsymbol{\epsilon}_{\boldsymbol{k}_\mathrm{i},\lambda_\mathrm{i}}) \\
&- \frac{1}{m_\mathrm{e}} \sum_l \left[\frac{\langle\psi_n|\boldsymbol{\epsilon}_{\boldsymbol{k}_\mathrm{f},\lambda_\mathrm{f}} \cdot \hat{\boldsymbol{p}}|\psi_l\rangle \langle\psi_l|\boldsymbol{\epsilon}_{\boldsymbol{k}_\mathrm{i},\lambda_\mathrm{i}} \cdot \hat{\boldsymbol{p}}|\psi_m\rangle}{E_l - E_m - \hbar\omega_\mathrm{i}}\right. \\
&\left. + \frac{\langle\psi_n|\boldsymbol{\epsilon}_{\boldsymbol{k}_\mathrm{i},\lambda_\mathrm{i}} \cdot \hat{\boldsymbol{p}}|\psi_l\rangle \langle\psi_l|\boldsymbol{\epsilon}_{\boldsymbol{k}_\mathrm{f},\lambda_\mathrm{f}} \cdot \hat{\boldsymbol{p}}|\psi_m\rangle}{E_l - E_m + \hbar\omega_\mathrm{f}}\right] \Bigg|^2 \Bigg|_{E_n + \hbar\omega_\mathrm{f} = E_m + \hbar\omega_\mathrm{i}} \\
= &\frac{e^4}{L^3 m_\mathrm{e}^2 c^3} \frac{\omega_\mathrm{f}}{\omega_\mathrm{i}} \Bigg| \delta_{nm}(\boldsymbol{\epsilon}_{\boldsymbol{k}_\mathrm{f},\lambda_\mathrm{f}} \cdot \boldsymbol{\epsilon}_{\boldsymbol{k}_\mathrm{i},\lambda_\mathrm{i}}) \\
&- \frac{1}{m_\mathrm{e}} \sum_l \left[\frac{\langle\psi_n|\boldsymbol{\epsilon}_{\boldsymbol{k}_\mathrm{f},\lambda_\mathrm{f}} \cdot \hat{\boldsymbol{p}}|\psi_l\rangle \langle\psi_l|\boldsymbol{\epsilon}_{\boldsymbol{k}_\mathrm{i},\lambda_\mathrm{i}} \cdot \hat{\boldsymbol{p}}|\psi_m\rangle}{E_l - E_m - \hbar\omega_\mathrm{i}}\right. \\
&\left. + \frac{\langle\psi_n|\boldsymbol{\epsilon}_{\boldsymbol{k}_\mathrm{i},\lambda_\mathrm{i}} \cdot \hat{\boldsymbol{p}}|\psi_l\rangle \langle\psi_l|\boldsymbol{\epsilon}_{\boldsymbol{k}_\mathrm{f},\lambda_\mathrm{f}} \cdot \hat{\boldsymbol{p}}|\psi_m\rangle}{E_l - E_m + \hbar\omega_\mathrm{f}}\right] \Bigg|^2 \Bigg|_{E_n + \hbar\omega_\mathrm{f} = E_m + \hbar\omega_\mathrm{i}} .
\end{aligned} \tag{8.4}
$$

Der differentielle Streuquerschnitt $\frac{\mathrm{d}\sigma}{\mathrm{d}\Omega}$ ergibt sich nun aus (8.4) durch Division durch die Stromdichte, welche aber durch c/L^3 gegeben ist, da am Anfang genau ein Photon vorhanden war. Verwendet man noch den **klassischen Elektronradius**

$$
r_0 = \frac{e^2}{m_\mathrm{e}c^2}, \tag{8.5}
$$

so erhält man die **Kramers–Heisenberg-Formel** für die nichtrelativistische Elektron-Photon-Streuung:

$$\frac{d\sigma}{d\Omega} = r_0^2 \frac{\omega_f}{\omega_i} \Bigg| \delta_{nm} (\boldsymbol{\epsilon}_{\boldsymbol{k}_f,\lambda_f} \cdot \boldsymbol{\epsilon}_{\boldsymbol{k}_i,\lambda_i}) - \frac{1}{m_e} \sum_l \Bigg[\frac{\langle \psi_n | \boldsymbol{\epsilon}_{\boldsymbol{k}_f,\lambda_f} \cdot \hat{\boldsymbol{p}} | \psi_l \rangle \langle \psi_l | \boldsymbol{\epsilon}_{\boldsymbol{k}_i,\lambda_i} \cdot \hat{\boldsymbol{p}} | \psi_m \rangle}{E_l - E_m - \hbar\omega_i} + \frac{\langle \psi_n | \boldsymbol{\epsilon}_{\boldsymbol{k}_i,\lambda_i} \cdot \hat{\boldsymbol{p}} | \psi_l \rangle \langle \psi_l | \boldsymbol{\epsilon}_{\boldsymbol{k}_f,\lambda_f} \cdot \hat{\boldsymbol{p}} | \psi_m \rangle}{E_l - E_m + \hbar\omega_f} \Bigg] \Bigg|^2 , \tag{8.6}$$

wobei $E_n + \hbar\omega_f = E_m + \hbar\omega_i$. Die Formel (8.6) wird auch **Kramers–Heisenberg-Dispersionsformel** genannt. Hendrik Kramers und Werner Heisenberg leiteten sie bereits 1925 – noch vor Heisenbergs „magischer Arbeit“, in der er die Quantenmechanik begründete – semiklassisch über die damals vorübergehend aktuelle BKS-Theorie ab [KH25], siehe die Ausführungen in Abschnitt III-19. Die quantenmechanische Ableitung erfolgte dann 1927 durch Paul Dirac [Dir27a]. Gregory Breit veröffentlichte 1932 ein immer noch sehr gut lesbares Review zur Quantentheorie der Dispersion [Bre32].

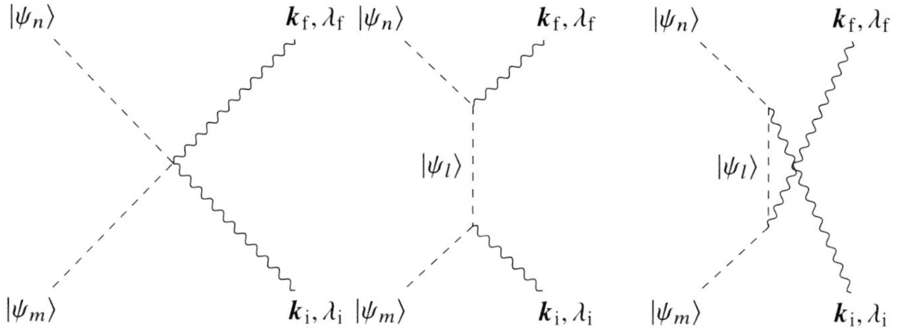

Abbildung 1.1: Übergangsamplituden lassen sich durch Raum-Zeit-Diagramme veranschaulichen. Dabei stellt die gestrichelte Linie das atomare „skalare“ Elektron dar (da unter Vernachlässigung von Spin!), und die wellige Linie das Photon. Der *''seagull graph''* links stellt den Kontaktterm dar, während die beiden anderen Diagramme einen virtuellen Null-Photon- beziehungsweise Zwei-Photon-Zwischenzustand beinhalten.

Die drei in der Kramers–Heisenberg-Formel (8.6) auftauchenden Teilamplituden lassen sich in einem Diagramm wie in Abbildung 1.1 veranschaulichen. Der aus $\hat{V}_{\text{quad}}(\boldsymbol{r}, t)$ herrührende Beitrag heißt auch Kontaktterm und trägt überhaupt nur zur elastischen Streuung bei $(|\psi_m\rangle = |\psi_n\rangle, \omega_i = \omega_f = \omega)$. Das entsprechende Diagramm heißt auch *''seagull graph''* oder *''seagull diagram''* (eine entsprechende deutsche Übersetzung als „Seemöwendiagramm“ ist nicht üblich). Die beiden anderen Amplitudenbeiträge unter der Summe beinhalten jeweils einen virtuellen Null-Photon beziehungsweise Zwei-Photon-Zwischenzustand

– „virtuell“ deshalb, weil diese Verbildlichungen der zeitabhängigen Störungstheorie und ihrer Terme darstellen und nicht mit wirklich stattfindenden physikalischen Prozessen einhergehen. Ein Hinweis an die bereits etwas fortgeschrittenen Leser: die Diagramme in Abbildung 1.1 stellen *keine* Feynman-Diagramme dar, auch wenn dies in der Literatur zur Quantenmechanik häufig zu lesen ist. Feynman-Diagramme visualisieren im Rahmen der relativistischen Quantenfeldtheorie die sogenannten Feynman-Propagatoren, die aufgrund ihrer Definition den Beiträgen von Teilchen und Antiteilchen korrekt Rechnung tragen und daher bereits eine Kombination von Raum-Zeit-Diagrammen in sich vereinen.

Im allgemeinen Fall ist die Streuung inelastisch, was dazu führt, dass die gestreute Strahlung eine andere Wellenlänge besitzt als die einfallende Strahlung, was als **Raman-Effekt** bezeichnet wird, nach dem indischen Physiker Chandrasekhara Venkata Raman, der den Effekt entdeckte und untersuchte und dafür 1930 den Nobelpreis für Physik erhielt. Der Effekt selbst wurde allerdings bereits 1923 vom österreichischen Physiker Adolf Smekal vorhergesagt [Sme23]. Je nach dem, ob die gestreute Strahlung eine kleinere oder eine größere Frequenz besitzt, heißt die entsprechende Spektrallinie dann **Stokes-Linie** ($\omega_\mathrm{f} < \omega_\mathrm{i}$) oder **Anti-Stokes-Linie** ($\omega_\mathrm{f} > \omega_\mathrm{i}$).

Elastische Streuung: Rayleigh-Streuung

Ein wichtiger Spezialfall der Kramers–Heisenberg-Formel (8.6) ergibt sich im Falle elastischer Streuung, das heißt: $|\psi_m\rangle = |\psi_n\rangle, \omega_\mathrm{i} = \omega_\mathrm{f} = \omega$. Diese Streuung heißt **Rayleigh-Streuung**, nach Lord Rayleigh, der diese Streuung klassisch untersuchte.

Zunächst formen wir den Kontaktterm in (8.6) unter Verwendung der kanonischen Kommutatorrelationen (I-15.34) sowie (III-20.3) und Einfügen einer Eins etwas um:

$$\begin{aligned}
\boldsymbol{\epsilon}_{\boldsymbol{k}_\mathrm{f},\lambda_\mathrm{f}} \cdot \boldsymbol{\epsilon}_{\boldsymbol{k}_\mathrm{i},\lambda_\mathrm{i}} &= -\frac{\mathrm{i}}{\hbar} \sum_l \Big[\langle \psi_n | \boldsymbol{\epsilon}_{\boldsymbol{k}_\mathrm{f},\lambda_\mathrm{f}} \cdot \hat{\boldsymbol{r}} | \psi_l \rangle \langle \psi_l | \boldsymbol{\epsilon}_{\boldsymbol{k}_\mathrm{i},\lambda_\mathrm{i}} \cdot \hat{\boldsymbol{p}} | \psi_n \rangle \\
&\qquad - \langle \psi_n | \boldsymbol{\epsilon}_{\boldsymbol{k}_\mathrm{f},\lambda_\mathrm{f}} \cdot \hat{\boldsymbol{p}} | \psi_l \rangle \langle \psi_l | \boldsymbol{\epsilon}_{\boldsymbol{k}_\mathrm{i},\lambda_\mathrm{i}} \cdot \hat{\boldsymbol{r}} | \psi_n \rangle \Big] \\
&= +\frac{2}{m_\mathrm{e}} \sum_l \frac{\langle \psi_n | \boldsymbol{\epsilon}_{\boldsymbol{k}_\mathrm{f},\lambda_\mathrm{f}} \cdot \hat{\boldsymbol{p}} | \psi_l \rangle \langle \psi_l | \boldsymbol{\epsilon}_{\boldsymbol{k}_\mathrm{i},\lambda_\mathrm{i}} \cdot \hat{\boldsymbol{p}} | \psi_n \rangle}{E_l - E_n},
\end{aligned} \tag{8.7}$$

und wir bemerken, dass (8.7) invariant unter der Vertauschung $(\boldsymbol{k}_\mathrm{f}, \lambda_\mathrm{f}) \leftrightarrow (\boldsymbol{k}_\mathrm{i}, \lambda_\mathrm{i})$ ist, wie man an der linken Seite von (8.7) sofort sieht, so dass wir schreiben können:

$$\begin{aligned}
\boldsymbol{\epsilon}_{\boldsymbol{k}_\mathrm{f},\lambda_\mathrm{f}} \cdot \boldsymbol{\epsilon}_{\boldsymbol{k}_\mathrm{i},\lambda_\mathrm{i}} = +\frac{1}{m_\mathrm{e}} \sum_l \Bigg[&\frac{\langle \psi_n | \boldsymbol{\epsilon}_{\boldsymbol{k}_\mathrm{f},\lambda_\mathrm{f}} \cdot \hat{\boldsymbol{p}} | \psi_l \rangle \langle \psi_l | \boldsymbol{\epsilon}_{\boldsymbol{k}_\mathrm{i},\lambda_\mathrm{i}} \cdot \hat{\boldsymbol{p}} | \psi_n \rangle}{E_l - E_n} \\
&+ \frac{\langle \psi_n | \boldsymbol{\epsilon}_{\boldsymbol{k}_\mathrm{i},\lambda_\mathrm{i}} \cdot \hat{\boldsymbol{p}} | \psi_l \rangle \langle \psi_l | \boldsymbol{\epsilon}_{\boldsymbol{k}_\mathrm{f},\lambda_\mathrm{f}} \cdot \hat{\boldsymbol{p}} | \psi_n \rangle}{E_l - E_n} \Bigg],
\end{aligned} \tag{8.8}$$

und in dieser Form werden wir den Kontaktterm in (8.6) weiterverwenden, so dass sich dann alle drei Terme zu zwei Termen gemäß der einfachen Regel

$$\frac{1}{a} - \frac{1}{a+b} = \frac{b}{a(a+b)}$$

zusammenfassen lassen und erhalten aus (8.6) zunächst

$$\frac{d\sigma}{d\Omega} = \frac{r_0^2\hbar^2\omega^2}{m_e^2}\left|\sum_l \left[-\frac{\langle\psi_n|\boldsymbol{\epsilon}_{\boldsymbol{k}_f,\lambda_f}\cdot\hat{\boldsymbol{p}}|\psi_l\rangle\,\langle\psi_l|\boldsymbol{\epsilon}_{\boldsymbol{k}_i,\lambda_i}\cdot\hat{\boldsymbol{p}}|\psi_n\rangle}{(E_l-E_n)(E_l-E_n-\hbar\omega)}\right.\right.$$
$$\left.\left.+\frac{\langle\psi_n|\boldsymbol{\epsilon}_{\boldsymbol{k}_i,\lambda_i}\cdot\hat{\boldsymbol{p}}|\psi_l\rangle\,\langle\psi_l|\boldsymbol{\epsilon}_{\boldsymbol{k}_f,\lambda_f}\cdot\hat{\boldsymbol{p}}|\psi_n\rangle}{(E_l-E_n)(E_l-E_n+\hbar\omega)}\right]\right|^2. \quad (8.9)$$

Unter der Voraussetzung, dass $\hbar\omega \ll (E_l - E_n)$, kann man

$$\frac{1}{E_l - E_n \mp \hbar\omega} \approx \frac{1 \pm \hbar\omega/(E_l - E_n)}{E_l - E_n},$$

nähern, was für viele farblose Gasatome gerechtfertigt ist, wenn die Strahlungsfrequenz ω im sichtbaren Lichtbereich liegt, während die charakteristischen Eigenfrequenzen im ultravioletten Bereich liegen. Verwenden wir dann wieder mit (III-20.3), dass

$$\sum_l \frac{\langle\psi_n|\boldsymbol{\epsilon}_{\boldsymbol{k}_f,\lambda_f}\cdot\hat{\boldsymbol{p}}|\psi_l\rangle\,\langle\psi_l|\boldsymbol{\epsilon}_{\boldsymbol{k}_i,\lambda_i}\cdot\hat{\boldsymbol{p}}|\psi_n\rangle - \langle\psi_n|\boldsymbol{\epsilon}_{\boldsymbol{k}_i,\lambda_i}\cdot\hat{\boldsymbol{p}}|\psi_l\rangle\,\langle\psi_l|\boldsymbol{\epsilon}_{\boldsymbol{k}_f,\lambda_f}\cdot\hat{\boldsymbol{p}}|\psi_n\rangle}{(E_l-E_n)^2}$$
$$= -\frac{m_e^2}{\hbar^2}\sum_l \left[\langle\psi_n|\boldsymbol{\epsilon}_{\boldsymbol{k}_f,\lambda_f}\cdot\hat{\boldsymbol{r}}|\psi_l\rangle\,\langle\psi_l|\boldsymbol{\epsilon}_{\boldsymbol{k}_i,\lambda_i}\cdot\hat{\boldsymbol{r}}|\psi_n\rangle - \langle\psi_n|\boldsymbol{\epsilon}_{\boldsymbol{k}_i,\lambda_i}\cdot\hat{\boldsymbol{r}}|\psi_l\rangle\,\langle\psi_l|\boldsymbol{\epsilon}_{\boldsymbol{k}_f,\lambda_f}\cdot\hat{\boldsymbol{r}}|\psi_n\rangle\right]$$
$$= -\frac{m_e^2}{\hbar^2}\langle\psi_n|[\boldsymbol{\epsilon}_{\boldsymbol{k}_f,\lambda_f}\cdot\hat{\boldsymbol{r}},\boldsymbol{\epsilon}_{\boldsymbol{k}_i,\lambda_i}\cdot\hat{\boldsymbol{r}}]|\psi_n\rangle = 0,$$

so erhalten wir aus (8.9) erst

$$\frac{d\sigma}{d\Omega} = \frac{r_0^2\hbar^4\omega^4}{m_e^2}\left|\sum_l \frac{\langle\psi_n|\boldsymbol{\epsilon}_{\boldsymbol{k}_f,\lambda_f}\cdot\hat{\boldsymbol{p}}|\psi_l\rangle\,\langle\psi_l|\boldsymbol{\epsilon}_{\boldsymbol{k}_i,\lambda_i}\cdot\hat{\boldsymbol{p}}|\psi_n\rangle + \langle\psi_n|\boldsymbol{\epsilon}_{\boldsymbol{k}_i,\lambda_i}\cdot\hat{\boldsymbol{p}}|\psi_l\rangle\,\langle\psi_l|\boldsymbol{\epsilon}_{\boldsymbol{k}_f,\lambda_f}\cdot\hat{\boldsymbol{p}}|\psi_n\rangle}{(E_l-E_n)^3}\right|^2,$$

und somit

$$\frac{d\sigma}{d\Omega} = r_0^2\omega^4 m_e^2\left|\sum_l \frac{\langle\psi_n|\boldsymbol{\epsilon}_{\boldsymbol{k}_f,\lambda_f}\cdot\hat{\boldsymbol{r}}|\psi_l\rangle\,\langle\psi_l|\boldsymbol{\epsilon}_{\boldsymbol{k}_i,\lambda_i}\cdot\hat{\boldsymbol{r}}|\psi_n\rangle + \langle\psi_n|\boldsymbol{\epsilon}_{\boldsymbol{k}_i,\lambda_i}\cdot\hat{\boldsymbol{r}}|\psi_l\rangle\,\langle\psi_l|\boldsymbol{\epsilon}_{\boldsymbol{k}_f,\lambda_f}\cdot\hat{\boldsymbol{r}}|\psi_n\rangle}{E_l-E_n}\right|^2. \quad (8.10)$$

Die Formel (8.10) beschreibt den Streuquerschnitt der Rayleigh-Streuung und besitzt deren charakteristische Abhängigkeit von der vierten Potenz der Strahlungsfrequenz, auch als **Rayleigh-Gesetz** bezeichnet. Sie erklärt, warum der Himmel blau ist und der Sonnenuntergang rot.

Quasifreie Elektronen: Thomson-Streuung

Nun betrachten wir weiterhin elastische Streuung, aber im Vergleich zur Rayleigh-Streuung den entgegengesetzten Fall, dass $\hbar\omega \gg (E_l - E_n)$, die sogenannte **Thomson-Streuung**, nach J. J. Thomson, der dies klassisch untersuchte. Das bedeutet, dass die Bindungsenergie der Elektronen vernachlässigbar ist gegenüber der Photonenergie, und wir haben quasifreie Elektronen vor uns. Dann heben sich in (8.6) aufgrund der Vertauschungssymmetrie (8.7) der zweite und dritte Term gegenseitig auf, und nur der Kontaktterm trägt zum Streuquerschnitt bei. Wir erhalten einen einfachen Ausdruck, den **Thomson-Streuquerschnitt**

$$\frac{\mathrm{d}\sigma}{\mathrm{d}\Omega} = r_0^2 \left(\boldsymbol{\epsilon}_{\boldsymbol{k}_\mathrm{f},\lambda_\mathrm{f}} \cdot \boldsymbol{\epsilon}_{\boldsymbol{k}_\mathrm{i},\lambda_\mathrm{i}}\right)^2 . \tag{8.11}$$

Wir definieren für alles Folgende ein Koordinatensystem, in dem $\boldsymbol{k}_\mathrm{i}$ entlang der z-Achse liegt und $\boldsymbol{\epsilon}_{\boldsymbol{k}_\mathrm{i},\lambda_\mathrm{i}} = \boldsymbol{\epsilon}_1$ entlang der x-Achse. Dann ist $\boldsymbol{k}_\mathrm{f}$ durch die Kugelkoordinaten θ, ϕ gegeben, und für den Polarisationsvektor $\boldsymbol{\epsilon}_{\boldsymbol{k}_\mathrm{f},\lambda_\mathrm{f}}$ gibt es nun zwei Möglichkeiten: entweder er liegt senkrecht zur durch $\boldsymbol{k}_\mathrm{i}, \boldsymbol{k}_\mathrm{f}$ definierten Ebene ($\boldsymbol{\epsilon}_{\boldsymbol{k}_\mathrm{f},\lambda_\mathrm{f}} = \boldsymbol{\epsilon}_1'$), oder aber genau in dieser Ebene ($\boldsymbol{\epsilon}_{\boldsymbol{k}_\mathrm{f},\lambda_\mathrm{f}} = \boldsymbol{\epsilon}_2'$), in kartesischen Koordinaten:

$$\boldsymbol{k}_\mathrm{i} = k \begin{pmatrix} 0 \\ 0 \\ 1 \end{pmatrix}, \quad \boldsymbol{k}_\mathrm{f} = k \begin{pmatrix} \sin\theta\cos\phi \\ \sin\theta\sin\phi \\ \cos\theta \end{pmatrix},$$

sowie

$$\boldsymbol{\epsilon}_1 = \begin{pmatrix} 1 \\ 0 \\ 0 \end{pmatrix}, \quad \boldsymbol{\epsilon}_2 = \begin{pmatrix} 0 \\ 1 \\ 0 \end{pmatrix}, \quad \boldsymbol{\epsilon}_1' = \begin{pmatrix} \sin\phi \\ -\cos\phi \\ 0 \end{pmatrix}, \quad \boldsymbol{\epsilon}_2' = \begin{pmatrix} \cos\theta\cos\phi \\ \cos\theta\sin\phi \\ -\sin\phi \end{pmatrix}.$$

Daher ist

$$\frac{\mathrm{d}\sigma_\text{polarized}}{\mathrm{d}\Omega} = r_0^2 \begin{cases} \sin^2\phi & (\boldsymbol{\epsilon}_{\boldsymbol{k}_\mathrm{f},\lambda_\mathrm{f}} = \boldsymbol{\epsilon}_1') \\ \cos^2\theta\cos^2\phi & (\boldsymbol{\epsilon}_{\boldsymbol{k}_\mathrm{f},\lambda_\mathrm{f}} = \boldsymbol{\epsilon}_2') \end{cases} . \tag{8.12}$$

Wird die Polarisierung der getreuten (und zuvor polarisierten) Photonen nicht gemessen, so summiert man über die beiden finalen Polarisationsrichtungen:

$$\frac{\mathrm{d}\sigma_\text{polarized, summed}}{\mathrm{d}\Omega} = r_0^2 \left(\sin^2\phi + \cos^2\theta\cos^2\phi\right). \tag{8.13}$$

Um den differentiellen Streuquerschnitt für unpolarisierte Photonen zu berechnen, mitteln wir über die beiden orthogonalen anfänglichen Polarisationsrichtungen $\boldsymbol{\epsilon}_{\boldsymbol{k}_\mathrm{i},\lambda_\mathrm{i}} = \boldsymbol{\epsilon}_{1,2}$. Der Streuquerschnitt für die Streuung ist dann

$$\frac{\mathrm{d}\sigma_\text{unpolarized}}{\mathrm{d}\Omega} = \begin{cases} \frac{r_0^2}{2}\left[(\boldsymbol{\epsilon}_1' \cdot \boldsymbol{\epsilon}_1)^2 + (\boldsymbol{\epsilon}_1' \cdot \boldsymbol{\epsilon}_2)^2\right]^2 = \frac{r_0^2}{2} & (\boldsymbol{\epsilon}_{\boldsymbol{k}_\mathrm{f},\lambda_\mathrm{f}} = \boldsymbol{\epsilon}_1') \\ \frac{r_0^2}{2}\left[(\boldsymbol{\epsilon}_2' \cdot \boldsymbol{\epsilon}_1)^2 + (\boldsymbol{\epsilon}_2' \cdot \boldsymbol{\epsilon}_2)^2\right]^2 = \frac{r_0^2}{2}\cos^2\theta & (\boldsymbol{\epsilon}_{\boldsymbol{k}_\mathrm{f},\lambda_\mathrm{f}} = \boldsymbol{\epsilon}_2') \end{cases} . \tag{8.14}$$

An dem Streuquerschnitt (8.14) für unpolarisierte Photonen ist bemerkenswert, dass also selbst für den Fall, dass die einfallenden Photonen unpolarisiert sind, die gestreuten Photonen für $\theta \neq 0$ stets eine Polarisierung aufweisen, und zwar um so stärker, je mehr $\theta \longrightarrow \pi/2$ geht. Für $\theta = \pi/2$ – also im Falle einer 90°-Streuung – besitzen alle gestreuten Photonen die Polarisierung $\boldsymbol{\epsilon}'_1$, also senkrecht zur $(\boldsymbol{k}_\mathrm{i}, \boldsymbol{k}_\mathrm{f})$-Ebene. Wird die Polarisierung der gestreuten (und zuvor unpolarisierten) Photonen nicht gemessen, so erhält man entsprechend:

$$\frac{\mathrm{d}\sigma_{\text{unpolarized, summed}}}{\mathrm{d}\Omega} = \frac{r_0^2}{2}(1 + \cos^2\theta). \tag{8.15}$$

Der totale Streuquerschnitt für Thomson-Streuung ist dann nach Integration über den Raumwinkel einfach

$$\sigma_\text{tot} = \frac{8}{3}\pi r_0^2. \tag{8.16}$$

Abschließend sei bemerkt, dass die Thomson-Streuung für den Fall $\hbar\omega \gg (E_l - E_n)$ näherungsweise gut gegeben ist, dass allerdings ebenfalls $\hbar\omega \ll m_\mathrm{e}c^2$ gegeben sein muss. Ansonsten müsste der gesamte Streuprozess relativistisch beschrieben werden, und die Kramers–Heisenberg-Formel (8.6) wäre als Ausgangspunkt nicht mehr gültig.

Resonanzfluoreszenz
Es ist unmittelbar einsichtig, dass für $\omega_\mathrm{i} \approx E_l - E_m$ die Gültigkeit der Kramers–Heisenberg-Formel (8.6) zusammenbricht, da dann genau das eintritt, was wir in Abschnitt III-34 beschrieben haben: Resonanzstreuung, ein typisches Phänomen in zweiter Ordnung Störungstheorie, das eng mit dem Vorhandensein quasigebundener oder metastabiler Zustände zusammenhängt (siehe Abschnitt III-17). Der metastabile Zustand ist in diesem Fall $|\psi_l\rangle$, und die Nenner in den Brüchen von (8.6) müssen nunmehr dessen Zerfallsbreite Γ_l berücksichtigen, die im Falle der nichtresonanten („Potential-“)Streuung vernachlässigbar war.

Daher haben wir E_l zu ersetzen durch $E_l - \mathrm{i}\Gamma_l/2$, wobei die Zerfallsbreite Γ_l an dieser Stelle als gegeben angesehen ist. Semiklassisch, sprich im Rahmen der zeitabhängigen Störungstheorie, haben wir für periodische Störungen den Ausdruck (III-18.12) erhalten (man beachte die unterschiedliche Indizierung: was hier l ist, ist dort m, und was hier m ist, ist dort n). Die Energieverschiebung (III-18.11) vernachlässigen wir, da per Voraussetzung ja $\omega_\mathrm{i} \approx E_l - E_m$). Die entsprechend modifizierte Kramers–Heisenberg-Formel, die auch den Resonanzfall einschließt, lautet dann

$$\begin{aligned}\frac{\mathrm{d}\sigma}{\mathrm{d}\Omega} = r_0^2\frac{\omega_\mathrm{f}}{\omega_\mathrm{i}}\Bigg|&\delta_{nm}(\boldsymbol{\epsilon}_{\boldsymbol{k}_\mathrm{f},\lambda_\mathrm{f}} \cdot \boldsymbol{\epsilon}_{\boldsymbol{k}_\mathrm{i},\lambda_\mathrm{i}}) \\ &- \frac{1}{m_\mathrm{e}}\sum_l \Bigg[\frac{\langle\psi_n|\boldsymbol{\epsilon}_{\boldsymbol{k}_\mathrm{f},\lambda_\mathrm{f}} \cdot \hat{\boldsymbol{p}}|\psi_l\rangle\,\langle\psi_l|\boldsymbol{\epsilon}_{\boldsymbol{k}_\mathrm{i},\lambda_\mathrm{i}} \cdot \hat{\boldsymbol{p}}|\psi_m\rangle}{E_l - E_m - \hbar\omega_\mathrm{i} - \mathrm{i}\Gamma_l/2} \\ &+ \frac{\langle\psi_n|\boldsymbol{\epsilon}_{\boldsymbol{k}_\mathrm{i},\lambda_\mathrm{i}} \cdot \hat{\boldsymbol{p}}|\psi_l\rangle\,\langle\psi_l|\boldsymbol{\epsilon}_{\boldsymbol{k}_\mathrm{f},\lambda_\mathrm{f}} \cdot \hat{\boldsymbol{p}}|\psi_m\rangle}{E_l - E_m + \hbar\omega_\mathrm{f}}\Bigg]\Bigg|^2,\end{aligned} \tag{8.17}$$

wobei Γ_l nur für $\omega_\mathrm{i} \approx E_l - E_m$ relevant ist und ansonsten vernachlässigt werden kann – aus diesem Grund taucht Γ_l auch nur im ersten Term unter der Summe in (8.17) auf.

Ist die Resonanz sehr ausgeprägt, sprich wenn Γ_l sehr klein ist (wir werden weiter unten eine quantitative Diskussion anschließen), dominiert in (8.17) der erste den zweiten Term unter der Summe, und zwar genau für denjenigen Wert von l, der den Resonanzzustand $|\psi_l\rangle$ indiziert. Vernachlässigen wir daher alle nicht-resonanten Amplituden, erhalten wir für den differentiellen Streuquerschnitt:

$$\frac{\mathrm{d}\sigma}{\mathrm{d}\Omega} = \frac{r_0^2}{m_\mathrm{e}^2}\frac{\omega_\mathrm{f}}{\omega_\mathrm{i}}\frac{|\langle\psi_n|\boldsymbol{\epsilon}_{\boldsymbol{k}_\mathrm{f},\lambda_\mathrm{f}}\cdot\hat{\boldsymbol{p}}|\psi_l\rangle|^2|\langle\psi_l|\boldsymbol{\epsilon}_{\boldsymbol{k}_\mathrm{i},\lambda_\mathrm{i}}\cdot\hat{\boldsymbol{p}}|\psi_m\rangle|^2}{(E_l - E_m - \hbar\omega_\mathrm{i})^2 + \Gamma_l^2/4}. \tag{8.18}$$

Der Ausdruck (8.18) lässt sich heuristisch auch unter einer anderen Betrachtung verstehen: die Übergangsamplitude für den *echten* Übergang $|\Psi_\mathrm{i}\rangle = |\psi_m\rangle\,|0,1\rangle \longrightarrow |\Psi_l\rangle = |\psi_l\rangle\,|0,0\rangle$ beträgt unter Vernachlässigung der nicht-resonanten Terme und mit der Ersetzung $E_l \to E_l - \mathrm{i}\Gamma_l/2$ in erster Ordnung Störungstheorie:

$$c_{\mathrm{i}\to l}^{(1)} = \frac{e}{m_\mathrm{e}c}\sqrt{\frac{2\pi\hbar c^2}{\omega_\mathrm{i}L^3}}\frac{\langle\psi_l|\boldsymbol{\epsilon}_{\boldsymbol{k}_\mathrm{i},\lambda_\mathrm{i}}\cdot\hat{\boldsymbol{p}}|\psi_m\rangle}{E_l - E_m + \mathrm{i}\Gamma_l/2 - \hbar\omega_\mathrm{i}}\mathrm{e}^{-\mathrm{i}\omega_\mathrm{i}t},$$

so dass

$$P_{\mathrm{i}\to l} = \frac{r_0}{m_\mathrm{e}}\frac{2\pi\hbar c^2}{\omega_\mathrm{i}L^3}\frac{|\langle\psi_l|\boldsymbol{\epsilon}_{\boldsymbol{k}_\mathrm{i},\lambda_\mathrm{i}}\cdot\hat{\boldsymbol{p}}|\psi_m\rangle|^2}{(E_l - E_m - \hbar\omega_\mathrm{i})^2 + \Gamma_l^2/4}. \tag{8.19}$$

Nun berechnen wir die Übergangsrate für spontane Emission eines Photons aus einem Null-Photon-Zustand $|\Psi_l\rangle = |\psi_l\rangle\,|0,0\rangle$ heraus in ein Raumwinkelelement $\mathrm{d}\Omega$. Dazu verwenden wir (5.11) für $n_{\boldsymbol{k}_\mathrm{i},\lambda_\mathrm{i}} = 0$:

$$\Gamma_{l\to n}^{\mathrm{spont}} = \frac{e^2\omega_\mathrm{f}}{2\pi\hbar c^3 m_\mathrm{e}^2}\left|\langle\psi_n|\boldsymbol{\epsilon}_{\boldsymbol{k}_\mathrm{f},\lambda_\mathrm{f}}\cdot\hat{\boldsymbol{p}}|\psi_l\rangle\right|^2. \tag{8.20}$$

Der differentielle Streuquerschnitt für den kombinierten Prozess $|\Psi_\mathrm{i}\rangle \longrightarrow |\Psi_l\rangle \longrightarrow |\Psi_\mathrm{f}\rangle$ ist dann gegeben durch

$$\frac{\mathrm{d}\sigma}{\mathrm{d}\Omega} = \frac{P_{\mathrm{i}\to l}\Gamma_{l\to n}^{\mathrm{spont}}}{c/L^3}, \tag{8.21}$$

wobei wie oben c/L^3 die Stromdichte ist. Verwendet man (8.19) und (8.20) in (8.21), so erhält man exakt den Ausdruck (8.18)! Man kann Resonanzstreuung also betrachten als die Bildung eines Resonanzzustands $|\Psi_l\rangle$ und anschließender spontaner Emission eines Photons. Im Falle der Resonanzstreuung verschwimmt also gewissermaßen die Grenze zwischen virtuellen Zwischenzuständen, die wie oben erläutert als Verbildlichung von Termen höherer Ordnung in zeitabhängiger Störungstheorie darstellen, und sich bildenden echten Zwischenzuständen mit einer endlichen Lebensdauer.

Die Lebensdauer $\tau_l = \hbar/\Gamma_l$ bestimmt, wie man experimentell die sogenannte **Fluoreszenz** beobachten kann. Für viele Moleküle, deren Resonanzfrequenzen im sichtbaren Bereich liegen, sind typische Zeiten τ_l zwischen 10^{-9} s und 10^{-8} s zu verzeichnen. Das typische „Nachleuchten" ist also nur beobachtbar, wenn die Beleuchtungsdauer sehr viel kleiner als τ_l ist, beziehungsweise wenn $\hbar\Delta\omega_\mathrm{i} \gg \Gamma_l$. Im Allgemeinen ist $\omega_\mathrm{f} \leq \omega_\mathrm{i}$, und im Falle $\omega_\mathrm{i} = \omega_\mathrm{f}$ spricht man dann von **Resonanzfluoreszenz**.

9 Dispersion und Kausalität

Kramers [Kra27] und Kronig [L K26] leiteten unabhängig voneinander den Zusammenhang her zwischen der Analytizität der Vorwärts-Streuamplitude $f(\omega)$ beziehungsweise davon abgeleiteter Größen wie dem komplexen Brechungsindex $n(\omega)$ und der Dielektrizitätszahl $\epsilon(\omega)$ und dem Kausalitätsprinzip, und zwar im Rahmen der klassischen Elektrodynamik. Gegenstand ihrer Untersuchungen war die Ausbreitung elektromagnetischer Strahlung in optischen Medien. Sie zeigten, dass es aufgrund der endlichen Lichtgeschwindigkeit als maximale Signalgeschwindigkeit eine Relation zwischen dem Real- und dem Imaginärteil dieser Größen gibt, die als **Dispersionsrelationen** oder heute als **Kramers–Kronig-Relationen** bezeichnet werden.

Zunächst aber kehren wir zur Kramers–Heisenberg-Formel (8.17) zurück. Diese stellt die Grundlage für die Dispersionstheorie in der Theoretischen Optik dar. Ihre Herleitung in Abschnitt 8 im Rahmen der nichtrelativistischen QED liefert das theoretische Fundament der semiklassischen Modelle für dispergierende Medien. Um die Bedeutung für die Dispersionstheorie zu erläutern, müssen wir den Zusammenhang herstellen zwischen der (elastischen) Vorwärts-Streuamplitude $f(\omega)$ als Funktion der Frequenz ω und dem komplexen Brechungsindex $n(\omega)$.

Im Rahmen der Streutheorie ist der Zusammenhang zwischen Streuamplitude $f(\boldsymbol{k}, \boldsymbol{k}')$ und differentiellem Streuquerschnitt gegeben durch (III-27.13):

$$\frac{\mathrm{d}\sigma}{\mathrm{d}\Omega} = |f(\boldsymbol{k}, \boldsymbol{k}')|^2.$$

Für die in Abschnitt 8 betrachtete Streuung von Photonen und atomaren Elektronen lässt sich dann aus der Kramers–Heisenberg-Formel (8.17) ein Ausdruck für die elastische Vorwärts-Streuamplitude $f(\omega)$, wenn also $\omega_\mathrm{i} = \omega_\mathrm{f} = \omega$, $\boldsymbol{\epsilon}_{\boldsymbol{k}_\mathrm{f},\lambda_\mathrm{f}} = \boldsymbol{\epsilon}_{\boldsymbol{k}_\mathrm{i},\lambda_\mathrm{i}} = \boldsymbol{\epsilon}$, $|\psi_m\rangle = |\psi_n\rangle$, ablesen:

$$f(\omega) = -r_0\left(1 - \frac{1}{m_\mathrm{e}}\sum_l\left[\frac{|\langle\psi_n|\boldsymbol{\epsilon}\cdot\hat{\boldsymbol{p}}|\psi_l\rangle|^2}{E_l - E_n - \hbar\omega - \mathrm{i}\Gamma_l/2} + \frac{|\langle\psi_n|\boldsymbol{\epsilon}\cdot\hat{\boldsymbol{p}}|\psi_l\rangle|^2}{E_l - E_n + \hbar\omega}\right]\right). \tag{9.1}$$

Man beachte, dass wir die negative Wurzel gewählt haben, um der Tatsache Rechnung zu tragen, dass die Streuamplitude in Bornscher Näherung – das entspricht genau dem ersten, konstanten Term in (9.1) – für attraktive Potentiale positiv ist und für repulsive wie hier negativ, siehe (III-27.7,III-27.8).

Wir berechnen nun Real- und Imaginärteil von (9.1). Dabei setzen wir voraus, dass ω fern irgendwelcher Resonanzfrequenzen ist, so dass wir Γ_l als infinitesimal ansehen und die Dispersionsformel (I-24.33) anwenden können. Mit dem gleichen Trick, der uns von (8.7) zu (8.8) geführt hat, erhalten wir dann in umgekehrter Anwendung:

$$\mathrm{Re}\, f(\omega) = \frac{2r_0\omega^2}{m_\mathrm{e}\hbar}\mathrm{P}\sum_l \frac{|\langle\psi_n|\boldsymbol{\epsilon}\cdot\hat{\boldsymbol{p}}|\psi_l\rangle|^2}{\omega_{ln}\left[\omega_{ln}^2 - \omega^2\right]}. \tag{9.2}$$

Der Imaginärteil von $f(\omega)$ entstammt offensichtlich nur dem ersten Term unter der Summe von (9.1) und setzt überhaupt die Existenz eines metastabilen Zwischenzustands

$|\psi_l\rangle$ mit Zerfallsbreite Γ_l voraus (der im betrachteten Grenzfall $\Gamma \longrightarrow 0+$ sogar zu einem stabilen Zwischenzustand wird). Für den Imaginärteil von (9.1) erhalten wir mit (I-24.33):

$$\operatorname{Im} f(\omega) = \frac{\pi r_0}{m_e \hbar} \sum_l |\langle \psi_n | \boldsymbol{\epsilon} \cdot \hat{\boldsymbol{p}} | \psi_l \rangle|^2 \delta(\omega_{ln} - \omega). \tag{9.3}$$

Aus (9.2) und (9.3) erhalten wir sehr schnell die **Kramers–Kronig-Relation** für die elastische Vorwärts-Streuamplitude

$$\operatorname{Re} f(\omega) = \frac{2\omega^2}{\pi} \mathrm{P} \int_0^\infty \frac{\operatorname{Im} f(\omega')}{\omega'[\omega'^2 - \omega^2]} \mathrm{d}\omega'. \tag{9.4}$$

Und mit Hilfe des optischen Theorems (III-27.23)

$$\operatorname{Im} f(\omega) = \frac{\omega}{c} \cdot \frac{\sigma_{\text{tot}}}{4\pi} \tag{9.5}$$

kann man (9.4) auch wie folgt schreiben:

$$\operatorname{Re} f(\omega) = \frac{\omega^2}{2\pi^2 c} \mathrm{P} \int_0^\infty \frac{\sigma_{\text{tot}}(\omega')}{[\omega'^2 - \omega^2]} \mathrm{d}\omega'. \tag{9.6}$$

Um den Zusammenhang mit dem komplexen Brechungsindex $n(\omega)$ herzustellen, betrachten wir nun folgendes semiklassisches Szenario – für eine rigorosere Betrachtung siehe die weiterführende Literatur zur Streutheorie, insbesondere die Monographie von Goldberger und Watson: Eine ebene Welle mit der Amplitude E_0 treffe auf eine in der (xy)-Ebene befindliche Platte der Dicke D. Diese Platte bestehe aus einzelnen kugelsymmetrischen Streuzentren mit der Volumendichte N, die durch die einfallende ebene Welle ihrerseits Streuwellen emittieren. Die kohärente Überlagerung dieser Streuwellen führt im Bereich rechts von der Platte zu einem modifizierten Wellenzug. Die Dicke D der Platte und die Dichte N seien derart, dass es keine Mehrfachstreuung gebe und die Streuwellen einzig und allein von der einfallenden ebenen Welle induziert werden.

Wir verwenden nun Zylinderkoordinaten, und die z-Achse liege in Einfallrichtung der ebenen Welle. Für das beobachtbare elektrische Feld an der Stelle (ρ, ϕ, z) mit $z \gg k^{-1}$ gilt dann eine Gleichung ähnlich der Lippmann-Schwinger-Gleichung in Ortsdarstellung (III-27.6), und man kann recht einfach sehen (siehe zum Beispiel [Jac99, Abschnitt 10.11]), dass in diesem Szenario ein komplexer Brechungsindex

$$n(\omega) = 1 + \frac{2\pi}{k^2} N f(\omega) \tag{9.7}$$

und eine komplexe Dielektrizitätszahl

$$\epsilon(\omega) = n(\omega)^2 \approx 1 + \frac{4\pi}{k^2} N f(\omega) \tag{9.8}$$

definiert werden können. Es ist dann elementar, die **Kramers–Kronig-Relation** für den komplexen Brechungsindex abzuleiten:

$$\operatorname{Re} n(\omega) = 1 + \frac{2}{\pi} \mathrm{P} \int_0^\infty \frac{\omega' \operatorname{Im} n(\omega')}{\omega'^2 - \omega^2} \mathrm{d}\omega' \tag{9.9a}$$

$$= 1 + \frac{c}{\pi} \mathrm{P} \int_0^\infty \frac{\alpha(\omega')}{\omega'^2 - \omega^2} \mathrm{d}\omega', \tag{9.9b}$$

mit dem **Absorptionskoeffizienten**

$$\alpha(\omega) = \frac{2\omega}{c} \operatorname{Im} n(\omega). \tag{9.10}$$

Wir haben die beiden Kramers–Kronig-Relationen (9.4) und (9.9) auf der Grundlage der Kramers–Heisenberg-Formel (8.17) und damit in zweiter Ordnung Störungstheorie abgeleitet. Im Folgenden werden wir nun sehen, dass sie allgemein eine Konsequenz des Kausalitätsprinzips sind und nur sehr allgemeine Annahmen über die Form der Vorwärts-Streuamplitude $f(\omega)$ voraussetzen.

Kausalität und Analytizität

Wir führen die folgende Betrachtung für ein einfaches skalares masseloses Feld. Damit ignorieren wir sämtliche Spin-Freiheitsgrade, die die Rechnungen an dieser Stelle nur verkomplizieren, aber kein tieferes Grundsatzverständnis vermitteln würden.

Es sei zunächst eine einfallende monochromatische Welle mit einem Wellenvektor $\boldsymbol{k}$ entlang der z-Achse gegeben. Die asymptotische Form der Welle nach Streuung ist dann

$$\phi(\boldsymbol{r}, t) \sim \mathrm{e}^{\mathrm{i}(\boldsymbol{k}\cdot\boldsymbol{r} - \omega t)} + f_\omega(\theta) \frac{\mathrm{e}^{\mathrm{i}(kr - \omega t)}}{r} \tag{9.11}$$

$$= \mathrm{e}^{\mathrm{i}\omega(z/c - t)} + f_\omega(\theta) \frac{\mathrm{e}^{\mathrm{i}\omega(r/c - t)}}{r}, \tag{9.12}$$

vergleiche (III-27.6). Die Frequenz ω verwenden wir als Index, weil es für die spätere Notation von Vorteil ist. Bildet man auf beiden Seiten von (9.12) die Komplex-Konjugierte, erhält man

$$f_{-\omega}(\theta) = f_\omega(\theta)^*. \tag{9.13}$$

Allerdings ist es für die folgende Betrachtung sinnvoll, gerade keine ebene Welle als einfallende Welle zu betrachten, sondern vielmehr einen Wellenzug mit einer scharf definierten Wellenfront. Der Grund ist, dass eine ebene Welle sowohl im Raum als auch in der Zeit per Definition unendlich ausgedehnt ist und sich daher für kausale Untersuchungen nicht eignet. Wir betrachten stattdessen einen durch ein Delta-Funktional dargestellten Puls entlang der positiven z-Richtung mit der Eigenschaft, überall zu verschwinden außer am Ort $z = ct$. Da dieser die Fourier-Darstellung

$$\delta(z/c - t) = \frac{1}{2\pi} \int_{-\infty}^\infty \mathrm{e}^{\mathrm{i}\omega(z/c - t)} \mathrm{d}\omega \tag{9.14}$$

besitzt, enthält er also negative wie auch positive Frequenzkomponenten. Um zur asymptotischen Lösung zu gelangen, müssen wir nun lediglich (9.12) über ω integrieren und erhalten

$$\Phi(\boldsymbol{r},t) \sim \underbrace{\frac{1}{2\pi}\int_{-\infty}^{\infty} \mathrm{e}^{\mathrm{i}\omega(z/c-t)}\mathrm{d}\omega}_{\delta(z/c-t)} + \underbrace{\frac{1}{r}\int_{-\infty}^{\infty} f_\omega(\theta)\mathrm{e}^{\mathrm{i}\omega(r/c-t)}\mathrm{d}\omega}_{F(r/c-t,\theta)}. \tag{9.15}$$

Die Streuwelle $F(r/c-t,\theta)$ darf aufgrund des Kausalitätsprinzips erst dann nichtverschwindende Werte annehmen, wenn der Anfangsimpuls das Streuzentrum erreicht hat, also wenn $t > z/c$ beziehungsweise für $\tau > 0$, mit $\tau := t - z/c$. Damit kann man dann aus (9.15) direkt eine Randbedingung an die Fourier-Transformierte $\tilde{f}(\tau)$ der Vorwärts-Streuamplitude $f(\omega) = f_\omega(\theta = 0)$ ableiten:

$$\tilde{f}(\tau) = \frac{1}{\sqrt{2\pi}}\int_{-\infty}^{\infty} f(\omega)\mathrm{e}^{-\mathrm{i}\omega\tau}\mathrm{d}\omega = 0 \quad (\tau < 0). \tag{9.16}$$

Unter der Voraussetzung, dass $\tilde{f}(\tau)$ quadratintegrabel ist, können wir daher die Rücktransformation nach $f(\omega$ durchführen und erhalten so:

$$f(\omega) = \frac{1}{\sqrt{2\pi}}\int_0^{\infty} \tilde{f}(\tau)\mathrm{e}^{\mathrm{i}\omega\tau}\mathrm{d}\tau. \tag{9.17}$$

Dabei haben wir die untere Integrationsgrenze zu Null gesetzt, da für $\tau < 0$ der Integrand verschwindet.

Nun betrachten wir $f(\omega)$ als Funktion für komplexe Werte von ω und *definieren* $f(\omega)$ in der oberen Halbebene ($\operatorname{Im}\omega \geq 0$) gemäß (9.17). Damit ist $f(\omega)$ analytisch in der offenen oberen Halbebene ($\operatorname{Im}\omega > 0$). Aufgrund des Identitätssatzes für holomorphe Funktionen folgt aus (9.13):

$$f(-\omega^*) = f(\omega)^*. \tag{9.18}$$

Wir führen nun für $f(\omega)$ die gleiche Analytizitätsbetrachtung durch wie in Abschnitt III-40 für die Jost-Funktionen $F_l(k)$. Es sei $\omega \in \mathbb{R}$, also reell, und für $|\omega| \to \infty$ gelte $|f(\omega)| \sim \omega^{-1}$. Dann gilt:

$$f(\omega) = -\frac{\mathrm{i}}{\pi}\mathrm{P}\int_{-\infty}^{\infty} \frac{f(\omega')}{\omega' - \omega}\mathrm{d}\omega'. \tag{9.19}$$

(Der Vorzeichenunterschied zu (III-40.3) ergibt sich dadurch, dass wir für (9.19) in der oberen Halbebene schließen und nicht in der unteren. Daher ändert sich die Umlaufzahl.) Trennung nach Real- und Imaginärteil von (9.19) ergibt dann die **Dispersionsrelationen** für die Vorwärts-Streuamplitude $f(\omega)$:

$$\operatorname{Re} f(\omega) = \frac{1}{\pi}\mathrm{P}\int_{-\infty}^{\infty} \frac{\operatorname{Im} f(\omega')}{\omega' - \omega}\mathrm{d}\omega', \tag{9.20a}$$

$$\operatorname{Im} f(\omega) = -\frac{1}{\pi}\mathrm{P}\int_{-\infty}^{\infty} \frac{\operatorname{Re} f(\omega')}{\omega' - \omega}\mathrm{d}\omega'. \tag{9.20b}$$

Real- und Imaginärteil sind also **Hilbert-Transformierte** voneinander (siehe Abschnitt III-40).

Die Voraussetzung $|f(\omega)| \sim \omega^{-1}$ für $|\omega| \to \infty$ ist häufig nicht gegeben. Führen wir aber die obigen Schritte nicht für $f(\omega)$ durch, sondern vielmehr für $f(\omega)/\omega$ – unter der Voraussetzung, dass $f(0) = 0$, vergleiche Rayleigh-Streuung in Abschnitt 8 – dann erhalten wir entsprechend:

$$\operatorname{Re} f(\omega) = \frac{\omega}{\pi} \mathrm{P} \int_{-\infty}^{\infty} \frac{\operatorname{Im} f(\omega')}{\omega'(\omega' - \omega)} \mathrm{d}\omega',$$

was wir in zwei Integrale aufteilen können, nämlich in eines für $\omega' < 0$ und eines für $\omega' > 0$:

$$\begin{aligned}
\operatorname{Re} f(\omega) &= \frac{\omega}{\pi} \mathrm{P} \int_{-\infty}^{0} \frac{\operatorname{Im} f(\omega')}{\omega'(\omega' - \omega)} \mathrm{d}\omega' + \frac{\omega}{\pi} \mathrm{P} \int_{0}^{\infty} \frac{\operatorname{Im} f(\omega')}{\omega'(\omega' - \omega)} \mathrm{d}\omega' \\
&= \frac{\omega}{\pi} \mathrm{P} \int_{0}^{\infty} \frac{\operatorname{Im} f(-\omega')}{-\omega'(-\omega' - \omega)} \mathrm{d}\omega' + \frac{\omega}{\pi} \mathrm{P} \int_{0}^{\infty} \frac{\operatorname{Im} f(\omega')}{\omega'(\omega' - \omega)} \mathrm{d}\omega' \\
&= -\frac{\omega}{\pi} \mathrm{P} \int_{0}^{\infty} \frac{\operatorname{Im} f(\omega')}{\omega'(\omega' + \omega)} \mathrm{d}\omega' + \frac{\omega}{\pi} \mathrm{P} \int_{0}^{\infty} \frac{\operatorname{Im} f(\omega')}{\omega'(\omega' - \omega)} \mathrm{d}\omega' \\
&= \frac{\omega}{\pi} \mathrm{P} \int_{0}^{\infty} \frac{\operatorname{Im} f(\omega')}{\omega'} \left[\frac{1}{\omega' - \omega} - \frac{1}{\omega' + \omega} \right] \mathrm{d}\omega'.
\end{aligned}$$

wobei wir in der zweiten Zeile im ersten Integral die Substitution $\omega' \longrightarrow -\omega'$ gemacht haben und in der dritten Zeile Relation (9.13) verwendet haben. Letztlich erhalten wir so:

$$\operatorname{Re} f(\omega) = \frac{2\omega^2}{\pi} \mathrm{P} \int_{0}^{\infty} \frac{\operatorname{Im} f(\omega')}{\omega'(\omega'^2 - \omega^2)} \mathrm{d}\omega', \tag{9.21}$$

also exakt Ausdruck (9.4)! Im Falle $f(0) \neq 0$ ist (9.21) dahingehend zu modifizieren, dass gilt:

$$\operatorname{Re} f(\omega) - \operatorname{Re} f(0) = \frac{2\omega^2}{\pi} \mathrm{P} \int_{0}^{\infty} \frac{\operatorname{Im} f(\omega')}{\omega'(\omega'^2 - \omega^2)} \mathrm{d}\omega'. \tag{9.22}$$

Die Kramers–Kronig-Relationen lassen sich also letzten Endes aus einfachen analytischen Annahmen für $f(\omega)$ und vor allem dem Kausalitätsprinzip ableiten! Das ist das zentrale Ergebnis dieses Abschnitts.

Die Arbeiten von Kramers und Kronig erfuhren lange Zeit keine besondere Beachtung, bis Kronig 1946 darauf hinwies, dass das Kausalitätsprinzip Randbedingungen an die S-Matrix stellen könnte [Kro46]. In den 1950er- und frühen 1960er-Jahren war die Dispersionstheorie dann auch ein wesentlicher Bestandteil der analytischen S-Matrix-Theorie (siehe die geschichtlichen Anmerkungen am Ende von Abschnitt III-24), und im Jahre 1954 führten Murray Gell-Mann, Marvin Goldberger und der kurzzeitig am Institute for Advanced Study in Princeton weilende österreichische Physiker Walter Thirring eine Ableitung der Kramers–Kronig-Relationen im Rahmen der relativistischen Quantenfeldtheorie [GGT54]. Für tiefergehende Betrachtungen siehe die Monographie von Goldberger und Watson, sowie die von Joachain (siehe die weiterführende Literatur zur Streutheorie).

10 Die Lamb-Verschiebung und die Selbstenergie des Elektrons

Die **Lamb-Verschiebung**, meist wie im Englischen als *"Lamb shift"* bezeichnet, ist ein quantenfeldtheoretischer Effekt, der zu einer Verschiebung der Energieniveaus hauptsächlich der ns-Zustände in wasserstoffähnlichen Atomen führt und damit die in Abschnitt III-4 berechnete und im Rahmen der Dirac-Theorie exakt abzuleitende (wir werden dies in Abschnitt 21 betrachten) j-Entartung der Feinstruktur aufhebt. Dass es eine Verschiebung der Energieniveaus aufgrund der Wechselwirkung der atomaren Elektronen mit dem quantisierten elektromagnetischen Feld geben muss, wissen wir bereits aus den Abschnitten III-17 beziehungsweise III-18, und wir haben bereits nahezu alle Instrumente beisammen, um den Effekt zu bestimmen. Die folgende nichtrelativistische Berechnung stammt von Hans Bethe 1947 [Bet47], auf den wir weiter unten weiter eingehen werden.

Es seien

$$|\Psi_\mathrm{i}\rangle = |\psi_m\rangle\,|0\rangle$$

der Anfangszustand des Gesamtsystems und $|\Psi_l\rangle = |\psi_l\rangle\,|n_{\boldsymbol{k},\lambda} = 1\rangle$ ein beliebiger Zwischenzustand, wie er in der Berechnung von $c^{(2)}_{\mathrm{lin}}(t)$ gemäß (III-15.9) auftaucht. Wir wenden im Folgenden wieder die Dipolnäherung an. Ausgehend von (III-18.11) berechnen wir

$$\begin{aligned}
E_m^{\Delta} &= \mathrm{P}\sum_{l\neq \mathrm{i}} \frac{\left|\langle\Psi_\mathrm{i}\,|\,(\hat{V}_{\mathrm{lin}}(\boldsymbol{r},t)+\hat{V}_{\mathrm{quad}}(\boldsymbol{r},t))\,|\,\Psi_l\rangle\right|^2}{E_m - E_l - \hbar\omega}\\
&= \mathrm{P}\sum_{l\neq \mathrm{i}} \frac{\left|\langle\Psi_\mathrm{i}\,|\,\hat{V}_{\mathrm{lin}}(\boldsymbol{r},t)\,|\,\Psi_l\rangle\right|^2}{E_m - E_l - \hbar\omega}\\
&= \frac{e^2}{m_\mathrm{e}^2c^2}\sum_{\boldsymbol{k},\lambda}\frac{2\pi\hbar c^2}{\omega L^3}\,\mathrm{P}\sum_{l\neq m}\frac{\left|\langle\psi_m\,|\,\boldsymbol{\epsilon}_{\boldsymbol{k},\lambda}\cdot\hat{\boldsymbol{p}}\,|\,\psi_l\rangle\right|^2}{E_m - E_l - \hbar\omega}\\
&\xrightarrow{(4.6)} \frac{e^2}{m_\mathrm{e}^2c^2}\frac{1}{(2\pi)^3}\,\mathrm{P}\int \mathrm{d}^3\boldsymbol{k}\sum_{\lambda}\frac{2\pi\hbar c^2}{\omega}\sum_{l\neq m}\frac{\left|\langle\psi_m\,|\,\boldsymbol{\epsilon}_{\boldsymbol{k},\lambda}\cdot\hat{\boldsymbol{p}}\,|\,\psi_l\rangle\right|^2}{E_m - E_l - \hbar\omega},
\end{aligned}\tag{10.1}$$

mit

$$\begin{aligned}
\hat{V}_{\mathrm{lin}}(\boldsymbol{r},t) &= \frac{e}{m_\mathrm{e}c}\hat{\boldsymbol{A}}(\boldsymbol{r},t)\cdot\hat{\boldsymbol{p}},\\
\hat{V}_{\mathrm{quad}}(\boldsymbol{r},t) &= \frac{e^2}{2m_\mathrm{e}c^2}\hat{\boldsymbol{A}}(\boldsymbol{r},t)^2,
\end{aligned}$$

wie in (8.1). Man beachte drei Dinge:

- Aufgrund der Tatsache, dass es keine spontane Absorption gibt, trägt nur der Emissionsterm von (III-18.11) bei.
- Im Vergleich mit den Termen in der Kramers–Heisenberg-Formel (8.6) erkennt man, dass im Ausdruck (10.1) Anfangs- und Endzustand identisch sind: $|\Psi_\mathrm{i}\rangle = |\Psi_\mathrm{f}\rangle$. Das

bedeutet, dass die graphische Veranschaulichung von (10.1) in einer topologischen Identifizierung der beiden Endpunkte $(\boldsymbol{k}_\mathrm{i}, \lambda_\mathrm{i})$ und $(\boldsymbol{k}_\mathrm{f}, \lambda_\mathrm{f})$ besteht, siehe Abbildung 1.2. Wir erhalten eine Schleife, die in (10.1) zu einer zusätzlichen Raumintegration über $\boldsymbol{k}$ führt. In anderen Worten: innerhalb dieser Photonschleife ist jeder Impuls $\boldsymbol{k}$ erlaubt, auch unter Verletzung des Energiesatzes, da es sich bei der Photonemission und anschließender -absorption um virtuelle Prozesse handelt.
- Der quadratische Term $\hat{V}_\mathrm{quad}(\boldsymbol{r}, t)$ trägt nichts zur Energieverschiebung bei, da alle Matrixelemente zwischen Zuständen unterschiedlicher Photonenzahl verschwinden. Er lässt sich dennoch durch den Schleifengraphen darstellen (in Abbildung 1.2 links).

Da diese virtuellen Photonerzeugungs- und -vernichtungsprozesse isotrop und unpolarisiert anzunehmen sind, bilden wir die entsprechenden Summierungen wie in Abschnitt 5 hin zu (5.16), also:

$$\int \mathrm{d}\Omega_{\boldsymbol{k}} \sum_{\lambda} \left|\langle \psi_m \,|\, \boldsymbol{\epsilon}_{\boldsymbol{k},\lambda} \cdot \hat{\boldsymbol{p}} \,|\, \psi_l \rangle\right|^2 = \frac{8\pi}{3} \,|\langle \psi_m \,|\, \hat{\boldsymbol{p}} \,|\, \psi_l \rangle|^2 .$$

Wir erhalten dann aus (10.1) weiter:

$$E_m^{\Delta} = \frac{2\alpha}{3\pi} \frac{1}{(m_\mathrm{e}c)^2} \mathrm{P} \int_0^\infty \sum_{l \neq m} \frac{E_\gamma \,|\langle \psi_m \,|\, \hat{\boldsymbol{p}} \,|\, \psi_l \rangle|^2 \,\mathrm{d}E_\gamma}{E_m - E_l - E_\gamma}, \tag{10.2}$$

nach erfolgter Substitution durch die Photonenergie $E_\gamma = \hbar c k$ und mit der Feinstrukturkonstanten $\alpha = e^2/(\hbar c)$. Das Integral in (10.2) existiert offensichtlich nicht, es weist vielmehr eine lineare Divergenz auf. Im Jargon der Quantenfeldtheorie sagt man, es sei **ultraviolett-divergent**. Hier zeigt sich für uns erstmalig, was die Physiker seit den 1930er-Jahren so geplagt hat: sobald man über die erste Ordnung Störungstheorie hinausgeht, hat man es mit Unendlichkeiten in der Quantenfeldtheorie zu tun, die von einem fundamentalen konzeptionellen Unverständnis in der damaligen Zeit zeugen, welches zu überwinden die Physiker Jahrzehnte gekostet hat. Der linear divergente Ausdruck (10.2) heißt auch die **Selbstenergie** des gebundenen Elektrons.

Um aus (10.2) zu einer physikalischen Aussage zu gelangen, muss man das Integral regularisieren, und zwar in Form eines sogenannten **Cut-offs** (gelegentlich findet man in einigen Darstellungen den nicht sonderlich geläufigen deutschen Begriff **Abschneideparameter**):

$$\int_0^\infty \mathrm{d}E_\gamma \to \int_0^{E_\mathrm{max}} \mathrm{d}E_\gamma.$$

Dieser muss allerdings an dieser Stelle physikalisch begründet werden, und er ist relativ leicht zu motivieren: da wir uns im Rahmen der nichtrelativistischen Physik bewegen, ist als obere Grenze für die Ruheenergie des Elektrons anzusetzen, also $E_\mathrm{max} = m_\mathrm{e}c^2$. Aufgrund der linearen Divergenz ist dann allerdings das Ergebnis immer noch sehr stark abhängig vom Cut-off, und wir werden im Folgenden sehen, dass nun ein weiteres Phänomen ins Spiel kommt, das letztlich zu einer Abschwächung in (10.2) hin zu einer logarithmischen Divergenz führt, nämlich die **Masserenormierung**.

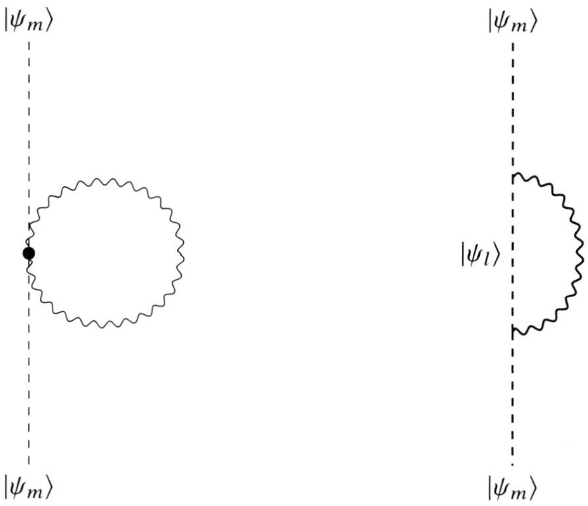

Abbildung 1.2: Die beiden Schleifendiagramme entstehen aus den ersten beiden Diagrammen in Abbildung 1.1 durch Identifizierung der Endpunkte $(\boldsymbol{k}_\mathrm{i}, \lambda_\mathrm{i})$ und $(\boldsymbol{k}_\mathrm{f}, \lambda_\mathrm{f})$. Zur Lamb-Verschiebung und zur Masserenormierung trägt nur der rechte Graph bei.

Die Renormierung der Elektronmasse

Wir führen nun eine Nebenbetrachtung durch und untersuchen den Effekt der Wechselwirkung eines freien Elektrons (im Unterschied zum atomar gebundenen) mit dem quantisierten elektromagnetischen Feld. Befindet sich dieses im (uneigentlichen!) Zustand $|\boldsymbol{p}\rangle$, ergibt eine entsprechende Rechnung wie oben ausgehend von (10.1):

$$\begin{aligned} E^{\Delta}(\boldsymbol{p}) &= \frac{e^2\hbar}{m_\mathrm{e}^2}\frac{1}{(2\pi)^2}\mathrm{P}\int \mathrm{d}^3\boldsymbol{k}\sum_\lambda \frac{1}{\omega}\int \mathrm{d}^3\boldsymbol{q}\frac{\langle \boldsymbol{p}\,|\,\epsilon_{\boldsymbol{k},\lambda}\cdot\hat{\boldsymbol{p}}\,|\,\boldsymbol{q}\rangle\langle \boldsymbol{q}\,|\,\epsilon_{\boldsymbol{k},\lambda}\cdot\hat{\boldsymbol{p}}\,|\,\boldsymbol{p}\rangle}{\boldsymbol{p}^2/(2m_\mathrm{e}) - \boldsymbol{q}^2/(2m_\mathrm{e}) - \hbar\omega} \\ &= -\frac{e^2\hbar}{m_\mathrm{e}^2}\frac{1}{(2\pi)^2}\frac{8\pi}{3}\mathrm{P}\int k^2\mathrm{d}k\frac{1}{\omega}\int \mathrm{d}^3\boldsymbol{q}\frac{\langle \boldsymbol{p}\,|\,\hat{\boldsymbol{p}}\,|\,\boldsymbol{q}\rangle\langle \boldsymbol{q}\,|\,\hat{\boldsymbol{p}}\,|\,\boldsymbol{p}\rangle}{\hbar\omega} \\ &= -\frac{2\alpha}{3\pi}\frac{1}{(m_\mathrm{e}c)^2}\boldsymbol{p}^2\mathrm{P}\int_0^{E_\mathrm{max}} \mathrm{d}E_\gamma, \end{aligned} \tag{10.3}$$

wenn man $\boldsymbol{p}^2 \approx \boldsymbol{q}^2 = (\boldsymbol{p} - \hbar\boldsymbol{k})^2$ nähert. Die obige Rechnung ist dahingehend unsauber, dass der Elektronimpuls natürlich nicht scharf sein kann und wir eigentlich Wellenpakete betrachten müssen. Von daher sollte man im Hinterkopf behalten, dass ein Ausdruck wie $\boldsymbol{p}^2 = \langle\hat{\boldsymbol{p}}^2\rangle = \langle \boldsymbol{p}|\hat{\boldsymbol{p}}^2|\boldsymbol{p}\rangle$ selbstverständlich nicht definiert ist, und am Ende einer korrekten Rechnung stattdessen der Erwartungswert $\langle\hat{\boldsymbol{p}}^2\rangle$ eines entsprechenden Wellenpakets steht. Entscheidend ist hier aber die formale Struktur der letzten Zeile in (10.3): die Energieverschiebung ist proportional zu $\boldsymbol{p}^2$, also $E^{\Delta}(\boldsymbol{p}) = C\boldsymbol{p}^2$, mit einem in E_γ linear divergenten

Vorfaktor

$$C = -\frac{2\alpha}{3\pi}\frac{E_{\mathrm{max}}}{(m_{\mathrm{e}}c)^2}. \tag{10.4}$$

An dieser Stelle setzt nun das zentrale Renormierungsargument an, das sich in der Quantenfeldtheorie (aber nicht nur dort, siehe Abschnitt 11) durchzieht wie ein roter Faden und das auf den ersten Blick wie ein Taschenspielertrick anmutet: Da im Rahmen der Quantenelektrodynamik als gegebene Theorie die Wechselwirkung geladener Teilchen mit dem elektromagnetischen Feld niemals abgeschaltet werden kann – nicht einmal im Vakuum, siehe die Ausführungen zur spontanen Emission in Abschnitt 5 – kann die in (10.3) errechnete Energieverschiebung überhaupt nicht getrennt werden vom herkömmlichen Term $E_{\mathrm{kin}} = \boldsymbol{p}^2/(2m_{\mathrm{e}})$, der einen wohldefinierten und experimentell bestimmbaren endlichen Wert darstellt und die Ruhemasse des Elektrons $m_{\mathrm{e}} \approx 9{,}1 \cdot 10^{-31}$ kg enthält. Vielmehr ist $E^{\Delta}(\boldsymbol{p})$ also bereits in E_{kin} enthalten! Oder anders ausgedrückt: der Ausdruck (10.3) stellt die Korrektur zu einer prinzipiell überhaupt nicht messbaren Größe $\boldsymbol{p}^2/(2m_0)$ dar. Wir schreiben:

$$\frac{\boldsymbol{p}^2}{2m_{\mathrm{e}}} = \frac{\boldsymbol{p}^2}{2m_0} + C\boldsymbol{p}^2, \tag{10.5}$$

und bezeichnen die auf der rechten Seite implizit und lediglich formal definierte Masse m_0 als die **nackte Masse** (englisch: *''bare mass''*) und die experimentell bestimmbare Masse m_{e} als die **renormierte Masse** m_{e}, im allgemeinen Kontext auch mit m_R bezeichnet. Der Term $C\boldsymbol{p}^2$ ist die linear divergente **Selbstenergie** des freien Elektrons.

Löst man (10.5) nach m_{e} auf, erhält man

$$\begin{aligned} m_{\mathrm{e}} &= \frac{m_0}{1 + 2Cm_0} \\ &\approx m_0(1 - 2Cm_0) \\ &= m_0\left(1 + \frac{4\alpha}{3\pi}\frac{E_{\mathrm{max}}}{m_0c^2}\right), \end{aligned} \tag{10.6}$$

und wir erkennen, dass sich bei einem oberen Cut-off von $E_{\mathrm{max}} = m_{\mathrm{e}}c^2$ aus (10.6) ergibt:

$$m_0 = m_{\mathrm{e}}\left(1 - \frac{4\alpha}{3\pi}\right) \approx 0{,}997 m_{\mathrm{e}}, \tag{10.7}$$

sprich etwa 0,3 % der renormierten, also experimentell bestimmbaren Masse sind auf die Wechselwirkung mit dem quantisierten elektromagnetischen Feld zurückzuführen. Allerdings sollte man den Zusammenhang (10.7) in seiner konkreten Form nicht überinterpretieren: zum einen ist E_{max} nicht wohlbestimmt und m_0 nicht wohldefiniert. Zum anderen ist (10.7) nichtrelativistisch unter Vernachlässigung des Elektronspins. Im Rahmen der relativistischen QED sieht der funktionale Zusammenhang zwischen nackter und renormierter Masse vollkommen anders aus.

Machen wir nun den Schwenk zurück zur Berechnung der Energieverschiebung (10.2). Aus (10.5) schließen wir, dass wir den vollen Hamilton-Operator des Gesamtsystems aus

Elektron im Coulomb-Feld des Kerns und Strahlungsfeld wie folgt umsortieren:

$$\begin{aligned}\hat{H} &= \frac{\hat{\boldsymbol{p}}^2}{2m_0} - \frac{e^2}{\hat{r}} + \hat{H}_{\text{rad}} + \hat{V} \\ &= \left[\frac{\hat{\boldsymbol{p}}^2}{2m_{\text{e}}} - \frac{e^2}{\hat{r}} + \hat{H}_{\text{rad}}\right] + \left[\hat{V} + \left(\frac{1}{2m_0} - \frac{1}{2m_{\text{e}}}\right)\hat{\boldsymbol{p}}^2\right] \\ &= \left[\frac{\hat{\boldsymbol{p}}^2}{2m_{\text{e}}} - \frac{e^2}{\hat{r}} + \hat{H}_{\text{rad}}\right] + \underbrace{\left[\hat{V} - C\hat{\boldsymbol{p}}^2\right]}_{\hat{V}_R}. \end{aligned} \tag{10.8}$$

In anderen Worten: die Renormierung der Elektronmasse führt effektiv zu einer Renormierung des Wechselwirkungspotentials $\hat{V} \longrightarrow \hat{V}_R$. Entsprechend ist die physikalisch messbare Energieverschiebung $\left[E_m^{\Delta}\right]_R$ dann gegeben durch:

$$\left[E_m^{\Delta}\right]_R = E_m^{\Delta} - C\,\langle\hat{\boldsymbol{p}}^2\rangle\,, \tag{10.9}$$

mit $\langle\hat{\boldsymbol{p}}^2\rangle = \langle\psi_m|\hat{\boldsymbol{p}}^2|\psi_m\rangle$. Gleichung (10.9) sagt also aus, dass die messbare Energieverschiebung die Differenz zwischen der (jeweils linear divergenten) Selbstenergie des gebundenen Elektrons und der des freien Elektrons ist, und es ist genau diese Differenz in (10.9), die dazu führt, dass sich im Folgenden die lineare Divergenz abschwächt in eine logarithmische.

Man beachte, dass die erste und die letzte Zeile von (10.8) mathematisch äquivalent sind – es sind keine Terme weggefallen oder hinzugefügt worden. Das einzig Relevante ist gleich am Anfang von (10.8) passiert: eine „Umdeutung“ der im kinetischen Term auftauchenden Masse weg von einer physikalisch messbaren Größe hin zu einer nackten, prinzipiell nicht messbaren Größe. Es ist wichtig, an dieser Stelle zu verstehen, dass diese als **Renormierung** bezeichnete Umdeutung ihre Ursache in der Existenz einer Wechselwirkung $\hat{V}$ hat. Gäbe es diese nicht – was eben einer hypothetischen Welt ohne elektromagnetische Felder und Wechselwirkungen entspricht – gäbe es in der ersten Zeile nur den kinetischen Term $\hat{\boldsymbol{p}}^2/(2m_0)$, und m_0 wäre die experimentell bestimmbare Masse, welchen Wert sie auch immer annähme. *Renormierung entsteht durch Wechselwirkung.*

Gleichung (10.9) ergibt nun weiter mit (10.2) und (10.3):

$$\begin{aligned}\left[E_m^{\Delta}\right]_R &= \frac{2\alpha}{3\pi}\frac{1}{(m_{\text{e}}c)^2}\mathrm{P}\int_0^{E_{\max}}\left[\sum_{l\neq m}\frac{E_\gamma\,|\langle\psi_m\,|\,\hat{\boldsymbol{p}}\,|\,\psi_l\rangle|^2}{E_m - E_l - E_\gamma} + \langle\boldsymbol{p}^2\rangle\right]\mathrm{d}E_\gamma \\ &= \frac{2\alpha}{3\pi}\frac{1}{(m_{\text{e}}c)^2}\mathrm{P}\int_0^{E_{\max}}\sum_{l\neq m}\left[\frac{E_\gamma\,|\langle\psi_m\,|\,\hat{\boldsymbol{p}}\,|\,\psi_l\rangle|^2}{E_m - E_l - E_\gamma} + \frac{|\langle\psi_m\,|\,\hat{\boldsymbol{p}}\,|\,\psi_l\rangle|^2\,(E_m - E_l - E_\gamma)}{E_m - E_l - E_\gamma}\right]\mathrm{d}E_\gamma \\ &= \frac{2\alpha}{3\pi}\frac{1}{(m_{\text{e}}c)^2}\mathrm{P}\int_0^{E_{\max}}\sum_{l\neq m}\frac{|\langle\psi_m\,|\,\hat{\boldsymbol{p}}\,|\,\psi_l\rangle|^2\,(E_m - E_l)}{E_m - E_l - E_\gamma}\mathrm{d}E_\gamma \\ &= \frac{2\alpha}{3\pi}\frac{1}{(m_{\text{e}}c)^2}\sum_{l\neq m}|\langle\psi_m\,|\,\hat{\boldsymbol{p}}\,|\,\psi_l\rangle|^2\,(E_l - E_m)\log\left(\frac{E_{\max}}{|E_m - E_l|}\right). \end{aligned} \tag{10.10}$$

Hierbei haben wir von der ersten zur zweiten Zeile eine Eins eingeschoben wie folgt:

$$\begin{aligned}\langle \hat{\boldsymbol{p}}^2 \rangle &= \sum_l \langle \psi_m | \hat{\boldsymbol{p}} | \psi_l \rangle \langle \psi_l | \hat{\boldsymbol{p}} | \psi_m \rangle \\ &= \sum_{l \neq m} \langle \psi_m | \hat{\boldsymbol{p}} | \psi_l \rangle \langle \psi_l | \hat{\boldsymbol{p}} | \psi_m \rangle + \underbrace{\langle \psi_m | \hat{\boldsymbol{p}} | \psi_m \rangle \langle \psi_m | \hat{\boldsymbol{p}} | \psi_m \rangle}_{=\langle \hat{\boldsymbol{p}} \rangle^2 = 0} \\ &= \sum_{l \neq m} |\langle \psi_m | \hat{\boldsymbol{p}} | \psi_l \rangle|^2 ,\end{aligned}$$

und der Absolutbetrag im Nenner des Logarithmus (und damit im gesamten Logarithmus) in (10.10) ist durch die Bildung des Cauchyschen Hauptwerts bei der Integration bedingt, denn es ist

$$\mathrm{P} \int_0^c \frac{\mathrm{d}x}{x - a} = \begin{cases} \log \dfrac{c - a}{a} & (a > 0) \\ \log \dfrac{c + |a|}{|a|} & (a < 0) \end{cases} ,$$

so dass allgemein für $|c| \gg |a|$

$$\mathrm{P} \int_0^c \frac{\mathrm{d}x}{x - a} \approx \log \frac{c}{|a|}$$

gesetzt werden kann. Wie angekündigt ist (10.10) nun für $E_{\max} \to \infty$ „nur noch" logarithmisch divergent.

Definieren wir nun implizit eine mittlere Anregungsenergie $\Delta E_{m,\mathrm{av}}$ des Elektrons durch

$$\log\left(\frac{E_{\max}}{\Delta E_{m,\mathrm{av}}}\right) \sum_{l \neq m} |\langle \psi_m \mid \hat{\boldsymbol{p}} \mid \psi_l \rangle|^2 (E_l - E_m) := \\ \sum_{l \neq m} |\langle \psi_m \mid \hat{\boldsymbol{p}} \mid \psi_l \rangle|^2 (E_l - E_m) \log\left(\frac{E_{\max}}{|E_m - E_l|}\right), \quad (10.11)$$

so schreibt sich (10.10) wie folgt:

$$\left[E_m^{\Delta}\right]_R = \frac{2\alpha}{3\pi} \frac{1}{(m_{\mathrm{e}} c)^2} \log\left(\frac{E_{m,\max}}{\Delta E_{m,\mathrm{av}}}\right) \sum_{l \neq m} |\langle \psi_m \mid \hat{\boldsymbol{p}} \mid \psi_l \rangle|^2 (E_l - E_m). \quad (10.12)$$

Um die Summe in (10.12) auszuwerten, stellen wir fest, dass wir nun über alle l summieren können und m nicht ausschließen müssen, da $l = m$ einen Nullbeitrag liefert (übrigens bereits in (10.10), da der Logarithmus schwächer divergiert als $E_m - E_l$ gegen Null geht). Es sei

$$\hat{H}_0 = \frac{\hat{\boldsymbol{p}}^2}{2m_{\mathrm{e}}} - \frac{e^2}{\hat{r}}$$

gemäß (II-28.1) der ungestörte Hamilton-Operator des Coulomb-Problems. Wir erhalten dann

$$\begin{aligned}\sum_l |\langle\psi_m \mid \hat{\boldsymbol{p}} \mid \psi_l\rangle|^2 (E_l - E_m) &= \langle\psi_m|\hat{\boldsymbol{p}}(\hat{H}_0 - E_m)\hat{\boldsymbol{p}}|\psi_m\rangle \\ &= -\frac{1}{2}\langle\psi_m|[\hat{\boldsymbol{p}}, [\hat{\boldsymbol{p}}, \hat{H}_0]]|\psi_m\rangle \\ &= \frac{\hbar^2}{2}\left\langle\psi_m\left|\hat{\nabla}^2\left(-\frac{e^2}{\hat{r}}\right)\right|\psi_m\right\rangle = 2\pi e^2\hbar^2|\psi_m(0)|^2.\end{aligned}$$

Dabei haben wir verwendet, dass

$$\begin{aligned}\left\langle\nabla^2\left(\frac{-e^2}{r}\right)\right\rangle &= -e^2\int\psi^*(\boldsymbol{r})\nabla^2\left(\frac{1}{r}\right)\psi(\boldsymbol{r})\mathrm{d}\boldsymbol{r}^3 \\ &= 4\pi e^2\int\psi^*(\boldsymbol{r})\delta(\boldsymbol{r})\psi(\boldsymbol{r})\mathrm{d}\boldsymbol{r}^3 = 4\pi e^2|\psi_m(0)|^2,\end{aligned}$$

man vergleiche dies mit der ähnlichen Rechnung rund um den Darwin-Term in Abschnitt III-4 hin zu (III-4.21). An dieser Stelle ist bereits erkennbar, dass – zumindest in der vorliegenden nichtrelativistischen Rechnung ohne Spin – lediglich ns-Orbitale eine Lamb-Verschiebung erfahren. Verwenden wir $|\psi_{n0}(0)|^2 = \frac{1}{\pi(na_0)^3}$, so erhalten wir:

$$\sum_l |\langle\psi_{n0} \mid \hat{\boldsymbol{p}} \mid \psi_l\rangle|^2 (E_{ns} - E_l) = \frac{2e^2\hbar^2}{n^3a_0^3} = \frac{2\alpha^4 m_\mathrm{e}^3 c^4}{n^3}, \tag{10.13}$$

mit der Feinstrukturkonstanten $\alpha = e^2/(\hbar c)$. Setzen wir (10.13) in (10.12) ein, erhalten wir schlussendlich:

$$\left[E_{ns}^{\Delta}\right]_R = \frac{4\alpha^5 m_\mathrm{e}c^2}{3n^3\pi}\log\left(\frac{E_\mathrm{max}}{\Delta E_{ns,\mathrm{av}}}\right). \tag{10.14}$$

Die Formel (10.14) stellt Bethes finales Ergebnis für die nichtrelativistische Berechnung der Lamb-Verschiebung dar. Sie enthält allerdings noch zwei zu definierende Konstanten: zum einen die Cut-off-Energie E_max sowie die mittlere Anregungsenergie $\Delta E_{ns,\mathrm{av}}$ des Elektrons. Da die Rechnung nichtrelativistisch ist, drängt sich $E_\mathrm{max} = m_\mathrm{e}c^2$ geradezu auf. Die mittlere Anregungsenergie $\Delta E_{2s,\mathrm{av}}$ für den 2s-Zustand des Elektrons im Wasserstoffatom muss in einer numerischen Nebenrechnung erhalten werden – Bethe bedankte sich in seiner Arbeit für die entsprechende Zuarbeit von *''Dr. Stehn and Miss Steward''*, welche etwa 17,8 Ry oder 240 eV erhielten. Verwendet man diese Werte in (10.14), so erhält man eine Lamb-Verschiebung für den 2s-Zustand von

$$\left[E_{2s}^{\Delta}\right]_R/\hbar \approx 1040\,\mathrm{MHz} \tag{10.15}$$

und steht daher bereits in exzellentem Einklang mit dem im berühmten Lamb–Retherford-Experiment gemessenen Wert von

$$\left[E_{2s}^{\Delta}\right]_\mathrm{exp}/\hbar \approx 1000\,\mathrm{MHz}. \tag{10.16}$$

Der Wert für $\Delta E_{2s,av}$ wurde später nachkorrigiert [BBS50] zu $\Delta E_{2s,av} \approx 16{,}646\,\text{Ry}$, so dass sich daraus für die Lamb-Verschiebung ein Wert von

$$\left[E_{2s}^{\Delta}\right]_R / \hbar \approx 1051{,}41\,\text{MHz} \tag{10.17}$$

ergibt. Der derzeit am genauesten experimentell bestimmte Wert beträgt

$$\left[E_{2s}^{\Delta}\right]_{\text{exp}} / \hbar \approx 1057{,}8\,\text{MHz}. \tag{10.18}$$

Das zeigt eindrücklich, dass die Lamb-Verschiebung im Wesentlichen ein nichtrelativistisches Phänomen der Quantenelektrodynamik darstellt.

An dieser Stelle ist anzumerken, dass eine Berechnung der Lamb-Verschiebung in der vollen QED (relativistisch, Spin-$\frac{1}{2}$) sogar ein besseres Konvergenzverhalten aufweist als die oben durchgeführte nichtrelativistische. Durch Renormierung nicht nur der Masse, sondern auch von Ladung und Feld ergibt sich anstelle einer logarithmischen Divergenz (die wiederum das Ergebnis der Differenz zweier linearer Divergenzen ist) sogar ein konvergentes Resultat (als Differenz zweier logarithmischer Divergenzen)! Darüber hinaus erhalten nicht nur ns-Zustände eine Energieverschiebung, sondern alle Energie-Eigenzustände von $\hat{H}_0$, wenn auch von deutlich niedrigerer Größenordnung. Präzise numerische Berechnungen berücksichtigen selbst die endliche Ausdehnung des Protons, welche immerhin einen Beitrag von etwa $-1{,}04\,\text{MHz}$ mit sich bringt.

Semiklassische Abschätzung

Eine heuristische, semiklassische Herleitung der Lamb-Verschiebung stammt von Theodore Welton [Wel48] (in dieser Arbeit erklärt er auch den anomalen g-Faktor des Elektrons und Korrekturen zum Compton-Streuquerschnitt bei niedrigen Energien auf ähnliche Weise). Die Vakuumfluktuationen im elektromagnetischen Feld stellen in diesem Ansatz eine Störung zum Coulomb-Feld des Atomkerns dar. Diese Störung führt wiederum zu einer Fluktuation des Ortsoperators $\hat{\boldsymbol{r}}$ des Elektrons, wodurch sich eine Energieverschiebung ergibt gemäß:

$$\begin{aligned} \Delta\hat{V}(\hat{\boldsymbol{r}}) &= \hat{V}(\hat{\boldsymbol{r}} + \Delta\hat{\boldsymbol{r}}) - \hat{V}(\hat{\boldsymbol{r}}) \\ &\approx (\Delta\hat{\boldsymbol{r}}) \cdot \hat{\nabla}\hat{V}(\hat{\boldsymbol{r}}) + \frac{1}{2}\left[(\Delta\hat{\boldsymbol{r}}) \cdot \hat{\nabla}\right]^2 \hat{V}(\hat{\boldsymbol{r}}). \end{aligned} \tag{10.19}$$

Nach Erwartungswertbildung auf beiden Seiten von (10.19) erhält man:

$$\langle \Delta\hat{V} \rangle = \frac{1}{6}\left\langle (\Delta\hat{\boldsymbol{r}})^2 \right\rangle \left\langle \hat{\nabla}^2 \left(\frac{-e^2}{\hat{r}}\right) \right\rangle, \tag{10.20}$$

unter Verwendung von

$$\begin{aligned} \langle \Delta\hat{\boldsymbol{r}} \rangle &= 0, \\ \left\langle \left[(\Delta\hat{\boldsymbol{r}}) \cdot \hat{\nabla}\right]^2 \right\rangle &= \frac{1}{3}\left\langle (\Delta\hat{\boldsymbol{r}})^2 \right\rangle \hat{\nabla}^2. \end{aligned}$$

Die letzte Relation drückt die Isotropie der Vakuumfluktuationen aus, aus welchem Grund $\langle(\Delta\hat{r}_i)(\Delta\hat{r}_j)\rangle = \frac{1}{3}\left\langle(\Delta\hat{\boldsymbol{r}})^2\right\rangle \delta_{ij}$ gelten muss.

Verwenden wir wieder $|\psi_{n0}(0)|^2 = \frac{1}{\pi(na_0)^3}$, so dass

$$\left\langle \hat{\nabla}^2 \left(\frac{-e^2}{\hat{r}}\right)\right\rangle = \frac{4e^2}{n^3 a_0^3}, \tag{10.21}$$

so erhalten wir weiter für (10.20):

$$\langle\Delta\hat{V}\rangle = \frac{2e^2}{3n^3 a_0^3}\left\langle(\Delta\hat{\boldsymbol{r}})^2\right\rangle = \frac{2m_e^3\alpha^4 c^4}{3n^3\hbar^2}\left\langle(\Delta\hat{\boldsymbol{r}})^2\right\rangle, \tag{10.22}$$

und es geht nun darum, einen Wert für $\left\langle(\Delta\hat{\boldsymbol{r}})^2\right\rangle$ zu erhalten. Hierzu verwenden wir die klassische Bewegungsgleichung eines geladenen Teilchens in einem elektrischen Feld $\boldsymbol{E}(t)$, angewandt auf die hermiteschen Operatoren:

$$m_e \frac{d^2}{dt^2}(\Delta\hat{\boldsymbol{r}}(t)) = -e\hat{\boldsymbol{E}}(t). \tag{10.23}$$

Dabei ist $\hat{\boldsymbol{E}}(t)$ das elektrische Feld am Ort $\hat{\boldsymbol{r}} = \boldsymbol{0}$.

Die weitere Rechung erfolgt nun nach Fourier-Transformation in den ω-Raum. Es ist

$$\Delta\hat{\boldsymbol{r}}(t) = \frac{1}{\sqrt{2\pi}}\int_{-\infty}^{\infty} e^{-i\omega t}\widetilde{\Delta\hat{\boldsymbol{r}}}(\omega)d\omega,$$

so dass

$$\frac{d^2}{dt^2}(\Delta\hat{\boldsymbol{r}}(t)) = -\frac{1}{\sqrt{2\pi}}\int_{-\infty}^{\infty} \omega^2 e^{-i\omega t}\widetilde{\Delta\hat{\boldsymbol{r}}}(\omega)d\omega, \tag{10.24}$$

und aus (3.1) erhalten wir

$$\begin{aligned}\hat{\boldsymbol{E}}(t) = \hat{\boldsymbol{E}}(\boldsymbol{0},t) &= i\sum_{\boldsymbol{k},\lambda}\sqrt{\frac{2\pi\hbar c}{L^3 k}}\,k\boldsymbol{\epsilon}_{\boldsymbol{k},\lambda}\left[\hat{a}_{\boldsymbol{k},\lambda}e^{-ickt} - \hat{a}^\dagger_{\boldsymbol{k},\lambda}e^{+ickt}\right],\\ &= \frac{1}{\sqrt{2\pi}}\int_{-\infty}^{\infty} e^{-i\omega t}\hat{\tilde{\boldsymbol{E}}}(\omega)d\omega,\end{aligned} \tag{10.25}$$

mit

$$\hat{\tilde{\boldsymbol{E}}}(\omega) = i\sqrt{2\pi}\sum_{\boldsymbol{k},\lambda}\sqrt{\frac{2\pi\hbar c}{L^3 k}}\,k\boldsymbol{\epsilon}_{\boldsymbol{k},\lambda}\left[\hat{a}_{\boldsymbol{k},\lambda}\delta(\omega - ck) - \hat{a}^\dagger_{\boldsymbol{k},\lambda}\delta(\omega + ck)\right]. \tag{10.26}$$

Mit (10.24) und (10.25) lässt sich (10.23) dann als algebraische Gleichung schreiben:

$$\widetilde{\Delta\hat{\boldsymbol{r}}}(\omega) = \frac{e}{m_e\omega^2}\hat{\tilde{\boldsymbol{E}}}(\omega), \tag{10.27}$$

so dass

$$
\begin{aligned}
&\left\langle(\Delta\hat{\boldsymbol{r}}(t))^2\right\rangle \\
&= \frac{1}{2\pi}\int \mathrm{d}\omega \int \mathrm{d}\omega' \left\langle \widetilde{\Delta\hat{\boldsymbol{r}}}(\omega)\cdot\widetilde{\Delta\hat{\boldsymbol{r}}}(\omega')\right\rangle \\
&= \frac{1}{2\pi}\frac{e^2}{m_\mathrm{e}^2}\int \mathrm{d}\omega \int \mathrm{d}\omega' \frac{\langle \hat{\tilde{\boldsymbol{E}}}(\omega)\cdot\hat{\tilde{\boldsymbol{E}}}(\omega')\rangle}{\omega^2\omega'^2} \\
&= -\frac{e^2}{m_\mathrm{e}^2}\sum_{\boldsymbol{k},\lambda,\boldsymbol{k}',\lambda'} \frac{2\pi\hbar c\sqrt{kk'}}{L^3}\frac{1}{(ck)^2}\frac{1}{(ck')^2}(\boldsymbol{\epsilon}_{\boldsymbol{k},\lambda}\cdot\boldsymbol{\epsilon}_{\boldsymbol{k}',\lambda'})\left\langle\left[\hat{a}_{\boldsymbol{k},\lambda}-\hat{a}^\dagger_{\boldsymbol{k},\lambda}\right]\left[\hat{a}_{\boldsymbol{k}',\lambda'}-\hat{a}^\dagger_{\boldsymbol{k}',\lambda'}\right]\right\rangle .
\end{aligned}
$$

unter Verwendung von (10.26). Die Erwartungswertbildung geschieht mit dem Vakuumzustand $|0\rangle$, und es trägt nur bei, wenn $(\boldsymbol{k},\lambda)$ bei Erzeugung und Vernichtung identisch sind. Daher ist weiter:

$$
\begin{aligned}
\left\langle(\Delta\hat{\boldsymbol{r}}(t))^2\right\rangle &= -\frac{e^2}{m_\mathrm{e}^2}\sum_{\boldsymbol{k},\lambda}\frac{2\pi\hbar ck}{L^3}\frac{1}{(ck)^4}\left\langle\left[\hat{a}_{\boldsymbol{k},\lambda}-\hat{a}^\dagger_{\boldsymbol{k},\lambda}\right]\left[\hat{a}_{\boldsymbol{k},\lambda}-\hat{a}^\dagger_{\boldsymbol{k},\lambda}\right]\right\rangle \\
&= \frac{e^2}{m_\mathrm{e}^2}\sum_{\boldsymbol{k},\lambda}\frac{2\pi\hbar}{L^3}\frac{1}{(ck)^3}\left\langle\hat{a}_{\boldsymbol{k},\lambda}\hat{a}^\dagger_{\boldsymbol{k},\lambda}+\hat{a}^\dagger_{\boldsymbol{k},\lambda}\hat{a}_{\boldsymbol{k},\lambda}\right\rangle \\
&= \frac{e^2}{m_\mathrm{e}^2}\sum_{\boldsymbol{k},\lambda}\frac{2\pi\hbar}{L^3}\frac{1}{(ck)^3}\left\langle 1+2\hat{a}^\dagger_{\boldsymbol{k},\lambda}\hat{a}_{\boldsymbol{k},\lambda}\right\rangle ,
\end{aligned}
$$

was für $L \longrightarrow \infty$ (siehe (4.6)) zu

$$
\begin{aligned}
\left\langle(\Delta\hat{\boldsymbol{r}}(t))^2\right\rangle &= \frac{e^2}{m_\mathrm{e}^2c^3}\frac{\hbar}{(2\pi)^2}\int \mathrm{d}^3\boldsymbol{k}\,\frac{1}{k^3}\sum_\lambda 1 \\
&= \frac{2\alpha}{\pi}\left(\frac{\hbar}{m_\mathrm{e}c}\right)^2\int_0^\infty \frac{\mathrm{d}k}{k} .
\end{aligned} \tag{10.28}
$$

wird.

Das Integral in (10.28) divergiert sowohl am oberen, als auch am unteren Ende, es ist also **ultraviolett-** als auch **infrarot-divergent** und benötigt sowohl einen oberen, als auch einen unteren Cut-off. Für die obere Grenze ist wieder $k_\mathrm{max} = m_\mathrm{e}c/\hbar$ anzusetzen, entsprechend der Ruheenergie des Elektrons. Für die untere Grenze kann man in einem ersten Versuch den Kehrwert des Bohrschen Atomradius $k_\mathrm{min} = a_0^{-1}$ anzusetzen. Man erhält dann für das k-Integral in (10.28):

$$
\int_{a_0^{-1}}^{m_\mathrm{e}c/\hbar}\frac{\mathrm{d}k}{k} = \log\frac{1}{\alpha},
$$

und für (10.28):

$$
\left\langle(\Delta\hat{\boldsymbol{r}}(t))^2\right\rangle = \frac{2\alpha}{\pi}\left(\frac{\hbar}{m_\mathrm{e}c}\right)^2\log\frac{1}{\alpha}, \tag{10.29}
$$

so dass man letztlich im Rahmen der getroffenen Näherungen für (10.22) die Abschätzung

$$\langle \Delta \hat{V} \rangle = m_e c^2 \frac{4\alpha^5}{3n^3\pi} \log \frac{1}{\alpha} \approx 2{,}76 \cdot 10^{-6}\,\text{eV} \tag{10.30}$$

erhält, was zu einer Spektralfrequenzverschiebung für $n = 2$ von etwa 668,6 MHz entspricht. Sie liegt damit etwa 40 % unter dem tatsächlich gemessenen Wert von 1057,8 MHz. Trotz des semiklassischen Ansatzes ist das Verfahren von Welton äußerst illustrativ, da es letztlich zum identischen Ausdruck (10.14) führt, und Welton selbst übrigens hat in seiner Arbeit den unteren Cut-off nicht mit a_0^{-1} angesetzt, sondern zunächst offengelassen und einfach Bethes numerisch erhaltenen Wert eingesetzt und somit natürlich dessen Resultat reproduziert. Die eigentliche Bedeutung von Weltons Rechnung ist die, dass sich die Lamb-Verschiebung als Effekt der Vakuumfluktuationen interpretieren lässt und zumindest in der semiklassischen Betrachtung keine Masserenormierung benötigt.

Zur Geschichte der Lamb-Verschiebung

Auch in der Entwicklung der Theoretischen Physik stellte der Zweite Weltkrieg eine Zäsur dar: war der Fortschritt vor 1933 noch weitestgehend europäisch getrieben, verlagerte sich die Spitzenforschung in den 1940er-Jahren nicht zuletzt durch eine große Emigrationswelle insbesondere deutscher Physiker jüdischer Abstammung in die USA. Während der Kriegsjahre waren die Fortschritte in der experimentellen und der theoretischen Physik hauptsächlich militärisch getrieben und dienten unmittelbaren Kriegszwecken – das herausragendste Beispiel war selbstverständlich der Aufbau des geheimen Forschungslabors bei Los Alamos zur Durchführung des streng geheimen *Manhattan Project* mit dem Ziel, die Atombombe zu bauen.

Nach 1945 gab es in der Physik-Community ein regelrechtes Gefühl der Befreiung, sich nun endlich auch wieder Grundlagenthemen zuwenden zu können, die nicht mehr unmittelbaren Kriegsbezug hatten, und auch öffentlich darüber sprechen zu können. Eines dieser Grundlagenthemen war das zu jenem Zeitpunkt vorherrschende Problem seiner Zeit: die Divergenzen in der Quantenelektrodynamik und in Quantenfeldtheorien allgemein. Und was für die frühe Quantenmechanik 1927 die berühmte fünfte Solvay-Konferenz in Brüssel gewesen war, stellte für die Quantenelektrodynamik im Jahre 1947 die berühmte *Shelter Island Conference* dar, die erste wichtige internationale Physik-Konferenz nach dem Zweiten Weltkrieg und ein Meilenstein in der Entwicklung der theoretischen Physik in den Vereinigten Staaten in der Nachkriegszeit. Shelter Island ist eine kleine Insel am östlichen Ende von Long Island im Bundesstaat New York.

Die Liste der Teilnehmer an der Konferenz – lediglich 24 an der Zahl – liest sich wie das *Who's Who* späterer Nobelpreisträger. Ausführliche Darstellungen, teilweise auch Erlebnisberichte der *Shelter Island Conference*, sowie der beiden großen Nachfolgekonferenzen in Pocono und in Oldstone sind in dem hervorragenden Werk von Silvan Schweber [Sch86] nachzulesen. Gewissermaßen am Vorabend der Konferenz waren spektakuläre Ergebnisse mehrerer Experimente bekannt geworden. Eines davon sollte die gesamte Themendiskussion während der Konferenz dominieren, nämlich ein Experiment von Willis Lamb und Robert Retherford am Columbia Radiation Laboratory, das klar zeigte, dass es entgegen der durch

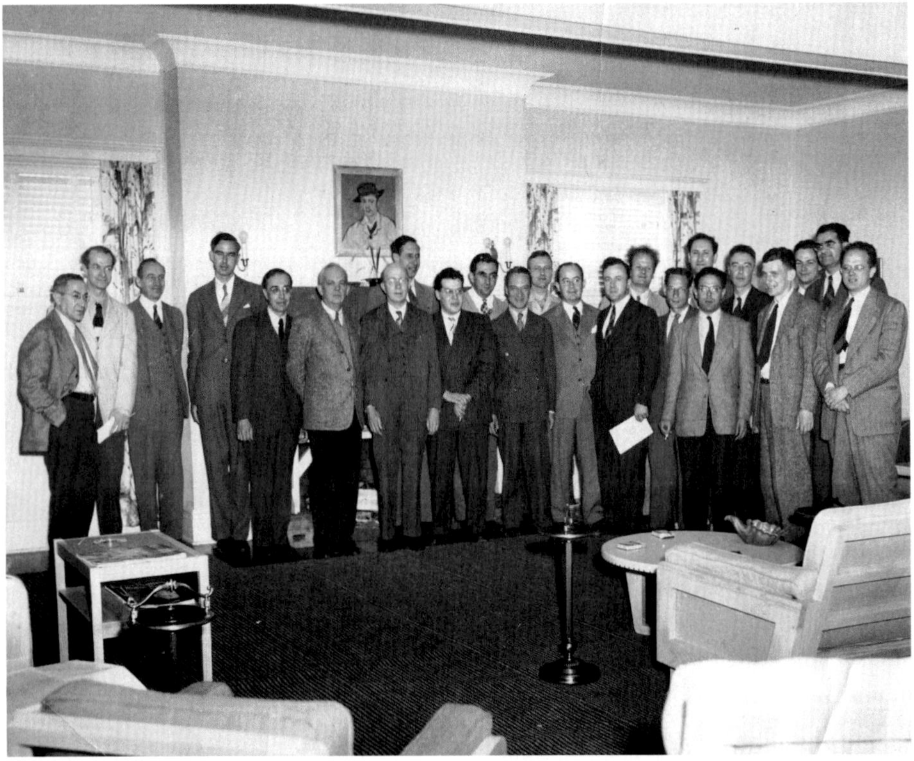

Die Teilnehmer der Shelter Island Conference, Juni 1947. Von links nach rechts: I. I. Rabi, Linus Carl Pauling, John Hasbrouck Van Vleck, Willis Eugene Lamb, Gregory Breit, Duncan Arthur MacInnes, Karl Kelchner Darrow, George Eugene Uhlenbeck, Julian Seymour Schwinger, Edward Teller, Bruno Benedetto Rossi, Arnold Theodore Nordsieck, John von Neumann, John Archibald Wheeler, Hans Albrecht Bethe, Robert Serber, Robert Eugene Marshak, Abraham Pais, J. Robert Oppenheimer, David Bohm, Richard Phillips Feynman, Victor Frederick Weisskopf, Herman Feshbach (Abbildung: Fermilab Photograph, courtesy AIP Emilio Segrè Visual Archives, Marshak Collection).

die Dirac-Theorie vorhergesagten j-Entartung der Energiezustände für wasserstoffähnliche Atome eine Energieverschiebung der ns-Zustände gibt [LR47]. Noch während der Rückfahrt mit dem Zug nach Ende der dreitägigen Konferenz machte sich Hans Bethe daran, eine nichtrelativistische Berechnung dieser Energieverschiebung zu berechnen und ließ dabei auch die von Hendrik Kramers auf der Konferenz vorgetragenen Gedanken zur Renomierung der Elektronmasse einfließen – im Wesentlichen ein aktualisiertes Review dessen früherer Arbeiten zum Thema, insbesondere [Kra38] – das Ergebnis war am Ende die oben durchgeführte Rechnung [Bet47].

Hans Albrecht Bethe, 1906 in Straßburg im damaligen Deutschen Kaiserreich geboren, emigrierte 1933 in die Vereinigten Staaten, nach einem kurzen Zwischenhalt in Manchester – nur ein Jahr, nachdem er eine Position als außerplanmäßiger Professor an der Universität Tübingen angetreten und die er nach der Machtergreifung 1933 wieder verloren hatte, da seine Mutter jüdischer Abstammung war. Im Jahre 1934 bot ihm die Cornell University in Ithaca, New York, eine Position als Assistenzprofessor an. Es ist äußerst lohnend, sich die Erzählungen von Hans Bethe über die *Shelter Island Conference* und die Berechnung der Lamb-Verschiebung aus erster Hand anzuhören, und zwar in den online verfügbaren Video-Interviews *Web of Stories* [Sch96, Videos 102–105].

Hans Bethe (Abbildung: Los Alamos National Laboratory, US Government).

Der englische Mathematiker und Theoretische Physiker Freeman Dyson war zu jenem Zeitpunkt Post-Doc bei Hans Bethe an Cornell, der ihm die Aufgabe übertrug, eine relativistische Berechnung der Lamb-Verschiebung für skalare Elektronen durchzuführen

[Dys48].

Die erste relativistische Berechnung der Lamb-Verschiebung unter Berücksichtigung des Elektron-Spins erfolgte 1948 durch James Bruce French im Rahmen seiner Doktorarbeit, unter der Betreuung von Victor Weisskopf [FW49]. Hierzu schließt sich eine später von Weisskopf als „tragikomische Episode“ bezeichnete Anekdote an [Wei83], auch in [Sch94, Abschnitt 5.8]: Die Berechnung von French und Weisskopf wurde unabhängig voneinander sowohl von Richard Feynman als auch von Julian Schwinger überprüft, die beide jeweils auf ihre Weise ebenfalls die Lamb-Verschiebung berechneten, aber beide auf ein identisch anderes Ergebnis kamen! Das verunsicherte Weisskopf und French enorm, und sie hielten daher die Veröffentlichung der Arbeit bis zur Klärung der Diskrepanz zurück. In Weisskopfs späteren Worten: *"The trouble was that both of them got the same result. Having both Feynman and Schwinger against us shook our confidence, and we tried to find a mistake in our calculation, without success."* Am Ende fand French selbst die Diskrepanz: sowohl Feynman als auch Schwinger haben im Wesentlichen den selben, einen äußerst subtilen, Fehler in ihren Rechnungen begangen, und beide ihrer Rechnungen waren falsch! Das Ergebnis von French und Weisskopf hingegen war vollkommen korrekt, aber mittlerweile waren sie bereits gewissermaßen rechts überholt worden: Norman Kroll, ein Doktorand von Willis Lamb, hatte in seiner Doktorarbeit ebenfalls die Lamb-Verschiebung für relativistische Spin-$\frac{1}{2}$-Elektronen berechnet und das korrekte Ergebnis erhalten [KL49]. Die Arbeit von Kroll und Lamb war daraufhin mehrere Monate vor der von French und Weisskopf erschienen. In seiner nachfolgenden Arbeit zum Pfadintegralformalismus in der QED drückte Feynman daraufhin in einer ausführlichen Fußnote sein ausdrückliches Bedauern über diesen Umstand aus und erläuterte seine eigenen, fehlerhaften Berechnungen.

Lamb und Retherford schrieben 1952 ein vierteiliges Review [LR50; LR51; LR52a; LR52b]. Auch Murray Gell-Mann gibt in [Wes97, Video 23] seine Erinnerungen rund um die verschiedenen Berechnungen der Lamb-Verschiebung wieder.

Willis Lamb erhielt im Jahre 1955 für seine Entdeckung den Nobelpreis für Physik. Er teilte ihn sich mit Polykarp Pusch, der diesen für das ebenfalls 1947 gemessene anomale magnetische Moment des Elektrons erhielt. Hans Bethe bekam 1967 ebenfalls den Nobelpreis, allerdings für seine Arbeiten zu den Fusionszyklen im Inneren der Sterne aus dem Jahre 1938.

Dyson schrieb später anlässlich des 65. Geburtstags von Willis Lamb: *"Those years, when the Lamb shift was the central theme of physics, were golden years for all the physicists of my generation. You were the first to see that this tiny shift, so elusive and hard to measure, would clarify in a fundamental way our thinking about particles and fields."*

Die Entdeckung der Lamb-Verschiebung, deren Berechnung im Rahmen der QED, sowie die *Shelter Island Conference* von 1947 stellen jeweils ein Fanal dar für die Entwicklung der Quantenelektrodynamik hin zu der noch Stand heute am präzisesten vermessenen fundamentalen physikalischen Theorie. Die größten Anstrengungen galten dabei der konzeptionellen Klärung der Divergenzen in den quantenfeldtheoretischen Rechnungen und des Renormierungsbegriffs, dem wir im folgenden ein kurzes Zwischenspiel erlauben müssen.

11 Interludium: die frühe Geschichte des Renormierungsbegriffes

Die Renormierung physikalischer Größen, der wir erstmalig in Abschnitt 10 begegnet sind, ist *die* zentrale und alles überragende Eigenschaft von Quantenfeldtheorien mit Wechselwirkung: wenn man der Quantenelektrodynamik physikalische Aussagen höchster Genauigkeit entlocken möchte, muss man Renormierung verstanden haben. Aber Renormierung beschränkt sich nicht auf Quantenfeldtheorien, sondern ist allen wechselwirkenden Systemen mit unendlich vielen Freiheitsgrade inhärent, zu denen auch sämtliche kontinuierliche Systeme gehören, wie sie in der klassischen Elektrodynamik oder der Hydrodynamik vorkommen. Infolgedessen ist das Phänomen der Renormierung – ohne dass die Begrifflichkeit als solche verwendet wurde – eigentlich bereits seit Mitte des 19. Jahrhunderts bekannt und hat seit dem eine Entwicklung durchlaufen hin zu dem modernen Begriff im Rahmen der Renormierungsgruppe, wie wir ihn heute kennen. Daher ist Renormierung auch keine Eigenheit der relativistischen Physik, sondern bereits der nicht-relativistischen, weshalb wir diesem Thema an dieser Stelle einen Abschnitt widmen wollen. Wir wollen uns im Folgenden aber auf die frühe Geschichte des Konzepts beschränken und demonstrieren, warum Renormierung eine notwendige und im Rückblick eigentlich vollkommen einleuchtende Notwendigkeit von Kontinuumstheorien ist und orientieren uns dabei etwas an den sehr empfehlenswerten historischen Reviews von Max Dresden [Dre93], Abraham Pais [Pai72] und Fritz Rohrlich [Roh73].

Stokes, die Hydrodynamik und die effektive Masse

Bereits 1844 zeigte der irische Mathematiker und Physiker George Gabriel Stokes – der übrigens wie Newton vor ihm und Dirac und Hawking nach ihm den *Lucasian Chair of Mathematics* an der Cambridge University innehatte – dass die kinetische Energie eines in einem perfekten, inkompressiblen Fluid beweglichen Körpers die Form $T = \frac{1}{2}mv^2$ besitzt. Allerdings stellt die Masse m nicht die „nackte“ Masse m_0 des bewegten Körpers dar, wie wir sie messen würden, wenn er außerhalb des Fluids befindlich wäre, sondern eine effektive Masse $m = m_0 + m'$, wobei der hinzugefügte Masseterm m' abhängig ist von der Geometrie des Körpers und der Dichte des Fluids. Das leuchtet auch unmittelbar ein, denn mit dem Körper zusammen wird natürlich auch das Fluid bewegt, was eine zusätzliche kinetische Energie mit sich bringt. Beispielsweise gilt für die kinetische Energie T einer Kugel mit Radius R und nackter Masse m_0 in einem Fluid der Dichte ρ die Formel

$$T = \frac{1}{2}(m_0 + m')v^2, \tag{11.1}$$

mit

$$m' = \frac{1}{2} \cdot \frac{4}{3}\pi\rho R^3. \tag{11.2}$$

Der zusätzliche Masseterm m' entspricht also der halben Masse des verdrängten Fluids. Für kompliziertere Geometrien des Körpers wird der Ausdruck für m' ebenfalls komplizierter, aber stets gilt für die kinetische Energie $T = \frac{1}{2}(m_0 + m')v^2$ [Sto44].

Der englische Physiker J. J. Thomson (Abbildung: Wikimedia Commons, Public Domain).

J. J. Thomson, der Äther und die elektromagnetische Masse

Auf diesem Vorwissen aufbauend führte nun J. J. Thomson im Jahre 1881 – 16 Jahre vor seiner Entdeckung des Elektrons – den Begriff der **elektromagnetischen Masse** ein [Tho81]. Motiviert wurde er durch zwei unabhängige Konzepte der damaligen Zeit: zum einen durch die Idee des Äthers – eines alles durchfüllenden Mediums, in dem sich elektromagnetische Wellen ausbreiten sollten wie Schall durch Luft, zu dem die Physiker der damaligen Zeit allerdings nie ein einheitliches geschweige denn durchdachtes Konzept entwickeln konnten. Zum anderen entstand in ihm der Gedanke, dass ja ein bewegtes geladenes Teilchen ein magnetisches Feld erzeugt, das Energie besitzt, welche wiederum ja von den das geladene Teilchen ursprünglich beschleunigenden Kräften aufgewendet werden muss. Dadurch entsteht zusätzliche Trägheit und damit zusätzliche Masse, eben die elektromagnetische Masse. Für eine geladene Kugel mit Ruhemasse m_0 (natürlich gab es weder diesen Begriff noch das Konzept dahinter zur damaligen Zeit!), Radius a und homogen auf der Kugeloberfläche verteilter Ladung e ergibt sich so eine kinetische Energie

$$T = \frac{1}{2}(m_0 + m_{\text{em}})v^2, \tag{11.3}$$

mit der elektromagnetischen Masse

$$m_{\text{em}} = \frac{2}{3}\frac{e^2}{ac^2}. \tag{11.4}$$

Viele derartiger Rechnungen sollten einige Jahre später von H. A. Lorentz erfolgen.

Die formale Analogie zwischen der effektiven Masse in der Hydrodynamik und der elektromagnetischen Masse in der klassischen Elektrodynamik ist für heutige Augen frappant. Für Thomson war sie allerdings sehr natürlich, da eben die Hypothese eines Äthers zur damaligen Zeit *en vogue*, wenn auch unausgegoren war. Die landläufige Vorstellung war jedenfalls die eines irgendwie gearteten klassischen Fluids mit ansonsten weitgehend unbekannten Eigenschaften.

H. A. Lorentz und seine Theorie des Elektrons

Der niederländische Physiker Hendrik Antoon Lorentz war eine führende Persönlichkeit der theoretischen Physik seiner Zeit. Seine Leistungen auf dem Gebiet der Elektrodynamik, wozu damals auch die Äthertheorie zählte, sind äußerst vielfältig. Insbesondere trug er signifikant dazu bei, Maxwells Ideen und Arbeiten, die zunächst sehr obskur wirkten, zu strukturieren und klarer zu formulieren. Seine umfangreichen Arbeiten zur Elektrontheorie fanden 1909 den gesammelten Niederschlag in seinem Buch *"The Theory of Electrons and its Applications to the Phenomena of Light and Radiant Heat"*, das 1916 in einer zweiten Auflage erschien und heute im Dover-Verlag als Nachdruck erhältlich ist. Mittlerweile hatte J. J. Thomson 1897 das Elektron entdeckt.

Hendrik Antoon Lorentz (Abbildung: AIP Emilio Segrè Visual Archives).

Lorentz baute die Vorstellungen von J. J. Thomson zur elektromagnetischen Masse weiter aus und führte umfangreiche Berechnungen für vielfältige Geometrien und Ladungsverteilungen durch. Er argumentierte bereits ganz im Sinne des modernen Renormierungsbegriffs, dass die beobachtbare Masse m eines Elektrons durch $m = m_0 + m'$ gegeben ist, seiner Überzeugung nach bestand diese allerdings vollständig aus der elektromagnetischen Masse m'. Das bedeutet umgekehrt, die gesamte nackte Masse m_0, die er „materielle Masse" nannte und welche prinzipiell nicht beobachtbar war, war Null – eine Sichtweise, die auch J. J. Thomson teilte.

Die Vorstellungen von Lorentz, was den Äther betraf, waren nach wie vor stark heuristisch geprägt und wiesen starke Widersprüche zu bereits bekannten physikalischen Gesetzen auf. Zwar war der Äther als alldurchdringendes Medium Träger der elektromagnetischen Strahlung und konnte als solches Energie besitzen und transportieren. Er übte auch den entsprechenden mechanischen Einfluss auf geladene Teilchen aus, war selbst allerdings bewegungslos und „absolut" – das dritte Newtonsche Gesetz galt für ihn also nicht. Genau dieser innerer Widerspruch war es, den Einstein einige Jahre später zum Anlass nahm, die Vorstellungen über Raum und Zeit grundsätzlich zu klären und die Spezielle Relativitätstheorie zu entwickeln, obwohl ironischerweise Lorentz es war, der als erster die nach ihm benannten Lorentz-Transformationen ableitete, aber falsch interpretierte und der Speziellen Relativitätstheorie ablehnend gegenüber stand.

Besonders interessant sind aber in diesem Zusammenhang die Vorstellungen von Lorentz über die Beschaffenheit des Elektrons selbst. Blieben seine Vorstellungen zu Raum und Zeit konservativ newtonsch und euklidisch, so war er andererseits durchaus gewillt, an anderer Stelle Inkonsistenzen in Kauf zu nehmen (der absolute Äther war eine davon). Ein Elektron war für ihn eine endlich große Kugel mit homogener Ladungsverteilung auf deren Oberfläche, die auf irgendeine nicht weiter erklärte Weise stabil blieb, obwohl sie ja eigentlich durch die repulsiven elektrischen Kräfte auseinandergerissen werden müsste. Ein wenig erinnert diese Denkmethodik im Rückblick an das spätere Bohrsche Atommodell, das die Stabilität der einzelnen Elektronenbahnen postuliert, ohne eine Begründung dafür anzubieten. Henri Poincaré schlug einfach vor, dass unbekannte, nichtelektromagnetische Kräfte für die Stabilität sorgten (die sogenannten „Poincaré-Spannungen"). Mechanisch verhielt sich das Elektron von Lorentz trotz des endlichen Radius wie ein Punktteilchen.

Ganz ähnliche Vorstellungen über das klassische Elektronmodell und den absoluten Äther entwickelte der in Danzig geborene deutsche theoretische Physiker Max Abraham, der in den Jahren zwischen 1902 und 1904 gewissermaßen mit Lorentz um die Weiterentwicklung dieses Modells konkurrierte, anders als dieser jedoch die Spezielle Relativitätstheorie Zeit seines Lebens nicht akzeptierte und an der Vorstellung eines absoluten Äthers festhielt. Auch Abraham fasste seine Arbeiten zur Elektrontheorie in seinem Werk *Theorie der Elektrizität – Zweiter Band: Elektromagnetische Theorie der Strahlung* aus dem Jahre 1905 zusammen, das 1920 in einer vierten Auflage erschien.

Ein beschleunigtes Elektron nun erzeugte ja selbst ein elektromagnetisches Feld, in dem es sich dann wiederum bewegt. Das bedeutet, dass das Elektron zusätzlich zur äußeren Kraft $\boldsymbol{F}_{\text{ext}}$ (zum Beispiel der Lorentz-Kraft) eine durch das zeitlich veränderliche Selbstfeld induzierte Kraft $\boldsymbol{F}_{\text{self}}$ erfährt, ein Phänomen, das **Strahlungsrückwirkung** genannt wird (englisch: *"back reaction"* oder *"radiation reaction"*) – im Prinzip eine Weiterentwicklung des Konzepts der elektromagnetischen Masse von einem anderen Blickwinkel.

Eine nichtrelativistische und heuristische Behandlung dieses Szenarios führt zunächst zu einer Bewegungsgleichung für das punktförmige Elektron mit einer dritten Ableitung des Ortes in der Zeit (dem sogenannten **Ruck** – englisch *"jerk"*), die **Abraham–Lorentz-Gleichung**:

$$m_e(\ddot{\boldsymbol{r}} - \tau\dddot{\boldsymbol{r}}) = \boldsymbol{F}_{\text{ext}}. \tag{11.5}$$

Dabei ist $\boldsymbol{F}_{\text{ext}}$ die externe beschleunigende Kraft und

$$\tau = \frac{2}{3}\frac{e^2}{m_e c^3} \tag{11.6}$$

eine charakterische Zeit, die bestimmt, unter welchen Bedingungen die Strahlungsrückwirkung überhaupt berücksichtigt werden muss – wirkt die externe Kraft über einen Zeitraum $T \gg \tau$, ist sie vernachlässigbar. Die dritte Ableitung des Ortes nach der Zeit führt zu physikalisch paradoxen Lösungen wie sogenannten **Ausreißer-Lösungen** (*''runaway solutions''*) mit exponentiell anwachsender Beschleunigung, sowie zu Trajektorien, die von der gesamten *zukünftigen* Zeitentwicklung abhängen – ein Phänomen, das im englischen als *''pre-acceleration''* bezeichnet wurde.

Gleichung (11.5) ist weder exakt noch zwingend – andere Ansätze ohne diese Pathologien werden unter anderem in [Jac99, Kapitel 16], [Lec18, Kapitel 15] vorgestellt, sind aber allesamt nicht aus fundamentalen Prinzipien abgeleitet, sondern bedingen Näherungen oder Mittelungen. Abraham und Lorentz führten auch selbst genauere Analysen durch und leiteten auf deutlich stringentere Weise Ausdrücke für die Selbstenergie und Selbstkraft statischer Ladungsverteilungen ab, die jedoch nicht nur die Inkonsistenzen nicht eliminieren konnten, sondern darüber hinaus ein zusätzliches schwerwiegendes Problem mit sich brachten: sie enthielten im Grenzfall von Punktteilchen linear divergente Ausdrücke – wir werden weiter unten darauf zurückkommen.

Die klassische Physik kann diese Widersprüche letzten Endes nicht auflösen (ebensowenig wie später die des Bohrschen Atommodells), auch nicht in der späteren relativistischen Verallgemeinerung der Abraham–Lorentz-Gleichung durch Dirac aus dem Jahre 1938 [Dir38], der **Abraham–Lorentz–Dirac-Gleichung**

$$m_e\left(\ddot{r}^\mu - \tau\dddot{r}^\mu - \tau\frac{\ddot{\boldsymbol{r}}^2\dot{r}^\mu}{c^2}\right) = \boldsymbol{F}_{\text{ext}}, \tag{11.7}$$

wobei die Ableitung nach der Eigenzeit des Elektrons erfolgt, nicht nach der Koordinatenzeit! Die Autoren von dem sehr lesbaren Überblicksartikel [GPS10] sprechen von der „Leiche im Keller der klassischen Elektrodynamik" (wörtlich: *''[...] the skeleton in the closet of classical electrodynamics.''*).

Vielmehr zeigen (11.5–11.7) bereits klar die Grenzen der klassischen Physik auf. Für ein Elektron beispielsweise ergibt sich eine charakteristische Zeit von $\tau \approx 6{,}26 \cdot 10^{-24}$ s. In dieser Zeit propagiert Licht über eine Distanz von etwa 10^{-15} m, was etwa dem Durchmesser eines Protons entspricht, und es ist unmittelbar einleuchtend (natürlich erst aus heutiger Sicht!), dass die Gültigkeit der klassischen Physik auf dieser Skala längst zusammengebrochen ist. Wir müssen aber daran erinnern, dass die Abraham–Lorentz-Gleichung aus den Jahren 1903–1904 stammt, als noch nicht einmal die „Alte Quantentheorie" existierte. Selbst die Spezielle Relativitätstheorie war noch nicht endgültig formuliert, geschweige denn akzeptiert, und die gesamte Begriffsklärung und konzeptionelle Weiterentwicklung in der theoretischen Physik verwob sehr stark die Veränderungen, die die Relativitätstheorie mit sich brachte, mit denen, die eine zukünftige Quantentheorie zu leisten hatte. So vereinte das klassische Elektronmodell von Lorentz und das von Abraham die Schwierigkeiten einer akausalen Bewegungsgleichung und einer divergenten Selbstenergie einerseits (wobei letztere zu jenem Zeitpunkt noch nicht als Problem erkannt wurde, da man von einem endlichen Elektronradius ausging), und eines absoluten Äthers andererseits. Die heutzutage veralteten Begriffe „longitudinale" und „transversale Masse", die noch in der älteren Literatur zur Speziellen Relativitätstheorie zu finden sind, entstammen ebenfalls dieser Zeit.

Eine umfassendere Darstellung und Analyse der Entwicklungen anfangs des zwanzigsten Jahrhunderts zur klassischen Elektrontheorie, sowie der Versuche der relativistischen Verallgemeinerung liefert [JM06] sowie die darin befindlichen Referenzen. Besonders lesenswert hinsichtlich der Begriffsklärungen sind auch die Zusammenfassungen von Fritz Rohrlich [Roh97; Roh00], sowie [GPS10]. Wir wollen den Schwerpunkt der folgenden Betrachtungen jedoch auf das entstehende Konzept der Renormierung legen und wenden uns daher nun Hendrik Anthony Kramers zu.

H. A. Kramers und die Renormierung der Elektronmasse

Der niederländische Physiker Hendrik Anthony Kramers war Zeit seines Lebens im Zwiespalt zwischen der Verfechtung der klassischen, insbesondere nichtrelativistischen Physik und der Einführung neuer Denkansätze. Einerseits verehrte er ganz konservativ die Physik von Lorentz, wobei er bezüglich der Existenz des absoluten Äthers weder eine starke Meinung dafür, noch dagegen hatte. Zusammen mit Bohr und Slater formulierte er die BKS-Theorie [BKS24a; BKS24b] als eine Art Gegenvorschlag zum Photonkonzept (siehe Abschnitt III-19). Als Anhänger der Bohrschen Schule galt für ihn das Korrespondenzprinzip als das maßgebliche Prinzip für die Plausibilitätsprüfung der Quantengesetze. Andererseits war er es, der dem Renormierungsprogramm den entscheidenden Schwung mitgab, ohne den Bethe die Lamb-Verschiebung nicht so schnell berechnen hätte können.

Im Prinzip suchte Kramers gewissermaßen eine Quantenversion des Elektronmodells von Lorentz. Dabei galt es zwei große Hürden zu überwinden, die das klassische Modell von Lorentz bot: zum einen tauchte die innere Struktur des Elektrons explizit im Formalismus auf, und zwar im Ausdruck für die elektromagnetische Masse (11.4) beziehungsweise im ersten Term von (11.8), welcher aber für $a \longrightarrow 0$ divergiert. Dieser Grenzübergang war aber essentiell, da der Formalismus der relativistischen Quantenfeldtheorie auf lokalen Wechselwirkungen aufbaut – wir kommen am Ende dieses Abschnittes darauf zurück. Zunächst müssen wir nochmals kurz zu Abraham und Lorentz zurückkehren.

Die Abraham–Lorentz-Gleichung (11.5) war für sich genommen bereits problematisch und führte zu Inkonsistenzen in der klassischen Physik. Aber es kam noch schlimmer: In einer genaueren Untersuchung hatten Abraham und Lorentz für allgemeine Ladungsverteilungen einen expliziten Ausdruck für die Kraft abgeleitet, die das durch die eigene Bewegung erzeugte Feld auf das Teilchen (oder in Lorentz' Sprechweise: die der Äther auf die Ladungsverteilung des Elektrons) ausübt:

$$\boldsymbol{F}_{\text{self}} = -\frac{2}{3c^2}\ddot{\boldsymbol{r}} \iint \mathrm{d}^3\boldsymbol{r}\mathrm{d}^3\boldsymbol{r}' \frac{\rho(\boldsymbol{r})\rho(\boldsymbol{r}')}{|\boldsymbol{r}-\boldsymbol{r}'|} + m_\mathrm{e}\tau\dddot{\boldsymbol{r}} + O(a), \tag{11.8}$$

mit dem Elektronradius a. Für eine kugelsymmetrische Ladungsverteilung mit Radius a

Hendrik Kramers an seinem Schreibtisch als Vorsitzender der *Atomic Commission*, New York, 1946 (Abbildung: AIP Emilio Segrè Visual Archives, gift of Paul Meijer).

ergibt sich der exakte, retardierte Ausdruck

$$\boldsymbol{F}_{\text{self}} = \frac{m_e c^2 \tau}{2a^2} \left[\dot{\boldsymbol{r}} \left(t - \frac{2a}{c} \right) - \dot{\boldsymbol{r}}(t) \right], \tag{11.9}$$

der im Limes $a \to 0$ übergeht in

$$\boldsymbol{F}_{\text{self}} \to -\frac{m_e c \tau}{a} \ddot{\boldsymbol{r}} + m_e \tau \dddot{\boldsymbol{r}} \tag{11.10}$$

und damit offensichtlich linear divergiert!

Kramers' Version der Abraham–Lorentz-Gleichung (11.5) war

$$m_0 \ddot{\boldsymbol{r}} = \boldsymbol{F}_{\text{self}} + \boldsymbol{F}_{\text{ext}}, \tag{11.11}$$

mit $\boldsymbol{F}_{\text{self}}$ wie in (11.8). Das alles entscheidende Merkmal ist die Verwendung einer nackten Masse m_0 auf der linken Seite von (11.11)! Kramers schrieb nun (11.11) wie folgt um:

$$\underbrace{\ddot{\boldsymbol{r}} \left(m_0 + \frac{2}{3c^2} \iint d^3\boldsymbol{r} d^3\boldsymbol{r}' \frac{\rho(\boldsymbol{r})\rho(\boldsymbol{r}')}{|\boldsymbol{r} - \boldsymbol{r}'|} \right)}_{=: m_e} = m_e \tau \dddot{\boldsymbol{r}} + \boldsymbol{F}_{\text{ext}}. \tag{11.12}$$

Das heißt: er kombinierte die strukturabhängige, für $a \to 0$ divergente elektromagnetische Masse m_{em} mit der nackten, aber prinzipiell nicht messbaren Masse m_0 zur eigentlich messbaren Elektronmasse m_e, deren Wert experimentell bestimmt wird. Was auf den ersten Blick wie ein rechnerischer Taschenspielertrick anmutete, war in Wahrheit eine konzeptionelle Umdeutung physikalischer Größen in wechselwirkenden Theorien auf ganz fundamentaler Ebene.

Im Prinzip war das Programm von Kramers zur Renormierung der Masse eine formale Systematisierung der Theorie von Lorentz, und es trug bereits den modernen Renormierungsgedanken in sich. Er hat dazu kein einziges Paper im herkömmlichen Sinne geschrieben, dafür aber ein epochales zweibändiges Lehrbuch *Theorien des Aufbaus der Materie*, dessen *Teil 1: Die Grundlagen der Quantentheorie* im Jahre 1933 erschien und *Teil 2: Quantentheorie des Elektrons und der Strahlung* im Jahre 1938, jeweils als Beiträge zum *Hand- und Jahrbuch der chemischen Physik*. Im zweiten Teil führte er sehr ausführlich seine Gedanken zur Renormierung der Elektronmasse aus. Im Oktober 1937 gab er einen Vortrag in Bologna samt entsprechender Veröffentlichung [Kra38] und 1938 auf der Konferenz in Warschau zu *''New Theories in Physics''*. Für Kramers war klar, dass das Problem der Divergenzen in der QED bereits in der nichtrelativistischen klassischen Elektrodynamik vorhanden ist, und ihm war daran gelegen, zuerst die klassische Theorie gewissermaßen in Ordnung zu bringen, bevor sie quantisiert würde. Ebenfalls 1938 schlug Kramers während einer Sommerschule an der University of Michigan at Ann Arbor vor, die Studenten mögen doch einmal die Differenz der Selbstenergie eines im Wasserstoffatom gebundenen Elektrons von der eines freien Elektrons berechnen und mutmaßte, diese wäre endlich – was für ein Vorgriff auf Bethes spätere Berechnung!

Die Vorstellungen von Kramers wirken im Nachhinein geradezu prophetisch, hatten aber gewissermaßen ein schlechtes Timing: sie fielen in eine Zeit, als es durchaus noch strittig war, ob die Divergenzen in der QED lediglich eine rechnerische Unzulänglichkeit oder aber ein tiefliegendes konzeptionelles Problem waren. Abschätzig war stets von der „Subtraktionsphysik" die Rede. Hinzu kam, dass Kramers den Standpunkt vertrat, dass Renormierung zunächst in der klassischen Physik betrieben werden sollte, bevor eine entsprechende Quantisierung durchgeführt würde. Das entsprach aber überhaupt nicht dem Zeitgeist, und viele Physiker der alten „Quantengeneration" – dazu zählten Größen wie Heisenberg, Pauli, Bohr, Dirac, Fermi – waren der Meinung, es bedürfe einer größeren Umwälzung, um das Divergenzproblem zu lösen, ganz wie es 1925 mit der Quantenmechanik geschehen war. Sie wurden später eines Besseren belehrt. Die Terminologie „renormieren" wird üblicherweise Robert Serber zugeschrieben [Ser36], in einem Zusammenhang allerdings, der die gesamte Tragweite des Renormierungskonzepts noch nicht erfasste.

Gewissermaßen die Gesamtvortragung all seiner bisherigen Arbeiten vor der physikalischen Community fand dann auf der *Shelter Island Conference* 1947 statt (siehe Abschnitt 10). Bereits in seinem zuvor eingereichten Abstract brachte er die Divergenz in der Berechnung von Korrekturen höherer Ordnung in der QED in Zusammenhang mit der divergenten Selbstenergie eines punktförmigen Elektrons. Und es war Kramers' Vortrag über die Renormierung der Elektronmasse, der mit dazu beitrug, dass Bethe gleich auf der Rückfahrt nach Ende der Konferenz die Lamb-Verschiebung nichtrelativistisch berechnete (siehe Abschnitt 10).

Die *Proceedings* der *Shelter Island Conference* erschienen erst 1950. Mittlerweile lagen bereits relativistische Berechnungen der Lamb-Verschiebung von French, Weisskopf, Lamb, Kroll, Feynman und Schwinger vor, und das ganze Renormierungprogramm wurde im Folgenden nahezu ausschließlich im Rahmen der relativistischen QED fortgeführt, dominiert durch die Arbeiten von Feynman, Schwinger, Dyson, sowie unabhängig von Tomonaga. Eine neue Generation übernahm bald das Ruder, und die Vorarbeiten von Kramers gerieten sehr schnell in Vergessenheit und wurden erst sehr viel später ausreichend gewürdigt. Für eine umfassendere Darstellung siehe die sehr empfehlenswerte Monographie von Max Dresden [Dre87, Kapitel 16].

Nachtrag

Die Formel (11.8) für die elektromagnetische Selbstkraft lässt sich durch Fourier-Transformation in folgende Form bringen:

$$-\mathrm{i}\omega\tilde{M}(\omega)\tilde{\boldsymbol{v}}(\omega) = \tilde{\boldsymbol{F}}_{\mathrm{ext}}(\omega), \tag{11.13}$$

mit einer effektiven Masse

$$\tilde{M}(\omega) = m_0 + \frac{e^2}{3\pi^2 c^2}\int \mathrm{d}^3\boldsymbol{k}\,\frac{|F(\boldsymbol{k})|^2}{k^2 - (\omega/c)^2 + \mathrm{i}\epsilon} \tag{11.14}$$

und einem Formfaktor $F(\boldsymbol{k})$ wie in (III-28.21) definiert. Für eine Punktladung beispielsweise ist $F(\boldsymbol{k}) = 1$, und man sieht, dass das Integral in (11.14) in diesem Falle eine lineare Divergenz aufweist. Im Limes $\omega \longrightarrow 0$ wird aus (11.14):

$$m_{\mathrm{e}} = \tilde{M}(0) = m_0 + \frac{e^2}{3\pi^2 c^2}\int \mathrm{d}^3\boldsymbol{k}\,\frac{|F(\boldsymbol{k})|^2}{k^2 + \mathrm{i}\epsilon}, \tag{11.15}$$

so dass sich aus (11.14) und (11.15) ergibt:

$$\tilde{M}(\omega) = m_{\mathrm{e}} + \frac{e^2\omega^2}{3\pi^2 c^4}\int \mathrm{d}^3\boldsymbol{k}\,\frac{|F(\boldsymbol{k})|^2}{k^2(k^2 - (\omega/c)^2) + \mathrm{i}\epsilon}, \tag{11.16}$$

Der Schritt von (11.14) hin nach (11.16) zeigt wieder sehr eindrücklich klar den Vorgang der Renormierung: in (11.15) stellt die Stelle $\omega = 0$ einen sogenannten **Renormierungspunkt** dar, dem ein physikalisch messbarer Wert (nämlich m_{e}) zugewiesen wird. Dabei wird ein divergentes Integral und eine prinzipiell nicht messbare nackte Größe zu ebendieser physikalisch messbare Größe addiert. Die Wahl eines Renormierungspunkts heißt **Renormierungsschema**. In (11.16) finden sich dann keine divergenten Größen mehr: das Integral konvergiert vielmehr durch den zusätzlichen Faktor von k^{-2}.

Für eine Kugeloberfläche mit Radius a und Ladung $-e$ erhält man:

$$\tilde{M}_{\mathrm{sphere}}(\omega) = m_{\mathrm{e}} + \frac{2e^2}{3ac^2}\left(\frac{\mathrm{e}^{\mathrm{i}\xi} - 1 - \mathrm{i}\xi}{\mathrm{i}\xi}\right), \tag{11.17}$$

wobei $\xi = 2\omega a/c$ und

$$m_{\mathrm{e}} = m_0 + \frac{2e^2}{3ac^2} \tag{11.18}$$

wieder die experimentell bestimmbare Masse des Elektrons ist. Für eine Punktladung ($F(\boldsymbol{k}) = 1$) ergibt sich so:

$$\tilde{M}_{\text{point}}(\omega) = m_{\text{e}}(1 + \text{i}\omega\tau), \tag{11.19}$$

und setzt man diesen Ausdruck (11.19) in (11.13) ein, ergibt sich nach anschließender Fourier-Rücktransformation exakt wieder die Abraham–Lorentz-Gleichung (11.5).

Wir erkennen auch hier wieder, wie an den gesamten Ausführungen dieses Abschnitts, dass Renormierung notwendigerweise bereits in der klassischen Physik in Erscheinung tritt. Das Phänomen der Divergenzen wiederum hat ihre physikalische Ursache am Konzept eines Punktteilchens beziehungsweise einer lokalen Wechselwirkung. Entsprechende nichtrelativistische quantenmechanische Berechnungen wurden in [MS74; MS77] durchgeführt. Dort stellt sich heraus, dass die elektromagnetische Masse für Punktteilchen Null ist, und dass, solange für die Feinstrukturkonstante $\alpha < 1$ gilt, die entsprechenden Bewegungsgleichungen der Heisenberg-Operatoren weder Ausreißer-Lösungen noch akausale Lösungen aufweisen. Für eine kritische Diskussion jedoch siehe Abschnitt 5.7 in der Monographie von Peter Milonni.

Für ausführlichere Darstellungen siehe [Jac99, Kapitel 16], [Lec18, Kapitel 15], sowie die weiterführende Literatur – insbesondere ist Kapitel 5 im gerade zitierten Buch von Milonni empfehlenswert.

12 Der Casimir-Effekt

Wir haben in Abschnitt 10 gesehen, dass sich die Lamb-Verschiebung auch als Effekt der Vakuumfluktuationen interpretieren lässt. So eigenschafts- und wirkungslos scheint der Vakuumzustand $|0\rangle$ der Quantenelektrodynamik also gar nicht zu sein! Wir werden nun einen weiteren Vakuumeffekt der nichtrelativistischen QED kennenlernen, der sich sogar makroskopisch zeigt, weshalb im Folgenden eine semiklassische Rechnung vollkommen ausreichend ist.

Wir betrachten zwei quadratische Leiterplatten mit Seitenlänge L im Abstand $d \ll L$ zueinander, siehe Abbildung 1.3. Die Platten seien in den (xy)-Ebenen bei $z = 0$ und $z = d$ positioniert. Es stellt sich nun in diesem äußerst einfachen Aufbau heraus, dass aufgrund der Wechselwirkungen der Leiterplatten mit dem elektromagnetischen Feld eine Kraft zwischen den beiden Leiterplatten wirkt. Dieses quantenfeldtheoretische Phänomen heißt **Casimir-Effekt**, benannt nach dem niederländischen Physiker Hendrik B. G. Casimir – wie Hendrik Kramers ein Schüler von Paul Ehrenfest in Leiden – der ihn 1948 in einer theoretischen Untersuchung voraussagte [Cas48], und deren mittlerweile kanonischer Darstellung wir im Wesentlichen folgen.

Da $L \gg d$, sind Randeffekte zu vernachlässigen. Die korrekten Randbedingungen an den beiden Leiterplatten bedingen, dass das $\boldsymbol{E}$-Feld senkrecht auf den Platten steht, also

$$E_{1,2}(z = 0) = E_{1,2}(z = d) = 0,$$

während das $\boldsymbol{B}$-Feld tangential zu den Platten verläuft:

$$B_3(z = 0) = B_3(z = d) = 0.$$

Daraus leitet sich dann sofort eine Quantisierungsbedingung für den Wellenvektor in z-Richtung ab:

$$k_3 = n\frac{\pi}{d}, \tag{12.1}$$

mit $n \in \mathbb{N}$, wohingegen $k_{1,2}$ weiterhin als kontinuierlich betrachtet werden kann. Während für $n \in \{1, 2, 3, \ldots\}$ zwei Polarisationszustände existieren, gibt es für $n = 0$ (so dass $\boldsymbol{k} = \boldsymbol{k}_{\|}$) nur einen Polarisationszustand, aufgrund der obengenannten Randbedingungen.

Die gesamte Nullpunktsenergie $E_{0,\text{plate}}$ in dem Volumen $V = L^2 d$ ist dann gegeben durch

$$E_{0,\text{plate}}(d) = \frac{\hbar c}{2} \frac{L^2}{(2\pi)^2} \int \mathrm{d}^2\boldsymbol{k}_{\|} \left[k_{\|} + 2 \sum_{n=1}^{\infty} \left(k_{\|}^2 + \frac{n^2\pi^2}{d^2} \right)^{1/2} \right], \tag{12.2}$$

mit der Ersetzung $\sum_{\boldsymbol{k}_{\|}} \to \frac{L^2}{(2\pi)^2} \int \mathrm{d}^2\boldsymbol{k}_{\|}$ analog zur dreidimensionalen Version (2.24). Es war nun Casimirs zentrale Erkenntnis, dass die Vakuumenergie selbst keine physikalisch messbare Größe darstellt, Energiedifferenzen hingegen sehr wohl, denn Energiedifferenzen führen zu Kräften! Und da (12.2) eine Funktion von d ist, muss eine Ableitung nach d also zu einer **Casimir-Kraft** $F_C(d)$ zwischen den Leiterplatten führen.

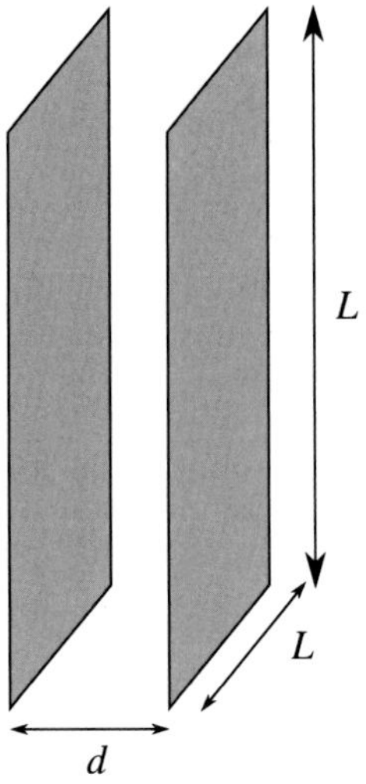

Abbildung 1.3: Zwei Leiterplatten mit Kantenlänge L stehen sich in geringem Abstand d voneinander parallel gegenüber. Dabei ist $L \gg d$. Dabei wirkt auf sie eine als Casimir-Kraft bezeichnete van der Waals-Kraft.

Der Ausdruck (12.2) ist aber offensichtlich mathematisch nicht definiert, da das Integral kubisch divergiert. In einem ersten Schritt muss man hiervon jedoch den entsprechenden Ausdruck der Nullpunktsenergie in demselben Volumen $V = L^2 d$, aber ohne die Leiterplatten, subtrahieren. Für diese entfällt die Quantisierungsbedingung (12.1), und wir erhalten

$$\begin{aligned} E_{0,\text{noplate}}(d) &= \frac{\hbar c}{2} \frac{L^2 d}{(2\pi)^3} \int \mathrm{d}^3 \boldsymbol{k} 2k \\ &= \frac{\hbar c}{2} \frac{L^2}{(2\pi)^2} \int \mathrm{d}^2 \boldsymbol{k}_\parallel \frac{d}{2\pi} \int_{-\infty}^{\infty} \mathrm{d}k_3 2\sqrt{k_\parallel^2 + k_3^2} \\ &= \frac{\hbar c}{2} \frac{L^2}{(2\pi)^2} \int \mathrm{d}^2 \boldsymbol{k}_\parallel \int_0^{\infty} \mathrm{d}n 2\sqrt{k_\parallel^2 + n^2\pi^2/d^2}, \end{aligned} \tag{12.3}$$

wobei wir (12.1) nun einfach im Sinne einer Substitution verwendet haben. Wir können das Subskript $\parallel$ daher ab sofort weglassen. Da der Integrand gerade in n ist, können wir die untere Integrationsgrenze bei 0 beginnen lassen, so dass ein Vorfaktor $\frac{1}{2}$ entfällt.

Die Energiedifferenz $E_R(d) = E_{0,\text{plate}}(d) - E_{0,\text{noplate}}(d)$ ist dann nichts anderes als eine renormierte potentielle Energie, welche pro Einheitsfläche dann gegeben ist durch

$$\begin{aligned}\frac{E_R(d)}{L^2} &= \frac{\hbar c}{2}\frac{1}{(2\pi)^2}\int \mathrm{d}^2\boldsymbol{k}\left[k + 2\sum_{n=1}^{\infty}\left(k^2 + \frac{n^2\pi^2}{d^2}\right)^{1/2} - \int_0^{\infty}\mathrm{d}n 2\sqrt{k^2 + n^2\pi^2/d^2}\right]\\ &= \frac{\hbar c}{2\pi}\int \mathrm{d}kk\left[\frac{k}{2} + \sum_{n=1}^{\infty}\left(k^2 + \frac{n^2\pi^2}{d^2}\right)^{1/2} - \int_0^{\infty}\mathrm{d}n\left(k^2 + \frac{n^2\pi^2}{d^2}\right)^{1/2}\right], \end{aligned} \tag{12.4}$$

einem immer noch divergenten Ausdruck. Wir regularisieren nun jeden einzelnen Summanden in (12.4) über eine Funktion $f(k)$ mit der Eigenschaft $f(k) = 1$ für $k \leq k_{\text{thresh}}$ und $k = 0$ für $k > k_{\text{thresh}}$. Dabei ist der Schwellwert k_{thresh} selbst völlig irrelevant – die Funktion $f(k)$ ersetzt gewissermaßen einen Cut-off und wird im Folgenden vor allem dazu dienen, dass wir aufgrund der absoluten Konvergenz der Reihe Summation und Integration vertauschen können. Mit der Substitution $u = d^2k^2/\pi$ wird aus (12.4) dann:

$$\begin{aligned}\frac{E_R(d)}{L^2} = \hbar c\frac{\pi^2}{4d^3}\int_0^{\infty}&\left[\frac{\sqrt{u}}{2}f\left(\frac{\pi}{a}\sqrt{u}\right) + \sum_{n=1}^{\infty}\sqrt{u+n^2}f\left(\frac{\pi}{a}\sqrt{u+n^2}\right)\right.\\ &\left. - \int_0^{\infty}\mathrm{d}n\sqrt{u+n^2}f\left(\frac{\pi}{a}\sqrt{u+n^2}\right)\right]. \end{aligned} \tag{12.5}$$

Defnieren wir nun

$$F(n) := \int_0^{\infty}\mathrm{d}u\sqrt{u+n^2}f\left(\frac{\pi}{a}\sqrt{u+n^2}\right), \tag{12.6}$$

so können wir (12.5) nach Vertauschung von Integration und Summation kompakt schreiben als

$$\frac{E_R(d)}{L^2} = \hbar c\frac{\pi^2}{4d^3}\left[\frac{1}{2}F(0) + \sum_{n=1}^{\infty}F(n) - \int_0^{\infty}\mathrm{d}nF(n)\right]. \tag{12.7}$$

Obwohl die Regularisierungsfunktion $f(k)$ weitestgehend unbestimmt ist, erlaubt uns die Art deren Verwendung in (12.5), zum formal sehr einfachen Ausdruck (12.7) zu gelangen und nun einen schönen Rechentrick anzuwenden, nämlich die **Euler–Maclaurin-Formel**: es ist

$$\sum_{n=1}^{\infty}F(n) - \int_0^{\infty}\mathrm{d}nF(n) = \sum_{k=1}^{\infty}\frac{\mathrm{B}_k}{k!}\left(F^{(k-1)}(\infty) - F^{(k-1)}(0)\right), \tag{12.8}$$

unter der Voraussetzung, dass $f(k) \in C^{\infty}$. Dabei sind die B_k die sogenannten **Bernoulli-Zahlen**, die über eine erzeugende Funktion definiert sind:

$$\frac{x}{\mathrm{e}^x - 1} = \sum_{k=0}^{\infty}\mathrm{B}_k\frac{x^k}{k!}. \tag{12.9}$$

Da ja $F(n) \longrightarrow \infty$ für $n \longrightarrow \infty$, erhalten wir aus (12.8) also

$$\frac{1}{2}F(0) + \sum_{n=1}^{\infty} F(n) - \int_0^{\infty} \mathrm{d}n F(n) = -\sum_{k=2}^{\infty} \frac{\mathrm{B}_k}{k!} F^{(k-1)}(0). \tag{12.10}$$

Indem wir (12.6) wie folgt umschreiben:

$$F(n) := \int_{n^2}^{\infty} \mathrm{d}u \sqrt{u} f\left(\frac{\pi}{a}\sqrt{u}\right),$$

können wir sehr schnell die Ableitungen bilden:

$$\begin{aligned} F'(n) &= -2n^2 f\left(\frac{\pi n}{a}\right), \\ F''(n) &= -4nf\left(\frac{\pi n}{a}\right) - 2n^2\frac{\pi}{a}f'\left(\frac{\pi n}{a}\right), \\ F'''(n) &= -4f\left(\frac{\pi n}{a}\right) - (\text{Ableitungen von } f), \end{aligned}$$

und wenn wir für die Regularisierungsfunktion $f(k)$ fordern, dass $f(0) = 1$, sowie $f^{(k)}(0) = 0$ für alle $k \geq 1$, verschwinden auf der rechten Seite von (12.10) alle Terme bis auf den für $k = 4$:

$$\frac{1}{2}F(0) + \sum_{n=1}^{\infty} F(n) - \int_0^{\infty} \mathrm{d}n F(n) = +\frac{\mathrm{B}_4}{6} = -\frac{1}{180}. \tag{12.11}$$

Verwenden wir (12.11) in (12.7), so erhalten wir für die Energie pro Flächeneinheit

$$\frac{E_R(d)}{L^2} = -\frac{\pi^2}{720}\frac{\hbar c}{d^3}, \tag{12.12}$$

so dass wir gemäß $F_C(d) = -E'_R(d)$ schlussendlich einen Ausdruck für die Casimir-Kraft pro Flächeneinheit erhalten:

$$\frac{F_C(d)}{L^2} = -\frac{\pi^2}{240}\frac{\hbar c}{d^4}. \tag{12.13}$$

Auf die beiden Leiterplatten wirkt also eine anziehende Kraft.

Quantitativ ergibt sich

$$\frac{F_C(d)}{L^2} \approx \frac{-1{,}3 \cdot 10^{-27}\,\mathrm{Nm}^2}{d^4}, \tag{12.14}$$

das bedeutet: auf zwei parallele Leiterplatten im Abstand von 1 μm wirkt eine Kraft pro Fläche von etwa $1{,}3 \cdot 10^{-3}\,\mathrm{N/m}^2$. Die Casimir-Kraft ist also sehr klein, aber immer noch makroskopisch und messbar. Die erste derartige Messung erfolgte 1958 durch Marcus Sparnaay in den Philips Research Laboratories in Eindhoven, deren Ko-Direktor Casimir war. Heutzutage ist es beispielsweise mit den Methoden der Rasterkraftmikroskopie möglich, sehr präzise Messungen der Casimir-Kraft durchzuführen. Darüber hinaus existieren Berechnungen der Casimir-Kraft auch für unterschiedliche Geometrien. Siehe die weiterführende Literatur am Ende dieses Kapitels zu umfassenderen Darstellungen.

Die Casimir-Kraft als van der Waals-Kraft

Sogenannte **van der Waals-Kräfte**, benannt nach dem niederländischen Physiker Johannes Diderik van der Waals, sind (im engeren Sinne) relativ schwache attraktive Kräfte zwischen neutralen Atomen oder Molekülen, die eine Polarisierbarkeit aufweisen. Kommen diese sich nahe, werden elektrische Dipole induziert, zwischen welchen dann eine attraktive Wechselwirkung entsteht. Wegen des Zusammenhangs mit der Polarisierbarkeit werden van der Waals-Kräfte vor allem in der älteren Literatur auch als **Dispersionskräfte** bezeichnet. Eine erste theoretische Erklärung des Zustandekommens dieser Kräfte lieferte Fritz London 1930 für Edelgase [Lon30] und 1937 für allgemeinere Atome [Lon37]. Dabei leitete er quantenmechanisch in zweiter Ordnung Störungstheorie das charakteristische r^{-6}-Verhalten für das effektive (van der Waals-)Potential $V(r)$ zwischen zwei Atomen ab:

$$V(r) = -\frac{e^4}{r^6} \sum_{k \neq 0} \sum_{l \neq 0} \frac{|\langle k|\hat{z}_{(1)}|0\rangle|^2 |\langle l|\hat{z}_{(2)}|0\rangle|^2}{E_{(1),k} - E_{(1),0} + E_{(2),l} - E_{(2),0}}. \tag{12.15}$$

Die Subskripte in Klammern indizieren hierbei jeweils das erste beziehungsweise zweite Atom.

Hendrik Casimir und Dirk Polder haben dann 1948 in einer äußerst rechenintensiven Arbeit [CP48] unter Berücksichtigung von Retardierungseffekten ein r^{-7}-Verhalten für das van der Waals-Potential für $r \longrightarrow \infty$ erhalten:

$$V(r) \xrightarrow{r \to \infty} -\frac{23\hbar c}{4\pi r^7} \alpha_{(1)} \alpha_{(2)}, \tag{12.16}$$

wobei $\alpha_{(1,2)}$ jeweils die statische Polarisierbarkeit des ersten beziehungsweise zweiten Atoms darstellt und die in zweiter Ordnung Störungstheorie gegeben ist durch

$$\alpha_{(1,2)} = e^2 \sum_{k \neq 0} |\langle k|\hat{z}_{(1,2)}|0\rangle|^2.$$

In derselben Arbeit berechneten sie außerdem die potentielle Energie eines Atoms im Abstand r von einer Leiterplatte, jeweils für kleine r:

$$V(r) = -\frac{e^2}{4r^3} \sum_{k \neq 0} |\langle k|\hat{z}_{(1,2)}|0\rangle|^2, \tag{12.17}$$

und für große r:

$$V(r) \xrightarrow{r \to \infty} -\frac{3\hbar c}{8\pi r^4} \alpha_{(1)}, \tag{12.18}$$

wobei $\alpha_{(1)}$ wieder die statische Polarisierbarkeit des Atoms bezeichnet. Wie Casimir eingangs in seiner Arbeit zum nach ihm benannten Effekt [Cas48] erwähnt, konnte er die Resultate für $r \longrightarrow \infty$ auch semiklassisch über die Differenzen der Nullpunktsenergie ableiten (auf Anregung von Niels Bohr) und berechnete mit der gleichen Methode die oben abgeleitete Casimir-Kraft zwischen zwei Leiterplatten. Dadurch wird umgekehrt zum

Ausdruck gebracht, dass auch letztere als van der Waals-Kraft interpretiert werden kann beziehungsweise muss.

Bemerkenswert an der Formel (12.13) für die Casimir-Kraft zwischen zwei Leiterplatten ist allerdings die scheinbare Universalität dahingehend, dass die wichtigste Konstante der QED, die Feinstrukturkonstante α, gar nicht eingeht. Allerdings ist das gesamte Problem als makroskopisches Randwertproblem definiert – die perfekten Leiterplatten sind eine extrem grobe Idealisierung zweier im Prinzip gigantischer Moleküle. Ist nur eine Leiterplatte vorhanden, taucht die Feinstrukturkonstante (implizit in der statischen Polarisierbarkeit) wie in (12.18) nur ein Mal auf, im Ausdruck (12.16) für die Casimir-Kraft zwischen zwei Atomen (also ohne Leiterplatten) kommt sie noch quadratisch vor. Das Verschwinden der Feinstrukturkonstante α hängt also offensichtlich mit dem Vorhandensein der makroskopischen Randbedingungen zusammen.

Man kann zeigen, dass die Casimir-Kraft in ihrer makroskopischen Form (12.13) den asymptotischen Grenzfall einer mikroskopisch abgeleiteten Berechnung darstellt, wenn die Feinstrukturkonstante gegen Unendlich geht: $\alpha \longrightarrow \infty$. Im entgegengesetzten Fall $\alpha \longrightarrow 0$ tauchen keinerlei van der Waals-Kräfte mehr auf, und der Effekt verschwindet vollständig. Die leicht lesbaren Reviews [Jaf05; Cug12] bieten einen schnellen Überblick. Es existiert mittlerweile eine sehr umfangreiche, neuere Literatur über den Casimir-Effekt und verwandte Phänomene, die diese unter sehr verschiedenen Blickwinkeln betrachten – siehe die weiterführende Literatur am Ende dieses Kapitels.

Zuguterletzt muss an dieser Stelle auch betont werden, dass durch den Casimir-Effekt keineswegs die Existenz und physikalische Wirksamkeit einer messbaren Nullpunkts- oder Vakuumenergie bestätigt wird, wie es insbesondere an vielen Stellen innerhalb der Literatur zur Astrophysik und Kosmologie seit den 1980er- bis hin in die frühen 2000er-Jahre zu lesen ist. Noch in seinem maßgeblichen Review zum Problem der kosmologischen Konstanten [Wei89] schreibt Steven Weinberg beispielsweise: *''Perhaps surprisingly, it was a long time before particle physicists began seriously to worry about this problem, despite the demonstration in the Casimir effect of the reality of zero-point energies.''* Das Problem, um das es dabei geht, ist die gegenwärtig offenbar zu beobachtende beschleunigte kosmische Expansion, verbunden mit dem Zusammenhang zwischen der kosmologischen Konstanten Λ und einer intrinsischen Energedichte ρ_{vac} des Vakuums gemäß

$$\Lambda = \frac{8\pi\rho_{\text{vac}}G}{c^2}, \tag{12.19}$$

mit der Gravitationskonstanten G. Mit den Beobachtungen kompatibel wäre ein Wert von $\rho_{\text{vac}} \approx 5\,\text{GeV}/\text{m}^3$. Berechnet man allerdings naiv die Nullpunktsenergie bis zu einem Energie-Cut-off vom Inversen der Planck-Länge $k_{\max} = \lambda_{\text{Planck}}^{-1}$, so erhält man einen Wert von etwa $10^{121}\,\text{GeV}/\text{m}^3$. Mit Fug und Recht kann man behaupten, dass dies mit Abstand die schlechteste theoretische Vorhersage in der Geschichte der Physik ist!

Um das Ganze auf den Punkt zu bringen: der Zusammenhang zwischen dem Wert der kosmologischen Konstanten und möglichen Quanteneffekten in der Allgemeinen Relativitätstheorie ist ungeklärt, so viel ist sicher. Der naive Ansatz jedoch, einfach eine unrenormierte Nullpunktsenergie für deren Berechnung zu verwenden, kann nur falsch sein, zumal deren renormierter Wert per Definition erst einmal Null ist. Der Casimir-Effekt jedenfalls taugt in keinem Falle als Beleg für die Realität der Nullpunktsenergie, weil in dessen semiklassischer Betrachtung nicht eine absolute Energie eingeht, sondern vielmehr Energiedifferenzen, die durchaus endliche renormierte Werte ergeben. Darüber hinaus muss man auf fundamentaler Ebene wie oben ausgeführt den Casimir-Effekt als einen makroskopischen van der Waals-Effekt interpretieren, welcher somit ein konventionell erklärbares und altbekanntes Phänomen der Quantenphysik darstellt.

Das Beispiel zeigt nur deutlich, dass man einerseits zwar physikalische Phänomene von mehreren Blickwinkeln betrachten kann – so gibt es auch eine Ableitung von (12.13) über die Betrachtung des unterschiedlichen Strahlungsdrucks von virtuellen Photonen innerhalb der beiden Leiterplatten und von jenen außerhalb [MCG88] – aber andererseits nicht der Gefahr erliegen darf, Veranschaulichungen wie die Nullpunktsenergie oder auch virtuelle Teilchen in der Quantenfeldtheorie allzu wörtlich zu nehmen und damit einer scheinbaren Ontologie aufzusitzen. Für detaillierte Diskussionen siehe wieder die beiden Reviews [Jaf05; Cug12] sowie die weiterführende Literatur.

Mathematischer Einschub 1: Euler–Maclaurin-Formel und Bernoulli-Zahlen

Die **Euler–Maclaurin-Formel**, benannt nach Leonhard Euler und dem schottischen Mathematiker Colin Maclaurin, auch **Eulersche Summenformel** genannt, wird verwendet, um endliche Summen über Integrale zu berechnen oder umgekehrt, um Integrale durch endliche Summen abzuschätzen.

Es sei $f \in C^p[m,n]$. Die Euler–Maclaurin-Formel lautet:

$$\sum_{k=m+1}^{n} f(k) - \int_m^n \mathrm{d}x\, f(x) = \sum_{k=1}^{p} \frac{\mathrm{B}_k}{k!}\left(f^{(k-1)}(n) - f^{(k-1)}(m)\right) + R_p, \tag{12.20}$$

wobei B_k die k-te **Bernoulli-Zahl** ist und das Restglied R_p explizit angegeben werden kann:

$$R_p = \frac{1}{(2p+1)!}\int_m^n f(2p+1)(x)\mathrm{B}_{2p+1}(x - \lfloor x \rfloor). \tag{12.21}$$

Hierbei wiederum ist $\mathrm{B}_{2p+1}(x)$ das $(p+1)$-te **Bernoulli-Polynom**, definiert durch die erzeugende Funktion

$$\frac{t\mathrm{e}^{xt}}{\mathrm{e}^t - 1} = \sum_{k=0}^{\infty} \mathrm{B}_k(x)\frac{t^k}{k!}, \tag{12.22}$$

und $\lfloor x \rfloor$ steht für die Abrundungsfunktion (englisch *floor function*, der Funktionswert ist die nächste ganze Zahl $\leq x$), so dass also $\mathrm{B}_k(x - \lfloor x \rfloor)$ das von $x \in [0,1[$ periodisch fortgesetzte k-te Bernoulli-Polynom darstellt.

Der Zusammenhang zwischen Bernoulli-Polynomen und Bernoulli-Zahlen ist durch

$$\mathrm{B}_n(x) = \sum_{k=0}^{n} \binom{n}{k} \mathrm{B}_k x^{n-k} \tag{12.23}$$

gegeben. Es ist also $\mathrm{B}_k = \mathrm{B}_k(0)$, und

$$\frac{x}{\mathrm{e}^x - 1} = \sum_{k=0}^{\infty} \mathrm{B}_k \frac{x^k}{k!}. \tag{12.24}$$

Eng mit ihnen verwandt sind die **Euler-Polynome** $\mathrm{E}_k(x)$, definiert durch

$$\frac{2\mathrm{e}^{xt}}{\mathrm{e}^t + 1} = \sum_{k=0}^{\infty} \mathrm{E}_k(x) \frac{t^k}{k!}, \tag{12.25}$$

woraus sich implizit die **Euler-Zahlen** E_k ergeben:

$$\mathrm{E}_n(x) = \sum_{k=0}^{n} \binom{n}{k} \frac{\mathrm{E}_k}{2^k} \left(x - \frac{1}{2}\right)^{n-k}, \tag{12.26}$$

so dass

$$\mathrm{E}_k = 2^k \mathrm{E}_k(\tfrac{1}{2}). \tag{12.27}$$

Explizit gilt für ersten sieben Bernoulli-Polynome:

$$\begin{aligned}
\mathrm{B}_0(x) &= 1, \\
\mathrm{B}_1(x) &= x - \frac{1}{2}, \\
\mathrm{B}_2(x) &= x^2 - x + \frac{1}{6}, \\
\mathrm{B}_3(x) &= x^3 - \frac{3}{2}x^2 + \frac{1}{2}x, \\
\mathrm{B}_4(x) &= x^4 - 2x^3 + x^2 - \frac{1}{30}, \\
\mathrm{B}_5(x) &= x^5 - \frac{5}{2}x^4 + \frac{5}{3}x^3 - \frac{1}{6}x, \\
\mathrm{B}_6(x) &= x^6 - 3x^5 + \frac{5}{2}x^4 - \frac{1}{2}x^2 + \frac{1}{42},
\end{aligned}$$

und man sieht, dass alle Bernoulli-Zahlen B_k mit $k > 1$ ungerade verschwinden.

Weiterführende Literatur

Frühe Geschichte der Quantenelektrodynamik und der Quantenfeldtheorie

Arthur I. Miller: *Early Quantum Electrodynamics: A Source Book*, Cambridge University Press, 1994.
Eine äußerst lesbare und kurzweilige Darstellung der Entwicklung der Quantenelektrodynamik in den Jahren der Vorkriegszeit, also etwa 1927–1938, als diese noch „europäisch" getrieben wurde. Für den englischsprachigen Leser dürften die übersetzten Originalarbeiten von Interesse sein, für alle Leser aber der einführende Essay, der diese entwicklungsgeschichtlich einsortiert.

Silvan S. Schweber: *QED and the Men Who Made It: Dyson, Feynman, Schwinger, and Tomonaga*, Princeton University Press, 1994.
Ein Standardwerk von einem der bekanntesten zeitgenössischen Wissenschaftsbiographen, der die Blütezeit der QED und der Quantenfeldtheorie selbst gestaltend miterleben durfte, und gewissermaßen verpflichtende Lektüre für jeden praktizierenden Quantenfeldtheoretiker, der an Theoriegeschichte interessiert ist.

Quantenelektrodynamik

Die Behandlung der QED ist Bestandteil nahezu jeden Lehrbuchs zur Quantenfeldtheorie. Dediziert und im Detail gehen die folgenden Werke auf die QED ein:

J. M. Jauch, F. Rohrlich: *The Theory of Photons and Electrons – The Relativistic Quantum Field Theory of Charged Particles with Spin One-half*, Springer-Verlag, 2nd ed. 1976.
Ein Klassiker der Lehrbuchliteratur zur QED, in einem heute eher nicht mehr geläufigen, weil sehr ausführlichen und äußerst angenehmen Stil geschrieben und mit zahlreichen Verweisen zu Originalarbeiten. Eine gründliche Darstellung, die uneingeschränkt zu empfehlen ist. Ebenso wie das folgende Werk:

A. I. Akhiezer, V. B. Berestetskii: *Quantum Electrodynamics*, John Wiley & Sons, 1965.
Aus dem Russischen übersetzt von G. M. Volkoff entspricht dieses Werk der zweiten russischen Auflage von 1959, zuzüglich einiger Erweiterungen für die englische Ausgabe durch die Autoren.

Peter W. Milonni: *The Quantum Vacuum: An Introduction to Quantum Electrodynamics*, Academic Press, 1994.
Ein hervorragend geschriebenes Werk, das sich sehr gut zur Vertiefung der Themen dieses Kapitel eignet, mit einem sehr eigenen Fokus auf der Interpretation verschiedener QED-Phänomene als Effekte der Vakuumfluktuationen. Insbesondere dem Casimir-Effekt wird sehr viel Raum eingeräumt, und er wird unter vielen verschiedenen Blickwinkeln betrachtet. Außerdem wird in Kapitel 5 die Strahlungsrückwirkung, auch in der Quantenmechanik, behandelt. Eine Weiterführung in Richtung Quantenoptik desselben Autors ist:

Peter W. Milonni: *An Introduction to Quantum Optics and Quantum Fluctuations*, Oxford University Press, 2019.

W. Heitler: *The Quantum Theory of Radiation*, Oxford University Press, 3rd ed. 1954.

Gewissermaßen ein Außenseiter in dieser Auflistung: Mittlerweile im Dover-Verlag erhältlich galten die ersten beiden Auflagen des Buchs lange als das Standardwerk zur Theorie der Strahlung, zu einer Zeit, in der die Löchertheorie noch *state of the art* war. Aus theoriegeschichtlicher Sicht eine äußerst lesenswerte Darstellung.

E. R. Pike, Sarben Sarkar: *The Quantum Theory of Radiation*, Oxford University Press, 1995.
Der Versuch, die QED einschließlich abstrakterer Themen wie der BRST-Quantisierung und auch noch der Quantenoptik einerseits modern und umfassend darzustellen, das Ganze andererseits auf gerade einmal 350 Seiten zu packen. Entsprechend spartanisch sind die Ausführungen und knapp die Rechnungen.

W. P. Healy: *Non-Relativistic Quantum Electrodynamics*, Academic Press, 1982.
Eine sehr empfehlenswerte ergänzende Lektüre zu diesem Kapitel.

Claude Cohen-Tannoudji, Jacques Dupont-Roc, Gilbert Grynberg: *Photons & Atoms – Introduction to Quantum Electrodynamics*, John Wiley & Sons, 1989.
Gewissermaßen eine Fortführung des drei- (früher zwei-)bändigen Werks zur Quantenmechanik von Cohen-Tannoudji et al. Eine weitere Ergänzung hierzu ist:

Claude Cohen-Tannoudji, Jacques Dupont-Roc, Gilbert Grynberg: *Atom-Photon Interactions – Basic Processes and Applications*, Wiley-VCH, 2004.
Ursprünglich (1998) ebenfalls bei John Wiley & Sons erschienen.

Rodney Loudon: *The Quantum Theory of Light*, Oxford University Press, 3rd ed. 2000.
Eine sehr gut lesbare Darstellung, jedoch mit einem deutlichen Schwerpunkt in Richtung Quantenoptik.

Luca Salasnich: *Quantum Physics of Light and Matter – Photons, Atoms, and Strongly Correlated Systems*, Springer-Verlag, 2nd ed. 2017.

R. Guy Woolley: *Foundations of Molecular Quantum Electrodynamics*, Cambridge University Press, 2022.

Casimir-Effekt und van der Waals-Wechselwirkung

K. A. Milton: *The Casimir Effect – Physical Manifestations of Zero-Point Energy*, World Scientific, 2001.

William M. R. Simpson, Ulf Leonhardt: *Forces of the Quantum Vacuum – An Introduction to Casimir Physics*, World Scientific, 2015.

Diego Dalvit, Peter Milonni, David Roberts, Felipe da Rosa (Eds.): *Casimir Physics*, Springer-Verlag, 2011.

Stefan Yoshi Buhmann: *Dispersion Forces I: Macroscopic Quantum Electrodynamics and Ground-State Casimir, Casimir–Polder and van der Waals Forces*, Springer-Verlag, 2012; *Dispersion Forces II: Many-Body Effects, Excited Atoms, Finite Temperature and Quantum Friction*, Springer-Verlag, 2012.

M. Bordag, G.L. Klimchitskaya, U. Mohideen, V. M. Mostepanenko: *Advances in the Casimir Effect*, Oxford University Press, 2009.

Akbar Salam: *Non-Relativistic QED Theory of the van der Waals Dispersion Interaction*, Springer-Verlag, 2016.

Klassische Elektrontheorie

Fritz Rohrlich: *Classical Charged Particles*, 3rd ed. 2007, World Scientific.

Herbert Spohn: *Dynamics of Charged Particles and Their Radiation Field*, Cambridge University Press, 2004.

Arthur D. Yaghjian: *Relativistic Dynamics of a Charged Sphere – Updating the Lorentz–Abraham Model*, Springer-Verlag, 3rd ed. 2022.

A. O. Barut: *Electrodynamics and Classical Theory of Fields & Particles*, Macmillan Press, 1964.
Seit 1980 im Dover-Verlag erschienen.

Teil 2

Relativistische Quantenmechanik

In diesem Kapitel werden wir untersuchen, wie das bislang erarbeitete formale Gebäude der nichtrelativistischen Quantenmechanik in einem relativistischen Kontext verwendet werden kann. Dazu werden wir zwei wichtige relativistische Wellengleichungen heuristisch ableiten und ihre Eigenschaften untersuchen: die Klein–Gordon-Gleichung und die Dirac-Gleichung. Anhand der strukturell einfacheren Klein–Gordon-Gleichung lässt sich exemplarisch aufzeigen, wie die Konzepte und Interpretationen der nichtrelativistischen Quantenmechanik letztendlich nicht mehr in die relativistische Welt übertragen werden können und es neuer Konzepte bedarf, um eine konsistente Beschreibung der relativistischen Quantentheorie zu erhalten. Im Rahmen der Interpretation als Einteilchen-Wellengleichung werden all die Problematiken in voller Größe aufzeigt, die auch später auf die Dirac-Gleichung zutreffen. Im Gegensatz zu ihr jedoch hilft uns die Untersuchung der Klein–Gordon-Gleichung, relativistische Effekte von denen zu trennen, die durch Spin verursacht werden. Da die Dirac-Gleichung aber aufgrund ihrer (historisch) größeren Bedeutung äußerst umfangreich untersucht wurde, werden auch wir uns in großem Detail der Struktur und den Eigenschaften dieser relativistischen Wellengleichung für Spin-$\frac{1}{2}$-Teilchen widmen.
Die Grenzen des quantenmechanischen Formalismus werden durch die Foldy–Wouthuysen-Transformation systematisch abgetastet und spätestens durch das Klein-Paradoxon drastisch aufgezeigt.

O. Tennert, *Quantenmechanik IV*, https://doi.org/10.1007/978-3-662-68591-4_2

13 Die Klein–Gordon-Gleichung und ihre Eigenschaften

In der nichtrelativistischen Quantenmechanik stellt die Schrödinger-Gleichung (I-17.1) den zentralen Ausgangspunkt für alle Betrachtungen der Quantendynamik dar, die als Einteilchen-Wellengleichung in der Ortsdarstellung die Form (I-18.2) annimmt:

$$\mathrm{i}\hbar\frac{\partial\Psi(\boldsymbol{r},t)}{\partial t} = \left(-\frac{\hbar^2}{2m}\nabla^2 + V(\boldsymbol{r},t)\right)\Psi(\boldsymbol{r},t). \tag{13.1}$$

Formal ergibt sich (13.1) einfach aus dem Ausdruck für die nichtrelativistische Gesamtenergie E eines Punktteilchens mit der Masse m, als Summe von kinetischer Energie T und potentieller Energie V:

$$E = T + V = \frac{\boldsymbol{p}^2}{2m} + V(\boldsymbol{r},t)$$

durch die heuristische Ersetzung

$$E \mapsto \mathrm{i}\hbar\frac{\partial}{\partial t}, \tag{13.2a}$$

$$\boldsymbol{p} \mapsto -\mathrm{i}\hbar\nabla, \tag{13.2b}$$

und Anwenden des entstehenden Ausdrucks auf die Wellenfunktion $\Psi(\boldsymbol{r},t)$. Es liegt daher nahe, eine relativistische Wellengleichung in Hamiltonscher Form dadurch zu erhalten, indem man diese heuristische Ersetzung (13.2) auf einen Ausdruck für die relativistische Gesamtenergie anwendet. Dazu betrachten wir zunächst den freien Fall, das heißt, $V(\boldsymbol{r},t) \equiv 0$. Ein solcher Ausdruck wäre dann:

$$E = \sqrt{c^2\boldsymbol{p}^2 + m^2c^4}, \tag{13.3}$$

der zu der Differentialgleichung

$$\mathrm{i}\hbar\frac{\partial\Phi(\boldsymbol{r},t)}{\partial t} = \sqrt{-c^2\hbar^2\nabla^2 + m^2c^4}\Phi(\boldsymbol{r},t) \tag{13.4}$$

für eine Wellenfunktion $\Phi(\boldsymbol{r},t)$ führt. Gleichung (13.4) besitzt die Form einer Schrödinger-Gleichung und motiviert die Verwendung einer abstrakten Notation

$$\mathrm{i}\hbar\frac{\partial\Phi(\boldsymbol{r},t)}{\partial t} = \hat{E}_{\boldsymbol{p}}\Phi(\boldsymbol{r},t) \tag{13.5}$$

mit

$$\hat{E}_{\boldsymbol{p}} := \sqrt{\hat{\boldsymbol{p}}^2c^2 + m^2c^4}. \tag{13.6}$$

Die Notation (13.6) bezeichnet einen sehr wichtigen Ausdruck, den wir in späteren Rechnungen (auch für den Spin-$\frac{1}{2}$-Fall) immer wieder verwenden werden, und der vom kanonischen Hamilton-Operator $\hat{H}$ zu unterscheiden ist, welcher durchaus eine andere Form annehmen wird. Wir werden die abstrakte Operatorschreibweise vor allem im Rahmen der Hamilton-Formulierung verwenden, in den späteren Ausführungen ab Abschnitt 16.

Allerdings zieht die Gleichung (13.4) beziehungsweise (13.5) zwei gravierende Probleme nach sich: zum einen ist sie durch die Asymmetrie zwischen $\partial/\partial t$ und ∇ nicht manifest kovariant, was aber das geringere Problem darstellt – es gibt viele Ausdrücke in der relativistischen Physik, deren Kovarianz nicht manifest erkennbar ist, man denke an die Verwendung der Coulomb-Gleichung in der Elektrodynamik. Schwerer hingegen wiegt die Tatsache, dass der Wurzelterm zu einer nichtlokalen Theorie führt: dem Ableitungsoperator im Wurzelausdruck muss eine Bedeutung verliehen werden gemäß

$$\sqrt{m^2c^4 - c^2\hbar^2\nabla^2}\Phi(\boldsymbol{r},t) = \int \mathrm{d}^3\boldsymbol{r}' h_0(\boldsymbol{r}-\boldsymbol{r}')\Phi(\boldsymbol{r}',t), \tag{13.7}$$

mit

$$h_0(\boldsymbol{r}) := \frac{1}{(2\pi\hbar)^3}\int \mathrm{d}^3\boldsymbol{p}\,\mathrm{e}^{\mathrm{i}\boldsymbol{p}\cdot\boldsymbol{r}/\hbar}\sqrt{m^2c^4 + c^2\boldsymbol{p}^2}. \tag{13.8}$$

Wie sich in Abschnitt 16 herausstellen wird, besitzt (13.4) beziehungsweise (13.5) dennoch nahezu die richtige Form, um als Schrödinger-Gleichung eine Einteilchen-Interpretation für $E \ll mc^2$, sowie eine systematische Betrachtung des nichtrelativistischen Grenzfalls zu erlauben. Es gibt aber einen Grund, zunächst nicht von (13.3) zum Erhalt einer relativistischen Wellengleichung auszugehen, sondern von der quadrierten Version hiervon:

$$E^2 = c^2\boldsymbol{p}^2 + m^2c^4. \tag{13.9}$$

Der tieferliegende Grund ist die Tatsache, dass die Lorentz-Metrik des Minkowski-Raum nicht-definit ist: raumartige, zeitartige und lichtartige Vierervektoren v^μ werden dahingehend unterschieden, ob für ihr Betragsquadrat $v^2 = v^\mu v_\mu$ (in Westküstenmetrik) negativ, null oder positiv ist. Die Kausalstruktur der relativistischen Raumzeit legt also eine Verwendung quadrierter Beträge für Linienelemente oder Vektoren nahe. Ein „Wurzelziehen“ dieser Größen, sowie die weitere Formulierung der relativistischen Kinematik wäre grundsätzlich möglich, allerdings äußerst unvorteilhaft, da ständig Fallunterscheidungen getroffen und imaginäre Größen mitgeschleppt werden müssten. Führt man allerdings die Fallunterscheidung nicht weiter, geht mathematische und damit physikalische Struktur verloren. Der relativistische Vierer-Impuls $p^\mu = (E/c, \boldsymbol{p})$ ist nun für massive Teilchen zeitartig, für masselose Teilchen lichtartig, und das Betragsquadrat ist in beiden Fällen die quadrierte (Ruhe-)Masse des Teilchens. Für ein ruhendes massives Teilchen gilt daher $E^2 > 0$. Aus rein mathematischer Sicht ist es nun nicht gerechtfertigt, daraus einfach $E > 0$ abzuleiten. Vielmehr muss von Anfang an die Möglichkeit in Betracht gezogen werden, dass auch $E < 0$ sein kann, gemäß dem Motto *''everything not forbidden is compulsory''* (siehe Ende des Abschnitts II-18).

Wir werden in Abschnitt 16 auf eine relativistische Schrödinger-Gleichung für skalare Teilchen zurückkommen, die von der Form (13.4) ist, aber gleichzeitig die verlorengegangene Struktur des Wurzelziehens gewissermaßen durch Dimensionsverdopplung kompensiert. Und tatsächlich werden wir sehen, dass die Verwendung relativistischer Wellengleichungen im Rahmen des quantenmechanischen Formalismus wie bereits oben befürchtet nichtlokale

Effekte nach sich zieht. Zunächst drehen wir aber die Schleife des historischen Entwicklung, die didaktisch von großem Nutzen ist, da sie grundlegende Zusammenhänge und allgemeine Schwierigkeiten relativistischer Wellengleichungen offenbart.

Durch die Ersetzung (13.2) wird man nun von (13.9) auf die (freie) **Klein–Gordon-Gleichung** führt:

$$\frac{1}{c^2}\frac{\partial^2 \Phi(\boldsymbol{r},t)}{\partial t^2} = \left(\nabla^2 - \frac{m^2c^2}{\hbar^2}\right)\Phi(\boldsymbol{r},t). \tag{13.10}$$

Diese Form ist manifest kovariant. Räumliche und zeitliche Ableitungen gehen gleichermaßen in zweiter Ordnung in die Gleichung ein. Es ist allerdings genau diese zweite zeitliche Ableitung, die zu einem grundlegenden Problem der Klein–Gordon-Gleichung als Einteilchen-Wellengleichung im Speziellen, und relativistischer Wellengleichungen im Allgemeinen führt, wie wir später sehen werden.

Man beachte jedoch, dass Gleichung (13.4) dennoch grundsätzlich ihre Rechtfertigung hat dahingehend, dass jede Lösung von (13.4) auch Lösung der Klein–Gordon-Gleichung (13.10) ist, aber nicht umgekehrt, da die Lösungen zu negativen Energien – die negativen Lösungen – fehlen. Nur für positive Lösungen sind (13.4) beziehungsweise (13.5) und (13.10) äquivalent, während für negative Lösungen

$$\mathrm{i}\hbar\frac{\partial \Phi(\boldsymbol{r},t)}{\partial t} = -\hat{E}_{\boldsymbol{p}}\Phi(\boldsymbol{r},t) \tag{13.11}$$

gilt.

Ein Lorentz-invariantes Integralmaß und relativistische Impulsdarstellung

In der relativistischen Physik ist es üblich, eine ebenfalls relativistische Version einer Fourier-Transformation zu definieren. Wir gehen vom manifest Lorentz-invarianten Integralmaß d^4p aus und schränken dieses zunächst auf die Vorwärts-Massenschale ein:

$$\mathrm{d}^4p\,\delta(p^2 - m^2c^2)\Theta(p). \tag{13.12}$$

Hierbei ist $\Theta(p)$ die Lorentz-invariante Stufenfunktion, die dadurch definiert ist, dass

$$\Theta(p) := \begin{cases} 1 & (p^0 > 0) \\ 0 & (p^0 < 0) \end{cases}. \tag{13.13}$$

Offensichtlich ist (13.13) invariant gegenüber orthochronen Lorentz-Transformationen, sprich wenn $\Lambda^0{}_0 \geq 0$ (siehe Abschnitt 25). Dann kann (13.12) weiter umgewandelt werden:

$$\begin{aligned}
\mathrm{d}^4p\,\delta(p^2 - m^2c^2)\Theta(p) &= \mathrm{d}^4p\,\delta\left((p^0)^2 - E_{\boldsymbol{p}}^2/c^2\right)\Theta(p) \\
&= \mathrm{d}^3\boldsymbol{p}\,\mathrm{d}p^0\frac{1}{2E_{\boldsymbol{p}}}\delta(p^0 - E_{\boldsymbol{p}}/c) \\
&= \frac{c\,\mathrm{d}^3\boldsymbol{p}}{2E_{\boldsymbol{p}}}.
\end{aligned} \tag{13.14}$$

Bei der Einschränkung von d^4p auf die Rückwärts-Massenschale erhält man ebenfalls (13.14).

Der Ausdruck (13.14) stellt also ein Lorentz-invariantes Integralmaß dar. Damit können wir die relativistische Impulsdarstellung einführen:

$$\tilde{\Phi}(\boldsymbol{p},t) = \frac{2E_{\boldsymbol{p}}}{(2\pi\hbar)^{3/2}} \int \mathrm{d}^3\boldsymbol{r}\Phi(\boldsymbol{r},t)\mathrm{e}^{-\mathrm{i}\boldsymbol{p}\cdot\boldsymbol{r}/\hbar}, \tag{13.15a}$$

$$\Phi(\boldsymbol{r},t) = \frac{1}{(2\pi\hbar)^{3/2}} \int \frac{\mathrm{d}^3\boldsymbol{p}}{2E_{\boldsymbol{p}}}\tilde{\Phi}(\boldsymbol{p},t)\mathrm{e}^{\mathrm{i}\boldsymbol{p}\cdot\boldsymbol{r}/\hbar}, \tag{13.15b}$$

mit

$$E_{\boldsymbol{p}} = +\sqrt{c^2\boldsymbol{p}^2 + m^2c^4}. \tag{13.16}$$

Dann erfüllt die Fourier-Transformierte $\tilde{\Phi}(\boldsymbol{p},t)$ einer Lösung der Klein–Gordon-Gleichung (13.10) offensichtlich die gewöhnliche Differentialgleichung:

$$-\hbar^2\frac{\partial^2\tilde{\Phi}(\boldsymbol{p},t)}{\partial t^2} = \left(m^2c^4 + c^2\boldsymbol{p}^2\right)\tilde{\Phi}(\boldsymbol{p},t), \tag{13.17}$$

sowie

$$\mathrm{i}\hbar\frac{\partial\tilde{\Phi}(\boldsymbol{p},t)}{\partial t} = \pm\hat{E}_{\boldsymbol{p}}\tilde{\Phi}(\boldsymbol{p},t), \tag{13.18}$$

mit $\hat{E}_{\boldsymbol{p}}$ gemäß (13.6), je nach dem, ob $\Phi(\boldsymbol{r},t)$ eine positive oder eine negative Lösung ist.

In Vierer-Notation lautet (13.9):

$$p^\mu p_\mu - m^2c^2 = 0, \tag{13.19}$$

wobei

$$p^\mu = (E/c, \boldsymbol{p}), \tag{13.20}$$

so dass die Klein–Gordon-Gleichung nach der heuristischen Ersetzung

$$p^\mu \mapsto \mathrm{i}\hbar\partial^\mu \tag{13.21}$$

in kovarianter Schreibweise lautet:

$$\left(\partial^\mu\partial_\mu + \frac{m^2c^2}{\hbar^2}\right)\Phi(x) = 0, \tag{13.22}$$

mit

$$x^\mu = (ct, \boldsymbol{r}),$$

$$\partial^\mu = \left(\frac{1}{c}\frac{\partial}{\partial t}, -\nabla\right).$$

In Kapitel 3 werden wir die Transformationseigenschaften relativistischer Wellengleichungen allgemein untersuchen und dabei auch die Kovarianz von (13.22) explizit nachweisen.

Man beachte, dass in (13.22) der Ausdruck für die **reduzierte Compton-Wellenlänge**

$$\lambda\!\!\!^{-}_{\mathrm{C}} = \frac{\hbar}{mc}$$

auftaucht (vergleiche mit (I-4.5)).

Betrachten wir noch die kovariante Formulierung der Fourier-Transformation (13.15b). Mit $\tilde{\Phi}(\boldsymbol{p}, t) = \tilde{\Phi}(p)$ und $\Phi(\boldsymbol{r}, t) = \Phi(x)$ ist:

$$\Phi(x) = \frac{1}{(2\pi\hbar)^2} \int \mathrm{d}^4 p \delta(p^2 - m^2c^2)\Theta(p)\tilde{\Phi}(p)\mathrm{e}^{-\mathrm{i}p\cdot x/\hbar}. \tag{13.23}$$

Die zu (13.23) inverse Transformation ist nicht-trivial und wird nicht weiter verwendet. Bereits an (13.15) zeigt sich, dass in der relativistischen Quantentheorie die aus der nichtrelativistischen Quantenmechanik vertraute Symmetrie im Wechsel zwischen der Orts- und der Impulsdarstellung nicht mehr vorhanden ist.

Kontinuitätsgleichung und verallgemeinerte Norm

Analog zur Schrödinger-Gleichung kann man aus der Klein–Gordon-Gleichung eine Kontinuitätsgleichung ableiten, die sogleich einen fundamentalen Unterschied zur Kontinuitätsgleichung in der nicht-relativistischen Quantenmechnik aufzeigt (vergleiche im Folgenden die Ableitung von (I-19.5)).

Wir beginnen mit der Klein–Gordon-Gleichung (13.22), die wir linksseitig mit $\Phi^*(x)$ multiplizieren:

$$\Phi^*(x)\left(\partial^\mu\partial_\mu + \frac{m^2c^2}{\hbar^2}\right)\Phi(x) = 0, \tag{13.24}$$

und komplex konjugieren:

$$\Phi(x)\left(\partial^\mu\partial_\mu + \frac{m^2c^2}{\hbar^2}\right)\Phi^*(x) = 0. \tag{13.25}$$

Subtrahieren wir (13.25) von (13.24), erhalten wir:

$$\begin{aligned} 0 &= \Phi^*(x)\partial^\mu\partial_\mu\Phi(x) - \Phi(x)\partial^\mu\partial_\mu\Phi^*(x) \\ &= \underbrace{\partial^\mu\Phi^*(x)\partial_\mu\Phi(x) - \partial^\mu\Phi(x)\partial_\mu\Phi^*(x)}_{=0} + \Phi^*(x)\partial^\mu\partial_\mu\Phi(x) - \Phi(x)\partial^\mu\partial_\mu\Phi^*(x), \end{aligned}$$

was als eine **Kontinuitätsgleichung** geschrieben werden kann:

$$\partial_\mu j^\mu(x) = 0, \tag{13.26}$$

mit

$$j^\mu(x) = \frac{\mathrm{i}\hbar}{2m}\left(\Phi^*(x)\partial^\mu\Phi(x) - \Phi(x)\partial^\mu\Phi^*(x)\right), \tag{13.27}$$

wobei der globale Vorfaktor aus Konventionsgründen hinzugefügt wird. In nicht manifest kovarianter Notation lautet (13.26):

$$\frac{\partial \rho(\boldsymbol{r},t)}{\partial t} + \nabla \cdot \boldsymbol{j}(\boldsymbol{r},t) = 0, \tag{13.28}$$

mit

$$\rho(\boldsymbol{r},t) = \frac{\mathrm{i}\hbar}{2mc^2}\left[\Phi^*(\boldsymbol{r},t)\frac{\partial \Phi(\boldsymbol{r},t)}{\partial t} - \frac{\partial \Phi^*(\boldsymbol{r},t)}{\partial t}\Phi(\boldsymbol{r},t)\right], \tag{13.29}$$

$$\boldsymbol{j}(\boldsymbol{r},t) = -\frac{\mathrm{i}\hbar}{2m}\left[\Phi^*(\boldsymbol{r},t)\nabla\Phi(\boldsymbol{r},t) - (\nabla\Phi^*(\boldsymbol{r},t))\Phi(\boldsymbol{r},t)\right], \tag{13.30}$$

wobei

$$j^\mu = (c\rho, \boldsymbol{j}), \tag{13.31}$$

und wir sehen, dass der Ausdruck (13.30) für die Stromdichte $\boldsymbol{j}(\boldsymbol{r},t)$ identisch ist zum entsprechenden Ausdruck im nichtrelativistischen Fall (I-19.7).

Der Ausdruck (13.29) für $\rho(\boldsymbol{r},t)$ besitzt jedoch eine andere Form als im nichtrelativistischen Fall, und insbesondere ist (13.29) nicht positiv-definit. Der Grund hierfür ist das Vorhandensein der Zeitableitung in ihrer Definition und der Umstand, dass die Anfangswerte

$$\Phi(\boldsymbol{r}_0,t_0), \qquad \left.\frac{\partial \Phi(\boldsymbol{r},t)}{\partial t}\right|_{(\boldsymbol{r}_0,t_0)}$$

beliebige Werte annehmen können. Im Unterschied zur nicht-relativistischen Quantenmechanik kann $\rho(\boldsymbol{r},t)$ daher nicht als Wahrscheinlichkeitsdichte interpretiert werden. Die Beantwortung der Frage nach der korrekten Interpretation stellen wir zunächst hintan.

Aber auch wenn die Interpretation als Wahrscheinlichkeitsdichte nicht möglich ist, kann (13.29) als Definitionsgleichung für eine erhaltene, aber nicht positiv-definite **verallgemeinerte Norm** aufgefasst werden. Um die weitere Notation zu vereinfachen, definieren wir hierbei die Kurzschreibweise für ein **verallgemeinertes Skalarprodukt**:

$$(\Phi_1,\Phi_2) := \mathrm{i}\hbar\int \mathrm{d}^3\boldsymbol{r}\left[\Phi_1^*(\boldsymbol{r},t)\frac{\partial \Phi_2(\boldsymbol{r},t)}{\partial t} - \frac{\partial \Phi_1^*(\boldsymbol{r},t)}{\partial t}\Phi_2(\boldsymbol{r},t)\right], \tag{13.32}$$

wobei die Funktionen Φ_1, Φ_2 entweder beide positive oder beide negative Lösungen der Klein–Gordon-Gleichung (13.10) sind – warum wir dies derart einschränken, werden wir in Abschnitt 17 verstehen, wenn wir die Ladungs-Superauswahlregel vorstellen. Das Raumintegral über (13.29) kann dann geschrieben werden als:

$$\int \mathrm{d}^3\boldsymbol{r}\,\rho(\boldsymbol{r},t) = \frac{1}{2mc^2}(\Phi,\Phi). \tag{13.33}$$

Das verallgemeinerte Skalarprodukt (13.32) ist Lorentz-invariant, was allerdings erst in der Impulsdarstellung manifest erscheint. Wir führen den Nachweis für positive Lösungen

Φ_1, Φ_2:

$$
\begin{aligned}
(\Phi_1, \Phi_2) &= \mathrm{i}\hbar \int \mathrm{d}^3\boldsymbol{r} \left[\Phi_1^*(\boldsymbol{r}, t) \frac{\partial \Phi_2(\boldsymbol{r}, t)}{\partial t} - \frac{\partial \Phi_1^*(\boldsymbol{r}, t)}{\partial t} \Phi_2(\boldsymbol{r}, t) \right] \\
&= \mathrm{i}\hbar \frac{1}{(2\pi\hbar)^3} \int \mathrm{d}^3\boldsymbol{r} \int \frac{\mathrm{d}^3\boldsymbol{p}}{2E_{\boldsymbol{p}}} \int \frac{\mathrm{d}^3\boldsymbol{p}'}{2E_{\boldsymbol{p}'}} \mathrm{e}^{\mathrm{i}(\boldsymbol{p}'-\boldsymbol{p})\cdot\boldsymbol{r}/\hbar} \\
&\quad \times \left[\tilde{\Phi}_1^*(\boldsymbol{p}, t) \frac{\partial \tilde{\Phi}_2(\boldsymbol{p}', t)}{\partial t} - \frac{\partial \tilde{\Phi}_1^*(\boldsymbol{p}, t)}{\partial t} \tilde{\Phi}_2(\boldsymbol{p}', t) \right] \\
&= \mathrm{i}\hbar \frac{1}{(2\pi\hbar)^3} \int \mathrm{d}^3\boldsymbol{r} \int \frac{\mathrm{d}^3\boldsymbol{p}}{2E_{\boldsymbol{p}}} \int \frac{\mathrm{d}^3\boldsymbol{p}'}{2E_{\boldsymbol{p}'}} \mathrm{e}^{\mathrm{i}(\boldsymbol{p}'-\boldsymbol{p})\cdot\boldsymbol{r}/\hbar} \\
&\quad \times \left[\tilde{\Phi}_1^*(\boldsymbol{p}, t)\tilde{\Phi}_2(\boldsymbol{p}', t) \left(-\frac{\mathrm{i}E_{\boldsymbol{p}'}}{\hbar} \right) - \tilde{\Phi}_1^*(\boldsymbol{p}, t)\tilde{\Phi}_2(\boldsymbol{p}', t) \left(+\frac{\mathrm{i}E_{\boldsymbol{p}}}{\hbar} \right) \right] \\
&= \frac{1}{4(2\pi\hbar)^3} \int \mathrm{d}^3\boldsymbol{r} \int \mathrm{d}^3\boldsymbol{p} \int \mathrm{d}^3\boldsymbol{p}' \left(\frac{1}{E_{\boldsymbol{p}}} + \frac{1}{E_{\boldsymbol{p}'}} \right) \mathrm{e}^{\mathrm{i}(\boldsymbol{p}'-\boldsymbol{p})\cdot\boldsymbol{r}/\hbar} \tilde{\Phi}_1^*(\boldsymbol{p}, t)\tilde{\Phi}_2(\boldsymbol{p}', t) \\
&= \frac{1}{4} \int \mathrm{d}^3\boldsymbol{p} \int \mathrm{d}^3\boldsymbol{p}' \delta(\boldsymbol{p} - \boldsymbol{p}') \left(\frac{1}{E_{\boldsymbol{p}}} + \frac{1}{E_{\boldsymbol{p}'}} \right) \tilde{\Phi}_1^*(\boldsymbol{p}, t)\tilde{\Phi}_2(\boldsymbol{p}', t),
\end{aligned}
$$

und damit

$$
(\Phi_1, \Phi_2) = \int \frac{\mathrm{d}^3\boldsymbol{p}}{2E_{\boldsymbol{p}}} \tilde{\Phi}_1^*(\boldsymbol{p}, t)\tilde{\Phi}_2(\boldsymbol{p}, t). \tag{13.34}
$$

Hierbei haben wir verwendet, dass die Funktionen $\tilde{\Phi}_1, \tilde{\Phi}_2$ die Klein–Gordon-Gleichung (13.18) erfüllen. Entsprechend erhalten wir für negative Lösungen $\tilde{\Phi}_1, \tilde{\Phi}_2$:

$$
(\Phi_1, \Phi_2) = -\int \frac{\mathrm{d}^3\boldsymbol{p}}{2E_{\boldsymbol{p}}} \tilde{\Phi}_1^*(\boldsymbol{p}, t)\tilde{\Phi}_2(\boldsymbol{p}, t). \tag{13.35}
$$

Ein Vergleich von (13.34) beziehungsweise (13.35) mit dem Lorentz-invarianten Maß (13.14) zeigt nun, dass das verallgemeinerte Skalarprodukt (Φ_1, Φ_2) genau dann Lorentz-invariant ist, wenn $\tilde{\Phi}_1^*(\boldsymbol{p}, t)\tilde{\Phi}_2(\boldsymbol{p}, t)$ es ist. Wir kommen bei der Normierung der Basislösungen zu festem Impuls weiter unten darauf zurück.

Ein alternativer Beweis der Lorentz-Invarianz des Skalarprodukts (13.32) wird beispielsweise in [Sch61] geführt: man kann zeigen, dass das Integral (13.32) unabhängig ist von der raumartigen Hyperfläche Σ, über welche es berechnet wird. Zunächst kann (13.32) kovariant geschrieben werden als

$$
(\Phi_1, \Phi_2) = \mathrm{i}\hbar c \int_{\Sigma_0} n^\mu \left[\Phi_1^*(x)\partial_\mu \Phi_2(x) - \left(\partial_\mu \Phi_1^*(x) \right) \Phi_2(x) \right],
$$

wobei Σ_0 die raumartige Hyperfläche sei mit dem Normalen-Vierervektor $n^\mu = (1, \mathbf{0})$. Nun sei Σ eine beliebige andere raumartige Hyperfläche, die aus Σ_0 durch stetige Deformation hervorgehe. Für die Differenz der Integrale über jeweils beide Hyperflächen gilt:

$$
\mathrm{i}\hbar c \int_{\Sigma-\Sigma_0} n^\mu \left[\Phi_1^*(x)\partial_\mu \Phi_2(x) - \left(\partial_\mu \Phi_1^*(x)\right)\Phi_2(x)\right] = \\
\mathrm{i}\hbar c \int\limits_{V(\Sigma-\Sigma_0)} \mathrm{d}^4x \partial^\mu \left[\Phi_1^*(x)\partial_\mu \Phi_2(x) - \left(\partial_\mu \Phi_1^*(x)\right)\Phi_2(x)\right],
$$

aufgrund des Gaußschen Integralsatzes. Hierbei ist $V(\Sigma - \Sigma_0)$ das von den beiden Hyperflächen Σ und Σ_0 eingeschlossene Vierervolumen. Weil aber Φ_1, Φ_2 Lösungen der Klein–Gordon-Gleichung (13.10) sind, ist

$$
\begin{aligned}
\partial^\mu &\left[\Phi_1^*(x)\partial_\mu \Phi_2(x) - \left(\partial_\mu \Phi_1^*(x)\right)\Phi_2(x)\right] \\
&= (\partial^\mu \Phi_1^*)(\partial_\mu \Phi_2) + \Phi_1^* \partial^\mu \partial_\mu \Phi_2 - (\partial^\mu \partial_\mu \Phi_1^*)\Phi_2 - (\partial_\mu \Phi_1^*)(\partial^\mu \Phi_2) \\
&= (\lambda_C^2 - \lambda_C^2)\Phi_1^* \Phi_2 = 0,
\end{aligned}
$$

also ist (13.32) unabhängig von der raumartigen Hyperfläche, über die integriert wird und damit Lorentz-invariant.

Klein–Gordon-Gleichung mit elektromagnetischem Feld

Um ein geladenes Punktteilchen mit der Masse m, Spin 0 und der elektrischen Ladung q im relativistischen Fall zu beschreiben, modifizieren wir die Klein–Gordon-Gleichung auf bewährte Weise nach dem Prinzip der minimalen Kopplung:

$$
\begin{aligned}
E &\mapsto E - q\hat{\phi}(\hat{\boldsymbol{r}}, t), \\
\hat{\boldsymbol{p}} &\mapsto \hat{\boldsymbol{p}} - \frac{q}{c}\hat{\boldsymbol{A}}(\hat{\boldsymbol{r}}, t),
\end{aligned}
$$

beziehungsweise

$$
\begin{aligned}
\mathrm{i}\hbar\frac{\partial}{\partial t} &\mapsto \mathrm{i}\hbar\frac{\partial}{\partial t} - q\phi(\boldsymbol{r}, t), \\
-\mathrm{i}\hbar\nabla &\mapsto -\mathrm{i}\hbar\nabla - \frac{q}{c}\boldsymbol{A}(\boldsymbol{r}, t),
\end{aligned}
$$

mit dem Coulomb-Potential $\phi(\boldsymbol{r}, t)$ und dem Vektorpotential $\boldsymbol{A}(\boldsymbol{r}, t)$. In relativistisch-kovarianter Notation:

$$
p^\mu \mapsto p^\mu - \frac{q}{c}A^\mu(x), \tag{13.36}
$$

beziehungsweise

$$
\mathrm{i}\hbar\partial^\mu \mapsto \mathrm{i}\hbar\partial^\mu - \frac{q}{c}A^\mu(x). \tag{13.37}
$$

Dann wird aus (13.22) zunächst:

$$
\left[\left(\partial^\mu + \mathrm{i}\frac{q}{\hbar c}A^\mu(x)\right)\left(\partial_\mu + \mathrm{i}\frac{q}{\hbar c}A_\mu(x)\right) + \frac{m^2c^2}{\hbar}\right]\Phi(x) = 0, \tag{13.38}
$$

und nach Ausmultiplikation der Terme:

$$\left(\partial^\mu\partial_\mu + \frac{m^2c^2}{\hbar^2} + V_I(x)\right)\Phi(x) = 0, \tag{13.39}$$

mit

$$V_I(x) = \mathrm{i}\frac{q}{\hbar c}\left(\partial^\mu A_\mu(x) + A^\mu(x)\partial_\mu\right) - \frac{q^2}{\hbar^2c^2}A^\mu(x)A_\mu(x), \tag{13.40}$$

wobei man beachte, dass der Differentialoperator ∂^μ im ersten Term des **Wechselwirkungspotentials** $V_I(x)$ gemäß der Produktregel „durch $A_\mu(x)$ durchwirkt", also auch auf $\Phi(x)$ wirkt.

In nichtrelativistischer Notation:

$$\frac{1}{c^2}\left(\mathrm{i}\hbar\frac{\partial}{\partial t} - q\phi(\boldsymbol{r},t)\right)^2\Phi(\boldsymbol{r},t) = \left(m^2c^2 + \left(\mathrm{i}\hbar\nabla + \frac{q}{c}\boldsymbol{A}(\boldsymbol{r},t)\right)^2\right)\Phi(\boldsymbol{r},t), \tag{13.41}$$

beziehungsweise

$$\left(\frac{1}{c^2}\frac{\partial^2}{\partial t^2} - \nabla^2 + \frac{m^2c^2}{\hbar^2} + V_I(\boldsymbol{r},t)\right)\Phi(\boldsymbol{r},t) = 0, \tag{13.42}$$

mit

$$\begin{aligned} V_I(\boldsymbol{r},t) &= \mathrm{i}\frac{q}{\hbar c^2}\left(\frac{\partial}{\partial t}\phi(\boldsymbol{r},t) + \phi(\boldsymbol{r},t)\frac{\partial}{\partial t}\right) \\ &\quad + \mathrm{i}\frac{q}{\hbar c}\left(\nabla\cdot\boldsymbol{A}(\boldsymbol{r},t) + \boldsymbol{A}(\boldsymbol{r},t)\cdot\nabla\right) - \frac{q^2}{\hbar^2c^2}\left(\phi(\boldsymbol{r},t)^2 - \boldsymbol{A}(\boldsymbol{r},t)^2\right), \end{aligned} \tag{13.43}$$

mit dem gleichen Hinweis wie oben, dass $\partial/(\partial t)$ und ∇ in den jeweiligen ersten Termen „durchwirken".

Wie die nichtrelativistische Schrödinger-Gleichung (siehe Abschnitt II-30) ist die Klein–Gordon-Gleichung mit minimaler Kopplung eichkovariant:

Satz (Eichkovarianz der Klein–Gordon-Gleichung). *Unter einer Eichtransformation des minimal angekoppelten elektromagnetischen Feldes $A^\mu(x)$ der Art:*

$$A^\mu(x) \mapsto A'^\mu(x) = A^\mu(x) - \partial^\mu\chi(x), \tag{13.44}$$

mit einer beliebigen reellen skalaren Funktion $\chi(x)$, ist die Klein–Gordon-Gleichung (13.39) *kovariant, sofern sich die Wellenfunktion $\Phi(x)$ transformiert gemäß:*

$$\Phi(x) \mapsto \Phi'(x) = \mathrm{e}^{\mathrm{i}\Lambda(x)}\Phi(x), \tag{13.45}$$

mit

$$\Lambda(x) = \frac{q}{\hbar c}\chi(x). \tag{13.46}$$

Beweis. (Stures Nachrechnen.) ■

Nun wollen wir noch die Kontinuitätsgleichung für die Klein–Gordon-Gleichung mit minimal angekoppeltem elektromagnetischen Feld angeben. Eine analoge Rechnung, die zu (13.26) geführt hat, liefert hier:

$$\partial_\mu j^\mu(x) = 0, \tag{13.47}$$

mit

$$j^\mu(x) = \frac{\mathrm{i}\hbar}{2m}(\Phi^*(x)\partial^\mu\Phi(x) - \Phi(x)\partial^\mu\Phi^*(x)) - \frac{q}{mc}A^\mu(x)\Phi^*(x)\Phi(x). \tag{13.48}$$

In nichtrelativistischer Notation:

$$\frac{\partial\rho(\boldsymbol{r},t)}{\partial t} + \nabla\cdot\boldsymbol{j}(\boldsymbol{r},t) = 0, \tag{13.49}$$

mit

$$\rho(\boldsymbol{r},t) = \frac{\mathrm{i}\hbar}{2mc^2}\left[\Phi^*(\boldsymbol{r},t)\frac{\partial\Phi(\boldsymbol{r},t)}{\partial t} - \frac{\partial\Phi^*(\boldsymbol{r},t)}{\partial t}\Phi(\boldsymbol{r},t)\right] - \frac{q}{mc^2}\phi(\boldsymbol{r},t)|\Phi(\boldsymbol{r},t)|^2, \tag{13.50}$$

$$\boldsymbol{j}(\boldsymbol{r},t) = -\frac{\mathrm{i}\hbar}{2m}\left[\Phi^*(\boldsymbol{r},t)\nabla\Phi(\boldsymbol{r},t) - (\nabla\Phi^*(\boldsymbol{r},t))\Phi(\boldsymbol{r},t)\right] - \frac{q}{mc}\boldsymbol{A}(\boldsymbol{r},t)|\Phi(\boldsymbol{r},t|^2. \tag{13.51}$$

Als Schlussbemerkung wollen wir an dieser Stelle festhalten, dass sich das Prinzip der minimalen Kopplung auf allgemeine skalare Potentiale $V(\boldsymbol{r},t)$ verallgemeinern lässt:

$$\mathrm{i}\hbar\frac{\partial}{\partial t} \mapsto \mathrm{i}\hbar\frac{\partial}{\partial t} - V(\boldsymbol{r},t),$$

und die Klein–Gordon-Gleichung nimmt die Form an:

$$\frac{1}{c^2}\left(\mathrm{i}\hbar\frac{\partial}{\partial t} - V(\boldsymbol{r},t)\right)^2\Phi(\boldsymbol{r},t) = \left(m^2c^2 - \hbar^2\nabla^2\right)\Phi(\boldsymbol{r},t). \tag{13.52}$$

Im kommenden Abschnitt 15 werden wir hierbei das allgemeine Zentralpotential und das Coulomb-Potential betrachten.

Basislösungen der freien Klein–Gordon-Gleichung

Die freie Klein–Gordon-Gleichung (13.10) ist als Wellengleichung einfach zu lösen. Wir wählen den üblichen Ansatz für die Wellenfunktion $\Phi(\boldsymbol{r},t)$:

$$\Phi(\boldsymbol{r},t) = C(\boldsymbol{p})\mathrm{e}^{\mathrm{i}(\boldsymbol{p}\cdot\boldsymbol{r}-Et)/\hbar}, \tag{13.53}$$

um daraus als Dispersionsrelation wieder die bekannte relativistische Energie-Impuls-Relation (13.9) zu erhalten. Durch die zweite Zeitableitung geht die Energie E quadratisch in die Dispersionsrelation ein, und wir sehen, dass für E wie bereits in Abschnitt 13 angesprochen explizit negative Werte möglich sind:

$$E = \pm E_{\boldsymbol{p}},$$

deren Interpretation an dieser Stelle noch immer unklar ist – wir werden uns in Abschnitt 14 damit beschäftigen. Den Vorfaktor $C(\boldsymbol{p})$ in (13.53) wählen wir zu

$$C(\boldsymbol{p}) = \frac{1}{(2\pi)^{3/2}}, \tag{13.54}$$

so dass die zwei linear unabhängigen Basis-Lösungen dann von der Form

$$\Phi^{(\pm)}_{\pm\boldsymbol{p}}(\boldsymbol{r},t) = \frac{1}{(2\pi)^{3/2}} \mathrm{e}^{\mp\mathrm{i}(E_{\boldsymbol{p}}t-\boldsymbol{p}\cdot\boldsymbol{r})/\hbar} \tag{13.55}$$

sind. Die Lösung zu negativer Energie $-E_{\boldsymbol{p}}$ besitzt dabei den Impuls $-\boldsymbol{p}$. Wir hätten selbstverständlich auch $\Phi^{(-)}_{+\boldsymbol{p}}(\boldsymbol{r},t)$ als Basislösung wählen können, aber die von uns getroffene Konvention lässt uns später einige Rechnungen kompakter darstellen.

Die Normierung der Basislösungen $\Phi^{(\pm)}_{\pm\boldsymbol{p}}(\boldsymbol{r},t)$:

$$\left(\Phi^{(\pm)}_{\boldsymbol{p}}, \Phi^{(\pm)}_{\boldsymbol{p}'}\right) = \pm 2E_{\boldsymbol{p}}\delta(\boldsymbol{p}-\boldsymbol{p}') \tag{13.56}$$

ist dabei Lorentz-invariant, wie durch Integration über das Lorentz-invariante Maß (13.14) leicht nachgerechnet werden kann. Man achte aber darauf, dass in der Literatur ärgerlicherweise oft alternative Normierungen verwendet werden, die nicht Lorentz-invariant sind!

In Vierer-Notation lautet (13.55):

$$\Phi^{(\pm)}_{\pm\boldsymbol{p}}(x) = \frac{1}{(2\pi)^{3/2}} \mathrm{e}^{\mp\mathrm{i}(p^{\mu}x_{\mu})/\hbar}, \tag{13.57}$$

mit $p_0 = +\sqrt{\boldsymbol{p}^2 + m^2c^2}$.

Nichtrelativistischer Grenzfall

Den nichtrelativistischen Grenzfall der Basislösungen (13.55) betrachten wir über den Ansatz:

$$\Phi^{(\pm)}_{\pm\boldsymbol{p}}(\boldsymbol{r},t) =: \phi^{(\pm)}_{\pm\boldsymbol{p}}(\boldsymbol{r},t)\mathrm{e}^{\mp\mathrm{i}mc^2t/\hbar}, \tag{13.58}$$

wir spalten also den durch die (Ruhe-)Masse m herrührenden Anteil der Zeitabhängigkeit ab und setzen ferner voraus, dass der kinetische Anteil der Teilchenenergie nichtrelativistisch ist:

$$E_{\boldsymbol{p}} - mc^2 \ll mc^2. \tag{13.59}$$

Mit

$$\mathrm{i}\hbar\frac{\partial\phi_{\pm\boldsymbol{p}}^{(\pm)}(\boldsymbol{r},t)}{\partial t} = (\pm E_{\boldsymbol{p}} \mp mc^2)\phi_{\pm\boldsymbol{p}}^{(\pm)}(\boldsymbol{r},t),$$
$$\mathrm{i}\hbar\frac{\partial^2\phi_{\pm\boldsymbol{p}}^{(\pm)}(\boldsymbol{r},t)}{\partial t^2} = (\pm E_{\boldsymbol{p}} \mp mc^2)\frac{\partial\phi_{\pm\boldsymbol{p}}^{(\pm)}(\boldsymbol{r},t)}{\partial t}$$

ist die Forderung (13.59) daher gleichbedeutend mit

$$\pm\mathrm{i}\hbar\frac{\partial^2\phi_{\pm\boldsymbol{p}}^{(\pm)}(\boldsymbol{r},t)}{\partial t^2} \ll mc^2\frac{\partial\phi_{\pm\boldsymbol{p}}^{(\pm)}(\boldsymbol{r},t)}{\partial t}. \tag{13.60}$$

Dann ist

$$\frac{\partial\Phi_{\pm\boldsymbol{p}}^{(\pm)}(\boldsymbol{r},t)}{\partial t} = \left(\frac{\partial\phi_{\pm\boldsymbol{p}}^{(\pm)}(\boldsymbol{r},t)}{\partial t} \mp \mathrm{i}\frac{mc^2}{\hbar}\phi_{\pm\boldsymbol{p}}^{(\pm)}(\boldsymbol{r},t)\right)\mathrm{e}^{\mp\mathrm{i}mc^2t/\hbar},$$
$$\frac{\partial^2\Phi_{\pm\boldsymbol{p}}^{(\pm)}(\boldsymbol{r},t)}{\partial t^2} = \left[\frac{\partial^2\phi_{\pm\boldsymbol{p}}(\boldsymbol{r},t)}{\partial t^2} \mp 2\mathrm{i}\frac{mc^2}{\hbar}\frac{\partial\phi_{\pm\boldsymbol{p}}^{(\pm)}(\boldsymbol{r},t)}{\partial t} - \frac{m^2c^4}{\hbar^2}\phi_{\pm\boldsymbol{p}}^{(\pm)}(\boldsymbol{r},t)\right]\mathrm{e}^{\mp\mathrm{i}mc^2t/\hbar},$$

und damit

$$c^2\nabla^2\phi_{\pm\boldsymbol{p}}^{(\pm)}(\boldsymbol{r},t)\mathrm{e}^{\mp\mathrm{i}mc^2t/\hbar} = \left[\frac{\partial^2\phi_{\pm\boldsymbol{p}}^{(\pm)}(\boldsymbol{r},t)}{\partial t^2} \mp 2\mathrm{i}\frac{mc^2}{\hbar}\frac{\partial\phi_{\pm\boldsymbol{p}}^{(\pm)}(\boldsymbol{r},t)}{\partial t}\right]\mathrm{e}^{\mp\mathrm{i}mc^2t/\hbar},$$

wobei wir im letzten Schritt die Klein–Gordon-Gleichung (13.10) verwendet haben. Damit gilt:

$$\begin{aligned}\hbar^2\nabla^2\phi_{\pm\boldsymbol{p}}^{(\pm)}(\boldsymbol{r},t) &= \hbar^2\frac{1}{c^2}\frac{\partial^2\phi_{\pm\boldsymbol{p}}^{(\pm)}(\boldsymbol{r},t)}{\partial t^2} \mp 2\mathrm{i}\hbar m\frac{\partial\phi_{\pm\boldsymbol{p}}^{(\pm)}(\boldsymbol{r},t)}{\partial t}\\ &= \mp\mathrm{i}\left(\pm\mathrm{i}\hbar^2\frac{1}{c^2}\frac{\partial^2\phi_{\pm\boldsymbol{p}}^{(\pm)}(\boldsymbol{r},t)}{\partial t^2} + 2\hbar m\frac{\partial\phi_{\pm\boldsymbol{p}}^{(\pm)}(\boldsymbol{r},t)}{\partial t}\right) \xrightarrow{(13.60)} \mp 2\mathrm{i}\hbar m\frac{\partial\phi_{\pm\boldsymbol{p}}^{(\pm)}(\boldsymbol{r},t)}{\partial t}.\end{aligned}$$

Wir erhalten somit insgesamt:

Satz. *Es seien $\Phi_{\pm\boldsymbol{p}}^{(\pm)}(\boldsymbol{r},t)$ die Basislösungen* (13.55) *der freien Klein–Gordon-Gleichung* (13.10). *Dann erfüllen im nichtrelativistischen Grenzfall* (13.59) *die Wellenfunktionen*

$$\phi_{\pm\boldsymbol{p}}^{(\pm)}(\boldsymbol{r},t) = \Phi_{\pm\boldsymbol{p}}^{(\pm)}(\boldsymbol{r},t)\mathrm{e}^{\pm\mathrm{i}mc^2t/\hbar} \tag{13.61}$$

die freie nichtrelativistische Schrödinger-Gleichung beziehungsweise ihre Komplex-Konjugierte:

$$\pm\mathrm{i}\hbar\frac{\partial\phi_{\pm\boldsymbol{p}}^{(\pm)}(\boldsymbol{r},t)}{\partial t} = -\frac{\hbar^2}{2m}\nabla^2\phi_{\pm\boldsymbol{p}}^{(\pm)}(\boldsymbol{r},t). \tag{13.62}$$

Historische Notizen zur Klein–Gordon-Gleichung

Erwin Schrödinger war bereits 1925 auf der Suche nach einer relativistischen Differentialgleichung für die de Broglie-Materiewellen – wie sich in seinen Notizen später feststellen ließ – auf die Gleichung (13.10) gestoßen, offensichtlich aber, ohne sie weiter zu verfolgen. Denn in seiner ersten Mitteilung [Sch26a] schrieb er: *„Z. B. führt das relativistische Keplerproblem, wenn man es genau nach der eingangs gegebenen Vorschrift durchrechnet, merkwürdigerweise auf* halbzahlige Teil*quanten (Radial- und Azimutquant).“* Schrödinger bezieht sich hiermit auf die bereits von Sommerfeld berechnete Feinstruktur des Wasserstoffatoms (siehe Abschnitt I-6), die allerdings von der Klein–Gordon-Gleichung nicht korrekt reproduziert werden kann, wie wir in Abschnitt 15 zeigen werden. Im Nachhinein ist klar, dass es an der fehlenden Berücksichtigung des Elektron-Spins liegt, aber dieser war damals noch nicht bekannt.

Zuerst veröffentlicht wurde (13.10) vom schwedischen Physiker Oskar Klein, in einer Arbeit, die sich der damals recht aktuellen Kaluza–Klein-Theorie widmete [Kle26], einem frühen Versuch zur Vereinheitlichung von Gravitation und Elektrodynamik. Fock berechnete 1926 mit Hilfe dieser Gleichung das Kepler-Problem [Foc26] und kam zum gleichen Ergebnis wie Schrödinger für die Feinstrukturformel. Gordon [Gor26] und Klein [Kle27] leiteten die relativistische Verallgemeinerung der von Schrödinger in seiner großen abschließenden Arbeit [Sch26b] gefundenen Kontinuitätsgleichung ab. Seitdem trägt die Klein–Gordon-Gleichung nunmehr ihren Namen.

So richtig anfreunden konnten und wollten sich die Physiker der damaligen Zeit allerdings nicht mit ihr, denn sie taugte weder zur korrekten Ableitung der Feinstruktur, noch zur Erklärung des Zeeman-Effekts. Wolfgang Pauli ließ Schrödinger seine Meinung in gewohnter offener Weise wissen: *„Von der relativistischen Gleichung 2. Ordnung mit den vielen Vätern glaube ich aber nicht, dass sie der Wirklichkeit entspricht.“* Heisenberg und Jordan konnten immerhin durch störungstheoretische Berücksichtigung relativistischer Terme den anomalen Zeeman-Effekt erklären [HJ26], doch eine fundamental abgeleitete relativistische Wellengleichung, die zu korrekten Vorhersagen führte, schien ungreifbar. Das sollte sich erst 1928 durch die Ableitung Diracs der später nach ihm benannten Gleichung ändern. Siehe das ausgezeichnete Review [Kra81] zu den Bemühungen zur damaligen Zeit, zu einer korrekten relativistischen Quantenmechanik zu gelangen.

Viele der in den folgenden Abschnitten dargestellten Untersuchungen für die Klein–Gordon-Gleichung wurden – trotz ihres deutlich einfacheren Charakters – erst viele Jahre nach der entsprechenden Analyse der Dirac-Gleichung durchgeführt. Und es war erst 1934, als Pauli und Weisskopf der Klein–Gordon-Gleichung zur korrekten Interpretation verhalfen, indem sie im Rahmen der Ladungsinterpretation (siehe den nachfolgenden Abschnitt 14), welche sich bereits bei Schrödinger andeutete, und einer symmetrischen Behandlung von skalaren Teilchen und Antiteilchen die Quantisierung eines Spin-0-Felds untersuchten [PW34] (siehe auch Abschnitt 1).

14 Ladungskonjugation und Antiteilchen

Die beiden unabhängigen Basis-Lösungen (13.55) sind Komplex-Konjugierte voneinander:

$$\Phi_{-\boldsymbol{p}}^{(-)}(\boldsymbol{r},t) = \Phi_{\boldsymbol{p}}^{(+)*}(\boldsymbol{r},t). \tag{14.1}$$

Wir geben dieser Abbildung einer positiven Lösung auf eine negative Lösung durch Komplex-Konjugation einen Namen: **Ladungskonjugation** $\hat{C}$, aus Gründen, die weiter unten deutlich werden:

$$\hat{C}: \Phi(x) \mapsto \Phi_C(x) = \Phi^*(x). \tag{14.2}$$

Diese Abbildung ist offensichtlich reziprok:

$$\hat{C}^2 = \mathbb{1}, \tag{14.3}$$

sowie antilinear:

$$[c_1\Phi_1 + c_2\Phi_2]_C = c_1^*(\Phi_1)_C + c_2^*(\Phi_2)_C. \tag{14.4}$$

In einem in Abschnitt 16 zu definierenden verallgemeinerten Sinne ist $\hat{C}$ dann ein antiunitärer und hermitescher Operator und besitzt die Eigenwerte ± 1.

Um die physikalische Bedeutung der Ladungskonjugation zu untersuchen, betrachten wir zunächst die freie Klein–Gordon-Gleichung in der Form (13.22) und stellen fest, dass uns das überhaupt nicht weiterhilft: da die freie Klein–Gordon-Gleichung nur reelle Terme enthält, ist die Komplex- und damit Ladungs-Konjugierte $\Phi_C(x) = \Phi^*(x)$ jeder Lösung $\Phi(x)$ trivialerweise ebenfalls Lösung.

Interessanter wird es, wenn wir ein elektromagnetisches Feld minimal ankoppeln wie in (13.38). Durch die minimale Kopplung wird die Klein–Gordon-Gleichung nun komplex. Bilden wir von (13.38) das Komplex-konjugierte, erhalten wir:

$$\left(\left(\partial^\mu - \mathrm{i}\frac{q}{\hbar c}A^\mu(x)\right)\left(\partial_\mu - \mathrm{i}\frac{q}{\hbar c}A_\mu(x)\right) + \frac{m^2c^2}{\hbar}\right)\Phi^*(x) = 0. \tag{14.5}$$

Das bedeutet:

Satz. *Ist $\Phi(x)$ Lösung der Klein–Gordon-Gleichung (13.38) beziehungsweise (13.39) von einem Punktteilchen der Masse m und der Ladung q, so ist $\Phi_C(x)$ Lösung der gleichen Klein–Gordon-Gleichung von einem Punktteilchen der Masse m und der Ladung $-q$.*

Das rechtfertigt die Bezeichung Ladungskonjugation für die Abbildung $\hat{C}$, deren Wirkung wir an dieser Stelle nochmals zusammenfassen:

$$\begin{aligned}
\hat{C}: \Phi(x) &\mapsto \Phi_C(x) = \Phi^*(x)\\
E_{\boldsymbol{p}} &\mapsto -E_{\boldsymbol{p}},\\
\boldsymbol{p} &\mapsto -\boldsymbol{p},\\
q &\mapsto -q.
\end{aligned}$$

Ladungsinterpretation der Kontinuitätsgleichung: Antiteilchen

Wie wir gesehen haben, werden wir bei der Betrachtung der Klein–Gordon-Gleichung auf einen Zusammenhang zwischen den Lösungen mit negativer Energie und der Ladungskonjugation $\hat{C}$ als eine diskrete Transformation geführt. Es wird an dieser Stelle der Anschein erweckt, als wäre die Existenz einer, in diesem Fall, elektrischen Ladung $\pm q$, ein Charakteristikum der Lösungen der Klein–Gordon-Gleichung. Es liegt daher nahe, die Kontinuitätsgleichung (13.26) beziehungsweise (13.28) dahingehend umzuinterpretieren, dass sie nicht Wahrscheinlichkeitsdichten beziehungsweise -flussdichten beschreibt, sondern Ladungsdichten beziehungsweise -flussdichten. Diese Interpretation heißt **Ladungsinterpretation** und entstammt der bahnbrechenden Arbeit von Pauli und Weisskopf 1934 [PW34], siehe die historische Diskussion am Ende von Abschnitt 1. Wir reinterpretieren (13.49) also als Kontinuitätsgleichung für die Ladungsdichte $q\rho(\boldsymbol{r}, t)$, und

$$Q = \frac{q}{2mc^2}(\Psi, \Psi) = q \int_V \mathrm{d}^3\boldsymbol{r}\rho(\boldsymbol{r}, t) \tag{14.6}$$

stellt dann die erhaltene Gesamtladung von $\Psi(\boldsymbol{r}, t)$ im betrachteten Volumen V dar. Man beachte aber, dass „Ladungsdichte“ stets im Bohrschen Sinne, nicht im Schrödingerschen Sinne, gemeint ist und damit keine räumliche Ladungsverteilung darstellt, sondern vielmehr probabilistischen Charakter hat: es ist eine Wahrscheinlichkeitsdichte, multipliziert mit einer Ladungseinheit.

Aus der Ladungsinterpretation folgt nun direkt die **Antiteilchenhypothese**: *Zu jedem Punktteilchen mit der Masse m und der Ladung q folgt die Existenz eines Teilchens mit der Masse m und der Ladung $-q$.* Dieses Teilchen wird als **Antiteilchen** bezeichnet. Dabei ist es irrelevant, welches Teilchen aus dem entsprechenden Teilchenpaar als das „Teilchen“ und welches als das „Antiteilchen“ angesehen wird, da im Rahmen der Theorie vollständige Symmetrie zwischen Teilchen und Antiteilchen herrscht, ganz im Sinne von Pauli und Weisskopf.

Wir wollen die Sequenz dieser Schlussfolgerung nochmals zusammenfassen: Da sich die Klein–Gordon-Gleichung aus der (quadrierten) Energie-Impuls-Beziehung (13.9) ableitet, besitzt sie eine zweite Zeitableitung. Diese zweite Zeitableitung führt zu Basis-Lösungen (13.55) beziehungsweise (16.24) zu positiven und zu negativen Energiewerten $\pm E_{\boldsymbol{p}}$ und außerdem zu einer nicht-definiten Quasi-Norm. Eine diskrete Transformation, genannte Ladungskonjugation, bildet Lösungen zu positiven auf Lösungen zu negativen Energien ab und umgekehrt, mit jeweils entgegengesetzter Ladung. Daraus folgt direkt die Antiteilchenhypothese. Die Ladungsinterpretation gibt der Kontinuitätsgleichung dahingehend einen Sinn, dass sie nichts anderes als die Ladungserhaltung aussagt.

Die Existenz von Antiteilchen ist eine Konsequenz der speziellen Relativitätstheorie. Aus diesem Grund kennt die Schrödinger-Gleichung keine Ladungskonjugation, wie wir gleich bei der Betrachtung des nichtrelativistischen Grenzfalls erkennen werden. Die Klein–Gordon-Gleichung liefert diese Vorhersage für den Fall Spin-0. Die ab Abschnitt 18 betrachtete Dirac-Gleichung liefert die gleiche Vorhersage für den Fall Spin-$\frac{1}{2}$. Es ist dabei unerheblich, ob die als „Ladung“ bezeichnete innere Quantenzahl des betrachteten Teilchens elektrischer oder anderer Natur ist, wichtig ist das Vorhandensein einer inneren Symmetrie, für die wir in Abschnitt 17 eine weitere **Superauswahlregel** formulieren werden.

Wie sieht es mit **neutralen** Teilchen aus? Lassen diese sich in den gerade betrachteten Formalismus einbetten? Die Antwort lautet: ja, *neutrale Teilchen sind ihre eigenen Antiteilchen*. Dies gilt jedenfalls, sofern keine weiteren inneren Freiheitsgrade („Ladungen") existieren, die wieder zu einer klaren Unterscheidung führen können. Für sie gibt es dann die zwei Möglichkeiten:

$$\Phi_C(x) = \pm\Phi(x),$$

und wir sprechen im jeweils ersten Fall von positiver, im zweiten Fall von negativer **Ladungsparität** oder **C-Parität**. In jedem Falle sehen wir, dass für neutrale Teilchen die Lösung $\Phi(x)$ reellwertig sein muss! Der Spin-$\frac{1}{2}$-Fall bedarf einer genaueren Untersuchung, wie wir in Abschnitt 20 sehen werden.

Wir sehen übrigens anhand (13.62), dass die nichtrelativistische Quantenmechanik keine Ladungs-Konjugation kennt, denn die Komplex-Konjugierte einer Lösung der Schrödinger-Gleichung löst diese nicht ebenfalls, sondern vielmehr deren Komplex-Konjugierte. Das jeweilig unterschiedliche Vorzeichen auf der linken Seite der Schrödinger-Gleichung ist konsistent mit der Tatsache, dass ja $\phi^{(-)}_{-\boldsymbol{p}}(\boldsymbol{r},t) = \phi^{(+)*}_{\boldsymbol{p}}(\boldsymbol{r},t)$.

Was wir an dieser Stelle allerdings noch nicht erreicht haben, ist eine Interpretation der negativen Energien an sich, sowie eine Aussage darüber, innerhalb welchen Rahmens eine Einteilchen-Interpretation der Klein–Gordon-Gleichung möglich ist. Letzteres werden wir im nachfolgenden Abschnitt 17 nachholen, Ersterem wollen wir uns im Folgenden zuwenden.

Die Feynman–Stückelberg-Interpretation der Lösungen negativer Energie

Wie wir oben gesehen haben, gehen die Teilchen- und Antiteilchenlösungen $\Phi^{(\pm)}_{\pm\boldsymbol{p}}(\boldsymbol{r},t)$ über die Ladungskonjugation $\hat{C}$ auseinander hervor, und es ist

$$\hat{C}\,\Phi^{(+)}_{\boldsymbol{p}}(\boldsymbol{r},t) = \Phi^{(+)*}_{\boldsymbol{p}}(\boldsymbol{r},t) = \Phi^{(-)}_{-\boldsymbol{p}}(\boldsymbol{r},t). \tag{14.7}$$

Dabei transformieren sich Energie und Impuls gemäß $E_{\boldsymbol{p}} \mapsto -E_{\boldsymbol{p}}$ und $\boldsymbol{p} \mapsto -\boldsymbol{p}$.

Wir kennen noch eine weitere diskrete, ebenfalls anti-unitäre Transformation, die aus Abschnitt II-20 bekannte Zeitumkehr $\hat{\mathcal{T}}$. Auf $\Phi^{(+)}_{\boldsymbol{p}}(\boldsymbol{r},t)$ angewandt, ergibt sich:

$$\hat{\mathcal{T}}\,\Phi^{(+)}_{\boldsymbol{p}}(\boldsymbol{r},t) = \Phi^{(+)*}_{\boldsymbol{p}}(\boldsymbol{r},-t) = \Phi^{(-)}_{-\boldsymbol{p}}(\boldsymbol{r},-t). \tag{14.8}$$

Vergleicht man nun (14.8) mit (14.7), so erkennt man also, dass offensichtlich die Wirkung der Zeitumkehr auf eine Lösung positiver Energie identisch ist mit der Lösung negativer Energie, aber zu gleicher Ladung q und mit der zusätzlichen Ersetzung $t \longrightarrow -t$. Wendet man auf (14.7) nun zusätzlich den Zeitumkehroperator an, erhält man

$$\hat{\mathcal{T}}\,\hat{C}\,\Phi^{(+)}_{\boldsymbol{p}}(\boldsymbol{r},t) = \Phi^{(+)}_{\boldsymbol{p}}(\boldsymbol{r},-t), \tag{14.9}$$

das heißt: $\hat{C}$ und $\hat{\mathcal{T}}$ unterscheiden sich in ihrer Wirkung auf Lösungen der Klein–Gordon-Gleichung nur in der entgegengesetzten Ladung und der Ersetzung $t \longrightarrow -t$.

Wenden wir zuletzt noch die Raumspiegelung $\hat{\mathcal{P}}$ an, so erhalten wir:

$$\hat{\mathcal{P}}\,\hat{\mathcal{T}}\,\hat{C}\,\Phi_{\boldsymbol{p}}^{(+)}(\boldsymbol{r},t) = \Phi_{\boldsymbol{p}}^{(+)}(-\boldsymbol{r},-t),$$

und damit

$$\hat{\mathcal{P}}\,\hat{\mathcal{T}}\,\hat{C}\,\Phi_{\boldsymbol{p}}^{(+)}(\boldsymbol{r},t) = \Phi_{-\boldsymbol{p}}^{(-)}(\boldsymbol{r},t). \tag{14.10}$$

Dies führt zur **Feynman–Stückelberg-Interpretation** der Lösungen negativer Energie: *Eine Lösung $\Phi_{-\boldsymbol{p}}^{(-)}$ zu negativer Energie $E < 0$ ist identisch zu einer Lösung $\Phi_{\boldsymbol{p}}^{(+)}$ zu positiver Energie $E > 0$, aber mit entgegengesetzter Ladung, entgegengesetztem Impuls und mit invertierter Zeitentwicklung.* Wir werden in Abschnitt 16 nochmals auf diese Interpretation zurückkommen, wollen aber an dieser Stelle eine kurze historische Notiz zu Ernst Stückelberg anfügen.

Ernst Stückelberg, der zwar auf den Namen Johann Melchior Ernst Karl Gerlach Stückelberg getauft wurde, ab 1911 aber mit vollem Namen Baron Ernst Carl Gerlach Stueckelberg von Breidenbach zu Breidenstein und Melsbach hieß, war Schweizer mit deutschen Wurzeln und eine der Zeit seines Lebens am wenigsten beachtete und meist unterschätzte Persönlichkeit in der Theoretischen Physik. Dabei war er nichts anderes als ein genialer Vordenker, der seinen Zeitgenossen teilweise um Jahre voraus war, was die Erfassung neuartiger und für die Formulierung der relativistischen Quantentheorie notwendiger Konzepte betraf. Sein wissenschaftlicher Werdegang geht vom Studium unter anderem bei Arnold Sommerfeld in München über die Promotion 1927 an der Universität Basel, Stationen an der Princeton University und an den Universitäten Zürich, wo er sich bei Gregor Wentzel habilitierte, Genf und Lausanne. An den letztgenannten hatte er zeitgleich Professuren inne.

Bereits 1934 entwickelte Stückelberg eine kovariante Störungstheorie [Stu34], die aber wenig Beachtung fand. Im Jahre 1935 schlug Stückelberg vor, dass die Kernkraft letztlich zurückzuführen wäre auf den Austausch von Vektorbosonen. Diese Hypothese fand wenig Beachtung, und das „Gewissen der Physik“ Wolfgang Pauli tat sie als lächerlich ab, was zur damaligen Zeit gleichbedeutend war mit der Beerdigung einer Idee bereits im Ansatz. Dennoch entwickelte Stückelberg seine Gedanken weiter und entwarf 1938 eine Theorie massiver Vektorbosonen, dem sogenannten „Stückelberg-Feld“, die (wie später gezeigt wurde) renormierbar war bei gleichzeitiger Aufrechterhaltung der Eichsymmetrie [Stu38a; Stu38b].

Die nach ihm benannte Interpretation der Lösungen (der Dirac-Gleichung) negativer Energie als Lösungen positiver Energie mit umgekehrter Zeitentwicklung lieferte er 1941 [Stu41a; Stu41b; Stu42], sechs Jahre vor Richard Feynman, der sie unabhängig davon – allerdings mit deutlich größerer Wirkung – aufstellte [Fey48; Fey49]. Dafür benutzte er sogar bereits einfache Feynman-Diagramme.

In einer 1943 eingereichten, aber zur Veröffentlichung abgelehnten (weil zu unvollständigen) Arbeit umriss er bereits die korrekte Vorgehensweise zur Renormierung der Quantenelektrodynamik, und spätestens seit 1951 waren er und sein Doktorand André Petermann Pioniere der Renormierungsgruppe [SP51; SP53]. Petermann selbst übrigens entwickelte zeitgleich, aber offenbar unabhängig von Murray Gell-Mann oder George Zweig das Quark-Modell, aber weder verwies er auf deren Arbeit, noch Gell-Mann oder Zweig auf seine.

Stückelberg war ein unkonventioneller Visionär, seine Arbeiten waren und sind allerdings teilweise schwierig zu lesen, und seinen Vorlesungen war häufig schwer zu folgen – dafür zogen sie aufgrund ihrer Originalität brilliante Studenten an. In seinen späteren Jahren litt er immer stärker an einer psychischen Erkrankung. Kolportiert werden auch Konsultationen seines anwesenden Hundes, wenn er in einer Vorlesung nicht mehr weiterkam. Er starb im Jahre 1984.

15 Klein–Gordon-Gleichung mit Zentralpotential

Wir wollen in diesem Abschnitt die Radialgleichung für die Klein–Gordon-Gleichung mit Zentralpotential ableiten und berechnen anschließend examplarisch die Feinstruktur des Wasserstoffatoms für hypothetische Spin-0-Elektronen. Ein realistischeres Szenario wären etwa exotische Atome, in denen beispielsweise anstelle von Elektronen Pionen oder Kaonen in gebundenen Zuständen existieren. Da diese allerdings auch über die starke Wechselwirkung mit dem Atomkern interagieren und darüber hinaus auch keine Punktteilchen mehr darstellen, kann die folgende Rechnung eine nur noch gröbere Näherung sein.

Wir gehen aus von der Klein–Gordon-Gleichung (13.52) und wählen für $\Phi(\boldsymbol{r},t)$ den Ansatz (13.53):

$$\Phi(\boldsymbol{r},t) = \phi(\boldsymbol{r})\mathrm{e}^{-\frac{\mathrm{i}}{\hbar}Et},$$

wobei stets (13.9) vorausgesetzt wird. Dann erhalten wir:

$$\left(\nabla^2 + \frac{(E - V(r))^2 - m^2c^4}{\hbar^2c^2}\right)\phi(\boldsymbol{r}) = 0. \tag{15.1}$$

Da $V(r)$ ein Zentralpotential darstellt, setzen wir analog zum nichtrelativistischen Fall in Abschnitt II-23 an:

$$\phi_{nlm}(\boldsymbol{r}) = R_{nl}(r)\mathrm{Y}_{lm}(\theta,\phi),$$

wobei die $\mathrm{Y}_{lm}(\theta,\phi)$ wieder die bekannte Kugelflächenfunktionen darstellen und aus (15.1) zunächst

$$\left(\left[\nabla_r^2 + \frac{1}{r^2}\nabla_\Omega^2\right] + \frac{(E - V(r))^2 - m^2c^4}{\hbar^2c^2}\right)R_{nl}(r)\mathrm{Y}_{lm}(\theta,\phi) = 0$$

und daraus wieder eine **Radialgleichung** für $R(r)$ folgt:

$$\left(\frac{1}{r}\frac{\mathrm{d}^2}{\mathrm{d}r^2}r - \frac{l(l+1)}{r^2} + k^2\right)R_{nl}(r) = 0, \tag{15.2}$$

mit

$$k^2 = \frac{(E - V(r))^2 - m^2c^4}{\hbar^2c^2}. \tag{15.3}$$

Mit der üblichen Substitution $u(r) = rR(r)$ erhalten wir:

$$\left(\frac{\mathrm{d}^2}{\mathrm{d}r^2} - \frac{l(l+1)}{r^2} + k^2\right)u_{nl}(r) = 0. \tag{15.4}$$

Wir können nun (15.2) beziehungsweise (15.4) als Ausgangspunkt für die allgemeine Klein–Gordon-Gleichung mit Zentralpotential ansehen.

Klein–Gordon-Gleichung mit Coulomb-Potential
Wir gehen aus von der Radialgleichung (15.4):

$$\left(\frac{\mathrm{d}^2}{\mathrm{d}r^2} - \frac{l(l+1)}{r^2} + k^2\right) u_{nl}(r) = 0, \tag{15.5}$$

mit

$$k^2 = \frac{(E + Ze^2/r)^2 - m^2c^4}{\hbar^2 c^2}, \tag{15.6}$$

das heißt, wir betrachten den Fall eines elektrisch geladenen Teilchens der Ladung $-e$ in einem Coulomb-Feld einer Zentralladung der Größe $+Ze$. Wir sortieren (15.5) nach Potenzen von r und verwenden die Feinstrukturkonstante $\alpha = e^2/(\hbar c)$, so dass wir zunächst die Gleichung

$$\left[\frac{\mathrm{d}^2}{\mathrm{d}r^2} - \frac{l(l+1) - (Z\alpha)^2}{r^2} + \frac{2EZ\alpha}{\hbar c r} - \frac{m^2c^4 - E^2}{\hbar^2 c^2}\right] u_{nl}(r) = 0$$

erhalten. Setzen wir nun

$$\beta = 2\frac{\sqrt{m^2c^4 - E^2}}{\hbar c},$$
$$\rho = \beta r,$$
$$\mu = \sqrt{\left(l + \frac{1}{2}\right)^2 - (Z\alpha)^2},$$
$$\lambda = \frac{2Z\alpha E}{\hbar c \beta},$$

erhalten wir:

$$\left[\frac{\mathrm{d}^2}{\mathrm{d}\rho^2} - \frac{\mu^2 - \frac{1}{4}}{\rho^2} + \frac{\lambda}{\rho} - \frac{1}{4}\right] \bar{u}_{nl}(\rho) = 0, \tag{15.7}$$

mit $\bar{u}_{nl}(\rho) = u_{nl}(\beta r)$.

Der bewährte Lösungsansatz für (15.4) besteht wieder aus den Schritten:

1. Betrachtung der Grenzfälle $\rho \longrightarrow 0$ und $\rho \longrightarrow \infty$
2. Polynomialreihenansatz und Erhalt von Rekursionsrelationen
3. Abbruchbedingung für die Polynomialreihe und damit Quantisierungsbedingung für die Energie
4. Betrachtung der Entartungen

Die Schritte der Reihe nach:

1. Für $\rho \longrightarrow \infty$ können wir die Terme proportional zu ρ^{-1}, ρ^{-2} vernachlässigen, so dass sich (15.7) reduziert auf

$$\left[\frac{\mathrm{d}^2}{\mathrm{d}\rho^2} - \frac{1}{4}\right] \bar{u}_{nl}(\rho) = 0$$

und durch $\bar{u}_{nl}(\rho) \sim e^{-\rho/2}$ gelöst wird. Eine weitere Lösung $\bar{u}_{nl}(\rho) \sim e^{+\rho/2}$ schließen wir aus Normierbarkeitsgründen aus.

Für $\rho \longrightarrow 0$ dominiert der Term proportional zu ρ^{-2}, so dass sich (15.7) reduziert zu:

$$\left[\frac{d^2}{d\rho^2} - \frac{\mu^2 - \frac{1}{4}}{\rho^2}\right] \bar{u}_{nl}(\rho) = 0,$$

was durch $\bar{u}_{nl}(\rho) \sim \rho^{\mu+1/2}$ gelöst wird. Das sieht man daran, dass man durch den Ansatz $\bar{u}_{nl}(\rho) = a\rho^{\nu}$ eine quadratische Gleichung in ν erhält:

$$\nu(\nu - 1) - \left(\mu^2 - \frac{1}{4}\right) = 0,$$

die zunächst zwei mögliche Exponenten $\nu_{\pm} = \frac{1}{2} \pm \mu$ zulässt. Für $l > 0$ und für hinreichend kleine Werte von Z ist $\mu > \frac{1}{2}$, so dass wir aus der Forderung nach Divergenzfreiheit $\nu = \frac{1}{2} + \mu$ wählen. Für $l = 0$ ist aber stets $\mu < \frac{1}{2}$, also wäre zwar zunächst auch $\nu = \frac{1}{2} - \mu$ möglich, kann aber aus der Forderung nach Normierbarkeit von $R_{nl}(r) = u_{nl}(r)/r$ ausgeschlossen werden. Man beachte, dass allerdings auch für den Fall $l = 0, \mu = 0, \nu = \frac{1}{2}$ die Funktion $R_{nl}(r) = u_{nl}(r)/r$ trotz der Singularität im Ursprung normierbar ist.

In jedem Fall muss μ aber reellwertig sein, was nur gegeben ist, wenn $(l+\frac{1}{2})^2 \geq (Z\alpha)^2$. Für $l = 0$ ist also das maximal erlaubte Z gegeben durch $Z_{\max} = 68$. Für sehr starke Coulomb-Felder würde ansonsten durch den Klein-Effekt spontane Paarerzeugung stattfinden, und der gesamte Ansatz würde zusammenbrechen (siehe Abschnitt 24 über das Klein-Paradoxon, dass die Grenzen der relativistischen Quantenmechanik aufzeigt).

Damit wählen wir für $\bar{u}_{nl}(\rho)$ nun den Ansatz:

$$\bar{u}_{nl}(\rho) = f(\rho)\rho^{\mu+1/2}e^{-\rho/2}, \tag{15.8}$$

mit einer zu bestimmenden Funktion $f(\rho)$. (15.8) in (15.7) eingesetzt, ergibt zunächst

$$\frac{d^2 f(\rho)}{d\rho^2} + \left(\frac{2\mu + 1}{\rho} - 1\right)\frac{df(\rho)}{d\rho} - \frac{\mu + \frac{1}{2} - \lambda}{\rho} f(\rho) = 0,$$

was wir mittels

$$c = 2\mu + 1,$$
$$a = \mu + \frac{1}{2} - \lambda$$

vereinfacht schreiben als

$$\frac{d^2 f(\rho)}{d\rho^2} + \left(\frac{c}{\rho} - 1\right)\frac{df(\rho)}{d\rho} - \frac{a}{\rho} f(\rho) = 0. \tag{15.9}$$

2. Wir wählen für $f(\rho)$ den Potenzreihenansatz

$$f(\rho) = \sum_{q=0}^{\infty} a_q \rho^q, \tag{15.10}$$

und setzen diesen in (15.9) ein. Wir erhalten nach Zusammenführung von Termen in Potenzen von ρ:

$$\sum_{q=0}^{\infty} \Big(\big[a_q q(q-1+c) \big] \rho^{q-2} - \big[(q+a) a_q \big] \rho^{q-1} \Big) = 0. \tag{15.11}$$

Damit diese Gleichung für alle ρ erfüllt ist, müssen wieder die Koeffizienten vor jeder einzelnen Potenz in ρ verschwinden. Für den Fall $q = 0$ verschwindet der Koeffizienten von ρ^{-2} bereits identisch:

$$a_0 \cdot 0 \cdot (-1+c) = 0.$$

Man beachte, dass a_0 selbst hierfür nicht verschwinden muss, sondern unbestimmt bleibt.

Um die Koeffizienten der höheren Potenzen von ρ ab ρ^{-1} zu erhalten, müssen wir (15.11) also dahingehend umsortieren, dass die Koeffizienten vor den einzelnen Potenzen von ρ zusammengefasst werden. Wir erhalten so die algebraische Rekursionsrelation

$$q(q-1+c) a_q = (q-1+a) a_{q-1}. \tag{15.12}$$

3. Für immer größere Werte von q ist das Verhältnis benachbarter Koeffizienten a_q zueinander:

$$\frac{a_q}{a_{q-1}} = \frac{q-1+a}{q(q-1+c)} \overset{q\to\infty}{\sim} \frac{1}{q}.$$

Das ist aber das gleiche asymptotische Verhalten wie das der Exponentialfunktion

$$\mathrm{e}^r = \sum_{q=0}^{\infty} \frac{r^q}{q!}$$
$$\Longrightarrow \frac{r^q}{q!} \frac{(q-1)!}{r^{q-1}} \overset{q\to\infty}{\sim} \frac{1}{q}.$$

Wir werden also wie im nichtrelativistischen Fall zu einer Abbruchbedingung für die Reihe (15.10) bei einem maximalen Wert $q_{\max}$ für q geführt: $a_q = 0$ für alle $q > q_{\max}$. Wir setzen daher auf der linken Seite von (15.12) $q = q_{\max} + 1$ und anschließend $a_{q_{\max}+1} = 0$. Da nach Voraussetzung $a_{q_{\max}} \neq 0$ ist, führt dies sofort zu einer **Quantisierungsbedingung**:

$$q_{\max} + a = 0,$$

oder, wenn wir wieder alle vorübergehend eingeführten Variablen auflösen:

$$q_{\max} + \sqrt{\left(l + \frac{1}{2}\right)^2 - (Z\alpha)^2} + \frac{1}{2} - \frac{Z\alpha E}{\sqrt{m^2c^4 - E^2}} = 0,$$

was uns nach elementarer Umformung letztlich zu den Energieniveaus

$$E_{q_{\max}l} = +mc^2 \left[1 + \frac{(Z\alpha)^2}{\left(q_{\max} + \frac{1}{2} + \left[(l+\frac{1}{2})^2 - (Z\alpha)^2\right]^{1/2}\right)^2}\right]^{-1/2} \tag{15.13}$$

führt. Mit der üblichen Definition der Hauptquantenzahl $n = q_{\max} + l + 1$ können wir schreiben:

$$E_{nl} = +mc^2 \left[1 + \frac{(Z\alpha)^2}{\left(n - l - \frac{1}{2} + \left[(l+\frac{1}{2})^2 - (Z\alpha)^2\right]^{1/2}\right)^2}\right]^{-1/2}. \tag{15.14}$$

Entwickeln wir (15.14) nach Potenzen von $(Z\alpha)$, so ergibt sich:

$$E_{nl} = +mc^2 \left[1 - \frac{(Z\alpha)^2}{2n^2} - \frac{(Z\alpha)^4}{2n^4}\left(\frac{n}{l+\frac{1}{2}} - \frac{3}{4}\right) + O\left((Z\alpha)^6\right)\right] \tag{15.15}$$

$$= \underbrace{mc^2}_{\text{Ruheenergie}} \underbrace{- \frac{m(Ze^2)^2}{2\hbar^2 n^2}}_{\text{Schrödinger}} \underbrace{- \frac{mc^2(Z\alpha)^4}{2n^4}\left(\frac{n}{l+\frac{1}{2}} - \frac{3}{4}\right)}_{\text{relativistische Korrektur}} + O\left((Z\alpha)^6\right). \tag{15.16}$$

nach Subtraktion der Ruheenergie mc^2 erhalten wir so die Energieniveaus E_n des nichtrelativistischen Coulomb-Problems (II-29.10) beziehungsweise (II-29.12) zuzüglich der relativistischen Korrekturterme.

4. Wie man an (15.14) sieht, heben die relativistischen Korrekturen die l-Entartung auf. Der Entartungsgrad g_{nl} des Energienvieaus E_{nl} ist damit gegeben durch:

$$g_{nl} = 2l + 1, \tag{15.17}$$

entsprechend der möglichen Werte der Quantenzahl m_l.

Die Feinstrukturformel (15.14) gilt naturgemäß für Spin-0-Teilchen und daher nicht für Elektronen. Dass die Klein–Gordon-Gleichung (15.5) also zur falschen Feinstrukturformel (15.14) führt, ist der Grund, warum Schrödinger 1926 die Klein–Gordon-Gleichung verworfen hatte. Aber Sommerfeld kannte doch den Elektronspin auch nicht! Warum ist er dann auf das korrekte Ergebnis gekommen, während (15.14) falsch ist? Der zentrale Unterschied zwischen (15.14) und Sommerfelds Ergebnis (I-6.16) ist:

$$\text{exaktes Klein–Gordon-Ergebnis:} \quad l + \frac{1}{2},$$
$$\text{Sommerfeld:} \quad l + 1.$$

Sommerfeld verwendete ganzzahlige Bahndrehimpulsquantenzahlen in einer relativistischen Verallgemeinerung des Bohrschen Atommodells, daher ist der Ausdruck $l + 1$ ebenfalls ganzzahlig. Das aus der Klein–Gordon-Gleichung exakt abgeleitete Ergebnis hingegen enthält den Ausdruck $l + \frac{1}{2}$, einem halbzahligen Ausdruck! Wir verstehen daher nun die Bemerkung Schrödingers in seiner ersten Mitteilung [Sch26a] (siehe Ende Abschnitt 13). Und das wirklich Bemerkenswerte ist aber nun: die korrekterweise anzuwendende Dirac-Gleichung mit Coulomb-Potential (siehe den späteren Abschnitt 21) führt jedoch zum korrekten Ergebnis (21.29), denn dort steht:

$$\text{exaktes Dirac-Ergebnis:} \quad j + \frac{1}{2},$$

und der Ausdruck $j + \frac{1}{2}$ ist für wasserstoffähnliche Atome wiederum ganzzahlig! (Sommerfeld hat also aus einem defizitären Modell heraus (relativistisches Bohr-Modell) mit Hilfe einer nicht-exakten Rechnung (schlichte Anwendung der Sommerfeld–Wilson-Quantisierungsbedingung (I-6.14) anstatt quantenmechanischer Behandlung) ein letzlich korrektes Ergebnis abgeleitet – eine bemerkenswerte gegenseitige Kompensation zweier entgegenwirkender Effekte, die an die anfängliche Fehlinterpretation des Stern–Gerlach-Versuchs erinnert (siehe Abschnitt II-4).

16 Die Klein–Gordon-Theorie im Hamilton-Formalismus

Die Klein–Gordon-Gleichung, wie wir sie in Abschnitt 13 betrachtet haben, besitzt die Form einer relativistischen Wellengleichung mit manifester Kovarianz. In dieser Form ist sie bestens geeignet für die Quantisierung im Rahmen der Quantenfeldtheorie, aber nicht, um an den Hamilton-Formalismus der nichtrelativistischen Quantenmechanik anzuschließen. Hierzu benötigen wir einen Hamilton-Operator und eine Schrödinger-Gleichung, und beides haben wir bislang nicht. Auch das Konzept eines Zustandes oder gar eines Hilbert-Raums ist im Rahmen der bisherigen Betrachtung der Klein–Gordon-Gleichung nicht einmal formal einzubauen. Außer einer Quantisierungsbedingung für die Energienveaus bei Vorhandensein eines externen Potentials wie in (15.14) haben wir schlicht keinerlei Grundlage für eine physikalische Interpretation der Klein–Gordon-Gleichung.

Um eingehend zu untersuchen, was beim Übergang von der nichtrelativistischen Quantenmechanik zum relativistischen Fall passiert, muss man zunächst eine strukturelle Gleichheit der Klein–Gordon-Gleichung mit einer Schrödinger-Gleichung herstellen. Kennzeichnend dafür ist das Vorhandensein einer ersten Ableitung nach der Zeit anstatt einer zweiten. Erst dann ist überhaupt eine Grundlage zur systematischen Untersuchung des Übergangs von der nichtrelativistischen zur relativistischen Quantentheorie und umgekehrt möglich, wie wir sie in den nachfolgenden Abschnitten durchführen werden. Die manifeste Kovarianz geht dabei naturgemäß verloren, da Raum- und Zeitableitungen nicht mehr gleichbehandelt werden.

In diesem Abschnitt legen wir die formalen Grundlagen für die systematische Untersuchung der Klein–Gordon-Gleichung im Rahmen einer Einteilchen-Interpretation, die wir ab Abschnitt 17 verfolgen. Der Formalismus geht hauptsächlich auf die beiden japanischen Physiker Mitsuo Taketani und Shoichi Sakata [TS40] zurück sowie auf den US-Amerikaner Kenneth Myron Case [Cas54], einem Doktoranden Schwingers, der die Verallgemeinerung der zunächst für die Dirac-Gleichung formulierten Foldy–Wouthuysen-Transformation für den Spin-0- und Spin-1-Fall formulierte – dieser werden wir uns ebenfalls in Abschnitt 17 zuwenden.

Wie jede Differentialgleichung 2. Ordnung lässt sich auch die Klein–Gordon-Gleichung in ein gekoppeltes System von 2 Differentialgleichungen 1. Ordnung transformieren. Auf diese Weise verschwindet zwar die lästige zweite Zeitableitung, es bleiben aber all ihre seltsamen Implikationen wie negative Energien und indefiniter Norm erhalten, wie wir sehen werden.

Wir gehen von der Klein–Gordon-Gleichung in der Form (13.10) aus und machen einen Ansatz der Art:

$$\Phi(\boldsymbol{r},t) = \phi(\boldsymbol{r},t) + \chi(\boldsymbol{r},t), \tag{16.1}$$

$$\mathrm{i}\hbar\frac{\partial}{\partial t}\Phi(\boldsymbol{r},t) = mc^2(\phi(\boldsymbol{r},t) - \chi(\boldsymbol{r},t)). \tag{16.2}$$

Diese übliche Notation birgt Verwechslungsgefahr mit dem elektromagnetischen skalaren Potential und einer Eichfunktion, weshalb wir für beide eine entsprechende Markierung mit einem Subskript „em“ verwenden, wo notwendig.

Der Ansatz (16.2,16.2) führt uns zunächst auf

$$\phi(\boldsymbol{r},t) = \frac{1}{2}\left(1 + \frac{\mathrm{i}\hbar}{mc^2}\frac{\partial}{\partial t}\right)\Phi(\boldsymbol{r},t), \tag{16.3}$$

$$\chi(\boldsymbol{r},t) = \frac{1}{2}\left(1 - \frac{\mathrm{i}\hbar}{mc^2}\frac{\partial}{\partial t}\right)\Phi(\boldsymbol{r},t), \tag{16.4}$$

und in einem weiteren Zwischenschritt auf

$$\mathrm{i}\hbar\frac{\partial}{\partial t}(\phi(\boldsymbol{r},t) + \chi(\boldsymbol{r},t)) = mc^2(\phi(\boldsymbol{r},t) - \chi(\boldsymbol{r},t)),$$

$$\mathrm{i}\hbar\frac{\partial}{\partial t}(\phi(\boldsymbol{r},t) - \chi(\boldsymbol{r},t)) = \left[-\frac{\hbar^2}{m}\nabla^2 + mc^2\right](\phi(\boldsymbol{r},t) + \chi(\boldsymbol{r},t)).$$

Addiert beziehungsweise subtrahiert man beide Gleichungen voneinander, so erhält man das folgende Differentialgleichungssytem 1. Ordnung:

$$\mathrm{i}\hbar\frac{\partial\phi(t)}{\partial t} = -\frac{\hbar^2}{2m}\nabla^2[\phi(\boldsymbol{r},t) + \chi(\boldsymbol{r},t)] + mc^2\phi(\boldsymbol{r},t), \tag{16.5}$$

$$\mathrm{i}\hbar\frac{\partial\chi(t)}{\partial t} = \frac{\hbar^2}{2m}\nabla^2[\phi(\boldsymbol{r},t) - \chi(\boldsymbol{r},t)] - mc^2\chi(\boldsymbol{r},t). \tag{16.6}$$

Führt man nun die zweikomponentige Notation

$$\Psi(\boldsymbol{r},t) := \begin{pmatrix}\phi(\boldsymbol{r},t)\\ \chi(\boldsymbol{r},t)\end{pmatrix}, \tag{16.7}$$

$$\Psi^\dagger(\boldsymbol{r},t) := \begin{pmatrix}\phi^*(\boldsymbol{r},t) & \chi^*(\boldsymbol{r},t)\end{pmatrix} \tag{16.8}$$

ein, so ergibt sich schließlich die zweikomponentige Form der Klein–Gordon-Gleichung, die nichts anderes ist als die **relativistische Schrödinger-Gleichung** für Spin-0-Teilchen:

$$\mathrm{i}\hbar\frac{\partial\Psi(\boldsymbol{r},t)}{\partial t} = \left[-\frac{\hbar^2}{2m}\nabla^2\begin{pmatrix}1 & 1\\ -1 & -1\end{pmatrix} + mc^2\begin{pmatrix}1 & 0\\ 0 & -1\end{pmatrix}\right]\Psi(\boldsymbol{r},t). \tag{16.9}$$

Dabei heißt $\phi(\boldsymbol{r},t)$ die **obere Komponente** und $\chi(\boldsymbol{r},t)$ die **untere Komponente** von $\Psi(\boldsymbol{r},t)$. Auf die physikalische Bedeutung dieser beiden Komponenten werden wir weiter unten eingehen.

Diese zweikomponentige Form wird sehr häufig auch anstatt mit der wie oben explizit angegebenen Matrix mit Hilfe der Pauli-Matrizen ausgedrückt, da gilt:

$$\begin{pmatrix}1 & 1\\ -1 & -1\end{pmatrix} = \sigma_3 + \mathrm{i}\sigma_2,$$

$$\begin{pmatrix}1 & 0\\ 0 & -1\end{pmatrix} = \sigma_3.$$

Diese Notation ist zwar mathematisch nicht direkt falsch, lässt aber den Verdacht aufkommen, die zweikomponentige Gleichung (16.9) hätte in irgendeiner Form einen spinoriellen Charakter oder stünde im Zusammenhang mit der Lie-Gruppe SU(2), was nicht der Fall ist. Insbesondere darf der zweikomponentige Vektor $\Psi(\boldsymbol{r}, t)$ *auf gar keinen Fall* als „Spinor“ bezeichnet werden, wie mindestens in einer recht bekannten Lehrbuchdarstellung zu lesen ist! Daher schließen wir uns dieser häufigen Schreibweise *nicht* an.

Die Klein–Gordon-Gleichung in der zweikomponentigen Form (16.9) besitzt nun die Form einer Schrödinger-Gleichung in Ortsdarstellung:

$$\mathrm{i}\hbar \frac{\mathrm{d}\Psi(t)}{\mathrm{d}t} = \hat{H}\Psi(t), \tag{16.10}$$

mit einem Hamilton-Operator

$$\hat{H} = \frac{\hat{\boldsymbol{p}}^2}{2m}\begin{pmatrix} 1 & 1 \\ -1 & -1 \end{pmatrix} + mc^2 \begin{pmatrix} 1 & 0 \\ 0 & -1 \end{pmatrix}. \tag{16.11}$$

Man sieht leicht, dass der Hamilton-Operator $\hat{H}$ nicht hermitesch im herkömmlichen Sinne ist, da die Matrix im ersten Summanden nicht symmetrisch ist. Daher sind auch Eigenfunktionen von $\hat{H}$ nicht orthogonal zueinander im herkömmlichen Sinne. Aus dem gleichen Grund ist der Operator $\mathrm{e}^{-\mathrm{i}\hat{H}t/\hbar}$ nicht unitär, was zumindest mathematisch erklärt, warum das aus der nichtrelativistischen Quantenmechanik bekannte Skalarprodukt

$$\langle \Psi_1(t)|\Psi_2(t)\rangle = \int \mathrm{d}^3\boldsymbol{r}\,\Psi_1^*(\boldsymbol{r}, t)\Psi_2(\boldsymbol{r}, t)$$

hier nicht als solches taugt und zu keiner erhaltenen Norm führt. Wir haben für die Klein–Gordon-Gleichung aber bereits ein verallgemeinertes Skalarprodukt (13.32) erhalten, das eine besonders elegante Form in der zweikomponentigen Formulierung erhält. Das wird uns zu einem verallgemeinerten Begriff der Unitarität führen.

Kontinuitätsgleichung und verallgemeinerte Norm

Verwendet man den Ansatz (16.1,16.2), stellt man fest: die Kontinuitätsgleichung (13.26) lautet unverändert:

$$\frac{\partial\rho(\boldsymbol{r}, t)}{\partial t} + \nabla \cdot \boldsymbol{j}(\boldsymbol{r}, t) = 0, \tag{16.12}$$

aber mit

$$\rho(\boldsymbol{r}, t) = \Psi^\dagger(\boldsymbol{r}, t)\begin{pmatrix} 1 & 0 \\ 0 & -1 \end{pmatrix}\Psi(\boldsymbol{r}, t) \tag{16.13}$$

$$= \phi^*(\boldsymbol{r}, t)\phi(\boldsymbol{r}, t) - \chi^*(\boldsymbol{r}, t)\chi(\boldsymbol{r}, t), \tag{16.14}$$

$$\boldsymbol{j}(\boldsymbol{r}, t) = -\frac{\mathrm{i}\hbar}{2m}\left[\Psi^\dagger(\boldsymbol{r}, t)\begin{pmatrix} 1 & 1 \\ 1 & 1 \end{pmatrix}\nabla\Psi(\boldsymbol{r}, t) - (\nabla\Psi^\dagger(\boldsymbol{r}, t))\begin{pmatrix} 1 & 1 \\ 1 & 1 \end{pmatrix}\Psi(\boldsymbol{r}, t)\right]. \tag{16.15}$$

In dieser zweikomponentigen Schreibweise kann (16.13) wieder als Definitionsgleichung für die erhaltene verallgemeinerte Norm aufgefasst werden. Indem wir für das Skalarprodukt die Schreibweise

$$(\Psi_1, \Psi_2) := \int d^3 r \Psi_1^\dagger(\boldsymbol{r}, t) \begin{pmatrix} 1 & 0 \\ 0 & -1 \end{pmatrix} \Psi_2(\boldsymbol{r}, t) \tag{16.16}$$

einführen, kann das Raumintegral über (16.13) dann geschrieben werden als:

$$\int d^3 \boldsymbol{r} \rho(\boldsymbol{r}, t) = (\Psi, \Psi)\,. \tag{16.17}$$

Man beachte, dass – per Konvention – das in (16.16) definierte Skalarprodukt proportional, aber nicht identisch zum in (13.32) definierten Skalarproduktes ist:

$$(\Psi, \Psi) = \frac{1}{2mc^2} (\Phi, \Phi)\,. \tag{16.18}$$

Mit dem verallgemeinerten Skalarprodukt (16.16) lässt sich ebenfalls eine verallgemeinerte Orthogonalität von Wellenfunktionen definieren. Zwei Wellenfunktionen $\Psi_1(\boldsymbol{r}, t), \Psi_2(\boldsymbol{r}, t)$ heißen zueinander **verallgemeinert-orthogonal**, wenn gilt:

$$(\Psi_1, \Psi_2) = 0. \tag{16.19}$$

Minimal angekoppeltes elektromagnetisches Feld

Mit minimal angekoppeltem elektromagnetischen Feld lautet die zweikomponentige Klein–Gordon-Gleichung:

$$\begin{aligned} i\hbar \frac{\partial \Psi(\boldsymbol{r}, t)}{\partial t} = \Bigg[& \frac{1}{2m} \left(-i\hbar\nabla - \frac{q}{c} \boldsymbol{A}(\boldsymbol{r}, t) \right)^2 \begin{pmatrix} 1 & 1 \\ -1 & -1 \end{pmatrix} \\ & + mc^2 \begin{pmatrix} 1 & 0 \\ 0 & -1 \end{pmatrix} + q\phi_{\mathrm{em}}(\boldsymbol{r}, t) \mathbb{1} \Bigg] \Psi(\boldsymbol{r}, t), \end{aligned} \tag{16.20}$$

welche sich auch aus (13.41) ergibt, wenn man anstelle von (16.3,16.4) die Ersetzung

$$\phi(\boldsymbol{r}, t) = \frac{1}{2} \left(1 + \frac{i\hbar}{mc^2} \frac{\partial}{\partial t} - \frac{q\phi_{\mathrm{em}}(\boldsymbol{r}, t)}{mc^2} \right) \Phi(\boldsymbol{r}, t), \tag{16.21a}$$

$$\chi(\boldsymbol{r}, t) = \frac{1}{2} \left(1 - \frac{i\hbar}{mc^2} \frac{\partial}{\partial t} + \frac{q\phi_{\mathrm{em}}(\boldsymbol{r}, t)}{mc^2} \right) \Phi(\boldsymbol{r}, t) \tag{16.21b}$$

durchführt. Die Kontinuitätsgleichung lautet dann:

$$\frac{\partial \rho(\boldsymbol{r}, t)}{\partial t} + \nabla \cdot \boldsymbol{j}(\boldsymbol{r}, t) = 0, \tag{16.22}$$

mit $\rho(\boldsymbol{r},t)$ wie in (16.13) beziehungsweise (16.14), sowie

$$\boldsymbol{j}(\boldsymbol{r},t) = -\frac{i\hbar}{2m}\left[\Psi^\dagger(\boldsymbol{r},t)\begin{pmatrix}1 & 1\\ 1 & 1\end{pmatrix}\nabla\Psi(\boldsymbol{r},t) - (\nabla\Psi^\dagger(\boldsymbol{r},t))\begin{pmatrix}1 & 1\\ 1 & 1\end{pmatrix}\Psi(\boldsymbol{r},t)\right] - \frac{q}{mc}\boldsymbol{A}(\boldsymbol{r},t)\Psi^\dagger(\boldsymbol{r},t)\begin{pmatrix}1 & 1\\ 1 & 1\end{pmatrix}\Psi(\boldsymbol{r},t). \tag{16.23}$$

In der zweikomponentigen Formulierung ändert die Dichte $\rho(\boldsymbol{r},t)$ also ihre Form auch bei Vorhandensein eines äußeren Potentials nicht, die Stromdichte $\boldsymbol{j}(\boldsymbol{r},t)$ hingegen schon. Das skalare Potential $\phi_{\mathrm{em}}(\boldsymbol{r},t)$ geht durch den Zusammenhang (16.21) implizit in die obere und untere Komponente der Wellenfunktion $\Psi(\boldsymbol{r},t)$ ein.

Basis-Lösungen der freien zweikomponentigen Klein–Gordon-Gleichung
Um die Basislösungen von (16.9) zu finden, wählen wir den Ansatz

$$\Psi(\boldsymbol{r},t) = C(\boldsymbol{p})\begin{pmatrix}\phi_0\\ \chi_0\end{pmatrix}\mathrm{e}^{\frac{\mathrm{i}}{\hbar}(\boldsymbol{p}\cdot\boldsymbol{r}-Et)}$$

und verwenden diesen in (16.9), was uns zu einem einfachen linearen Gleichungssystem führt:

$$\begin{pmatrix}E - \frac{p^2}{2m} - mc^2 & -\frac{p^2}{2m}\\ \frac{p^2}{2m} & E + \frac{p^2}{2m} + mc^2\end{pmatrix}\begin{pmatrix}\phi_0\\ \chi_0\end{pmatrix} = 0.$$

Da für die Existenz von eindeutigen Lösungen die Determinante der Gleichungsmatrix verschwinden muss, werden wir so wieder auf die relativistische Energie-Impuls-Relation (13.9) geführt. Für ϕ_0, χ_0 erhalten wir dann:

$$\begin{pmatrix}\phi_0\\ \chi_0\end{pmatrix} \sim \begin{pmatrix}mc^2 + E\\ mc^2 - E\end{pmatrix},$$

wobei $E = \pm E_{\boldsymbol{p}}$ sein kann. Mit entsprechender Wahl von $C(\boldsymbol{p})$ lauten die Basis-Lösungen dann:

$$\Psi^{(\pm)}_{\pm\boldsymbol{p}}(\boldsymbol{r},t) = \frac{1}{(2\pi\hbar)^{3/2}}\frac{1}{2mc^2}\begin{pmatrix}mc^2 \pm E_{\boldsymbol{p}}\\ mc^2 \mp E_{\boldsymbol{p}}\end{pmatrix}\mathrm{e}^{\mp\mathrm{i}(E_{\boldsymbol{p}}t-\boldsymbol{p}\cdot\boldsymbol{r})/\hbar}, \tag{16.24}$$

und wir sehen hier wieder explizit die Möglichkeit negativer Werte für die Energie E.

Natürlich ergeben sich die Basislösungen (16.24) auch direkt aus (13.55) unter Anwendung von (16.3,16.4). Die Normierung von $\Psi^{(\pm)}_{\pm\boldsymbol{p}}(\boldsymbol{r},t)$ ist Lorentz-invariant

$$\left(\Psi^{(\pm)}_{\boldsymbol{p}}, \Psi^{(\pm)}_{\boldsymbol{p}'}\right) = \pm\frac{E_{\boldsymbol{p}}}{mc^2}\delta(\boldsymbol{p}-\boldsymbol{p}'). \tag{16.25}$$

Man beachte wieder, dass die $\Psi^{(\pm)}_{\pm\boldsymbol{p}}(\boldsymbol{r},t)$ explizit $E_{\boldsymbol{p}} = \sqrt{c^2\boldsymbol{p}^2 + m^2c^4}$ beinhalten, was dazu führt, dass deren Ortsdarstellung, die wir in Abschnitt 17 betrachten werden, nichtlokale Elemente aufweist.

Ladungskonjugation und Antiteilchen
Die Basis-Lösungen (16.24) erfüllen die Eigenwertgleichungen

$$\hat{H}\Psi_{\pm p}^{(\pm)} = \pm E_p \Psi_{\pm p}^{(\pm)}, \tag{16.26}$$

mit dem Hamilton-Operator (16.11), wie durch einfaches Nachrechnen überprüft werden kann. Außerdem hängen $\Psi_p^{(+)}(\boldsymbol{r},t)$ und $\Psi_{-p}^{(-)}(\boldsymbol{r},t)$ wieder über die Ladungskonjugation $\hat{C}$ miteinander zusammen:

$$\Psi_{-p}^{(-)} = \begin{pmatrix} 0 & 1 \\ 1 & 0 \end{pmatrix} \Psi_p^{(+)*}, \tag{16.27}$$

die im Hamilton-Formalismus allgemein definiert ist durch

$$\hat{C}: \Psi(\boldsymbol{r},t) \mapsto \Psi_C(\boldsymbol{r},t) = \begin{pmatrix} 0 & 1 \\ 1 & 0 \end{pmatrix} \Psi^*(\boldsymbol{r},t), \tag{16.28}$$

$$\begin{pmatrix} \phi(\boldsymbol{r},t) \\ \chi(\boldsymbol{r},t) \end{pmatrix} \mapsto \begin{pmatrix} \chi^*(\boldsymbol{r},t) \\ \phi^*(\boldsymbol{r},t) \end{pmatrix}. \tag{16.29}$$

Wie der Paritätsoperator (siehe Abschnitt II-20) ist der Ladungskonjugations-Operator $\hat{C}$ selbstinvers ($\hat{C}^2 = \mathbb{1}$) und hermitesch, aber anti-unitär (in einem verallgemeinerten Sinne, siehe unten).

Auch im Hamilton-Formalismus liefert die freie Klein–Gordon-Gleichung (16.9) keinen Anhaltspunkt über die physikalische Bedeutung der Ladungskonjugation. Sie enthält zwar einen imaginären Term – die erste Zeitableitung – die Vertauschungsmatrix in (16.28) „rettet" aber gewissermaßen die komplexe Konjugation:

$$\begin{aligned}
& \mathrm{i}\hbar\frac{\partial}{\partial t}\begin{pmatrix} \phi(\boldsymbol{r},t) \\ \chi(\boldsymbol{r},t) \end{pmatrix} = \left[-\frac{\hbar^2}{2m}\nabla^2\begin{pmatrix} 1 & 1 \\ -1 & -1 \end{pmatrix} + mc^2\begin{pmatrix} 1 & 0 \\ 0 & -1 \end{pmatrix}\right]\begin{pmatrix} \phi(\boldsymbol{r},t) \\ \chi(\boldsymbol{r},t) \end{pmatrix} \\
\Longrightarrow\ & -\mathrm{i}\hbar\frac{\partial}{\partial t}\begin{pmatrix} \phi^*(\boldsymbol{r},t) \\ \chi^*(\boldsymbol{r},t) \end{pmatrix} = \left[-\frac{\hbar^2}{2m}\nabla^2\begin{pmatrix} 1 & 1 \\ -1 & -1 \end{pmatrix} + mc^2\begin{pmatrix} 1 & 0 \\ 0 & -1 \end{pmatrix}\right]\begin{pmatrix} \phi^*(\boldsymbol{r},t) \\ \chi^*(\boldsymbol{r},t) \end{pmatrix} \\
\Longrightarrow\ & -\mathrm{i}\hbar\frac{\partial}{\partial t}\begin{pmatrix} \chi^*(\boldsymbol{r},t) \\ \phi^*(\boldsymbol{r},t) \end{pmatrix} = \left[-\frac{\hbar^2}{2m}\nabla^2\begin{pmatrix} -1 & -1 \\ 1 & 1 \end{pmatrix} + mc^2\begin{pmatrix} -1 & 0 \\ 0 & 1 \end{pmatrix}\right]\begin{pmatrix} \chi^*(\boldsymbol{r},t) \\ \phi^*(\boldsymbol{r},t) \end{pmatrix} \\
\Longrightarrow\ & \mathrm{i}\hbar\frac{\partial}{\partial t}\begin{pmatrix} \chi^*(\boldsymbol{r},t) \\ \phi^*(\boldsymbol{r},t) \end{pmatrix} = \left[-\frac{\hbar^2}{2m}\nabla^2\begin{pmatrix} 1 & 1 \\ -1 & -1 \end{pmatrix} + mc^2\begin{pmatrix} 1 & 0 \\ 0 & -1 \end{pmatrix}\right]\begin{pmatrix} \chi^*(\boldsymbol{r},t) \\ \phi^*(\boldsymbol{r},t) \end{pmatrix},
\end{aligned}$$

hierbei haben wir

1. komplex konjugiert
2. oben und unten vertauscht
3. mit (-1) multipliziert,

was wieder nichts anderes aussagt, als dass neben $\Psi(\boldsymbol{r},t)$ auch $\Psi_C(\boldsymbol{r},t)$ Lösung der zweikomponentigen Klein–Gordon-Gleichung ist. Auch haben die oberen und unteren Komponente von $\Psi(\boldsymbol{r}, t)$ noch keine physikalische Bedeutung gewonnen, ebenso wenig ist die physikalische Bedeutung von Lösungen zu positiven und negativen Energiewerten ersichtlich. Wir müssen also wieder ein elektromagnetisches Feld minimal ankoppeln.

Wir betrachten daher (16.20) und bilden die gleichen Schritte wie vorher: Komplex-Konjugation, Vertauschen von oben und unten, Multiplikation mit (-1). Wir erhalten:

$$\mathrm{i}\hbar\frac{\partial\Psi_C(\boldsymbol{r},t)}{\partial t} = \left[\frac{1}{2m}\left(-\mathrm{i}\hbar\nabla + \frac{q}{c}\boldsymbol{A}(\boldsymbol{r},t)\right)^2\begin{pmatrix}1 & 1\\ -1 & -1\end{pmatrix} + mc^2\begin{pmatrix}1 & 0\\ 0 & -1\end{pmatrix} - qV(\boldsymbol{r},t)\mathbb{1}\right]\Psi_C(\boldsymbol{r},t),$$

was uns wieder zur Erkenntnis führt:

Satz. *Ist $\Psi(\boldsymbol{r}, t)$ Lösung der Klein–Gordon-Gleichung (16.20) von einem Punktteilchen der Masse m und der Ladung q, so ist $\Psi_C(\boldsymbol{r}, t)$ Lösung der gleichen Klein–Gordon-Gleichung von einem Punktteilchen der Masse m und der Ladung $-q$.*

Wir fassen die Wirkung von $\hat{C}$ an dieser Stelle nochmals zusammen:

$$\begin{aligned}\hat{C}\colon \Psi(\boldsymbol{r},t) &\mapsto \Psi_C(\boldsymbol{r},t),\\ E_{\boldsymbol{p}} &\mapsto -E_{\boldsymbol{p}},\\ \boldsymbol{p} &\mapsto -\boldsymbol{p},\\ q &\mapsto -q.\end{aligned}$$

Für neutrale Teilchen gilt wieder, dass sie ihre eigenen Antiteilchen sind. Im Hamilton-Formalismus stellen die Lösungen $\Psi(\boldsymbol{r}, t)$ dann Eigenlösungen zu $\hat{C}$ dar, und es gibt für sie wieder zwei Möglichkeiten:

$$\Psi_C(\boldsymbol{r},t) = \pm\Psi(\boldsymbol{r},t),$$

und wir sprechen jeweils wieder von **positiver** beziehungsweise **negativer Ladungsparität**. In jedem Falle sehen wir, dass dann für die Lösung $\Psi(\boldsymbol{r}, t)$ je nach Ladungsparität gelten muss:

$$\chi(\boldsymbol{r},t) = \pm\phi^*(\boldsymbol{r},t). \tag{16.30}$$

Die Feynman–Stückelberg-Interpretation im Hamilton-Formalismus der Klein–Gordon-Theorie

Wie in Abschnitt 14 vergleichen wir die Wirkung der Ladungskonjugation mit der der Zeitspiegelung. Dazu müssen wir allerdings erst einmal den Zeitumkehroperator $\hat{\mathcal{T}}$ im Hamilton-Formalismus der Klein–Gordon-Theorie konstruieren. Hierfür gehen wir aus von der freien Klein–Gordon-Gleichung (16.10) mit dem Hamilton-Operator (16.11). Lassen wir $\hat{\mathcal{T}}$ von links wirken, erhalten wir:

$$\hat{\mathcal{T}}\,\mathrm{i}\hbar\hat{\mathcal{T}}^{-1}\hat{\mathcal{T}}\frac{\mathrm{d}\Psi(t)}{\mathrm{d}t} = \hat{\mathcal{T}}\hat{H}\hat{\mathcal{T}}^{-1}\hat{\mathcal{T}}\Psi(t). \tag{16.31}$$

Die linke Seite von (16.31) ist aber

$$\begin{aligned}\hat{\mathcal{T}}\,\mathrm{i}\hbar\hat{\mathcal{T}}^{-1}\,\hat{\mathcal{T}}\,\frac{\mathrm{d}\Psi(t)}{\mathrm{d}t} &= -\mathrm{i}\hbar\frac{\partial}{\partial-t}\hat{U}_T\Psi(-t)^* \\ &= \mathrm{i}\hbar\frac{\partial}{\partial t}\hat{U}_T\Psi(-t)^*,\end{aligned}$$

mit einer (2×2)-Matrix $\hat{U}_T$. Die rechte Seite von (16.31) lautet wegen $\hat{\mathcal{T}}\,\hat{H}\,\hat{\mathcal{T}}^{-1} = \hat{H}$ dann

$$\hat{H}\hat{U}_T\Psi(-t)^*,$$

so dass sich also ergibt:

$$\mathrm{i}\hbar\frac{\partial}{\partial t}\hat{U}_T\Psi(-t)^* = \hat{H}\hat{U}_T\Psi(-t)^*. \tag{16.32}$$

Im Prinzip hätten wir auch etwas abkürzen können: da die freie Klein–Gordon-Theorie zeitumkehrinvariant ist, muss also $\hat{\mathcal{T}}\,\Psi(t) = \hat{U}_T\Psi(-t)^*$ ebenfalls Lösung derselben Klein–Gordon-Gleichung sein. Die Frage ist: welche Form besitzt $\hat{U}_T$? Das ist ganz einfach: wir führen auf beiden Seiten der freien Klein–Gordon-Gleichung (16.9) eine Komplex-Konjugation durch und anschließend die Ersetzung $t \mapsto t' = -t$. Wir erhalten:

$$-\mathrm{i}\hbar\frac{\partial\Psi(\boldsymbol{r},t')^*}{\partial t'} = \left[-\frac{\hbar^2}{2m}\nabla^2\begin{pmatrix}1 & 1\\ -1 & -1\end{pmatrix} + mc^2\begin{pmatrix}1 & 0\\ 0 & -1\end{pmatrix}\right]\Psi(\boldsymbol{r},t')^*. \tag{16.33}$$

Wir erkennen, dass wir auf beiden Seiten von (16.33) noch mit -1 multiplizieren müssen, damit links die unitäre Zeitentwicklung von $\Psi(\boldsymbol{r},t')^*$ steht, die dann aber wieder durch Vertauschen von den oberen und den unteren Komponenten auf beiden Seiten ergänzt werden muss, damit sich die Klein–Gordon-Gleichung in ihrer gewohnten Form ergibt! Damit ist $\hat{U}_T = \begin{pmatrix}0 & 1\\ 1 & 0\end{pmatrix}$, und der Zeitumkehroperator in der Klein–Gordon-Theorie ist definiert durch

$$\hat{\mathcal{T}}\,\Psi(t) = \begin{pmatrix}0 & 1\\ 1 & 0\end{pmatrix}\Psi^*(-t). \tag{16.34}$$

Wirkt $\hat{\mathcal{T}}$ auf $\Psi^{(\pm)}_{\pm\boldsymbol{p}}(\boldsymbol{r},t)$, erhalten wir mit (16.27):

$$\hat{\mathcal{T}}\,\Psi^{(+)}_{\boldsymbol{p}}(\boldsymbol{r},t) = \begin{pmatrix}0 & 1\\ 1 & 0\end{pmatrix}\Psi^{(+)*}_{\boldsymbol{p}}(\boldsymbol{r},-t) = \Psi^{(-)}_{-\boldsymbol{p}}(\boldsymbol{r},-t).$$

Und wendet man $\hat{\mathcal{T}}$ auf (16.27) an, erhält man:

$$\hat{\mathcal{T}}\,\hat{C}\,\Psi^{(+)}_{\boldsymbol{p}}(\boldsymbol{r},t) = \Psi^{(+)}_{\boldsymbol{p}}(\boldsymbol{r},-t).$$

Der Effekt einer Hintereinanderausführung von $\hat{C}$ und $\hat{\mathcal{T}}$ ist also wieder eine Umkehrung der Ladung, sowie eine Ersetzung $t \mapsto -t$. Wenden wir zuletzt noch die Raumspiegelung $\hat{\mathcal{P}}$ an, so erhalten wir:

$$\hat{\mathcal{P}}\,\hat{\mathcal{T}}\,\hat{C}\,\Psi^{(+)}_{\boldsymbol{p}}(\boldsymbol{r},t) = \Psi^{(+)}_{\boldsymbol{p}}(-\boldsymbol{r},-t),$$

und damit

$$\hat{\mathcal{P}}\hat{\mathcal{T}}\hat{\mathcal{C}}\Psi_{\boldsymbol{p}}^{(+)}(\boldsymbol{r},t) = \Psi_{-\boldsymbol{p}}^{(-)}(\boldsymbol{r},t). \tag{16.35}$$

Wir werden also auch an dieser Stelle auf die Feynman–Stückelberg-Interpretation geführt: *Eine Lösung* $\Psi_{-\boldsymbol{p}}^{(-)}$ *zu negativer Energie* $E < 0$ *ist identisch zu einer Lösung* $\Psi_{\boldsymbol{p}}^{(+)}$ *zu positiver Energie* $E > 0$*, aber mit entgegengesetzter Ladung, entgegengesetztem Impuls und mit invertierter Zeitentwicklung.*

Verallgemeinert-unitäre und verallgemeinert-hermitesche Operatoren

Es lässt sich nun der Begriff des verallgemeinert-unitären Operators einführen: ein **verallgemeinert-unitärer Operator** $\hat{U}$:

$$\hat{U}: \mathcal{H}_{\mathrm{KG}} \to \mathcal{H}_{\mathrm{KG}} \tag{16.36}$$

$$\Psi(\boldsymbol{r},t) \mapsto \Psi'(\boldsymbol{r},t) = \int \mathrm{d}^3\boldsymbol{r}' U(\boldsymbol{r},\boldsymbol{r}',t)\Psi(\boldsymbol{r}',t), \tag{16.37}$$

$$\Psi^\dagger(\boldsymbol{r},t) \mapsto (\Psi')^\dagger(\boldsymbol{r},t) = \int \mathrm{d}^3\boldsymbol{r}'\Psi^\dagger(\boldsymbol{r}',t)U^\dagger(\boldsymbol{r},\boldsymbol{r}',t), \tag{16.38}$$

lässt per Definition das verallgemeinerte Skalarprodukt invariant. Es gilt also:

$$(\Psi_1', \Psi_2') = \left(\Psi_1\hat{U}^\dagger, \hat{U}\Psi_2\right) = (\Psi_1, \Psi_2)\,.$$

Damit das so ist, muss offensichtlich gelten:

$$\hat{U}^\dagger \begin{pmatrix} 1 & 0 \\ 0 & -1 \end{pmatrix} \hat{U} = \begin{pmatrix} 1 & 0 \\ 0 & -1 \end{pmatrix}$$
$$\Longrightarrow \begin{pmatrix} 1 & 0 \\ 0 & -1 \end{pmatrix} \hat{U}^\dagger \begin{pmatrix} 1 & 0 \\ 0 & -1 \end{pmatrix} \hat{U} = \mathbb{1},$$

und somit:

$$\begin{pmatrix} 1 & 0 \\ 0 & -1 \end{pmatrix} \hat{U}^\dagger \begin{pmatrix} 1 & 0 \\ 0 & -1 \end{pmatrix} = \hat{U}^{-1}. \tag{16.39}$$

Für einen **verallgemeinert-hermiteschen Operator** $\hat{A}$ gilt:

$$\left(\Psi, \hat{A}\Psi\right) \stackrel{!}{=} \left(\Psi\hat{A}, \Psi\right),$$

so dass also

$$\hat{A}^\dagger \begin{pmatrix} 1 & 0 \\ 0 & -1 \end{pmatrix} = \begin{pmatrix} 1 & 0 \\ 0 & -1 \end{pmatrix} \hat{A},$$

und somit

$$\begin{pmatrix} 1 & 0 \\ 0 & -1 \end{pmatrix} \hat{A}^\dagger \begin{pmatrix} 1 & 0 \\ 0 & -1 \end{pmatrix} = \hat{A}. \tag{16.40}$$

Ein verallgemeinert-hermitescher Operator $\hat{A}$ besitzt reelle Eigenwerte, und der **verallgemeinerte Erwartungswert** von $\hat{A}$ kann definiert werden als:

$$\langle \hat{A} \rangle_\Psi := \left(\Psi, \hat{A}\Psi\right) = \int \mathrm{d}^3 \boldsymbol{r} \Psi^\dagger(\boldsymbol{r}, t) \begin{pmatrix} 1 & 0 \\ 0 & -1 \end{pmatrix} A(\boldsymbol{r}, t) \Psi(\boldsymbol{r}, t). \tag{16.41}$$

Wenn $\hat{A}$ ein verallgemeinert-hermitescher Operator ist, so ist $\mathrm{e}^{\mathrm{i}\hat{A}}$ ein verallgemeinert-unitärer Operator.

Der Hamilton-Operator (16.11):

$$\hat{H} = \frac{\hat{\boldsymbol{p}}^2}{2m} \begin{pmatrix} 1 & 1 \\ -1 & -1 \end{pmatrix} + mc^2 \begin{pmatrix} 1 & 0 \\ 0 & -1 \end{pmatrix} \tag{16.42}$$

ist verallgemeinert-hermitesch, denn es ist

$$\begin{pmatrix} 1 & 0 \\ 0 & -1 \end{pmatrix} \hat{H}^\dagger \begin{pmatrix} 1 & 0 \\ 0 & -1 \end{pmatrix} = \hat{H}.$$

Dessen verallgemeinerter Erwartungswert für die positive beziehungsweise negative Basislösung (16.24) lautet:

$$\begin{aligned} \langle \hat{H} \rangle_{(\pm)} &= \left(\Psi^{(\pm)}_{\pm\boldsymbol{p}}, \hat{H}\Psi^{(\pm)}_{\pm\boldsymbol{p}}\right) \\ &= \pm E_{\boldsymbol{p}} \left(\Psi^{(\pm)}_{\pm\boldsymbol{p}}, \Psi^{(\pm)}_{\pm\boldsymbol{p}}\right) \\ &= +E_{\boldsymbol{p}} \cdot \mathrm{Vol}(\mathbb{R}^3). \end{aligned}$$

Das bedeutet, der verallgemeinerte Erwartungswert $\langle \hat{H} \rangle$ ist auch für Lösungen zu negativer Energie stets positiv! Das ist aber im Rahmen der Ladungsinterpretation vollkommen konsistent: im Gegensatz zur nichtrelativistischen Quantenmechanik dient hier die Ladungsdichte $\rho(\boldsymbol{r}, t)$ (16.13), die positive wie negative Werte annehmen kann, als Gewichtungsfaktor für die Energie-Eigenwerte $\pm E_{\boldsymbol{p}}$. Der Volumenfaktor rührt lediglich von der generellen Nicht-Normierbarkeit der Basislösungen (16.24) her und ist an dieser Stelle nicht weiter interessant.

Nichtrelativistischer Grenzfall

Der nichtrelativistische Grenzfall stellt sich im Hamilton-Formalismus der Klein–Gordon-Theorie besonders illustrativ dar. Wir betrachten zunächst zwei Basis-Lösungen $\Phi^{(\pm)}_{\pm\boldsymbol{p}}(\boldsymbol{r}, t)$ der Klein–Gordon-Gleichung in der kovarianten Form (13.10) zu jeweils positiver beziehungsweise negativer Energie $\pm E_{\boldsymbol{p}}$ und wenden dann (16.3,16.4) an:

$$\begin{aligned} \phi^{(\pm)}_{\pm\boldsymbol{p}}(\boldsymbol{r}, t) &= \frac{1}{2}\left(1 \pm \frac{E_{\boldsymbol{p}}}{mc^2}\right) \Phi^{(\pm)}_{\pm\boldsymbol{p}}(\boldsymbol{r}, t), \\ \chi^{(\pm)}_{\pm\boldsymbol{p}}(\boldsymbol{r}, t) &= \frac{1}{2}\left(1 \mp \frac{E_{\boldsymbol{p}}}{mc^2}\right) \Phi^{(\pm)}_{\pm\boldsymbol{p}}(\boldsymbol{r}, t), \end{aligned}$$

mit $E_{\boldsymbol{p}}$ gemäß (13.16), so dass

$$\frac{E_{\boldsymbol{p}}}{mc^2} = \sqrt{1 + \frac{\boldsymbol{p}^2}{m^2c^2}} = \sqrt{1 + \frac{\boldsymbol{v}^2}{c^2}}.$$

Mit der Taylor-Entwicklung:

$$(1+t)^{1/2} \approx 1 + \frac{1}{2}t - \frac{1}{8}t^2,$$

sowie $t = (\boldsymbol{v}/c)^2$ erhalten wir so:

$$\frac{1}{2}\left(1 + \frac{E_{\boldsymbol{p}}}{mc^2}\right) \approx 1 + O(\boldsymbol{v}^2/c^2),$$
$$\frac{1}{2}\left(1 - \frac{E_{\boldsymbol{p}}}{mc^2}\right) \approx -O(\boldsymbol{v}^2/c^2),$$

und damit:

$$\Psi_{\boldsymbol{p}}^{(+)}(\boldsymbol{r},t) = \begin{pmatrix} 1 + O(\boldsymbol{v}^2/c^2) \\ -O(\boldsymbol{v}^2/c^2) \end{pmatrix} \Phi_{\boldsymbol{p}}^{(+)}(\boldsymbol{r},t), \tag{16.43a}$$

$$\Psi_{-\boldsymbol{p}}^{(-)}(\boldsymbol{r},t) = \begin{pmatrix} -O(\boldsymbol{v}^2/c^2) \\ 1 + O(\boldsymbol{v}^2/c^2) \end{pmatrix} \Phi_{-\boldsymbol{p}}^{(-)}(\boldsymbol{r},t). \tag{16.43b}$$

Das bedeutet: für positive Lösungen $\Psi_{\boldsymbol{p}}^{(+)}(\boldsymbol{r},t)$ ist die untere Komponente gegenüber der oberen Komponente um einen Faktor $O(\boldsymbol{v}^2/c^2)$ unterdrückt. Für negative Lösungen $\Psi_{-\boldsymbol{p}}^{(-)}(\boldsymbol{r},t)$ ist es genau umgekehrt. Aus diesem Grund heißen $\phi_{\boldsymbol{p}}^{(+)}(\boldsymbol{r},t)$ und $\chi_{-\boldsymbol{p}}^{(-)}(\boldsymbol{r},t)$ auch die **großen Komponenten**, entsprechend $\phi_{-\boldsymbol{p}}^{(-)}(\boldsymbol{r},t)$ und $\chi_{\boldsymbol{p}}^{(+)}(\boldsymbol{r},t)$ die **kleinen Komponenten**, von $\Psi_{\pm\boldsymbol{p}}^{(\pm)}(\boldsymbol{r},t)$. Im Grenzfall $\boldsymbol{v}^2/c^2 \longrightarrow 0$ ergibt sich dann:

$$\Psi_{\boldsymbol{p}}^{(+)}(\boldsymbol{r},t) \longrightarrow \begin{pmatrix} \Phi_{\boldsymbol{p}}^{(+)}(\boldsymbol{r},t) \\ 0 \end{pmatrix}, \tag{16.44a}$$

$$\Psi_{-\boldsymbol{p}}^{(-)}(\boldsymbol{r},t) \longrightarrow \begin{pmatrix} 0 \\ \Phi_{-\boldsymbol{p}}^{(-)}(\boldsymbol{r},t) \end{pmatrix}. \tag{16.44b}$$

Eingesetzt in die Klein–Gordon-Gleichung (16.9) bedeutet das für den Fall $\boldsymbol{v}^2/c^2 \longrightarrow 0$:

$$\pm\mathrm{i}\hbar\frac{\partial\Phi_{\pm\boldsymbol{p}}^{(\pm)}(\boldsymbol{r},t)}{\partial t} = \left[-\frac{\hbar^2}{2m}\nabla^2 + mc^2\right]\Phi_{\pm\boldsymbol{p}}^{(\pm)}(\boldsymbol{r},t). \tag{16.45}$$

Spalten wir wie in (13.58) nun wieder den Anteil der durch den Masseterm herrührenden Zeitentwicklung ab:

$$\Phi_{\pm\boldsymbol{p}}^{(\pm)}(\boldsymbol{r},t) =: \phi_{\pm\boldsymbol{p}}^{(\pm)}(\boldsymbol{r},t)\mathrm{e}^{\mp\mathrm{i}mc^2t/\hbar},$$

so erhalten wir:

$$\pm\mathrm{i}\hbar\frac{\partial\phi_{\pm\boldsymbol{p}}^{(\pm)}(\boldsymbol{r},t)}{\partial t} = -\frac{\hbar^2}{2m}\nabla^2\phi_{\pm\boldsymbol{p}}^{(\pm)}(\boldsymbol{r},t),$$

was uns wieder zu folgendem Satz führt:

Satz. *Es seien* $\Psi_{\pm\boldsymbol{p}}^{(\pm)}(\boldsymbol{r},t)$ *die Basislösungen* (16.24) *der freien Klein–Gordon-Gleichung* (16.9). *Dann erfüllen im nichtrelativistischen Grenzfall* $\boldsymbol{v}^2/c^2 \longrightarrow 0$ *die durch* (16.44) *und*

$$\phi_{\pm\boldsymbol{p}}^{(\pm)}(\boldsymbol{r},t) = \Phi_{\pm\boldsymbol{p}}^{(\pm)}(\boldsymbol{r},t)\mathrm{e}^{\pm\mathrm{i}mc^2t/\hbar} \tag{16.46}$$

definierten Wellenfunktionen $\phi_{\pm\boldsymbol{p}}^{(\pm)}(\boldsymbol{r},t)$ *die freie nichtrelativistische Schrödinger-Gleichung beziehungsweise ihre Komplex-Konjugierte*

$$\pm\mathrm{i}\hbar\frac{\partial\phi_{\pm\boldsymbol{p}}^{(\pm)}(\boldsymbol{r},t)}{\partial t} = -\frac{\hbar^2}{2m}\nabla^2\phi_{\pm\boldsymbol{p}}^{(\pm)}(\boldsymbol{r},t). \tag{16.47}$$

Im nichtrelativistischen Grenzfall $\boldsymbol{v}^2/c^2 \longrightarrow 0$ geht die weiterhin noch zu interpretierende Größe $\rho(\boldsymbol{r},t)$ (16.14) für positive beziehungsweise negative Lösungen (16.44) über in:

$$\begin{aligned}\rho(\boldsymbol{r},t) &= \phi^*(\boldsymbol{r},t)\phi(\boldsymbol{r},t) - \chi^*(\boldsymbol{r},t)\chi(\boldsymbol{r},t)\\ &\longrightarrow \begin{cases} +\phi^*(\boldsymbol{r},t)\phi(\boldsymbol{r},t) & \text{(positive Lösung)}\\ -\chi^*(\boldsymbol{r},t)\chi(\boldsymbol{r},t) & \text{(negative Lösung)}\end{cases},\end{aligned}$$

für sie gilt also entweder positive Definitheit im positiven Fall oder negative Definitheit im negativen Fall, und sie kann dabei stets zu ± 1 normiert werden. Das verallgemeinerte Skalarprodukt (16.16) geht über in:

$$\begin{aligned}(\Psi_1,\Psi_2) &= \int \mathrm{d}^3\boldsymbol{r}\left[\phi_1^*(\boldsymbol{r},t)\phi_2(\boldsymbol{r},t) - \chi_1^*(\boldsymbol{r},t)\chi_2(\boldsymbol{r},t)\right]\\ &\longrightarrow \begin{cases} +\int \mathrm{d}^3\boldsymbol{r}\phi_1^*(\boldsymbol{r},t)\phi_2(\boldsymbol{r},t) & \text{(positive Lösung)}\\ -\int \mathrm{d}^3\boldsymbol{r}\chi_1^*(\boldsymbol{r},t)\chi_2(\boldsymbol{r},t) & \text{(negative Lösung)}\end{cases}.\end{aligned}$$

17 Die Einteilchen-Interpretation der Klein–Gordon-Theorie und ihre Schwierigkeiten

In diesem Abschnitt werden wir zwei Probleme lösen, die einer Einteilchen-Interpretation der Klein–Gordon-Gleichung im Wege stehen, nämlich erstens die Konstruktion erlaubter Observablen in einer relativistischen Quantenmechanik und zweitens die Transformation der Klein–Gordon-Gleichung in eine Form, die die systematische Untersuchung des nichtrelativistischen Grenzfalls und damit auch relativistischer Korrekturen zur nichtrelativistischen Schrödinger-Gleichung erlaubt.

Die entscheidende Grundlage stellt hierbei der experimentelle Befund dar, dass es keine lineare Superpositionen von Zuständen zu unterschiedlicher Ladung gibt. Superpositionen können stets entweder nur mit Zuständen positiver Energie oder nur mit Zuständen negativer Energie gebildet werden, und es gibt keine Übergänge zwischen Teilchen und Antiteilchen. Oder im Formalismus aus Abschnitt 16 ausgedrückt: *für physikalische Zustände Ψ in der relativistischen Quantenmechanik gilt entweder $\Psi \in \mathcal{H}^{(+)}$ oder $\Psi \in \mathcal{H}^{(-)}$.*

Wir haben also wieder eine Superauswahlregel vor uns: die **Ladungs-Superauswahlregel**, und es gilt strenge Ladungserhaltung. Sie wurde erstmalig vom italienischen Physiker Gian-Carlo Wick, Arthur Strong Wightman, einem Doktoranden Wheelers, der sich in den 1950er-Jahren ganz der axiomatischen Formulierung der relativistischen Quantenfeldtheorie widmete, und Wheeler selbst postuliert [WWW52; WWW70], die damit das Konzept der Superauswahlregeln überhaupt in die Quantentheorie einführten.

Der **verallgemeinerte Hilbert-Raum** $\mathcal{H}_{\mathrm{KG}}$ der Klein–Gordon-Theorie besitzt also die Struktur einer direkten Summe:

$$\mathcal{H}_{\mathrm{KG}} = \mathcal{H}^{(+)} \oplus \mathcal{H}^{(-)}. \tag{17.1}$$

Die Elemente $\{\Psi\}$ dieses verallgemeinerten Hilbert-Raums nennen wir **Klein–Gordon-Zustände**. Die Argumentation ist hierbei analog zu den Superauswahlregeln, die wir bislang in den Abschnitten II-19 und 28 kennengelernt haben: es sei q die Ladung eines Punktteilchens, das durch den Zustand Ψ beschrieben werde. Wir definieren einen **Ladungsoperator** $\hat{Q}$ dadurch, dass gilt:

$$\hat{Q}\Psi = q\Psi. \tag{17.2}$$

Dann ist die Ladungs-Superauswahlregel äquivalent mit der Aussage, dass $\hat{Q}$ mit allen anderen Observablen kommutiert und in einer entsprechend erweiterten Lie-Algebra eine Casimir-Invariante darstellt. In der relativistischen wie auch der nichtrelativistischen Quantenmechanik kann man diesen Operator einfach zusätzlich als Observable definieren, ohne weitere Komplikationen. Er erweitert dann die Poincaré- beziehungsweise die Galilei-Algebra entsprechend um ein zentrales Element, vergleiche die Diskussion um die zentrale Erweiterung der Galilei-Algebra durch den Masse-Operator in Abschnitt II-19. Das ist im Hamilton-Formalismus der Quantenmechanik trivial bewerkstelligt, liefert aber keine neuen Erkenntnisse.

Interessanter ist seine Betrachtung in der relativistischen Quantenfeldtheorie, wo der Ladungsoperator $\hat{Q}$ dann selbst ein Ausdruck in den Feldoperatoren darstellt, vergleiche

(14.6). In diesem Rahmen erfolgte ein nicht-trivialer Beweis der Ladungs-Superauswahlregel 1974 durch Franco Strocchi und Arthur Wightman [SW74].

Damit ist aber auch klar, welche Operatoren physikalische Observable darstellen, nämlich nur diese mit verschwindenden Matrixelementen zwischen Zuständen jeweils unterschiedlicher Ladung. Die Ladungs-Superauswahlregel führt uns also zu folgendem

Satz. *Es sei $\Psi^{(+)}$ ein beliebiger Klein–Gordon-Zustand positiver und $\Psi^{(-)}$ ein beliebiger Zustand negativer Energie. Ein verallgemeinert-hermitescher Operator $\hat{A}$ stellt dann und nur dann eine physikalische Observable dar, wenn für alle $\Psi^{(\pm)}$ gilt:*

$$(\Psi^{(\pm)}, \hat{A}\Psi^{(\mp)}) = 0. \tag{17.3}$$

Der Operator $\hat{A}$ heißt dann ***Einteilchen-Operator****.*

Aus mathematischer Sicht bezeichnen wir Operatoren $\hat{A}$, für die gilt:

$$(\Psi^{(\pm)}, \hat{A}\Psi^{(\mp)}) = 0, \tag{17.4}$$

als **gerade** Operatoren. Entsprechend bezeichnen wir Operatoren $\hat{A}$, für die gilt:

$$(\Psi^{(\pm)}, \hat{A}\Psi^{(\pm)}) = 0, \tag{17.5}$$

als **ungerade** Operatoren. Der obige Satz lässt sich also auch einfach schreiben als: *nur gerade Operatoren stellen physikalische Observable dar.*

Wie erkennt man denn nun gerade und ungerade Operatoren? Nun, wir wissen bereits, dass in der Darstellung, in der die $\Psi_{\boldsymbol{p}}^{(\pm)}$ die Form (16.24) annehmen, gilt (siehe (16.43)):

$$\begin{aligned}
\Psi_{\boldsymbol{p}}^{(+)} &= \begin{pmatrix} 1 + O(\boldsymbol{v}^2/c^2) \\ -O(\boldsymbol{v}^2/c^2) \end{pmatrix} \Phi_{\boldsymbol{p}}^{(+)}, \\
\Psi_{-\boldsymbol{p}}^{(-)} &= \begin{pmatrix} -O(\boldsymbol{v}^2/c^2) \\ 1 + O(\boldsymbol{v}^2/c^2) \end{pmatrix} \Phi_{-\boldsymbol{p}}^{(-)}.
\end{aligned}$$

Das heißt: im nichtrelativistischen Fall ($\boldsymbol{v}^2/c^2 \to 0$) dominieren für positive Energien („Teilchen"-Lösungen) die oberen Komponenten und für negative Energien („Antiteilchen"-Lösungen) die unteren Komponenten. Wir nennen diese Darstellung die **kanonische Darstellung**.

Was wir jedoch suchen wollen, ist eine Darstellung, in der $\Psi_{\pm\boldsymbol{p}}^{(\pm)}$ im gesamten Parameterbereich für $\boldsymbol{v}^2/c^2$ von der Form

$$\Psi_{\boldsymbol{p}}^{(+)} = \begin{pmatrix} 1 \\ 0 \end{pmatrix} \Phi_{\boldsymbol{p}}^{(+)}, \tag{17.6a}$$

$$\Psi_{-\boldsymbol{p}}^{(-)} = \begin{pmatrix} 0 \\ 1 \end{pmatrix} \Phi_{-\boldsymbol{p}}^{(-)} \tag{17.6b}$$

ist. In dieser Darstellung nämlich ist die physikalische Bedeutung von oberer und unterer Komponente eindeutig gegeben: die obere Komponente stellt stets die „Teilchen"-Lösung dar, und die untere Komponente stets die „Antiteilchen"-Lösung, und es muss dann für einen geraden Operator $\hat{A}$ gelten:

$$\hat{A} = \begin{pmatrix} A_{11} & 0 \\ 0 & A_{22} \end{pmatrix},$$

und für einen ungeraden Operator $\hat{B}$ gilt:

$$\hat{B} = \begin{pmatrix} 0 & B_{12} \\ B_{21} & 0 \end{pmatrix}.$$

In dieser Darstellung ist offensichtlich, dass sich ein beliebiger Operator $\hat{A}$ eindeutig in einen geraden Anteil $[\hat{A}]$ und einen ungeraden Anteil $\{\hat{A}\}$ aufspalten lässt:

$$\hat{A} = \underbrace{[\hat{A}]}_{\text{gerade}} + \underbrace{\{\hat{A}\}}_{\text{ungerade}}, \tag{17.7}$$

und diese Aussage gilt selbstverständlich darstellungsunabhängig.

Die gesuchte Darstellung heißt **Einteilchen-** oder auch **Foldy–Wouthuysen-Darstellung**. Sie erlaubt eine systematische Untersuchung des Übergangs zur nichtrelativistischen (Ein-Teilchen)-Schrödinger-Gleichung. Da in der kanonischen Darstellung die oberen und unteren Komponenten von $\Psi_{\boldsymbol{p}}^{(\pm)}$ wie in (16.24) eine Abhängigkeit von $\boldsymbol{v}^2/c^2$ besitzen, in der gesuchten Einteilchen-Darstellung (17.6) jedoch nicht, können wir jetzt schon erkennen, dass die Transformation $\hat{U}_{\text{FW}}$, die diesen Darstellungswechsel bewirkt, eine Abhängigkeit von $\boldsymbol{v}^2$ beziehungsweise $\boldsymbol{p}^2$ besitzen und damit **nicht-lokal** sein muss. Diese Transformation heißt **Foldy–Wouthuysen-Transformation** und kann für den Fall der freien Klein–Gordon-Gleichung exakt angegeben werden. Es ist

$$\hat{U}_{\text{FW}} = \frac{1}{2\sqrt{mc^2\hat{E}_{\boldsymbol{p}}}} \begin{pmatrix} mc^2 + \hat{E}_{\boldsymbol{p}} & -mc^2 + \hat{E}_{\boldsymbol{p}} \\ -mc^2 + \hat{E}_{\boldsymbol{p}} & mc^2 + \hat{E}_{\boldsymbol{p}} \end{pmatrix}, \tag{17.8}$$

$$\hat{U}_{\text{FW}}^{-1} = \frac{1}{2\sqrt{mc^2\hat{E}_{\boldsymbol{p}}}} \begin{pmatrix} mc^2 + \hat{E}_{\boldsymbol{p}} & mc^2 - \hat{E}_{\boldsymbol{p}} \\ mc^2 - \hat{E}_{\boldsymbol{p}} & mc^2 + \hat{E}_{\boldsymbol{p}} \end{pmatrix}, \tag{17.9}$$

mit $\hat{E}_{\boldsymbol{p}}$ gemäß (13.6). Dann ist

$$\Psi_{\pm\boldsymbol{p},\text{FW}}^{(\pm)} := \hat{U}_{\text{FW}} \Psi_{\pm\boldsymbol{p}}^{(\pm)},$$

und damit

$$\Psi_{\boldsymbol{p},\text{FW}}^{(+)}(\boldsymbol{r},t) = \frac{1}{(2\pi\hbar)^{3/2}} \begin{pmatrix} 1 \\ 0 \end{pmatrix} \mathrm{e}^{-\mathrm{i}(E_{\boldsymbol{p}}t - \boldsymbol{p}\cdot\boldsymbol{r})/\hbar}, \tag{17.10}$$

$$\Psi_{-\boldsymbol{p},\text{FW}}^{(-)}(\boldsymbol{r},t) = \frac{1}{(2\pi\hbar)^{3/2}} \begin{pmatrix} 0 \\ 1 \end{pmatrix} \mathrm{e}^{+\mathrm{i}(E_{\boldsymbol{p}}t - \boldsymbol{p}\cdot\boldsymbol{r})/\hbar}. \tag{17.11}$$

Der Nachweis erfolgt durch triviale Rechnung. Die Foldy–Wouthuysen-Transformation $\hat{U}_{\mathrm{FW}}$ ist verallgemeinert-unitär, denn es gilt

$$\begin{pmatrix} 1 & 0 \\ 0 & -1 \end{pmatrix} \hat{U}^{\dagger}_{\mathrm{FW}} \begin{pmatrix} 1 & 0 \\ 0 & -1 \end{pmatrix} = \hat{U}^{-1}_{\mathrm{FW}}, \tag{17.12}$$

und lässt somit das verallgemeinerte Skalarprodukt (16.16) invariant.

Der freie Hamilton-Operator $\hat{H}$ (16.11) besitzt in der Einteilchen-Darstellung offensichtlich eine Diagonalform:

$$\hat{H}_{\mathrm{FW}} := \hat{U}_{\mathrm{FW}} \hat{H} \hat{U}^{-1}_{\mathrm{FW}} = \hat{E}_{\boldsymbol{p}} \begin{pmatrix} 1 & 0 \\ 0 & -1 \end{pmatrix}, \tag{17.13}$$

was nicht anders zu erwarten war. Ebenfalls gilt für den Impulsoperator $\hat{\boldsymbol{p}}$:

$$\hat{U}_{\mathrm{FW}} \hat{\boldsymbol{p}} \hat{U}^{-1}_{\mathrm{FW}} = \hat{\boldsymbol{p}}. \tag{17.14}$$

Also sind der freie Hamilton-Operator $\hat{H}$ (16.11) und der Impulsoperator $\hat{\boldsymbol{p}} = -\mathrm{i}\hbar\nabla$ gerade Operatoren:

$$[\hat{H}] = \hat{H}, \tag{17.15}$$

$$[\hat{\boldsymbol{p}}] = \hat{\boldsymbol{p}}. \tag{17.16}$$

Der Ortsoperator als Observable

Überraschenderweise bereitet der gewöhnliche Ortsoperator $\hat{\boldsymbol{r}}$, wie wir ihn aus der nichtrelativistischen Quantenmechanik kennen, im relativistischen Fall gehörige Schwierigkeiten und taugt nicht unmodifiziert als Einteilchen-Operator. Das liegt daran, dass er einen ungeraden Anteil besitzt, wie wir in dessen Einteilchen-Darstellung sehen werden. Um zu dieser zu gelangen, verwenden wir $\hat{\boldsymbol{r}} = \mathrm{i}\hbar\hat{\nabla}_{\hat{\boldsymbol{p}}}$. Dann ist mit

$$\hat{\boldsymbol{r}} \hat{E}_{\boldsymbol{p}} = \mathrm{i}\hbar \hat{\nabla}_{\hat{\boldsymbol{p}}} \sqrt{c^2 \hat{\boldsymbol{p}}^2 + m^2 c^4} = \mathrm{i}\hbar c^2 \hat{\boldsymbol{p}} \frac{1}{\sqrt{c^2 \hat{\boldsymbol{p}}^2 + m^2 c^4}} = \mathrm{i}\hbar \frac{c^2 \hat{\boldsymbol{p}}}{\hat{E}_{\boldsymbol{p}}}$$

und

$$\hat{\boldsymbol{r}} \hat{E}_{\boldsymbol{p}}^{-\frac{1}{2}} = -\frac{1}{2} \mathrm{i}\hbar c^2 \hat{\boldsymbol{p}} \hat{E}_{\boldsymbol{p}}^{-\frac{5}{2}}$$

nach kurzer Rechnung:

$$\left(\hat{\boldsymbol{r}} \hat{U}^{-1}_{\mathrm{FW}}\right) = \mathrm{i}\hbar \left(\hat{\nabla}_{\hat{\boldsymbol{p}}} \hat{U}^{-1}_{\mathrm{FW}}\right) = \mathrm{i}\hbar c^2 \hat{\boldsymbol{p}} \left(-\frac{1}{2\hat{E}_{\boldsymbol{p}}^2} \hat{U}^{-1}_{\mathrm{FW}} + \frac{1}{2\sqrt{mc^2}} \hat{E}_{\boldsymbol{p}}^{-\frac{3}{2}} \begin{pmatrix} 1 & -1 \\ -1 & 1 \end{pmatrix} \right),$$

und somit

$$\begin{aligned} \hat{U}_{\mathrm{FW}} \hat{\boldsymbol{r}} \hat{U}^{-1}_{\mathrm{FW}} &= \mathrm{i}\hbar \hat{U}_{\mathrm{FW}} \hat{\nabla}_{\hat{\boldsymbol{p}}} \hat{U}^{-1}_{\mathrm{FW}} \\ &= \mathrm{i}\hbar \hat{U}_{\mathrm{FW}} \left(\hat{\nabla}_{\hat{\boldsymbol{p}}} \hat{U}^{-1}_{\mathrm{FW}}\right) + \mathrm{i}\hbar \hat{\nabla}_{\hat{\boldsymbol{p}}} \mathbb{1} \quad \text{(Produktregel)} \\ &= \mathrm{i}\hbar \begin{pmatrix} \hat{\nabla}_{\hat{\boldsymbol{p}}} & -\frac{c^2 \hat{\boldsymbol{p}}}{2E_{\boldsymbol{p}}^2} \\ -\frac{c^2 \hat{\boldsymbol{p}}}{2E_{\boldsymbol{p}}^2} & \hat{\nabla}_{\hat{\boldsymbol{p}}} \end{pmatrix}. \end{aligned} \tag{17.17}$$

Wir sehen, dass der Ortsoperator $\hat{\boldsymbol{r}}$ sowohl einen geraden als auch einen ungeraden Anteil besitzt. In der Einteilchen-Darstellung (17.17) lässt sich der gerade Anteil $[\hat{\boldsymbol{r}}]$ leicht extrahieren, da er in dieser natürlich der Diagonalanteil ist:

$$[\hat{\boldsymbol{r}}]_{\mathrm{FW}} = \mathrm{i}\hbar \begin{pmatrix} \hat{\nabla}_{\hat{\boldsymbol{p}}} & 0 \\ 0 & \hat{\nabla}_{\hat{\boldsymbol{p}}} \end{pmatrix} = \hat{\boldsymbol{r}}\mathbb{1}. \tag{17.18}$$

Durch Rücktransformation mit $\hat{U}_{\mathrm{FW}}^{-1}$ erhalten wir so nach ebenfalls kurzer, analoger Rechnung:

$$[\hat{\boldsymbol{r}}] = \mathrm{i}\hbar \hat{U}_{\mathrm{FW}}^{-1} \hat{\nabla}_{\hat{\boldsymbol{p}}} \hat{U}_{\mathrm{FW}} = \mathrm{i}\hbar \begin{pmatrix} \hat{\nabla}_{\hat{\boldsymbol{p}}} & \frac{c^2\hat{\boldsymbol{p}}}{2\hat{E}_{\boldsymbol{p}}^2} \\ \frac{c^2\hat{\boldsymbol{p}}}{2\hat{E}_{\boldsymbol{p}}^2} & \hat{\nabla}_{\hat{\boldsymbol{p}}} \end{pmatrix},$$

und damit den **Einteilchen-Ortsoperator**:

$$[\hat{\boldsymbol{r}}] = \begin{pmatrix} \hat{\boldsymbol{r}} & \frac{\mathrm{i}\hbar c^2\hat{\boldsymbol{p}}}{2\hat{E}_{\boldsymbol{p}}^2} \\ \frac{\mathrm{i}\hbar c^2\hat{\boldsymbol{p}}}{2\hat{E}_{\boldsymbol{p}}^2} & \hat{\boldsymbol{r}} \end{pmatrix}. \tag{17.19}$$

In der Foldy–Wouthuysen-Darstellung zeigt man schnell, dass gilt:

$$\big[[\hat{r}_i], [\hat{p}_j]\big] = \mathrm{i}\hbar\delta_{ij} \begin{pmatrix} 1 & 0 \\ 0 & 1 \end{pmatrix}, \tag{17.20}$$

$[\hat{\boldsymbol{r}}]$ und $[\hat{\boldsymbol{p}}] = \hat{\boldsymbol{p}}$ sind also zueinander kanonisch-konjugierte Operatoren in den jeweiligen Einteilchen-Unterräumen.

Der Einteilchen-Ortsoperator (17.19) heißt auch **Newton–Wigner-Ortsoperator**, benannt nach Eugene Wigner und seinem Doktoranden Theodore Duddell Newton, die ihn über die Betrachtung eines zunächst völlig anderen Aspekts relativistischer Wellengleichungen herleiteten, nämlich der Lokalisierbarkeit von Teilchen in der relativistischen Quantentheorie [NW49], siehe weiter unten. Diese Bezeichnung leitet über in eine etwas verwirrende Begrifflichkeit, auf die wir kurz eingehen wollen.

1950 erfolgte eine systematische Behandlung der Einteilchen-Interpretation der Dirac-Gleichung und des nichtrelativistischen Grenzfalls durch Leslie Lawrance Foldy, einen US-amerikanischen theoretischen Physiker ungarisch-tschechoslowakischer Herkunft, und den niederländischen Physiker Siegfried Adolf Wouthuysen, einem Studenten Oppenheimers [FW50], nach denen die oben benannte Foldy–Wouthuysen-Transformation für den Spin-$\frac{1}{2}$-Fall benannt ist. Wie bereits eingangs des Abschnitts 16 erwähnt, verallgemeinerte K. M. Case 1954 die Foldy–Wouthuysen-Transformation und die Einteilchen-Darstellung für den Spin-0- und Spin-1-Fall [Cas54].

Ein Review-Artikel aus dem Jahre 1958 von dem US-Amerikaner Herman Feshbach und dem gebürtigen Schweizer Felix Villars [FV58], der nochmals auf systematische Weise die Anwendbarkeit der Einteilchen-Interpretation auf die Klein–Gordon- und die Dirac-Gleichung, sowie den nichtrelativistischen Grenzfall zusammenfasste (aber leider vergaß, die

Arbeit von K. M. Case zu zitieren), trug dann dazu bei, dass die Einteilchen-Darstellung für den Spin-0-Fall häufig als „Feshbach–Villars-Darstellung“ bezeichnet wird. Hin und wieder liest man auch die Bezeichnung „Newton–Wigner-Darstellung“, vor allem in Arbeiten, die sich eher um den verwandten Aspekt der Lokalisierbarkeit von Teilchen drehen – was wir weiter unten betrachten werden. Und die Foldy–Wouthuysen-Transformation wird, wenn überhaupt, auch in modernen Lehrbüchern hauptsächlich im Rahmen der Dirac-Theorie betrachtet, was ihrem allgemeinen und grundsätzlichen Charakter nicht gerecht wird – eine löbliche Ausnahme stellt die klassische Lektüre von Bjorken und Drell dar, siehe die weiterführende Literatur am Ende dieses Kapitels, sowie das Lehrbuch von Davydov.

Dieser Begriffswirrwarr lenkt von der eigentlichen Bedeutung ab: die Einteilchen-Darstellung einer relativistischen Wellengleichung stellt das Bindeglied zur nichtrelativistischen Quantenmechanik dar, und man erhält sie aus der kanonischen Darstellung mit Hilfe eines Foldy–Wouthuysen-Transformation. Wir werden dieses Thema im Rahmen der Dirac-Theorie in Abschnitt 22 nochmals aufgreifen.

Der Geschwindigkeitsoperator als Observable

Mit Hilfe des Einteilchen-Ortsoperators können wir den **Einteilchen-Geschwindigkeitsoperator** bestimmen. Das geht am einfachsten in der Einteilchen-Darstellung: mit (17.18) und (17.13) berechnen wir im Heisenberg-Bild (wir unterdrücken dabei das Subskript „H“):

$$\begin{aligned}[\hat{\boldsymbol{v}}]_{\text{FW}} &= -\frac{\mathrm{i}}{\hbar}\left[[\hat{\boldsymbol{r}}]_{\text{FW}}, \hat{H}_{\text{FW}}\right] \\ &= \left[\begin{pmatrix} \hat{\nabla}_{\hat{\boldsymbol{p}}} & 0 \\ 0 & \hat{\nabla}_{\hat{\boldsymbol{p}}} \end{pmatrix}, \begin{pmatrix} \hat{E}_{\boldsymbol{p}} & 0 \\ 0 & -\hat{E}_{\boldsymbol{p}} \end{pmatrix}\right]\end{aligned}$$

und erhalten so

$$[\hat{\boldsymbol{v}}]_{\text{FW}} = \frac{c^2\hat{\boldsymbol{p}}}{\hat{E}_{\boldsymbol{p}}}\begin{pmatrix} 1 & 0 \\ 0 & -1 \end{pmatrix}. \tag{17.21}$$

Und weil $\hat{U}_{\text{FW}}$ mit $\hat{\boldsymbol{p}}$ vertauscht, folgt daraus direkt nach Rücktransformation:

$$[\hat{\boldsymbol{v}}] = \frac{c^2\hat{\boldsymbol{p}}}{\hat{E}_{\boldsymbol{p}}}\begin{pmatrix} 1 & 0 \\ 0 & -1 \end{pmatrix}, \tag{17.22}$$

mit den beiden Eigenwerten $\pm c^2\boldsymbol{p}/E_{\boldsymbol{p}}$. Es gilt also:

$$[\hat{\boldsymbol{v}}]\Psi^{(\pm)}_{\pm\boldsymbol{p}} = \pm\frac{c^2\boldsymbol{p}}{E_{\boldsymbol{p}}}\Psi^{(\pm)}_{\pm\boldsymbol{p}}. \tag{17.23}$$

Man erkennt an (17.22), dass Impuls $\boldsymbol{p}$ und Geschwindigkeit $\boldsymbol{v}$ für Teilchenzustände parallel und für Antiteilchenzustände antiparallel zueinander sind.

Man vergleiche diesen Einteilchen-Geschwindigkeitsoperator mit dem Geschwindigkeitsoperator $\hat{\boldsymbol{v}}$, der sich im Heisenberg-Bild aus dem Ortsoperator $\hat{\boldsymbol{r}}$ durch

$$\hat{\boldsymbol{v}} = -\frac{\mathrm{i}}{\hbar}[\hat{\boldsymbol{r}}, \hat{H}] = \frac{\hat{\boldsymbol{p}}}{m}\begin{pmatrix} 1 & 1 \\ -1 & -1 \end{pmatrix}$$

ergibt. Es ist einfach zu sehen, dass dieser singulär ist und nur den Eigenwert 0 besitzt. Außerdem ist $\hat{\boldsymbol{v}}^2 \equiv 0$! Daher und weil er aus dem Ortsoperator $\hat{\boldsymbol{r}}$ abgeleitet wird und dadurch auch einen ungeraden Anteil besitzt, kann er keine physikalische Observable darstellen. Der Einteilchen-Geschwindigkeitsoperator (17.22) stellt hingegen genau den geraden Anteil von $\hat{\boldsymbol{v}}$ dar.

Es existiert ferner ein Zusammenhang zwischen dem Einteilchen-Geschwindigkeitsoperator (17.22) und der Stromdichte (16.15). Wir ersetzen in (16.15) zunächst den ersten der beiden Terme:

$$\begin{aligned}\Psi^\dagger(\boldsymbol{r},t)\begin{pmatrix}1&1\\1&1\end{pmatrix}\nabla\Psi(\boldsymbol{r},t) &= \Psi^\dagger_{\text{FW}}(\boldsymbol{r},t)(\hat{U}^{-1}_{\text{FW}})^\dagger\begin{pmatrix}1&1\\1&1\end{pmatrix}\hat{U}^{-1}_{\text{FW}}\nabla\Psi_{\text{FW}}(\boldsymbol{r},t)\\ &= \Psi^\dagger_{\text{FW}}(\boldsymbol{r},t)\frac{mc^2}{E_{\boldsymbol{p}}}\begin{pmatrix}1&1\\1&1\end{pmatrix}\nabla\Psi_{\text{FW}}(\boldsymbol{r},t),\end{aligned}$$

und der zweite ergibt sich analog. Dann ist

$$\boldsymbol{j}(\boldsymbol{r},t) = -\frac{\mathrm{i}\hbar c^2}{2E_{\boldsymbol{p}}}\left[\Psi^\dagger_{\text{FW}}(\boldsymbol{r},t)\begin{pmatrix}1&1\\1&1\end{pmatrix}\nabla\Psi_{\text{FW}}(\boldsymbol{r},t) - (\nabla\Psi^\dagger_{\text{FW}}(\boldsymbol{r},t))\begin{pmatrix}1&1\\1&1\end{pmatrix}\Psi_{\text{FW}}(\boldsymbol{r},t)\right].$$

Für die beiden Basislösungen (17.10,17.11) folgt dann:

$$\boldsymbol{j}^{(\pm)}(\boldsymbol{r}) = \pm\frac{c^2\boldsymbol{p}}{E_{\boldsymbol{p}}}\rho^{(\pm)}(\boldsymbol{r}). \tag{17.24}$$

Da $\rho(\boldsymbol{r})$ für die Antiteilchen-Lösung ja negativ ist, heben sich die unterschiedlichen Vorzeichen weg, und es gilt nach Integration über das Raumvolumen $\mathbb{R}^3$:

$$\begin{aligned}\boldsymbol{J}^{(\pm)} &= \int_{\mathbb{R}^3}\mathrm{d}^3\boldsymbol{r}\,\boldsymbol{j}^{(\pm)}(\boldsymbol{r})\\ &= +\frac{c^2\boldsymbol{p}}{E_{\boldsymbol{p}}}\cdot\text{Vol}(\mathbb{R}^3) = \langle[\hat{\boldsymbol{v}}]\rangle_\pm.\end{aligned} \tag{17.25}$$

Der Gesamtstrom $\boldsymbol{J}$ ist also sowohl für positive wie negative Lösungen $\Psi^{(\pm)}_{\pm\boldsymbol{p},\text{FW}}$ beziehungsweise $\Psi^{(\pm)}_{\pm\boldsymbol{p}}$ gleichermaßen durch dasselbe Vorzeichen in (17.25) bestimmt, sprich parallel zu $\boldsymbol{p}$. Daraus folgt, dass gemäß unserer Kovention für die Antiteilchen-Lösung $\Psi^{(-)}_{-\boldsymbol{p}}(\boldsymbol{r},t) \sim \mathrm{e}^{-\mathrm{i}\boldsymbol{p}\cdot\boldsymbol{r}/\hbar}$ für die beiden Basislösungen $\Psi^{(\pm)}_{\pm\boldsymbol{p}}(\boldsymbol{r},t)$ Ladungsstromdichte $\boldsymbol{J}$ und Impuls $\boldsymbol{p}$ in dieselbe Richtung zeigen. Oder anders ausgedrückt: der Basislösung (17.11) für ein Antiteilchen entspricht ein Impuls von $+\boldsymbol{p}$. Der hier auftauchende Volumenfaktor, der von der generellen Nicht-Normierbarkeit der Basislösungen (17.10,17.11) herrührt, ist wieder nicht weiter von Interesse.

Die Zitterbewegung

Eines der beiden „klassischen" (im Sinne von: „altbekannten") Paradoxa in der relativistischen Quantenmechanik ist die sogenannte **Zitterbewegung**, die – wieder einmal – zunächst für die Dirac-Gleichung (Abschnitt 22) untersucht wurde (erstmalig durch Gregory Breit [Bre28], die Bezeichnung selbst stammt von Erwin Schrödinger [Sch30; Sch31]) und erst später im bereits erwähnten Review [FV58] für die Klein–Gordon-Gleichung betrachtet wurde, siehe auch die äußerst lesenswerte Arbeit [FF82]. Tatsächlich ist sie im Rahmen der bislang erarbeiteten Zusammenhänge zur Einteilchen-Interpretation der Klein–Gordon-Theorie recht einfach zu verstehen, und das sogenannte Paradoxon löst sich schnell auf. Das andere „klassische" Paradoxon ist übrigens das Klein-Paradoxon – dieses betrachten wir in Abschnitt 24.

Wir betrachten eine Lösung $\Psi(\boldsymbol{r},t)$ der Klein–Gordon-Gleichung, welche explizit Anteile sowohl einer positiven als auch einer negativen Basislösung enthalten soll, so dass sie die Foldy–Wouthuysen-Darstellung

$$\Psi_{\mathrm{FW}}(\boldsymbol{r},t)=\begin{pmatrix} a\mathrm{e}^{-\mathrm{i}(E_{\boldsymbol{p}}t-\boldsymbol{p}\cdot\boldsymbol{r})/\hbar} \\ b\mathrm{e}^{+\mathrm{i}(E_{\boldsymbol{p}}t-\boldsymbol{p}\cdot\boldsymbol{r})/\hbar} \end{pmatrix}, \tag{17.26}$$

besitze, wobei $|a|^2+|b|^2=1$ sei.

Wir sind nun am Erwartungswert $\langle\hat{\boldsymbol{r}}\rangle$ des Ortsoperators $\hat{\boldsymbol{r}}$ (*nicht* des Einteilchen-Ortsoperators $[\hat{\boldsymbol{r}}]$!) interessiert. Die Rechnung geht am schnellsten in der Einteilchen-Darstellung: mit (17.17) erhalten wir:

$$\begin{aligned}\langle\hat{\boldsymbol{r}}\rangle &= (\Psi,\hat{\boldsymbol{r}}\Psi)\\ &= \mathrm{i}\hbar\int \mathrm{d}^3r\,\Psi^\dagger_{\mathrm{FW}}(\boldsymbol{r},t)\begin{pmatrix}1 & 0\\ 0 & -1\end{pmatrix}\begin{pmatrix}\hat{\nabla}_{\hat{\boldsymbol{p}}} & -\frac{c^2\hat{\boldsymbol{p}}}{2E_{\boldsymbol{p}}^2}\\ -\frac{c^2\hat{\boldsymbol{p}}}{2E_{\boldsymbol{p}}^2} & \hat{\nabla}_{\hat{\boldsymbol{p}}}\end{pmatrix}\Psi_{\mathrm{FW}}(\boldsymbol{r},t)\\ &= \mathrm{i}\hbar\int \mathrm{d}^3r\,\Psi^\dagger_{\mathrm{FW}}(\boldsymbol{r},t)\begin{pmatrix}\hat{\nabla}_{\hat{\boldsymbol{p}}} & -\frac{c^2\hat{\boldsymbol{p}}}{2E_{\boldsymbol{p}}^2}\\ \frac{c^2\hat{\boldsymbol{p}}}{2E_{\boldsymbol{p}}^2} & -\hat{\nabla}_{\hat{\boldsymbol{p}}}\end{pmatrix}\Psi_{\mathrm{FW}}(\boldsymbol{r},t).\end{aligned}$$

Die Rechnung ist elementar, und man erhält als Ergebnis:

$$\begin{aligned}\langle\hat{\boldsymbol{r}}\rangle = \int \mathrm{d}^3r\,\Bigg\{&\left(|a|^2+|b|^2\right)\left[\frac{c^2\boldsymbol{p}t}{E_{\boldsymbol{p}}}-\boldsymbol{r}\right]\\ &-\mathrm{i}\hbar\frac{c^2\boldsymbol{p}}{2E_{\boldsymbol{p}}^2}\left(a^*b\mathrm{e}^{+2\mathrm{i}(E_{\boldsymbol{p}}t-\boldsymbol{p}\cdot\boldsymbol{r})/\hbar}-ab^*\mathrm{e}^{-2\mathrm{i}(E_{\boldsymbol{p}}t-\boldsymbol{p}\cdot\boldsymbol{r})/\hbar}\right)\Bigg\},\end{aligned}$$

und bildet man nun die zeitliche Ableitung, erhält man schnell:

$$\frac{\mathrm{d}\langle\hat{\boldsymbol{r}}\rangle}{\mathrm{d}t}=\frac{c^2\boldsymbol{p}}{E_{\boldsymbol{p}}}\left(1+a^*b\mathrm{e}^{+2\mathrm{i}(E_{\boldsymbol{p}}t-\boldsymbol{p}\cdot\boldsymbol{r})/\hbar}+ab^*\mathrm{e}^{-2\mathrm{i}(E_{\boldsymbol{p}}t-\boldsymbol{p}\cdot\boldsymbol{r})/\hbar}\right)\cdot\mathrm{Vol}(\mathbb{R}^3). \tag{17.27}$$

Wie zu erkennen ist, ist die zeitliche Ableitung des Erwartungswert des Ortsoperators nicht etwa nur durch den Ausdruck

$$\frac{c^2\boldsymbol{p}}{E_{\boldsymbol{p}}}$$

gegeben, was dem Erwartungswert (17.25) des Einteilchen-Geschwindigkeitsoperators (17.22) entsprechen würde, sondern wird überlagert durch eine oszillatorische Bewegung.

Diese oszillatorische Bewegung verschwindet nur dann, wenn entweder gilt: $a = 0$ oder $b = 0$, das heißt, wenn $\Psi(\boldsymbol{r}, t)$ entweder eine reine Teilchen- oder eine reine Antiteilchen-Lösung darstellt, eine Bedingung, die sich auch auf die Bildung von Wellenpaket überträgt. Für den Einteilchen-Geschwindigkeitsoperator gilt selbstverständlich, dass dieser *keine* Zitterbewegung aufweist, denn er entkoppelt ja bereits per Konstruktion positive von negativen Zuständen. In jedem Fall ist die Zitterbewegung kein physikalischer Effekt, da es ja per Voraussetzung durch die Ladungs-Superauswahlregel keinerlei Kopplung zwischen positiven und negativen Zuständen geben darf, und letztlich damit nur in der Anwendung des Superpositionsprinzips unter Missachtung ebendieser Regel begründet. Wir kommen weiter unten nochmals auf die Diskussion zur Realität der Zitterbewegung zurück.

Die physikalisch notwendige Beschränkung auf reine Teilchen- beziehungsweise Antiteilchen-Lösungen hat jedoch einen unerwarteten Nebeneffekt: die relativistische Quantenmechanik lässt keine lokalisierte Zustände, sprich Wellenfunktionen zu scharfen Ort $\boldsymbol{r}$ mehr zu. Das betrachten wir im nun Folgenden.

Nichtlokalisierbarkeit von Einteilchen-Zuständen

Um das Grundproblem der Nichtlokalisierbarkeit von Einteilchen-Zuständen zu illustrieren, beginnen wir mit dem einfachen Fall einer (uneigentlichen) Wellenfunktion mit scharfem Ort (am Ursprung) der Form:

$$\Psi_{\text{local}}(\boldsymbol{r}) = \begin{pmatrix} a \\ b \end{pmatrix} \delta(\boldsymbol{r}), \tag{17.28}$$

und untersuchen den Anteil an positiven beziehungsweise negativen (uneigentlichen) Zuständen mit scharfem Impuls $\boldsymbol{p}$ (16.24):

$$(\Psi^{(\pm)}_{\pm\boldsymbol{p}}, \Psi_{\text{local}}) = \frac{1}{(2\pi\hbar)^{3/2}} \mathrm{e}^{\pm \mathrm{i} E_{\boldsymbol{p}} t/\hbar} \frac{(a-b)mc^2 \pm (a+b)E_{\boldsymbol{p}}}{2\sqrt{mc^2 E_{\boldsymbol{p}}}}. \tag{17.29}$$

Im Ruhesystem des Teilchens ist nun $\boldsymbol{p} = \boldsymbol{0}$, und es gilt $E_{\boldsymbol{p}} = E_{\boldsymbol{0}} = mc^2$. Dann ist:

$$\begin{aligned}
(\Psi^{(+)}_{\boldsymbol{0}}, \Psi_{\text{local}}) &= \frac{1}{(2\pi\hbar)^{3/2}} \mathrm{e}^{\mathrm{i}mc^2 t/\hbar} a, \\
(\Psi^{(-)}_{\boldsymbol{0}}, \Psi_{\text{local}}) &= -\frac{1}{(2\pi\hbar)^{3/2}} \mathrm{e}^{-\mathrm{i}mc^2 t/\hbar} b.
\end{aligned}$$

Das heißt: im Ruhesystem ($\boldsymbol{p} = \boldsymbol{0}$) ist eine scharf lokalisierte reine Teilchenlösung (17.28) für $b = 0$ und eine entsprechende Antiteilchenlösung für $a = 0$ gegeben. Aber eben nur im Ruhesystem! Denn wie man an (17.29) einfach sehen kann, ist es unmöglich, die Koeffizienten a, b so zu wählen, dass entweder der Teilchen-Anteil oder der Antiteilchen-Anteil für alle Impulse $\boldsymbol{p}$ und damit in allen Inertialsystemen verschwindet. Wir können lediglich für einen bestimmten Wert von $\boldsymbol{p}$ durch geeignete Wahl von a, b dafür sorgen, dass entweder die Teilchen- oder die Antiteilchen-Komponente verschwindet. So verschwindet beispielsweise durch die Festsetzung

$$b = a\frac{mc^2 - E_{\boldsymbol{p}}}{mc^2 + E_{\boldsymbol{p}}}$$

stets der entsprechende Antiteilchen-Anteil *für einen bestimmten Wert von* $\boldsymbol{p}$:

$$\begin{aligned}
(\Psi_{\boldsymbol{p}}^{(+)}, \Psi_{\text{local}}) &= \frac{1}{(2\pi\hbar)^{3/2}} \mathrm{e}^{\pm\mathrm{i}E_{\boldsymbol{p}}t/\hbar} \frac{\sqrt{mc^2 E_{\boldsymbol{p}}}}{mc^2 + E_{\boldsymbol{p}}}, \\
(\Psi_{-\boldsymbol{p}}^{(-)}, \Psi_{\text{local}}) &= 0.
\end{aligned}$$

Die allgemeine Erkenntnis ist daher: ein reiner Teilchen- oder Antiteilchen-Zustand kann nicht lokalisiert, also nicht von der Form (17.28) sein [NW49]. Die Frage lautet daher: wie „maximal lokalisiert“ kann denn ein Teilchen in der relativistischen Quantenmechanik dann sein? Wir bräuchten also Kenntnis über die Eigenzustände des Einteilchen-Ortsoperators (17.19), und zwar in Ortsdarstellung. Das schauen wir uns im Folgenden an.

Die Eigenzustände des Einteilchen-Ortsoperators und deren Ortsdarstellung
Die erste und wichtigste Erkenntnis ist die, dass wir gar nicht lange suchen müssen, um die Eigenfunktionen zum Einteilchen-Ortsoperator (17.19) zu finden. Es gilt nämlich der

Satz. *Die Basislösungen* (16.24) *der zweikomponentigen Klein–Gordon-Gleichung zu festem Impuls* $\pm\boldsymbol{p}$ *sind Eigenfunktionen zum Einteilchen-Ortsoperator* (17.19).

Beweis. Man zeigt das trivialerweise in der Einteilchen-Darstellung, in der die Basislösungen die einfache Form (17.10,17.11) besitzen und $[\hat{\boldsymbol{r}}]$ gegeben ist durch (17.18). Man sieht dann schnell, dass also darstellungsunabhängig gilt:

$$[\hat{\boldsymbol{r}}]\Psi_{\mp\boldsymbol{p}}^{(\pm)} = \pm\boldsymbol{r}\Psi_{\mp\boldsymbol{p}}^{(\pm)}. \qquad \blacksquare$$

Man beachte die umgekehrte Subskribierung des Impulses bei den Basislösungen! Wir gehen im Folgenden aus von der (Teilchen-)Basislösung (16.24) der Klein–Gordon-Gleichung zu scharfem Impuls $-\boldsymbol{p}$ zum Zeitpunkt $t = 0$:

$$\Psi_{-\boldsymbol{p}}^{(+)}(\boldsymbol{r}) = \frac{1}{(2\pi\hbar)^{3/2}} \frac{1}{2mc^2} \begin{pmatrix} mc^2 + E_{\boldsymbol{p}} \\ mc^2 - E_{\boldsymbol{p}} \end{pmatrix} \mathrm{e}^{-\mathrm{i}\boldsymbol{p}\cdot\boldsymbol{r}/\hbar}, \tag{17.30}$$

und suchen deren Ortsdarstellung. Das ist nebenbei vollkommen konsistent mit der nichtrelativistischen Quantenmechanik: der Ausdruck

$$\langle\boldsymbol{r}| - \boldsymbol{p}\rangle = \langle\boldsymbol{p}|\boldsymbol{r}\rangle = \frac{1}{(2\pi\hbar)^{3/2}} \mathrm{e}^{-\mathrm{i}\boldsymbol{r}\cdot\boldsymbol{p}/\hbar}$$

beschreibt den (uneigentlichen) Eigenzustand $|-\boldsymbol{p}\rangle$ in $\hat{\boldsymbol{r}}$-Darstellung sowie den (uneigentlichen) Eigenzustand $|\boldsymbol{r}\rangle$ in $\hat{\boldsymbol{p}}$-Darstellung, vergleiche die Ausführungen in Abschnitt I-15.

Der entscheidende Unterschied besteht in den zusäzlichen $\boldsymbol{p}$-abhängigen Termen von $\Psi^{(+)}_{-\boldsymbol{p}}(\boldsymbol{r})$, aufgrund derer die wechselseitige Symmetrie zwischen Orts- und Impulsdarstellung, die es in der nichtrelativistischen Quantenmechanik gibt, nicht mehr vorhanden ist. Der Ausdruck (17.30) stellt also das relativistische Äquivalent dar zum (uneigentlichen) Eigenzustand $|\boldsymbol{r}\rangle$ in $\hat{\boldsymbol{p}}$-Darstellung, gesucht ist aber dessen Ortsdarstellung.

Um diese zu erhalten, müssen wir analog zu (I-15.15,I-15.16) rechnen:

$$\begin{aligned}
\Psi^{(+)}_{\boldsymbol{r}'}(\boldsymbol{r}) &= \int \frac{\mathrm{d}^3\boldsymbol{p}}{2E_{\boldsymbol{p}}} \Psi^{(+)}_{-\boldsymbol{p}}(\boldsymbol{r}-\boldsymbol{r}') \\
&= \frac{1}{(2\pi\hbar)^3}\frac{1}{4mc^2}\int \mathrm{d}^3\boldsymbol{p} \begin{pmatrix} mc^2+E_{\boldsymbol{p}} \\ mc^2-E_{\boldsymbol{p}} \end{pmatrix} \frac{\mathrm{e}^{\mathrm{i}\boldsymbol{p}\cdot(\boldsymbol{r}-\boldsymbol{r}')/\hbar}}{E_{\boldsymbol{p}}} \\
&= \frac{1}{(2\pi\hbar)^3}\frac{1}{4}\begin{pmatrix} 1 \\ 1 \end{pmatrix}\int \mathrm{d}^3\boldsymbol{p}\frac{\mathrm{e}^{\mathrm{i}\boldsymbol{p}\cdot(\boldsymbol{r}-\boldsymbol{r}')/\hbar}}{E_{\boldsymbol{p}}} + \frac{1}{(2\pi\hbar)^3}\frac{1}{4mc^2}\begin{pmatrix} 1 \\ -1 \end{pmatrix}\int \mathrm{d}^3\boldsymbol{p}\,\mathrm{e}^{\mathrm{i}\boldsymbol{p}\cdot(\boldsymbol{r}-\boldsymbol{r}')/\hbar} \\
&= \frac{1}{(2\pi\hbar)^3}\frac{1}{4}\begin{pmatrix} 1 \\ 1 \end{pmatrix}\underbrace{\int \mathrm{d}^3\boldsymbol{p}\frac{\mathrm{e}^{\mathrm{i}\boldsymbol{p}\cdot(\boldsymbol{r}-\boldsymbol{r}')/\hbar}}{E_{\boldsymbol{p}}}}_{=:I_1} + \frac{1}{4mc^2}\begin{pmatrix} 1 \\ -1 \end{pmatrix}\delta(\boldsymbol{r}-\boldsymbol{r}'),
\end{aligned} \tag{17.31}$$

unter Verwendung von (13.15).

Mit dem Übergang zu Kugelkoordinaten $\boldsymbol{p}\cdot(\boldsymbol{r}-\boldsymbol{r}') = pr\cos\theta$ erhalten wir dann für das Integral I_1:

$$\begin{aligned}
I_1 &= \int_0^\infty \mathrm{d}p p^2 \int_{-1}^{1}\mathrm{d}(\cos\theta)\int_0^{2\pi}\mathrm{d}\phi \frac{\mathrm{e}^{(\mathrm{i}/\hbar)pr\cos\theta}}{\sqrt{m^2c^4+p^2c^2}} \\
&= 2\pi\int_0^\infty \mathrm{d}p p^2 \int_{-1}^{1}\mathrm{d}(\cos\theta)\frac{\mathrm{e}^{(\mathrm{i}/\hbar)pr\cos\theta}}{\sqrt{m^2c^4+p^2c^2}} \\
&= 2\pi\int_0^\infty \mathrm{d}p p^2 \frac{\mathrm{e}^{\mathrm{i}pr/\hbar}-\mathrm{e}^{-\mathrm{i}pr/\hbar}}{\mathrm{i}pr/\hbar}\frac{1}{\sqrt{m^2c^4+p^2c^2}} \\
&= \frac{4\pi\hbar}{r}\int_0^\infty \mathrm{d}p p\frac{\sin(pr/\hbar)}{\sqrt{m^2c^4+p^2c^2}}.
\end{aligned}$$

Substitutieren wir nun durch die dimensionslose Größen

$$q := \frac{p}{mc},$$
$$z := \frac{mc}{\hbar}r = \frac{r}{\lambda\!\!\!^{-}_{\mathrm{C}}},$$

wobei $\lambda\!\!\!^{-}_{\mathrm{C}}$ wieder die reduzierte Compton-Wellenlänge ist, ergibt sich:

$$I_1(z) = \frac{4\pi(mc)^3}{mc^2}\frac{1}{z}\int_0^\infty \frac{q\sin(qz)}{(1+q^2)^{1/2}}\mathrm{d}q. \tag{17.32}$$

Nun kann man mit Hilfe der Basset-Integralformel (III-35.74):

$$\mathrm{K}_\nu(z) = \frac{2^\nu \Gamma(\nu + \frac{1}{2})}{\sqrt{\pi} z^\nu} \int_0^\infty \frac{\cos(qz)}{(q^2+1)^{\nu+1/2}} \mathrm{d}q \tag{17.33}$$

die Funktionen $I_1(z)$ mit den **modifizierten Bessel-Funktionen 2. Art** $\mathrm{K}_\nu(z)$ verknüpfen:

$$I_1(z) = \frac{4\pi(mc)^3}{mc^2} \frac{1}{z} \frac{\mathrm{d}}{\mathrm{d}z} \left(\frac{\mathrm{d}^2}{\mathrm{d}z^2} - 1 \right) \left\{ \frac{z\sqrt{\pi}}{2\Gamma(3/2)} \mathrm{K}_1(z) \right\}, \tag{17.34}$$

wie sich durch eine elementare Rechnung verifizieren lässt. Mit Hilfe der Rekursionsrelationen (siehe Abschnitt III-35)

$$\frac{\mathrm{d}\mathrm{K}_\nu(z)}{\mathrm{d}z} = -\mathrm{K}_{\nu-1}(z) - \frac{\nu}{z}\mathrm{K}_\nu(z), \tag{17.35}$$

$$\frac{\mathrm{d}(z^\nu \mathrm{K}_\nu(z))}{\mathrm{d}z} = -z^\nu \mathrm{K}_{\nu-1}(z) \tag{17.36}$$

erhalten wir dann nach etwas Fleißarbeit:

$$\frac{1}{z}\frac{\mathrm{d}}{\mathrm{d}z}\left(\frac{\mathrm{d}^2}{\mathrm{d}z^2} - 1\right)\{z^\nu \mathrm{K}_\nu(z)\} = \left(2\nu - \frac{1}{2}\right) z^{\nu-4} \left(-2z(\nu-1)\mathrm{K}_{\nu+1}(z) + \mathrm{K}_\nu(z)(4\nu^2 + z^2 - 4\nu)\right), \tag{17.37}$$

und unter Ausnutzung der Rekursionsrelation:

$$\mathrm{K}_{\nu-1}(z) - \mathrm{K}_{\nu+1}(z) = -\frac{2\nu}{z}\mathrm{K}_\nu(z) \tag{17.38}$$

folgt für $\nu = 1$

$$\frac{1}{z}\frac{\mathrm{d}}{\mathrm{d}z}\left(\frac{\mathrm{d}^2}{\mathrm{d}z^2} - 1\right)[z\mathrm{K}_1(z)] = \frac{\mathrm{K}_1(z)}{z}.$$

Damit ist

$$I_1(z) = \frac{4\pi(mc)^3}{mc^2} \frac{\sqrt{\pi}}{2\Gamma(3/2)} \frac{\mathrm{K}_1(z)}{z}, \tag{17.39}$$

und somit

$$\Psi_{\boldsymbol{r}'}^{(+)}(\boldsymbol{r}) = \frac{1}{(2\pi\hbar)^3} \begin{pmatrix} 1 \\ 1 \end{pmatrix} \frac{m\pi^{3/2}\hbar}{2\Gamma(3/2)} \frac{\mathrm{K}_1(r/\lambda_\mathrm{C})}{r} + \frac{1}{4mc^2} \begin{pmatrix} 1 \\ -1 \end{pmatrix} \delta(\boldsymbol{r} - \boldsymbol{r}'). \tag{17.40}$$

Betrachtet man nun die asymptotische Reihenentwicklung für $\mathrm{K}_\nu(z)$:

$$\mathrm{K}_\nu(z) \xrightarrow{z\to\infty} \sqrt{\frac{\pi}{2z}} \mathrm{e}^{-z} \left(1 + \frac{4\nu^2 - 1}{8z} + O(z^{-2})\right),$$

so dass

$$\mathrm{K}_1(z) \xrightarrow{z\to\infty} \sqrt{\frac{\pi}{2z}}\mathrm{e}^{-z}\left(1+\frac{3}{8z}+O(z^{-2})\right),$$

so erhält man nach kurzer, ebenfalls elementarer Rechnung:

$$I_1(z) \xrightarrow{z\to\infty} \frac{4\pi^2(mc)^3}{mc^2}\frac{1}{2^{3/2}\Gamma(3/2)}\mathrm{e}^{-z}z^{-3/2}, \tag{17.41}$$

und damit:

$$\psi^{(+)}_{\boldsymbol{r}'}(\boldsymbol{r}) \xrightarrow{z\to\infty} \frac{1}{(2\pi\hbar)^3}\begin{pmatrix}1\\1\end{pmatrix}\frac{m\pi^2\hbar}{2^{3/2}\Gamma(3/2)}\frac{\mathrm{e}^{-r/\lambda_\mathrm{C}}}{\lambda_\mathrm{C}^{1/2}r^{3/2}}+\frac{1}{4mc^2}\begin{pmatrix}1\\-1\end{pmatrix}\delta(\boldsymbol{r}-\boldsymbol{r}'). \tag{17.42}$$

Die asymptotische Form (17.42) zeigt uns, dass die Eigenfunktion $\psi^{(\pm)}_{\boldsymbol{r}'}(\boldsymbol{r})$ zum Einteilchen-Ortsoperator $[\hat{\boldsymbol{r}}]$ offensichtlich nicht wie im nichtrelativistischen Fall scharf lokalisiert ist, sondern auch für $\boldsymbol{r} \neq \boldsymbol{r}'$ von Null verschieden ist. Für $r > \lambda_\mathrm{C} = \hbar/(mc)$ fällt die Wellenfunktion aufgrund der Exponentialfunktion stark ab. In anderen Worten: das Wellenpaket besitzt eine Breite von $\Delta r \approx \lambda_\mathrm{C}$ – eine schärfere Lokalisierung ist für reine Teilchen- oder Antiteilchen-Zustände in der relativistischen Quantenmechanik nicht möglich. Im nichtrelativistischen Grenzfall geht $\lambda_\mathrm{C} \to 0$, und der nichtlokale Anteil verschwindet.

Der mathematische Grund hinter der Nichtlokalisierbarkeit ist, dass weder die Zustände zu positiver noch die zu negativer Energie jeweils für sich genommen den verallgemeinerten Hilbert-Raum vollständig aufspannen, wie in Abschnitt 16 bereits angesprochen. Um eine zunehmende Lokalisierung mit $\Delta r < \lambda_\mathrm{C}$ zu erreichen, sind immer mehr Beimischungen der entsprechenden Antiteilchen-Zustände notwendig. Der Nebeneffekt ist dann aber eine zunehmende Zitterbewegung, siehe weiter oben. Das relativistische Maß (13.14) in der modifizierten Fourier-Transformation (13.15) verhindert ebenfalls „Aufsummieren" zum Delta-Funktional in der Vollständigkeitsrelation. Eine sehr gut lesbare Arbeit zum Zusammenhang zwischen dem Newton–Wigner-Ortsoperator, der (Nicht-)Lokalisierbarkeit seiner Eigenfunktionen und dem daraus abzuleitenden Gültigkeitsbereich der Einteilchen-Interpretation ist [Sil93].

Man kann die Nichtlokalisierbarkeit relativistischer Teilchen auch unter einem anderen Gesichtspunkt verstehen: für die kinetische Energie eines in einer Box eingesperrten Teilchens muss gelten $\boldsymbol{p}^2/(2m) < 2mc^2$, ansonsten ist Paarerzeugung zu erwarten. Betrachtet man nun die Heisenbergsche Unbestimmtheitsrelation (I-15.43), so folgt aus $(\Delta r)^2(\Delta p)^2 \geq \frac{\hbar^2}{4}$ zusammen mit $(\Delta p)^2 < 4m^2c^2$ dann $(\Delta r)^2 4m^2c^2 \geq \frac{\hbar^2}{4}$ oder:

$$\Delta r \geq \frac{\hbar}{4mc}.$$

Das heißt, die Nichtlokalisierbarkeit von Einteilchen-Zuständen in der relativistischen Quantenmechanik ist eine Konsequenz der Orts-Impuls-Unbestimmtheitsrelation (I-15.43) in Kombination mit dem Phänomen der Paarerzeugung. Wir erkennen hier bereits die

Grenzen der Einteilchen-Interpretation der Klein–Gordon-Theorie, welche wir im späteren Abschnitt 24 genauer diskutieren wollen.

Es sei an dieser Stelle aber erwähnt, dass in vielen Darstellungen der Zitterbewegung eine physikalische Realität beigemessen wird dahingehend, dass sie es sei, die einer Lokalisierbarkeit von Einteilchen-Zuständen im Wege steht. Die Einordnung der Zitterbewegung als reales physikalisches Phänomen geht bis auf Erwin Schrödinger zurück [Sch30; Sch31] und genießt auch heute noch, unter anderem im Zusammenhang mit dem Elektron-Spin, den Status einer regelrechten Denkschule [Hes90; Hes09]. Wir gehen auf diese Interpretation an dieser Stelle nicht weiter ein, streifen sie aber in Abschnitt 22 nochmals kurz.

18 Die Dirac-Gleichung und ihre Eigenschaften

Wie wir in Abschnitt 13 gesehen haben, führt die relativistische Energie-Impuls-Beziehung (13.9) durch die Ersetzung (13.2) auf die (freie) Klein–Gordon-Gleichung (13.10), eine Differentialgleichung zweiter Ordnung in der Zeit, mit der eingehend diskutierten Konsequenz negativer Energie-Eigenwerte und einer nicht-positiv-definiten verallgemeinerten Norm.

Wie eingangs dieses Kapitels bereits erläutert, wurde die Klein–Gordon-Gleichung kurz nach ihrem Auffinden aus genau diesen Gründen (und weil sie die falsche Formel für die Feinstruktur des Wasserstoffatoms lieferte) zunächst nicht weiter studiert. Vielmehr schickte sich im Jahre 1928 Paul Dirac an, die Klein–Gordon-Gleichung durch einen Linearisierungsansatz in die Form einer Schrödinger-Gleichung, sprich in eine Differentialgleichung erster Ordnung in der Zeit, überzuführen [Dir28a; Dir28b]. Wie wir sehen werden, verschwinden auf diese Weise zwar nicht die negativen Energie-Eigenwerte, aber man erhält eine positiv-definite erhaltene Norm.

Diese historische Ableitung besitzt aus heutiger Sicht zwar nicht die Systematik einer Ableitung aus grundsätzlichen Symmetrieprinzipien heraus, wie wir sie in Kapitel 3 durchführen werden, ist aber didaktisch sehr wertvoll, da die Methode an sich Einblicke in wichtige mathematische Zusammenhänge liefert. Die Anwendung dieser Linearisierungsmethode auf die Schrödinger-Gleichung haben wir bereits in Abschnitt II-11 eingehend betrachtet und diskutiert. Wir wiederholen daher im Wesentlichen die Schritte aus jenem Abschnitt und fassen uns in den Erläuterungen entsprechend knapper.

Wir nehmen die Klein–Gordon-Gleichung (13.10) als Ausgangspunkt und machen den folgenden Ansatz für einen Hamilton-Operator:

$$\hat{H} = c\boldsymbol{\alpha} \cdot \hat{\boldsymbol{p}} + \beta mc^2, \tag{18.1}$$

mit zunächst unbekannten dimensionslosen Koeffizienten $\boldsymbol{\alpha}, \beta$, so dass sich folgende Wellengleichung in der Hamilton-Form ergibt:

$$\begin{aligned} \mathrm{i}\hbar\frac{\partial}{\partial t}\psi(\boldsymbol{r},t) &= \left(c\boldsymbol{\alpha} \cdot \hat{\boldsymbol{p}} + \beta mc^2\right)\psi(\boldsymbol{r},t) \\ &= \left(-\mathrm{i}\hbar c\boldsymbol{\alpha} \cdot \nabla + \beta mc^2\right)\psi(\boldsymbol{r},t). \end{aligned} \tag{18.2}$$

Als Randbedingung soll gelten, dass die quadrierte Form von (18.2) wieder zur Klein–Gordon-Gleichung (13.10) führt, das heißt, es soll gelten:

$$\hat{H}^2 \stackrel{!}{=} c^2\hat{\boldsymbol{p}}^2 + m^2c^4. \tag{18.3}$$

Führt man also die Quadrierung von (18.1) aus, so kommt man zu

$$\underbrace{c^2\sum_{i,k}\alpha_i\alpha_k\hat{p}_k\hat{p}_i}_{\text{quadratisch in } \hat{p}_i} + \underbrace{mc^3\sum_k(\alpha_k\beta + \beta\alpha_k)\hat{p}_k}_{\text{linear in } \hat{p}_i} + \beta^2m^2c^4 \stackrel{!}{=} c^2\hat{\boldsymbol{p}}^2 + m^2c^4. \tag{18.4}$$

Die Koeffizienten α_i, β müssen demnach folgende Relationen erfüllen:

$$\alpha_i \alpha_k + \alpha_k \alpha_i \overset{!}{=} 2\delta_{ik} \mathbb{1}, \tag{18.5}$$

$$\alpha_k \beta + \beta \alpha_k \overset{!}{=} 0, \tag{18.6}$$

$$\beta^2 \overset{!}{=} \mathbb{1}. \tag{18.7}$$

Daraus folgt zunächst unmittelbar, dass α_i, β keine gewöhnlichen komplexen Zahlen sein können, sondern hermitesche Matrizen einer zu bestimmenden Dimension n. Aus den Bestimmungsgleichungen folgt ferner, dass die Matrizen α_i, β die Eigenwerte ± 1 besitzen, und dass aufgrund der zyklischen Vertauschbarkeit bei der Spurbildung gelten muss:

$$\operatorname{tr} \alpha_i = 0, \tag{18.8}$$

$$\operatorname{tr} \beta = 0. \tag{18.9}$$

Da die Spur aber die Summe der Eigenwerte darstellt, muss die Dimension n der Matrizen geradzahlig sein. $n = 2$ liefert jedoch keine 4 linear unbahängige Matrizen α_i, β, also muss mindestens $n = 4$ sein.

Dirac verwendete in seiner Originalarbeit von 1928 eine explizite Darstellung der Matrizen α_i, β, die heute als **Dirac-Darstellung** bekannt ist. Sie lautet:

$$\alpha_i = \begin{pmatrix} 0 & \sigma_i \\ \sigma_i & 0 \end{pmatrix}, \tag{18.10a}$$

$$\beta = \begin{pmatrix} \mathbb{1} & 0 \\ 0 & -\mathbb{1} \end{pmatrix}, \tag{18.10b}$$

mit den bekannten Pauli-Matrizen σ_i. Es gilt aber: erfüllen die Matrizen α_i, β die Bedingungen (18.5–18.7), so erfüllen die Matrizen α'_i, β', für die gilt:

$$\alpha'_i = \hat{S} \alpha_i \hat{S}^{-1}, \tag{18.11}$$

$$\beta' = \hat{S} \beta \hat{S}^{-1}, \tag{18.12}$$

mit einer linearen, nicht-singulären Transformation $\hat{S}$ im Bispinor-Raum, ebenfalls die Relationen (18.5–18.7), wie durch triviales Nachrechnen gesehen werden kann. $\hat{S}$ sei hierbei unitär, was zwar für die gerade betrachtete Eigenschaft nicht zwingend ist, für die Erhaltung der Norm (weiter unten) aber schon. In Abschnitt 19 werden wir eine weitere Darstellung vorstellen und insbesondere den Fundamentalsatz von Pauli betrachten.

Wir erhalten so die (freie) **Dirac-Gleichung** in Form einer Schrödinger-Gleichung:

$$\mathrm{i}\hbar \frac{\partial}{\partial t} \psi(\boldsymbol{r}, t) = \left(-\mathrm{i}\hbar c \boldsymbol{\alpha} \cdot \nabla + \beta m c^2 \right) \psi(\boldsymbol{r}, t), \tag{18.13}$$

oder kurz

$$\mathrm{i}\hbar \frac{\partial}{\partial t} \psi(\boldsymbol{r}, t) = \hat{H} \psi(\boldsymbol{r}, t) \tag{18.14}$$

mit dem freien Hamilton-Operator:

$$\hat{H} = c\boldsymbol{\alpha} \cdot \hat{\boldsymbol{p}} + \beta mc^2. \tag{18.15}$$

Die Wellenfunktion $\psi(\boldsymbol{r}, t)$ ist stellt hierbei einen sogenannten **Bispinor** oder **Dirac-Spinor** dar, häufig auch als „Viererspinor" bezeichnet – eine unglückliche Bezeichnung jedoch, denn im Gegensatz zu „Vierervektor" steht die „vier" hierbei nicht für die vier Raumzeit-Koordinaten, sondern für die vier Komponenten des Dirac-Spinor-Raums, kurz **Dirac-Raums**. Es ist

$$\psi(\boldsymbol{r}, t) = \begin{pmatrix} \phi(\boldsymbol{r}, t) \\ \chi(\boldsymbol{r}, t) \end{pmatrix}, \tag{18.16a}$$

$$\psi^\dagger(\boldsymbol{r}, t) = \begin{pmatrix} \phi^\dagger(\boldsymbol{r}, t) & \chi^\dagger(\boldsymbol{r}, t) \end{pmatrix}, \tag{18.16b}$$

mit zwei Pauli-Spinor-wertigen Funktionen $\phi(\boldsymbol{r}, t), \chi(\boldsymbol{r}, t)$, deren jeweilige Interpretation an dieser Stelle noch unklar ist. Hierbei heißt $\phi(\boldsymbol{r}, t)$ die **obere Komponente** von $\psi(\boldsymbol{r}, t)$ und $\chi(\boldsymbol{r}, t)$ die **untere Komponente** von $\psi(\boldsymbol{r}, t)$.

In jedem Fall ist die Dirac-Gleichung (18.13) per Konstruktion eine Differentialgleichung 1. Ordnung in der Zeit und stellt offensichtlich eine relativistische Schrödinger-Gleichung für Spin-$\frac{1}{2}$-Teilchen dar. Sie ist in dieser Form nicht manifest kovariant, jedoch leicht in eine kovariante Form überzuführen, wie wir gleich sehen werden. Der Hamilton-Operator (18.15) ist außerdem hermitesch, da die α_i, β hermitesche Matrizen sind, was die Hoffnung nährt, eine positiv-definite Norm zu erhalten. Zuletzt kann man schnell überprüfen, dass sich bei einem Darstellungswechsel der Matrizen α_i, β wie in (18.11,18.12) eine Transformation der Bispinoren $\psi(\boldsymbol{r}, t)$ gemäß

$$\psi'(\boldsymbol{r}, t) = \hat{S}\psi(\boldsymbol{r}, t) \tag{18.17}$$

einhergeht.

Kovariante Form der Dirac-Gleichung

Setzen wir

$$\gamma^0 := \beta, \tag{18.18}$$

$$\gamma^i := \beta\alpha_i, \tag{18.19}$$

und verwenden außerdem wieder

$$x^\mu = (ct, \boldsymbol{r}),$$

$$\partial_\mu = \left(\frac{1}{c}\frac{\partial}{\partial t}, \nabla\right),$$

so erhalten wir aus (18.13) nach linksseitiger Multiplikation mit β die (freie) Dirac-Gleichung in manifest kovarianter Form:

$$\left(\mathrm{i}\hbar\gamma^\mu\partial_\mu - mc\right)\psi(x) = 0. \tag{18.20}$$

In Kapitel 3 werden wir die Transformationseigenschaften relativistischer Wellengleichung eingehend untersuchen und dabei auch die Kovarianz von (18.20) explizit nachweisen.

Die Matrizen γ^μ heißen **Dirac-Matrizen** und genügen den Antikommutatorrelationen

$$\gamma^\mu \gamma^\nu + \gamma^\nu \gamma^\mu = 2\eta^{\mu\nu} \mathbb{1}, \tag{18.21}$$

sie erzeugen also eine **Clifford-Algebra** (siehe Abschnitte II-11 und II-12). In der **Dirac-Darstellung** lauten sie explizit:

$$\gamma^0 = \begin{pmatrix} \mathbb{1} & 0 \\ 0 & -\mathbb{1} \end{pmatrix}, \tag{18.22}$$

$$\gamma^i = \begin{pmatrix} 0 & \sigma_i \\ -\sigma_i & 0 \end{pmatrix}. \tag{18.23}$$

Für die weitere Verwendung der relativistisch-kovarianten Formulierung führen wir noch den **Dirac-adjungierten** Spinor $\bar{\psi}(x)$ ein:

$$\bar{\psi}(x) := \psi^\dagger(x)\beta \Longleftrightarrow \psi^\dagger(x) = \bar{\psi}(x)\gamma^0, \tag{18.24}$$

so dass in der Dirac-Darstellung:

$$\bar{\psi}(x) = \begin{pmatrix} \phi^*(x) & -\chi^*(x) \end{pmatrix}. \tag{18.25}$$

Er findet seine besondere Verwendung in der Bildung sogenannter kovarianter Bilinearformen, siehe Abschnitt 19.

Spin-Operator und Helizitätsoperator

Wir werden später verwenden:

$$\Sigma^{\mu\nu} := \frac{\mathrm{i}}{2}[\gamma^\mu, \gamma^\nu], \tag{18.26}$$

so dass

$$\begin{aligned} \gamma^\mu \gamma^\nu &= \frac{1}{2}\{\gamma^\mu, \gamma^\nu\} + \frac{1}{2}[\gamma^\mu, \gamma^\nu] \\ &= \eta^{\mu\nu} \mathbb{1} - \mathrm{i}\Sigma^{\mu\nu}, \end{aligned} \tag{18.27}$$

was nichts anderes darstellt als das Äquivalent der Pauli-Identität (II-4.30) für die Gamma-Matrizen. In der Dirac-Darstellung ergibt sich mit (II-4.26) explizit:

$$\Sigma^{0i} = \mathrm{i}\alpha_i, \tag{18.28a}$$

$$\Sigma^{ij} = \epsilon_{ijk}\Sigma_k \tag{18.28b}$$

mit

$$\Sigma_i := \begin{pmatrix} \sigma_i & 0 \\ 0 & \sigma_i \end{pmatrix}, \tag{18.28c}$$

was auch geschrieben werden kann wie

$$\Sigma_i = -\frac{i}{2}\epsilon_{ijk}\alpha_j\alpha_k, \tag{18.29}$$

beziehungsweise

$$\boldsymbol{\Sigma} = -\frac{i}{2}\boldsymbol{\alpha} \times \boldsymbol{\alpha}. \tag{18.30}$$

Der Operator

$$\hat{\boldsymbol{S}} := \frac{\hbar}{2}\boldsymbol{\Sigma} \tag{18.31}$$

stellt den **Spin-Operator** in der Dirac-Theorie dar, und es gilt:

$$[\hat{S}_i, \hat{S}_j] = i\hbar\epsilon_{ijk}\hat{S}_k. \tag{18.32}$$

Die Bezeichnung „relativistischer Spin-Operator" für $\hat{\boldsymbol{S}}$ ist nicht ganz unproblematisch und allenfalls im Ruhesystem wirklich angebracht – wir werden im Rahmen der Einteilchen-Interpretation der Dirac-Gleichung in Abschnitt 22 darauf zurückkommen. In jedem Falle wird sich in Abschnitt 27 zeigen, dass der in (18.26) definierte Operator $\Sigma^{\mu\nu}$ den Generator von Lorentz-Transformationen im Dirac-Raum darstellt. Wir fügen der Vollständigkeit noch hinzu:

$$\alpha_i\alpha_j = \delta_{ij}\mathbb{1} + i\Sigma^{ij} \tag{18.33a}$$

$$= \delta_{ij}\mathbb{1} + i\epsilon_{ijk}\Sigma_k. \tag{18.33b}$$

Im Gegensatz zum nichtrelativistischen Fall (Abschnitt II-23) vertauschen der Operator für den Bahndrehimpuls $\hat{\boldsymbol{L}}$ und der Spin-Operator $\hat{\boldsymbol{S}}$ nicht jeweils einzeln mit dem Hamilton-Operator $\hat{H}$. Es ist:

$$\begin{aligned}[\hat{L}_i, \boldsymbol{\alpha}\cdot\hat{\boldsymbol{p}}] &= \alpha_j[\hat{L}_i, \hat{p}_j] \\ &= i\hbar\epsilon_{ijk}\alpha_j\hat{p}_k,\end{aligned}$$

denn im Unterschied zum nichtrelativstischen Fall taucht der Impulsoperator $\hat{\boldsymbol{p}}$ linear im Hamilton-Operator auf und nicht quadratisch. Für den Spin-Operator $\hat{\boldsymbol{S}}$ kann man mit Hilfe von (18.29) leicht nachrechnen:

$$[\hat{S}_i, \beta] = 0, \tag{18.34}$$

$$\begin{aligned}[\hat{S}_i, \boldsymbol{\alpha}\cdot\hat{\boldsymbol{p}}] &= [\hat{S}_i, \alpha_j]\hat{p}_j \\ &= i\hbar\epsilon_{ijk}\alpha_k\hat{p}_j \\ &= -i\hbar\epsilon_{ijk}\alpha_j\hat{p}_k.\end{aligned} \tag{18.35}$$

Damit ist

$$[\hat{\boldsymbol{L}}, \hat{H}] = i\hbar c\boldsymbol{\alpha} \times \hat{\boldsymbol{p}}, \tag{18.36}$$

$$[\hat{\boldsymbol{S}}, \hat{H}] = -i\hbar c\boldsymbol{\alpha} \times \hat{\boldsymbol{p}}, \tag{18.37}$$

$$[\hat{\boldsymbol{J}}, \hat{H}] = 0. \tag{18.38}$$

Man erkennt also, dass zwar $\hat{\boldsymbol{L}}$ und $\hat{\boldsymbol{S}}$ einzeln nicht mit $\hat{H}$ kommutieren, der Gesamtdrehimpuls $\hat{\boldsymbol{J}} = \hat{\boldsymbol{L}} + \hat{\boldsymbol{S}}$ hingegen sehr wohl. Außerdem ist:

$$[\hat{\boldsymbol{S}}^2, \hat{H}] = 0, \tag{18.39}$$

$$\begin{aligned}[\hat{\boldsymbol{L}}^2, \hat{H}] &= \mathrm{i}\hbar\epsilon_{ijk}\alpha_i(\hat{p}_j\hat{L}_k - \hat{L}_j\hat{p}_k), \\ &= 2\mathrm{i}\hbar c(\boldsymbol{\alpha} \times \hat{\boldsymbol{p}}) \cdot \hat{\boldsymbol{L}} + 2\hbar^2 c\boldsymbol{\alpha} \cdot \hat{\boldsymbol{p}},\end{aligned} \tag{18.40}$$

$$[\hat{\boldsymbol{J}}^2, \hat{H}] = 0, \tag{18.41}$$

unter Verwendung von (II-1.10) in der zweiten Zeile. Man sieht, dass $\hat{\boldsymbol{L}}^2$ keine Erhaltungsgröße darstellt, dafür aber $\hat{\boldsymbol{S}}^2$ und $\hat{\boldsymbol{J}}^2$.

Der Helizität eines Punktteilchens sind wir des öfteren bereits begegnet. Für Spin-$\frac{1}{2}$-Teilchen ist der **Helizitätsoperator** $\hat{h}$ definiert durch

$$\hat{h} := \frac{\hat{\boldsymbol{S}} \cdot \hat{\boldsymbol{p}}}{|\boldsymbol{p}|}, \tag{18.42}$$

und es ist schnell zu sehen, dass er mit dem freien Hamilton-Operator (18.15) vertauscht:

$$[\hat{h}, \hat{H}] = 0. \tag{18.43}$$

Die Helizität eines freien Punktteilchens ist also eine zeitliche Erhaltungsgröße, und die Eigenwerte von $\hat{h}$ sind $\pm\hbar/2$.

Norm und Kontinuitätsgleichung

Wie in der Klein–Gordon-Theorie kann man aus der Dirac-Gleichung eine Kontinuitätsgleichung ableiten. Hierzu multiplizieren wir die Dirac-Gleichung (18.13) linksseitig mit $\psi^\dagger(\boldsymbol{r}, t)$:

$$\mathrm{i}\hbar\psi^\dagger(\boldsymbol{r}, t)\frac{\partial\psi(\boldsymbol{r}, t)}{\partial t} = -\mathrm{i}\hbar c\psi^\dagger(\boldsymbol{r}, t)\boldsymbol{\alpha} \cdot \nabla\psi(\boldsymbol{r}, t) + mc^2\psi^\dagger(\boldsymbol{r}, t)\beta\psi(\boldsymbol{r}, t) \tag{18.44}$$

und die adjungierte Dirac-Gleichung rechtsseitig mit $\psi(\boldsymbol{r}, t)$:

$$-\mathrm{i}\hbar\frac{\partial\psi^\dagger(\boldsymbol{r}, t)}{\partial t}\psi(\boldsymbol{r}, t) = +\mathrm{i}\hbar c(\nabla\psi^\dagger(\boldsymbol{r}, t))\boldsymbol{\alpha} \cdot \psi(\boldsymbol{r}, t) + mc^2\psi^\dagger(\boldsymbol{r}, t)\beta\psi(\boldsymbol{r}, t). \tag{18.45}$$

Subtrahiert man (18.45) von (18.44), erhält man die Kontinuitätsgleichung

$$\frac{\partial\rho(\boldsymbol{r}, t)}{\partial t} + \nabla \cdot \boldsymbol{j}(\boldsymbol{r}, t) = 0, \tag{18.46}$$

wobei

$$\rho(\boldsymbol{r}, t) = \psi^\dagger(\boldsymbol{r}, t)\psi(\boldsymbol{r}, t), \tag{18.47}$$

$$\boldsymbol{j}(\boldsymbol{r}, t) = \psi^\dagger(\boldsymbol{r}, t)c\boldsymbol{\alpha}\psi(\boldsymbol{r}, t). \tag{18.48}$$

In kovarianter Formulierung:

$$\partial_\mu j^\mu(x) = 0, \tag{18.49}$$

mit

$$j^\mu(x) := \bar{\psi}(x)\gamma^\mu\psi(x), \tag{18.50}$$

wobei wieder

$$j^\mu = (c\rho, \boldsymbol{j}).$$

Da die Ausdrücke (18.47) und (18.48) keine Ableitungen enthalten, kann (18.47) wieder als Definitionsgleichung für eine erhaltene, und – im Unterschied zur Klein–Gordon-Theorie – positiv-definite **Norm** aufgefasst werden. Wir definieren wie in der Klein–Gordon-Theorie ein **Skalarprodukt**:

$$(\psi_1, \psi_2) := \int \mathrm{d}^3\boldsymbol{r}\,\psi_1^\dagger(\boldsymbol{r},t)\psi_2(\boldsymbol{r},t), \tag{18.51}$$

Das Raumintegral über (18.47) kann dann geschrieben werden als:

$$\int \mathrm{d}^3\boldsymbol{r}\,\rho(\boldsymbol{r},t) = (\psi,\psi)\,. \tag{18.52}$$

Das Skalarprodukt ist wie in der Klein–Gordon-Theorie Lorentz-invariant, und der Nachweis ist noch einfacher als dort:

$$\begin{aligned}
(\psi_1, \psi_2) &= \int \mathrm{d}^3\boldsymbol{r}\,\psi_1^\dagger(\boldsymbol{r},t)\psi_2(\boldsymbol{r},t)\\
&= \frac{1}{(2\pi\hbar)^3}\int \mathrm{d}^3\boldsymbol{r}\int\frac{\mathrm{d}^3\boldsymbol{p}}{2E_{\boldsymbol{p}}}\int\frac{\mathrm{d}^3\boldsymbol{p}'}{2E_{\boldsymbol{p}'}}\mathrm{e}^{\mathrm{i}(\boldsymbol{p}'-\boldsymbol{p})\cdot\boldsymbol{r}/\hbar}\tilde{\psi}_1^\dagger(\boldsymbol{p},t)\tilde{\psi}_2(\boldsymbol{p}',t)\\
&= \int\frac{\mathrm{d}^3\boldsymbol{p}}{2E_{\boldsymbol{p}}}\int\frac{\mathrm{d}^3\boldsymbol{p}'}{2E_{\boldsymbol{p}'}}\delta(\boldsymbol{p}-\boldsymbol{p}')\tilde{\psi}_1^\dagger(\boldsymbol{p},t)\tilde{\psi}_2(\boldsymbol{p}',t),
\end{aligned}$$

und damit

$$(\psi_1, \psi_2) = \int\frac{\mathrm{d}^3\boldsymbol{p}}{2E_{\boldsymbol{p}}}\tilde{\psi}_1^\dagger(\boldsymbol{p},t)\tilde{\psi}_2(\boldsymbol{p},t). \tag{18.53}$$

Also ist (ψ_1, ψ_2) genau dann Lorentz-invariant, wenn $\tilde{\psi}_1^\dagger(\boldsymbol{p},t)\tilde{\psi}_2(\boldsymbol{p}',t)$ Lorentz-invariant ist. Wir kommen bei der Normierung der Basislösungen darauf zurück.

Die Positiv-Definitheit von (18.47) beziehungsweise (18.51) ist zwar an dieser Stelle zunächst hocherfreulich, allerdings drängt sich die im Rahmen der Klein–Gordon-Theorie stark thematisierte Ladungsinterpretation (Abschnitt 13) nun nicht gerade auf! Wir werden aber in einem späteren Nachfolgeband zur relativistischen Quantenfeldtheorie sehen, dass nach Feldquantisierung sowohl in der Klein–Gordon-Theorie als auch in der Dirac-Theorie Teilchen und Antiteilchen einen Beitrag jeweils unterschiedlichen Vorzeichens zur Ladungsdichte liefern und letztlich, als Quantenfeldtheorien betrachtet mit korrekter symmetrischer

Behandlung von Teilchen und Antiteilchen, mit der Ausnahme von Spin sämtliche grundsätzlichen qualitativen Unterschiede in der Interpretation zwischen der Klein–Gordon- und der Dirac-Theorie verschwinden. Im Rahmen dieses Kapitels werden wir mit $\bar{\psi}(x)\psi(x)$ eine Lorentz-invariante skalare Größe kennenlernen, die *nicht* positiv-definit ist – wir kommen in Abschnitt 19 darauf zurück.

Der Ausdruck (18.50) sieht dem entsprechenden Ausdruck (13.27) für Spin-0-Teilchen so gar nicht ähnlich und ist nicht sehr aussagekräftig. Aus der Dirac-Gleichung kann man aber einen anderen Ausdruck für den erhaltenen Strom ableiten, der eine genauere Untersuchung des erhaltenen Stroms erlaubt – dieser geht ursprünglich auf Walter Gordon [Gor28a] zurück. Wir multiplizieren die Dirac-Gleichung in kovarianter Form (18.20) linksseitig mit $\bar{\psi}(x)\gamma^\mu$:

$$\mathrm{i}\hbar\bar{\psi}(x)\gamma^\mu\gamma^\nu\partial_\nu\psi(x) = mc\bar{\psi}(x)\gamma^\mu\psi(x). \tag{18.54}$$

Die konjugierte Dirac-Gleichung, rechtsseitig mit $\gamma^\mu\psi(x)$ multipliziert, ergibt:

$$-\mathrm{i}\hbar(\partial_\nu\bar{\psi}(x))\gamma^\nu\gamma^\mu\psi(x) = mc\bar{\psi}(x)\gamma^\mu\psi(x). \tag{18.55}$$

Addieren wir (18.54) und (18.55), erhalten wir:

$$\bar{\psi}(x)\gamma^\mu\psi(x) = \frac{\mathrm{i}\hbar}{2mc}\left[\bar{\psi}(x)\gamma^\mu\gamma^\nu\partial_\nu\psi(x) - (\partial_\nu\bar{\psi}(x))\gamma^\nu\gamma^\mu\psi(x)\right], \tag{18.56}$$

und nach Verwendung von (18.27) erhalten wir:

$$\bar{\psi}(x)\gamma^\mu\psi(x) = \frac{\mathrm{i}\hbar}{2mc}\left[\bar{\psi}(x)\partial^\mu\psi(x) - (\partial^\mu\bar{\psi}(x))\psi(x) - \mathrm{i}\partial_\nu(\bar{\psi}(x)\Sigma^{\mu\nu}\psi(x))\right]. \tag{18.57}$$

Der Ausdruck (18.57) wird als **Gordon-Zerlegung** des erhaltenen Vierer-Stroms in zwei Teile bezeichnet: einen Teil (die ersten beiden Terme), der aus der raumzeitlichen Bewegung des Punktteilchens folgt, und einen Teil (der dritte Term), der vom Spin des Teilchens herrührt. In der Form (18.57) besitzt der erhaltene Strom – bis auf den Spin-abhängigen Term – nun die gleiche Struktur wie (13.27).

Basis-Lösungen der freien Dirac-Gleichung

Die Basislösungen der stationären Dirac-Gleichung

$$\hat{H}\psi(\boldsymbol{r},t) = E\psi(\boldsymbol{r},t) \tag{18.58}$$

mit dem Hamilton-Operator (18.15) sind wie im Klein–Gordon-Fall recht einfach zu finden. Mit dem Ansatz

$$\psi(\boldsymbol{r},t) = A(\boldsymbol{p})\mathrm{e}^{-\mathrm{i}(Et-\boldsymbol{p}\cdot\boldsymbol{r})/\hbar},$$

wobei $A(\boldsymbol{p}) = \begin{pmatrix}\phi(\boldsymbol{p})\\ \chi(\boldsymbol{p})\end{pmatrix}$ eine bispinorwertige Eigenfunktion zu $\hat{H}$ und damit auch zum Impulsoperator $\boldsymbol{\alpha}\cdot\hat{\boldsymbol{p}}$ darstellt, und Einsetzen in (18.13) erhält man das lineare Gleichungssystem

$$(E - mc^2)\phi(\boldsymbol{p}) - c\boldsymbol{\sigma} \cdot \boldsymbol{p}\chi(\boldsymbol{p}) = 0 \tag{18.59}$$

$$-c\boldsymbol{\sigma} \cdot \boldsymbol{p}\phi(\boldsymbol{p}) + (E + mc^2)\chi(\boldsymbol{p}) = 0, \tag{18.60}$$

welches nur dann nichttriviale Lösungen hat, wenn die Determinante der Koeffizientenmatrix verschwindet:

$$E^2 - m^2c^4 - c^2(\boldsymbol{\sigma} \cdot \boldsymbol{p})(\boldsymbol{\sigma} \cdot \boldsymbol{p}) \stackrel{!}{=} 0.$$

Unter Berücksichtigung der Pauli-Identität (II-4.31) erhält man wie im Falle der Klein–Gordon-Gleichung:

$$E = \pm E_{\boldsymbol{p}},$$

mit $E_{\boldsymbol{p}}$ gemäß (13.16). Zumindest das Vorhandensein negativer Energien besteht in der Dirac-Theorie also unverändert.

Löst man in (18.60) nach $\chi(\boldsymbol{p})$ auf, erhält man

$$A(\boldsymbol{p}) =: u(\boldsymbol{p}) = \begin{pmatrix} \phi \\ \frac{c\boldsymbol{\sigma}\cdot\boldsymbol{p}}{E+mc^2}\phi \end{pmatrix},$$

und wir wählen $E = +E_{\boldsymbol{p}}$, da so für $\boldsymbol{p} \longrightarrow \boldsymbol{0}$ auch $\frac{c\boldsymbol{\sigma}\cdot\boldsymbol{p}}{E+mc^2} \longrightarrow 0$. Für $E = -E_{\boldsymbol{p}}$ wäre der Ausdruck für $\boldsymbol{p} \longrightarrow \boldsymbol{0}$ divergent. Löst man umgekehrt in (18.59) nach $\phi(\boldsymbol{p})$ auf, erhält man

$$A(\boldsymbol{p}) =: v(\boldsymbol{p}) = \begin{pmatrix} \frac{c\boldsymbol{\sigma}\cdot\boldsymbol{p}}{E-mc^2}\chi \\ \chi \end{pmatrix},$$

und wir müssen $E = -E_{\boldsymbol{p}}$ wählen.

Die vier linear unabhängigen Basis-Lösungen wählen wir dann von der Form:

$$\psi_{\boldsymbol{p}}^{(+)1,2}(\boldsymbol{r},t) = \frac{1}{(2\pi\hbar)^{3/2}}\sqrt{\frac{E_{\boldsymbol{p}}+mc^2}{2mc^2}}\begin{pmatrix} \phi^{1,2} \\ \frac{c\boldsymbol{\sigma}\cdot\boldsymbol{p}}{E_{\boldsymbol{p}}+mc^2}\phi^{1,2} \end{pmatrix} \mathrm{e}^{-\mathrm{i}(E_{\boldsymbol{p}}t-\boldsymbol{p}\cdot\boldsymbol{r})/\hbar}, \tag{18.61a}$$

$$\psi_{-\boldsymbol{p}}^{(-)1,2}(\boldsymbol{r},t) = \frac{1}{(2\pi\hbar)^{3/2}}\sqrt{\frac{E_{\boldsymbol{p}}+mc^2}{2mc^2}}\begin{pmatrix} \frac{c\boldsymbol{\sigma}\cdot\boldsymbol{p}}{E_{\boldsymbol{p}}+mc^2}\chi^{1,2} \\ \chi^{1,2} \end{pmatrix} \mathrm{e}^{+\mathrm{i}(E_{\boldsymbol{p}}t-\boldsymbol{p}\cdot\boldsymbol{r})/\hbar}, \tag{18.61b}$$

wobei $\phi^{1,2}, \chi^{1,2}$ jeweils konstante, linear unabhängige Pauli-Spinoren sind und daher eine gewisse Restfreiheit in der Wahl der Lösung besteht. Die gängige Konvention ist:

$$\phi^1 = \chi^1 = \begin{pmatrix} 1 \\ 0 \end{pmatrix}, \tag{18.62}$$

$$\phi^2 = \chi^2 = \begin{pmatrix} 0 \\ 1 \end{pmatrix}. \tag{18.63}$$

entsprechend der beiden Einstellungen Spin-↑ und Spin-↓. In kovarianter Formulierung:

$$\psi_{\boldsymbol{p}}^{(+)1,2}(x) = \frac{1}{(2\pi\hbar)^{3/2}}\sqrt{\frac{p_0+mc}{2mc}}\begin{pmatrix}\phi^{1,2}\\ \frac{\boldsymbol{\sigma}\cdot\boldsymbol{p}}{p_0+mc}\phi^{1,2}\end{pmatrix}\mathrm{e}^{-\mathrm{i}(x_\mu p^\mu)/\hbar}, \tag{18.64a}$$

$$\psi_{-\boldsymbol{p}}^{(-)1,2}(x) = \frac{1}{(2\pi\hbar)^{3/2}}\sqrt{\frac{p_0+mc}{2mc}}\begin{pmatrix}\frac{\boldsymbol{\sigma}\cdot\boldsymbol{p}}{p_0+mc}\chi^{1,2}\\ \chi^{1,2}\end{pmatrix}\mathrm{e}^{+\mathrm{i}(x_\mu p^\mu)/\hbar}, \tag{18.64b}$$

Die Normierung ist dabei Lorentz-invariant:

$$\left(\psi_{\boldsymbol{p}}^{(\pm)i}, \psi_{\boldsymbol{p}'}^{(\pm)j}\right) = +\frac{E_{\boldsymbol{p}}}{mc^2}\delta(\boldsymbol{p}-\boldsymbol{p}')\delta_{ij}, \tag{18.65}$$

für die jeweiligen Spin-Einstellungen $i, j \in \{1, 2\}$. Man beachte, dass in der Literatur – so wie in der Klein–Gordon-Theorie – häufig auch alternative Normierungen verwendet werden!

Die vier Basislösungen $\psi_{\boldsymbol{p}}^{(\pm)1,2}$ hängen wie in der Klein–Gordon-Theorie über die **Ladungskonjugation** zusammen. Wir werden dies in Abschnitt 20 betrachten.

Dirac-Gleichung mit elektromagnetischem Feld

Zur Beschreibung eines geladenes Punktteilchen mit der Masse m, Spin $\frac{1}{2}$ und der elektrischen Ladung q im relativistischen Fall, modifizieren wir die Dirac-Gleichung auf bewährte Weise nach dem Prinzip der minimalen Kopplung:

$$E \mapsto E - q\hat{\phi}_{\text{em}}(\hat{\boldsymbol{r}}, t),$$
$$\hat{\boldsymbol{p}} \mapsto \hat{\boldsymbol{p}} - \frac{q}{c}\hat{\boldsymbol{A}}(\hat{\boldsymbol{r}}, t)$$

beziehungsweise

$$\mathrm{i}\hbar\frac{\partial}{\partial t} \mapsto \mathrm{i}\hbar\frac{\partial}{\partial t} - q\phi_{\text{em}}(\boldsymbol{r}, t),$$
$$-\mathrm{i}\hbar\nabla \mapsto -\mathrm{i}\hbar\nabla - \frac{q}{c}\boldsymbol{A}(\boldsymbol{r}, t),$$

mit dem Coulomb-Potential $\phi_{\text{em}}(\boldsymbol{r}, t)$ und dem Vektorpotential $\boldsymbol{A}(\boldsymbol{r}, t)$. Um eine Verwechslung mit den Bispinor-wertigen Komponenten des Dirac-Spinors zu vermeiden, erhalten dabei das skalare Potential und die Eichfunktion ein Subskript „em“. In relativistisch-kovarianter Notation:

$$p^\mu \mapsto p^\mu - \frac{q}{c}A^\mu(x),$$

beziehungsweise

$$\mathrm{i}\hbar\partial^\mu \mapsto \mathrm{i}\hbar\partial^\mu - \frac{q}{c}A^\mu(x).$$

Wir erhalten dann aus (18.13):

$$\mathrm{i}\hbar\frac{\partial\psi(\boldsymbol{r}, t)}{\partial t} = \left[-c\boldsymbol{\alpha}\cdot\left(\mathrm{i}\hbar\nabla + \frac{q}{c}\boldsymbol{A}(\boldsymbol{r}, t)\right) + \mathbb{1}q\phi_{\text{em}}(\boldsymbol{r}, t) + \beta mc^2\right]\psi(\boldsymbol{r}, t), \tag{18.66}$$

beziehungsweise aus (18.20) in relativistisch-kovarianter Form:

$$\left[\gamma^\mu\left(\mathrm{i}\hbar\partial_\mu - \frac{q}{c}A_\mu(x)\right) - mc\right]\psi(x) = 0. \tag{18.67}$$

Wie die nichtrelativstische Schrödinger- und die Klein–Gordon-Gleichung ist die Dirac-Gleichung mit minimaler Kopplung eichkovariant:

Satz (Eichkovarianz der Dirac-Gleichung). *Unter einer Eichtransformation des minimal angekoppelten elektromagnetischen Feldes $A^\mu(x)$ der Art:*

$$A^\mu(x) \mapsto A'^\mu(x) = A^\mu(x) - \partial^\mu \chi_{\mathrm{em}}(x), \tag{18.68}$$

mit einer beliebigen reellen skalaren Funktion $\chi_{\mathrm{em}}(x)$ ist die Dirac-Gleichung (18.67) kovariant, sofern sich die Wellenfunktion $\psi(x)$ transformiert gemäß:

$$\psi(x) \mapsto \psi'(x) = \mathrm{e}^{\mathrm{i}\Lambda(x)}\psi(x), \tag{18.69}$$

mit

$$\Lambda(x) = \frac{q}{\hbar c}\chi_{\mathrm{em}}(x). \tag{18.70}$$

Beweis. (Stures Nachrechnen.) ■

Interessant ist, dass die Kontinuitätsgleichung für die Dirac-Gleichung im Falle eines minimal angekoppelten elektromagnetischen Felds identisch aussieht wie im Falle ohne: da die Stromdichte (18.48) keine Ableitungen erhält – im Gegensatz zum Fall der Klein–Gordon-Gleichung (13.30) – hängen hier die räumlichen Komponenten des Viererstroms nicht explizit von den Potentialen ab, sondern nur implizit über die Wellenfunktion selbst. Die Ausdrücke (18.49,18.46,18.48) gelten also unverändert.

Nichtrelativistischer Grenzfall

Die Vorgehensweise gleicht der bei der Klein–Gordon-Gleichung am Ende von Abschnitt 16, wir verwenden im Folgenden aber eine vereinfachte Operatorschreibweise. Wir betrachten die Basislösungen (18.61) der freien Dirac-Gleichung zu positiver beziehungsweise negativer Energie und schreiben kurz:

$$\psi_{\boldsymbol{p}}^{(+)}(\boldsymbol{r},t) = \begin{pmatrix} \Phi_{\boldsymbol{p}}^{(+)}(\boldsymbol{r},t) \\ \frac{c\boldsymbol{\sigma}\cdot\boldsymbol{p}}{E_{\boldsymbol{p}}+mc^2}\Phi_{\boldsymbol{p}}^{(+)}(\boldsymbol{r},t) \end{pmatrix}, \tag{18.71a}$$

$$\psi_{-\boldsymbol{p}}^{(-)}(\boldsymbol{r},t) = \begin{pmatrix} \frac{c\boldsymbol{\sigma}\cdot\boldsymbol{p}}{E_{\boldsymbol{p}}+mc^2}X_{-\boldsymbol{p}}^{(-)}(\boldsymbol{r},t) \\ X_{-\boldsymbol{p}}^{(-)}(\boldsymbol{r},t) \end{pmatrix}. \tag{18.71b}$$

Hierbei haben wir auf die explizite Angabe des Spin-Superskripts verzichtet, da dieser im Folgenden keine Rolle spielt. Ähnlich wie in Abschnitt 16 verwenden wir, dass

$$\left(1 + \frac{E_{\boldsymbol{p}}}{mc^2}\right)^{-1} \approx 1 - \frac{E_{\boldsymbol{p}}}{mc^2} = -O(\boldsymbol{v}^2/c^2),$$

und stellen fest, dass für positive Lösungen $\psi_{\boldsymbol{p}}^{(+)}(\boldsymbol{r},t)$ die untere Komponente gegenüber der oberen Komponente um einen Faktor $O(v^2/c^2)$ unterdrückt ist. Für negative Lösungen $\psi_{-\boldsymbol{p}}^{(-)}(\boldsymbol{r},t)$ ist es genau umgekehrt. Aus diesem Grund heißen $\Phi_{\boldsymbol{p}}^{(+)}(\boldsymbol{r},t)$ und $X_{-\boldsymbol{p}}^{(-)}(\boldsymbol{r},t)$ auch die **großen Komponenten**, entsprechend $\Phi_{-\boldsymbol{p}}^{(-)}(\boldsymbol{r},t)$ und $X_{\boldsymbol{p}}^{(+)}(\boldsymbol{r},t)$ die **kleinen Komponenten**, von $\psi_{\boldsymbol{p}}^{(\pm)}(\boldsymbol{r},t)$ (vergleiche die entsprechende Diskussion in Abschnitt 16).

Setzen wir (18.71) in die Dirac-Gleichung (18.14) ein, ergibt sich in der Dirac-Darstellung (18.10) dann:

$$\begin{aligned}
\mathrm{i}\hbar\frac{\partial}{\partial t}\begin{pmatrix}\Phi_{\boldsymbol{p}}^{(+)}(\boldsymbol{r},t)\\ \frac{c\boldsymbol{\sigma}\cdot\boldsymbol{p}}{E_{\boldsymbol{p}}+mc^2}\Phi_{\boldsymbol{p}}^{(+)}(\boldsymbol{r},t)\end{pmatrix} &= \begin{pmatrix}\frac{(c\boldsymbol{\sigma}\cdot\boldsymbol{p})(c\boldsymbol{\sigma}\cdot\hat{\boldsymbol{p}})}{E_{\boldsymbol{p}}+mc^2}\Phi_{\boldsymbol{p}}^{(+)}(\boldsymbol{r},t)\\ (c\boldsymbol{\sigma}\cdot\hat{\boldsymbol{p}})\Phi_{\boldsymbol{p}}^{(+)}(\boldsymbol{r},t)\end{pmatrix} + mc^2\begin{pmatrix}\Phi_{\boldsymbol{p}}^{(+)}(\boldsymbol{r},t)\\ -\frac{c\boldsymbol{\sigma}\cdot\boldsymbol{p}}{E_{\boldsymbol{p}}+mc^2}\Phi_{\boldsymbol{p}}^{(+)}(\boldsymbol{r},t)\end{pmatrix}\\
&= \begin{pmatrix}\frac{(c\boldsymbol{\sigma}\cdot\boldsymbol{p})(c\boldsymbol{\sigma}\cdot\boldsymbol{p})}{E_{\boldsymbol{p}}+mc^2}\Phi_{\boldsymbol{p}}^{(+)}(\boldsymbol{r},t)\\ (c\boldsymbol{\sigma}\cdot\boldsymbol{p})\Phi_{\boldsymbol{p}}^{(+)}(\boldsymbol{r},t)\end{pmatrix} + mc^2\begin{pmatrix}\Phi_{\boldsymbol{p}}^{(+)}(\boldsymbol{r},t)\\ -\frac{c\boldsymbol{\sigma}\cdot\boldsymbol{p}}{E_{\boldsymbol{p}}+mc^2}\Phi_{\boldsymbol{p}}^{(+)}(\boldsymbol{r},t)\end{pmatrix},
\end{aligned} \tag{18.72}$$

beziehungsweise

$$\begin{aligned}
\mathrm{i}\hbar\frac{\partial}{\partial t}\begin{pmatrix}\frac{c\boldsymbol{\sigma}\cdot\boldsymbol{p}}{E_{\boldsymbol{p}}+mc^2}X_{-\boldsymbol{p}}^{(-)}(\boldsymbol{r},t)\\ X_{-\boldsymbol{p}}^{(-)}(\boldsymbol{r},t)\end{pmatrix} &= \begin{pmatrix}(c\boldsymbol{\sigma}\cdot\hat{\boldsymbol{p}})X_{-\boldsymbol{p}}^{(-)}(\boldsymbol{r},t)\\ \frac{(c\boldsymbol{\sigma}\cdot\boldsymbol{p})(c\boldsymbol{\sigma}\cdot\hat{\boldsymbol{p}})}{E_{\boldsymbol{p}}+mc^2}X_{-\boldsymbol{p}}^{(-)}(\boldsymbol{r},t)\end{pmatrix} + mc^2\begin{pmatrix}\frac{c\boldsymbol{\sigma}\cdot\boldsymbol{p}}{E_{\boldsymbol{p}}+mc^2}X_{-\boldsymbol{p}}^{(-)}(\boldsymbol{r},t)\\ -X_{-\boldsymbol{p}}^{(-)}(\boldsymbol{r},t)\end{pmatrix}\\
&= \begin{pmatrix}-(c\boldsymbol{\sigma}\cdot\boldsymbol{p})X_{-\boldsymbol{p}}^{(-)}(\boldsymbol{r},t)\\ -\frac{(c\boldsymbol{\sigma}\cdot\boldsymbol{p})(c\boldsymbol{\sigma}\cdot\boldsymbol{p})}{E_{\boldsymbol{p}}+mc^2}X_{-\boldsymbol{p}}^{(-)}(\boldsymbol{r},t)\end{pmatrix} + mc^2\begin{pmatrix}\frac{c\boldsymbol{\sigma}\cdot\boldsymbol{p}}{E_{\boldsymbol{p}}+mc^2}X_{-\boldsymbol{p}}^{(-)}(\boldsymbol{r},t)\\ -X_{-\boldsymbol{p}}^{(-)}(\boldsymbol{r},t)\end{pmatrix}.
\end{aligned} \tag{18.73}$$

Man beachte hierbei, dass ja gilt:

$$(\boldsymbol{\alpha}\cdot\hat{\boldsymbol{p}})\psi_{\pm\boldsymbol{p}}^{(\pm)} = (\pm\boldsymbol{\alpha}\cdot\boldsymbol{p})\psi_{\pm\boldsymbol{p}}^{(\pm)}\,!$$

Spalten wir nun wieder den Anteil der Ruhemasse an der unitären Zeitentwicklung ab:

$$\begin{aligned}
\Phi_{\boldsymbol{p}}^{(+)}(\boldsymbol{r},t) &=: \phi_{\boldsymbol{p}}^{(+)}(\boldsymbol{r},t)\mathrm{e}^{-\mathrm{i}mc^2t/\hbar},\\
X_{-\boldsymbol{p}}^{(-)}(\boldsymbol{r},t) &=: \chi_{-\boldsymbol{p}}^{(-)}(\boldsymbol{r},t)\mathrm{e}^{+\mathrm{i}mc^2t/\hbar},
\end{aligned}$$

ergibt sich aus (18.72,18.73):

$$\mathrm{i}\hbar\frac{\partial}{\partial t}\begin{pmatrix}\phi_{\boldsymbol{p}}^{(+)}(\boldsymbol{r},t)\\ \frac{c\boldsymbol{\sigma}\cdot\boldsymbol{p}}{E_{\boldsymbol{p}}+mc^2}\phi_{\boldsymbol{p}}^{(+)}(\boldsymbol{r},t)\end{pmatrix} = \begin{pmatrix}\frac{(c\boldsymbol{\sigma}\cdot\boldsymbol{p})(c\boldsymbol{\sigma}\cdot\boldsymbol{p})}{E_{\boldsymbol{p}}+mc^2}\phi_{\boldsymbol{p}}^{(+)}(\boldsymbol{r},t)\\ (c\boldsymbol{\sigma}\cdot\boldsymbol{p})\phi_{\boldsymbol{p}}^{(+)}(\boldsymbol{r},t)\end{pmatrix} - 2mc^2\begin{pmatrix}0\\ \frac{c\boldsymbol{\sigma}\cdot\boldsymbol{p}}{E_{\boldsymbol{p}}+mc^2}\phi_{\boldsymbol{p}}^{(+)}(\boldsymbol{r},t)\end{pmatrix}, \tag{18.74}$$

beziehungsweise

$$\mathrm{i}\hbar\frac{\partial}{\partial t}\begin{pmatrix}\frac{c\boldsymbol{\sigma}\cdot\boldsymbol{p}}{E_{\boldsymbol{p}}+mc^2}\chi_{-\boldsymbol{p}}^{(-)}(\boldsymbol{r},t)\\ \chi_{-\boldsymbol{p}}^{(-)}(\boldsymbol{r},t)\end{pmatrix} = \begin{pmatrix}-(c\boldsymbol{\sigma}\cdot\boldsymbol{p})\chi_{-\boldsymbol{p}}^{(-)}(\boldsymbol{r},t)\\ -\frac{(c\boldsymbol{\sigma}\cdot\boldsymbol{p})(c\boldsymbol{\sigma}\cdot\boldsymbol{p})}{E_{\boldsymbol{p}}+mc^2}\chi_{-\boldsymbol{p}}^{(-)}(\boldsymbol{r},t)\end{pmatrix} + 2mc^2\begin{pmatrix}\frac{c\boldsymbol{\sigma}\cdot\boldsymbol{p}}{E_{\boldsymbol{p}}+mc^2}\chi_{-\boldsymbol{p}}^{(-)}(\boldsymbol{r},t)\\ 0\end{pmatrix}. \tag{18.75}$$

Im nichtrelativistischen Grenzfall kann man $E_{\boldsymbol{p}} \approx mc^2$ setzen, da der kinetische Anteil in (13.16) vernachlässigbar ist. Es ergibt sich daher weiter:

$$\mathrm{i}\hbar \frac{\partial}{\partial t} \phi_{\boldsymbol{p}}^{(+)}(\boldsymbol{r}, t) = \frac{(\boldsymbol{\sigma} \cdot \boldsymbol{p})(\boldsymbol{\sigma} \cdot \boldsymbol{p})}{2m} \phi_{\boldsymbol{p}}^{(+)}(\boldsymbol{r}, t), \tag{18.76}$$

beziehungsweise

$$-\mathrm{i}\hbar \frac{\partial}{\partial t} \chi_{-\boldsymbol{p}}^{(-)}(\boldsymbol{r}, t) = \frac{(\boldsymbol{\sigma} \cdot \boldsymbol{p})(\boldsymbol{\sigma} \cdot \boldsymbol{p})}{2m} \chi_{-\boldsymbol{p}}^{(-)}(\boldsymbol{r}, t). \tag{18.77}$$

Wir erhalten also wie in der Klein–Gordon-Theorie den

Satz. *Es seien $\psi_{\pm\boldsymbol{p}}^{(\pm)}(\boldsymbol{r}, t)$ die Basislösungen* (18.61) *der freien Dirac-Gleichung* (18.13). *Dann erfüllen im nichtrelativistischen Grenzfall $\boldsymbol{v}^2/c^2 \longrightarrow 0$ die durch* (18.71) *und*

$$\phi_{\boldsymbol{p}}^{(+)}(\boldsymbol{r}, t) = \Phi_{\boldsymbol{p}}^{(+)}(\boldsymbol{r}, t)\mathrm{e}^{+\mathrm{i}mc^2 t/\hbar}, \tag{18.78}$$

$$\chi_{-\boldsymbol{p}}^{(-)}(\boldsymbol{r}, t) = X_{-\boldsymbol{p}}^{(-)}(\boldsymbol{r}, t)\mathrm{e}^{-\mathrm{i}mc^2 t/\hbar} \tag{18.79}$$

definierten Pauli-Spinor-wertigen Wellenfunktionen $\phi_{\boldsymbol{p}}^{(+)}(\boldsymbol{r}, t), \chi_{-\boldsymbol{p}}^{(-)}(\boldsymbol{r}, t)$ die freie nichtrelativistische Schrödinger-Gleichung beziehungsweise ihre Komplex-Konjugierte:

$$\mathrm{i}\hbar \frac{\partial}{\partial t} \phi_{\boldsymbol{p}}^{(+)}(\boldsymbol{r}, t) = \frac{(\boldsymbol{\sigma} \cdot \hat{\boldsymbol{p}})(\boldsymbol{\sigma} \cdot \hat{\boldsymbol{p}})}{2m} \phi_{\boldsymbol{p}}^{(+)}(\boldsymbol{r}, t), \tag{18.80}$$

$$-\mathrm{i}\hbar \frac{\partial}{\partial t} \chi_{-\boldsymbol{p}}^{(-)}(\boldsymbol{r}, t) = \frac{(\boldsymbol{\sigma} \cdot \hat{\boldsymbol{p}})(\boldsymbol{\sigma} \cdot \hat{\boldsymbol{p}})}{2m} \chi_{-\boldsymbol{p}}^{(-)}(\boldsymbol{r}, t). \tag{18.81}$$

In Anwesenheit eines elektromagnetischen Feldes ergibt (18.80) mit minimaler Kopplung dann die Pauli-Gleichung mit korrektem gyromagnetischen Faktor $g = 2$ des Spin-$\frac{1}{2}$-Teilchens (siehe Abschnitt II-33).

Als Randbemerkung sei an dieser Stelle notiert, dass wir im nichtrelativistischen Grenzfall ($E_{\boldsymbol{p}} \approx mc^2$) für die positive Lösung ja verwendet haben, dass

$$\chi(\boldsymbol{r}, t) = \frac{\boldsymbol{\sigma} \cdot \boldsymbol{p}}{2mc} \phi(\boldsymbol{r}, t). \tag{18.82}$$

Machen wir diese Auflösung in (18.74) gewissermaßen rückgängig, erhalten wir zunächst

$$\mathrm{i}\hbar \frac{\partial}{\partial t} \begin{pmatrix} \phi(\boldsymbol{r}, t) \\ \chi(\boldsymbol{r}, t) \end{pmatrix} = \begin{pmatrix} (c\boldsymbol{\sigma} \cdot \hat{\boldsymbol{p}})\chi(\boldsymbol{r}, t) \\ (c\boldsymbol{\sigma} \cdot \hat{\boldsymbol{p}})\phi(\boldsymbol{r}, t) \end{pmatrix} - 2mc^2 \begin{pmatrix} 0 \\ \chi(\boldsymbol{r}, t) \end{pmatrix},$$

und wenn man nun auf der linken Seite die zeitliche Ableitung der kleinen Komponente $\chi(\boldsymbol{r}, t)$ zu Null setzt – was sich ja nach der Einsetzung von (18.82) in (18.74) exakt ergibt! – erhält man:

$$\mathrm{i}\hbar \frac{\partial}{\partial t} \begin{pmatrix} \phi(\boldsymbol{r}, t) \\ 0 \end{pmatrix} = \begin{pmatrix} (c\boldsymbol{\sigma} \cdot \hat{\boldsymbol{p}})\chi(\boldsymbol{r}, t) \\ (c\boldsymbol{\sigma} \cdot \hat{\boldsymbol{p}})\phi(\boldsymbol{r}, t) \end{pmatrix} - 2mc^2 \begin{pmatrix} 0 \\ \chi(\boldsymbol{r}, t) \end{pmatrix},$$

beziehungsweise

$$\begin{pmatrix} \mathrm{i}\hbar\dfrac{\partial}{\partial t} & -c\boldsymbol{\sigma}\cdot\hat{\boldsymbol{p}} \\ c\boldsymbol{\sigma}\cdot\hat{\boldsymbol{p}} & -2mc^2 \end{pmatrix} \begin{pmatrix} \phi(\boldsymbol{r},t) \\ \chi(\boldsymbol{r},t) \end{pmatrix} = 0. \tag{18.83}$$

Die Gleichung (18.83) ist aber nichts anderes als die linearisierte Schrödinger-Gleichung (II-11.59), die wir in Abschnitt II-11 nach Lévy-Leblond erhalten haben! Man erinnere sich an die Diskussionen rund um diese Gleichung sowie die verwendete Linearisierungsmethode in jenem Zusammenhang zurück.

19 Algebraische und geometrische Eigenschaften des Dirac-Raums

In diesem Abschnitt wollen wir etwas systematischer die algebraischen Eigenschaften der Gamma-Matrizen untersuchen und auf die Geometrie des Dirac-Raums eingehen. Wir wiederholen zunächst: Die vier Dirac-Matrizen γ^μ erfüllen die Antikommutatorrelationen (18.21):

$$\gamma^\mu \gamma^\nu + \gamma^\nu \gamma^\mu = 2\eta^{\mu\nu} \mathbb{1} \tag{19.1}$$

und erzeugen somit eine Clifford-Algebra. Es folgt unmittelbar:

$$(\gamma^0)^2 = \mathbb{1}, \tag{19.2}$$

$$(\gamma^i)^2 = -\mathbb{1}. \tag{19.3}$$

Aus der Hermitezität der Matrizen α_i, β folgt direkt

$$(\gamma^0)^\dagger = \gamma^0, \quad (\gamma^i)^\dagger = -\gamma^i, \tag{19.4}$$

oder kurz:

$$(\gamma^\mu)^\dagger = \gamma^0 \gamma^\mu \gamma^0. \tag{19.5}$$

Wir wissen aus dem vorherigen Abschnitt 18, dass die Gamma-Matrizen durch die Antikommutatorrelationen (19.1) nicht eindeutig bestimmt sind. Die bislang verwendete Dirac-Darstellung (18.22,18.23) eignet sich insbesondere zur Untersuchung des nichtrelativistischen Grenzfalls – weiter unten werden wir zwei weitere Darstellungen kennenlernen

Die vier Dirac-Matrizen stellen die vier Komponenten eines matrixwertigen Vierervektors dar:

$$\gamma^\mu = \left(\gamma^0, \gamma^i\right), \tag{19.6}$$

$$\gamma_\mu = \left(\gamma^0, -\gamma^i\right), \tag{19.7}$$

so dass

$$\gamma^\mu \gamma_\mu = 4\mathbb{1}, \tag{19.8}$$

die Einsteinsche Summenkonvention vorausgesetzt.

Wir definieren eine weitere wichtige Matrix:

$$\gamma^5 := \mathrm{i}\gamma^0 \gamma^1 \gamma^2 \gamma^3, \tag{19.9}$$

deren Bedeutung weiter unten klar werden wird. In relativistisch-kovarianter Definition:

$$\gamma^5 := \frac{\mathrm{i}}{4!} \epsilon_{\mu\nu\rho\sigma} \gamma^\mu \gamma^\nu \gamma^\rho \gamma^\sigma, \tag{19.10}$$

wobei

$$\epsilon_{0123} = -1. \tag{19.11}$$

Die Matrix γ^5 ist *keine* Dirac-Matrix im Sinne der Definition im Rahmen der Clifford-Algebra, aber selbstverständlich ein Element dieser Clifford-Algebra (siehe die mathematischen Ausführungen in Abschnitt II-12). Für sie gilt:

$$(\gamma^5)^2 = \mathbb{1}, \tag{19.12}$$

sie besitzt also die Eigenwerte ± 1, sowie

$$(\gamma^5)^\dagger = \gamma^5, \tag{19.13}$$

sie ist also hermitesch. Es gilt außerdem:

$$\{\gamma^5, \gamma^\mu\} = 0, \tag{19.14}$$

woraus unmittelbar folgt, dass γ^5 spurlos ist:

$$\operatorname{tr}\gamma^5 = 0. \tag{19.15}$$

In Dirac-Darstellung lautet sie:

$$\gamma^5 = \begin{pmatrix} 0 & \mathbb{1} \\ \mathbb{1} & 0 \end{pmatrix}. \tag{19.16}$$

Eine nützliche Beziehung ist:

$$\alpha_i = -\Sigma_i \gamma^5 = -\gamma^5 \Sigma_i, \tag{19.17}$$

welche man über (19.9) und entsprechende Anwendung der Antikommutatorrelationen (18.21) ableitet.

Mit Hilfe der Antikommutatorrelationen (18.21) sehr einfach nachzurechnen sind die folgenden Identitäten:

$$\gamma^\mu \gamma^\nu \gamma_\mu = -2\gamma^\nu, \tag{19.18}$$
$$\gamma^\mu \gamma^\nu \gamma^\rho \gamma_\mu = 4\eta^{\nu\rho}\mathbb{1}, \tag{19.19}$$
$$\gamma^\mu \gamma^\nu \gamma^\rho \gamma^\sigma \gamma_\mu = -2\gamma^\sigma \gamma^\rho \gamma^\nu, \tag{19.20}$$
$$\gamma^\mu \gamma^\nu \gamma^\rho = \eta^{\mu\nu}\gamma^\rho + \eta^{\nu\rho}\gamma^\mu - \eta^{\mu\rho}\gamma^\nu - \mathrm{i}\epsilon^{\sigma\mu\nu\rho}\gamma_\sigma \gamma^5. \tag{19.21}$$

Mit den allgemeinen Spuridentitäten:

$$\begin{aligned} \operatorname{tr}(A + B) &= \operatorname{tr} A + \operatorname{tr} B, \\ \operatorname{tr}(c \cdot A) &= c \cdot \operatorname{tr} A, \\ \operatorname{tr}(ABC) &= \operatorname{tr}(CAB) = \operatorname{tr}(BCA) \end{aligned}$$

lassen sich die folgenden Spuridentitäten der Dirac-Matrizen zeigen:

$$\mathrm{tr}(\gamma^\mu) = 0, \tag{19.22}$$

$$\mathrm{tr}(\gamma^5) = 0, \tag{19.23}$$

$$\mathrm{tr}(\underbrace{\gamma^{\mu_1}\gamma^{\mu_2}\dots\gamma^{\mu_n}}_{n\text{ ungerade}}) = 0, \tag{19.24}$$

$$\mathrm{tr}(\gamma^5\,\underbrace{\gamma^{\mu_1}\gamma^{\mu_2}\dots\gamma^{\mu_n}}_{n\text{ ungerade}}) = 0, \tag{19.25}$$

$$\mathrm{tr}(\gamma^\mu\gamma^\nu) = 4\eta^{\mu\nu}, \tag{19.26}$$

$$\mathrm{tr}(\gamma^5\gamma^\mu\gamma^\nu) = 0, \tag{19.27}$$

$$\mathrm{tr}(\gamma^\mu\gamma^\nu\gamma^\rho\gamma^\sigma) = 4(\eta^{\mu\nu}\eta^{\rho\sigma} - \eta^{\mu\rho}\eta^{\nu\sigma} + \eta^{\mu\sigma}\eta^{\nu\rho}), \tag{19.28}$$

$$\mathrm{tr}(\gamma^5\gamma^\mu\gamma^\nu\gamma^\rho\gamma^\sigma) = -4\mathrm{i}\epsilon^{\mu\nu\rho\sigma}. \tag{19.29}$$

Es gilt ferner:

$$\mathrm{tr}(\gamma^{\mu_1}\gamma^{\mu_2}\dots\gamma^{\mu_n}) = \mathrm{tr}(\gamma^{\mu_n}\dots\gamma^{\mu_2}\gamma^{\mu_1}). \tag{19.30}$$

All diese Identitäten sind recht einfach zu beweisen, was der Leser gerne als Übungsaufgabe durchführen kann.

Projektoren auf den Lösungsraum der Dirac-Gleichung

Wir betrachten die Dirac-Gleichung (18.20) im Impulsraum, die die Form

$$\left(\gamma^\mu\hat{p}_\mu - mc\right)\psi(p) = 0 \tag{19.31}$$

annimmt. Dann formulieren wir folgenden

Satz (Projektor auf Dirac-Lösungsraum zu scharfem Viererimpuls). *Es sei $\Psi(p)$ eine beliebige Dirac-Spinor-wertige Funktion. Dann ist*

$$\frac{1}{2mc}(\gamma^\mu\hat{p}_\mu + mc)\Psi(p) \tag{19.32}$$

eine Lösung der Dirac-Gleichung (19.31) zu scharfem Vierer-Impuls p^μ.

Beweis. Setzen wir (19.32) als $\psi(p)$ in (19.31) ein, erhalten wir wegen (18.27):

$$\left(\gamma^\mu\hat{p}_\mu - mc\right)\frac{1}{2mc}(\gamma^\mu\hat{p}_\mu + mc)\Psi(p) = \frac{1}{2mc}(\hat{p}^\mu\hat{p}_\mu - m^2c^2)\Psi(p) = 0.$$

Also ist $\psi(p) = \frac{1}{2mc}(\gamma^\mu\hat{p}_\mu + mc)\Psi(p)$ eine Lösung der Dirac-Gleichung (19.31) zu scharfem Vierer-Impuls p^μ. ■

Also ist

$$\hat{\Lambda}(p) := \frac{1}{2mc}(\gamma^\mu\hat{p}_\mu + mc) \tag{19.33}$$

der Projektionsoperator auf den Lösungsraum für die Dirac-Gleichung (19.31) zu scharfem Vierer-Impuls p^μ. Man beachte, dass das Vorzeichen von p^0 beliebig ist. Die Verallgemeinerung bei Vorhandensein eines minimal angekoppelten elektromagnetischen Felds ist

$$\hat{\Lambda}(p) := \frac{1}{2mc}\left(\gamma^\mu\left(\hat{p}_\mu - \frac{q}{c}\hat{A}_\mu\right) + mc\right). \tag{19.34}$$

Noch spezifischer lässt sich auch der Projektor $\hat{\Sigma}^\pm(p)$ auf eine Dirac-Lösung zu scharfem Vierer-Impuls p^μ und Spin-Einstellung $\pm\frac{1}{2}$ ableiten. Wie in Abschnitt 18 bereits erwähnt, ist der Spin eines Teilchens zunächst nur im Ruhesystem wohldefiniert, in dem dessen Viererimpuls gegeben ist durch $k^\mu = (mc, \mathbf{0})$. Die Spin-Achse sei dabei gegeben durch $\boldsymbol{n}$, und es sei $n^\mu = (0, \boldsymbol{n})$. Wir beginnen daher in diesem und stellen durch einfaches Nachrechnen fest, dass

$$\hat{\Sigma}^\pm(k) = \frac{1}{2}\left(\mathbb{1} \pm \gamma^5(\gamma^\mu n_\mu)\right)\hat{\Lambda}(k) \tag{19.35}$$

der gewünschte Projektor auf eine Dirac-Lösung zur Spin-Einstellung $\pm\frac{1}{2}$ entlang $\boldsymbol{n}$ ist. Man beachte, dass einfach $\hat{\Lambda}(k) = \frac{1}{2}(\mathbb{1} + \gamma^0)$.

Das lässt sich nun einfach für ein beliebiges Inertialsystem verallgemeinern, das durch die Lorentz-Transformation $L(p)$ aus dem Ruhesystem hervorgeht, so dass

$$p^\mu = L(p)^\mu{}_\nu k^\nu.$$

Dann gilt:

$$\hat{\Lambda}(k) \xrightarrow{L(p)} \hat{\Lambda}(p),$$
$$\hat{\Sigma}^\pm(k) \xrightarrow{L(p)} \hat{\Sigma}^\pm(p),$$

mit

$$\hat{\Sigma}^\pm(p) = \frac{1}{2}\left(\mathbb{1} \pm \gamma^5(\gamma^\mu m_\mu)\right)\hat{\Lambda}(p) \tag{19.36}$$

und

$$m^\mu = L(p)^\mu{}_\nu n^\nu. \tag{19.37}$$

Man beachte auch hier, dass für das Vorzeichen von p^0 keine Einschränkung gilt. Ebenso hätten wir uns in (19.35,19.36) aber auf den +-Fall beschränken können, da der Übergang $+ \longrightarrow -$ äquivalent ist mit $\boldsymbol{n} \longrightarrow -\boldsymbol{n}$ beziehungsweise $n^\mu \longrightarrow -n^\mu$ beziehungsweise $m^\mu \longrightarrow -m^\mu$.

Chiralität

Aus (19.12) und (19.15) folgt unmittelbar, dass die Matrizen

$$\hat{P}_{L,R} := \frac{\mathbb{1} \mp \gamma^5}{2} \tag{19.38}$$

Projektoren sind, da $(\hat{P}_{L,R})^2 = \hat{P}_{L,R}$ sowie $\hat{P}_L \hat{P}_R = \hat{P}_R \hat{P}_L = 0$ und $\hat{P}_L + \hat{P}_R = \mathbb{1}$. Weil γ^5 außerdem mit den bereits durch (18.26) definierten Operatoren $\Sigma^{\mu\nu}$ vertauscht:

$$[\gamma^5, \Sigma^{\mu\nu}] = 0, \tag{19.39}$$

sind die Unterräume des Dirac-Raums, auf die $\hat{P}_{L,R}$ jeweils projizieren, invariant unter Lorentz-Transformationen. Sie definieren also Lorentz-invariante Unterräume unterschiedlicher **Chiralität**, und die jeweiligen Anteile, **linkshändig** und **rechtshändig** genannt, transformieren unter Lorentz-Transformationen unabhängig voneinander. Die Bispinor-Darstellung ist also eine **reduzible** Darstellung der (eigentlich-orthochronen) Lorentz-Gruppe. Jeder Dirac-Spinor ψ besitzt demnach einen links- und einen rechtshändigen Anteil, und wir schreiben:

$$\psi_{L,R} = \hat{P}_{L,R}\psi. \tag{19.40}$$

Wir werden dies in Abschnitt 27 eingehender untersuchen.

Von der Dirac-Darstellung aus erhält man über die unitäre Transformation

$$\gamma^\mu \mapsto \hat{S}\gamma^\mu\hat{S}^{-1},$$

mit

$$\hat{S} = \frac{1}{\sqrt{2}}(1 + \gamma^5\gamma^0) = \frac{1}{\sqrt{2}}\begin{pmatrix} \mathbb{1} & -\mathbb{1} \\ \mathbb{1} & \mathbb{1} \end{pmatrix}, \tag{19.41}$$

zur **Weyl-Darstellung** oder **chiralen Darstellung** der Gamma-Matrizen. In ihr sind die γ^i unverändert, aber γ^0 ändert sich und damit auch γ^5:

$$\gamma^0 = \begin{pmatrix} 0 & \mathbb{1} \\ \mathbb{1} & 0 \end{pmatrix}, \tag{19.42a}$$

$$\gamma^i = \begin{pmatrix} 0 & \sigma_i \\ -\sigma_i & 0 \end{pmatrix}, \tag{19.42b}$$

$$\gamma^5 = \begin{pmatrix} -\mathbb{1} & 0 \\ 0 & \mathbb{1} \end{pmatrix}. \tag{19.42c}$$

In der Weyl-Darstellung ist γ^5 also diagonal, und die chiralen Projektoren $\hat{P}_{L,R}$ nehmen die einfache Form

$$\hat{P}_L = \begin{pmatrix} \mathbb{1} & 0 \\ 0 & 0 \end{pmatrix}, \quad \hat{P}_R = \begin{pmatrix} 0 & 0 \\ 0 & \mathbb{1} \end{pmatrix}$$

an. Die jeweils obere und untere Komponente eines Dirac-Spinors ψ in Weyl-Darstellung kann also direkt als die links- beziehungsweise rechtshändige Komponente identifiziert werden:

$$\psi = \begin{pmatrix} \phi_L \\ \chi_R \end{pmatrix} \tag{19.43}$$

und wird als **links-** beziehungsweise **rechtshändiger Weyl-Spinor** bezeichnet. Merke also: die Weyl-Spinoren ϕ_L, χ_R sind Pauli-Spinoren. Für die Dirac-(Bi)-Spinoren mit definierter Chiralität $\psi_{L,R}$ gilt dann:

$$\gamma^5 \psi_L = -\psi_L, \quad \gamma^5 \psi_R = +\psi_R, \tag{19.44}$$

mit

$$\psi_L = \begin{pmatrix} \phi_L \\ 0 \end{pmatrix}, \quad \psi_R = \begin{pmatrix} 0 \\ \chi_R \end{pmatrix}. \tag{19.45}$$

In der Weyl-Darstellung lautet die Dirac-Gleichung:

$$\begin{pmatrix} -mc & \mathrm{i}\hbar\frac{\partial}{\partial t} - c\boldsymbol{\sigma}\cdot\hat{\boldsymbol{p}} \\ \mathrm{i}\hbar\frac{\partial}{\partial t} + c\boldsymbol{\sigma}\cdot\hat{\boldsymbol{p}} & -mc \end{pmatrix} \begin{pmatrix} \phi_L \\ \chi_R \end{pmatrix} = 0, \tag{19.46}$$

und man sieht, dass für endliche Teilchenmassen m die jeweiligen Gleichungen für die links- und rechtshändigen Komponenten gekoppelt werden. Für $m = 0$ jedoch entkoppeln beide Gleichungen:

$$\left(\mathrm{i}\hbar\frac{\partial}{\partial t} + c\boldsymbol{\sigma}\cdot\hat{\boldsymbol{p}}\right)\phi_L = 0, \tag{19.47a}$$

$$\left(\mathrm{i}\hbar\frac{\partial}{\partial t} - c\boldsymbol{\sigma}\cdot\hat{\boldsymbol{p}}\right)\chi_R = 0. \tag{19.47b}$$

Die beiden unabhängigen Gleichungen (19.47) für jeweils links- und rechtshändige Weyl-Spinoren heißen die **Weyl-Gleichungen**.

Häufig führt man noch die weitere verwirrende Notation

$$\sigma^\mu := (\mathbb{1}, \boldsymbol{\sigma}), \tag{19.48a}$$

$$\bar{\sigma}^\mu := (\mathbb{1}, -\boldsymbol{\sigma}) \tag{19.48b}$$

ein, so dass in der Weyl-Darstellung kompakt

$$\gamma^\mu = \begin{pmatrix} 0 & \sigma^\mu \\ \bar{\sigma}^\mu & 0 \end{pmatrix} \tag{19.49}$$

notiert werden kann. Dann nimmt die Dirac-Gleichung die Form

$$\begin{pmatrix} -m & \mathrm{i}\hbar\sigma^\mu\partial_\mu \\ \mathrm{i}\hbar\bar{\sigma}^\mu\partial_\mu & -m \end{pmatrix} \begin{pmatrix} \phi_L \\ \chi_R \end{pmatrix} = 0 \tag{19.50}$$

an, und die Weyl-Gleichungen nach Herauskürzen des Vorfaktors $\mathrm{i}\hbar$ besitzen die Form

$$\bar{\sigma}^\mu\partial_\mu\phi_L = 0, \tag{19.51a}$$

$$\sigma^\mu\partial_\mu\chi_R = 0. \tag{19.51b}$$

In einer alternativen, gleichwertigen, aber weniger üblichen Definition der Weyl-Darstellung vertauschen die Positionen von ψ_L und ψ_R. Dabei ist ausgehend von der Dirac-Darstellung

$$\hat{S} = \frac{1}{\sqrt{2}}(1 - \gamma^5\gamma^0) = \frac{1}{\sqrt{2}}\begin{pmatrix} \mathbb{1} & \mathbb{1} \\ -\mathbb{1} & \mathbb{1} \end{pmatrix},$$

und es ist

$$\gamma^0 = \begin{pmatrix} 0 & -\mathbb{1} \\ -\mathbb{1} & 0 \end{pmatrix},$$

$$\gamma^5 = \begin{pmatrix} \mathbb{1} & 0 \\ 0 & -\mathbb{1} \end{pmatrix}.$$

Die chiralen Projektoren sind dann

$$\hat{P}_L = \begin{pmatrix} 0 & 0 \\ 0 & \mathbb{1} \end{pmatrix}, \quad \hat{P}_R = \begin{pmatrix} \mathbb{1} & 0 \\ 0 & 0 \end{pmatrix},$$

so dass die oberen und unteren Komponenten von ψ einfach ihre Rollen tauschen:

$$\psi = \begin{pmatrix} \phi_R \\ \chi_L \end{pmatrix}.$$

Der Unterschied zwischen Chiralität und Helizität

Ein häufiger Grund für Missverständnisse ist die Unterscheidung zwischen Chiralität und Helizität. Dazu trägt zusätzlich bei, dass in beiden Fällen von links- beziehungsweise rechtshändig gesprochen wird. Dabei ist die Unterscheidung nicht nur wichtig, sondern auch recht einfach! Nämlich so:

- Helizität ist nichts anderes als die Projektion des Spins auf die Impulsrichtung, siehe (II-5.12). Da diese Projektion für massive Teilchen offensichtlich abhängig ist vom Intertialsystem, ist die Helizität nicht Lorentz-invariant. Nur für masselose Teilchen ist die Helizität eine Lorentz-invariante Größe, wir kommen in Abschnitt 28 darauf zurück.
- Chiralität hingegen ist eine Größe, die überhaupt nur für Spinoren definiert ist und die wie oben erwähnt jeweils Lorentz-invariante Dirac-Unterräume mit jeweils unterschiedlichem Verhalten unter Lorentz-Transformationen beschreibt, wie wir auch in Abschnitt 27 genauer ausführen werden. Ein allgemeiner Dirac-Spinor besitzt keine wohldefinierte Chiralität, wohl aber eine wohldefinierte Helizität gemäß (II-5.12).

Im Falle masseloser Dirac-Teilchen gilt: ein Teilchen mit negativer (positiver) Chiralität besitzt ebenfalls negative (positive) Helizität (bis auf einen Vorfaktor). Das ist recht einfach an den Weyl-Gleichungen (19.47) zu sehen: im masselosen Fall ist $E_{\boldsymbol{p}} = c|\boldsymbol{p}|$, so dass

(19.47) die Form annimmt:

$$\frac{\sigma \cdot \hat{p}}{|p|}\phi_L = -\frac{1}{2}\phi_L,$$
$$\frac{\sigma \cdot \hat{p}}{|p|}\chi_R = +\frac{1}{2}\chi_R,$$

und entsprechendes gilt für $\psi_{L,R}$. Trotzdem sind beide Größen von ihrer Natur und ihrer Bedeutung her unterschiedlich, und es ist irreführend, sie für den masselosen Fall gleichzusetzen, wie häufig zu lesen ist.

Kovariante Bilinearformen und der Fundamentalsatz von Pauli
Die vier Dirac-Matrizen γ^μ erzeugen eine Clifford-Algebra, stellen aber keine vollständige Basis in diesem 16-dimensionalen Raum der (4×4)-Matrizen dar. Diese lässt sich aber durch geeignete Multiplikation der Dirac-Matrizen bilden. Aus den Dirac-Matrizen lassen sich sogenannte **kovariante Bilinearformen** $\bar{\psi}\gamma^\mu \cdots \gamma^\nu\psi$ bilden, die jeweils zu einem von insgesamt 5 invarianten Unterräumen des Dirac-Raums unter allgemeinen Lorentz-Transformationen, also unter Hinzunahme von Raumspiegelung und Zeitumkehr, gehören. Aus (19.14) folgt direkt $\gamma^0\gamma^5\gamma^0 = -\gamma^5$. Damit sind Terme wie $\bar{\psi}\gamma^5\psi$ Pseudoskalare und $\bar{\psi}\gamma^\mu\gamma^5\psi$ axiale Vektoren und wechseln unter der Paritätstransformation $\hat{\mathcal{P}}$ ihr Vorzeichen.

Eigenschaft	Formel	Anzahl
Skalar	$\mathbb{1}$	1
Vektor	γ^μ	4
antisymmetrischer Tensor	$\gamma^\mu\gamma^\nu - \gamma^\nu\gamma^\mu$	6
axialer Vektor	$\gamma^\mu\gamma^5$	4
Pseudoskalar	γ^5	1

Diese 16 Matrizen werden gemeinhin mit Γ_i mit $i \in \{1, \ldots, 16\}$ bezeichnet (mit $\Gamma_1 = \mathbb{1}$) und können allesamt so normiert werden, dass $(\Gamma_i)^2 = \mathbb{1}$. Sie sind bis auf Γ_1 allesamt spurlos: es ist $\operatorname{tr}\Gamma_1 = 4$ und $\operatorname{tr}\Gamma_i = 0$ für $i \neq 1$. Aufgrund der definierenden Antikommutatorrelationen (19.1) lässt sich jedes Produkt aus $k > 4$ Gamma-Matrizen γ^μ auf $k-2$ und damit iterativ auf $k \leq 4$ Faktoren reduzieren. Außerdem können alle doppelt auftauchenden Faktoren eliminiert werden, so dass jede Gamma-Matrix in jedem Produkt stets höchstens ein Mal vorhanden ist.

Für alle $i \neq j, i \neq k, j \neq k$ gilt:

$$\Gamma_i\Gamma_j = c\Gamma_k, \tag{19.52}$$

mit $c \in \{\pm 1, \pm \mathrm{i}\}$. Der Nachweis erfolgt einfach über eine Multiplikationstabelle. Also schließen die Γ_i die Clifford-Algebra. Außerdem ist schnell zu sehen, dass für jedes $\Gamma_k \neq \Gamma_1$ ein Γ_j existiert, so dass

$$\Gamma_j\Gamma_k\Gamma_j = -\Gamma_k. \tag{19.53}$$

Der Nachweis erfolgt hierbei einfach durch eine direkte Zuordnung $k \longrightarrow j$, die darüber hinaus nicht eindeutig ist.

Wir können nun zeigen, dass die Menge $\{ \Gamma_i \}$ eine Basis der Clifford-Algebra als Vektorraum bilden. Dazu muss sein:

$$\sum_{k=1}^{16} a_k \Gamma_k \stackrel{!}{=} 0 \Leftrightarrow a_k = 0 \text{ für alle } k. \tag{19.54}$$

Um (19.54) zu zeigen, bilden wir zunächst die Spur und erhalten zum einen $4a_1 = 0$ und dadurch zum anderen

$$\sum_{k=2}^{16} a_k \Gamma_k \stackrel{!}{=} 0. \tag{19.55}$$

Multiplizieren wir nun (19.55) mit Γ_i, wobei $i \in \{ 2, \ldots, 16 \}$, und bilden danach wieder die Spur, erhalten wir nacheinander für alle i:

$$4a_i = 0.$$

Also sind alle Γ_i linear unabhängig.

Wir können nun einen wichtigen Satz beweisen. Die definierende Eigenschaft der Dirac-Matrizen γ^μ sind ja die Antikommutatorrelationen (19.1). Dann ist recht einfach zu sehen, dass für die Matrizen γ'^μ:

$$\gamma_i' = \hat{S} \gamma_i \hat{S}^{-1}, \tag{19.56}$$

mit einer regulären Matrix $\hat{S}$, ebenfalls (19.1) gilt (vergleiche auch (18.11,18.12)). Die Frage ist, ob es Darstellungen gibt, die nicht durch eine derartige Ähnlichkeitstransformation auseinander hervorgehen. Dabei gilt nun der **Fundamentalsatz von Pauli**, der diese Frage verneint:

Satz (Fundamentalsatz von Pauli)**.** *Es seien* $\{ \gamma^\mu \}$ *und* $\{ \gamma'^\mu \}$ *zwei Darstellungen von Dirac-Matrizen, die jeweils* (19.1) *erfüllen. Dann gibt es eine reguläre Matrix* $\hat{S}$*, so dass:*

$$\gamma'^\mu = \hat{S} \gamma^\mu \hat{S}^{-1}. \tag{19.57}$$

Insbesondere kann $\hat{S}$ *unitär gewählt werden, wenn gilt:*

$$(\gamma^0)^\dagger = \gamma^0, \tag{19.58a}$$

$$(\gamma^i)^\dagger = -\gamma^i, \tag{19.58b}$$

$$(\gamma'^0)^\dagger = \gamma'^0, \tag{19.58c}$$

$$(\gamma'^i)^\dagger = -\gamma'^i. \tag{19.58d}$$

Beweis. Der Existenzbeweis ist konstruktiv. Es seien $\{ \Gamma_i \}$ und $\{ \Gamma_i' \}$ die jeweiligen Darstellungen der Basis der Clifford-Algebra. Wir zeigen, dass eine Transformationsmatrix $\hat{S}$ dann explizit gegeben ist durch:

$$\hat{S} = \sum_{k=1}^{16} \Gamma_k' \hat{F} \Gamma_k, \tag{19.59}$$

mit einer beliebigen (4×4)-Matrix $\hat{F}$.

Um dies zu zeigen, umklammern wir (19.59) mit Γ_i' und Γ_i, so dass:

$$\begin{aligned}
\Gamma_i' \hat{S} \Gamma_i &= \sum_{k=1}^{16} \Gamma_i' \Gamma_k' \hat{F} \Gamma_k \Gamma_i \\
&= \sum_{j=1}^{16} \frac{1}{c} \Gamma_j' \hat{F} c \Gamma_j \\
&= \sum_{j=1}^{16} \Gamma_j' \hat{F} \Gamma_j = \hat{S},
\end{aligned}$$

unter Verwendung von (19.52) sowie $(\Gamma_i')^2 = \mathbb{1} \Longleftrightarrow (\Gamma_i')^{-1} = \Gamma_i'$ in der zweiten Zeile. Die letzte Gleichung gilt gemäß Voraussetzung! Also gilt $\Gamma_i' = \hat{S}\Gamma_i\hat{S}^{-1}$.

Nun sei $\hat{V} := (\det \hat{S})^{-1}\hat{S}$ eine umskalierte Transformationsmatrix. Offensichtlich gilt $\det \hat{V} = 1$, aber $\hat{V}$ ist bis auf einen Vorfaktor $\alpha = (1)^{1/4} \in \{ \pm 1, \pm \mathrm{i} \}$ bestimmt, da $\det \alpha\hat{V} = \alpha^4 \det \hat{V}$. Gäbe es zwei verschiedene, nicht zueinander proportionale Matrizen $\hat{V}_1, \hat{V}_2$, so wäre

$$\Gamma_i' = \hat{V}_1 \Gamma_i \hat{V}_1^{-1} = \hat{V}_2 \Gamma_i \hat{V}_2^{-1}$$

und damit

$$[\hat{V}_2^{-1}\hat{V}_1, \Gamma_i] = 0$$

für alle i. Nach dem Lemma von Schur ist aber jede Matrix, die mit allen anderen Matrizen vertauscht, ein Vielfaches der Einheitsmatrix, also ist im Widerspruch zur Einfangsvoraussetzung $\hat{V}_2 = \alpha\hat{V}_1$ mit $\alpha^4 = 1$.

Nun gelte zusätzlich (19.58). Wir betrachten

$$\begin{aligned}
\gamma'^i &= \hat{V}\gamma^i\hat{V}^{-1} \\
\Longrightarrow (\gamma'^i)^\dagger &= \left(\hat{V}\gamma^i\hat{V}^{-1}\right)^\dagger \\
&= (\hat{V}^{-1})^\dagger (\gamma^i)^\dagger \hat{V}^\dagger \\
&= -(\hat{V}^{-1})^\dagger \gamma^i \hat{V}^\dagger = -\gamma'^i.
\end{aligned}$$

Ein Vergleich der ersten und letzten Zeile liefert: $\hat{V}^\dagger = \hat{V}^{-1}$. Eine entsprechende Rechnung erfolgt für γ^0. Also ist $\hat{V}$ unitär und eindeutig. ■

An dieser Stelle sei bereits erwähnt, dass eine allgemeine Lorentz-Transformation $\hat{S}(\Lambda)$ nicht notwendigerweise unitär ist, da die Lorentz-Gruppe nicht-kompakt ist und daher keine endlich-dimensionalen unitären Darstellungen erlaubt – wir werden in Abschnitt 27 näher darauf eingehen. Daher sind auch die Hermitizitätsbedingungen (19.58) nicht invariant unter Lorentz-Transformationen. Die Matrix γ^5 ist jedoch in jeder Darstellung hermitesch!

Klein–Gordon-Gleichung für Spin-$\frac{1}{2}$-Teilchen

Wir haben in Abschnitt 16 gesehen, dass es zwei Formen für die Klein–Gordon-Gleichung gibt: eine manifest kovariante Form (13.10) beziehungsweise (13.22) mit zweiten Zeit- und Raumableitungen, und eine Schrödinger-Form (16.9) mit einfacher Zeitableitung und explizitem Hamilton-Operator, die im Rahmen des Hamilton-Formalismus Anwendung findet. Letztere besitzt dafür zwei Komponenten anstatt einer.

Für die Dirac-Gleichung haben wir bereits eine manifest kovariante Form (18.20) gefunden, die im Gegensatz zur Klein–Gordon-Gleichung nur eine einfache Zeitableitung aufweist. Eine Schrödinger-Form (18.13) geht daher lediglich durch eine einfache Umformung aus (18.20) hervor. Beide Formen besitzen daher bereits die doppelte Anzahl an Komponenten.

Wir fragen uns nun, ob es auch eine Form der Dirac-Gleichung mit einer einfachen Anzahl an Komponenten gibt, sprich eine zweikomponentige Gleichung, und antizipieren nun im Umkehrschluss, dass diese dann eine zweite Zeitableitung besitzen muss. Die Antwort lautet: es gibt sie, und sie wurde 1958 von Richard Feynman und Murray Gell-Mann speziell zur Untersuchung der Paritätsverletzung der Fermi-Wechselwirkung betrachtet [FG58].

Wir gehen aus von der Dirac-Gleichung (18.67) mit minimal angekoppeltem elektromagnetischen Feld:

$$\left[\gamma^\mu\left(\mathrm{i}\hbar\partial_\mu - \frac{q}{c}A_\mu(x)\right) - mc\right]\psi(x) = 0,$$

und führen eine Dirac-Spinor-wertige Funktion $\Psi(x)$ ein gemäß

$$\psi(x) = \frac{1}{mc}\left[\gamma^\nu\left(\mathrm{i}\hbar\partial_\nu - \frac{q}{c}A_\nu(x)\right) + mc\right]\Psi(x). \tag{19.60}$$

Also muss sein:

$$\left[\gamma^\mu\gamma^\nu\left(\mathrm{i}\hbar\partial_\mu - \frac{q}{c}A_\mu(x)\right)\left(\mathrm{i}\hbar\partial_\nu - \frac{q}{c}A_\nu(x)\right) - m^2c^2\right]\Psi(x) = 0. \tag{19.61}$$

Mit Hilfe von (18.27) erhalten wir aus (19.61) weiter:

$$\begin{aligned}&\left[\left(\mathrm{i}\hbar\partial^\mu - \frac{q}{c}A^\mu(x)\right)\left(\mathrm{i}\hbar\partial_\mu - \frac{q}{c}A_\mu(x)\right)\right.\\&\qquad\left. -\mathrm{i}\Sigma^{\mu\nu}\left(\mathrm{i}\hbar\partial_\mu - \frac{q}{c}A_\mu(x)\right)\left(\mathrm{i}\hbar\partial_\nu - \frac{q}{c}A_\nu(x)\right) - m^2c^2\right]\Psi(x) = 0,\end{aligned}$$

wobei sich der zweite Term aufgrund der Antisymmetrie von $\Sigma^{\mu\nu}$ vereinfachen lässt zu:

$$\begin{aligned}-\mathrm{i}\Sigma^{\mu\nu}\left(\mathrm{i}\hbar\partial_\mu - \frac{q}{c}A_\mu(x)\right)\left(\mathrm{i}\hbar\partial_\nu - \frac{q}{c}A_\nu(x)\right)\Psi(x) &= -\frac{q\hbar}{c}\Sigma^{\mu\nu}(\partial_\mu A_\nu(x))\Psi(x)\\&= -\frac{q\hbar}{2c}\Sigma^{\mu\nu}F_{\mu\nu}(x)\Psi(x)\\&= -\frac{q\hbar}{c}(-\boldsymbol{\Sigma}\cdot\boldsymbol{B} + \mathrm{i}\boldsymbol{\alpha}\cdot\boldsymbol{E})\Psi(\boldsymbol{r},t),\end{aligned}$$

unter Verwendung von (18.26). Damit lässt sich (19.61) zunächst schreiben als:

$$\left[\frac{1}{c^2}\left(\mathrm{i}\hbar\frac{\partial}{\partial t} - q\phi_{\mathrm{em}}(\boldsymbol{r},t)\right)^2 - \left(\mathrm{i}\hbar\nabla + \frac{q}{c}\boldsymbol{A}(\boldsymbol{r},t)\right)^2 \right.$$
$$\left. - \frac{q\hbar}{c}(-\boldsymbol{\Sigma}\cdot\boldsymbol{B} + \mathrm{i}\boldsymbol{\alpha}\cdot\boldsymbol{E}) - m^2c^2\right]\Psi(\boldsymbol{r},t) = 0. \quad (19.62)$$

Nun haben wir mit (19.62) also eine Differentialgleichung zweiter Ordnung in der Zeit (und im Ort), aber immer noch vier Komponenten und damit doppelt so viele Freiheitsgrade wie vorher!

Der Spinor $\Psi(x)$ besitzt aber keine vier unabhängigen Komponenten! Der wesentliche Punkt ist nämlich, dass γ^5 wegen (19.39) in (19.62) von links nach rechts durchkommutiert. Wenn also $\Psi(x)$ Lösung von (19.61) ist, muss auch $\gamma^5\Psi(x)$ Lösung von (19.61) sein. Das ist aber nur möglich, wenn $\Psi(x)$ Eigenfunktion von γ^5 zu einem der Eigenwerte ± 1 und daher in der Dirac-Darstellung von der Form

$$\Psi(x)^{\pm} = \begin{pmatrix} \phi(x) \\ \pm\phi(x) \end{pmatrix}, \quad (19.63)$$

mit einer Pauli-Spinor-wertigen Funktion $\phi(x)$ ist. Hat man $\phi(x)$ berechnet, hat man auch $\Psi(x)$ für beide Eigenwerte ± 1 berechnet.

Verwenden wir also (19.63) in (19.62), erkennen wir, dass diese Gleichung in beiden Fällen entkoppelt in jeweils zwei identische zweikomponentige Gleichungen:

$$\left[\frac{1}{c^2}\left(\mathrm{i}\hbar\frac{\partial}{\partial t} - q\phi_{\mathrm{em}}(\boldsymbol{r},t)\right)^2 - \left(\mathrm{i}\hbar\nabla + \frac{q}{c}\boldsymbol{A}(\boldsymbol{r},t)\right)^2 \right.$$
$$\left. + \frac{q\hbar}{c}\boldsymbol{\sigma}\cdot(\boldsymbol{B} \pm \mathrm{i}\boldsymbol{E}) - m^2c^2\right]\phi(\boldsymbol{r},t) = 0. \quad (19.64)$$

Zwischen $\psi(x)$ in (18.13) und $\Psi(x)$ besteht eine Bijektion. Die eine Richtung ist gegeben durch (19.60), und die andere Richtung erhält man, indem man (19.60) linksseitig mit $(1 \pm \gamma^5)$ multipliziert. Aufgrund der Antikommutatorrelationen (19.14) der Dirac-Matrizen ist

$$\begin{aligned}\left(1 \pm \gamma^5\right)\gamma^\mu\Psi^{\pm}(x) &= \left(\gamma^\mu \mp \gamma^\mu\gamma^5\right)\Psi^{\pm}(x) \\ &= (\gamma^\mu - \gamma^\mu)\,\Psi^{\pm}(x) = 0.\end{aligned}$$

Damit folgt aus (19.60):

$$\Psi^{\pm}(x) = \frac{1}{2}\left(1 \pm \gamma^5\right)\psi(x) = \hat{P}_{R,L}\psi(x), \quad (19.65)$$

mit den chiralen Projektoren (19.38), und wir haben die Bijektion gefunden: die Dirac-Spinoren $\Psi^{\pm}(x)$ sind also nichts anderes als die rechts- beziehungsweise linkshändigen Komponenten von $\psi(x)$.

Die beiden Gleichungen (19.64) sind jeweils für sich äquivalent zur vierkomponentigen Dirac-Gleichung (18.13), aber strukturell identisch zur Klein–Gordon-Gleichung in ihrer Form (13.41), mit einem zusätzlichen Term für die Wechselwirkung des elektromagnetischen Felds mit dem Spin des Fermions. Man kann sagen: *Gleichung* (19.64) *ist die Klein–Gordon-Gleichung für Spin-$\frac{1}{2}$-Punktteilchen mit minimal angekoppeltem elektromagnetischen Feld!* Die Anzahl der Freiheitsgrade ist jeweils gleich (Differentialgleichung zweiter Ordnung für Pauli-Spinor anstatt Differentialgleichung erster Ordnung für Dirac-Spinor). Man erkennt ein weiteres Mal, dass die relativistischen Wellengleichungen für Spin-0- und Spin-$\frac{1}{2}$-Teilchen geringere strukturelle Unterschiede aufweisen als ursprünglich gedacht. Gleichungen (19.64) finden ihre Anwendung unter anderem in der relativistischen Betrachtung der Landau-Niveaus von Elektronen, wir werden dies aber nicht weiter verfolgen.

20 Ladungskonjugation und diskrete Symmetrien in der Dirac-Theorie

Wie in der Klein–Gordon-Theorie folgt auch in der Dirac-Theorie aus Lösungen zu negativer Energie die Existenz von Antiteilchen. Die Basislösungen (18.61) hängen auch hier wieder über die **Ladungskonjugation** zusammen. Wir gehen aus von der Dirac-Gleichung eines Punktteilchens mit Ladung $+q$ mit minimal angekoppeltem elektromagnetischen Feld (18.67) und betrachten deren Komplex-Konjugierte:

$$\left[-(\gamma^\mu)^* \left(\mathrm{i}\hbar\partial_\mu + \frac{q}{c}A_\mu(x)\right) - mc\right]\psi^*(x) = 0. \tag{20.1}$$

Zentral ist nun die Tatsache, dass es eine nicht-singuläre Matrix $\hat{U}_C$ gibt, die für alle Indizes μ die Gleichung

$$\hat{U}_C(\gamma^\mu)^*\hat{U}_C^{-1} \stackrel{!}{=} -\gamma^\mu \tag{20.2}$$

erfüllt, wie wir gleich sehen werden. Multiplizieren wir (20.1) linksseitig mit $\hat{U}_C$ und definieren wir allgemein die **Ladungskonjugation** $\hat{C}$ durch

$$\hat{C}\colon \psi(x) \mapsto \psi_C(x) = \hat{U}_C\psi^*, \tag{20.3}$$

so können wir (20.1) auch schreiben als:

$$\left[\gamma^\mu \left(\mathrm{i}\hbar\partial_\mu + \frac{q}{c}A_\mu(x)\right) - mc\right]\psi_C(x) = 0. \tag{20.4}$$

Hierbei ist $\hat{C}$ ein anti-unitärer Operator. (Es sei an dieser Stelle angemerkt, dass die Ladungskonjugation in der Quantenfeldtheorie hingegen eine unitäre Transformation ist.)

Gleichung (20.4) ist aber nichts anderes als die Dirac-Gleichung für ein Spin-$\frac{1}{2}$-Teilchen mit Ladung $-q$. Durch die Komplex-Konjugation geht die Lösung zu positiver in die Lösung zu negativer Energie über, und $\psi_C(x)$ stellt den Dirac-Spinor für das Antiteilchen dar. Wir erhalten so den

Satz. *Ist $\psi(x)$ Lösung der Dirac-Gleichung (18.67) von einem Punktteilchen der Masse m und der Ladung q, so ist $\psi_C(x)$ Lösung der gleichen Dirac-Gleichung von einem Punktteilchen der Masse m und der Ladung $-q$.*

Nun müssen wir uns aber noch der Frage zuwenden, inwiefern $\hat{U}_C$ stets existiert. Hierzu der

Satz. *Die Existenz von $\hat{U}_C$ ist in der Dirac-Darstellung explizit durch*

$$\hat{U}_C = \mathrm{i}\gamma^2 = \begin{pmatrix} 0 & \mathrm{i}\sigma_2 \\ -\mathrm{i}\sigma_2 & 0 \end{pmatrix} \tag{20.5}$$

gegeben. Aus der Existenz von $\hat{U}_C$ in der Dirac-Darstellung folgt dann die Existenz in jeder anderen Darstellung gemäß

$$\gamma^\mu \mapsto \hat{S}\gamma^\mu\hat{S}^{-1} \Longrightarrow \hat{U}_C \mapsto \hat{S}\hat{U}_C(\hat{S}^{-1})^*. \tag{20.6}$$

Beweis. Zunächst folgt aus (20.5) direkt, dass $\hat{U}_C = \hat{U}_C^{-1}$. Zu zeigen, dass (20.2) gilt, ist also äquivalent damit zu zeigen, dass $\gamma^2(\gamma^\mu)^*\gamma^2 = \gamma^\mu$ gilt. Außer γ^2 sind aber in der Dirac-Darstellung alle Gamma-Matrizen reell: die Aussage $\gamma^2\gamma^{0,1,3}\gamma^2 = \gamma^{0,1,3}$ folgt dann aber direkt aus (18.21). Für γ^2 folgt schließlich $\gamma^2(\gamma^2)^*\gamma^2 = \gamma^2$ direkt aus $(\gamma^2)^* = -\gamma^2$.

Den zweiten Teil des Satzes beweist man, indem man (20.2) mit $\hat{S}$ und $\hat{S}^{-1}$ umklammert:

$$\hat{S}\hat{U}_C(\gamma^\mu)^*\hat{U}_C^{-1}\hat{S}^{-1} \stackrel{!}{=} -\hat{S}\gamma^\mu\hat{S}^{-1},$$

beziehungsweise:

$$\hat{S}\hat{U}_C(\hat{S}^{-1}\hat{S}\gamma^\mu\hat{S}^{-1}\hat{S})^*\hat{U}_C^{-1}\hat{S}^{-1} \stackrel{!}{=} -\hat{S}\gamma^\mu\hat{S}^{-1},$$

woraus (20.6) unmittelbar folgt. ∎

Die Definition von $\hat{C}$ besitzt stets noch eine Freiheit in Form eines offenen Phasenfaktors: $\hat{C}$ und $\hat{C}\,\mathrm{e}^{\mathrm{i}\eta}$ mit reellem η liefern dieselbe Transformation von γ^μ.

Die Wirkung der Ladungskonjugation $\hat{C}$ auf einen allgemeinen Dirac-Spinor ψ ist in der Dirac-Darstellung dann gegeben durch:

$$\hat{C}: \psi \mapsto \psi_C = \hat{U}_C\psi^* \tag{20.7}$$

$$\begin{pmatrix} a \\ b \\ c \\ d \end{pmatrix} \mapsto \begin{pmatrix} d^* \\ -c^* \\ -b^* \\ a^* \end{pmatrix}. \tag{20.8}$$

Durch die Wirkung von $\hat{C}$ wird also auch der Spin umgekehrt. Das verifizieren wir wie folgt: es sei $\psi = \begin{pmatrix} \phi \\ \chi \end{pmatrix}$ ein Eigenzustand zu $\hat{S}_3 = (\hbar/2)\Sigma_3$, also:

$$\begin{pmatrix} \sigma_3 & 0 \\ 0 & \sigma_3 \end{pmatrix}\begin{pmatrix} \phi \\ \chi \end{pmatrix} = \pm\begin{pmatrix} \phi \\ \chi \end{pmatrix},$$

woraus unmittelbar $\sigma_3\phi = \pm\phi$ und $\sigma_3\chi = \pm\chi$ folgt. Dann ist aber:

$$\begin{aligned} \Sigma_3\psi_C = \Sigma_3(\mathrm{i}\gamma^2\psi^*) &= \begin{pmatrix} \sigma_3 & 0 \\ 0 & \sigma_3 \end{pmatrix}\begin{pmatrix} \mathrm{i}\sigma_2\chi^* \\ -\mathrm{i}\sigma_2\phi^* \end{pmatrix} \\ &= \begin{pmatrix} \mathrm{i}\sigma_3\sigma_2\chi^* \\ -\mathrm{i}\sigma_3\sigma_2\phi^* \end{pmatrix} \\ &= \begin{pmatrix} -\mathrm{i}\sigma_2\sigma_3\chi^* \\ \mathrm{i}\sigma_2\sigma_3\phi^* \end{pmatrix} \\ &= \pm\begin{pmatrix} -\mathrm{i}\sigma_2\chi^* \\ \mathrm{i}\sigma_2\phi^* \end{pmatrix} = \mp\begin{pmatrix} \mathrm{i}\sigma_2\chi^* \\ -\mathrm{i}\sigma_2\phi^* \end{pmatrix} = \mp\psi_C. \end{aligned} \tag{20.9}$$

Für $\boldsymbol{\Sigma}$ selbst gilt (Obacht bei der Anti-Unitarität!):

$$
\begin{aligned}
\hat{C}\,\Sigma_i\,\hat{C}^{-1} &= \mathrm{i}\gamma^2\hat{K}\Sigma_i\hat{K}(\mathrm{i}\gamma^2) \\
&= \mathrm{i}\gamma^2\Sigma_i^*(\mathrm{i}\gamma^2) \\
&= -\begin{pmatrix} 0 & \sigma_2 \\ -\sigma_2 & 0 \end{pmatrix}\begin{pmatrix} \sigma_i^* & 0 \\ 0 & \sigma_i^* \end{pmatrix}\begin{pmatrix} 0 & \sigma_2 \\ -\sigma_2 & 0 \end{pmatrix} \\
&= -\Sigma_i .
\end{aligned}
$$

Hierbei haben wir verwendet, dass die Ladungskonjugation wie die Zeitumkehr als anti-unitärer Operator $\hat{C} = \mathrm{i}\gamma^2\hat{K}$ geschrieben werden kann, und das Inverse dann entsprechend (II-20.57) gebildet wird. Da $\hat{C}$ jedoch ein anti-unitärer Operator ist, gilt für ihn entsprechend (II-20.34), das heißt:

$$
\begin{aligned}
\langle\psi|\hat{\boldsymbol{S}}|\psi\rangle &= \langle\psi_C|\,\hat{C}\,\hat{\boldsymbol{S}}\,\hat{C}^{-1}\,|\psi_C\rangle \\
&= -\,\langle\psi_C|\hat{\boldsymbol{S}}|\psi_C\rangle\,. \qquad (20.10)
\end{aligned}
$$

völlig kompatibel mit (20.9).

Die Basislösungen (18.61) beziehungsweise (18.64) selbst zeigen unter $\hat{C}$ kein einfaches Transformationsverhalten außer dem, dass eine Lösung zu $E > 0$ auf eine Lösung zu $E < 0$ mit Spinumklapp abgebildet wird und umgekehrt.

Wir fassen die Wirkung von $\hat{C}$ an dieser Stelle nochmals zusammen:

$$
\begin{aligned}
\hat{C}:\ \psi(x) &\mapsto \psi_C(x), \\
E_{\boldsymbol{p}} &\mapsto -E_{\boldsymbol{p}}, \\
\boldsymbol{p} &\mapsto -\boldsymbol{p}, \\
\hat{\boldsymbol{S}} &\mapsto -\hat{\boldsymbol{S}}, \\
q &\mapsto -q,
\end{aligned}
$$

und außerdem

$$\hat{U}_C\boldsymbol{\alpha}\hat{U}_C = \boldsymbol{\alpha}, \qquad (20.11)$$

$$\hat{U}_C\beta\hat{U}_C = -\beta, \qquad (20.12)$$

beziehungsweise

$$\hat{U}_C\gamma^i\hat{U}_C = \gamma^i, \qquad (20.13)$$

$$\hat{U}_C\gamma^0\hat{U}_C = -\gamma^0. \qquad (20.14)$$

Raumspiegelung
Für Zentralpotentiale $\hat{V}(\hat{r})$ erwarten wir wie im nichtrelativistischen Fall, dass der Paritätsoperator $\hat{\mathcal{P}}$ mit dem Hamilton-Operator $\hat{H}$ vertauscht ($[\hat{H},\hat{\mathcal{P}}]=0$), so dass Eigenlösungen zu $\hat{H}$ auch Eigenlösungen zu $\hat{\mathcal{P}}$ sind: $\psi(\boldsymbol{r},t)=\pm\psi(-\boldsymbol{r},t)$. Insbesondere sollte dies auch für den freien Hamilton-Operator (18.15) der Fall sein. Wenden wir auf diesen also den Paritätsoperator $\hat{\mathcal{P}}$ an, erhalten wir

$$\hat{H}=c\hat{\mathcal{P}}(\boldsymbol{\alpha}\cdot\hat{\boldsymbol{p}})\hat{\mathcal{P}}+\hat{\mathcal{P}}\beta\hat{\mathcal{P}}mc^2. \tag{20.15}$$

Da entsprechend den Ausführungen in Abschnitt II-20 unter der Wirkung von $\hat{\mathcal{P}}$ aber $\hat{\boldsymbol{p}}$ auf $-\hat{\boldsymbol{p}}$ abgebildet wird, muss eine entsprechende Wirkung im Dirac-Raum durch einen unitären, hermiteschen und selbstinversen Operator $\hat{U}_P$ das negative Vorzeichen kompensieren. Insgesamt muss also gelten:

$$\begin{aligned}\hat{U}_P\boldsymbol{\alpha}\hat{U}_P &\stackrel{!}{=}-\boldsymbol{\alpha},\\ \hat{U}_P\beta\hat{U}_P &\stackrel{!}{=}\beta,\end{aligned}$$

und es ist unmittelbar erkennbar, dass

$$\hat{U}_P=\beta=\gamma^0 \tag{20.16}$$

all diese Forderungen erfüllt, unabhängig von der Darstellung im Dirac-Raum. Also gilt:

Satz (Paritätsoperator)**.** *In der Dirac-Theorie ist der Paritätsoperator $\hat{\mathcal{P}}$ explizit gegeben durch*

$$\hat{\mathcal{P}}:\ \psi(\boldsymbol{r},t)\mapsto\hat{U}_P\psi(-\boldsymbol{r},t), \tag{20.17}$$

mit

$$\hat{U}_P=\beta=\gamma^0, \tag{20.18}$$

und es ist

$$\hat{U}_P\boldsymbol{\alpha}\hat{U}_P=-\boldsymbol{\alpha}, \tag{20.19}$$

$$\hat{U}_P\beta\hat{U}_P=\beta, \tag{20.20}$$

beziehungsweise

$$\hat{U}_P\gamma^i\hat{U}_P=-\gamma^i, \tag{20.21}$$

$$\hat{U}_P\gamma^0\hat{U}_P=\gamma^0. \tag{20.22}$$

Der freie Hamilton-Operator (18.15) *ist unter der Wirkung des Paritätsoperators invariant.*

Angewandt auf die vier Basislösungen (18.61) beziehungsweise (18.64) ergibt sich:

$$\hat{\mathcal{P}}\psi^{(+)1,2}_{\pm\boldsymbol{p}}(\boldsymbol{r},t)=\psi^{(+)1,2}_{\mp\boldsymbol{p}}(\boldsymbol{r},t), \tag{20.23}$$

$$\hat{\mathcal{P}}\psi^{(-)1,2}_{\pm\boldsymbol{p}}(\boldsymbol{r},t)=-\psi^{(-)1,2}_{\mp\boldsymbol{p}}(\boldsymbol{r},t). \tag{20.24}$$

Die Tatsache, dass der Paritätsoperator im Dirac-Raum über die Matrix β wirkt, hat eine nicht unmittelbar intuitive Konsequenz: gegeben sei ein Dirac-Spinor $\psi(\boldsymbol{r},t)$ mit wohldefinierter Parität, also ein Eigenspinor zu $\hat{\mathcal{P}}$:

$$\hat{\mathcal{P}}\,\psi(\boldsymbol{r},t) = \beta\psi(-\boldsymbol{r},t) \stackrel{!}{=} \pm\psi(\boldsymbol{r},t),$$

in Komponenten:

$$\begin{pmatrix} \mathbb{1} & 0 \\ 0 & \mathbb{1} \end{pmatrix} \begin{pmatrix} \phi(-\boldsymbol{r},t) \\ \chi(-\boldsymbol{r},t) \end{pmatrix} \stackrel{!}{=} \pm \begin{pmatrix} \phi(\boldsymbol{r},t) \\ \chi(\boldsymbol{r},t) \end{pmatrix}.$$

Sind nun zusätzlich die Pauli-Spinoren $\phi(\boldsymbol{r},t), \chi(\boldsymbol{r},t)$ Eigenzustände des Bahndrehimpulsoperators $\hat{\boldsymbol{L}}^2$ mit den jeweiligen Quantenzahlen $l_{\phi,\chi}$, wie es bei Zentralpotentialen der Fall ist – siehe Abschnitt II-23 sowie die entsprechende Diskussion zur Paritätssymmetrie der Kugelflächenfunktionen in Abschnitt II-3 – dann muss sein:

$$\begin{aligned} \phi(-\boldsymbol{r},t) &= (-1)^{l_\phi}\phi(\boldsymbol{r},t) \stackrel{!}{=} \pm\phi(\boldsymbol{r},t), \\ -\phi(-\boldsymbol{r},t) &= -(-1)^{l_\chi}\phi(\boldsymbol{r},t) \stackrel{!}{=} \pm\chi(\boldsymbol{r},t). \end{aligned}$$

Also muss gelten:

$$(-1)^{l_\phi} = -(-1)^{l_\chi}, \tag{20.25}$$

das heißt, wenn $\phi(\boldsymbol{r},t)$ ein Pauli-Spinor zu gerader Bahndrehimpuls-Quantenzahl l_ϕ ist, ist $\chi(\boldsymbol{r},t)$ ein Pauli-Spinor zu ungerader Bahndrehimpuls-Quantenzahl l_χ und umgekehrt. Das ist zunächst unintuitiv, darf aber eigentlich bereits angesichts der Form der Basislösung (18.61) nicht überraschen: dort ist $\chi \sim (\boldsymbol{\sigma}\cdot\hat{\boldsymbol{p}})\phi$, und aus (II-20.23) folgt dann

$$\begin{aligned} (-1)^{l_\chi}\chi = \hat{\mathcal{P}}\,\chi &\sim \hat{\mathcal{P}}(\boldsymbol{\sigma}\cdot\hat{\boldsymbol{p}})\phi \\ &= -(\boldsymbol{\sigma}\cdot\hat{\boldsymbol{p}})\,\hat{\mathcal{P}}\,\phi \\ &\sim -(-1)^{l_\phi}\chi, \end{aligned}$$

also besitzen $\phi(\boldsymbol{r},t), \chi(\boldsymbol{r},t)$ entgegengesetzte Parität. Wir werden in Abschnitt 21 darauf zurückkommen.

Betrachten wir nun noch eine Teilchen-Basislösung $\psi_0^{(+)}$ zu $\boldsymbol{p} = \boldsymbol{0}, E > 0$ und eine Antiteilchen-Basislösung $\psi_0^{(-)}$ zu $\boldsymbol{p} = \boldsymbol{0}, E < 0$:

$$\begin{aligned} \psi_0^{(+)} &= \begin{pmatrix} \phi_0 \\ 0 \end{pmatrix} \mathrm{e}^{-imc^2 t}, \\ \psi_0^{(-)} &= \begin{pmatrix} 0 \\ \chi_0 \end{pmatrix} \mathrm{e}^{+imc^2 t}. \end{aligned}$$

Beide Lösungen $\psi_0^{(\pm)}$ sind offensichtlich Eigenlösungen von $\hat{\mathcal{P}}$ zum jeweiligen Eigenwert ± 1. Ein ruhendes Teilchen und ein ruhendes Antiteilchen haben also entgegengesetzte intrinsische Parität (siehe Abschnitt II-20), die als zusätzlicher Phasenfaktor zur Gesamt-Parität eines Zustands beiträgt. Ein zusammengesetztes (e^+e^-)-System (Positronium) mit $l = 0$ besitzt daher negative Parität, obwohl der ns-Zustand für sich genommen eine positive Parität beiträgt. Per Konvention wird dem Elektron (e^-) positive und dem Positron (e^+) negative intrinsische Parität zugemessen. Wir kommen in Abschnitt 31 darauf zurück.

Zeitumkehr

Wir wollen schlussendlich noch den Zeitumkehroperator $\hat{\mathcal{T}}$ in der Dirac-Theorie konstruieren. Wir gehen aus von der freien Dirac-Gleichung (18.14) mit (18.15) und wenden den Zeitumkehroperator auf $\psi(\boldsymbol{r}, t)$ und auf die einzelnen Operatoren an. Wir erhalten dann auf der linken Seite:

$$\begin{aligned}\hat{\mathcal{T}}\,\mathrm{i}\hbar\frac{\partial}{\partial t}\hat{\mathcal{T}}^{-1}\,\hat{\mathcal{T}}\,\psi(\boldsymbol{r},t) &= -\mathrm{i}\hbar\frac{\partial}{\partial(-t)}\hat{U}_T\psi(\boldsymbol{r},-t)^* \\ &= \mathrm{i}\hbar\frac{\partial}{\partial t}\hat{U}_T\psi(\boldsymbol{r},-t)^*,\end{aligned}$$

gemäß der Eigenschaft (II-20.43) im Ortsraum, der Eigenschaft (II-20.28), der Antiunitarität von $\hat{\mathcal{T}}$ und mit einem im Dirac-Raum wirkenden Operator $\hat{U}_T$.

Die rechte Seite von (18.14) lautet dann zeitinvertiert:

$$\hat{\mathcal{T}}\left(c\boldsymbol{\alpha}\cdot\hat{\boldsymbol{p}}+\beta mc^2\right)\hat{\mathcal{T}}^{-1}\,\hat{\mathcal{T}}\,\psi(\boldsymbol{r},t) = \left(-c\left[\hat{U}_T\boldsymbol{\alpha}^*\hat{U}_T^{-1}\right]\cdot\hat{\boldsymbol{p}}+\hat{U}_T\beta^*\hat{U}_T^{-1}mc^2\right)\hat{U}_T\psi(\boldsymbol{r},-t)^*,$$

entsprechend der Regel, dass $\hat{\boldsymbol{p}}$ ein ungerader Operator unter der Zeitumkehr ist. Also muss gelten:

$$\begin{aligned}\hat{U}_T\boldsymbol{\alpha}^*\hat{U}_T^{-1} &\overset{!}{=} -\boldsymbol{\alpha}, \\ \hat{U}_T\beta^*\hat{U}_T^{-1} &\overset{!}{=} \beta,\end{aligned}$$

denn wegen (II-20.31) gilt $\hat{\mathcal{T}}\hat{H}\hat{\mathcal{T}}^{-1} = \hat{H}$.

Nun gilt bei Spin-$\frac{1}{2}$-Teilchen aber (II-20.53) beziehungsweise (II-20.54), denn in jedem Fall wird unter Zeitumkehr der Spin umgeklappt. Die Verallgemeinerung von (II-20.55) auf Dirac-Spinoren in Dirac-Darstellung lautet:

$$\hat{U}_T\psi(\boldsymbol{r},-t)^* = \begin{pmatrix}\sigma_2 & 0\\ 0 & \sigma_2\end{pmatrix}\psi(\boldsymbol{r},-t)^* \tag{20.26}$$

$$= -\mathrm{i}\gamma^1\gamma^3\psi(\boldsymbol{r},-t)^*, \tag{20.27}$$

und wie man leicht nachrechnet, liefert $\hat{U}_T = -\mathrm{i}\gamma^1\gamma^3$ auch die obigen Bedingungsgleichungen für $\boldsymbol{\alpha}, \beta$. Wir fassen das zusammen in dem Satz:

Satz (Zeitumkehr-Operator). *In der Dirac-Theorie ist der Zeitumkehr-Operator $\hat{\mathcal{T}}$ in Dirac-Darstellung explizit gegeben durch*

$$\hat{\mathcal{T}}:\psi(\boldsymbol{r},t)\mapsto\hat{U}_T\psi(\boldsymbol{r},-t)^*, \tag{20.28}$$

mit

$$\hat{U}_T = \hat{U}_T^{-1} = -\mathrm{i}\gamma^1\gamma^3, \tag{20.29}$$

und es ist

$$\hat{U}_T\boldsymbol{\alpha}\hat{U}_T = -\boldsymbol{\alpha}^*, \tag{20.30}$$

$$\hat{U}_T\beta\hat{U}_T = \beta^*, \tag{20.31}$$

beziehungsweise

$$\hat{U}_T\gamma^i\hat{U}_T = -(\gamma^i)^*, \tag{20.32}$$

$$\hat{U}_T\gamma^0\hat{U}_T = (\gamma^0)^*. \tag{20.33}$$

Der freie Hamilton-Operator (18.15) *ist unter der Wirkung des Zeitumkehroperators invariant.*

Wie für Spin-$\frac{1}{2}$ zu erwarten ist, gilt in der Dirac-Theorie $\hat{\mathcal{T}}^2 = -\mathbb{1}$, vergleiche den nichtrelativistischen Fall in Abschnitt II-20.

Und wie bei der Ladungskonjugation $\hat{C}$ weiter oben zeigen die Basislösungen (18.61) beziehungsweise (18.64) selbst unter $\hat{\mathcal{T}}$ kein einfaches Transformationsverhalten außer dem, dass eine Lösung zu $E > 0$ auf eine Lösung zu $E > 0$ mit Spinumklapp abgebildet wird – ganz im Unterschied zur Klein–Gordon-Theorie. Unter gleichzeitiger Wirkung von $\hat{C}$, $\hat{\mathcal{T}}$ und $\hat{\mathcal{P}}$ zeigt sich jedoch wieder ein einheitliches Verhalten, wie wir nun sehen werden.

Feynman–Stückelberg-Interpretation und CPT-Invarianz der Dirac-Theorie

Auch in der Dirac-Theorie lässt sich die Feynman–Stückelberg-Interpretation der Lösungen negativer Energie begründen, und wir gehen zunächst auf dieselbe Weise vor wie in der Klein–Gordon-Theorie (Abschnitte 14 und 16): die Hintereinanderausführung von $\hat{C}$ und $\hat{\mathcal{T}}$ auf einen Zustand $\psi_{\boldsymbol{p}}^{(\pm)1,2}(\boldsymbol{r}, t)$ zu positiver Energie ergibt:

$$\hat{\mathcal{T}}\,\hat{C}\,\psi_{\boldsymbol{p}}^{(+)1,2}(\boldsymbol{r}, t) = -\mathrm{i}\gamma^1\gamma^3(-\mathrm{i}(\gamma^2)^*)\psi_{\boldsymbol{p}}^{(+)1,2}(\boldsymbol{r}, -t) = \mathrm{i}\gamma^1\psi_{\boldsymbol{p}}^{(+)1,2}(\boldsymbol{r}, -t).$$

Im Unterschied zur Klein–Gordon-Theorie zeigen die Basislösungen (18.61) beziehungsweise (18.64) in der Dirac-Theorie also auch unter $\hat{\mathcal{T}}\,\hat{C}$ kein einfaches Transformationsverhalten. In jedem Falle wird eine Lösung zu $E < 0$ auf eine Lösung zu $E > 0$ mit entgegengesetzter Ladung abgebildet und umgekehrt. Erst die zusätzliche Wirkung der Raumspiegelung $\hat{\mathcal{P}}$ führt zu:

$$\hat{\mathcal{P}}\,\hat{\mathcal{T}}\,\hat{C}\,\psi_{\boldsymbol{p}}^{(+)1,2}(\boldsymbol{r}, t) = \mathrm{i}\begin{pmatrix} 0 & \mathbb{1} \\ \mathbb{1} & 0 \end{pmatrix}\psi_{\boldsymbol{p}}^{(+)1,2}(-\boldsymbol{r}, -t) = \mathrm{i}\psi_{-\boldsymbol{p}}^{(-)1,2}(\boldsymbol{r}, t).$$

Allgemein: Die Hintereinanderausführung von Ladungskonjugation $\hat{C}$, Raumspiegelung $\hat{\mathcal{P}}$ und Zeitumkehr $\hat{\mathcal{T}}$ führt zu folgender Transformation (wir verwenden die Dirac-Darstellung):

$$\hat{C}\,\hat{\mathcal{P}}\,\hat{\mathcal{T}}\,\psi(\boldsymbol{r}, t) = \mathrm{i}\gamma^5\psi(-\boldsymbol{r}, -t). \tag{20.34}$$

Angewandt auf die Basislösungen (18.61) beziehungsweise (18.64) ergibt sich so:

$$\hat{\mathcal{C}}\hat{\mathcal{P}}\hat{\mathcal{T}}: \psi^{(\pm)1,2}_{\pm\boldsymbol{p}}(\boldsymbol{r},t) = \mathrm{i}\psi^{(\mp)1,2}_{\mp\boldsymbol{p}}(\boldsymbol{r},t). \tag{20.35}$$

Bis auf den Vorfaktor wird also die Teilchenlösung auf die Antiteilchen-Lösung abgebildet und umgekehrt. Die Spin-Einstellung bleibt unverändert, aber durch die Umkehrung des Impulses wird auch die Helizität umgekehrt. Wir erhalten so die Erkenntnis: *Eine Lösung $\psi^{(-)1,2}_{-\boldsymbol{p}}$ zu negativer Energie $E < 0$ ist identisch zu einer Lösung $\psi^{(+)1,2}_{\boldsymbol{p}}$ zu positiver Energie $E > 0$, aber mit entgegengesetzter Ladung, entgegengesetztem Impuls, entgegengesetzter Helizität und mit invertierter Zeitentwicklung.*

Majorana-Fermionen

Für neutrale Spin-$\frac{1}{2}$-Teilchen gilt wie im Spin-0-Fall, dass sie ihre eigenen Antiteilchen sind, sogenannte **Majorana-Fermionen** oder **Majorana-Teilchen**. Die Lösungen $\psi(\boldsymbol{r},t)$ stellen dann Eigenlösungen zu $\hat{C}$ dar, und es gibt für sie wieder zwei Möglichkeiten:

$$\psi_C(\boldsymbol{r},t) = \pm\psi(\boldsymbol{r},t), \tag{20.36}$$

entsprechend einer positiven beziehungsweise negativen **Ladungsparität** oder **C-Parität**. In der Dirac-Darstellung sehen wir, dass dann für die Lösung $\psi^{(\pm)}(\boldsymbol{r},t)$ je nach Ladungsparität gemäß (20.5) beziehungsweise (20.8) gelten muss:

$$\chi = \mp\mathrm{i}\sigma_2\phi^*,$$

und daraus

$$\psi^{(\pm)}(\boldsymbol{r},t) = \begin{pmatrix} \phi(\boldsymbol{r},t) \\ \mp\mathrm{i}\sigma_2\phi^*(\boldsymbol{r},t) \end{pmatrix} \tag{20.37}$$

folgt.

Wir wechseln nun in die chirale Darstellung (19.42), in der der Operator $\hat{U}_C$ gemäß (20.6), zusammen mit (19.41) dieselbe Form wie in der Dirac-Darstellung annimmt:

$$\hat{U}_C = \begin{pmatrix} 0 & \mathrm{i}\sigma_2 \\ -\mathrm{i}\sigma_2 & 0 \end{pmatrix}.$$

Das bedeutet: eine Eigenlösung zu $\hat{U}_C$ nimmt in der chiralen Darstellung ebenfalls die Form (20.37) an, und wir schreiben leicht abgewandelt:

$$\psi^{(+)}(\boldsymbol{r},t) = \begin{pmatrix} \phi_L(\boldsymbol{r},t) \\ -\mathrm{i}\sigma_2\phi_L^*(\boldsymbol{r},t) \end{pmatrix}, \tag{20.38a}$$

$$\psi^{(-)}(\boldsymbol{r},t) = \begin{pmatrix} +\mathrm{i}\sigma_2\chi_R^*(\boldsymbol{r},t) \\ \chi_R(\boldsymbol{r},t) \end{pmatrix}. \tag{20.38b}$$

Setzt man (20.38) in die Dirac-Gleichung (18.13) (in chiraler Darstellung!) ein, ergibt sich für Fermionen positiver Ladungsparität:

$$\begin{aligned}\hbar\frac{\partial}{\partial t}\phi_L(\boldsymbol{r},t) &= +\hbar c\boldsymbol{\sigma}\cdot\nabla\phi_L(\boldsymbol{r},t) - mc^2\sigma_2\phi_L^*(\boldsymbol{r},t),\\ \hbar\frac{\partial}{\partial t}\sigma_2\phi_L^*(\boldsymbol{r},t) &= -\hbar c\boldsymbol{\sigma}\cdot\nabla\sigma_2\phi_L^*(\boldsymbol{r},t) + mc^2\phi_L(\boldsymbol{r},t),\end{aligned}$$

und man sieht nach Multiplikation der zweiten Zeile, dass beide Gleichungen äquivalent sind, da die erste Zeile die Komplex-Konjugierte der zweiten ist. Das liegt daran, dass σ_2 rein imaginär ist. Eine entsprechende Rechnung können wir für Fermionen negativer Ladungsparität durchführen. Wir erhalten schlicht

$$\hbar\frac{\partial}{\partial t}\phi_L(\boldsymbol{r},t) = \hbar\boldsymbol{\sigma}\cdot\nabla\phi_L(\boldsymbol{r},t) - mc^2\sigma_2\phi_L^*(\boldsymbol{r},t), \tag{20.39a}$$

$$\hbar\frac{\partial}{\partial t}\chi_R(\boldsymbol{r},t) = -\hbar\boldsymbol{\sigma}\cdot\nabla\phi_L(\boldsymbol{r},t) + mc^2\sigma_2\phi_L^*(\boldsymbol{r},t), \tag{20.39b}$$

was sich mit der Notation (19.48) kompakt schreiben lässt als:

$$\bar{\sigma}^\mu\partial_\mu\phi_L(x) = \frac{mc}{\hbar}\sigma_2\phi_L^*(x), \tag{20.40a}$$

$$\sigma^\mu\partial_\mu\chi_R(x) = \frac{mc}{\hbar}\sigma_2\chi_L^*(x). \tag{20.40b}$$

Die Gleichungen (20.39) beziehungsweise (20.40) heißen **Majorana-Gleichungen**, und man sieht leicht, dass sie für $m = 0$ in die Weyl-Gleichungen (19.47) beziehungsweise (19.51) übergehen.

In der **Majorana-Darstellung**, die aus der Dirac-Darstellung über

$$\hat{S} = \hat{S}^\dagger = \frac{1}{\sqrt{2}}\begin{pmatrix}\mathbb{1} & \sigma_2\\ \sigma_2 & -\mathbb{1}\end{pmatrix} \tag{20.41}$$

hervorgeht, nehmen die Dirac-Matrizen die Form

$$\gamma^0 = \begin{pmatrix}0 & \sigma_2\\ \sigma_2 & 0\end{pmatrix}, \tag{20.42a}$$

$$\gamma^1 = \begin{pmatrix}\mathrm{i}\sigma_3 & 0\\ 0 & \mathrm{i}\sigma_3\end{pmatrix}, \tag{20.42b}$$

$$\gamma^2 = \begin{pmatrix}0 & -\sigma_2\\ \sigma_2 & 0\end{pmatrix}, \tag{20.42c}$$

$$\gamma^3 = \begin{pmatrix}-\mathrm{i}\sigma_1 & 0\\ 0 & -\mathrm{i}\sigma_1\end{pmatrix}, \tag{20.42d}$$

$$\gamma^5 = \begin{pmatrix}\sigma_2 & 0\\ 0 & -\sigma_2\end{pmatrix} \tag{20.42e}$$

an, und der Operator $\hat{U}_C$ erhält die Form

$$\hat{U}_C = -\mathrm{i}\mathbb{1}. \tag{20.43}$$

In dieser Darstellung sind alle Dirac-Matrizen rein imaginär, es ist also $(\gamma^\mu)^* = -\gamma^\mu$ für $\mu = 1 \ldots 5$ (was auch aus (20.2) mit (20.43) folgt), wodurch die Dirac-Gleichung (18.13) beziehungsweise (18.20) rein reell wird. In dieser Darstellung ist dann

$$\psi_C = -\mathrm{i}\psi^*,$$

und vom irrelevanten Phasenfaktor abgesehen stellt sich die Eigenwertgleichung (20.36) dann dar als:

$$\psi^*(\boldsymbol{r}, t) = \pm\psi(\boldsymbol{r}, t). \tag{20.44}$$

Bei positiver Ladungsparität stellen also rein reelle Dirac-Spinoren (in Majorana-Darstellung) Majorana-Fermionen dar, bei negativer Ladungsparität werden Majorana-Fermionen durch rein imaginäre Dirac-Spinoren dargestellt. An dieser Stelle sei darauf hingewiesen, dass die Majorana-Darstellung (20.42) nicht eindeutig ist, wenn man zu ihrer definierenden Eigenschaft erhebt, dass die Dirac-Matrizen allesamt rein imaginär sind. Vielmehr sind in der Literatur diesbezüglich zahlreiche alternative Definitionen zu finden. Für die weitere Lektüre sei an dieser Stelle das sehr lesbares Review [Pal11] empfohlen.

Majorana-Teilchen, die Majorana-Darstellung und die Majorana-Gleichungen (20.39) beziehungsweise (20.40) sind benannt nach dem italienischen Physiker Ettore Majorana. Majorana wurde 1906 auf Sizilien geboren, und sein wissenschaftliches Wirken fand im engen Zeitraum zwischen 1928 und 1937 statt, in welchem er nach einem kurzen Forschungsaufenthalt 1932–1933 in Deutschland und in Kopenhagen vier Jahre lang mehr oder weniger ein Eremitendasein in Rom führte, welches einer schweren Magenerkrankung und vermutlich einem Nervenzusammenbruch gefolgt war. Im Jahre 1937 erschien seine letzte Arbeit [Maj37], in der er die nach ihm benannte Gleichungen aufstellte, und 1938 erhielt er einen Ruf für Theoretische Physik an die Universität von Neapel. Am 25. März 1938 kaufte er ein Ticket für eine Fähre von Palermo nach Neapel, nachdem er sein gesamtes Erspartes von der Bank abgehoben hatte, und verschwand daraufhin spurlos. Sein Verbleiben ist bis heute ungeklärt und stellt eines der merkwürdigsten menschlichen Mysterien in der Physik dar – die wahrscheinlichste Theorie ist, dass er nach Südamerika auswanderte und dort eine neue Existenz aufbaute, vermutlich ebenfalls als Eremit. Lesenswerte Erinnerungen an Ettore Majorana sind zum Beispiel in [Zic06] zu finden.

Neutrinos waren anfänglich – kurz nach ihrer Entdeckung – heiße Kandidaten für Majorana-Teilchen, da sie offensichtlich neutrale Spin-$\frac{1}{2}$-Teilchen sind. Allerdings war schnell klar, dass ihre Masse, wenn sie überhaupt einen endlichen Wert besaß, außerordentlich klein sein musste. Im Standard-Modell der Elementarteilchen sind Neutrinos masselose Teilchen, wodurch die Leptonenzahl eine strikte Erhaltungsgröße ist, und zwar separat für jede Leptongeneration. Das Konzept von Majorana-Teilchen verlor lange Zeit an Relevanz: bis auf das Photon – das zudem ebenfalls masselos und darüber hinaus ein Boson ist – gibt es schlichtweg keine Teilchen, die ihre eigenen Antiteilchen sind. Seit Anfang der 2000er-Jahre jedoch Neutrino-Oszillationen beobachtet wurden, die das sogenannte **Sonnen-Neutrino-Problem** lösen konnten, und den Neutrinos seitdem eine endliche Masse beigemessen wird, erhält auch die Idee, Neutrinos könnten Majorana-Fermionen sein, neuen Auftrieb. Falls Neutrinos Majorana-Fermionen sind, wäre ein neutrinoloser doppelter Beta-Zerfall möglich, der allerdings bislang unbeobachtet blieb. Eine leicht lesbare Übersicht über dieses Thema ist beispielsweise [Wil09].

21 Dirac-Gleichung mit Zentralpotential

Die Dirac-Gleichung in der Form (18.13) besitzt konstruktionsbedingt bereits die Form einer Schrödinger-Gleichung und ist daher für den Hamilton-Formalismus unmittelbar geeignet. Wir wollen nun das Eigenwertproblem

$$\hat{H}\psi(\boldsymbol{r}) = E\psi(\boldsymbol{r}) \tag{21.1}$$

lösen, wobei

$$\hat{H} = c\boldsymbol{\alpha} \cdot \hat{\boldsymbol{p}} + \beta mc^2 + \hat{V}(\hat{r}), \tag{21.2}$$

mit einem Zentralpotential $\hat{V}(\hat{r})$.

Wir betrachten zunächst, welche Erhaltungsgrößen das Problem besitzt. Im nichtrelativistischen Fall des Zentralpotentials kommutieren die Operatoren $\hat{\boldsymbol{L}}^2, \hat{J}_z, \hat{H}$, so dass der Separationsansatz für die Wellenfunktion in einen Radialteil $R_{nl}(r)$ und die Kugelflächenfunktionen $Y_{lm}(\theta, \phi)$ möglich ist. Das ist hier aber nicht der Fall, denn wir wissen bereits aus Abschnitt 18, dass $\hat{\boldsymbol{L}}$ und $\hat{\boldsymbol{S}}$ einzeln nicht mit $\hat{H}$ kommutieren, der Gesamtdrehimpuls $\hat{\boldsymbol{J}} = \hat{\boldsymbol{L}} + \hat{\boldsymbol{S}}$ hingegen sehr wohl. Also lassen sich gemeinsame Eigenzustände von $\hat{\boldsymbol{J}}^2, \hat{J}_z, \hat{H}$ finden.

Es gibt aber noch eine weitere Erhaltungsgröße: wir definieren den Operator

$$\hat{K} := \beta(\boldsymbol{\Sigma} \cdot \hat{\boldsymbol{L}} + \hbar) = \beta\boldsymbol{\Sigma} \cdot \hat{\boldsymbol{J}} - \beta\frac{\hbar}{2}, \tag{21.3}$$

und zeigen:

Satz. *Der durch (21.3) definierte Operator $\hat{K}$ kommutiert mit dem Hamilton-Operator (21.2):*

$$[\hat{K}, \hat{H}] = 0. \tag{21.4}$$

Beweis. Es ist

$$\begin{aligned}[\hat{H}, \beta\boldsymbol{\Sigma} \cdot \hat{\boldsymbol{J}}] &= [\hat{H}, \beta]\boldsymbol{\Sigma} \cdot \hat{\boldsymbol{J}} + [\beta, \boldsymbol{\Sigma}] \cdot \hat{\boldsymbol{J}} \\ &= -2c\beta(\boldsymbol{\alpha} \cdot \hat{\boldsymbol{p}})(\boldsymbol{\Sigma} \cdot \hat{\boldsymbol{J}}) + 2\mathrm{i}c\beta(\boldsymbol{\alpha} \times \hat{\boldsymbol{p}}) \cdot \hat{\boldsymbol{J}},\end{aligned}$$

unter Verwendung von (18.37). In einer Nebenrechnung erhalten wir mit Hilfe on (19.17) für zwei vektorwertige Operatoren $\hat{\boldsymbol{A}}, \hat{\boldsymbol{B}}$:

$$\begin{aligned}(\boldsymbol{\alpha} \cdot \hat{\boldsymbol{A}})(\boldsymbol{\Sigma} \cdot \hat{\boldsymbol{B}}) &= -\gamma^5(\boldsymbol{\Sigma} \cdot \hat{\boldsymbol{A}})(\boldsymbol{\Sigma} \cdot \hat{\boldsymbol{B}}) \\ &= -\gamma^5\hat{\boldsymbol{A}} \cdot \hat{\boldsymbol{B}} + \mathrm{i}\boldsymbol{\alpha} \cdot (\hat{\boldsymbol{A}} \times \hat{\boldsymbol{B}}),\end{aligned}$$

so dass weiter

$$\begin{aligned}[\hat{H}, \beta\boldsymbol{\Sigma} \cdot \hat{\boldsymbol{J}}] &= 2c\beta\gamma^5(\hat{\boldsymbol{p}} \cdot \hat{\boldsymbol{J}}) \\ &= 2c\beta\gamma^5\hat{\boldsymbol{p}} \cdot \left(\hat{\boldsymbol{L}} + \frac{\hbar}{2}\boldsymbol{\Sigma}\right) \\ &= -c\hbar\beta(\boldsymbol{\alpha} \cdot \hat{\boldsymbol{p}}) = \frac{\hbar}{2}[\hat{H}, \beta],\end{aligned}$$

woraus (21.4) folgt. ■

Aus der Tatsache, dass $[\hat{\boldsymbol{J}}, \beta] = [\hat{\boldsymbol{J}}, \boldsymbol{\Sigma} \cdot \hat{\boldsymbol{L}}] = 0$, folgt außerdem:

$$[\hat{\boldsymbol{J}}, \hat{K}] = 0. \tag{21.5}$$

Also lassen sich gemeinsame Eigenzustände von $\hat{\boldsymbol{J}}^2, \hat{J}_z, \hat{H}, \hat{K}$ finden, und die zugehörigen Eigenwerte sind $j(j+1)\hbar^2, m\hbar, E, -\kappa\hbar$.

Wir können nun eine wichtige Beziehung zwischen κ und j ableiten. Es ist nämlich

$$\begin{aligned}\hat{K}^2 &= \beta(\boldsymbol{\Sigma} \cdot \hat{\boldsymbol{L}} + \hbar)\beta(\boldsymbol{\Sigma} \cdot \hat{\boldsymbol{L}} + \hbar) \\ &= (\boldsymbol{\Sigma} \cdot \hat{\boldsymbol{L}} + \hbar)^2 \\ &= \hat{\boldsymbol{L}}^2 + \mathrm{i}\boldsymbol{\Sigma} \cdot (\hat{\boldsymbol{L}} \times \hat{\boldsymbol{L}}) + 2\hbar\boldsymbol{\Sigma} \cdot \hat{\boldsymbol{L}} + \hbar^2 \\ &= \hat{\boldsymbol{L}}^2 + \hbar\boldsymbol{\Sigma} \cdot \hat{\boldsymbol{L}} + \hbar^2,\end{aligned}$$

unter Verwendung von (18.27) in der dritten und (II-1.5) in der vierten Zeile. Mit

$$\hat{\boldsymbol{J}}^2 = \hat{\boldsymbol{L}}^2 + \hbar\boldsymbol{\Sigma} \cdot \hat{\boldsymbol{L}} + \frac{3}{4}\hbar^2$$

erhalten wir so

$$\hat{K}^2 = \hat{\boldsymbol{J}}^2 + \frac{1}{4}\hbar^2, \tag{21.6}$$

und man erkennt, dass $\hat{K}^2$ die Eigenwerte $\kappa^2\hbar^2$ besitzt mit

$$\kappa^2 = j(j+1) + \frac{1}{4} = \left(j + \frac{1}{2}\right)^2 \Longrightarrow \kappa = \pm\left(j + \frac{1}{2}\right). \tag{21.7}$$

Die Quantenzahl κ ist also eine ganze Zahl ungleich Null und bestimmt vereinfacht gesagt, ob der Spin im nichtrelativistischen Grenzfall antiparallel ($\kappa > 0$) oder parallel ($\kappa < 0$) zum Gesamtdrehimpuls ausgerichtet ist.

Des Weiteren können wir folgende Betrachtung anstellen: der Operator $\hat{K}$ ist in Dirac-Darstellung gegeben durch

$$\hat{K} = \begin{pmatrix} \boldsymbol{\sigma} \cdot \hat{\boldsymbol{L}} + \hbar & 0 \\ 0 & -\boldsymbol{\sigma} \cdot \hat{\boldsymbol{L}} - \hbar \end{pmatrix}. \tag{21.8}$$

Es sei nun $\psi(\boldsymbol{r}, t)$ eine Lösung der Dirac-Gleichung (21.2) und damit Eigenlösung zu $\hat{H}, \hat{\boldsymbol{J}}^2$ und $\hat{J}_z$. Die Eigenwertgleichung für $\hat{K}$ stellt sich dann in der Notation (18.16) dar als:

$$(\boldsymbol{\sigma} \cdot \hat{\boldsymbol{L}} + \hbar)\phi(\boldsymbol{r}) = -\kappa\phi(\boldsymbol{r}), \tag{21.9a}$$

$$(\boldsymbol{\sigma} \cdot \hat{\boldsymbol{L}} + \hbar)\chi(\boldsymbol{r}) = +\kappa\chi(\boldsymbol{r}). \tag{21.9b}$$

Außerdem gilt

$$\begin{aligned}\hat{\boldsymbol{J}}^2\phi(\boldsymbol{r}) &= j(j+1)\phi(\boldsymbol{r}), \quad \hat{J}_z\phi(\boldsymbol{r}) = m\phi(\boldsymbol{r}), \\ \hat{\boldsymbol{J}}^2\chi(\boldsymbol{r}) &= j(j+1)\chi(\boldsymbol{r}), \quad \hat{J}_z\chi(\boldsymbol{r}) = m\chi(\boldsymbol{r}).\end{aligned} \tag{21.10}$$

Da aber im Raum der Pauli-Spinoren $\hat{\boldsymbol{L}}^2 = \hat{\boldsymbol{J}}^2 - \hbar\boldsymbol{\sigma}\cdot\hat{\boldsymbol{L}} - \frac{3}{4}\hbar^2$ gilt, ist also jeder Pauli-Spinor, der Eigenspinor zu $\hat{K}$ und $\hat{\boldsymbol{J}}^2$ ist, automatisch auch Eigenspinor zu $\hat{\boldsymbol{L}}^2$, auch wenn der Dirac-Spinor $\psi(\boldsymbol{r})$ *nicht* Eigenspinor zu $\hat{\boldsymbol{L}}^2$ ist! Also sind $\phi(\boldsymbol{r}), \chi(\boldsymbol{r})$ Eigenfunktionen zu $\hat{\boldsymbol{L}}^2$ zu den jeweiligen Eigenwerten $l_{\phi,\chi}(l_{\phi,\chi}+1)\hbar^2$, wobei

$$-\kappa = j(j+1) - l_\phi(l_\phi+1) + \frac{1}{4}, \tag{21.11a}$$

$$\kappa = j(j+1) - l_\chi(l_\chi+1) + \frac{1}{4}, \tag{21.11b}$$

unter Verwendung von (21.9). Zusammen mit (21.7) bedeutet das: zu einem gegebenen j können l_ϕ, l_χ jeweils zwei unterschiedliche Werte annehmen, entsprechend der beiden Vorzeichen von κ. Ist die linke Seite von (21.11) negativ, gilt $l = j + \frac{1}{2}$, ist die linke Seite positiv, ist $l = j - \frac{1}{2}$. Beispielsweise kann für $j = \frac{1}{2}$ die Quantenzahl l_ϕ den Wert 0 (für $\kappa = -1$) oder 1 (für $\kappa = +1$) annehmen, den entsprechend anderen Wert nimmt dann l_χ an. In jedem Falle sind $\phi(\boldsymbol{r}), \chi(\boldsymbol{r})$ stets von entgegengesetzter Parität (im Raum der Pauli-Spinoren).

Beachten wir nun noch, dass – wie für Zentralpotentiale der Fall – der in Abschnitt II-20 definierte Paritätsoperator $\hat{\mathcal{P}}$ ebenfalls mit dem Hamilton-Operator kommutiert, so dass gemäß (20.17) $\beta\psi(-\boldsymbol{r},t) = \pm\psi(\boldsymbol{r},t)$ gelten muss, bietet sich der Ansatz

$$\psi_A(\boldsymbol{r}) = \begin{pmatrix} \phi_A(r) \\ \chi_A(r) \end{pmatrix} = \begin{pmatrix} u_A(r)\mathcal{Y}^j_{(l=j-\frac{1}{2}),m}(\theta,\phi) \\ -\mathrm{i}v_A(r)\mathcal{Y}^j_{(l=j+\frac{1}{2}),m}(\theta,\phi) \end{pmatrix}, \tag{21.12}$$

beziehungsweise

$$\psi_B(\boldsymbol{r}) = \begin{pmatrix} \phi_B(r) \\ \chi_B(r) \end{pmatrix} = \begin{pmatrix} u_B(r)\mathcal{Y}^j_{(l=j+\frac{1}{2}),m}(\theta,\phi) \\ -\mathrm{i}v_B(r)\mathcal{Y}^j_{(l=j-\frac{1}{2}),m}(\theta,\phi) \end{pmatrix}, \tag{21.13}$$

mit den spinoriellen Kugelflächenfunktionen (II-37.37) an. Der A-Fall entspricht $\kappa = -(j + \frac{1}{2})$, der B-Fall entspricht $\kappa = j + \frac{1}{2}$. Dabei ist $\psi_A(\boldsymbol{r})$ von gerader (ungerader) Parität, wenn $j - \frac{1}{2}$ gerade (ungerade) ist, und bei $\psi_B(\boldsymbol{r})$ ist es genau umgekehrt:

$$\beta\psi_{A,B}(-\boldsymbol{r}) = (-1)^{j\mp\frac{1}{2}}\psi_{A,B}(\boldsymbol{r}). \tag{21.14}$$

Die Lösungen $\psi_A(\boldsymbol{r}), \psi_B(\boldsymbol{r})$ besitzen also wohldefinierte Parität und Quantenzahlen j, m, ganz im Einklang mit der Diskussion um die entgegengesetzte intrinsische Parität von Teilchen und Antiteilchen in Abschnitt 20. Der Faktor $(-\mathrm{i})$ in der unteren Komponente dient der späteren Einfachheit.

Bevor wir nun den Ansatz (21.12,21.13) in die Dirac-Gleichung (21.1) einsetzen, führen wir noch eine Nebenrechnung durch: mit Hilfe der Pauli-Identität (II-4.31) gelangen wir zu:

$$\begin{aligned}\sigma \cdot \hat{\boldsymbol{p}} &= \frac{1}{\hat{r}^2}(\sigma \cdot \hat{\boldsymbol{r}})(\sigma \cdot \hat{\boldsymbol{r}})(\sigma \cdot \hat{\boldsymbol{p}}) \\ &= \frac{1}{\hat{r}^2}(\sigma \cdot \hat{\boldsymbol{r}})\left[\hat{\boldsymbol{r}} \cdot \hat{\boldsymbol{p}}\mathbb{1} + \mathrm{i}\sigma \cdot (\hat{\boldsymbol{r}} \times \hat{\boldsymbol{p}}\right] \\ &= \frac{1}{\hat{r}^2}(\sigma \cdot \hat{\boldsymbol{r}})\left[\hat{\boldsymbol{r}} \cdot \hat{\boldsymbol{p}}\mathbb{1} + \mathrm{i}\sigma \cdot \hat{\boldsymbol{L}}\right]. \end{aligned} \tag{21.15}$$

In der (zeitunabhängigen) Komponentenschreibweise (18.16) lautet (21.1):

$$\left[E - mc^2 - V(r)\right]\phi(\boldsymbol{r}) - c\boldsymbol{\sigma} \cdot \hat{\boldsymbol{p}}\chi(\boldsymbol{r}) = 0, \tag{21.16}$$

$$-c\boldsymbol{\sigma} \cdot \hat{\boldsymbol{p}}\phi(\boldsymbol{r}) + \left[E + mc^2 - V(r)\right]\chi(\boldsymbol{r}) = 0. \tag{21.17}$$

Verwendet man (21.12) und (21.13), sowie (21.15) nun in (21.16,21.17), so fallen nun folgende weitere Nebenrechnungen an:

$$\begin{aligned}\boldsymbol{\sigma} \cdot \hat{\boldsymbol{p}}\phi_{A,B}(\boldsymbol{r}) &= \frac{1}{\hat{r}^2}(\sigma \cdot \hat{\boldsymbol{r}})\left[\hat{\boldsymbol{r}} \cdot \hat{\boldsymbol{p}}\mathbb{1} + \mathrm{i}\sigma \cdot \hat{\boldsymbol{L}}\right]\left[u_{A,B}(r)\mathcal{Y}^j_{(l=j\mp\frac{1}{2}),m}(\theta,\phi)\right] \\ &= (\sigma \cdot \boldsymbol{e}_r)\left[-\mathrm{i}\hbar\boldsymbol{e}_r \cdot \nabla + \frac{\mathrm{i}}{r}(\hat{\boldsymbol{J}}^2 - \hat{\boldsymbol{L}}^2 - \hat{\boldsymbol{S}}^2)\right]\left[u_{A,B}(r)\mathcal{Y}^j_{(l=j\mp\frac{1}{2}),m}(\theta,\phi)\right] \\ &= (\sigma \cdot \boldsymbol{e}_r)\left[-\mathrm{i}\hbar\frac{\partial}{\partial r} + \frac{\mathrm{i}\hbar}{r}\lambda_\mp\right]\left[u_{A,B}(r)\mathcal{Y}^j_{(l=j\mp\frac{1}{2}),m}(\theta,\phi)\right],\end{aligned}$$

unter Verwendung von (II-37.34). Dabei ist:

$$\lambda_\mp = \begin{cases} j - \frac{1}{2} & (l = j - \frac{1}{2}) \\ -(j + \frac{3}{2}) & (l = j + \frac{1}{2}) \end{cases}. \tag{21.18}$$

Wie für ein Zentralpotential zu erwarten ist, haben wir nur noch Ableitungen nach r vor uns, und die spinoriellen Kugelflächenfunktionen tauchen als einfacher Faktor auf. Man beachte, dass entsprechend der Fallunterscheidung nach A, B für die Definition von κ in beiden Fällen an dieser Stelle sowohl λ_- als auch λ_+ identisch sind mit $-(\kappa + 1)$!

In einer weiteren Nebenrechnung berechnen wir nun noch die Wirkung von $(\boldsymbol{\sigma} \cdot \boldsymbol{e}_r)$ auf $\mathcal{Y}^j_{(l=j\mp\frac{1}{2}),m}(\theta,\phi)$. Da $(\boldsymbol{\sigma} \cdot \boldsymbol{e}_r)$ einen (pseudo-)skalaren Operator darstellt, berechnen wir dessen Wirkung für den Fall $\boldsymbol{e}_r = \boldsymbol{e}_z$. Dann ist:

$$
\begin{aligned}
(\boldsymbol{\sigma}\cdot\boldsymbol{e}_r)\mathcal{Y}^j_{(l=j\mp\frac{1}{2}),m}(\theta,\phi) &= (\boldsymbol{\sigma}\cdot\boldsymbol{e}_z)\mathcal{Y}^j_{(l=j\mp\frac{1}{2}),m}(0,\phi)\\
&= \frac{1}{\sqrt{2l+1}}\begin{pmatrix}1 & 0\\ 0 & -1\end{pmatrix}\begin{pmatrix}\pm\sqrt{l\pm m+\frac{1}{2}}\,\mathrm{Y}_{l,m-\frac{1}{2}}(0,\phi)\\ \sqrt{l\mp m+\frac{1}{2}}\,\mathrm{Y}_{l,m+\frac{1}{2}}(0,\phi)\end{pmatrix}\\
&= \frac{1}{\sqrt{2l+1}}\begin{pmatrix}\pm\sqrt{l\pm m+\frac{1}{2}}\,\mathrm{Y}_{l,m-\frac{1}{2}}(0,\phi)\\ -\sqrt{l\mp m+\frac{1}{2}}\,\mathrm{Y}_{l,m+\frac{1}{2}}(0,\phi)\end{pmatrix}\\
&= \sqrt{\frac{1}{4\pi}}\begin{pmatrix}\pm\sqrt{l\pm m+\frac{1}{2}}\,\delta_{m,\frac{1}{2}}\\ -\sqrt{l\mp m+\frac{1}{2}}\,\delta_{m,-\frac{1}{2}}\end{pmatrix}\\
&= -\sqrt{\frac{j+\frac{1}{2}}{4\pi}}\begin{pmatrix}\mp\delta_{m,\frac{1}{2}}\\ \delta_{m,-\frac{1}{2}}\end{pmatrix} = -\mathcal{Y}^j_{(l=j\pm\frac{1}{2}),m}(0,\phi),
\end{aligned}
$$

unter Verwendung von (II-3.64). Also ist

$$
(\boldsymbol{\sigma}\cdot\boldsymbol{e}_r)\mathcal{Y}^j_{(l=j\mp\frac{1}{2}),m}(\theta,\phi) = -\mathcal{Y}^j_{(l=j\pm\frac{1}{2}),m}(\theta,\phi). \tag{21.19}
$$

Somit erhalten wir:

$$
\boldsymbol{\sigma}\cdot\hat{\boldsymbol{p}}\phi_{A,B}(\boldsymbol{r}) = \left[\mathrm{i}\hbar\frac{\partial}{\partial r} - \frac{\mathrm{i}\hbar}{r}\lambda_{\mp}\right]\left[u_{A,B}(r)\mathcal{Y}^j_{(l=j\pm\frac{1}{2}),m}(\theta,\phi)\right], \tag{21.20}
$$

und man erinnere sich an die Anmerkung weiter oben, dass an dieser Stelle sowohl λ_- als auch λ_+ identisch sind mit $-(\kappa+1)$!

Eine analoge Rechnung ergibt

$$
\boldsymbol{\sigma}\cdot\hat{\boldsymbol{p}}\chi_{A,B}(\boldsymbol{r}) = \left[\mathrm{i}\hbar\frac{\partial}{\partial r} - \frac{\mathrm{i}\hbar}{r}\lambda_{\pm}\right]\left[-\mathrm{i}v_{A,B}(r)\mathcal{Y}^j_{(l=j\mp\frac{1}{2}),m}(\theta,\phi)\right], \tag{21.21}
$$

an dieser Stelle sowohl λ_- als auch λ_+ identisch sind mit $\kappa-1$!

Setzt man nun (21.20,21.21) in (21.16,21.17) ein, so erkennt man schnell, dass sich die spinoriellen Kugelfächenfunktionen herauskürzen, und es folgt für den A-Fall:

$$
\left[E-mc^2-V(r)\right]u_A(r) - \hbar c\left(\frac{\mathrm{d}}{\mathrm{d}r}+\frac{j+\frac{3}{2}}{r}\right)v_A(r) = 0, \tag{21.22a}
$$

$$
\left[E+mc^2-V(r)\right]v_A(r) + \hbar c\left(\frac{\mathrm{d}}{\mathrm{d}r}-\frac{j-\frac{1}{2}}{r}\right)u_A(r) = 0, \tag{21.22b}
$$

beziehungsweise für den B-Fall:

$$\left[E - mc^2 - V(r)\right] u_B(r) - \hbar c\left(\frac{\mathrm{d}}{\mathrm{d}r} - \frac{j-\frac{1}{2}}{r}\right) v_B(r) = 0, \tag{21.23a}$$

$$\left[E + mc^2 - V(r)\right] v_B(r) + \hbar c\left(\frac{\mathrm{d}}{\mathrm{d}r} + \frac{j+\frac{3}{2}}{r}\right) u_B(r) = 0. \tag{21.23b}$$

Die gekoppelten Differentialgleichungssysteme (21.22) beziehungsweise (21.23) stellen die **Radialgleichungen** für die Dirac-Theorie mit Zentralpotential dar. Dabei muss nur entweder (21.22) oder (21.23) gelöst werden, denn wenn $u_A(r), v_A(r)$ eine Lösung für (21.22) zur Quantenzahl j darstellt, stellt $u_A(r) = u_B(r), v_A(r) = v_B(r)$ eine Lösung für (21.23) zur Quantenzahl $j \longrightarrow -j-1$ dar.

Dirac-Gleichung mit Coulomb-Potential

Wählen wir nun als Zentralpotential $V(r) = -Ze^2/r$, so haben wir das Coulomb-Problem für relativistische Spin-$\frac{1}{2}$-Teilchen vor uns, wie im Fall Spin-0 aus Abschnitt 15 ein exakt lösbares Problem – diese Lösung erarbeiteten 1928 Walter Gordon [Gor28b] und C. G. Darwin [Dar28]. Und wir im Folgenden sehen werden, beschreibt die Dirac-Gleichung für das Coulomb-Problem exakt die Feinstruktur des Wasserstoffatoms.

Wir gehen aus von den Radialgleichungen (21.22), lassen dabei den Index A fallen und setzen $V(r) = -Ze^2/r$:

$$\left[E - mc^2 + \frac{Ze^2}{r}\right] u(r) - \hbar c\left(\frac{\mathrm{d}}{\mathrm{d}r} + \frac{j+\frac{3}{2}}{r}\right) v(r) = 0,$$

$$\left[E + mc^2 + \frac{Ze^2}{r}\right] v(r) + \hbar c\left(\frac{\mathrm{d}}{\mathrm{d}r} - \frac{j-\frac{1}{2}}{r}\right) u(r) = 0.$$

Nun führen wir dimensionslose Größen ein:

$$\epsilon := \frac{E}{mc^2},$$
$$x := \frac{mc}{\hbar} r,$$
$$\Longrightarrow \frac{\mathrm{d}}{\mathrm{d}r} = \frac{mc}{\hbar}\frac{\mathrm{d}}{\mathrm{d}x},$$

wodurch die Radialgleichungen die Form:

$$\left[\epsilon - 1 + \frac{Z\alpha}{x}\right] \bar{u}(x) - \left(\frac{\mathrm{d}}{\mathrm{d}x} + \frac{j+\frac{3}{2}}{x}\right) \bar{v}(x) = 0, \tag{21.24}$$

$$\left[\epsilon + 1 + \frac{Z\alpha}{x}\right] \bar{v}(x) + \left(\frac{\mathrm{d}}{\mathrm{d}x} - \frac{j-\frac{1}{2}}{x}\right) \bar{u}(x) = 0 \tag{21.25}$$

erhalten, mit $\bar{u}(x) = u(r(x)), \bar{v}(x) = v(r(x))$ und der bekannten Feinstrukturkonstanten $\alpha = \mathrm{e}^2/(\hbar c)$.

Wir wählen wieder unseren gewöhnlichen Ansatz, der aus den Schritten:

1. Betrachtung der Grenzfälle $x \longrightarrow 0$ und $x \longrightarrow \infty$
2. Polynomialreihenansatz und Erhalt von Rekursionsrelationen
3. Abbruchbedingung für die Polynomialreihe und damit Quantisierungsbedingung für die Energie
4. Betrachtung der Entartungen

besteht. Die Schritte der Reihe nach:

1. Wir betrachten den Grenzfall $x \longrightarrow \infty$. Dann wird aus (21.24):

$$(\epsilon - 1)\bar{u}(x) - \frac{\mathrm{d}\bar{v}(x)}{\mathrm{d}x} = 0,$$

und damit aus (21.25):

$$\begin{aligned} &(\epsilon + 1)\bar{v}(x) + \frac{\mathrm{d}\bar{u}(x)}{\mathrm{d}x} = 0 \\ \Longrightarrow\ &(\epsilon + 1)\bar{v}(x) + \frac{1}{\epsilon - 1}\frac{\mathrm{d}^2\bar{v}(x)}{\mathrm{d}x^2} = 0, \\ &\frac{\mathrm{d}^2\bar{v}(x)}{\mathrm{d}x^2} = (1 - \epsilon^2)\bar{v}(x). \end{aligned}$$

Da wir an gebundenen Zuständen interessiert sind, ist per Voraussetzung $\epsilon < 1$, und somit liegt der Ansatz

$$\bar{v}(x) \sim \mathrm{e}^{-(1-\epsilon^2)^{1/2}x} \quad (x \longrightarrow \infty)$$

nahe. Auf analoge Weise erhält man:

$$\bar{u}(x) \sim \mathrm{e}^{-(1-\epsilon^2)^{1/2}x} \quad (x \longrightarrow \infty).$$

Die Grenzwertbetrachtung für $x \longrightarrow 0$, die erwartungsgemäß zu einem asymptotischen Verhalten $\bar{u}(x) \sim x^\gamma$ und $\bar{v}(x) \sim x^\gamma$ mit einem noch zu bestimmenden Exponenten γ führt, stellen wir kurz zurück, und wir fahren mit dem nächsten Schritt fort.

2. Nun machen wir für $\bar{u}(x), \bar{v}(x)$ jeweils einen Polynomialreihenansatz:

$$\begin{aligned} \bar{u}(x) &= \mathrm{e}^{-(1-\epsilon^2)^{1/2}x} x^\gamma a(x), \\ \bar{v}(x) &= \mathrm{e}^{-(1-\epsilon^2)^{1/2}x} x^\gamma b(x), \end{aligned}$$

mit

$$a(x) = \sum_{q=0}^{\infty} a_q x^q,$$

$$b(x) = \sum_{q=0}^{\infty} b_q x^q.$$

Verwenden wir diesen in (21.24,21.25), erhalten wir dadurch gekoppelte Rekursionsrelationen für die Koeffizienten a_q, b_q. Nachdem wir nach Potenzen von x^q sortiert haben, erhalten wir die gekoppelten Rekursionsrelationen:

$$(\epsilon - 1)a_q + (1-\epsilon^2)^{1/2} b_q - (q+1)b_{q+1} + Z\alpha a_{q+1} - \left(\gamma + j + \frac{3}{2}\right) b_{q+1} = 0, \tag{21.26a}$$

$$(\epsilon + 1)b_q - (1-\epsilon^2)^{1/2} a_q + (q+1)a_{q+1} + Z\alpha b_{q+1} + \left(\gamma - j + \frac{1}{2}\right) a_{q+1} = 0, \tag{21.26b}$$

$$Z\alpha a_0 - \left(\gamma + j + \frac{3}{2}\right) b_0 = 0, \tag{21.26c}$$

$$Z\alpha b_0 + \left(\gamma - j + \frac{1}{2}\right) a_0 = 0. \tag{21.26d}$$

(21.26a,21.26b) sind durch das Verschwinden der Koeffizienten der einzelnen Potenzen x^q für $q \geq 0$ bestimmt, (21.26c,21.26d) ergeben sich aus dem Beitrag der Potenzen x^{-1}. Damit bei letzteren eine nichttriviale Lösung für a_0, b_0 existiert, muss die Koeffizientendeterminante verschwinden:

$$(Z\alpha)^2 + \left(\gamma + j + \frac{3}{2}\right)\left(\gamma - j + \frac{1}{2}\right) \stackrel{!}{=} 0,$$

woraus folgt:

$$\gamma_{\pm} = -1 \pm \sqrt{\left(j + \frac{1}{2}\right)^2 - (Z\alpha)^2}.$$

Nun holen wir die asymptotische Betrachtung für $x \longrightarrow 0$ nach. Wir beachten zunächst, dass $j + \frac{1}{2}$ von der Größenordnung 1 ist, so dass die Wurzel für $Z\alpha > 1$ imaginär wird. Dies ist nichts anderes als eine Manifestation des Klein-Paradoxons (siehe Abschnitt 24). Das bedeutet, dass in starken Coulomb-Feldern der gesamte Ansatz zusammenbricht und spontane Paarerzeugung auftritt. Für $j = 0$ ist also das maximal erlaubte Z gegeben durch $Z_{\max} = 68$. Es bleibt die Frage nach dem Vorzeichen vor der Wurzel: Für $j > 0$ und für hinreichend kleine Werte von Z ist der Wurzelausdruck ebenfalls von der Größenordnung 1, so dass wir aus der Forderung nach Divergenzfreiheit das positive Vorzeichen, also γ_+ wählen. Für $j = \frac{1}{2}$ ist x^γ dann zwar immer noch singulär im Ursprung, aber normierbar. Diese Diskussion entspricht derjenigen für den Spin-0-Fall (Abschnitt 15).

Wir erhalten also:

$$\gamma = -1 + \sqrt{\left(j + \frac{1}{2}\right)^2 - (Z\alpha)^2}. \tag{21.27}$$

3. Multiplizieren wir nun (21.26a) mit $(1+\epsilon)^{1/2}$ und (21.26b) mit $(1-\epsilon)^{1/2}$ und addieren beide Gleichungen, erhalten wir:

$$\frac{b_{q+1}}{a_{q+1}} = \frac{Z\alpha(1+\epsilon)^{1/2} - (q+1+\gamma-j+\frac{1}{2})(1-\epsilon)^{1/2}}{Z\alpha(1-\epsilon)^{1/2} + (q+1+\gamma+j+\frac{3}{2})(1+\epsilon)^{1/2}}. \tag{21.28}$$

Für $q \longrightarrow \infty$ verhält sich die rechte Seite von (21.28) wie

$$\frac{b_{q+1}}{a_{q+1}} \overset{q\to\infty}{\sim} -1,$$

also sind b_{q+1} und a_{q+1} asymptotisch proportional zueinander, woraus wiederum durch (21.26a,21.26b) folgt, dass

$$\frac{a_{q+1}}{a_q} \overset{q\to\infty}{\sim} \frac{1}{q}.$$

Wie im Spin-0-Fall verhält sich die Polynomialreihe daher asymptotisch wie die Exponentialfunktion, und es muss einen Reihenabbruch geben.

Es sei daher in (21.26a,21.26b) $a_q = b_q = 0$ für alle $q > q_{\max}$. Wir erhalten:

$$(\epsilon - 1)a_{q_{\max}} + (1-\epsilon^2)^{1/2} b_{q_{\max}} = 0,$$
$$(\epsilon + 1)b_{q_{\max}} - (1-\epsilon^2)^{1/2} a_{q_{\max}} = 0.$$

Beide Gleichungen sind äquivalent, und es folgt jeweils:

$$\frac{b_{q_{\max}}}{a_{q_{\max}}} = \sqrt{\frac{1-\epsilon}{1+\epsilon}}.$$

Verwenden wir dies wiederum in (21.28), mit $q_{\max} = q + 1$, erhalten wir endlich eine Quantisierungsbedingung für ϵ:

$$Z\alpha\epsilon = (q_{\max} + \gamma + 1)(1-\epsilon^2)^{1/2}$$
$$\epsilon^2 = \frac{(q_{\max}+\gamma+1)^2}{(Z\alpha)^2 + (q_{\max}+\gamma+1)^2}$$
$$= \frac{1}{1 + \left(\frac{(Z\alpha)^2}{(q_{\max}+\gamma+1)^2}\right)}.$$

Wenn wir nun noch die Ausdrücke für ϵ, γ auflösen und die positive Wurzel für ϵ wählen, erhalten wir schlussendlich die Energie-Eigenwerte für das Coulomb-Problem in der Dirac-Theorie, wobei wir wie üblich $n = q_{\max} + j + \frac{1}{2}$ setzen:

$$E_{nj} = +mc^2 \left[1 + \frac{(Z\alpha)^2}{\left(n - j - \frac{1}{2} + \left[(j+\frac{1}{2})^2 - (Z\alpha)^2\right]^{1/2}\right)^2} \right]^{-1/2} . \tag{21.29}$$

Die Formel (21.29) für die Energie-Eigenwerte E_{nj} ist identisch zu der im Spin-0-Fall (15.14), mit dem entscheidenden Unterschied, dass anstelle der Bahndrehimpulsquantenzahl l die Quantenzahl des Gesamtdrehimpuls j vorkommt, was quantitativ von großer Bedeutung ist. Entwickeln wir (21.29) nach Potenzen von $(Z\alpha)$, so ergibt sich:

$$E_{nj} = +mc^2 \left[1 - \frac{(Z\alpha)^2}{2n^2} - \frac{(Z\alpha)^4}{2n^4} \left(\frac{n}{j+\frac{1}{2}} - \frac{3}{4} \right) + O\left((Z\alpha)^6 \right) \right] \tag{21.30}$$

$$= \underbrace{mc^2}_{\text{Ruheenergie}} \underbrace{- \frac{m(Ze^2)^2}{2\hbar^2 n^2}}_{\text{Schrödinger}} \underbrace{- \frac{mc^2 (Z\alpha)^4}{2n^4} \left(\frac{n}{j+\frac{1}{2}} - \frac{3}{4} \right)}_{\text{relativistische Korrektur}} + O\left((Z\alpha)^6 \right) . \tag{21.31}$$

Nach Subtraktion der Ruheenergie mc^2 erhalten wir so die Energieniveaus E_n des nichtrelativistischen Coulomb-Problems (II-29.10) beziehungsweise (II-29.12) zuzüglich der relativistischen Korrekturterme für ein Spin-$\frac{1}{2}$-Teilchen. Wie man erkennt, stimmt die relativistische Korrektur exakt mit dem Ausdruck (III-4.28) überein, den wir in Abschnitt III-4 im Rahmen der Störungstheorie erhalten haben.

4. Wie man an (21.29) sieht, heben die relativistischen Korrekturen die j-Entartung auf. Der Entartungsgrad g_{nj} des Energienvieaus E_{nj} ist damit gegeben durch:

$$g_{nj} = 2j + 1, \tag{21.32}$$

entsprechend der möglichen Werte der Quantenzahl m_j.

Das Coulomb-Problem lässt sich in der Dirac-Theorie also wie in der Klein–Gordon-Theorie und in der nichtrelativistischen Quantentheorie exakt lösen. Die Dirac-Gleichung ergibt darüber hinaus exakt die experimentell bestimmbare Feinstruktur des Wasserstoffatoms, siehe die Diskussion am Ende von Abschnitt 15.

22 Die Einteilchen-Interpretation der Dirac-Theorie und ihre Grenzen

In Absschnitt 17 haben wir untersucht, inwiefern die Klein–Gordon-Theorie im Hamilton-Formalismus als eine Einteilchen-Theorie interpretiert werden kann. Und bereits in Abschnitt 16 haben wir darauf hingewiesen, dass diese Betrachtungen historisch zunächst für die Dirac-Gleichung durchgeführt wurden. Dies wollen wir nun entsprechend nachholen, ersparen uns aber dafür einige der vorbereitenden Erläuterungen oder gehen sehr schnell über sie hinweg, da sie bereits in den vorgenannten Abschnitten erfolgt sind.

Die in Abschnitt 17 eingeführte **Ladungs-Superauswahlregel** sagt aus, dass es keine Superpositionen von Zuständen positiver mit Zuständen negativer Energie gibt. Aufgrunddessen können im Rahmen einer Einteilchen-Theorie nur sogenannte **Einteilchen-Operatoren** $\hat{A}$ physikalische Observable darstellen, die dadurch definiert sind, dass für sie gilt:

$$(\psi^{(\pm)}, \hat{A}\psi^{(\mp)}) = 0, \tag{22.1}$$

wobei $\psi^{(\pm)}$ ein beliebiger Zustand positiver beziehungsweise negativer Energie ist. In anderen Worten: Nur **gerade** Operatoren stellen physikalische Observable dar. Wir bezeichnen den geraden Anteil eines beliebigen hermiteschen Operators $\hat{A}$ mit $[\hat{A}]$ und den ungeraden Anteil mit $\{\hat{A}\}$, so dass für einen geraden Operator trivialerweise gilt: $\hat{A} = [\hat{A}]$. Für einen ungeraden Operator gilt $\hat{A} = \{\hat{A}\}$, und für alle $\hat{A}$ gilt: $\hat{A} = [\hat{A}] + \{\hat{A}\}$.

Wir betrachten bis auf weiteres die freie Dirac-Gleichung (18.14). Aufgrund der komplexeren algebraischen Struktur des Dirac-Raums – im Vergleich zum entsprechenden zweidimensionalen Raum in der Klein–Gordon-Theorie – bietet sich die Definition des **Vorzeichen-Operators** $\hat{\Lambda}$ an:

$$\hat{\Lambda} := \frac{\hat{H}}{\hat{E}_{\boldsymbol{p}}} = \frac{c\boldsymbol{\alpha} \cdot \hat{\boldsymbol{p}} + \beta mc^2}{\sqrt{\hat{\boldsymbol{p}}^2 c^2 + m^2 c^4}}, \tag{22.2}$$

wobei $\hat{E}_{\boldsymbol{p}}$ wie in (13.6) definiert ist, mit dessen Hilfe sich die nachfolgenden Rechnungen einfacher formalisieren lassen. Da $\hat{\Lambda}$ im Wesentlichen proportional zum nicht-singulären, freien Hamilton-Operator (18.15) ist, kommutiert er mit diesem ($[\hat{\Lambda}, \hat{H}] = 0$) und ist ebenfalls hermitesch. Er ist außerdem unitär, wie sich aufgrund der Konstruktion trivial nachrechnen lässt. Damit ist er also selbstinvers: $\hat{\Lambda}^2 = \mathbb{1}$. Angewandt auf einen Energie-Eigenzustand (und damit einen Impuls-Eigenzustand) $\psi^{(\pm)}_{\pm\boldsymbol{p}}$ ist die Wirkung von $\hat{\Lambda}$ gemäß:

$$\hat{\Lambda}\psi^{(\pm)}_{\pm\boldsymbol{p}} = \pm\psi^{(\pm)}_{\pm\boldsymbol{p}}, \tag{22.3}$$

was die Bezeichnung „Vorzeichen-Operator" erklärt.

Mit Hilfe von $\hat{\Lambda}$ können wir die Projektionsoperatoren $\hat{\Lambda}_\pm$ einführen gemäß:

$$\hat{\Lambda}_\pm := \frac{1}{2}(\mathbb{1} \pm \hat{\Lambda}), \tag{22.4}$$

die jeweils auf den positiven beziehungsweise negativen Anteil eines beliebigen Dirac-Spinors ψ projizieren, also jeweils auf $\mathcal{H}^{(\pm)}$. Die Ladungs-Superauswahlregel sagt dann aus, dass für einen physikalischen Zustand ψ gilt:

$$\hat{\Lambda}_{\pm}\psi = \pm\psi = \psi^{(\pm)}. \tag{22.5}$$

Der Vorzeichen-Operator bietet eine einfache Möglichkeit, den geraden und den ungeraden Anteil eines Operators $\hat{A}$ herauszuprojizieren. Hierzu beweisen wir den folgenden

Satz. *Für einen beliebigen linearen Operator $\hat{A}$ gilt:*

$$[\hat{A}] = \frac{1}{2}\left(\hat{A} + \hat{\Lambda}\hat{A}\hat{\Lambda}\right), \tag{22.6a}$$

$$\{\hat{A}\} = \frac{1}{2}\left(\hat{A} - \hat{\Lambda}\hat{A}\hat{\Lambda}\right). \tag{22.6b}$$

Beweis. Offensichtlich folgt aus (22.6) $[\hat{A}] + \{\hat{A}\} = \hat{A}$. Außerdem ist

$$\begin{aligned}
(\psi^{(\pm)}, [\hat{A}]\psi^{(\mp)}) &= \frac{1}{2}(\psi^{(\pm)}, \left(\hat{A} + \hat{\Lambda}\hat{A}\hat{\Lambda}\right)\psi^{(\mp)}) \\
&= \frac{1}{2}\left[(\psi^{(\pm)}, \hat{A}\psi^{(\pm)}) - (\psi^{(\pm)}, \hat{A}\psi^{(\mp)})\right] = 0, \\
(\psi^{(\pm)}, \{\hat{A}\}\psi^{(\pm)}) &= \frac{1}{2}(\psi^{(\pm)}, \left(\hat{A} - \hat{\Lambda}\hat{A}\hat{\Lambda}\right)\psi^{(\pm)}) \\
&= \frac{1}{2}\left[(\psi^{(\pm)}, \hat{A}\psi^{(\pm)}) - (\psi^{(\pm)}, \hat{A}\psi^{(\pm)})\right] = 0.
\end{aligned}$$

Also stellt $[\hat{A}], \{\hat{A}\}$ gemäß (22.6) tatsächlich jeweils den geraden und ungeraden Anteil von $\hat{A}$ dar. ■

Wegen $[\hat{\Lambda}, \hat{H}] = 0$ und (trivialerweise) $[\hat{\Lambda}, \hat{\boldsymbol{p}}] = 0$ sind der freie Hamilton-Operator (18.15) und der Impulsoperator $\hat{\boldsymbol{p}}$ offensichtlich gerade Operatoren, so wie in der Klein–Gordon-Theorie: $[\hat{H}] = \hat{H}, [\hat{\boldsymbol{p}}] = \hat{\boldsymbol{p}}$. Berechnen wir nun die geraden Anteile der Matrizen α_i, β. Es ist:

$$\begin{aligned}
\hat{\Lambda}\alpha_i\hat{\Lambda} &= \frac{c\boldsymbol{\alpha}\cdot\hat{\boldsymbol{p}} + \beta mc^2}{\hat{E}_{\boldsymbol{p}}}\alpha_i\frac{c\boldsymbol{\alpha}\cdot\hat{\boldsymbol{p}} + \beta mc^2}{\hat{E}_{\boldsymbol{p}}} \\
&= -\alpha_i + 2c\hat{p}_i\frac{\hat{\Lambda}}{\hat{E}_{\boldsymbol{p}}},
\end{aligned} \tag{22.7}$$

so dass also

$$[\alpha_i] = c\hat{p}_i\frac{\hat{\Lambda}}{\hat{E}_{\boldsymbol{p}}}. \tag{22.8}$$

Entsprechend ist:

$$[\beta] = mc^2\frac{\hat{\Lambda}}{\hat{E}_{\boldsymbol{p}}}. \tag{22.9}$$

Wie in der Klein–Gordon-Theorie (Abschnitt 17) existiert eine unitäre, aber nicht-lokale Transformation $\hat{U}_{\mathrm{FW}}$, die **Foldy–Wouthuysen-Transformation**, durch welche gerade Operatoren eine Blockdiagonalform einnehmen. Die entsprechende Darstellung heißt **Foldy–Wouthuysen-Darstellung**. Diese Transformation wird mittels

$$\hat{U}_{\mathrm{FW}} = \sqrt{\frac{2\hat{E}_{\boldsymbol{p}}}{\hat{E}_{\boldsymbol{p}} + mc^2}}\frac{1}{2}\left(\mathbb{1} + \beta\hat{\Lambda}\right), \tag{22.10}$$

beziehungsweise

$$\hat{U}_{\mathrm{FW}} = \frac{\hat{E}_{\boldsymbol{p}} + \beta\hat{H}}{\sqrt{2\hat{E}_{\boldsymbol{p}}(\hat{E}_{\boldsymbol{p}} + mc^2)}} \tag{22.11}$$

vermittelt. Für $\hat{U}_{\mathrm{FW}}^{-1}$ gilt entsprechend

$$\hat{U}_{\mathrm{FW}}^{-1} = \frac{\hat{E}_{\boldsymbol{p}} + \hat{H}\beta}{\sqrt{2\hat{E}_{\boldsymbol{p}}(\hat{E}_{\boldsymbol{p}} + mc^2)}}. \tag{22.12}$$

Die Herleitung nach [FW50] geht so: verwendet man den Ansatz $\hat{U}_{\mathrm{FW}} = \mathrm{e}^{\mathrm{i}\hat{S}}$ mit

$$\hat{S} = -\frac{\mathrm{i}}{2mc}\beta(\boldsymbol{\alpha}\cdot\hat{\boldsymbol{p}})f(\hat{p}/mc), \tag{22.13}$$

mit einer im Folgenden zu bestimmenden Funktion $f(\hat{p}/mc)$, erhält man für $\hat{H}_{\mathrm{FW}} = \hat{U}_{\mathrm{FW}}\hat{H}\hat{U}_{\mathrm{FW}}^{-1}$ zunächst:

$$\begin{aligned}
\hat{H}_{\mathrm{FW}} &= \mathrm{e}^{\mathrm{i}\hat{S}}(c\boldsymbol{\alpha}\cdot\hat{\boldsymbol{p}} + \beta mc^2)\mathrm{e}^{-\mathrm{i}\hat{S}} \\
&= \mathrm{e}^{\mathrm{i}\hat{S}}\beta(c\beta\boldsymbol{\alpha}\cdot\hat{\boldsymbol{p}} + mc^2)\mathrm{e}^{-\mathrm{i}\hat{S}} \\
&= \mathrm{e}^{\mathrm{i}\hat{S}}\beta\mathrm{e}^{-\mathrm{i}\hat{S}}\beta(c\boldsymbol{\alpha}\cdot\hat{\boldsymbol{p}} + \beta mc^2),
\end{aligned}$$

da ja konstruktionsbedingt $[\hat{S}, \beta(\boldsymbol{\alpha}\cdot\hat{\boldsymbol{p}})] = 0$. In einer Nebenrechnung entwickelt man $\mathrm{e}^{-\mathrm{i}\hat{S}}$ in eine Potenzreihe, mit deren Hilfe man zeigt, dass $\beta\mathrm{e}^{-\mathrm{i}\hat{S}} = \mathrm{e}^{\mathrm{i}\hat{S}}\beta$, so dass man weiter erhält:

$$\hat{H}_{\mathrm{FW}} = \mathrm{e}^{2\mathrm{i}\hat{S}}(c\boldsymbol{\alpha}\cdot\hat{\boldsymbol{p}} + \beta mc^2).$$

Nun ist wieder einfach über Potenzreihenentwicklung zu zeigen, dass

$$\mathrm{e}^{2\mathrm{i}\hat{S}} = \mathbb{1}\cos\left(\frac{\hat{p}}{mc}f(\hat{p}/mc)\right) + \beta\frac{\boldsymbol{\alpha}\cdot\hat{\boldsymbol{p}}}{\hat{p}}\sin\left(\frac{\hat{p}}{mc}f(\hat{p}/mc)\right), \tag{22.14}$$

vergleiche die entsprechende Relation (II-4.33) für die Pauli-Matrizen. Wir erhalten so nach elementarer Umformung:

$$\hat{H}_{\mathrm{FW}} = \beta\left[mc^2\cos\left(\frac{\hat{p}}{mc}f(\hat{p}/mc)\right) + c\hat{p}\sin\left(\frac{\hat{p}}{mc}f(\hat{p}/mc)\right)\right] + \frac{\boldsymbol{\alpha}\cdot\hat{\boldsymbol{p}}}{\hat{p}}\left[c\hat{p}\cos\left(\frac{\hat{p}}{mc}f(\hat{p}/mc)\right) - mc^2\sin\left(\frac{\hat{p}}{mc}f(\hat{p}/mc)\right)\right],$$

und damit eine explizite Aufteilung von $\hat{H}_{\mathrm{FW}}$ in einen geraden Anteil $\sim \beta$ und einen ungeraden Anteil $\sim \frac{\boldsymbol{\alpha}\cdot\hat{\boldsymbol{p}}}{\hat{p}}$. Um Letzteren verschwinden zu lassen, verwenden wir nun die Wahlfreiheit für die Funktion $f(\hat{p}/mc)$. Setzt man diese zu

$$f(\hat{p}/mc) = \frac{mc}{\hat{p}}\arctan\left(\frac{\hat{p}}{mc}\right), \tag{22.15}$$

wird der ungerade Anteil nach kurzer Umformung zu Null. Es verbleibt:

$$\hat{H}_{\mathrm{FW}} = \beta\left[mc^2\cos\left(\frac{\hat{p}}{mc}f(\hat{p}/mc)\right) + c\hat{p}\sin\left(\frac{\hat{p}}{mc}f(\hat{p}/mc)\right)\right],$$

mit $f(\hat{p}/mc) = (mc/\hat{p})\arctan(\hat{p}/mc)$. Zuguterletzt verwendet man die Relationen

$$\arctan x = \arcsin\frac{x}{\sqrt{1+x^2}} = \arccos\frac{1}{\sqrt{1+x^2}}, \tag{22.16}$$

so dass der freie Hamilton-Operator (18.15) in der Foldy–Wouthuysen-Darstellung als gerader Operator die gewünschte Diagonalform annimmt:

$$\hat{H}_{\mathrm{FW}} = \sqrt{\hat{\boldsymbol{p}}^2c^2 + m^2c^4}\,\beta = \hat{E}_{\boldsymbol{p}}\beta, \tag{22.17}$$

wie einfach nachzurechnen ist.

Damit erhält man für (22.13)

$$\hat{S} = -\frac{\mathrm{i}}{2}\beta\frac{\boldsymbol{\alpha}\cdot\hat{\boldsymbol{p}}}{\hat{p}}\arctan\left(\frac{\hat{p}}{mc}\right),$$

und mittels (22.14) und (22.16) sowie den Halbwinkelformeln der Sinus- und Kosinus-

Funktionen:

$$\begin{aligned}
\mathrm{e}^{\mathrm{i}\hat{S}} &= \mathbb{1}\cos\left(\frac{\hat{p}}{2mc}f(\hat{p}/mc)\right) + \beta\frac{\boldsymbol{\alpha}\cdot\hat{\boldsymbol{p}}}{\hat{p}}\sin\left(\frac{\hat{p}}{2mc}f(\hat{p}/mc)\right)\\
&= \mathbb{1}\sqrt{\frac{\hat{E}_{\boldsymbol{p}}+mc^2}{2\hat{E}_{\boldsymbol{p}}}} + \beta\frac{\boldsymbol{\alpha}\cdot\hat{\boldsymbol{p}}}{\hat{p}}\sqrt{\frac{\hat{E}_{\boldsymbol{p}}-mc^2}{2\hat{E}_{\boldsymbol{p}}}}\\
&= \mathbb{1}\frac{\hat{E}_{\boldsymbol{p}}+mc^2}{\sqrt{2\hat{E}_{\boldsymbol{p}}(\hat{E}_{\boldsymbol{p}}+mc^2)}} + \beta\frac{c\boldsymbol{\alpha}\cdot\hat{\boldsymbol{p}}}{\sqrt{2\hat{E}_{\boldsymbol{p}}(\hat{E}_{\boldsymbol{p}}+mc^2)}}\\
&= \frac{\hat{E}_{\boldsymbol{p}}+\beta\hat{H}}{\sqrt{2\hat{E}_{\boldsymbol{p}}(\hat{E}_{\boldsymbol{p}}+mc^2)}},
\end{aligned}$$

übereinstimmend mit (22.11).

Die Foldy–Wouthuysen-Darstellung des Vorzeichenoperators (22.2) ist schlichtweg:

$$\hat{\Lambda}_{\mathrm{FW}} = \beta, \tag{22.18}$$

so dass die Projektionsoperatoren (22.4) die Form

$$\hat{\Lambda}_{\pm,\mathrm{FW}} = \frac{1}{2}(1\pm\beta) \tag{22.19}$$

annehmen.

Die vier Basislösungen (18.61) der freien Dirac-Gleichung besitzen in der Foldy–Wouthuysen-Darstellung die Form:

$$\psi^{(+)1,2}_{\boldsymbol{p},\mathrm{FW}}(\boldsymbol{r},t) = \frac{1}{(2\pi\hbar)^{3/2}}\begin{pmatrix}\phi^{1,2}\\0\end{pmatrix}\mathrm{e}^{-\mathrm{i}(E_{\boldsymbol{p}}t-\boldsymbol{p}\cdot\boldsymbol{r})/\hbar}, \tag{22.20}$$

$$\psi^{(-)1,2}_{-\boldsymbol{p},\mathrm{FW}}(\boldsymbol{r},t) = \frac{1}{(2\pi\hbar)^{3/2}}\begin{pmatrix}0\\\chi^{1,2}\end{pmatrix}\mathrm{e}^{+\mathrm{i}(E_{\boldsymbol{p}}t-\boldsymbol{p}\cdot\boldsymbol{r})/\hbar}. \tag{22.21}$$

Ein-Teilchen-Operatoren für Ort und Geschwindigkeit und Zitterbewegung

Wir werden im Folgenden die Foldy–Wouthuysen-Darstellung der Dirac-Matrizen α_i benötigen. Hierzu rechnen wir

$$\begin{aligned}
\hat{U}_{\mathrm{FW}}\alpha_i\hat{U}^{-1}_{\mathrm{FW}} &= \frac{\hat{E}_{\boldsymbol{p}}+\beta(\boldsymbol{\alpha}\cdot\hat{\boldsymbol{p}})c+mc^2}{2\hat{E}_{\boldsymbol{p}}(\hat{E}_{\boldsymbol{p}}+mc^2)}\alpha_i\left(\hat{E}_{\boldsymbol{p}}+(\boldsymbol{\alpha}\cdot\hat{\boldsymbol{p}})\beta c+mc^2\right)\\
&= -\frac{c^2(\boldsymbol{\alpha}\cdot\hat{\boldsymbol{p}})\alpha_i(\boldsymbol{\alpha}\cdot\hat{\boldsymbol{p}})}{2\hat{E}_{\boldsymbol{p}}(\hat{E}_{\boldsymbol{p}}+mc^2)} + \frac{c\beta(\boldsymbol{\alpha}\cdot\hat{\boldsymbol{p}})\alpha_i + c\alpha_i(\boldsymbol{\alpha}\cdot\hat{\boldsymbol{p}})\beta}{2\hat{E}_{\boldsymbol{p}}} + \frac{\alpha_i(mc^2+\hat{E}_{\boldsymbol{p}})}{2\hat{E}_{\boldsymbol{p}}}.
\end{aligned}$$

Nun kann man den ersten Term mit Hilfe der Antikommutatorrelationen (18.5) umwandeln gemäß:

$$-\frac{c^2(\boldsymbol{\alpha}\cdot\hat{\boldsymbol{p}})\alpha_i(\boldsymbol{\alpha}\cdot\hat{\boldsymbol{p}})}{2\hat{E}_{\boldsymbol{p}}(\hat{E}_{\boldsymbol{p}}+mc^2)} = -\frac{2c^2\hat{p}_i(\boldsymbol{\alpha}\cdot\hat{\boldsymbol{p}})}{2\hat{E}_{\boldsymbol{p}}(\hat{E}_{\boldsymbol{p}}+mc^2)} + \frac{c^2\alpha_i(\boldsymbol{\alpha}\cdot\hat{\boldsymbol{p}})(\boldsymbol{\alpha}\cdot\hat{\boldsymbol{p}})}{2\hat{E}_{\boldsymbol{p}}(\hat{E}_{\boldsymbol{p}}+mc^2)},$$

und den zweiten Term gemäß:

$$\frac{c\beta(\boldsymbol{\alpha}\cdot\hat{\boldsymbol{p}})\alpha_i + c\alpha_i(\boldsymbol{\alpha}\cdot\hat{\boldsymbol{p}})\beta}{2\hat{E}_{\boldsymbol{p}}} = \frac{c\beta(\boldsymbol{\alpha}\cdot\hat{\boldsymbol{p}})\alpha_i + 2c\beta\hat{p}_i - c\beta(\boldsymbol{\alpha}\cdot\hat{\boldsymbol{p}})\alpha_i}{2\hat{E}_{\boldsymbol{p}}} = \frac{c\beta\hat{p}_i}{\hat{E}_{\boldsymbol{p}}},$$

so dass wir zunächst zusammenfügen können:

$$\hat{U}_{\mathrm{FW}}\alpha_i\hat{U}_{\mathrm{FW}}^{-1} = \frac{-2c^2\hat{p}_i(\boldsymbol{\alpha}\cdot\hat{\boldsymbol{p}}) + c^2\alpha_i(\boldsymbol{\alpha}\cdot\hat{\boldsymbol{p}})(\boldsymbol{\alpha}\cdot\hat{\boldsymbol{p}})}{2\hat{E}_{\boldsymbol{p}}(mc^2+\hat{E}_{\boldsymbol{p}})} + \frac{c\beta\hat{p}_i}{\hat{E}_{\boldsymbol{p}}} + \frac{\alpha_i(mc^2+\hat{E}_{\boldsymbol{p}})}{2\hat{E}_{\boldsymbol{p}}}.$$

Verwenden wir nun wegen (18.5), dass

$$\begin{aligned} &\alpha_j\alpha_k\hat{p}_j\hat{p}_k = 2\hat{\boldsymbol{p}}^2 - \alpha_k\alpha_j\hat{p}_j\hat{p}_k \\ \Longrightarrow\ & c^2(\boldsymbol{\alpha}\cdot\hat{\boldsymbol{p}})(\boldsymbol{\alpha}\cdot\hat{\boldsymbol{p}}) = c^2\hat{\boldsymbol{p}}^2 = \hat{E}_{\boldsymbol{p}}^2 - m^2c^4 = (\hat{E}_{\boldsymbol{p}}+mc^2)(\hat{E}_{\boldsymbol{p}}-mc^2), \end{aligned}$$

erhalten wir schließlich:

$$\alpha_{i,\mathrm{FW}} = \alpha_i - \frac{c^2\hat{p}_i(\boldsymbol{\alpha}\cdot\hat{\boldsymbol{p}})}{\hat{E}_{\boldsymbol{p}}(\hat{E}_{\boldsymbol{p}}+mc^2)} + \frac{c\beta\hat{p}_i}{\hat{E}_{\boldsymbol{p}}}. \tag{22.22}$$

An (22.22) lässt sich der dritte Term als gerader Anteil von α_i direkt ablesen, in Konsistenz mit (22.8).

Für den Ortsoperator in Foldy–Wouthuysen-Darstellung erhält man wie in der Klein–Gordon-Theorie mit Hilfe von

$$\hat{\boldsymbol{r}}_{\mathrm{FW}} = \hat{U}_{\mathrm{FW}}\hat{\boldsymbol{r}}\hat{U}_{\mathrm{FW}}^{-1} = \mathrm{i}\hbar\hat{\nabla}_{\hat{\boldsymbol{p}}} + \mathrm{i}\hbar\hat{U}_{\mathrm{FW}}\left(\hat{\nabla}_{\hat{\boldsymbol{p}}}\hat{U}_{\mathrm{FW}}^{-1}\right) \tag{22.23}$$

dann:

$$\hat{\boldsymbol{r}}_{\mathrm{FW}} = \hat{\boldsymbol{r}} - \frac{\hbar c^2\boldsymbol{\Sigma}\times\hat{\boldsymbol{p}}}{2\hat{E}_{\boldsymbol{p}}(\hat{E}_{\boldsymbol{p}}+mc^2)} + \frac{\mathrm{i}\hbar c}{2\hat{E}_{\boldsymbol{p}}}\left(\boldsymbol{\alpha}\beta + \frac{c^2\beta(\boldsymbol{\alpha}\cdot\hat{\boldsymbol{p}})\hat{\boldsymbol{p}}}{\hat{E}_{\boldsymbol{p}}(\hat{E}_{\boldsymbol{p}}+mc^2)}\right), \tag{22.24}$$

mit $\hat{\boldsymbol{r}} = \mathrm{i}\hbar\hat{\nabla}_{\hat{\boldsymbol{p}}}$. An (22.24) können wieder unmittelbar die geraden Anteile abgelesen werden: es sind gerade die ersten beiden Terme:

$$[\hat{\boldsymbol{r}}]_{\mathrm{FW}} = \hat{\boldsymbol{r}} - \frac{\hbar c^2\boldsymbol{\Sigma}\times\hat{\boldsymbol{p}}}{2\hat{E}_{\boldsymbol{p}}(\hat{E}_{\boldsymbol{p}}+mc^2)}, \tag{22.25}$$

so dass durch Rücktransformation der entsprechende Ausdruck in kanonischer Darstellung gefunden werden kann. Wir erhalten den **Einteilchen-Ortsoperator**

$$[\hat{\boldsymbol{r}}] = \hat{\boldsymbol{r}} + \frac{\mathrm{i}\hbar c\hat{\Lambda}}{2\hat{E}_{\boldsymbol{p}}}\boldsymbol{\alpha} - \frac{\mathrm{i}\hbar c^2\hat{\boldsymbol{p}}}{2\hat{E}_{\boldsymbol{p}}^2} \tag{22.26a}$$

$$= \hat{\boldsymbol{r}} + \frac{\mathrm{i}\hbar c}{2\hat{E}_{\boldsymbol{p}}^2}\left[\mathrm{i}c\boldsymbol{\Sigma}\times\hat{\boldsymbol{p}} + \beta\boldsymbol{\alpha}mc^2\right], \tag{22.26b}$$

was auch direkt unter Anwendung von (22.6) auf den Ortsoperator $\hat{\boldsymbol{r}}$ zu erhalten wäre. Die zweite Form erhält man durch Anwendung von (18.27), woraus

$$\boldsymbol{\Sigma} \times \hat{\boldsymbol{p}} = \mathrm{i}(\boldsymbol{\alpha}(\boldsymbol{\alpha} \cdot \hat{\boldsymbol{p}}) - \hat{\boldsymbol{p}}) = -\mathrm{i}((\boldsymbol{\alpha} \cdot \hat{\boldsymbol{p}})\boldsymbol{\alpha} - \hat{\boldsymbol{p}}) \tag{22.27}$$

folgt.

Satz. *Die Einteilchen-Ortsoperatoren* $[\hat{r}_i]$ *in* (22.26) *und die Impulsoperatoren* $\hat{p}_j = [\hat{p}_j]$ *erfüllen die kanonischen Kommutatorrelationen:*

$$\left[[\hat{r}_i], [\hat{p}_j]\right] = \mathrm{i}\hbar\delta_{ij}. \tag{22.28}$$

Beweis. Der Beweis ist einfach. Es gilt:

$$\begin{aligned}
\left[[\hat{r}_i], \hat{p}_j\right] &= \frac{1}{2}\left[\hat{r}_i + \hat{\Lambda}\hat{r}_i\hat{\Lambda}, \hat{p}_j\right] \\
&= \frac{1}{2}[\hat{r}_i, \hat{p}_j] + \frac{1}{2}\left(\hat{\Lambda}\hat{r}_i\hat{\Lambda}\hat{p}_j - \hat{p}_j\hat{\Lambda}\hat{r}_i\hat{\Lambda}\right) \\
&= \frac{1}{2}[\hat{r}_i, \hat{p}_j] + \frac{1}{2}\hat{\Lambda}[\hat{r}_i, \hat{p}_j]\hat{\Lambda} = [\hat{r}_i, \hat{p}_j].
\end{aligned}$$

■

Betrachtet man nicht den vollen geraden Anteil (22.25) von $\hat{\boldsymbol{r}}_{\mathrm{FW}}$, sondern lediglich $\hat{\boldsymbol{r}}$, so erhält man nach Rücktransformation den **Newton–Wigner-Ortsoperator**

$$\hat{\boldsymbol{r}}_{\mathrm{NW}} = \hat{\boldsymbol{r}} - \frac{\hbar c^2 \boldsymbol{\Sigma} \times \hat{\boldsymbol{p}}}{2\hat{E}_{\boldsymbol{p}}(\hat{E}_{\boldsymbol{p}} + mc^2)} - \frac{\mathrm{i}\hbar c}{2\hat{E}_{\boldsymbol{p}}}\left(\boldsymbol{\alpha}\beta + \frac{c^2\beta(\boldsymbol{\alpha} \cdot \hat{\boldsymbol{p}})\hat{\boldsymbol{p}}}{\hat{E}_{\boldsymbol{p}}(\hat{E}_{\boldsymbol{p}} + mc^2)}\right), \tag{22.29}$$

mit $\hat{\boldsymbol{r}} = \mathrm{i}\hbar\hat{\nabla}_{\boldsymbol{p}}$. Während in der Klein–Gordon-Theorie der Newton–Wigner- und der Einteilchen-Ortsoperator zusammenfallen, stellen sie in der Dirac-Theorie unterschiedliche Operatoren dar, da der gerade Anteil in der Foldy–Wouthuysen-Darstellung nicht nur aus $\hat{\boldsymbol{r}}$ besteht. Im nichtrelativistischen Grenzfall $E_{\boldsymbol{p}} \approx mc^2$ wird aus (22.25)

$$\begin{aligned}
[\hat{\boldsymbol{r}}]_{\mathrm{FW}} &= \hat{\boldsymbol{r}} - \frac{\hbar c^2 \boldsymbol{\Sigma} \times \hat{\boldsymbol{p}}}{2\hat{E}_{\boldsymbol{p}}(\hat{E}_{\boldsymbol{p}} + mc^2)} \\
&\approx \hat{\boldsymbol{r}} - \frac{\hbar\boldsymbol{\Sigma} \times \hat{\boldsymbol{p}}}{(2mc^2)^2} = \hat{\boldsymbol{r}} - \frac{\hat{\boldsymbol{S}} \times \hat{\boldsymbol{p}}}{2(mc^2)^2},
\end{aligned}$$

wobei $\hat{\boldsymbol{S}} = (\hbar/2)\boldsymbol{\Sigma}$ gemäß (18.31), und wir sehen, dass der Term $\sim (\hat{\boldsymbol{S}} \times \hat{\boldsymbol{p}})$ im Vergleich zu $\hat{\boldsymbol{r}}$ sehr stark unterdrückt ist. Von demher ist $[\hat{\boldsymbol{r}}]_{\mathrm{FW}} \approx \hat{\boldsymbol{r}}$ zunächst eine sehr gute Näherung für den Einteilchen-Ortsoperator in Foldy–Wouthuysen-Darstellung, welche ihre ganze Stärke ohnehin bei der Betrachtung der nichtrelativistischen Näherung der Dirac-Gleichung in Anwesenheit von Potentialen ausspielt. Diese betrachten wir in Abschnitt 23. In jedem Fall gilt wie für den vollen Einteilchen-Ortsoperator:

Satz. *Die Newton–Wigner-Ortsoperatoren $\hat{r}_{i,\mathrm{FW}}$ in (22.29) und die Impulsoperatoren $\hat{p}_j$ erfüllen die kanonischen Kommutatorrelationen:*

$$\left[\hat{r}_{i,\mathrm{FW}}, \hat{p}_j\right] = \mathrm{i}\hbar\delta_{ij}. \tag{22.30}$$

Beweis. Der Beweis ist trivial in der Foldy–Wouthuysen-Darstellung zu führen. ■

Wie in der Klein–Gordon-Theorie (Abschnitt 17) führt die naive Verwendung des Ortsoperators $\hat{\boldsymbol{r}}$ und des von ihm abgeleiteten Geschwindigkeitsoperators $\hat{\boldsymbol{v}}$ zu unphysikalischen Aussagen, insbesondere zur **Zitterbewegung**. Es ist im Heisenberg-Bild (wir unterdrücken wieder das Subskript „H“):

$$\frac{\mathrm{d}\hat{\boldsymbol{r}}(t)}{\mathrm{d}t} = \hat{\boldsymbol{v}}(t) = -\frac{\mathrm{i}}{\hbar}[\hat{\boldsymbol{r}}(t), \hat{H}] = c\boldsymbol{\alpha}(t),$$

die Eigenwerte von $\hat{\boldsymbol{v}}(t)$ sind also $\pm c$. Die Geschwindigkeit eines relativistischen Spin-$\frac{1}{2}$-Teilchens hätte also stets den Betrag der Lichtgeschwindigkeit c, wenn dies tatsächlich der korrekte Einteilchen-Geschwindigkeitsoperator wäre. Wir wissen natürlich bereits aus der Klein–Gordon-Theorie, dass dem nicht so ist, führen aber der Vollständigkeit halber die Betrachtung der Zitterbewegung für die Dirac-Theorie noch zu Ende, zumal – wie bereits in den Abschnitten 16 und 17 angesprochen – diese Phänomene zuerst für Spin-$\frac{1}{2}$ untersucht wurden.

Im Heisenberg-Bild ist weiter

$$\begin{aligned}\frac{\mathrm{d}\hat{\boldsymbol{v}}(t)}{\mathrm{d}t} &= -\frac{\mathrm{i}c}{\hbar}[\boldsymbol{\alpha}(t), \hat{H}] = -\frac{\mathrm{i}c}{\hbar}(\boldsymbol{\alpha}(t)\hat{H} - \hat{H}\boldsymbol{\alpha}(t)) \\ &= \frac{\mathrm{i}c}{\hbar}(\hat{H}\boldsymbol{\alpha}(t) + \boldsymbol{\alpha}(t)\hat{H} - 2\boldsymbol{\alpha}(t)\hat{H}) \\ &= \frac{2\mathrm{i}}{\hbar}(c^2\hat{\boldsymbol{p}} - \hat{\boldsymbol{v}}\hat{H}),\end{aligned}$$

so dass man durch einfache Integration (möglich, weil $[\hat{\boldsymbol{p}}, \hat{H}] = 0$) die Gleichung

$$\hat{\boldsymbol{v}}(t) = \frac{c^2\hat{\boldsymbol{p}}}{\hat{H}} + \underbrace{\left(\hat{\boldsymbol{v}}(0) - \frac{c^2\hat{\boldsymbol{p}}}{\hat{H}}\right)\exp(-2\mathrm{i}\hat{H}t/\hbar)}_{\text{oszillatorisch}}, \tag{22.31}$$

und daraus wiederum

$$\hat{\boldsymbol{r}}(t) = \hat{\boldsymbol{r}}(0) + \frac{c^2\hat{\boldsymbol{p}}}{\hat{H}}t + \underbrace{\left(\hat{\boldsymbol{v}}(0) - \frac{c^2\hat{\boldsymbol{p}}}{\hat{H}}\right)\frac{\mathrm{i}\hbar}{2\hat{H}}\left(\exp(-2\mathrm{i}\hat{H}t/\hbar) - 1\right)}_{\text{oszillatorisch}} \tag{22.32}$$

erhält.

Wir sehen an (22.32), dass auch in der Dirac-Theorie der zeitabhängige Ortsoperator $\hat{\boldsymbol{r}}(t)$ und der entsprechende Geschwindigkeitsoperator $\hat{\boldsymbol{v}}(t)$ einen oszillatorischen Anteil besitzen, der zu einem entsprechend oszillatorischen Erwartungswert $\langle\hat{\boldsymbol{r}}(t)\rangle$ führt. Wie in der Klein–Gordon-Theorie gilt: die Zitterbewegung ist ein Artefakt aus einem unzulänglichen Formalismus heraus, der in einer Einteilchen-Theorie nicht der Ladungs-Superauswahlregel gerecht wird, sondern Zustände positiver und negativer Energie koppelt. Und wie in der Klein–Gordon-Theorie verschwindet der oszillatorische Anteil aber, wenn man nur Zustände zulässt, die entweder nur positive oder nur negative Anteile besitzen. Wir erkennen sehr schnell, dass nämlich die entsprechenden Projektionen des oszillatorischen Anteils von $\hat{\boldsymbol{v}}(t)$ auf die Unterräume zu positiver beziehungsweise negativer Energie verschwinden. Hierzu genügt zu zeigen, dass der gerade Anteil der Amplitude verschwindet, so dass wir nach Division durch c rechnen können (wir lassen der einfacheren Notation halber im Folgenden die Zeitargumente weg):

$$\begin{aligned}\left[\alpha - \frac{c\hat{\boldsymbol{p}}}{\hat{H}}\right] &= \frac{1}{2}\left(\alpha - \frac{c\hat{\boldsymbol{p}}}{\hat{H}} + \hat{\Lambda}\left(\alpha - \frac{c\hat{\boldsymbol{p}}}{\hat{H}}\right)\hat{\Lambda}\right)\\ &= \frac{1}{2}\left(\alpha - \frac{c\hat{\boldsymbol{p}}}{\hat{H}} - \alpha + \frac{2c\hat{\boldsymbol{p}}\hat{\Lambda}}{\hat{E}_{\boldsymbol{p}}} - \frac{c\hat{\boldsymbol{p}}}{\hat{H}}\right) = \frac{c\hat{\boldsymbol{p}}\hat{\Lambda}}{\hat{E}_{\boldsymbol{p}}} - \frac{c\hat{\boldsymbol{p}}}{\hat{H}},\end{aligned} \tag{22.33}$$

unter Verwendung von $[\hat{\Lambda}, \hat{H}] = 0$ sowie (22.7). Beachten wir nun noch, dass

$$\frac{c\hat{\boldsymbol{p}}\hat{\Lambda}}{\hat{E}_{\boldsymbol{p}}} = \frac{c\hat{\boldsymbol{p}}\hat{\Lambda}^2}{\hat{H}} = \frac{c\hat{\boldsymbol{p}}}{\hat{H}},$$

sehen wir, dass die rechte Seite von (22.33) verschwindet.

Der gerade Anteil des Geschwindigkeitsoperators ist gegeben durch

$$\begin{aligned}[\hat{\boldsymbol{v}}] &= \frac{1}{2}(\hat{\boldsymbol{v}} + \hat{\Lambda}\hat{\boldsymbol{v}}\hat{\Lambda})\\ &= \frac{c}{2}(\alpha + \hat{\Lambda}\alpha\hat{\Lambda}) = \frac{c^2\hat{\boldsymbol{p}}\hat{\Lambda}}{\hat{E}_{\boldsymbol{p}}},\end{aligned} \tag{22.34}$$

und damit

$$[\hat{\boldsymbol{v}}] = \hat{\boldsymbol{v}}_{\mathrm{NW}} = \frac{c^2\hat{\boldsymbol{p}}\hat{H}}{\hat{E}_{\boldsymbol{p}}^2}. \tag{22.35}$$

Der Ausdruck (22.35) stellt den **Einteilchen-Geschwindigkeitsoperator** oder **Newton–Wigner-Geschwindigkeitsoperator** in der Dirac-Theorie dar, und wir sehen, dass er identisch ist zum nicht-oszillatorischen Teil von (22.31). Durch das Auftauchen des Vorzeichenoperators in (22.34) ist für Teilchenzustände die Geschwindigkeit $\boldsymbol{v}$ parallel und für Antiteilchenzustände antiparallel zum Impuls $\boldsymbol{p}$, genau wie in der Klein–Gordon-Theorie.

Der Einteilchen-Geschwindigkeitsoperator (22.35) kann natürlich auch direkt aus dem Newton–Wigner-Ortsoperator (22.29) abgeleitet werden. In der Foldy–Wouthuysen-Darstellung gilt:

$$\begin{aligned}[\hat{\boldsymbol{v}}]_{\mathrm{FW}} &= -\frac{\mathrm{i}}{\hbar}[\hat{\boldsymbol{r}}, \hat{E}_{\boldsymbol{p}}\beta] \\ &= -\frac{\mathrm{i}}{\hbar}\mathrm{i}\hbar\hat{\nabla}_{\hat{\boldsymbol{p}}}\hat{E}_{\boldsymbol{p}}\beta = \frac{c^2\hat{\boldsymbol{p}}\beta}{\hat{E}_{\boldsymbol{p}}},\end{aligned}$$

unter Verwendung von (I-15.42), und Rücktransformation in die kanonische Darstellung ergibt (22.34). Der Vollständigkeit halber geben wir noch den gesamten Geschwindigkeitsoperator in der Foldy–Wouthuysen-Darstellung an:

$$\hat{\boldsymbol{v}}_{\mathrm{FW}} = c\boldsymbol{\alpha} + \frac{c^2\hat{\boldsymbol{p}}\beta}{\hat{E}_{\boldsymbol{p}}} - \frac{c^3(\boldsymbol{\alpha}\cdot\hat{\boldsymbol{p}})\hat{\boldsymbol{p}}}{\hat{E}_{\boldsymbol{p}}(\hat{E}_{\boldsymbol{p}} + mc^2)}, \tag{22.36}$$

der sich trivial aus (22.22) ergibt.

Einteilchen-Operatoren für Spin und Bahndrehimpuls
Wir suchen nun die Foldy–Wouthuysen-Darstellung des Spin-Operators (18.31). Eine elementare Rechnung ergibt schnell:

$$\hat{\boldsymbol{S}}_{\mathrm{FW}} = \hat{\boldsymbol{S}} + \frac{\mathrm{i}\hbar c}{2\hat{E}_{\boldsymbol{p}}}\beta(\boldsymbol{\alpha}\times\hat{\boldsymbol{p}}) + \frac{c^2}{\hat{E}_{\boldsymbol{p}}(\hat{E}_{\boldsymbol{p}} + mc^2)}(\hat{\boldsymbol{S}}\times\hat{\boldsymbol{p}})\times\hat{\boldsymbol{p}}, \tag{22.37}$$

und wir sehen dem Ausdruck (22.37) unmittelbar an, dass der ungerade Anteil im zweiten Term steckt. Der gerade Anteil ist also durch den ersten und dritten Term in (22.37) gegeben, und durch Rücktransformation aus der Foldy–Wouthuysen-Darstellung, oder aber durch Anwendung von (22.6) mit Hilfe von (18.37) erhält man dann den **Einteilchen-Spin-Operator**

$$[\hat{\boldsymbol{S}}] = \hat{\boldsymbol{S}} - \frac{\mathrm{i}\hbar c^2(\boldsymbol{\alpha}\times\hat{\boldsymbol{p}})}{2\hat{E}_{\boldsymbol{p}}^2}. \tag{22.38}$$

Aber ähnlich wie beim Newton–Wigner-Ortsoperator ist der zweite Term in (22.38) im nichtrelativistischen Grenzfall stark unterdrückt, nämlich von der Ordnung $O((mc)^{-2})$. Transformieren wir daher nur den ersten Term in (22.37) (also $\hat{\boldsymbol{S}}$) zurück in die kanonische Darstellung, erhalten wir den **Newton–Wigner-Spin-Operator**

$$\hat{\boldsymbol{S}}_{\mathrm{NW}} = \hat{\boldsymbol{S}} - \frac{\mathrm{i}\hbar c}{2\hat{E}_{\boldsymbol{p}}}\beta(\boldsymbol{\alpha}\times\hat{\boldsymbol{p}}) + \frac{c^2}{\hat{E}_{\boldsymbol{p}}(\hat{E}_{\boldsymbol{p}} + mc^2)}(\hat{\boldsymbol{S}}\times\hat{\boldsymbol{p}})\times\hat{\boldsymbol{p}}. \tag{22.39}$$

Satz. *Der Newton–Wigner-Spin-Operator (22.39) vertauscht mit dem freien Hamilton-Operator (18.15):*

$$[\hat{\boldsymbol{S}}_{\mathrm{NW}}, \hat{H}] = 0. \tag{22.40}$$

Beweis. Der Beweis ist einfach in der Foldy–Wouthuysen-Darstellung zu führen, denn die Rechnung ist genau die, die zu (18.34) führt. ∎

Man beachte, dass gilt:

$$\begin{aligned} \hat{S}_{\text{FW}} &= \hat{\boldsymbol{S}} - (\hat{\boldsymbol{r}}_{\text{FW}} - \hat{\boldsymbol{r}}) \times \hat{\boldsymbol{p}} \\ &= \hat{\boldsymbol{S}} - \hat{\boldsymbol{r}}_{\text{FW}} \times \hat{\boldsymbol{p}} + \hat{\boldsymbol{L}}, \end{aligned} \tag{22.41}$$

sowie

$$\begin{aligned} \hat{S}_{\text{NW}} &= \hat{\boldsymbol{S}} - (\hat{\boldsymbol{r}}_{\text{NW}} - \hat{\boldsymbol{r}}) \times \hat{\boldsymbol{p}} \\ &= \hat{\boldsymbol{S}} - \hat{\boldsymbol{r}}_{\text{NW}} \times \hat{\boldsymbol{p}} + \hat{\boldsymbol{L}}. \end{aligned} \tag{22.42}$$

Wir können auch einen **Newton–Wigner-Bahndrehimpuls-Operator** definieren gemäß:

$$\hat{\boldsymbol{L}}_{\text{NW}} := \hat{\boldsymbol{r}}_{\text{NW}} \times \hat{\boldsymbol{p}} = \hat{\boldsymbol{L}} + (\hat{\boldsymbol{r}}_{\text{FW}} - \hat{\boldsymbol{r}}) \times \hat{\boldsymbol{p}}. \tag{22.43}$$

Satz. *Der Newton–Wigner-Bahndrehimpuls-Operator (22.43) vertauscht mit dem freien Hamilton-Operator (18.15):*

$$[\hat{\boldsymbol{L}}_{\text{NW}}, \hat{H}] = 0. \tag{22.44}$$

Beweis. Der Beweis ist ebenfalls einfach in der Foldy–Wouthuysen-Darstellung zu führen, denn (22.43) ist in dieser einfach $\hat{\boldsymbol{r}} \times \hat{\boldsymbol{p}}$, und es gilt:

$$\begin{aligned} \epsilon_{ijk}[\hat{r}_i \hat{p}_k, \hat{H}] &= \epsilon_{ijk}\beta[\hat{r}_i \hat{p}_k, \hat{E}_{\boldsymbol{p}}] \\ &= \mathrm{i}\hbar\epsilon_{ijk}\beta\frac{c^2 \hat{p}_k \hat{p}_i}{\hat{E}_{\boldsymbol{p}}} = 0. \end{aligned}$$ ∎

Von großer Wichtigkeit ist der folgende

Satz. *Die Operatoren $\hat{S}_{i,\text{NW}}$ und $\hat{L}_{i,\text{NW}}$ erfüllen jeweils für sich die Drehimpulsalgebra* (II-2.1)*:*

$$\begin{aligned} \left[\hat{S}_{i,\text{NW}}, \hat{S}_{j,\text{NW}}\right] &= \mathrm{i}\hbar\epsilon_{ijk}\hat{S}_{k,\text{NW}}, \\ \left[\hat{L}_{i,\text{NW}}, \hat{L}_{j,\text{NW}}\right] &= \mathrm{i}\hbar\epsilon_{ijk}\hat{L}_{k,\text{NW}}. \end{aligned}$$

Beweis. Der Beweis ist wieder trivial in der Foldy–Wouthuysen-Darstellung zu führen. Für die rücktransformierten Operatoren gilt dann

$$\begin{aligned} \left[\hat{U}_{\text{FW}}^{-1}\hat{S}_i\hat{U}_{\text{FW}}, \hat{U}_{\text{FW}}^{-1}\hat{S}_j\hat{U}_{\text{FW}}\right] &= \hat{U}_{\text{FW}}^{-1}[\hat{S}_i, \hat{S}_j]\hat{U}_{\text{FW}} \\ &= \mathrm{i}\hbar\epsilon_{ijk}\hat{U}_{\text{FW}}^{-1}\hat{S}_k\hat{U}_{\text{FW}}. \end{aligned}$$

Entsprechend ist der Beweis für $\hat{L}_{i,\text{NW}}$ zu führen. ∎

Wir bemerken noch, dass für den Gesamtdrehimpuls offensichtlich gilt:

$$\hat{\boldsymbol{J}} = \hat{\boldsymbol{L}} + \hat{\boldsymbol{S}} = \hat{\boldsymbol{L}}_{\text{NW}} + \hat{\boldsymbol{S}}_{\text{NW}}, \tag{22.45}$$

was leicht nachzurechnen und nicht anders zu erwarten ist.

Abschließend sei noch auf folgende Anekdote hingewiesen: betrachtet man die ungeraden Anteile des Orts- und des Geschwindigkeitsoperators in nichtrelativistischer Näherung ($E_{\boldsymbol{p}} \approx mc^2$) in der Foldy–Wouthuysen-Darstellung

$$\begin{aligned} \{\hat{\boldsymbol{r}}\}_{\text{FW}} &\approx \frac{\mathrm{i}\hbar c \boldsymbol{\alpha}\beta}{2mc^2}, \\ \{\hat{\boldsymbol{v}}\}_{\text{FW}} &\approx c\boldsymbol{\alpha}, \end{aligned}$$

und bildet auf naive Weise einen Bahndrehimpuls aus beiden, erhält man:

$$m\{\hat{\boldsymbol{r}}\}_{\text{FW}} \times \{\hat{\boldsymbol{v}}\}_{\text{FW}} = -\frac{\mathrm{i}\beta\boldsymbol{\alpha} \times \boldsymbol{\alpha}}{2} = \hbar\beta\boldsymbol{\Sigma} = 2\beta\hat{\boldsymbol{S}}, \tag{22.46}$$

was einige Autoren (insbesondere denjenigen, die der Zitterbewegung eine physikalische Realität beimessen, siehe auch Abschnitt 17) dazu verleitet, einen Zusammenhang zwischen dem Spin eines Teilchens und der Zitterbewegung (für die ja auch die ungeraden Anteile des Geschwindigkeitsoperators verantwortlich sind) zu sehen [BB81; BZ84]. Der zunächst störende Faktor 2 wird dabei direkt in Zusammenhang gebracht mit dem g-Faktor eines Spin-$\frac{1}{2}$-Teilchens, indem ein Operator für das magnetische Moment

$$\hat{\boldsymbol{\mu}}_J := \frac{q}{2c}\hat{\boldsymbol{r}} \times \hat{\boldsymbol{v}} \tag{22.47}$$

definiert wird. Der gerade Anteil $[\hat{\boldsymbol{\mu}}_J]_{\text{FW}}$ ist dann im nichtrelativistischen Grenzfall gegeben durch

$$\begin{aligned} [\hat{\boldsymbol{\mu}}_J]_{\text{FW}} &= \frac{q}{2c}\left([\hat{\boldsymbol{r}}]_{\text{FW}} \times [\hat{\boldsymbol{v}}]_{\text{FW}} + \{\hat{\boldsymbol{r}}\}_{\text{FW}} \times \{\hat{\boldsymbol{v}}\}_{\text{FW}}\right) \\ &= \frac{q}{2mc}\beta(\hat{\boldsymbol{r}} \times \hat{\boldsymbol{p}} + 2\hat{\boldsymbol{S}}) \\ &= \frac{q}{2mc}\beta(\hat{\boldsymbol{L}} + 2\hat{\boldsymbol{S}}), \end{aligned} \tag{22.48}$$

ein in der Tat bemerkenswertes und im Grunde (noch) nicht vollständig verstandenes Resultat!

Diskussion

Wir haben bereits für die Klein–Gordon-Theorie in Abschnitt 17 die Einteilchen-Interpretation und die Foldy–Wouthuysen-Transformation kennengelernt, haben an jener Stelle aber darauf hingewiesen, dass diese Betrachtungen zuerst für die Dirac-Theorie durchgeführt wurden, dort aber in wesentlich größerer Ausführlichkeit – unter anderem deshalb, weil das relativistische Elektron als Spin-$\frac{1}{2}$-Teilchen ein deutlich wichtigerer Untersuchungsgegenstand war als Spin-0-Teilchen. An dieser Stelle wollen wir daher die Aspekte Lokalisierbarkeit relativistischer Punktteilchen, Einteilchen-Interpretation und relativistischer Grenzfalls nochmals in einen Kontext rücken und lehnen uns hierbei etwas an das kurze und leicht lesbare Review [CM95] an.

Zentral für die ganzen Betrachtungen von Abschnitt 17, dieses Abschnittes und des nachfolgenden Abschnitts 23 ist der nichtrelativistische Grenzfall und den Anschluss an den Formalismus der nichtrelativistischen Quantenmechanik. Es geht *nicht* darum, den Formalismus der nichtrelativistischen Quantenmechanik bis in den ultrarelativistischen Parameterbereich ($E_{\boldsymbol{p}} \approx pc$) zu erweitern – dazu zeigt uns insbesondere das Klein-Paradoxon in Abschnitt 24 ohnehin bereits die Grenzen auf (interessanterweise gibt es dennoch eine Erweiterung des Konzepts für diesen Fall [CT58]). Der einfachste und auch drastischste Ausgangspunkt zum Verständnis der Foldy–Wouthuysen-Transformation und ihrer Bedeutung ist dabei die Erkenntnis, dass der Operator $\hat{\boldsymbol{r}} = \mathrm{i}\hbar\hat{\nabla}_{\hat{\boldsymbol{p}}}$ in der kanonischen (Impuls-)Darstellung der freien Klein–Gordon-Theorie wie auch der freien Dirac-Theorie *nicht* der Ortsoperator ist, dessen Messung dem Ort des relativistischen Punktteilchens entspricht. Das sieht man an mehreren seiner Eigenschaften:

- Er besitzt einen ungeraden Anteil und koppelt daher Teilchen- und Antiteilchen-Zustände.
- Lokalisierte Zustände können nur durch (kontinuierliche) Superposition von positiven *und* negativen Eigenzuständen von $\hat{\boldsymbol{r}}$ gebildet werden.

Da der Operator $\hat{\boldsymbol{r}} = \mathrm{i}\hbar\hat{\nabla}_{\hat{\boldsymbol{p}}}$ aber in der nichtrelativistischen Quantenmechanik (in der Impulsdarstellung) sehr wohl der Ortsoperator ist, kann dieser nicht durch den Grenzübergang $c \longrightarrow \infty$ aus dem Operator $\hat{\boldsymbol{r}}$ in der kanonischen Darstellung der relativistischen Quantenmechanik hervorgehen – es muss sich um zwei verschiedene Operatoren handeln!

Die zentrale Erkenntnis von Newton und Wigner [NW49] war nun, dass es einen anderen Ortsoperator gibt, der diese beiden Schwierigkeiten nicht besitzt. Sie zeigten dies auf der Grundlage der Betrachtung allgemeiner Invarianzprinzipien, auf die wir in Abschnitt 30 eingehen werden, und zwar für massive Teilchen beliebigen Spins – in ihrer Arbeit geben sie hierfür eine allgemeine Konstruktionsvorschrift an. Der nach ihnen benannte Newton–Wigner-Ortsoperator wurde allerdings bereits 1935 vom englischen Mathematiker und Theoretischen Physiker Maurice Henry Lecorney Pryce bei der Untersuchung der damals recht aktuellen Born–Infeld-Theorie gefunden [Pry35], einer modifizierten klassischen Elektrodynamik aus einer Zeit stammend, in der die unendliche Selbstenergie eines geladenen Punktteilchens wie des Elektrons noch vollkommen unverstanden und die Renormierungstheorie höchstens in Andeutungen am Horizont erkennbar war (siehe Abschnitt 11). 1948 griff Pryce ihn dann bei der Diskussion der relativistischen Verallgemeinerung des Masseschwerpunkts wieder auf [Pry48]. Die uneigentlichen Eigenzustände des Newton–Wigner-Ortsoperators sind jedenfalls diejenigen, die dem Ziel einer Lokalisierbarkeit am nächsten kommen, siehe die Ausführungen am Ende von Abschnitt 17.

Foldy und Wouthuysen beantworteten dann in ihrer maßgeblichen Arbeit [FW50] aus dem Jahre 1950 die Frage, welche Form eine relativistische Schrödinger-Gleichung in einer Darstellung annimmt, in der der Ortsoperator nun genau durch $\hat{\boldsymbol{r}} = \mathrm{i}\hbar\hat{\nabla}_{\boldsymbol{p}}$ gegeben ist. Ist dies gelungen, hat man nämlich effektiv aus der vierkomponentigen Dirac-Gleichung eine zweikomponentige Schrödinger-Gleichung erhalten und somit den Anschluss an den nichtrelativistischen Grenzfall erreicht – entsprechend aus einer zweikomponentigen Klein–Gordon-Gleichung eine einkomponentige nichtrelativistische Schrödinger-Gleichung für skalare Teilchen. Die nach ihnen benannte nichtlokale, weil impulsabhängige, unitäre Transformation führt genau diesen gesuchten Darstellungswechsel herbei: die relativistischen Hamilton-Operatoren für Spin 0 und Spin $\frac{1}{2}$ nehmen im freien Fall die Form (17.13) beziehungsweise (22.17) an!

Hier schließt sich nun auch ein Kreis, denn es war ja genau diese Form von Hamilton-Operator mit all seinen nichtlokalen Eigenschaften, die bei der anfänglichen Suche nach einer relativistischen Wellengleichung verworfen worden war (siehe die historischen Anmerkungen in Abschnitt 13) – eine weitere anekdotische Fehleinschätzung der Physikgeschichte. Denn letzten Endes ist es genau diese Nichtlokalität, die zumindest im Prinzip die Grenzen der Gültigkeit des aus der nichtrelativistischen Physik bekannten quantenmechanischen Formalismus und der Einteilchen-Interpretation aufzeigt.

Foldy und Wouthuysen fanden in ihrer Arbeit auch die Zerlegung (22.45) des relativistischen Drehimpulsoperators in einen jeweils zeitlich erhaltenen Spin- und Bahndrehimpulsanteil und verwendeten für die Einteilchen-Operatoren für Ort, Geschwindigkeit, Spin und Bahndrehimpuls die Begriffe *"mean-(position, velocity, spin, angular momentum) operators"*, eine auch heute noch häufige Bezeichnung. An dieser Stelle sei erwähnt, dass die Frage nach einer sinnvollen Definition eines relativistischen Spin-Operators insbesondere in einigen neueren Arbeiten wieder vermehrt diskutiert wird, ohne allerdings auf die von Foldy und Wouthuysen durchgeführte systematische Ableitung des einzig sinnvollen „Kandidaten" einzugehen – siehe zum Beispiel [CRW13; Bau+14].

Im letzten Teil ihrer großartigen Arbeit zeigten Foldy und Wouthuysen, wozu die ganze Betrachtung von Einteilchen-Operatoren und der nach ihnen benannten Transformation überhaupt dient: nämlich zur systematischen Analyse des nichtrelativistischen Grenzfalls und zum Anschluss an die nichtrelativistische Quantenmechanik. Während man für freie relativistische Punktteilchen die Foldy–Wouthuysen-Transformation exakt angeben kann, ist dies in Gegenwart eines Potentials nicht mehr möglich. Im nachfolgenden Abschnitt 23 zeigen wir diesen letzten Teil ihrer Arbeit und berechnen die relativistischen Korrekturen zur Schrödinger-Gleichung für Spin-$\frac{1}{2}$-Teilchen aus der Dirac-Gleichung mit minimal angekoppeltem elektromagnetischen Feld und erhalten auf diese Weise die Feinstruktur des Wasserstoffatoms.

23 Der nichtrelativistische Grenzfall der Dirac-Gleichung mit elektromagnetischem Feld

Wir betrachten zunächst einen allgemeinen Hamilton-Operator $\hat{H}$ in der Dirac-Theorie, den wir zerlegen gemäß

$$\hat{H} = \beta mc^2 + \hat{\mathcal{E}} + \hat{\mathcal{O}}. \tag{23.1}$$

Hierbei stellen $\hat{\mathcal{E}}$ und $\hat{\mathcal{O}}$ jeweils den verbleibenden geraden und den ungeraden Anteil von $\hat{H}$ dar.

Im Falle der minimalen Ankopplung eines zeitunabhängigen elektromagnetischen Felds ist

$$\hat{\mathcal{E}} = q\hat{\phi}_{\text{em}}(\hat{\boldsymbol{r}}), \tag{23.2}$$

$$\hat{\mathcal{O}} = c\boldsymbol{\alpha} \cdot \left(\hat{\boldsymbol{p}} - \frac{q}{c}\hat{\boldsymbol{A}}(\hat{\boldsymbol{r}})\right). \tag{23.3}$$

Dann ist für die spätere Verwendung:

$$\{\beta, \hat{\mathcal{O}}\} = 0, \tag{23.4a}$$

$$[\beta, \hat{\mathcal{E}}] = 0. \tag{23.4b}$$

Wir suchen nun – in Analogie zum Fall des freien Dirac-Teilchens im vorangegangenen Abschnitt 22 – eine zeitunabhängige Foldy–Wouthuysen-Transformation $\hat{U}_{\text{FW}} = \mathrm{e}^{\mathrm{i}\hat{S}}$ derart, dass der transformierte Hamilton-Operator $\hat{H}_{\text{FW}}$ eine Form besitzt, in der die Unterdrückung der ungeraden Anteile durch Koeffizienten in $(mc^2)^{-k}$ explizit ist. Eine exakte Berechnung von $\hat{H}_{\text{FW}}$ in geschlossener Form ist im Unterschied zum freien Fall nicht möglich, wir müssen also nähern und sind an den Termen bis hin zu $k = 3$ interessiert. In Verallgemeinerung von (22.13) wählen wir den Ansatz

$$\hat{S} = -\frac{\mathrm{i}}{2mc^2}\beta\hat{\mathcal{O}}. \tag{23.5}$$

Die Anwendung des Hadamard-Lemmas (I-14.53) erlaubt es uns, den transformierten Operator

$$\hat{H}_{\text{FW}} = \mathrm{e}^{\mathrm{i}\hat{S}}\hat{H}\mathrm{e}^{-\mathrm{i}\hat{S}}$$

nach Potenzen in $(mc^2)^{-k}$ zu entwickeln. Es ist dann bis zum Glied $k = 3$:

$$\hat{H}' = \hat{H} + \mathrm{i}[\hat{S}, \hat{H}] - \frac{1}{2}\left[\hat{S}, [\hat{S}, \hat{H}]\right] - \frac{\mathrm{i}}{6}\left[\hat{S}, \left[\hat{S}, [\hat{S}, \hat{H}]\right]\right] + \frac{1}{24}\left[\hat{S}, \left[\hat{S}, \left[\hat{S}, [\hat{S}, \beta mc^2]\right]\right]\right]. \tag{23.6}$$

Wir benötigen den Kommutator $[\hat{S}, \hat{H}]$. Es ist mit (23.5) und (23.4):

$$\begin{aligned}
[\hat{S}, \hat{H}] &= -\frac{\mathrm{i}}{2mc^2}[\beta\hat{\mathcal{O}}, \beta mc^2 + \hat{\mathcal{E}} + \hat{\mathcal{O}}] \\
&= -\frac{\mathrm{i}}{2}[\beta\hat{\mathcal{O}}, \beta] - \frac{\mathrm{i}}{2mc^2}[\beta\hat{\mathcal{O}}, \hat{\mathcal{E}}] - \frac{\mathrm{i}}{2mc^2}[\beta\hat{\mathcal{O}}, \hat{\mathcal{O}}] \\
&= \mathrm{i}\hat{\mathcal{O}} - \mathrm{i}\frac{\beta\hat{\mathcal{O}}^2}{mc^2} - \mathrm{i}\frac{\beta}{2mc^2}[\hat{\mathcal{O}}, \hat{\mathcal{E}}],
\end{aligned}$$

so dass also:

$$
\begin{aligned}
\mathrm{i}[\hat{S},\hat{H}] &= -\hat{O} + \frac{1}{mc^2}\beta\hat{O}^2 + \frac{\beta}{2mc^2}[\hat{O},\hat{\mathcal{E}}],\\
-\frac{1}{2}\left[\hat{S},[\hat{S},\hat{H}]\right] &= -\frac{1}{2mc^2}\beta\hat{O}^2 - \frac{1}{2(mc^2)^2}\hat{O}^3 - \frac{1}{8(mc^2)^2}\left[\hat{O},[\hat{O},\hat{\mathcal{E}}]\right],\\
-\frac{\mathrm{i}}{6}\left[\hat{S},\left[\hat{S},[\hat{S},\hat{H}]\right]\right] &= \frac{1}{6(mc^2)^2}\hat{O}^3 - \frac{1}{6(mc^2)^3}\beta\hat{O}^4 - \frac{1}{48(mc^2)^3}\left[\hat{O},\left[\hat{O},[\hat{O},\hat{\mathcal{E}}]\right]\right],\\
\frac{1}{24}\left[\hat{S},\left[\hat{S},\left[\hat{S},[\hat{S},\hat{H}]\right]\right]\right] &= \frac{1}{24(mc^2)^3}\beta\hat{O}^4 + O((mc^2)^{-4}).
\end{aligned}
$$

Damit erhalten wir zunächst für (23.6):

$$
\begin{aligned}
\hat{H}' = \underbrace{\beta mc^2 + \hat{\mathcal{E}} + \beta\left(\frac{1}{2mc^2}\hat{O}^2 - \frac{1}{8(mc^2)^3}\hat{O}^4\right) - \frac{1}{8(mc^2)^2}\left[\hat{O},[\hat{O},\hat{\mathcal{E}}]\right]}_{\hat{\mathcal{E}}'}\\
+ \underbrace{\frac{\beta}{2mc^2}[\hat{O},\hat{\mathcal{E}}] - \frac{1}{3(mc^2)^2}\hat{O}^3 - \frac{1}{48(mc^2)^3}\left[\hat{O},\left[\hat{O},[\hat{O},\hat{\mathcal{E}}]\right]\right]}_{\hat{O}'}.
\end{aligned} \tag{23.7}
$$

Der Hamilton-Operator $\hat{H}'$ in (23.7) enthält keine ungeraden Operatoren mehr von der Ordnung $(mc^2)^0$ – vielmehr ist $\hat{O}' \sim (mc^2)^{-1}$. Wir können nun in (23.7) einfach den ungeraden Anteil vernachlässigen und hätten dann bereits den gesuchten Einteilchen-Operator $[\hat{H}']$ mit Wechselwirkung bis zur gewünschten Ordnung $\sim (mc^2)^{-3}$. Wir können aber auch formaler eine weitere Foldy–Wouthuysen-Transformation $\hat{U}'_{\mathrm{FW}} = \mathrm{e}^{\mathrm{i}\hat{S}'}$ anschließen mit

$$
\hat{S}' = -\frac{\mathrm{i}}{2mc^2}\beta\hat{O}' \tag{23.8}
$$

und erwarten, dass der entstehende Hamilton-Operator $\hat{H}''$ dann nur noch ungerade Operatoren von der Ordnung $(mc^2)^{-2}$ enthält. Wir beachten, dass für $\hat{\mathcal{E}}', \hat{O}'$ die selben Relationen wie (23.4) gelten:

$$
\begin{aligned}
\{\beta,\hat{O}'\} &= 0,\\
[\beta,\hat{\mathcal{E}}'] &= 0,
\end{aligned}
$$

und eine zu (23.6) analoge Reihenentwicklung ergibt dann bis zur Ordnung $\sim (mc^2)^{-3}$ anstelle von (23.7):

$$
\hat{H}'' = \beta mc^2 + \hat{\mathcal{E}}' + \underbrace{\frac{\beta}{2mc^2}[\hat{O}',\hat{\mathcal{E}}']}_{\hat{O}''}. \tag{23.9}
$$

In einer weiteren Foldy–Wouhthuysen-Transformation $\hat{U}''_{\mathrm{FW}} = \mathrm{e}^{\mathrm{i}\hat{S}''}$ mit

$$\hat{S}'' = -\frac{\mathrm{i}}{2mc^2}\beta\hat{\mathcal{O}}'' \tag{23.10}$$

wird man schlussendlich auch den ungeraden Term $\hat{\mathcal{O}}'' \sim (mc^2)^{-2}$ los, indem man wieder nur Terme bis zur Ordnung $\sim (mc^2)^{-3}$) berücksichtigt, und erhält als Ergebnis:

$$\begin{aligned} \hat{H}''' &= \beta mc^2 + \hat{\mathcal{E}}' \\ &= \beta mc^2 + \hat{\mathcal{E}} + \beta\left(\frac{1}{2mc^2}\hat{\mathcal{O}}^2 - \frac{1}{8(mc^2)^3}\hat{\mathcal{O}}^4\right) - \frac{1}{8(mc^2)^2}\left[\hat{\mathcal{O}}, [\hat{\mathcal{O}}, \hat{\mathcal{E}}]\right], \end{aligned} \tag{23.11}$$

was identisch ist zu $[\hat{H}']$. Wie man unschwer erkennt, ist eine Voraussetzung für die Gültigkeit des gesamten Ansatzes, dass der ungerade Teil $\hat{\mathcal{O}}$ des Hamilton-Operators $\hat{H}$ keine Terme proportional zu $(mc^2)^k (k \geq 1)$ besitzt, was im Falle von (23.3) gegeben ist.

Wir müssen nun die zwei hinteren Summanden in (23.11) ausrechnen. Recht schnell ist mit (23.3) und (18.33) zu erhalten:

$$\begin{aligned} \frac{1}{2mc^2}\hat{\mathcal{O}}^2 &= \frac{1}{2m}\left(\boldsymbol{\alpha}\cdot\left(\hat{\boldsymbol{p}} - \frac{q}{c}\hat{\boldsymbol{A}}(\hat{\boldsymbol{r}})\right)\right)^2 \\ &= \frac{1}{2m}\left(\hat{\boldsymbol{p}} - \frac{q}{c}\hat{\boldsymbol{A}}(\hat{\boldsymbol{r}})\right)^2 + \frac{\mathrm{i}}{2m}\boldsymbol{\Sigma}\cdot\left[\left(\hat{\boldsymbol{p}} - \frac{q}{c}\hat{\boldsymbol{A}}(\hat{\boldsymbol{r}})\right)\times\left(\hat{\boldsymbol{p}} - \frac{q}{c}\hat{\boldsymbol{A}}(\hat{\boldsymbol{r}})\right)\right] \\ &= \frac{1}{2m}\left(\hat{\boldsymbol{p}} - \frac{q}{c}\hat{\boldsymbol{A}}(\hat{\boldsymbol{r}})\right)^2 - \frac{q\hbar}{2mc}\boldsymbol{\Sigma}\cdot\hat{\boldsymbol{B}}(\hat{\boldsymbol{r}}), \end{aligned} \tag{23.12}$$

man vergleiche die entsprechende Rechnung hin zu (II-33.2). Den Ausdruck

$$-\frac{1}{8(mc^2)^3}\hat{\mathcal{O}}^4 = -\frac{1}{2mc^2}\left[\frac{1}{2m}\left(\hat{\boldsymbol{p}} - \frac{q}{c}\hat{\boldsymbol{A}}(\hat{\boldsymbol{r}})\right)^2 - \frac{q\hbar}{2mc}\boldsymbol{\Sigma}\cdot\hat{\boldsymbol{B}}(\hat{\boldsymbol{r}})\right]^2 \tag{23.13}$$

vereinfachen wir an dieser Stelle nicht weiter.

Nun berechnen wir den letzten Term in (23.11). Zunächst leiten wir her, dass

$$\begin{aligned} [\hat{\mathcal{O}}, \hat{\mathcal{E}}] &= qc\boldsymbol{\alpha}\cdot\left[\hat{\boldsymbol{p}} - \frac{q}{c}\hat{\boldsymbol{A}}(\hat{\boldsymbol{r}}), \phi_{\mathrm{em}}(\hat{\boldsymbol{r}})\right] \\ &= qc\boldsymbol{\alpha}\cdot\left[\hat{\boldsymbol{p}}, \hat{\phi}_{\mathrm{em}}(\hat{\boldsymbol{r}})\right] \\ &= -\mathrm{i}\hbar qc\boldsymbol{\alpha}\cdot\left[\hat{\nabla}\hat{\phi}_{\mathrm{em}}(\hat{\boldsymbol{r}})\right] = +\mathrm{i}\hbar qc\boldsymbol{\alpha}\cdot\hat{\boldsymbol{E}}(\hat{\boldsymbol{r}}), \end{aligned}$$

so dass weiter

$$
\begin{aligned}
\left[\hat{\mathcal{O}},[\hat{\mathcal{O}},\hat{\mathcal{E}}]\right] &= \mathrm{i}\hbar q c^2 \alpha_i \alpha_j \left[\hat{p}_i - \frac{q}{c}\hat{A}_i(\hat{\boldsymbol{r}}), \hat{E}_j(\hat{\boldsymbol{r}})\right] \\
&= \mathrm{i}\hbar q c^2 \alpha_i \alpha_j \left[\hat{p}_i, \hat{E}_j(\hat{\boldsymbol{r}})\right] \\
&= \hbar^2 q c^2 \left(\delta_{ij}\mathbb{1} + \mathrm{i}\epsilon_{ijk}\Sigma_k\right)\left[\partial_i \hat{E}_j(\hat{\boldsymbol{r}})\right] \\
&= \hbar^2 q c^2 \left(\left[\nabla \cdot \hat{\boldsymbol{E}}(\hat{\boldsymbol{r}})\right] + \mathrm{i}\boldsymbol{\Sigma} \cdot (\hat{\nabla} \times \hat{\boldsymbol{E}}(\hat{\boldsymbol{r}})) - \mathrm{i}\boldsymbol{\Sigma} \cdot (\hat{\boldsymbol{E}}(\hat{\boldsymbol{r}}) \times \nabla)\right) \\
&= \hbar^2 q c^2 \Big(\left[\nabla \cdot \hat{\boldsymbol{E}}(\hat{\boldsymbol{r}})\right] + \mathrm{i}\boldsymbol{\Sigma} \cdot \left[\hat{\nabla} \times \hat{\boldsymbol{E}}(\hat{\boldsymbol{r}})\right] \\
&\qquad - \mathrm{i}\boldsymbol{\Sigma} \cdot (\hat{\boldsymbol{E}}(\hat{\boldsymbol{r}}) \times \nabla) - \mathrm{i}\boldsymbol{\Sigma} \cdot (\hat{\boldsymbol{E}}(\hat{\boldsymbol{r}}) \times \nabla)\Big) \\
&= \hbar^2 q c^2 \left(\left[\nabla \cdot \hat{\boldsymbol{E}}(\hat{\boldsymbol{r}})\right] + \mathrm{i}\boldsymbol{\Sigma} \cdot \left[\hat{\nabla} \times \hat{\boldsymbol{E}}(\hat{\boldsymbol{r}})\right]\right) + 2\hbar q c^2 \boldsymbol{\Sigma} \cdot (\hat{\boldsymbol{E}}(\hat{\boldsymbol{r}}) \times \hat{\boldsymbol{p}}). \qquad (23.14)
\end{aligned}
$$

Verwenden wir nun (23.12), (23.13) und (23.14), so nimmt (23.11) die Form an:

$$
\begin{aligned}
\hat{H}''' = q\hat{\phi}_{\mathrm{em}}(\hat{\boldsymbol{r}}) + \beta \Bigg\{ & mc^2 + \frac{1}{2m}\left(\hat{\boldsymbol{p}} - \frac{q}{c}\hat{\boldsymbol{A}}(\hat{\boldsymbol{r}})\right)^2 - \frac{q\hbar}{2mc}\boldsymbol{\Sigma} \cdot \hat{\boldsymbol{B}}(\hat{\boldsymbol{r}}) \\
& - \frac{1}{2mc^2}\left[\frac{1}{2m}\left(\hat{\boldsymbol{p}} - \frac{q}{c}\hat{\boldsymbol{A}}(\hat{\boldsymbol{r}})\right)^2 - \frac{q\hbar}{2mc}\boldsymbol{\Sigma} \cdot \hat{\boldsymbol{B}}(\hat{\boldsymbol{r}})\right]^2 \Bigg\} - \frac{\hbar^2 q}{8(mc)^2}\left[\nabla \cdot \hat{\boldsymbol{E}}(\hat{\boldsymbol{r}})\right] \\
& - \frac{\mathrm{i}\hbar^2 q}{8(mc)^2}\boldsymbol{\Sigma} \cdot \left[\hat{\nabla} \times \hat{\boldsymbol{E}}(\hat{\boldsymbol{r}})\right] - \frac{\hbar q}{4(mc)^2}\boldsymbol{\Sigma} \cdot (\hat{\boldsymbol{E}}(\hat{\boldsymbol{r}}) \times \hat{\boldsymbol{p}}). \qquad (23.15)
\end{aligned}
$$

Man beachte, dass der Nabla-Operator in der letzten Zeile in (23.15) ($\sim [\nabla \times \hat{\boldsymbol{E}}]$) *nicht* durch $\hat{\boldsymbol{E}}$ durchwirkt, da wir bereits die Produktregel angewandt haben – die eckigen Klammern sollen dies signalisieren. Man beachte außerdem, da aufgrund gerade dieser Anwendung der Produktregel

$$
\mathrm{i}\boldsymbol{\Sigma} \cdot (\hat{\nabla} \times \hat{\boldsymbol{E}}) = \mathrm{i}\boldsymbol{\Sigma} \cdot \left[\hat{\nabla} \times \hat{\boldsymbol{E}}\right] - \mathrm{i}\boldsymbol{\Sigma} \cdot (\hat{\boldsymbol{E}} \times \nabla)
$$

in der vorletzten Zeile von (23.14) und der darauffolgenden Zusammenfassung der Summanden in der letzten Zeile die beiden letzten Terme in (23.15) nur zusammen einen hermiteschen Operator bilden.

Die Feinstruktur des Wasserstoffatoms

Wir haben in Abschnitt III-4 die Feinstruktur des Wasserstoffatoms teilweise heuristisch im Rahmen der stationären Störungstheorie abgeleitet. Die erlaubten Energieniveaus der stationären Zustände sowie die Zustände selbst haben wir ebenfalls durch eine Reihenentwicklung in Abschnitt 21 berechnet. Die große Leistung von Foldy und Wouthuysen bestand darin, einen systematischen Weg aufzuzeigen, den entsprechenden Einteilchen-Hamilton-Operator im Rahmen einer prinzipiell beliebig genauen Reihenentwicklung zu berechnen – die Vorarbeit hierzu haben wir gerade geleistet.

Wir gehen aus von (23.15). In dem speziellen Fall des Coulomb-Potentials $\hat{\phi}_{\text{em}}(\hat{\boldsymbol{r}}) = +e/\hat{r}$ ist nun $\left[\hat{\nabla} \times \hat{\boldsymbol{E}}\right] \equiv \boldsymbol{0}$, außerdem $\hat{\boldsymbol{A}} \equiv \hat{\boldsymbol{B}} \equiv \boldsymbol{0}$ und

$$\hat{\boldsymbol{E}}(\hat{\boldsymbol{r}}) = -\hat{\nabla}\hat{\phi}_{\text{em}}(\hat{\boldsymbol{r}}) = +\frac{e}{\hat{r}^2}\boldsymbol{e}_r,$$

so dass

$$\boldsymbol{\Sigma} \cdot (\hat{\boldsymbol{E}}(\hat{\boldsymbol{r}}) \times \hat{\boldsymbol{p}}) = +\frac{e}{\hat{r}^3}\boldsymbol{\Sigma} \cdot (\hat{\boldsymbol{r}} \times \hat{\boldsymbol{p}}) = +\frac{e}{\hat{r}^3}\boldsymbol{\Sigma} \cdot \hat{\boldsymbol{L}}.$$

Außerdem ist dann $\left[\nabla \cdot \hat{\boldsymbol{E}}(\hat{\boldsymbol{r}})\right] = 4\pi e\delta(\hat{\boldsymbol{r}})$.

Für ein Elektron in diesem Coulomb-Feld nimmt der Hamilton-Operator (23.15) dann die Form an:

$$\hat{H}_{\text{fine}} = \beta m_{\text{e}}c^2 - \frac{e^2}{\hat{r}} + \beta\frac{\hat{\boldsymbol{p}}^2}{2m_{\text{e}}} - \beta\frac{\hat{\boldsymbol{p}}^4}{8m_{\text{e}}^3c^2} + \frac{\pi\hbar^2e^2}{2(m_{\text{e}}c)^2}\delta(\hat{\boldsymbol{r}}) + \frac{e^2}{2(m_{\text{e}}c)^2\hat{r}^3}\hat{\boldsymbol{S}} \cdot \hat{\boldsymbol{L}}. \tag{23.16}$$

Der Hamilton-Operator (23.16) wirkt immer noch im Dirac-Raum. Beschränkt man sich nun auf die Teilchenlösung (obere Komponenten), erhält man den Hamilton-Operator für die **Feinstruktur** des Wasserstoffatoms

$$\hat{H}_{\text{fine}} = m_{\text{e}}c^2 - \frac{e^2}{\hat{r}} + \frac{\hat{\boldsymbol{p}}^2}{2m_{\text{e}}} \underbrace{- \frac{\hat{\boldsymbol{p}}^4}{8m_{\text{e}}^3c^2}}_{\hat{H}_{\text{rel}}} + \underbrace{\frac{\pi\hbar^2e^2}{2(m_{\text{e}}c)^2}\delta(\hat{\boldsymbol{r}})}_{\hat{H}_{\text{D}}} + \underbrace{\frac{e^2}{2(m_{\text{e}}c)^2\hat{r}^3}\hat{\boldsymbol{S}} \cdot \hat{\boldsymbol{L}}}_{\hat{H}_{LS}}, \tag{23.17}$$

ein grandioses Ergebnis! Es zeigt, dass die Einteilchen-Darstellung der Dirac-Gleichung in einer systematischen Entwicklung bis zur Ordnung $(m_{\text{e}}c)^{-3}$ die Feinstruktur des Wasserstoffatoms erklärt. Man vergleiche die einzelnen Terme in (23.17) mit deren Erläuterung in Abschnitt III-4, dessen wiederholte Lektüre dem Leser ausdrücklich ans Herz gelegt sei! Für eine entsprechende Betrachtung für Teilchen mit Spin 0 oder Spin 1 siehe [Cas54] oder [FV58], sowie auch Abschnitt 9.7 der Monographie von Bjorken und Drell, siehe Literaturliste am Ende dieses Kapitels.

24 Die Grenzen der Einteilchen-Interpretation: das Klein-Paradoxon

Das sogenannte **Klein-Paradoxon** ist sicherlich das bekannteste Paradoxon der relativistischen Quantenmechanik und wurde von Oskar Klein zunächst – der Leser ahnt es bereits – im Rahmen der Betrachtung der Dirac-Gleichung mit einem Stufenpotential untersucht [Kle29] und von Fritz Sauter für ein glattes Potential studiert [Sau31; Sau32], der auch den Begriff „Kleinsches Paradoxon" prägte. Erst etwa dreißig Jahre später hat Rolf G. Winter das Klein-Paradoxon für die Klein–Gordon-Gleichung untersucht [Win59], eine gründlichere Rechnung findet sich in [FF82].

Wir betrachten zunächst die Klein–Gordon-Theorie und verwenden hier bewusst nicht den zweikomponentigen Hamilton-Formalismus, da die Ladungsdichte (16.13) beziehungsweise (16.14) in ihm das Potential $V(\boldsymbol{r}, t)$ nicht explizit enthält und die nachfolgende Betrachtung dadurch weniger illustrativ wäre. Wir beginnen mit der Feststellung, dass in Gegenwart eines statischen Potentialterms $V(\boldsymbol{r})$ die Ladungsdichte durch den Ausdruck (13.50) gegeben ist:

$$\rho(\boldsymbol{r}, t) = \frac{\mathrm{i}\hbar}{2mc^2}\left[\Phi^*(\boldsymbol{r}, t)\frac{\partial\Phi(\boldsymbol{r}, t)}{\partial t} - \frac{\partial\Phi^*(\boldsymbol{r}, t)}{\partial t}\Phi(\boldsymbol{r}, t)\right] - \frac{1}{mc^2}V(\boldsymbol{r})|\Phi(\boldsymbol{r}, t)|^2, \tag{24.1}$$

und die Ladungsstromdichte durch (13.51):

$$\boldsymbol{j}(\boldsymbol{r}, t) = -\frac{\mathrm{i}\hbar}{2m}\left[\Phi^*(\boldsymbol{r}, t)\nabla\Phi(\boldsymbol{r}, t) - (\nabla\Phi^*(\boldsymbol{r}, t))\Phi(\boldsymbol{r}, t)\right]. \tag{24.2}$$

Schon an dieser Stelle erkennen wir, dass der Wert von $\rho(\boldsymbol{r}, t)$ grundsätzlich jeden beliebigen positiven oder negativen Wert annehmen kann, je nach dem, wie der Verlauf des Potentials $V(\boldsymbol{r})$ ist. Das bedeutet: ob an einer Stelle eine Teilchen- oder eine Antiteilchenlösung vorliegt, ist von vornherein abhängig vom Verlauf des Potentials.

Wir betrachten nun ein einfaches, eindimensionales Modellsystem, nämlich das der Potentialschwelle, siehe Abbildung 2.1. Für $x < 0$ (Bereich I) ist das Potential $V(x) = 0$, für $x > 0$ (Bereich II) ist das Potential durch die Konstante $V(x) = V_0$ gegeben. Die eindimensionale Klein–Gordon-Gleichung nimmt in den beiden Bereichen jeweils die Form an:

$$\left[-\frac{\hbar^2}{c^2}\frac{\partial^2}{\partial t^2} + \hbar^2\frac{\partial^2}{\partial x^2} - m^2c^2\right]\Phi(x, t) = 0 \quad \text{(Bereich I)},$$

$$\left[\frac{1}{c^2}\left(\mathrm{i}\hbar\frac{\partial}{\partial t} - V_0\right)^2 + \hbar^2\frac{\partial^2}{\partial x^2} - m^2c^2\right]\Phi(x, t) = 0 \quad \text{(Bereich II)},$$

und wir verwenden für $\Phi(x, t)$ den Ansatz:

$$\Phi(x, t) = \begin{cases} \left(\mathrm{e}^{\mathrm{i}k_1 x} + A\mathrm{e}^{-\mathrm{i}k_1 x}\right)\mathrm{e}^{-\mathrm{i}E_{\boldsymbol{p}}t/\hbar} & \text{(Bereich I)} \\ B\mathrm{e}^{\mathrm{i}k_2 x}\mathrm{e}^{-\mathrm{i}E_{\boldsymbol{p}}t/\hbar} & \text{(Bereich II)} \end{cases}, \tag{24.3}$$

mit

$$k_1^2 = \frac{E_p^2 - m^2c^4}{\hbar^2c^2},$$
$$k_2^2 = \frac{(E_p - V_0)^2 - m^2c^4}{\hbar^2c^2}.$$

Für die Ladungsdichte (24.1) gilt dann:

$$\rho(x) = \begin{cases} \dfrac{E_p}{mc^2}|\Phi(x,t)|^2 & \text{(Bereich I)} \\ \dfrac{E_p - V_0}{mc^2}|\Phi(x,t)|^2 & \text{(Bereich II)} \end{cases}, \tag{24.4}$$

und für die Ladungsstromdichte (24.2):

$$j(x) = \begin{cases} \dfrac{\hbar k_1}{m}(1 - |A|^2)|\Phi(x,t)|^2 & \text{(Bereich I)} \\ \dfrac{\hbar k_2}{m}|B|^2|\Phi(x,t)|^2 & \text{(Bereich II)} \end{cases}. \tag{24.5}$$

In der nichtrelativistischen Quantenmechanik ist der Fall klar: wenn $E < V_0$, folgt $k_2^2 = -\kappa^2 < 0$ oder $\kappa = -ik_2 > 0$, und die Wellenfunktion $\Phi(x,t)$ besitzt im Innern der Schwelle einen mit zunehmendem x exponentiell abfallenden Verlauf. Ist hingegen $E > V_0$, so ist k_2^2 positiv, und die Wellenfunktion, beziehungsweise die Basislösung, ist eine ebene Welle mit Wellenvektor k_2. Alles ist klar und einfach verständlich.

Aber die Dispersionsrelation (13.16) im relativistischen Fall ist eine andere als im nichtrelativistischen Fall (zum Beispiel (I-30.5)), man vergleiche:

$$k_2^2 = \frac{2m(E - V_0)}{\hbar^2} \quad \text{(nichtrelativistisch)},$$
$$k_2^2 = \frac{(E_p - V_0)^2 - m^2c^4}{\hbar^2c^2} \quad \text{(relativistisch)}.$$

Es kommt nun zu einer weiteren Fallunterscheidung, wann k_2^2 positiv oder negativ wird und sich damit eine oszillatorische beziehungsweise eine exponentiell abfallende Wellenfunktion ergibt.

Wir beginnen mit dem exponentiell abklingenden Fall ($k_2^2 < 0$ und damit $\kappa^2 > 0$). Damit $k_2^2 < 0$ ist, muss gelten:

$$(E_p - V_0)^2 - m^2c^4 < 0 \Longrightarrow (E_p - V_0)^2 < m^2c^4,$$

was nur erfüllt ist, wenn

$$E_p - mc^2 < V_0 < E_p + mc^2.$$

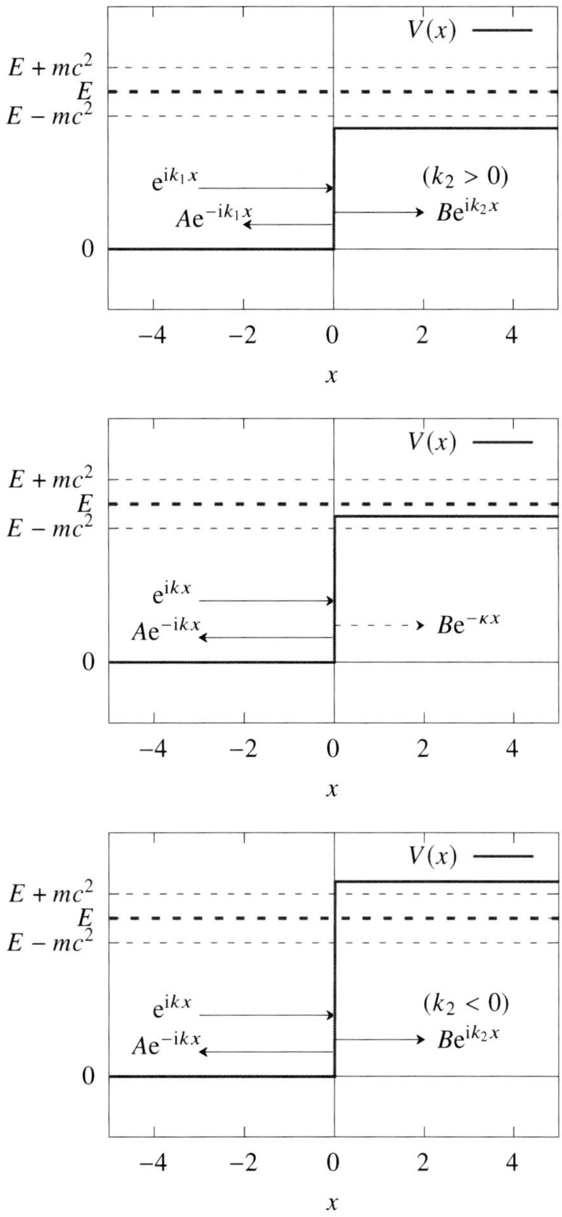

Abbildung 2.1: Die Potentialschwelle in der relativistischen Quantenmechanik. Das erste Diagramm entspricht dem Fall einer oszillatorischen Lösung in Bereich II mit $0 < k_2 < k_1$. Das zweite Diagramm zeigt den Fall exponentieller Dämpfung in Bereich II. Das Diagramm unten zeigt den paradoxen Fall, hier gilt $k_2 < 0$.

Innerhalb dieses Intervalls nimmt k_2^2 mit zunehmendem Wert von V_0 ab, und zwar von anfänglich 0 bis auf das Minimum $-mc^2$, den k_2^2 für $V_0 = E_{\boldsymbol{p}}$ annimmt, um dann wieder bis auf 0 anzusteigen. Die Ladungsdichte $\rho(x)$ ist dabei anfänglich positiv, nimmt bei $V_0 = E_{\boldsymbol{p}}$ den Wert 0 an und wird danach negativ. Wir erhalten in diesem Fall einen Reflektionskoeffizient $R = 1$ und einen Transmissionskoeffizient $T = 0$ für $k_2^2 < 0$ und damit $\kappa^2 > 0$, wie bei der Totalreflektion im nichtrelativistischen Fall.

Nun zum oszillatorischen Fall ($k_2^2 > 0$). Es muss gelten:

$$(E_{\boldsymbol{p}} - V_0)^2 - m^2c^4 > 0 \Longrightarrow (E_{\boldsymbol{p}} - V_0)^2 > m^2c^4,$$

daraus folgt, dass entweder

$$V_0 < E_{\boldsymbol{p}} - mc^2$$

oder

$$V_0 > E_{\boldsymbol{p}} + mc^2$$

sein muss. Die erste der beiden Bedingungen ist noch nachvollziehbar, die zweite hingegen überhaupt nicht und stellt den eigentlichen paradoxen Fall dar: übersteigt demnach das Schwellenpotential V_0 den Wert $E_{\boldsymbol{p}} + mc^2$, so stellt die Wellenfunktion – anders als die Intuition erwarten lässt – innerhalb der Barriere (Bereich II) eine ebene Welle dar.

Das Klein-Paradoxon

Untersuchen wir den paradoxen Fall $V_0 > E_{\boldsymbol{p}} + mc^2$ genauer und betrachten einmal die Ladungsdichte (24.4) in Bereich II, so sehen wir, dass $\rho(x)$ für $V_0 > E_{\boldsymbol{p}}$ negativ ist und somit eine Antiteilchen-Lösung darstellt, obwohl die Energie der einfallenden Welle $E = +E_{\boldsymbol{p}}$ ist. Das heißt aber, dass für ein von links nach rechts laufendes Antiteilchen für die Wellenzahl k_2 in (24.3) gilt: $k_2 < 0$ – siehe die Diskussion in Abschnitt 17 um Relation (17.25) beziehungsweise (17.24). Das sieht man auch unter einem anderen Blickwinkel: Berechnet man mit der relativistischen Dispersionsrelation die Gruppengeschwindigkeit v_{group}, erhält man

$$v_{\text{group}} = \frac{pc^2}{E_{\boldsymbol{p}} - V_0}. \tag{24.6}$$

Sofern sich also die transmittierte Welle von links nach rechts bewegt und damit per Voraussetzung $v_{\text{group}} > 0$ gilt, muss für den Antiteilchen-Fall $V_0 > E_{\boldsymbol{p}}$ dann $p < 0$ sein, was einer Antiteilchen-Bewegungs von rechts nach links entspricht – völlig konsistent mit der Diskussion um die Antiparallelität von $\boldsymbol{p}$ und $\boldsymbol{v}$ im Antiteilchen-Fall in den vergangenen Kapiteln!

Wie in Abschnitt I-30 können wir aus der Forderung nach Stetigkeit und Differenzierbarkeit von $\Phi(x,t)$ an der Stelle $x = 0$ ableiten:

$$A = \frac{k_1 - k_2}{k_1 + k_2}, \quad B = \frac{2k_1}{k_1 + k_2},$$

so dass man den Reflektionskoeffizienten R und den Transmissionskoeffizienten T erhält:

$$R = |A|^2 = \frac{(k_1 - k_2)^2}{(k_1 + k_2)^2}, \tag{24.7}$$

$$T = \frac{k_2}{k_1}|B|^2 = \frac{4k_1 k_2}{(k_1 + k_2)^2}. \tag{24.8}$$

Wie es sein soll, ist

$$R + T = 1, \tag{24.9}$$

was zunächst sehr beruhigend ist. Allerdings gilt im paradoxen Fall ($V_0 > E_{\boldsymbol{p}} + mc^2$) auf einmal $R > 1$ und $T < 0$. Der reflektierte Strom ist also größer als der einfallende – ein Phänomen, das insbesondere im astrophysikalischen Kontext als **Superradianz** bezeichnet wird. Der transmittierte Strom wechselt das Vorzeichen, und außerdem wachsen beide Ströme vom Betrag her mit steigendem V_0 sehr stark an. Für $V_0 \longrightarrow 2E_{\boldsymbol{p}}$ schließlich divergieren sowohl R als auch T:

$$\lim_{V_0 \to 2E_{\boldsymbol{p}}} R \longrightarrow \infty,$$

$$\lim_{V_0 \to 2E_{\boldsymbol{p}}} T \longrightarrow -\infty,$$

um dann aber für $V_0 \longrightarrow \infty$ jeweils gegen einen konstanten Wert zu streben:

$$\lim_{V_0 \to \infty} R \longrightarrow 1,$$

$$\lim_{V_0 \to \infty} T \longrightarrow 0.$$

Abbildung 2.2 zeigt zusammenfassend den Verlauf von R und T in Abhängigkeit von V_0.

Klein-Paradoxon in der Dirac-Theorie

Wir haben das Klein-Paradoxon für die Klein–Gordon-Theorie betrachtet, aber in der Dirac-Theorie werden wir auf ein anderes Ergebnis geführt. Zwar existiert kein Zusammenhang (24.4) beziehungsweise (24.5) für Ladungsdichte und Ladungsstromdichte, an dem das Vorhandensein einer Antiteilchenlösung im Bereich II für den paradoxen Fall abgelesen werden kann (man erinnere sich, dass die Norm (18.47) beziehungsweise (18.51) positiv-definit ist), aber die Formel (24.6) gilt nach wie vor unverändert – somit gilt auch hier wieder $k_2 < 0$.

Die Anschlussbedingungen aus der Forderung nach Stetigkeit und Differenzierbarkeit der Wellenlösungen führen zu folgenden Ausdrücken für den Reflektions- und den Transmissionskoeffizient:

$$R = \frac{(1 - r)^2}{(1 + r)^2}, \tag{24.10}$$

$$T = \frac{4r}{(1 + r)^2}, \tag{24.11}$$

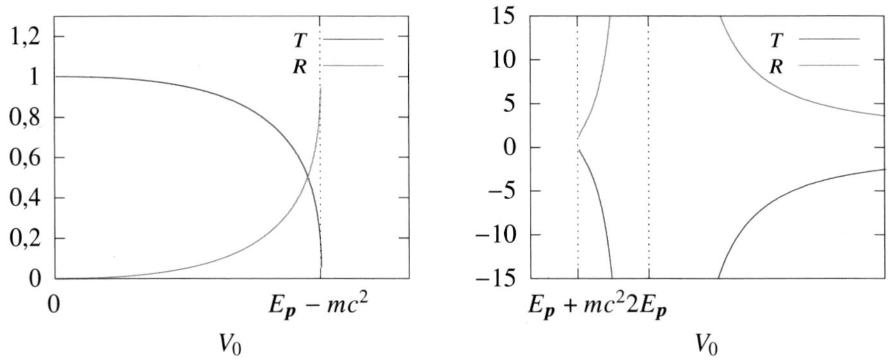

Abbildung 2.2: Transmissionskoeffizient T und Reflektionskoeffizient R in der Klein–Gordon-Theorie für eine Potentialschwelle als Funktion von V_0.

mit

$$r = \frac{k_2}{k_1} \frac{E_p + mc^2}{E_p - V_0 + mc^2} > 0. \tag{24.12}$$

Die dimensionslose Größe r ist dabei stets größer als Null, da die beiden negativen Vorzeichen der beiden Brüche sich gegenseitig kompensieren – man beachte an dieser Stelle den vielseits kommentierten Fehler zu diesem Sachverhalt in der Darstellung bei Bjorken und Drell (siehe die weiterführende Literatur am Ende dieses Kapitels), den aber auch weitere Lehrwerke übernommen haben.

Abbildung 2.3 zeigt den Verlauf von R und T in der Dirac-Theorie. Im Gegensatz zur Klein–Gordon-Theorie zeigen im paradoxen Bereich sowohl der Reflektions- und der Transmissionskoeffizient kein singuläres, aber dennoch merkwürdiges Verhalten. Es ist:

$$\lim_{V_0 \to \infty} R \to \frac{E_p + \hbar c k_1}{E_p - \hbar c k_1} > 0,$$

$$\lim_{V_0 \to \infty} T \to \frac{-2\hbar c k_1}{E_p - \hbar c k_1} < 1,$$

im krassen Unterschied zum Fall der Klein–Gordon-Theorie. Für zunehmend größere Werte von V_0 sinkt also der reflektierte Anteil des einfallenden Stroms, und die Transmissionswahrscheinlichkeit für das einfallende Teilchen strebt einem endlichen Grenzwert zu, weshalb das Klein-Paradoxon im Spin-$\frac{1}{2}$-Fall eigentlich ein **Klein-Tunneleffekt** ist (*''Klein tunnelling''*).

Diskussion

Wie ist das nun alles zu deuten? Die relativistische Quantenmechanik kann letztlich dieses Paradoxon – es sind eigentlich zwei Paradoxa – nicht auflösen, und die Ausdrücke für R

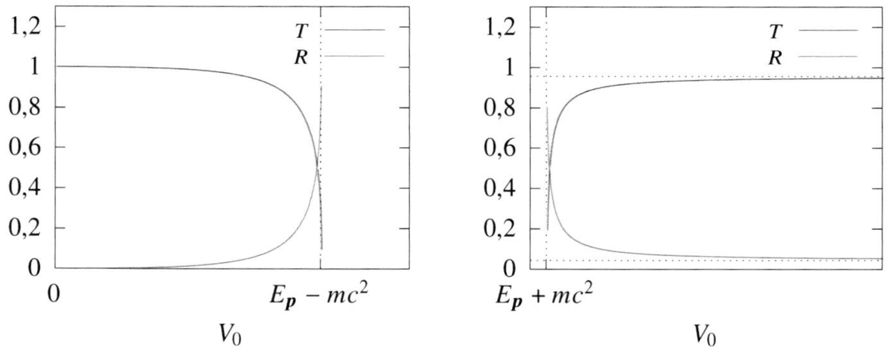

Abbildung 2.3: Transmissionskoeffizient T und Reflektionskoeffizient R in der Dirac-Theorie für eine Potentialschwelle als Funktion von V_0.

und T sind auf gar keinen Fall direkt physikalisch zu deuten. Es zeigt vielmehr klar die Grenzen der Einteilchen-Interpretation auf. Sobald $V_0 > E_p + mc^2$, besteht die Möglichkeit der Paarerzeugung durch das äußere Potential, dem hierfür in einem geschlossenen System die Energie entnommen wird – was allerdings der quantenmechanische Formalismus nicht abbilden kann, man erinnere sich auch an die Diskussion in früheren Abschnitten, beispielsweise Abschnitt III-15. Eine Auflösung des physikalischen Sachverhalts liefert erst die Quantenfeldtheorie. Die Teilchen-Antiteilchen-Produktion findet am meisten dort statt, wo der Energiegradient am größten sind, was im Extrembeispiel der Potentialschwelle an der Kante ist, eine idealisierte und strenggenommen mathematisch pathologische Situation, die im übrigen auch das divergierende Verhalten von T und R bei $V_0 = 2E_p$ begründet, siehe weiter unten.

Im Klein–Gordon-Fall führt das neu entstandene Teilchenpaar jedenfalls in Bereich I zu einem nach links zeigenden Teilchenstrom und in Bereich II zu einem nach rechts verlaufenden Antiteilchenstrom. Zusammen entsteht so ein Gesamtladungsstrom von rechts nach links. Zum Reflektionskoeffizienten trägt also sowohl das reflektierte Teilchen, als auch das neu entstandene Teilchen bei. Letztlich – das ergibt aber erst eine quantenfeldtheoretische Rechnung – findet Paarerzeugung natürlich auch ohne einfallendes Teilchen statt! Spätestens hier zeigen sich die Grenzen der Einteilchen-Interpretation, denn die für die Paarerzeugung notwendige Energie wird bei einem statischen Potential, das in der relativistischen Quantentheorie als **Hintergrundpotential** (*"background potential"*) bezeichnet wird, nicht berücksichtigt.

Der Dirac-Fall ist etwas subtiler, da das Verhalten von R und T nicht unmittelbar auf eine Teilchenpaarproduktion schließen lässt. Man kann zeigen, dass das Verhalten von R und T in Abhängigkeit von V_0 durch die pathologische Form des Potentialverlaufs entsteht. Regularisiert man dieses zu einem stetigen Anwachsen des Potentials über ein endliches

Raumintervall a – was gleichbedeutend ist mit einem endlichen elektrischen Feld $E \sim a^{-1}$ in genau diesem Intervall – erhält man ein Verhalten der Form

$$R \approx 1,$$
$$T \sim \exp\left(-\pi mc^2/(qE)\right),$$

was ganz und gar nicht paradox erscheint, denn es zeigt ein aus der nichtrelativistischen Quantenmechanik bekanntes exponentiell unterdrücktes Tunneln. Wenn allerdings $a \longrightarrow 0$ geht, geht $E \longrightarrow \infty$, eine unphysikalische Situation, die sich in einem pathologischen Verhalten von R und T manifestiert, wie jeweils Sauter [Sau31; Sau32] für den Dirac-Fall und Friedrich Hund für den Klein–Gordon-Fall zeigte [Hun41]. Allerdings ist im quantenmechanischen Formalismus die Paarerzeugung nicht einmal heuristisch dargestellt. Hier zeigt sich ein weiterer markanter Unterschied zwischen der Dirac-Theorie und der Klein–Gordon-Theorie, neben der fehlenden Möglichkeit einer Ladungsinterpretation, der erst in der Behandlung als Quantenfeldtheorie verschwindet – man vergleiche die Diskussion um die positiv-definite Norm in Abschnitt 18.

Wie oben erwähnt, ist für Teilchenerzeugung in Wirklichkeit gar kein einfallendes Teilchen notwendig. Wie Hund in seiner Arbeit [Hun41] für den Klein–Gordon-Fall zeigte, führt die Verwendung eines glatten Potentialanstiegs oder auch die „zweite Quantisierung“ (dann auch für die Potentialstufe) zu einem Zusammenhang zwischen dem Gesamtstrom $\hat{j}$ und dem Transmissionskoeffizienten T als Funktion von $E_{\boldsymbol{p}}$ gemäß

$$\langle 0|\hat{j}|0\rangle \sim -\int \mathrm{d}E_{\boldsymbol{p}} T(E_{\boldsymbol{p}}), \tag{24.13}$$

wobei die Integration über $E_{\boldsymbol{p}} \in [mc^2, V_0 - mc^2]$ geht – sehr kompatibel mit (24.5). Erst genau 40 Jahre später wurde diese Relation auch für den Dirac-Fall abgeleitet [HR81].

Zum Klein-Paradoxon existiert eine Unmenge an Darstellungen, leider auch sehr viele mit Vorzeichenfehlern – die Verwirrung könnte nicht größer sein! Oskar Klein selbst betrachtete in seiner Originalarbeit [Kle29] die Dirac-Theorie mit völlig korrekter Rechnung. Infolgedessen erhielt er auch keinen negativen Transmissionskoeffizienten, sondern einen Tunneleffekt, und diesen sah er als das eigentliche „Kleinsche Paradoxon“ an, um in der Begrifflichkeit Fritz Sauters zu bleiben. Erst in späteren Darstellungen – wie im oben erwähnten Lehrbuch von Bjorken und Drell – wurde der Begriff für die vermeintliche Superradianz im Dirac-Fall verwendet, die es aber nur im Klein–Gordon-Fall gibt [Win59]. Die ansonsten didaktisch sehr gelungene Darstellung von Barry Holstein [Hol98] drehte gar den Spieß vollkommen um und baute gleich zwei Vorzeichenfehler ein: so gibt es dort in der Klein–Gordon-Theorie einen stets positiven Transmissionskoeffizienten, aber dennoch Totalreflektion im paradoxen Fall, weil gleichzeitig Paarvernichtung statt -erzeugung auftritt. Die Dirac-Theorie liefert in dieser Arbeit hingegen einen negativen Transmissionskoeffizienten! Das ist bemerkenswert, denn in Holsteins Lehrbuch (siehe Literaturverzeichnis am Ende des Bandes) wird der Klein–Gordon-Fall noch korrekt dargestellt. Die sehr empfehlenswerte Arbeit [FF82] ist sich unsicher, was richtig ist, und weist auch darauf hin.

Für die weitere Lektüre siehe das sehr gute Review [Man88], das auch die Betrachtung in „zweiter Quantisierung" durchführt, sowie insbesondere zur historischen Übersicht die Reviews [CD99; DC99]. Sehr gut lesbar ist auch die Darstellung des Dirac-Falls in der Monographie von Greiner, Müller und Rafelski – siehe die weiterführende Literatur am Ende dieses Kapitels. Eine mathematisch gründliche Analyse für den Dirac-Fall ist [RB77], sowie [BR76] in zweiter Quantisierung.

Das Klein-Paradoxon und Energieerhaltung

Es ist interessant, sich die Frage nach der Energieerhaltung beim Klein-Paradoxon zu stellen. Immerhin werden ja Teilchen-Antiteilchen-Paare erzeugt, und es ist nicht klar, welchem System die Energie für die Paarerzeugung entnommen wird. Hierzu ist es zunächst wichtig, sich nochmals in Erinnerung zu rufen, worauf wir in Abschnitt 2 im Rahmen der Strahlungsquantisierung hingewiesen haben: in der Quantenmechanik sind die betrachteten Systeme grundsätzlich offene Systeme im Sinne der Thermodynamik. Sowohl im Fall der Potentialstreuung als auch bei Übergängen zwischen stationären Zuständen wird grundsätzlich außer Acht gelassen, auf welche Weise mögliche Energiedifferenzen kompensiert werden. Die relativistische Quantenmechanik und insbesondere das Klein-Paradoxon zeigt uns die Grenzen dieser Modellannahme auf, und es ist ein Hinweis darauf, dass eine relativistische Quantentheorie zwingend Teilchenerzeugung und -vernichtung in den Formalismus einbauen muss: eine relativistische Quantentheorie muss eine Quantenfeldtheorie sein.

In einem Gedankenexperiment (entnommen aus [Win59]) ist zu verstehen, warum bei der Erzeugung der Teilchen-Antiteilchen-Paare beim Klein-Paradoxon der Energiesatz erhalten bleibt – wenn man nur das äußere System, das ja quantenmechanisch stets als externes Potential betrachtet wird, in die Bilanz mit einbezieht (siehe Abbildung 2.4). Die Potentialschwelle sei hierbei durch einen stark ansteigenden Potentialwall realisiert, der zwischen einer äußeren Box (mit Null-Potential) und einer inneren Box (mit Potential V_0) existiert, das heißt: wir haben zwischen der äußeren und der inneren Box ein elektrisches Feld.

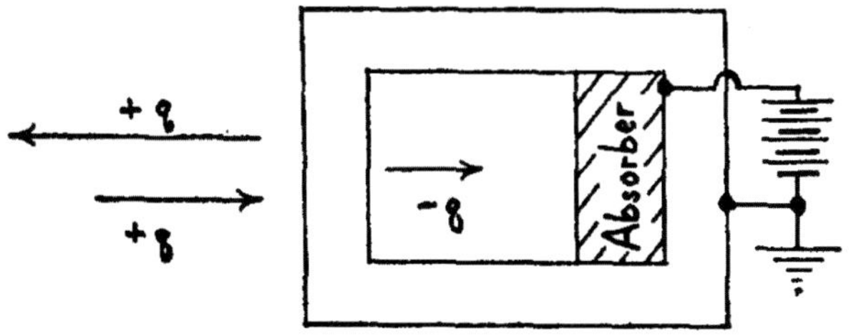

Abbildung 2.4: Die Einteilchen-Quantenmechanik kann das Klein-Paradoxon nicht auflösen – es bedarf einer quantenfeldtheoretischen Behandlung, um dem Phänomen der Teilchenerzeugung und -vernichtung Rechnung zu tragen. In einem vereinfachten Modell, das das mathematisch pathologische Kastenpotential glättet, lässt sich der physikalische Sachverhalt recht einfach beschreiben [Win59].

Wir betrachten den Klein–Gordon-Fall, denn den Dirac-Fall kann man aufgrund des oben beschriebenen Versagens im heuristischen Erklären der Paarerzeugung nicht auf diese Weise interpretieren. Ein positiv geladenes Teilchen (Ladung $+q$), das sich auf die äußere Box zubewegt, wird totalreflektiert. Zusätzlich findet innerhalb der Box Paarerzeugung statt, und zusätzlich zum reflektierten Teilchen werden weitere Teilchen emittiert. Eine entsprechende Anzahl von Antiteilchen mit Ladung $-q$ bewegt sich dann innerhalb der Box in Richtung Absorber.

Wie ist die Energiebilanz? Das totalreflektierte Teilchen besitzt vor und nach der Reflektion die Energie $E_{\boldsymbol{p}}$, hier ist also alles in Ordnung. Wie sieht es aber mit den erzeugten Teilchenpaaren aus? Nun: ein erzeugtes Antiteilchen mit der Gesamtenergie $+E_{\boldsymbol{p}}$ und Ladung $-q$ wird vom Absorber gestoppt – die kinetische Energie des Antiteilchens wird auf das Box-Absorber-System übertragen, beispielsweise in Form von Wärme. Außerdem gewinnt das Box-Absorber-System noch die Ruheenergie des Antiteilchens hinzu.

Andererseits muss die Batterie innerhalb der Box Energie aufwenden, damit das Potential aufrecht erhalten werden kann, denn das absorbierte Antiteilchen führt ja zu einem elektrischen Strom innerhalb des Kreislaufs. Es ist also:

$$\Delta E_{\text{Box}} = \underbrace{V_0 - mc^2 - E_{\boldsymbol{p}}}_{\text{kinet. Energie Antiteilchen}} + \underbrace{mc^2}_{\text{Ruheenergie Antiteilchen}} - \underbrace{V_0}_{\text{Batterie}} = -E_{\boldsymbol{p}}.$$

Das heißt: das Box-Absorber-System verliert durch den Paarerzeugungsprozess die Energie $E_{\boldsymbol{p}}$, und das ist genau die Energie, die benötigt wird, um ein positiv geladenes Teilchen zusätzlich zum totalreflektierten zu emittieren.

Der eigentliche Punkt zur Auflösung des Klein-Paradoxons ist nun folgender: Für $V_0 > E_{\boldsymbol{p}} + mc^2$ ist das Box-Absorber-System in der Lage, gewissermaßen „aus eigener Energie“ Teilchen-Antiteilchen-Paare zu erzeugen. Während das Antiteilchen aber gleich wieder absorbiert wird, wird das Teilchen emittiert. Die Voraussetzung $V_0 > E_{\boldsymbol{p}} + mc^2$ rührt in unserem Gedankenexperiment daher, dass erst ab einer gewissen Potentialstärke das erzeugte Antiteilchen hinreichend viel kinetische Energie erhält, um zum Absorber zu gelangen. Das Box-Absorber-System lässt sich noch weiter stilisieren, und letztlich sind die Details der Implementierung nicht weiter von Bedeutung – man kann es als „Black Box“ betrachten, die nichts anderes macht als Teilchen zu erzeugen, und zwar solange, bis die Energie verbraucht ist. Mit jedem emittierten Teilchen nimmt auch die Gesamtladung des Box-Absorber-Systems um $+q$ ab. Das entsprechende Antiteilchen ist gewissermaßen virtuell, es ist im klassisch verbotenen Bereich nicht nachweisbar. Das ursprünglich betrachtete einfallende und totalreflektierte Teilchen wird hingegen letztlich überhaupt nicht für die Gesamtbetrachtung benötigt.

Es sei an dieser Stelle die Bemerkung erlaubt, dass der **Hawking-Effekt** in der semiklassischen Behandlung von Schwarzen Löchern nichts anderes ist als exakt das Szenario des Klein-Effekts mit der Ersetzung des elektrischen Felds durch das Gravitationsfeld: das Box-Absorber-System (die „Black Box“) ist also nichts anderes als das Schwarze Loch, siehe die Literatur zur Quantenfeldtheorie auf gekrümmten Raumzeiten.

Weiterführende Literatur

James D. Bjorken, Sidney D. Drell: *Relativistic Quantum Mechanics*, McGraw-Hill, 1964.
Der erste Band des Doppelwerks der beiden Autoren zur relativistischen Quantentheorie und *der* Klassiker zur relativistischen Quantenmechanik über viele Jahrzehnte.

Francisco J. Ynduráin: *Relativistic Quantum Mechanics and Introduction to Field Theory*, Springer-Verlag, 1996.
Eine hervorragende Lektüre in moderner Darstellung.

Tommy Ohlsson: *Relativistic Quantum Physics – From Advanced Quantum Mechanics to Introductory Quantum Field Theory*, Cambridge University Press, 2011.
Eine sehr moderne, teilweise aber sehr knappe Darstellung, allerdings bereits mit einem deutlichen Fokus in Richtung Quantenfeldtheorie.

Paul Strange: *Relativistic Quantum Mechanics – With Applications in Condensed Matter and Atomic Physics*, Cambridge University Press, 1998.
Ein sehr ausführliches und hervorragend geschriebenes Lehrbuch, das sowohl die formalen Grundlagen der relativistischen Quantenmechanik ausführlich diskutiert, als auch Anwendungen aus dem Bereich der Atomphysik und der Physik kondensierter Materie betrachtet.

Bernd Thaller: *The Dirac Equation*, Springer-Verlag, 1992.
Wie der Titel sagt: eine ausführliche Monographie zur Dirac-Gleichung, mathematisch fortgeschritten geschrieben.

Franz Gross: *Relativistic Quantum Mechanics and Field Theory*, John Wiley & Sons, 1993.

Lawrence P. Horwitz: *Relativistic Quantum Mechanics*, Springer-Verlag, 2015.
Eher ein ausführliches Review als eine Monographie: sehr modern, sehr knapp.

Anton Z. Capri: *Relativistic Quantum Mechanics and Introduction to Quantum Field Theory*, World Scientific, 2002.
Die Ergänzung zum Quantenmechanik-Buchs desselben Autors über die relativistische Quantentheorie, die allerdings eher die Anmutung eines Skriptes besitzt: weniger als 180 Seiten mit einer überschaubaren Menge an Text.

Hartmut M. Pilkuhn: *Relativistic Quantum Mechanics*, Springer-Verlag, 2nd ed. 2005.
Eine etwas unorthodoxe Darstellung des durch den Titel beschriebenen Themengebiets. Der Fokus liegt auf Atom- und Teilchenphysik, Streutheorie, gebundene Zustände. Die formalen Grundlagen kommen eher zu kurz.

Luciano Maiani, Omar Benhar: *Relativistic Quantum Mechanics – An Introduction to Relativistic Quantum Fields*, CRC Press, 2016.
Die englische Übersetzung eines italienischen Lehrbuchs aus dem Jahre 2012. Ein sehr gutes Lehrbuch, auch wenn die Feldquantisierung eher im Vordergrund steht als die Beschäftigung mit relativistischer Quantenmechanik.

Eduardo Guendelman, David Owen: *Relativistic Quantum Mechanics and Related Topics*, World Scientific, 2022.

W. Greiner, B. Müller, J. Rafelski: *Quantum Electrodynamics in Strong Fields – With an Introduction into Modern Relativistic Quantum Mechanics*, Springer-Verlag, 1985.

M. E. Rose: *Relativistic Electron Theory*, John Wiley & Sons, 1961.

Eine heute etwas irreführende Titelgebung: im Jargon der damaligen Zeit einfach eine Darstellung der relativistischen Quantenmechanik mit einem Fokus auf die Dirac-Gleichung, in Inhalt und Form vergleichar mit dem Werk von Bjorken und Drell.

Semjon Stepanow: *Relativistische Quantentheorie – Für Bachelor: mit Einführung in die Quantentheorie der Vielteilchensysteme*, Springer-Verlag, 2010.

Armin Wachter: *Relativistische Quantenmechanik*, Springer-Verlag, 2005.

Teil 3

Symmetrien in der Quantenmechanik II

Während in zurückliegenden Abschnitten bereits für die nichtrelativistische Galilei-Gruppe, führen wir in diesem Kapitel eine analoge Analyse für die relativistische Lorentz- und die Poincaré-Gruppe durch und untersuchen deren irreduziblen Darstellungen. Darüber hinaus werden wir topologieverändernde Grenzübergänge betrachten, sogenannte Gruppenkontraktionen, die zum einen den Übergang zu masselosen Teilchen beschreiben, zum anderen den Übergang zur Galilei-Gruppe. In diesem Zusammenhang werden wir einige Bedingungen an einen „vernünftigen" Ortsoperator in der relativistischen Quantentheorie stellen und allgemeine Zusammenhänge ableiten.
Mit den Darstellungen der Besonderheiten der drei diskreten Symmetrietransformationen in der relativistischen Quantenmechanik und abschließenden Bemerkungen zum CPT-Theorem schließt dieses Kapitel.

O. Tennert, *Quantenmechanik IV*, https://doi.org/10.1007/978-3-662-68591-4_3

25 Die quantenmechanische Poincaré-Gruppe und ihre Algebra

Bevor wir die Eigenschaften der Lorentz- beziehungsweise der Poincaré-Gruppe in der Quantenmechanik genauer betrachten, wiederholen wir an dieser Stelle kurz die Eigenschaften der „klassischen" Lorentz-Gruppe $\mathcal{L}$ beziehungsweise der Poincaré-Gruppe und ihrer jeweiligen Algebren. Alle Transformationen sind im Folgenden aktive Transformationen.

Es sei $x^\mu = (ct, \boldsymbol{x})$ ein Vierervektor. Eine **Lorentz-Transformation**

$$\begin{aligned} \Lambda\colon x^\mu &\mapsto x'^\mu \\ x'^\mu &= \Lambda^\mu{}_\nu x^\nu, \end{aligned} \tag{25.1}$$

lässt das Raumzeitintervall $x^2 = \eta_{\mu\nu}x^\mu x^\nu = x^\mu x_\mu$ invariant, also ist $x'^2 = x^2$. Hierbei ist

$$\eta_{\mu\nu} = \begin{pmatrix} 1 & 0 & 0 & 0 \\ 0 & -1 & 0 & 0 \\ 0 & 0 & -1 & 0 \\ 0 & 0 & 0 & -1 \end{pmatrix} \tag{25.2}$$

der metrische Tensor.

Eine **Poincaré-Transformation** $\Pi(\Lambda, a)$ ist die Kombination einer Lorentz-Transformation und einer Raumzeit-Translation:

$$\begin{aligned} \Pi(\Lambda, a)\colon x^\mu &\mapsto x'^\mu \\ x'^\mu &= \Lambda^\mu{}_\nu x^\nu + a^\mu. \end{aligned} \tag{25.3}$$

Die Hintereinanderausführung $\Pi_2\Pi_1$ zweier Poincaré-Transformationen führt zu:

$$\Pi(\Lambda_2, a_2)\Pi(\Lambda_1, a_1) = \Pi(\Lambda_2\Lambda_1, \Lambda_2 a_1 + a_2), \tag{25.4}$$

das inverse Element Π^{-1} besitzt folgende Form:

$$\Pi^{-1}(\Lambda, a) = \Pi(\Lambda^{-1}, -\Lambda^{-1}a), \tag{25.5}$$

und das Einselement ist:

$$E = \Pi(\mathbb{1}, 0), \tag{25.6}$$

wodurch eine Gruppenstruktur definiert ist. Betrachten wir zunächst die Lorentz-Transformationen näher.

Lorentz-Gruppe

Die Transformationen $\Pi(\Lambda, 0)$ mit $a = 0$ bilden eine Untergruppe, die **Lorentz-Gruppe** $\mathcal{L}$, mathematisch mit O(3, 1) bezeichnet. Damit unter einer Lorentz-Transformation das Raumzeitintervall x^2 konstant ist, muss sein:

$$\eta_{\mu\nu}\Lambda^\mu{}_\rho\Lambda^\nu{}_\sigma = \eta_{\rho\sigma}, \tag{25.7}$$

woraus folgt:

$$(\det \Lambda)^2 = 1$$

oder

$$\det \Lambda = \pm 1. \tag{25.8}$$

Diejenigen Lorentz-Transformationen mit $\det \Lambda = 1$ stellen eine Untergruppe der Lorentz-Gruppe dar, nämlich die **eigentliche Lorentz-Gruppe** $\mathcal{L}_+$, mathematisch mit SO(3, 1) bezeichnet. Es gibt zwei triviale Lorentz-Transformationen mit $\det \Lambda = -1$:

$$\text{Raumspiegelung:} \quad (P)^\mu{}_\nu = \begin{pmatrix} 1 & 0 & 0 & 0 \\ 0 & -1 & 0 & 0 \\ 0 & 0 & -1 & 0 \\ 0 & 0 & 0 & -1 \end{pmatrix}, \tag{25.9}$$

$$\text{Zeitumkehr:} \quad (T)^\mu{}_\nu = \begin{pmatrix} -1 & 0 & 0 & 0 \\ 0 & 1 & 0 & 0 \\ 0 & 0 & 1 & 0 \\ 0 & 0 & 0 & 1 \end{pmatrix}. \tag{25.10}$$

Auch die Lorentz-Transformationen mit $\Lambda^0{}_0 \geq 1$ bilden eine Untergruppe, die **orthochrone Lorentz-Gruppe** $\mathcal{L}^\uparrow$. Die Schnittmenge $\mathcal{L}^\uparrow \cap \mathcal{L}_+$ bildet wiederum eine Untergruppe, die **eigentlich-orthochrone Lorentz-Gruppe** $\mathcal{L}_+^\uparrow$. Sie wird mathematisch auch als $\mathrm{SO}_+(3,1)$ bezeichnet und stellt den Ausgangspunkt für alle weiteren darstellungstheoretischen Betrachtungen dar. Jede allgemeine Lorentz-Transformation lässt sich nämlich als Produkt einer eigentlich-orthochronen Lorentz-Transformation $\Lambda \in \mathcal{L}_+^\uparrow$, der Raumspiegelung P und der Zeitumkehr T darstellen.

Die 6 Erzeugenden der Lorentz-Gruppe können als Vierertensor $M^{\mu\nu}$ geschrieben werden, dessen explizite Matrixdarstellung lautet:

$$(M^{\mu\nu})^\rho{}_\sigma = \mathrm{i}(\eta^{\mu\rho}\eta^\nu{}_\sigma - \eta^{\nu\rho}\eta^\mu{}_\sigma) \tag{25.11}$$

und bilden die **Lorentz-Algebra** $\mathfrak{so}(3,1)$. Diese 6 Erzeugenden $M^{\mu\nu}$ hängen mit den jeweils 3 Erzeugenden K_i für **Boosts** und J_i für Drehungen gemäß

$$K_i = M^{i0}, \tag{25.12}$$

$$J_i = \frac{1}{2}\epsilon^{ijk} M^{jk} \tag{25.13}$$

zusammen, so dass

$$M^{ij} = \epsilon_{ijk} J_k, \tag{25.14}$$

mit $i, j, k \in \{1, 2, 3\}$. Sie besitzen die explizite Darstellung:

$$(K_i)^\rho{}_\sigma = -\mathrm{i}\begin{pmatrix} 0 & \boldsymbol{e}_i^\mathrm{T} \\ \boldsymbol{e}_i & 0 \end{pmatrix}, \tag{25.15a}$$

$$(J_i)^\rho{}_\sigma = \begin{pmatrix} 0 & 0 \\ 0 & L_i \end{pmatrix}, \tag{25.15b}$$

mit den (3×3)-Matrizen L_i gemäß (II-6.5), oder ausgeschrieben:

$$(K_1)^\rho{}_\sigma = \begin{pmatrix} 0 & -\mathrm{i} & 0 & 0 \\ -\mathrm{i} & 0 & 0 & 0 \\ 0 & 0 & 0 & 0 \\ 0 & 0 & 0 & 0 \end{pmatrix}, \qquad (J_1)^\rho{}_\sigma = \begin{pmatrix} 0 & 0 & 0 & 0 \\ 0 & 0 & 0 & 0 \\ 0 & 0 & 0 & -\mathrm{i} \\ 0 & 0 & \mathrm{i} & 0 \end{pmatrix},$$

$$(K_2)^\rho{}_\sigma = \begin{pmatrix} 0 & 0 & -\mathrm{i} & 0 \\ 0 & 0 & 0 & 0 \\ -\mathrm{i} & 0 & 0 & 0 \\ 0 & 0 & 0 & 0 \end{pmatrix}, \qquad (J_2)^\rho{}_\sigma = \begin{pmatrix} 0 & 0 & 0 & 0 \\ 0 & 0 & 0 & \mathrm{i} \\ 0 & 0 & 0 & 0 \\ 0 & -\mathrm{i} & 0 & 0 \end{pmatrix},$$

$$(K_3)^\rho{}_\sigma = \begin{pmatrix} 0 & 0 & 0 & -\mathrm{i} \\ 0 & 0 & 0 & 0 \\ 0 & 0 & 0 & 0 \\ -\mathrm{i} & 0 & 0 & 0 \end{pmatrix}, \qquad (J_3)^\rho{}_\sigma = \begin{pmatrix} 0 & 0 & 0 & 0 \\ 0 & 0 & -\mathrm{i} & 0 \\ 0 & \mathrm{i} & 0 & 0 \\ 0 & 0 & 0 & 0 \end{pmatrix},$$

Man beachte an dieser Stelle bereits, dass die Erzeugenden der Boosts K_i keine hermiteschen, sondern vielmehr anti-hermitesche Matrizen sind. Dies steht im Zusammenhang mit der Nicht-Kompaktheit der Lorentz-Gruppe, worauf wir in Abschnitt 27 zurückkommen werden. Die 6 Erzeugenden $M^{\mu\nu}$ lassen sich dann in den Indizes μ, ν wie folgt sortieren:

$$(M^{\mu\nu})^\rho{}_\sigma = \begin{pmatrix} 0 & -K_1 & -K_2 & -K_3 \\ K_1 & 0 & J_3 & -J_2 \\ K_2 & -J_3 & 0 & J_1 \\ K_3 & J_2 & -J_1 & 0 \end{pmatrix}^\rho_{\ \sigma} . \tag{25.16}$$

Eine allgemeine 6-parametrige Lorentz-Transformation kann wie folgt dargestellt werden:

$$\Lambda(\omega) = \mathrm{e}^{-\frac{\mathrm{i}}{2}\omega_{\mu\nu}M^{\mu\nu}}, \tag{25.17a}$$

beziehungsweise

$$\Lambda(\boldsymbol{\phi}, \boldsymbol{\eta}) = \mathrm{e}^{-\mathrm{i}\phi_i J_i + \mathrm{i}\eta_i K_i}, \tag{25.17b}$$

mit

$$\phi_i = \frac{1}{2}\epsilon_{ijk}\omega_{jk}, \tag{25.18}$$

$$\eta_i = -\omega_{i0}, \tag{25.19}$$

so dass

$$\omega_{\mu\nu} = \begin{pmatrix} 0 & \eta_1 & \eta_2 & \eta_3 \\ -\eta_1 & 0 & \phi_3 & -\phi_2 \\ -\eta_2 & -\phi_3 & 0 & \phi_1 \\ -\eta_3 & \phi_2 & -\phi_1 & 0 \end{pmatrix}. \tag{25.20}$$

Dabei ist ϕ der Drehwinkel (vergleiche Abschnitt II-6) und η die sogenannte **Rapidität**, die mit dem **Lorentz-Faktor** γ gemäß

$$\gamma = \frac{1}{\sqrt{1-\beta^2}} =: \cosh\eta, \tag{25.21}$$

zusammenhängt, mit $\beta = v/c$.

Endliche Boosts und Rotationen besitzen die Matrixform:

$$\Lambda(\mathbf{0},\boldsymbol{\eta}_1) = \begin{pmatrix} \cosh\eta & \sinh\eta & 0 & 0 \\ \sinh\eta & \cosh\eta & 0 & 0 \\ 0 & 0 & 1 & 0 \\ 0 & 0 & 0 & 1 \end{pmatrix}, \qquad \Lambda(\boldsymbol{\phi}_1,\mathbf{0}) = \begin{pmatrix} 1 & 0 & 0 & 0 \\ 0 & 1 & 0 & 0 \\ 0 & 0 & \cos\phi & -\sin\phi \\ 0 & 0 & \sin\phi & \cos\phi \end{pmatrix},$$

$$\Lambda(\mathbf{0},\boldsymbol{\eta}_2) = \begin{pmatrix} \cosh\eta & 0 & \sinh\eta & 0 \\ 0 & 1 & 0 & 0 \\ \sinh\eta & 0 & \cosh\eta & 0 \\ 0 & 0 & 0 & 1 \end{pmatrix}, \qquad \Lambda(\boldsymbol{\phi}_2,\mathbf{0}) = \begin{pmatrix} 1 & 0 & 0 & 0 \\ 0 & \cos\phi & 0 & \sin\phi \\ 0 & 0 & 1 & 0 \\ 0 & -\sin\phi & 0 & \cos\phi \end{pmatrix},$$

$$\Lambda(\mathbf{0},\boldsymbol{\eta}_3) = \begin{pmatrix} \cosh\eta & 0 & 0 & \sinh\eta \\ 0 & 1 & 0 & 0 \\ 0 & 0 & 1 & 0 \\ \cosh\eta & 0 & 0 & \sinh\eta \end{pmatrix}, \qquad \Lambda(\boldsymbol{\phi}_3,\mathbf{0}) = \begin{pmatrix} 1 & 0 & 0 & 0 \\ 0 & \cos\phi & -\sin\phi & 0 \\ 0 & \sin\phi & \cos\phi & 0 \\ 0 & 0 & 0 & 1 \end{pmatrix}.$$

In der hier gewählten Konvention für η_i besitzt ein endlicher Boost mit dem positiven Rapiditätsparameter η also ein positives Vorzeichen im Exponenten der Gruppenoperators.

Poincaré-Gruppe

Die Poincaré-Gruppe $\mathcal{P} = \{\,\Pi(\Lambda, a)\,\}$, mathematisch häufig auch als inhomogene Lorentz-Gruppe ISO$(3,1)$ bezeichnet, ist isomorph zur Menge der (5×5)-Matrizen der Form

$$\begin{pmatrix} \Lambda & a \\ 0 & 1 \end{pmatrix}, \tag{25.22}$$

und diese Darstellung eignet sich sehr gut, um die Eigenschaften der zugehörigen Lie-Algebra, der **Poincaré-Algebra** zu untersuchen. Die Generatoren der Poincaré-Gruppe sind

$$m^{\mu\nu} = \begin{pmatrix} M^{\mu\nu} & 0 \\ 0 & 0 \end{pmatrix} \tag{25.23}$$

für Lorentz-Transformationen und

$$\pi^{\mu} = \begin{pmatrix} 0 & \mathrm{i}\boldsymbol{e}_{\mu} \\ 0 & 0 \end{pmatrix} \tag{25.24}$$

für Raumzeit-Translationen, beziehungsweise:

$$\text{für Boosts:} \quad k_i = \begin{pmatrix} K_i & 0 \\ 0 & 0 \end{pmatrix}, \tag{25.25}$$

$$\text{für Rotationen:} \quad j_i = \begin{pmatrix} J_i & 0 \\ 0 & 0 \end{pmatrix}, \tag{25.26}$$

$$\text{für Raumzeit-Translationen:} \quad \pi^\mu = \begin{pmatrix} 0 & \mathrm{i}\boldsymbol{e}_\mu \\ 0 & 0 \end{pmatrix}, \tag{25.27}$$

mit den Basis-Vierervektoren

$$\begin{aligned} \boldsymbol{e}_0 &= (1, 0, 0, 0), \\ \boldsymbol{e}_1 &= (0, 1, 0, 0), \\ \boldsymbol{e}_2 &= (0, 0, 1, 0), \\ \boldsymbol{e}_3 &= (0, 0, 0, 1). \end{aligned}$$

Eine allgemeine 10-parametrige Poincaré-Transformation besitzt dann folgende Darstellung:

$$\Pi(\Lambda(\omega), a) = \mathrm{e}^{-\frac{\mathrm{i}}{2}\omega_{\mu\nu}M^{\mu\nu} - \mathrm{i}a_\mu \pi^\mu}. \tag{25.28}$$

Die Gruppe der Raum-Zeit-Translationen stellt eine **invariante Untergruppe** oder einen **Normalteiler** der Poincaré-Gruppe, denn aus (25.4) folgt

$$\Pi(\Lambda, 0)\Pi(\mathbb{1}, a)\Pi(\Lambda^{-1}, 0) = \Pi(\mathbb{1}, \Lambda a). \tag{25.29}$$

Eine Lorentz-transformierte Translation ist also wieder eine Translation, oder anders: die Menge aller Translationen ist invariant unter der vollen Poincaré-Gruppe. Umgekehrt ist die Poincaré-Gruppe das **semidirekte Produkt** der Lorentz-Gruppe mit der Translationsuntergruppe, wie man ebenfalls an (25.4) direkt ablesen kann. Da die Menge der Translationen eine abelsche Untergruppe darstellt, ist die Poincaré-Gruppe keine halbeinfache Gruppe.

Kommutatorrelationen der Poincaré-Algebra

Aus der expliziten Darstellung der Erzeugenden der Lorentz- beziehungsweise der Poincaré-Algebra (Gleichungen (25.11–25.15) beziehungsweise (25.23–25.27)) können folgende Kommutatorrelationen für die Poincaré-Algebra abgeleitet werden:

$$[m^{\mu\nu}, m^{\rho\sigma}] = \mathrm{i}(\eta^{\nu\rho}m^{\mu\sigma} - \eta^{\nu\sigma}m^{\mu\rho} - \eta^{\mu\rho}m^{\nu\sigma} + \eta^{\mu\sigma}m^{\nu\rho}), \tag{25.30a}$$

$$[\pi^\mu, m^{\rho\sigma}] = \mathrm{i}(\eta^{\mu\rho}\pi^\sigma - \eta^{\mu\sigma}\pi^\rho), \tag{25.30b}$$

$$[\pi^\mu, \pi^\nu] = 0, \tag{25.30c}$$

beziehungsweise

$$[j_i, j_j] = \mathrm{i}\epsilon_{ijk} j_k, \tag{25.31a}$$
$$[j_i, k_j] = \mathrm{i}\epsilon_{ijk} k_k, \tag{25.31b}$$
$$[k_i, k_j] = -\mathrm{i}\epsilon_{ijk} j_k, \tag{25.31c}$$
$$[j_i, \pi_j] = \mathrm{i}\epsilon_{ijk} \pi_k, \tag{25.31d}$$
$$[k_i, \pi_i] = \mathrm{i}\pi_0 \delta_{ij}, \tag{25.31e}$$
$$[\pi_i, \pi_j] = 0, \tag{25.31f}$$
$$[j_i, \pi_0] = 0, \tag{25.31g}$$
$$[\pi_i, \pi_0] = 0, \tag{25.31h}$$
$$[k_i, \pi_0] = \mathrm{i}\pi_i. \tag{25.31i}$$

Bemerkenswert ist die Kommutatorrelation (25.31c): die Boost-Generatoren k_i, k_j in der Poincaré-Gruppe kommutieren nicht miteinander, ganz im Unterschied zur (klassischen und quantenmechanischen) Galilei-Algebra (vergleiche (II-17.14) und (II-17.18)). Die Hintereinanderausführung zweier Boosts entlang unterschiedlicher Richtungen bringt eine Rotation mit sich.

Bemerkenswert allerdings ist auch ist die Kommutatorrelation (25.31e): die Erzeugenden der Raumtranslationen und der Boosts entlang der selben Richtung kommutieren nicht. Das ist ein grundlegender Unterschied zur klassischen Galilei-Gruppe, vergleiche mit (II-17.14f). Wir werden bei der Betrachtung des nichtrelativistischen Grenzfalls in Abschnitt 29 darauf eingehen, warum dieser Kommutator zwar klassisch für $c \longrightarrow \infty$ verschwindet, in der Quantenmechanik aufgrund der notwendig projektiven Darstellung der Galilei-Gruppe jedoch erhalten bleibt! Die Gründe hierfür finden sich in den algebraischen und gruppentheoretischen Unterschieden zwischen Poincaré- und Galilei-Gruppe, und die Tatsache an sich lässt erahnen, dass die Poincaré-Gruppe möglicherweise unitäre Darstellungen erlaubt und dass keine weiteren nichtverschwindenden zentralen Ladungen existieren! Das untersuchen wir im Folgenden.

Die quantenmechanische Poincaré-Algebra

Wie an Abschnitt II-17 gehen wir also zunächst vom allgemeinen Ansatz einer projektiven Darstellung aus, so dass für $\Pi_1 \Pi_2 \in \{ \Pi(\Lambda, a) \}$ die Relation (II-15.5) gilt:

$$\hat{U}(\Pi_1 \Pi_2) = \mathrm{e}^{\mathrm{i}\Phi(\Pi_1, \Pi_2)} \hat{U}(\Pi_1) \hat{U}(\Pi_2), \tag{25.32}$$

und wir von den Kommutatorrelationen der klassischen Poincaré-Algebra mit zusätzlichen zentralen Ladungen ausgehen. Wir wählen folgende Notation für die Erzeugenden als hermitesche Operatoren im Hilbert-Raum:

$$\hbar m^{\mu\nu} \longrightarrow \hat{M}^{\mu\nu},$$
$$\pi^\mu \longrightarrow \hat{p}^\mu,$$

und setzen daher an:

$$[\hat{M}^{\mu\nu}, \hat{M}^{\rho\sigma}] = \mathrm{i}\hbar(\eta^{\nu\rho}\hat{M}^{\mu\sigma} - \eta^{\nu\sigma}\hat{M}^{\mu\rho} - \eta^{\mu\rho}\hat{M}^{\nu\sigma} + \eta^{\mu\sigma}\hat{M}^{\nu\rho}) + \mathrm{i}C_{MM}^{\mu\nu\rho\sigma}, \tag{25.33}$$

$$[\hat{p}^{\mu}, \hat{M}^{\rho\sigma}] = \mathrm{i}\hbar(\eta^{\mu\rho}\hat{p}^{\sigma} - \eta^{\mu\sigma}\hat{p}^{\rho}) + \mathrm{i}C_{MP}^{\mu\rho\sigma}, \tag{25.34}$$

$$[\hat{p}^{\mu}, \hat{p}^{\nu}] = C_{PP}^{\mu\nu}, \tag{25.35}$$

mit den zentralen Ladungen $C_{MM}^{\mu\nu\rho\sigma}, C_{MP}^{\mu\rho\sigma}, C_{PP}^{\mu\nu}$.

Wie in Abschnitt II-17 verwenden wir die Jacobi-Identitäten (II-15.15), um zu überprüfen, welche zentralen Ladungen verschwinden. Diese lauten:

$$[\hat{M}^{\mu\nu}, [\hat{p}^{\rho}, \hat{p}^{\sigma}]] + [\hat{p}^{\sigma}, [\hat{M}^{\mu\nu}, \hat{p}^{\rho}]] + [\hat{p}^{\rho}, [\hat{p}^{\sigma}, \hat{M}^{\mu\nu}]] \equiv 0, \tag{25.36}$$

$$[\hat{M}^{\lambda\eta}, [\hat{M}^{\mu\nu}, \hat{p}^{\rho}]] + [\hat{p}^{\rho}, [\hat{M}^{\lambda\eta}, \hat{M}^{\mu\nu}]] + [\hat{M}^{\mu\nu}, [\hat{p}^{\rho}, \hat{M}^{\lambda\eta}]] \equiv 0, \tag{25.37}$$

$$[\hat{M}^{\lambda\eta}, [\hat{M}^{\mu\nu}, \hat{M}^{\rho\sigma}]] + [\hat{M}^{\rho\sigma}, [\hat{M}^{\lambda\eta}, \hat{M}^{\mu\nu}]] + [\hat{M}^{\mu\nu}, [\hat{M}^{\rho\sigma}, \hat{M}^{\lambda\eta}]] \equiv 0, \tag{25.38}$$

woraus sich die folgenden algebraischen Relationen für die zentralen Ladungen ergeben:

$$\eta^{\nu\rho}C_{PP}^{\mu\sigma} - \eta^{\mu\rho}C_{PP}^{\nu\sigma} - \eta^{\nu\sigma}C_{PP}^{\mu\rho} + \eta^{\mu\sigma}C_{PP}^{\nu\rho} = 0, \tag{25.39}$$

$$\begin{aligned} &\eta^{\nu\rho}C_{MP}^{\mu\lambda\eta} - \eta^{\mu\rho}C_{MP}^{\nu\lambda\eta} - \eta^{\mu\eta}C_{MP}^{\rho\lambda\eta} + \eta^{\lambda\mu}C_{MP}^{\rho\eta\nu} \\ &+\eta^{\lambda\nu}C_{MP}^{\rho\mu\eta} - \eta^{\eta\nu}C_{MP}^{\rho\mu\lambda} + \eta^{\rho\lambda}C_{MP}^{\eta\mu\nu} + \eta^{\rho\eta}C_{MP}^{\lambda\mu\nu} = 0, \end{aligned} \tag{25.40}$$

$$\begin{aligned} &\eta^{\nu\rho}C_{MM}^{\mu\sigma\lambda\eta} - \eta^{\mu\rho}C_{MM}^{\nu\sigma\lambda\eta} - \eta^{\sigma\mu}C_{MM}^{\rho\nu\lambda\eta} + \eta^{\sigma\nu}C_{MM}^{\rho\mu\lambda\eta} \\ &+\eta^{\eta\mu}C_{MM}^{\lambda\nu\rho\sigma} - \eta^{\lambda\mu}C_{MM}^{\eta\nu\rho\sigma} - \eta^{\nu\lambda}C_{MM}^{\mu\eta\rho\sigma} + \eta^{\nu\eta}C_{MM}^{\mu\lambda\rho\sigma} \\ &+\eta^{\sigma\lambda}C_{MM}^{\rho\eta\mu\nu} - \eta^{\rho\lambda}C_{MM}^{\sigma\eta\mu\nu} - \eta^{\eta\rho}C_{MM}^{\lambda\sigma\mu\nu} + \eta^{\eta\sigma}C_{MM}^{\lambda\rho\mu\nu} = 0. \end{aligned} \tag{25.41}$$

Kontrahiert man nun (25.39) mit $\eta_{\nu\rho}$, erhält man

$$C_{PP}^{\mu\sigma} = 0. \tag{25.42}$$

Kontrahiert man dagegen (25.40) beziehungsweise (25.41) mit $\eta_{\nu\rho}$, erhält man

$$C_{MP}^{\mu\lambda\eta} = \eta^{\mu\eta}\phi^{\lambda} - \eta^{\mu\lambda}\phi^{\eta}, \tag{25.43}$$

mit $\phi^{\lambda} = \frac{1}{3}\eta_{\nu\rho}C^{\rho\lambda\nu}$, beziehungsweise

$$C_{MM}^{\mu\sigma\lambda\eta} = \eta^{\eta\mu}\xi^{\lambda\sigma} - \eta^{\lambda\mu}\xi^{\eta\sigma} + \eta^{\sigma\lambda}\xi^{\eta\mu} - \eta^{\eta\sigma}\xi^{\lambda\mu}, \tag{25.44}$$

mit $\xi^{\lambda\sigma} = \frac{1}{2}\eta_{\nu\rho}C_{MM}^{\lambda\nu\sigma\rho}$. Wie in (II-15.17) kann man durch Neudefinition der Generatoren gemäß

$$\hat{p}'^{\mu} = \hat{p}^{\mu} + \phi^{\mu}\mathbb{1},$$

$$\hat{M}'^{\mu\nu} = \hat{M}^{\mu\nu} + \xi^{\mu\nu}\mathbb{1},$$

sämtliche zentrale Ladungen eliminieren, und wir können den Strich nunmehr weglassen. Wir erhalten:

$$[\hat{M}^{\mu\nu}, \hat{M}^{\rho\sigma}] = \mathrm{i}\hbar(\eta^{\nu\rho}\hat{M}^{\mu\sigma} - \eta^{\nu\sigma}\hat{M}^{\mu\rho} - \eta^{\mu\rho}\hat{M}^{\nu\sigma} + \eta^{\mu\sigma}\hat{M}^{\nu\rho}), \tag{25.45}$$

$$[\hat{p}^{\mu}, \hat{M}^{\rho\sigma}] = \mathrm{i}\hbar(\eta^{\mu\rho}\hat{p}^{\sigma} - \eta^{\mu\sigma}\hat{p}^{\rho}), \tag{25.46}$$

$$[\hat{p}^{\mu}, \hat{p}^{\nu}] = 0, \tag{25.47}$$

beziehungsweise

$$[\hat{J}_i, \hat{J}_j] = \mathrm{i}\hbar\epsilon_{ijk}\hat{J}_k, \tag{25.48a}$$

$$[\hat{J}_i, \hat{K}_j] = \mathrm{i}\hbar\epsilon_{ijk}\hat{K}_k, \tag{25.48b}$$

$$[\hat{K}_i, \hat{K}_j] = -\mathrm{i}\hbar\epsilon_{ijk}\hat{J}_k, \tag{25.48c}$$

$$[\hat{J}_i, \hat{p}_j] = \mathrm{i}\hbar\epsilon_{ijk}\hat{p}_k, \tag{25.48d}$$

$$[\hat{K}_i, \hat{p}_j] = \mathrm{i}\hbar\hat{p}_0\delta_{ij}, \tag{25.48e}$$

$$[\hat{p}_i, \hat{p}_j] = 0, \tag{25.48f}$$

$$[\hat{J}_i, \hat{p}_0] = 0, \tag{25.48g}$$

$$[\hat{p}_i, \hat{p}_0] = 0, \tag{25.48h}$$

$$[\hat{K}_i, \hat{p}_0] = \mathrm{i}\hbar\hat{p}_i. \tag{25.48i}$$

Das bedeutet: die quantenmechanische Poincaré-Algebra besitzt keine zentralen Ladungen, und es existiert eine unitäre Darstellung! Der unitäre Operator für eine allgemeine Poincaré-Transformation besitzt dann folgende Form:

$$\hat{U}(\Lambda(\omega), a) = \mathrm{e}^{-\frac{\mathrm{i}}{2\hbar}\omega_{\mu\nu}\hat{M}^{\mu\nu} - \frac{\mathrm{i}}{\hbar}a_\mu\hat{p}^\mu}, \tag{25.49}$$

beziehungsweise

$$\hat{U}(\Lambda(\boldsymbol{\phi}, \boldsymbol{\eta}), a) = \mathrm{e}^{-\frac{\mathrm{i}}{\hbar}(\phi_i\hat{J}_i - \eta_i\hat{K}_i + a_\mu\hat{p}^\mu)}. \tag{25.50}$$

26 Überlagerungsgruppen II: Der Zusammenhang zwischen $\mathrm{SO}_+(3,1)$ und $\mathrm{SL}(2,\mathbb{C})$

Dieser Abschnitt fügt sich nahtlos an Abschnitt II-8 an, in dem wir die nachfolgenden Betrachtungen für die Rotationsgruppe SO(3) angestellt haben.

In nahezu allen Fällen in der theoretischen Physik, wenn Überlagerungsgruppen von Symmetriegruppen eine Rolle spielen, steht am Anfang der Betrachtungen der Übergang vom Reellen ins Komplexe (bei gleichzeitiger Reduktion der Dimension), so auch bei der eigentlich-orthochronen Lorentz-Gruppe $\mathrm{SO}_+(3,1)$, die die Drehgruppe SO(3) als Untergruppe enthält. Aus jedem reellen Vierervektor V^μ lässt sich nämlich eine hermitesche (2×2)-Matrix

$$v := V^\mu \bar{\sigma}_\mu = \begin{pmatrix} V^0 + V^3 & V^1 - \mathrm{i}V^2 \\ V^1 + \mathrm{i}V^2 & V^0 - V^3 \end{pmatrix}, \tag{26.1}$$

mit $\bar{\sigma}_\mu = \eta_{\mu\nu}\bar{\sigma}^\nu = (\mathbb{1}, \boldsymbol{\sigma})$ (vergleiche (19.48)) konstruieren. Umgekehrt kann durch eine geeignete unitäre Transformation jede hermitesche (2×2)-Matrix in die Form (26.1) gebracht werden. Die Umkehrung von (26.1) ist auf jeden Fall gegeben durch

$$V^\mu = \frac{1}{2}\operatorname{tr}(\sigma^\mu v). \tag{26.2}$$

Die Abbildung $V^\mu \leftrightarrow v$ ist also bijektiv.

Die Eigenschaft der Hermitezität bleibt bestehen, wenn v abgebildet wird auf

$$v \mapsto \lambda v \lambda^\dagger, \tag{26.3}$$

mit einer beliebigen komplexen (2×2)-Matrix λ. Betrachten wir nun das Betragsquadrat V^2 des Vierervektors V^μ, so stellen wir fest, dass

$$V^2 = \det v,$$

und diese Determinante ist genau dann invariant unter der Transformation (26.3), wenn

$$|\det \lambda| = 1. \tag{26.4}$$

Das heißt, jede komplexe (2×2)-Matrix λ, die (26.4) erfüllt, induziert über (26.3) eine Lorentz-Transformation $V^\mu \mapsto \Lambda^\mu{}_\nu V^\nu$ gemäß

$$\lambda V^\mu \sigma_\mu \lambda^\dagger = \Lambda(\lambda)^\mu{}_\nu V^\nu \sigma_\mu. \tag{26.5}$$

Die Hintereinanderausführung zweier Transformationen mit λ_1, λ_2 ergibt:

$$\begin{aligned} \lambda_2\lambda_1 V^\mu \bar{\sigma}_\mu (\lambda_2\lambda_1)^\dagger &= \lambda_2\lambda_1 V^\mu \bar{\sigma}_\mu \lambda_1^\dagger \lambda_2^\dagger \\ &= \Lambda(\lambda_2)^\mu{}_\rho \Lambda(\lambda_1)^\rho{}_\nu V^\nu \bar{\sigma}_\mu, \end{aligned}$$

so dass

$$\Lambda(\lambda_2\lambda_1) = \Lambda(\lambda_2)\Lambda(\lambda_1). \tag{26.6}$$

Da nun aber zwei Matrizen λ_1, λ_2, die sich nur um einen komplexen Phasenfaktor $e^{i\alpha}$ unterscheiden, zu selben Transformation (26.3) führen, kann man durch entsprechende Wahl dieses Phasenfaktors

$$\det\lambda = 1 \tag{26.7}$$

festlegen, was auch vollkommen mit (26.6) kompatibel ist. Die Menge aller komplexen (2×2)-Matrizen λ mit $\det\lambda = 1$ bilden eine Gruppe, die **spezielle lineare Gruppe** (über $\mathbb{C}$) $SL(2,\mathbb{C})$. Sie besitzt wie die Lorentz-Gruppe insgesamt sechs reelle Parameter, und zu jedem $\lambda \in SL(2,\mathbb{C})$ gehört ein $\Lambda \in SO(3)$. Allerdings ist die Abbildung

$$\begin{aligned} SL(2,\mathbb{C}) &\to SO_+(3,1) \\ \lambda &\mapsto \Lambda(\lambda) \end{aligned} \tag{26.8}$$

nicht bijektiv, sondern überlagert $SO_+(3,1)$ doppelt. Konkret: zwei Matrizen unterschiedlichen Vorzeichens $\pm\lambda$ führen zur selben Lorentz-Transformation Λ. Also ist die Gruppe $SL(2,\mathbb{C})$ eine doppelte Überlagerungsgruppe der eigentlich-orthochronen Lorentz-Gruppe $SO_+(3,1)$. Demnach ist umgekehrt die $SO_+(3,1)$ eine **Quotientengruppe** der $SL(2,\mathbb{C})$:

$$SO_+(3,1) = SL(2,\mathbb{C})/\mathbb{Z}_2, \tag{26.9}$$

mit $\mathbb{Z}_2 = \{\pm 1\}$. Die explizite Abbildung (26.8) ist dann mit Hilfe von (26.5) gegeben durch

$$\Lambda_{\mu\nu} = \mathrm{tr}(\sigma_\mu\lambda\sigma_\nu\lambda^\dagger), \tag{26.10}$$

wie eine kurze Rechnung zeigt.

Topologie der eigentlich-orthochronen Lorentz-Gruppe
Eine Lie-Gruppe ist eine differenzierbare Mannigfaltigkeit und besitzt als solche eine topologische Struktur. Die Identifikation von Gruppenelementen führt zu eine Änderung dieser topologischen Struktur, und damit wollen wir uns folgenden etwas genauer beschäftigen. Wir beginnen mit folgendem

Satz. *Für jede komplexe nicht-singuläre Matrix λ existiert eine eindeutige* ***Polarzerlegung*** *der Art*

$$\lambda = u e^h, \tag{26.11}$$

mit einer unitären Matrix u und einer hermiteschen Matrix h.

Beweis. Die Eindeutigkeit folgt so: mit $\lambda = ue^h$ ist $\lambda^\dagger = e^h u^\dagger$ und damit $\lambda^\dagger\lambda = e^{2h}$. Daher ist $e^h = \sqrt{\lambda^\dagger\lambda}$ und $u = \lambda e^{-h}$.

Setzen wir umgekehrt $e^h = \sqrt{\lambda^\dagger\lambda}$ mit h hermitesch und $u = \lambda e^{-h}$, so ist $\lambda = ue^h$ und für u gilt: $u^\dagger u = e^{-h}\lambda^\dagger\lambda e^{-h} = \mathbb{1}$, und damit ist u unitär. ■

Da $\det u$ ein komplexer Phasenfaktor ist und $\det \exp h = \exp \operatorname{tr} h$ gilt, führt die Bedingung (26.7) zu

$$\det u = 1, \tag{26.12}$$

$$\operatorname{tr} h = 0. \tag{26.13}$$

Wir erkennen sofort, dass u nichts anderes darstellt als ein Element der SU(2), welche wir ja bereits als eine Überlagerungsgruppe der Drehgruppe SO(3) kennengelernt haben und welche eine Untergruppe der $SL(2, \mathbb{C})$ ist, so wie auch die Drehgruppe SO(3) eine Untergruppe der $SO_+(3, 1)$ ist. Man erinnere sich (Abschnitt II-8), dass wegen der Unitarität von u gilt:

$$\operatorname{tr}(uvu^\dagger) = \operatorname{tr} v,$$

so dass $V^0 = \frac{1}{2} \operatorname{tr} v$ unter der Wirkung von u invariant ist, wie es ja für Rotationen sein muss.

Die unitären Matrizen u sind von der Form (II-4.33), die allgemein als

$$u = \begin{pmatrix} d + \mathrm{i}e & f + \mathrm{i}g \\ -f + \mathrm{i}g & d - \mathrm{i}e \end{pmatrix}$$

geschrieben werden kann. Die Forderung (26.12) führt dann wie in Abschnitt II-8 zur algebraischen Relation

$$d^2 + e^2 + f^2 + g^2 = 1,$$

und damit zur topologischen Äquivalenz von der SU(2) mit der dreidimensionalen Einheitskugel S^3, siehe (II-8.8).

Für die hermiteschen Matrizen h folgt aus der Bedingung (26.13), dass sie die Form

$$h = \begin{pmatrix} c & a - \mathrm{i}b \\ a + \mathrm{i}b & -c \end{pmatrix}$$

besitzen, mit drei beliebigen reellen Parametern a, b, c. Der Raum aller Matrizen h ist also topologisch äquivalent (homöomorph) zum Raum $\mathbb{R}^3$. Sie bilden demnach die Menge aller Boosts und führen dazu, dass die Lorentz-Gruppe nicht kompakt ist – aber Vorsicht: sie stellen *keine* Untergruppe der Lorentz-Gruppe dar, wir kommen gleich darauf zurück. Die Nicht-Kompaktheit der Lorentz-Gruppe hat zur Konsequenz, dass sie keine endlichdimensionalen irreduziblen unitären Darstellungen besitzt – wir kommen in Abschnitt 27 darauf zurück.

Da die Polarzerlegung (26.11) eindeutig ist, ist die $SL(2, \mathbb{C})$ also topologisch gesehen das direkte Produkt

$$SL(2, \mathbb{C}) \cong S^3 \times \mathbb{R}^3. \tag{26.14}$$

Man beachte aber, dass diese direkte Produktstruktur nur topologisch gilt, nicht algebraisch! Aus der Kommutatorrelation (25.48c) und auch schon (25.31c) folgt, dass die Hintereinanderausführung zweier Boosts entlang unterschiedlicher Richtungen eine Rotation mit sich bringt, siehe Abschnitt 25. Algebraisch gilt: die Gruppe SU(2) ist zwar eine Untergruppe der $SL(2, \mathbb{C})$, aber keine invariante Untergruppe.

Sowohl S^3 als auch $\mathbb{R}^3$ sind einfach zusammenhängend, und damit ist auch das direkte Produkt beider Räume $S^3 \times \mathbb{R}^3$ einfach zusammenhängend. Damit können wir festhalten:

Satz. *Die Gruppe* $\mathrm{SL}(2, \mathbb{C})$ *ist die universelle Überlagerungsgruppe der eigentlich-orthochronen Lorentz-Gruppe* $\mathrm{SO}_+(3, 1)$.

Im Unterschied zur $\mathrm{SL}(2, \mathbb{C})$ ist die eigentlich-orthochrone Lorentz-Gruppe $\mathrm{SO}_+(3, 1)$ also nicht einfach zusammenhängend, sondern wie die $\mathrm{SO}(3)$ zweifach zusammenhängend. Es gilt:

$$\mathrm{SO}_+(3, 1) = \mathrm{SL}(2, \mathbb{C})/\mathbb{Z}_2 \cong \mathbb{R}P^3 \times \mathbb{R}^3, \tag{26.15}$$

und die Ausführungen in Abschnitt II-8 zu den beiden Äquivalenzklassen von geschlossenen Wegen gelten entsprechend.

27 Irreduzible Darstellungen der Lorentz-Gruppe

Um die irreduziblen Darstellungen der Lorentz-Gruppe zu finden, gehen wir von den Kommutatorrelationen der Lorentz-Algebra aus:

$$\begin{aligned}[\hat{J}_i, \hat{J}_j] &= \mathrm{i}\hbar\epsilon_{ijk}\hat{J}_k,\\ [\hat{J}_i, \hat{K}_j] &= \mathrm{i}\hbar\epsilon_{ijk}\hat{K}_k,\\ [\hat{K}_i, \hat{K}_j] &= -\mathrm{i}\hbar\epsilon_{ijk}\hat{J}_k,\end{aligned}$$

und bringen diese in eine etwas andere Form. Wir definieren die hermiteschen Operatoren

$$\hat{J}_i^{(\pm)} := \frac{1}{2}(\hat{J}_i \pm \mathrm{i}\hat{K}_i), \tag{27.1}$$

welche dann die Kommutatorrelationen

$$[\hat{J}_i^{(\pm)}, \hat{J}_j^{(\pm)}] = \mathrm{i}\hbar\epsilon_{ijk}\hat{J}_k^{(\pm)}, \tag{27.2}$$

$$[\hat{J}_i^{(+)}, \hat{J}_j^{(-)}] = 0, \tag{27.3}$$

erfüllen.

Wir sehen sofort, dass die Operatoren $\hat{J}_i^{(+)}$ und $\hat{J}_i^{(-)}$ jeweils für sich die Kommutatorrelationen der Drehimpulsalgebra erfüllen. Die Lorentz-Algebra ist daher strukturell identisch zur Lie-Algebra $\mathfrak{su}(2) \times \mathfrak{su}(2)$. Es gibt also die beiden Casimir-Operatoren

$$\hat{C}_{1,2} = (\hat{\boldsymbol{J}}^{(\pm)})^2 = \frac{1}{4}(\hat{\boldsymbol{J}}^2 \pm 2\mathrm{i}\hat{\boldsymbol{J}} \cdot \hat{\boldsymbol{K}} - \hat{\boldsymbol{K}}^2). \tag{27.4}$$

Die entsprechenden Quantenzahlen $j_\pm$ können jeweils halb- oder ganzzahlige Werte annehmen ($j_\pm \in \{0, \frac{1}{2}, 1, \frac{3}{2}, \dots\}$), und wir können die irreduziblen Darstellungen daher nach dem 2-Tupel (j_-, j_+) klassifizieren. Die Dimension der irreduziblen Darstellung (j_-, j_+) ist dabei $(2j_- + 1)(2j_+ + 1)$.

Allerdings ist die Lorentz-Gruppe in keiner Weise isomorph und erst recht nicht topologisch äquivalent zur Lie-Gruppe $\mathrm{SU}(2) \times \mathrm{SU}(2)$. Weder die $\mathrm{SO}_+(3,1)$ noch die $\mathrm{SL}(2,\mathbb{C})$ nämlich sind kompakte Gruppen (siehe Abschnitt 26). Ein wichtiger Satz der Gruppentheorie lautet nun: *es gibt keine endlich-dimensionalen irreduziblen unitären Darstellungen einer nicht-kompakten Gruppe!* Dies natürlich mit Ausnahme der trivialen Darstellung $\{\mathbb{1}\}$. Bereits an (25.15) haben wir gesehen, dass der Generator $\hat{K}_i$ in der (vierdimensionalen) Fundamentaldarstellung der $\mathrm{SO}(3,1)$ anti-hermitesch ist, so dass der Boost-Operator (25.17) notwendigerweise nicht-unitär ist.

Der Drehimpulsoperator $\hat{J}_i$ ist dann gegeben durch

$$\hat{J}_i = \hat{J}_i^{(+)} + \hat{J}_i^{(-)}, \tag{27.5}$$

und durch die üblichen Regeln der Drehimpulsaddition erhalten wir so die irreduziblen Darstellungen der Rotationsgruppe mit den möglichen Werten für die Drehimpulsquantenzahl

$j = |j_+ - j_-|, \ldots, j_+ + j_-$. Meist wird auch

$$j_0 := |j_+ - j_-|, \quad j_1 := j_+ + j_- \tag{27.6}$$

definiert, so dass die Darstellungen auch durch j_0, j_1 klassifiziert werden können. Gleichermaßen erhalten wir den Boost-Operator durch

$$\hat{K}_i = -\frac{\mathrm{i}}{2}\left(\hat{J}_i^{(+)} - \hat{J}_i^{(-)}\right), \tag{27.7}$$

und man sieht wieder, dass in dieser endlichen Darstellung die Generatoren für Boosts $\hat{K}_i$ antihermitesch sind, wenn die Drehimpuls-Operatoren $\hat{J}_i$ hermitesch sind.

Aus den beiden Casimir-Operatoren (27.4) lassen sich durch einfache Linearkombination

$$\begin{aligned}\hat{\hat{C}}_1 &= 2(\hat{C}_1 + \hat{C}_2)\\ &= \frac{1}{2}\hat{M}^{\mu\nu}\hat{M}_{\mu\nu} = \hat{\boldsymbol{J}}^2 - \hat{\boldsymbol{K}}^2 \end{aligned}\tag{27.8}$$

$$\begin{aligned}\hat{\hat{C}}_2 &= -2\mathrm{i}(\hat{C}_1 - \hat{C}_2)\\ &= \frac{1}{4}\epsilon_{\mu\nu\rho\sigma}\hat{M}^{\mu\nu}\hat{M}^{\rho\sigma} = 2\hat{\boldsymbol{J}}\cdot\hat{\boldsymbol{K}} \end{aligned}\tag{27.9}$$

zwei andere Casimir-Operatoren konstruieren.

Die Bedeutung dieser endlich-dimensionalen, aber nicht-unitären Darstellungen der Lorentz-Gruppe ist die, dass relativistische Felder definitionsgemäß nach ihnen transformieren. In Verallgemeinerung der bereits in den Kapiteln II-1 und II-2 betrachteten Zusammenhänge transformiert sich eine relativistische n-komponentige Wellenfunktion $\psi_\alpha(x)$ ($\alpha = 1 \ldots n$) unter einer (aktiven) Lorentz-Transformation im Ortsraum gemäß:

$$\Lambda\colon x \mapsto \Lambda x \tag{27.10}$$

$$\psi_\alpha(x) \mapsto \psi'_\alpha(x) = \sum_\beta D_{\alpha\beta}(\Lambda)\psi_\beta(\Lambda^{-1}x). \tag{27.11}$$

Hierbei stellt die Matrix $D_{\alpha\beta}(\Lambda)$ eine n-dimensionale Darstellung der quantenmechanischen Lorentz-Gruppe $\mathrm{SL}(2,\mathbb{C})$ dar. Man beachte, dass die Endlich-Dimensionalität der Darstellung $D_{\alpha\beta}(\Lambda)$ bedeutet, dass diese entweder nicht-unitär oder reduzibel oder beides ist! Wir kommen weiter unten darauf zurück.

In Abschnitt II-50 haben wir den Übergang von der (nichtrelativistischen) Quantenmechanik zur Quantenfeldtheorie durch kanonische Quantisierung des klassischen Schrödinger-Felds $\Psi_\sigma(\boldsymbol{r}, t)$ erklärt. In jedem Fall können wir die retrograde Form von (27.11) direkt auf relativistische Feldoperatoren $\hat{\psi}_\alpha(x)$ übertragen:

$$\hat{\psi}_\alpha(x) \mapsto \hat{U}(\Lambda)\hat{\psi}_\alpha(x)\hat{U}^{-1}(\Lambda) = \sum_\beta D_{\alpha\beta}(\Lambda^{-1})\hat{\psi}_\beta(\Lambda x), \tag{27.12}$$

vergleiche auch die Relation (II-47.31) für das einkomponentige nichtrelativistische Feld.

Im Folgenden werden wir daher die wichtigsten Darstellungen vorstellen, eine weitergehende Betrachtung wird dann am Anfang eines späteren Nachfolgebands zur relativistischen Quantenfeldtheorie erfolgen. Im Unterschied dazu transformieren physikalische Zustände nach den irreduziblen, unendlich-dimensionalen und dafür unitären Darstellungen der Poincaré-Gruppe, was wir in Abschnitt 28 betrachten werden.

Die skalare Darstellung $(0,0)$
In dieser Darstellung ist $j_\pm = 0$, und daher besitzt sie die die Dimension 0. Diese Darstellung ist die **triviale Darstellung**: die Erzeugenden $\hat{J}_i^{(\pm)}$ sind jeweils identisch Null, und das Gruppenelement dieser Darstellung ist $D(\Lambda) = 1$ beziehungsweise $\hat{U}(\Lambda) = \mathbb{1}$..

Die Spinor-Darstellungen $(\frac{1}{2}, 0)$ **und** $(0, \frac{1}{2})$
Diese beiden Darstellungen sind jeweils das direkte Produkt einer trivialen Darstellung und einer Fundamentaldarstellung der SU(2). Es sind also Spinordarstellungen in komplexen (2×2)-Matrizen und besitzen jeweils die Dimension 2 und Gesamtdrehimpuls $\frac{1}{2}$.

Wir bezeichnen die Elemente ϕ_L beziehungsweise χ_R des jeweiligen Darstellungsraums als **linkshändige** beziehungsweise **rechtshändige Weyl-Spinoren**:

$$\phi_L \in \left(\frac{1}{2}, 0\right), \quad \chi_R \in \left(0, \frac{1}{2}\right), \tag{27.13}$$

vergleiche die Ausführungen in Abschnitt 19. Schauen wir uns die Erzeugenden $\hat{J}_i$ beziehungsweise $\hat{K}_i$ in diesen beiden Darstellungen einmal an:

1. $(\frac{1}{2}, 0)$: hier ist $\hat{J}_i^{(+)}$ identisch Null, so dass

$$\hat{J}_i = \hat{J}_i^{(-)},$$
$$\hat{K}_i = \mathrm{i}\hat{J}_i^{(-)},$$

und somit

$$\hat{J}_i = \frac{\hbar}{2}\sigma_i, \tag{27.14}$$
$$\hat{K}_i = \frac{\mathrm{i}\hbar}{2}\sigma_i, \tag{27.15}$$

mit den Pauli-Matrizen σ_i. Man beachte auch hier wieder die Nicht-Hermitezität der Erzeugenden $\hat{K}_i$.

Aus (25.50) leiten wir so die (nicht-unitäre!) Darstellung der Gruppenelemente ab:

$$\hat{U}_L(\Lambda(\boldsymbol{\phi}, \boldsymbol{\eta})) = \mathrm{e}^{(-\mathrm{i}\boldsymbol{\phi} - \boldsymbol{\eta}) \cdot \frac{\boldsymbol{\sigma}}{2}}. \tag{27.16}$$

2. $(0, \frac{1}{2})$: hier ist $\hat{J}_i^{(-)}$ identisch Null, so dass

$$\hat{J}_i = \hat{J}_i^{(+)},$$
$$\hat{K}_i = -\mathrm{i}\hat{J}_i^{(+)},$$

und damit

$$\hat{J}_i = \frac{\hbar}{2}\sigma_i, \tag{27.17}$$

$$\hat{K}_i = -\frac{\mathrm{i}\hbar}{2}\sigma_i, \tag{27.18}$$

so dass

$$\hat{U}_R(\Lambda(\boldsymbol{\phi}, \boldsymbol{\eta})) = \mathrm{e}^{(-\mathrm{i}\boldsymbol{\phi}+\boldsymbol{\eta})\cdot\frac{\boldsymbol{\sigma}}{2}}. \tag{27.19}$$

In Verallgemeinerung von (II-4.33) lässt sich ein reiner Boost-Operator $\hat{U}_{L/R}(\Lambda(\boldsymbol{0}, \boldsymbol{\eta}))$ dann schreiben als:

$$\hat{U}_{L/R}(\Lambda(\boldsymbol{0}, \boldsymbol{\eta})) = \mathbb{1}\cosh\frac{\eta}{2} \mp \boldsymbol{n}\cdot\boldsymbol{\sigma}\sinh\frac{\eta}{2}. \tag{27.20}$$

Mit Hilfe von

$$\begin{aligned}\cosh\eta = \cosh^2\frac{\eta}{2} + \sinh^2\frac{\eta}{2} &= 2\cosh^2\frac{\eta}{2} - 1\\ &= 2\sinh^2\frac{\eta}{2} + 1\end{aligned}$$

kann (27.20) auch durch den Lorentz-Faktor (25.21) ausgedrückt werden:

$$\hat{U}_{L/R}(\Lambda(\boldsymbol{0}, \boldsymbol{\eta}(\gamma))) = \mathbb{1}\left(\frac{\gamma+1}{2}\right)^{1/2} \mp \boldsymbol{n}\cdot\boldsymbol{\sigma}\left(\frac{\gamma-1}{2}\right)^{1/2}, \tag{27.21}$$

und weil $\gamma = E_{\boldsymbol{p}}/mc^2$, ist nach elementarer Erweiterung der Brüche:

$$\hat{U}_{L/R}(\Lambda(\boldsymbol{p})) = \frac{\hat{E}_{\boldsymbol{p}} + mc^2 \mp c\boldsymbol{\sigma}\cdot\hat{\boldsymbol{p}}}{\sqrt{2mc^2(\hat{E}_{\boldsymbol{p}} + mc^2)}}. \tag{27.22}$$

Die zwei Darstellungen $(\frac{1}{2}, 0)$ und $(0, \frac{1}{2})$ sind unitär inäquivalent: es gibt keine unitäre Transformation, die die Elemente $\hat{U}_L$ der einen Darstellung auf Elemente $\hat{U}_R$ der anderen Darstellung abbildet. Vielmehr hängen beide Darstellungen über die anti-unitäre Ladungskonjugation miteinander zusammen – man vergegenwärtige sich nochmals die Ausführungen in Abschnitt 20 und der Form von $\hat{U}_C$ in der chiralen Darstellung. Für die zweikomponentigen Weyl-Spinoren ist die Ladungskonjugation definiert gemäß

$$\hat{C}\colon \phi_L \mapsto \phi_R = -\mathrm{i}\sigma_2\phi_L^* \tag{27.23a}$$

$$\chi_R \mapsto \chi_L = \mathrm{i}\sigma_2\chi_R^*, \tag{27.23b}$$

das bedeutet: $\sigma_2\chi_R^*$ ist ein linkshändiger Weyl-Spinor, und $\sigma_2\phi_L^*$ ist ein rechtshändiger Weyl-Spinor. Das lässt sich auch schnell über die Tatsache feststellen, dass aufgrund der Relation $\sigma_2\sigma_i\sigma_2 = -\sigma_i^*$ gilt:

$$\sigma_2\hat{U}_L^*\sigma_2 = \hat{U}_R, \tag{27.24}$$

so dass

$$\begin{aligned}\sigma_2(\hat{U}_L\phi_L)^* &= \sigma_2\hat{U}_L^*\phi_L^* \\ &= (\sigma_2\hat{U}_L^*\sigma_2)\sigma_2\phi_L^* \\ &= \hat{U}_R\sigma_2\phi_L^*,\end{aligned}$$

also transformiert sich $\sigma_2\phi_L^*$ wie ein rechtshändiger Weyl-Spinor.

In kovarianter Notation schreiben sich (27.16) und (27.19)

$$\hat{U}_{L/R}(\Lambda) = \mathrm{e}^{-\frac{\mathrm{i}}{2\hbar}\omega_{\mu\nu}\hat{M}^{\mu\nu}_{L/R}}, \tag{27.25}$$

wobei in Übereinstimmung mit (25.12–25.14) dann gelten muss:

$$\hat{M}^{i0}_{L/R} = \pm\frac{\mathrm{i}\hbar}{2}\sigma_i \tag{27.26}$$

$$\hat{M}^{jk}_{L/R} = \frac{\hbar}{2}\epsilon_{ijk}\sigma_k, \tag{27.27}$$

mit $i, j, k \in \{1, 2, 3\}$ und gemäß (25.18,25.19)

$$\omega_{ij} = \epsilon_{ijk}\phi_k, \tag{27.28}$$

$$\omega_{i0} = -\eta_i \tag{27.29}$$

gilt.

Die Bispinor-Darstellung $(\frac{1}{2}, 0) \oplus (0, \frac{1}{2})$

Diese offensichtlich reduzible Darstellung der $\mathcal{L}_+^\uparrow$ beziehungsweise $\mathrm{SL}(2, \mathbb{C})$ erkennen wir sofort als die Bispinor-Darstellung, oder in anderen Worten: Dirac-Spinoren in chiraler Darstellung (siehe (19.43)). Im Gegensatz zur irreduziblen $(\frac{1}{2}, 0)$- beziehungsweise $(0, \frac{1}{2})$-Darstellung mit Weyl-Spinoren lässt sich mit Dirac-Spinoren eine paritätsinvariante Theorie aufstellen (siehe Abschnitt 20). Daher ist die Darstellung $(\frac{1}{2}, 0) \oplus (0, \frac{1}{2})$ zwar reduzibel bezüglich der Lorentz-Gruppe $\mathrm{SL}(2, \mathbb{C})$, aber irreduzibel bezüglich der Lorentz-Gruppe, *erweitert um die Paritätstransformation* $\hat{\mathcal{P}}$, sprich: der orthochronen Lorentz-Gruppe $\mathcal{L}^\uparrow$. Mehr dazu in den Monographien von Wu-Ki Tung, siehe die weiterführende Literatur zur Gruppentheorie am Ende dieses Bandes, und von Sexl und Urbantke, siehe die weiterführende Literatur am Ende dieses Kapitels.

In chiraler Darstellung ist der für die Raumspiegelung im Dirac-Raum wirkende unitäre Operator $\hat{U}_P = \gamma^0 = \beta$ gegeben durch (19.42) und bewirkt somit ein Vertauschen der oberen und unteren Komponenten, sprich: links- und rechtshändiger Komponenten. Lorentz-Transformationen sind in chiraler Bispinor-Darstellung dann trivial gegeben durch:

$$\hat{U}_{\mathrm{Weyl}} = \begin{pmatrix}\hat{U}_L & 0 \\ 0 & \hat{U}_R\end{pmatrix}. \tag{27.30}$$

Ein weiterer Unterschied zur $(\frac{1}{2}, 0)$- beziehungsweise $(0, \frac{1}{2})$-Darstellung ist die Möglichkeit unitärer Darstellungen. Allerdings bedingt das eine entsprechende Definition einer Norm beziehungsweise eines Skalarprodukts, und dieses existiert bereits in Form der Lorentz-invarianten skalaren Größe $\bar{\psi}_1\psi_2$ (siehe Abschnitt 19). Die in der Definition (18.24) des Dirac-adjungierten Spinors eingeschobene Matrix γ^0 bewirkt nämlich in der chiralen Darstellung ein Vertauschen von links- und rechtshändigen Komponenten, wie wir gerade bemerkt haben. Dies hat zur Folge, dass bei einer Lorentz-Transformation die Produkte $\hat{U}_R^\dagger \hat{U}_L$ und $\hat{U}_L^\dagger \hat{U}_R$ auftauchen, in denen sich aber genau die $\boldsymbol{\eta}$-Terme gegenseitig eliminieren. Aus diesem Grunde ist $\bar{\psi}_1\psi_2$ Lorentz-invariant (aber nicht positiv-definit!).

Geben wir (27.30) noch in der Dirac-Darstellung an: mit $\hat{S}$ gemäß (19.41) erhalten wir dann:

$$\hat{U}_{\text{Dirac}} = \hat{S}^{-1}\hat{U}_{\text{Weyl}}\hat{S},$$

und damit:

$$\hat{U}_{\text{Dirac}} = \frac{1}{\sqrt{2mc^2(\hat{E}_p + mc^2)}} \begin{pmatrix} \hat{E}_p + mc^2 & c\boldsymbol{\sigma} \cdot \hat{\boldsymbol{p}} \\ c\boldsymbol{\sigma} \cdot \hat{\boldsymbol{p}} & \hat{E}_p + mc^2 \end{pmatrix}, \tag{27.31}$$

und es ist leicht zu verifizieren, dass die Basislösungen (18.61) der Dirac-Gleichung das korrekte Transformationsverhalten unter der Wirkung von (27.31) zeigen.

Die Vierervektor-Darstellung $(\frac{1}{2}, \frac{1}{2})$
Elemente dieser Darstellung können als 2-Tupel (ϕ_L, χ_R) geschrieben werden, mit zwei unabhängigen Weyl-Spinoren ϕ_L, χ_R. Die komplexe Dimension ist offensichtlich 4. Aus diesen vier komplexen Größen können nun gemäß

$$V^\mu = \chi_R^\dagger \sigma^\mu \phi_R, \tag{27.32a}$$

$$W^\mu = \chi_L^\dagger \bar{\sigma}^\mu \phi_L \tag{27.32b}$$

komplexe Vierervektoren V^μ, W^μ konstruiert werden, mit ϕ_R, χ_L gemäß (27.23), und $\sigma^\mu, \bar{\sigma}^\mu$ gemäß (19.48). Mit Hilfe von (II-4.33) und (27.20) lässt sich das korrekte Transformationsverhalten für Rotationen und Boosts schnell zeigen. Die Konstruktion (27.32) ist in gewisser Weise eine Umkehrung von (26.1). Diese Darstellung ist die Fundamentaldarstellung der klassischen Lorentz-Gruppe SO(3, 1).

Wir müssen noch erklären, inwiefern sich die beiden gemäß der Drehimpulsaddition zulässigen Drehimpulsquantenzahlen $j = 0$ und $j = 1$ ergeben. Die Darstellung $(\frac{1}{2}, \frac{1}{2})$ ist nämlich zwar irreduzibel mit Bezug auf die Gruppe SL(2, $\mathbb{C}$), mit Bezug auf die SU(2)-Untergruppe jedoch reduzibel gemäß (II-37.15):

$$\frac{\mathbf{1}}{\mathbf{2}} \otimes \frac{\mathbf{1}}{\mathbf{2}} = \mathbf{0} \oplus \mathbf{1}. \tag{27.33}$$

Und natürlich transformiert unter einer Rotation die 0-Komponente eines Vierervektors trivial, bleibt also invariant, und der 3-Vektor-Anteil gemäß der Fundamentaldarstellung der SO(3).

Irreduzible unitäre, unendlich-dimensionale Darstellungen

Abschließend wollen wir noch zusammenfassen, wie sich die irreduziblen, unitären, aber unendlich-dimensionalen Darstellungen klassifizieren lassen. Vorab sei bemerkt, dass diesen Darstellungen bislang noch keine physikalische Bedeutung beigemessen werden konnte. Sie wurden zuerst 1945 von Dirac betrachtet [Dir45] und von seinem Doktoranden Harish-Chandra 1947 in dessen Doktorarbeit eingehender untersucht [Har47]. In diesen sind die sechs Operatoren $\hat{J}_i, \hat{K}_i$ hermitesch, dafür besitzen die Operatoren $\hat{J}_i^{(\pm)}$ gemäß (27.1) sowohl hermitesche als auch anti-hermitesche Anteile. Über eine entsprechende Betrachtung der Addition zweier nunmehr komplexer Drehimpulse $\hat{J}_i^{(\pm)}$ und der entsprechenden Clebsch–Gordan-Koeffizienten stellt sich dann nach länglicher Rechnung heraus, dass sich unter der Bedingung der Unitarität der quantenmechanischen Lorentz-Transformationen zwei Klassen von Darstellungen ergeben:

- Die **Hauptreihe** (englisch *''principal series''*) ist charakterisiert durch die beiden Parameter $j_0 = 0, \frac{1}{2}, 1, \ldots$ und j_1 rein imaginär.
- Die **komplementäre Reihe** (englisch *''complementary series''*) ist charakterisiert durch die beiden Parameter $j_0 = 0$ und $-1 \leq j_1 \leq 1$.

Zur weiteren Vertiefung siehe die weiterführende Literatur am Ende dieses Kapitels sowie die Monographie von Wu-Ki Tung, siehe Literatur zur Gruppentheorie am Ende dieses Bandes. Eine strenge mathematische Betrachtung der Darstellungstheorie der Lorentz-Gruppe stammt von Bargmann [Bar47]. Eine Konstruktionsvorschrift für relativistische Wellengleichungen allgemeiner Darstellung lieferten Bargmann und Wigner [BW48], siehe auch [Bar47; Wig47].

28 Irreduzible Darstellungen der Poincaré-Gruppe

Wir betrachten nun die Klassifizierung der Einteilchen-Zustände nach ihrem Transformationsverhalten unter der Poincaré-Gruppe, zurückgehend auf Wigners berühmte Arbeit aus dem Jahre 1939 [Wig39]. Erinnern wir uns: bereits in Abschnitt II-18 haben wir ein freies nichtrelativistisches Punktteilchen dadurch implizit definiert, dass deren Zustände sich nach den irreduziblen projektiven Darstellung der Galilei-Gruppe transformieren. Entsprechend definieren wir freie **relativistische Punktteilchen** implizit dadurch, dass die Einteilchen-Zustände sich nach den irreduziblen unitären Darstellungen der Poincaré-Gruppe transformieren. Es ist dabei irrelevant, ob es sich um ein Elementarteilchen handelt oder nicht.

Wir beschränken uns im Folgenden auf die Betrachtung der eigentlich-orthochronen Lorentzgruppe $SO_+(3,1)$ – die diskreten Transformationen Raumspiegelung, Zeitumkehr und Ladungskonjugation vertiefen wir nochmals in Abschnitt 31. Analog zum nichtrelativistischen Fall gehen wir wieder so vor, dass wir zunächst die Basiszustände einer vollständigen Menge kommutierender Observablen konstruieren. Dazu wählen wir die Eigenzustände $|p,\sigma\rangle$ der Komponenten des Energie-Impuls-Vierervektors $\hat{p}^\mu$ und fassen mit einer zusätzlichen inneren Quantenzahl σ alle anderen Freiheitsgrade zusammen:

$$\hat{p}^\mu \, |p,\sigma\rangle = p^\mu \, |p,\sigma\rangle \, .$$

Unter einer Raumzeit-Translation $\hat{U}(\mathbb{1},a)$ transformiert sich $|p,\sigma\rangle$ gemäß (25.49) beziehungsweise (25.50) wie:

$$\hat{U}(\mathbb{1},a)\,|p,\sigma\rangle = \mathrm{e}^{-\mathrm{i}p\cdot a/\hbar}\,|p,\sigma\rangle \, , \tag{28.1}$$

sprich unter Erhalt eines einfachen Phasenfaktors. Hier zeigt sich, dass die Translationsgruppe ein abelscher Normalteiler der Poincaré-Gruppe ist, wie bereits in Abschnitt 25 angesprochen.

Interessanter wird die Untersuchung, wie sich $|p,\sigma\rangle$ unter einer Lorentz-Transformation $\hat{U}(\Lambda) := \hat{U}(\Lambda,0)$ transformiert. Mit dem Operator für Lorentz-Transformationen

$$\hat{U}(\Lambda(\omega)) = \mathrm{e}^{-\frac{\mathrm{i}}{2\hbar}\omega_{\mu\nu}\hat{M}^{\mu\nu}} \tag{28.2}$$

und der Relation

$$\hat{p}'^\rho = \hat{U}^\dagger(\Lambda(\omega))\hat{p}^\rho\hat{U}(\Lambda(\omega))$$

erhalten wir durch Ableitung nach $\omega_{\mu\nu}$:

$$\begin{aligned}\frac{\partial \hat{p}'^{\rho}}{\partial \omega_{\mu\nu}} &= \frac{\partial}{\partial \omega_{\mu\nu}} \left(\mathrm{e}^{\frac{\mathrm{i}}{2\hbar}\omega_{\mu\nu}\hat{M}^{\mu\nu}} \hat{p}^{\rho} \mathrm{e}^{-\frac{\mathrm{i}}{2\hbar}\omega_{\mu\nu}\hat{M}^{\mu\nu}} \right) \\ &= \frac{\mathrm{i}}{2\hbar}[\hat{M}^{\mu\nu}, \hat{p}'^{\rho}] \\ &= \frac{1}{2}(\eta^{\rho\mu}\hat{p}'^{\nu} - \eta^{\rho\nu}\hat{p}'^{\mu}) \\ &= \frac{1}{2}(\eta^{\rho\mu}\eta^{\nu}{}_{\sigma} - \eta^{\rho\nu}\eta^{\mu}{}_{\sigma})\hat{p}'^{\sigma} \\ &= -\frac{\mathrm{i}}{2}(M^{\mu\nu})^{\rho}{}_{\sigma}\hat{p}'^{\sigma},\end{aligned}$$

unter Verwendung von (25.11). Die letzte Zeile stellt eine Differentialgleichung der einfachen Form $f' = cf$ dar, die einfach zur Exponentialfunktion zu integrieren ist. Zusammen mit der Anfangsbedingung, dass $\hat{p}' = \hat{p}$ für $\omega_{\mu\nu} = 0$ sein muss, ist also:

$$\hat{p}'^{\mu} = \Lambda(\omega)^{\mu}{}_{\nu}\hat{p}^{\nu}. \tag{28.3}$$

Daraus folgt:

$$\begin{aligned}\hat{p}\hat{U}(\Lambda)\,|p,\sigma\rangle &= \hat{U}(\Lambda)\hat{p}'\,|p,\sigma\rangle \\ &= \hat{U}(\Lambda)\Lambda\hat{p}\,|p,\sigma\rangle \\ &= \Lambda p\hat{U}(\Lambda)\,|p,\sigma\rangle\,,\end{aligned}$$

das heißt: der Zustand $\hat{U}(\Lambda)\,|p,\sigma\rangle$ ist Eigenzustand von $\hat{p}$ zum Eigenwert Λp. Daher muss $\hat{U}(\Lambda)\,|p,\sigma\rangle$ eine Linearkombination der Zustandsvektoren $|\Lambda p,\sigma\rangle$ sein:

$$\hat{U}(\Lambda)\,|p,\sigma\rangle = \sum_{\sigma'} C_{\sigma',\sigma}(p,\Lambda)\,|\Lambda p,\sigma'\rangle\,, \tag{28.4}$$

mit einer unitären Matrix $C_{\sigma',\sigma}(p,\Lambda)$.

Wir wollen im Folgenden nun zeigen, dass die Matrizen $C_{\sigma',\sigma}(p,\Lambda)$ nicht die gesamte Lorentz-Gruppe darstellen, sondern nur eine ganz bestimmte Untergruppe von ihr. Dazu betrachten wir als Ausgangspunkt einen Referenz-Vierervektor k^{μ}, aus dem alle anderen Zustände p^{μ} derselben Kausalklasse (zeit-, licht- oder raumartig) durch eine Lorentz-Transformation hervorgehen können. Diese sei mit $L(p)$ bezeichnet, so dass also gilt:

$$p^{\mu} = L(p)^{\mu}{}_{\nu}k^{\mu}, \tag{28.5}$$

$$|p,\sigma\rangle = \hat{U}(L(p))\,|k,\sigma\rangle\,. \tag{28.6}$$

Wir definieren nun: diejenigen Lorentz-Transformationen λ, die k^{μ} invariant lassen:

$$\lambda^{\mu}{}_{\nu}k^{\nu} = k^{\mu}, \tag{28.7}$$

bilden eine Untergruppe der Lorentz-Gruppe, die als **kleine Gruppe** (auch **Stabilisator** oder **Isotropiegruppe**) von k^μ bezeichnet wird. Da die Wahl des Referenz-Vierervektors k^μ in jeder Kausalklasse per Voraussetzung frei war, sollte die kleine Gruppe innerhalb jeder der drei Klassen unabhängig von der Wahl von k^μ sein, aber dazu kommen wir im nächsten Schritt. Zunächst behaupten wir:

Satz. *Die durch (28.4) implizit definierten Matrizen $C_{\sigma',\sigma}(p,\Lambda)$ sind eine unitäre Darstellung der kleinen Gruppe von k^μ.*

Beweis. Wir beginnen mit (28.6) und wenden einen Boost-Operator $\hat{U}(\Lambda)$ darauf an:

$$\begin{aligned}\hat{U}(\Lambda)\,|p,\sigma\rangle &= \hat{U}(\Lambda)\hat{U}(L(p))\,|k,\sigma\rangle \qquad (28.8)\\ &= \hat{U}(L(\Lambda p))\hat{U}^{-1}(L(\Lambda p))\hat{U}(\Lambda)\hat{U}(L(p))\,|k,\sigma\rangle\\ &= \hat{U}(L(\Lambda p))\hat{U}(L^{-1}(\Lambda p))\hat{U}(\Lambda)\hat{U}(L(p))\,|k,\sigma\rangle\\ &= \hat{U}(L(\Lambda p))\hat{U}(L^{-1}(\Lambda p)\Lambda L(p))\,|k,\sigma\rangle\,, \qquad (28.9)\end{aligned}$$

wobei wir im zweiten Schritt eine offensichtliche Identität eingeschoben haben. Schauen wir uns die Verkettung im Argument nach dem letzten Schritt genauer an. Die Wirkung auf k^μ ist wie folgt:

$$(L^{-1}(\Lambda p))^\sigma{}_\rho \Lambda^\rho{}_\nu L(p)^\nu{}_\mu k^\mu = (L^{-1}(\Lambda p))^\sigma{}_\rho \Lambda^\rho{}_\nu p^\nu = k^\sigma .$$

Das bedeutet: die Transformation $L^{-1}(\Lambda p)\Lambda L(p)$ in (28.9), auch **Wigner-Rotation** genannt, ist ein Element der kleinen Gruppe von k^μ:

$$L^{-1}(\Lambda p)\Lambda L(p) = \lambda(\omega). \qquad (28.10)$$

Das wiederum bedeutet aber, dass $\hat{U}(L^{-1}(\Lambda p)\Lambda L(p))$ in (28.9) eine unitäre Darstellung der kleinen Gruppe von k^μ ist:

$$\hat{U}(L^{-1}(\Lambda p)\Lambda L(p)) = \hat{U}(\lambda),$$

so dass

$$\hat{U}(\lambda)\,|k,\sigma\rangle = \sum_{\sigma'} D_{\sigma',\sigma}(k,\lambda)\,|k,\sigma'\rangle\,,$$

und (28.9) lautet:

$$\begin{aligned}\hat{U}(\Lambda)\,|p,\sigma\rangle &= \hat{U}(L(\Lambda p))\hat{U}(\lambda)\,|k,\sigma\rangle\\ &= \sum_{\sigma'} D_{\sigma',\sigma}(k,\lambda)\hat{U}(L(\Lambda p))\,|k,\sigma'\rangle\\ &= \sum_{\sigma'} D_{\sigma',\sigma}(k,\lambda)\,|\Lambda p,\sigma'\rangle\,.\end{aligned}$$

Ein Vergleich mit (28.4) zeigt nun, dass $C_{\sigma',\sigma}(p,\Lambda) = D_{\sigma',\sigma}(k,\lambda)$. Also sind die Matrizen $C_{\sigma',\sigma}(p,\Lambda)$ eine unitäre Darstellung der kleinen Gruppe von k^μ. ■

In einem zweiten Schritt zeigen wir nun:

Satz. *Die durch* (28.4) *implizit definierten Matrizen* $C_{\sigma',\sigma}(p,\Lambda)$ *sind innerhalb einer Kausalklasse (zeit-, licht- oder raumartig) unabhängig von p. Es gilt also:*

$$C_{\sigma',\sigma}(p,\Lambda) = C_{\sigma',\sigma}(\Lambda) = D_{\sigma',\sigma}(\lambda). \tag{28.11}$$

Der Übergang zur Notation $D_{\sigma',\sigma}(\Lambda)$ ist hierbei in Konsistenz mit der üblichen Bezeichnung von Darstellungen.

Beweis. Zum Beweis gehen wir analog zu Abschnitt II-18 vor. Wir starten mit (28.8):

$$\begin{aligned}\hat{U}(\Lambda)\,|p,\sigma\rangle &= \hat{U}(\Lambda)\hat{U}(L(p))\,|k,\sigma\rangle \\ &= \underbrace{\hat{U}(\Lambda)\hat{U}(L(p))\hat{U}^\dagger(\Lambda)}_{\exp(-\mathrm{i}\omega(L(p))_{\mu\nu}\hat{M}'^{\mu\nu}/\hbar)}\,\hat{U}(\Lambda)\,|k,\sigma\rangle\,,\end{aligned}$$

mit

$$\begin{aligned}\hat{M}'^{\mu\nu} &= \hat{U}(\Lambda)\hat{M}^{\mu\nu}\hat{U}^\dagger(\Lambda) \\ &= (\Lambda^{-1})^\mu{}_\rho(\Lambda^{-1})^\nu{}_\sigma\hat{M}^{\rho\sigma} \\ &= (\Lambda^{-1})^\mu{}_\rho\hat{M}^{\rho\sigma}\Lambda_\sigma{}^\nu.\end{aligned}$$

Damit ist:

$$\begin{aligned}\hat{U}(\Lambda)\,|p,\sigma\rangle &= \mathrm{e}^{-\frac{\mathrm{i}}{\hbar}\omega(L(p))_{\mu\nu}(\Lambda^{-1})^\mu{}_\rho(\Lambda^{-1})^\nu{}_\sigma\hat{M}^{\rho\sigma}}\,\hat{U}(\Lambda)\,|k,\sigma\rangle \\ &= \mathrm{e}^{-\frac{\mathrm{i}}{\hbar}\omega(L(p))_{\mu\nu}(\Lambda^{-1})^\mu{}_\rho(\Lambda^{-1})^\nu{}_\sigma\hat{M}^{\rho\sigma}}\sum_{\sigma'}C_{\sigma',\sigma}(k,\Lambda)\,|\Lambda k,\sigma'\rangle \\ &= \sum_{\sigma'}C_{\sigma',\sigma}(k,\Lambda))\mathrm{e}^{-\frac{\mathrm{i}}{\hbar}\omega'(L(p))_{\rho\sigma}\hat{M}^{\rho\sigma}}\,|\Lambda k,\sigma'\rangle \\ &= \sum_{\sigma'}C_{\sigma',\sigma}(k,\Lambda)\,|\Lambda p,\sigma'\rangle\,,\end{aligned} \tag{28.12}$$

mit dem Parameter

$$\begin{aligned}\omega'(L(p))_{\rho\sigma} &= (\Lambda^{-1})^\mu{}_\rho(\Lambda^{-1})^\nu{}_\sigma\omega(Lp)_{\mu\nu} \\ &= \Lambda_\rho{}^\mu\omega(L(p))_{\mu\nu}(\Lambda^{-1})^\nu{}_\sigma,\end{aligned}$$

welcher im letzten Schritt die Lorentz-Transformation von Λk nach Λp vermittelt.

Ein Vergleich von (28.4) mit (28.12) liefert dann:

$$C_{\sigma',\sigma}(p,\Lambda) = C_{\sigma',\sigma}(k,\Lambda), \tag{28.13}$$

und da p beliebig ist, sind die Matrizen $C_{\sigma',\sigma}$ letztlich unabhängig von p, das heißt: die kleine Gruppe selbst ist unabhängig von der Wahl von k als Referenz-Vierervektor, sofern p durch eine Lorentz-Transformation aus k hervorgeht. ∎

Die Matrizen $D_{\sigma',\sigma}(\lambda)$ bilden also eine unitäre Darstellung der kleinen Gruppe von k^μ, welche je nach dem, ob k^μ raum-, licht- oder zeitartig ist, eine andere Untergruppe der Lorentz-Gruppe ist:

$$\hat{U}(\Lambda)\,|p,\sigma\rangle = \sum_{\sigma'} D_{\sigma',\sigma}(\lambda)\,|\Lambda p,\sigma'\rangle\,. \tag{28.14}$$

Die Relation (28.14) ist das zentrale Ergebnis dieses Abschnitts. Dieser Ansatz, Darstellungen einer Gruppe aus den Darstellungen einer kleinen Gruppe abzuleiten, wird auch Methode der **induzierten Darstellungen** genannt, die wir an dieser Stelle für die Poincaré-Gruppe zusammenfassen wollen:

1. Man wähle einen Referenz-Vierervektor k^μ innerhalb einer Kausalklasse (zeitartig, lichtartig oder raumartig).
2. Man identifiziere die kleine Gruppe von k^μ, welche eine Untergruppe der (eigentlich-orthochronen) Lorentz-Gruppe $SO_+(3,1)$ ist. Diese ist dann unabhängig von k^μ.
3. Man finde die irreduziblen Darstellungen der universellen Überlagerungsgruppe der kleinen Gruppe.
4. Aus dieser erhalte man die irreduziblen Darstellungen der Poincaré-Gruppe.

Es ist Schritt 3 in dieser Aufzählung, den wir im Folgenden gehen wollen.

Casimir-Invarianten und Klassifizierung der Einteilchen-Zustände

Die Poincaré-Algebra besitzt zwei **Casimir-Invarianten**, welche die einzelnen irreduziblen Darstellung klassifizieren:

$$\hat{C}_1 = C_1\mathbb{1} = \hat{p}^\mu\hat{p}_\mu, \tag{28.15}$$

$$\hat{C}_2 = C_2\mathbb{1} = \hat{W}^\mu\hat{W}_\mu. \tag{28.16}$$

Hierbei ist

$$\hat{W}_\mu = -\frac{1}{2}\epsilon_{\mu\nu\rho\sigma}\hat{M}^{\nu\rho}\hat{p}^\sigma \tag{28.17}$$

der sogenannte **Pauli–Lubański-Pseudovektor**, benannt nach Wolfgang Pauli und dem polnischen theoretischen Physiker Józef Lubański. Für diesen kann man nach teilweise recht länglicher, wenn auch elementarer Rechnung zeigen:

$$\hat{p}^\mu\hat{W}_\mu = 0, \tag{28.18}$$

$$[\hat{p}^\mu,\hat{W}^\nu] = 0, \tag{28.19}$$

$$[\hat{W}^\rho,\hat{M}^{\mu\nu}] = \mathrm{i}\hbar(\eta^{\mu\rho}\hat{W}^\nu - \eta^{\nu\rho}\hat{W}^\mu), \tag{28.20}$$

$$[\hat{W}_\mu,\hat{W}_\nu] = \mathrm{i}\hbar\epsilon_{\mu\nu\rho\sigma}\hat{W}^\rho\hat{p}^\sigma. \tag{28.21}$$

Die Relation (28.18) stellt eine Randbedingung an die Komponenten von $\hat{W}_\mu$ dar, so dass der Pauli–Lubański-Pseudovektor nur drei unabhängige Komponenten besitzt.

Die Casimir-Invariante C_1 ist selbstverständlich bekannt als das Betragsquadrat des invarianten Vierer-Impulses. Zur physikalischen Bedeutung von C_2 sagt der folgende Satz aus:

Satz. *Die 3 unabhängigen Komponenten des Pauli–Lubański-Pseudovektors (28.17) sind die Erzeugenden der kleinen Gruppe als Untergruppe der Lorentz-Gruppe (in den jeweiligen Kausalklassen) im Darstellungsraum der Einteilchen-Zustände.*

Beweis. Es sei λ ein Element der kleinen Gruppe von k^μ, also $\lambda^\mu{}_\nu k^\nu = k^\mu$. Als Lorentz-Transformation ist λ von der Form (25.17):

$$\lambda(\omega) = \mathrm{e}^{-\frac{\mathrm{i}}{2}\omega_{\mu\nu}M^{\mu\nu}},$$

daher muss für infinitesimale Elemente der kleinen Gruppe gelten:

$$\underbrace{\omega_{\mu\nu}(M^{\mu\nu})^\rho{}_\sigma}_{=:\bar{\omega}^\rho{}_\sigma} k^\sigma \stackrel{!}{=} 0,$$

mit der allgemeinen Lösung

$$\bar{\omega}_{\rho\sigma} = \epsilon_{\rho\sigma\mu\nu}n^\mu k^\nu.$$

Hierbei ist n^μ ein beliebiger Vierervektor. Im Darstellungsraum der Einteilchen-Zustände ist $\hat{U}(\lambda)$ dann von der Form (28.2):

$$\begin{aligned}\hat{U}(\lambda) &= \mathrm{e}^{-\frac{\mathrm{i}}{2\hbar}\bar{\omega}_{\mu\nu}\hat{M}^{\mu\nu}} \\ &= \mathrm{e}^{-\frac{\mathrm{i}}{2\hbar}\epsilon_{\mu\nu\rho\sigma}n^\rho\hat{p}^\sigma\hat{M}^{\mu\nu}} = \mathrm{e}^{+\frac{\mathrm{i}}{\hbar}n^\mu\hat{W}_\mu},\end{aligned}$$

und angewandt auf den Einteilchen-Zustand $|p,\sigma\rangle$ erfolgt dann die Ersetzung $\hat{p}^\mu \mapsto p^\mu$. ∎

In den Erzeugenden $\hat{J}_i, \hat{p}_i, \hat{K}_i, \hat{p}_0$ ausgedrückt besitzt der Pauli–Lubański-Pseudovektor (28.17) die Form

$$\hat{W}^\mu = (\hat{\boldsymbol{p}}\cdot\hat{\boldsymbol{J}}, \hat{p}_0\hat{\boldsymbol{J}} + \hat{\boldsymbol{p}}\times\hat{\boldsymbol{K}}), \tag{28.22}$$

wie man mit Hilfe von (25.12,25.13,25.14) leicht nachrechnen kann.

Nun wählen wir geeignete, möglichst einfache Referenz-Vierervektoren für die drei Fälle k^μ zeitartig ($k^2 > 0$), lichtartig ($k^2 = 0$) oder raumartig ($k^2 < 0$) und untersuchen die irreduziblen Darstellungen. Wir beginnen jedoch mit dem vierten, recht uninteressanten Fall $k^\mu \equiv 0$.

Irreduzible Darstellungen für $k^\mu \equiv 0$

Wenn k^μ der Nullvektor ist, ist die kleine Gruppe ganz $\mathrm{SO}_+(3,1)$, und die irreduziblen Darstellungen der universellen Überlagerungsgruppe $\mathrm{SL}(2,\mathbb{C})$ werden klassifiziert gemäß den Ausführungen in Abschnitt 27. Dieser Fall ist uninteressant, da keine Teilchen damit einhergehen.

Irreduzible Darstellungen für massive Teilchen: der zeitartige Fall $k^2 > 0$
Wir wählen als Referenzvektor die zwei möglichen Optionen $k^\mu = (\pm mc, \mathbf{0})$, mit der Masse m des Punktteilchens, betrachten den Fall negativer Masse $k^\mu = (-mc, \mathbf{0})$ allerdings nicht weiter. Für die erste Casimir-Invariante gilt dann einfach:

$$C_1 = m^2c^2, \tag{28.23}$$

mit $m > 0$. Wie durch die Bedingung

$$\lambda(\omega)^\mu{}_\nu k^\nu \stackrel{!}{=} k^\mu,$$

unmittelbar erkennbar ist, ist die kleine Gruppe in diesem Fall die Drehgruppe SO(3) mit der universellen Überlagerungsgruppe SU(2).

Der Pauli–Lubański-Pseudovektor $\hat{W}^\mu$ (28.17) ist raumartig und nimmt die einfache Form an:

$$\hat{W}^\mu = (0, mc\hat{\boldsymbol{J}}), \tag{28.24}$$

und da wir uns durch die Wahl von k^μ aber im Ruhesystem des betrachteten Punktteilchens befinden, kann der Drehimpuls $\hat{\boldsymbol{J}}$ – sollte er in der Natur realisiert sein – nur ein „innerer“ Drehimpuls sein, den wir bereits aus der nichtrelativistischen Quantenmechanik kennen: den Spin. Die Casimir-Invariante C_2 kann damit die Werte annehmen:

$$C_2 = -m^2c^2\hbar^2 s(s+1), \tag{28.25}$$

mit $m > 0$ und $s \in \{0, \frac{1}{2}, 1, \frac{3}{2}, \ldots\}$.

Wir werden also letztlich auf den bereits in der nichtrelativistischen Quantenmechanik (siehe Abschnitt II-18) ausführlich betrachteten Fall zurückgeführt, dass wir die irreduziblen unitären Darstellungen der Drehgruppe betrachten müssen, um die irreduziblen unitären Darstellungen der Poincaré-Gruppe zu erhalten und damit die möglichen Einteilchen-Zustände. Alles, was wir aus den Kapiteln II-1 und II-5 über die Drehimpulsalgebra wissen, können wir unverändert in die relativistische Quantenmechanik übertragen. Es ist anhand (28.24) darüber hinaus offensichtlich, dass die Komponenten des Pauli–Lubański-Pseudovektors offensichtlich die Erzeugenden der kleinen Gruppe darstellen, wie im obigen Satz behauptet. Es gilt daher trivialerweise:

$$\frac{1}{mc}[\hat{W}_i, \hat{W}_j] = \mathrm{i}\hbar\epsilon_{ijk}\hat{W}_k. \tag{28.26}$$

Irreduzible Darstellungen für masselose Teilchen: der lichtartige Fall $k^2 = 0$
Wir wählen als Referenzvektor die zwei möglichen Optionen $k^\mu = (\pm p, 0, 0, p)$, betrachten aber wiederum lediglich den Fall $k^\mu = (+p, 0, 0, p)$. p ist hierbei der Impulsbetrag des Punktteilchens. Die Casimir-Invariante C_1 verschwindet per Voraussetzung identisch:

$$C_1 = 0. \tag{28.27}$$

Insgesamt ist dieser Fall etwas komplizierter. Um die kleine Gruppe $\{\lambda\}$ zu erhalten, betrachten wir die Wirkung von $\lambda^\mu{}_\nu$ auf einen zeitartigen „Hilfs"-Vierervektor $t^\mu = (1, \mathbf{0})$. Es gilt:

$$(\lambda t)^\mu (\lambda t)_\mu = t^\mu t_\mu = 1, \tag{28.28}$$

$$(\lambda t)^\mu (\lambda k)_\mu = (\lambda t)^\mu k_\mu = t^\mu k_\mu = p. \tag{28.29}$$

Die Bedingung (28.29) wird erfüllt, wenn $(\lambda t)^\mu$ von der Form

$$(\lambda t)^\mu = (1 + \xi, \alpha, \beta, \xi) \tag{28.30}$$

ist, wobei aus (28.28) dann folgt:

$$\xi = \frac{\alpha^2 + \beta^2}{2}. \tag{28.31}$$

Wir können daher in einem ersten Zwischenschritt sagen, dass die Wirkung von $\lambda^\mu{}_\nu$ auf t^μ dieselbe ist wie die der Lorentz-Transformation $S^\mu{}_\nu(\alpha, \beta)$ mit

$$S^\mu{}_\nu(\alpha, \beta) = \begin{pmatrix} 1 + \xi & \alpha & \beta & -\xi \\ \alpha & 1 & 0 & -\alpha \\ \beta & 0 & 1 & -\beta \\ \xi & \alpha & \beta & 1 - \xi \end{pmatrix}, \tag{28.32}$$

wobei die erste Spalte sich aus (28.30) ergibt, und die letzte Spalte aus der Invarianzforderung an k^μ. Die zweite und dritte Spalte erhält man dann aus der Tatsache heraus, dass die Spalten jeweils orthonormal zueinander sein müssen.

Warum drücken wir uns so kompliziert aus und sagen: „hat die selbe Wirkung auf t^μ"? Weil wir bislang nur sagen können, dass $S^{-1}(\alpha, \beta)\lambda$ den zeitartigen Vektor t^μ invariant lässt und daher eine Rotation darstellt. Außerdem wissen wir nun auch, dass $S^\mu{}_\nu(\alpha, \beta)$ den Referenzvektor k^μ invariant lässt, also ein Element der kleinen Gruppe ist. Daher muss

$$S^{-1}(\alpha, \beta)\lambda = R(\theta)$$

eine Drehung um die z-Achse um den Winkel θ darstellen:

$$R^\mu{}_\nu(\theta) = \begin{pmatrix} 1 & 0 & 0 & 0 \\ 0 & \cos\theta & -\sin\theta & 0 \\ 0 & \sin\theta & \cos\theta & 0 \\ 0 & 0 & 0 & 1 \end{pmatrix}, \tag{28.33}$$

und die kleine Gruppe $\{\lambda\}$ besteht aus Transformationen der Form:

$$\lambda(\theta, \alpha, \beta) = S(\alpha, \beta)R(\theta). \tag{28.34}$$

Dass noch eine Restsymmetrie existieren muss, hätten wir uns auch anhand der Anzahl der Erzeugenden der kleinen Gruppe erschließen können. Ziel ist es nun, diese Gruppe zu bestimmen. Hierzu setzen wir in (28.34) zunächst entweder $\theta = 0$ oder $\alpha = \beta = 0$:

$$\theta = 0 \Longrightarrow R = \mathbb{1},$$
$$S(\alpha_2, \beta_2)S(\alpha_1, \beta_1) = S(\alpha_2 + \alpha_1, \beta_2 + \beta_1), \tag{28.35}$$
$$\alpha = \beta = 0 \Longrightarrow S = \mathbb{1},$$
$$R(\theta_2)R(\theta_1) = R(\theta_2 + \theta_1). \tag{28.36}$$

Die gesuchte kleine Gruppe besitzt also zwei abelsche Untergruppen, eine einparametrige, die offensichtlich isomorph zu U(1) ist, und eine zweiparametrige. Außerdem gilt:

$$R(\theta)S(\alpha, \beta)R^{-1}(\theta) = S(\alpha\cos\theta - \beta\sin\theta, \alpha\sin\theta + \beta\cos\theta), \tag{28.37}$$

das heißt, die durch $\theta = 0$ definierte Untergruppe ist eine invariante Untergruppe der kleinen Gruppe, wobei der Ausdruck (28.31) für ξ invariant bleibt. Die kleine Gruppe ist also nicht halbeinfach, mit interessanten Folgen, wie wir gleich feststellen werden.

In (28.35,28.36,28.37) erkennen wir die Gruppeneigenschaften der **Euklidischen Gruppe in 2 Dimensionen** wieder, mit E_2 bezeichnet. Man beachte aber, dass die kleine Gruppe $\{\lambda\}$ zwar die Gruppenalgebra der E_2 teilt, aber eine vollkommen andere geometrische Bedeutung besitzt, wie wir gleich sehen werden.

Betrachten wir nun den Pauli–Lubański-Pseudovektor (28.17): es ist

$$\hat{W}^\mu = p(\hat{J}_3, \hat{J}_1 - \hat{K}_2, \hat{J}_2 + \hat{K}_1, \hat{J}_3), \tag{28.38}$$

und damit

$$\hat{W}_\mu = p(\hat{J}_3, \hat{K}_2 - \hat{J}_1, -\hat{K}_1 - \hat{J}_2, -\hat{J}_3), \tag{28.39}$$

dessen drei unabhängige Komponenten die folgenden Kommutatorrelationen erfüllen:

$$[\hat{W}_1, \hat{W}_2] = 0, \tag{28.40a}$$
$$[\hat{W}_0, \hat{W}_1] = +\mathrm{i}\hbar p\hat{W}_2, \tag{28.40b}$$
$$[\hat{W}_0, \hat{W}_2] = -\mathrm{i}\hbar p\hat{W}_1, \tag{28.40c}$$

und daher nichts anderes als die Erzeugendenalgebra der E_2 darstellen. Wir finden auch hier wieder bestätigt, dass die Komponenten des Pauli–Lubański-Pseudovektors die Erzeugenden der kleinen Gruppe sind und erkennen in $\hat{W}_0 = \hat{J}_3$ die Erzeugende der U(1)-Untergruppe, sowie in $\hat{W}_1, \hat{W}_2$ die Erzeugenden der beiden Translationen. Die Casimir-Invariante $\hat{C}_2$ ist damit:

$$\hat{C}_2 = -\left(\hat{W}_1^2 + \hat{W}_2^2\right). \tag{28.41}$$

Wir wenden uns nun der physikalischen Interpretation zu und führen für die Erzeugenden der Translationen im Folgenden die Bezeichnungen

$$\hat{A} := p^{-1}\hat{W}_2, \tag{28.42}$$
$$\hat{B} := -p^{-1}\hat{W}_1, \tag{28.43}$$

ein. Es ist üblich, die Bezeichnung $\hat{J}_3$ für die Erzeugende der Rotation beizubehalten. Die Kommutatorrelationen (28.40a–28.40c) lauten dann:

$$[\hat{A}, \hat{B}] = 0, \tag{28.44a}$$

$$[\hat{J}_3, \hat{A}] = +\mathrm{i}\hbar\hat{B}, \tag{28.44b}$$

$$[\hat{J}_3, \hat{B}] = -\mathrm{i}\hbar\hat{A}. \tag{28.44c}$$

Satz. *Ein Element* (28.34) *der kleinen Gruppe lässt sich im Darstellungsraum der Einteilchen-Zustände durch*

$$\begin{aligned}\hat{U}(\lambda(\theta,\alpha,\beta)) &= \hat{U}(S(\alpha,\beta))\hat{U}(R(\theta)) \\ &= \mathrm{e}^{+\mathrm{i}(\alpha\hat{A}+\beta\hat{B})/\hbar}\mathrm{e}^{-\mathrm{i}\theta\hat{J}_3/\hbar}\end{aligned} \tag{28.45}$$

darstellen.

Beweis. Dies lässt sich mittels (25.15) explizit überprüfen: es ist

$$+\frac{\mathrm{i}}{\hbar}(\alpha\hat{A}+\beta\hat{B}) = \begin{pmatrix} 0 & \alpha & \beta & 0 \\ \alpha & 0 & 0 & -\alpha \\ \beta & 0 & 0 & -\beta \\ 0 & \alpha & \beta & 0 \end{pmatrix},$$

$$-\frac{\mathrm{i}}{\hbar}\theta\hat{J}_3 = \begin{pmatrix} 0 & 0 & 0 & 0 \\ 0 & 0 & -\theta & 0 \\ 0 & \theta & 0 & 0 \\ 0 & 0 & 0 & 0 \end{pmatrix},$$

und daher ist

$$\mathrm{e}^{+\mathrm{i}(\alpha\hat{A}+\beta\hat{B})/\hbar} = \begin{pmatrix} 1+\xi & \alpha & \beta & -\xi \\ \alpha & 1 & 0 & -\alpha \\ \beta & 0 & 1 & -\beta \\ \xi & \alpha & \beta & 1-\xi \end{pmatrix},$$

$$\mathrm{e}^{-\mathrm{i}\theta\hat{J}_3/\hbar} = \begin{pmatrix} 1 & 0 & 0 & 0 \\ 0 & \cos\theta & -\sin\theta & 0 \\ 0 & \sin\theta & \cos\theta & 0 \\ 0 & 0 & 0 & 1 \end{pmatrix}.$$ ∎

Da $\hat{A}$ und $\hat{B}$ miteinander kommutieren, können sie gleichzeitig diagonalisiert werden, und wir bezeichnen mit $|k, a, b\rangle$ wieder Eigenzustände des Energie-Impuls-Vektors $\hat{p}^\mu$ zum Eigenwert k^μ, mit den „inneren" Quantenzahlen a und b:

$$\hat{A}\,|k,a,b\rangle = a\,|k,a,b\rangle\,, \tag{28.46}$$

$$\hat{B}\,|k,a,b\rangle = b\,|k,a,b\rangle\,. \tag{28.47}$$

Die oben erwähnte Tatsache, dass ISO(2) keine halbeinfache Gruppe ist, kommt nun zum Tragen: wegen (28.37) gilt:

$$\hat{U}(R(\theta))\hat{A}\hat{U}^{-1}(R(\theta)) = \hat{A}\cos\theta - \hat{B}\sin\theta, \tag{28.48}$$

$$\hat{U}(R(\theta))\hat{B}\hat{U}^{-1}(R(\theta)) = \hat{A}\sin\theta + \hat{B}\cos\theta. \tag{28.49}$$

Das bedeutet: existiert ein nichtverschwindender Eigenwert a beziehungsweise b von $\hat{A}$ beziehungsweise $\hat{B}$, dann existiert aufgrund der U(1)-Untergruppe der kleinen Gruppe ein Kontinuum an Eigenwerten. Denn mit

$$|k, a, b\rangle^{\theta} := \hat{U}^{-1}(R(\theta))\,|k, a, b\rangle \tag{28.50}$$

folgt aus (28.48):

$$\hat{U}(R(\theta))\hat{A}\hat{U}^{-1}(R(\theta))\,|k, a, b\rangle = \left(\hat{A}\cos\theta - \hat{B}\sin\theta\right)|k, a, b\rangle$$
$$\Longrightarrow \hat{U}(R(\theta))\hat{A}\,|k, a, b\rangle^{\theta} = (a\cos\theta - b\sin\theta)\,|k, a, b\rangle,$$

und damit nach linksseitiger Multiplikation mit $\hat{U}^{-1}(R(\theta))$:

$$\hat{A}\,|k, a, b\rangle^{\theta} = (a\cos\theta - b\sin\theta)\,|k, a, b\rangle^{\theta}. \tag{28.51}$$

Ebenso folgt aus (28.49):

$$\hat{B}\,|k, a, b\rangle^{\theta} = (a\sin\theta + b\cos\theta)\,|k, a, b\rangle^{\theta}. \tag{28.52}$$

Man kann nun zeigen, dass masselose Punktteilchen mit zwei derartigen kontinuierlichen Freiheitsgraden – einem **kontinuierlichen Spin** (*"continuous spin"*, auch häufig als *"infinite spin"* bezeichnet) – nicht nur experimentell nicht bestätigt sind, sondern auch noch unphysikalischen (Anti-)Kommutatorrelationen genügen und der Forderung nach Mikrokausalität und damit dem Spin-Statistik-Theorem widersprechen [Abb76; Hir77]. Damit erinnern sie an Faddeev–Popov-Geister in Yang–Mills-Theorien, und in der Tat besitzen diese kontinuierlichen Freiheitsgrade alle Eigenschaften **redundanter Freiheitsgrade** einer Eichtheorie – eine Vertiefung dieses Sachverhalts liefert die Monographie von Kim und Noz sowie das Buch von Sexl und Urbantke, siehe die weiterführende Literatur am Ende dieses Kapitels. Entsprechend fordern wir demnach für physikalische Zustände $|k, \sigma\rangle$, dass gilt:

$$\hat{A}\,|k, \sigma\rangle = 0, \tag{28.53}$$

$$\hat{B}\,|k, \sigma\rangle = 0, \tag{28.54}$$

wobei σ nun den Eigenwert zur verbleibenden Erzeugenden $\hat{J}_3$ darstellt. Konsequenterweise bedeutet das für die Casimir-Invariante C_2 (28.41):

$$C_2 = 0, \tag{28.55}$$

und zwar im Raum der physikalischen Zustände. Ein Review zu diesen „exotischen" Darstellungen der Poincaré-Gruppe findet sich in [BS17].

Um nun die einzelnen Einteilchen-Zustände zu unterscheiden, betrachten wir die noch die verbleibende Erzeugende $\hat{J}_3$:

$$\hat{J}_3 \, |k, \sigma\rangle = \sigma\hbar \, |k, \sigma\rangle \, . \tag{28.56}$$

Da bei unserer Wahl des Referenzvektors $k^\mu = (p, 0, 0, p)$ der räumliche Impuls $\boldsymbol{p}$ entlang der z-Achse liegt, stellt $h := \sigma\hbar$ also die Komponente des Drehimpulses entlang der Bewegungsrichtung dar und wird **Helizität** genannt. Im allgemeinen Fall ist die Helizität h für masselose Teilchen dann definiert durch

$$h\boldsymbol{e}_{\boldsymbol{p}} = \frac{\boldsymbol{p}}{|\boldsymbol{p}|}\sigma\hbar. \tag{28.57}$$

Mit dieser verbleibenden Erzeugenden ist die kleine Gruppe für den Fall $k^2 = 0$ also effektiv die $\mathrm{SO}(2) \cong \mathrm{U}(1)$ – eine nicht einfach zusammenhängende, aber kompakte Gruppe – und ein Element $\lambda(\theta)$ der kleinen Gruppe wird gemäß (28.45) dargestellt durch:

$$\hat{U}(\lambda(\theta)) = \mathrm{e}^{-\mathrm{i}\sigma\theta}, \tag{28.58}$$

wobei es an dieser Stelle keinen algebraischen Grund gibt, warum $\hat{J}_3$ nicht ein Kontinuum an Eigenwerten besitzen sollte. Blieben wir bei unserer weiter oben erläuterten Systematik, gäbe es nun zwei Möglichkeiten:

- Entweder wir suchen die irreduziblen unitären Darstellungen der $\mathrm{U}(1)$, die klassifiziert werden nach einer Quantenzahl σ, die aufgrund der Forderung nach Periodizität die Werte $\sigma = 0, 1, 2, \ldots$ annehmen kann. Dann wäre $\hat{U}(\lambda(\theta)) = \mathrm{e}^{\mathrm{i}\sigma\theta}$ tatsächlich als unitärer Rotationsoperator im Darstellungsraum eines Einteilchen-Zustands mit Helizitätsquantenzahl $\sigma = 0, 1, 2, \ldots$ zu verstehen. Man beachte, dass es hierbei *keine halbzahligen* Werte für σ gibt!
- Oder aber wir betrachten die universelle Überlagerungsgruppe der $\mathrm{U}(1)$ und deren irreduziblen unitären Darstellungen. Diese ist aber die Menge der reellen Zahlen: es ist $\mathrm{U}(1) \cong \mathbb{R}/\mathbb{Z}$. Diese ist nicht kompakt, aber abelsch, mit der üblichen Addition als Gruppenmultiplikation. Deren irreduzible Darstellung ist dann schlicht die (natürlich nicht unitäre) Fundamentaldarstellung und als einfache reelle Zahl der Form $\sigma \in \mathbb{R}$ realisiert.

Auf keiner dieser Weisen erhalten wir jedoch halbzahlige Helizitäten, obwohl es vollkommen unplausibel erscheint, warum es aus den bisherigen Betrachtungen heraus keine masselosen Fermionen geben soll. Zumal es lange Zeit einmal so aussah, als wenn Neutrinos Weyl-Fermionen mit Helizität $\frac{1}{2}$ wären. Um an dieser Stelle weiterzukommen, müssen wir einen Schritt zurück gehen und uns die Strukturänderung der kleinen Gruppe aus dem massiven Fall heraus in den Grenzfall $m \to 0$ hinein genauer anschauen.

Hierzu beachten wir, dass die Drehgruppe $\mathrm{SO}(3)$ die Symmetriegruppe der Kugeloberfläche S^2 ist, während die Euklidische Gruppe E_2 die der zweidimensionalen Ebene ist. In einem gewissen Sinne ist die Ebene der (topologisch nicht äquivalente) Grenzfall der S^2, wenn der Kugelradius $R \longrightarrow \infty$ geht. Mit diesem Grenzfall einher geht auch ein Übergang von der SO(3) zur E_2, eine sogenannte **Gruppenkontraktion**. Aber während die S^2 eine kompakte Mannigfaltigkeit ist, ist die Ebene nicht-kompakt. Also ändert sich die Topologie der Gruppe: die SO(3) ist kompakt, die Euklidische Gruppe E_2 ist nicht kompakt.

Um diese Gruppenkontraktion zu erklären, hilft Abbildung 3.1. An den Nordpol der Kugel sei die zweidimensionalen (xy)-Ebene angefügt. Es ist unmittelbar einsichtig, dass bis auf Korrekturen, die umso kleiner werden, je größer R ist, Rotationen um die x- beziehungsweise y-Achse auf Translationen entlang der y- beziehungsweise x-Richtung auf der Ebene abgebildet werden. Das heißt, aus den Entsprechungen

$$\mathrm{e}^{-\mathrm{i}\theta_1 J_1} \approx \mathrm{e}^{-\mathrm{i}a_2 J_1/R} \mapsto \mathrm{e}^{\mathrm{i}a_2 P_2}, \tag{28.59a}$$

$$\mathrm{e}^{-\mathrm{i}\theta_2 J_2} \approx \mathrm{e}^{-\mathrm{i}a_1 J_2/R} \mapsto \mathrm{e}^{-\mathrm{i}a_1 P_1}, \tag{28.59b}$$

$$\mathrm{e}^{-\mathrm{i}\theta_3 J_3} \mapsto \mathrm{e}^{-\mathrm{i}\theta_3 J_3} \tag{28.59c}$$

leiten wir die Entsprechungen

$$J_1/R \xrightarrow{R\to\infty} -P_2,$$

$$J_2/R \xrightarrow{R\to\infty} P_1$$

ab. Dass das gerechtfertigt ist, sehen wir an der Wirkung der Bahndrehimpulsoperatoren $\hat{L}_1, \hat{L}_2$ in der Ortsdarstellung. Es ist:

$$\frac{1}{R}\hat{L}_1 = \frac{\mathrm{i}\hbar}{R}(\hat{r}_2\hat{p}_3 - \hat{r}_3\hat{p}_2) \approx \frac{\mathrm{i}\hbar}{R}(\hat{r}_2\hat{p}_3 - R\hat{p}_2) \xrightarrow{R\to\infty} -\hat{p}_2,$$

$$\frac{1}{R}\hat{L}_2 = \frac{\mathrm{i}\hbar}{R}(\hat{r}_3\hat{p}_1 - \hat{r}_1\hat{p}_3) \approx \frac{\mathrm{i}\hbar}{R}(R\hat{p}_1 - \hat{r}_1\hat{p}_3) \xrightarrow{R\to\infty} \hat{p}_1.$$

Nun untersuchen wir, wie sich die Kommutatorrelationen für $R \longrightarrow \infty$ verhalten, ausgehend von der Erzeugendenalgebra der SO(3):

$$[P_1, P_2] \approx [J_2, -J_1]/R^2 = \mathrm{i}J_3/R^2 \xrightarrow{R\to\infty} 0,$$

$$[P_1, J_3] \approx [J_2, J_3]/R = \mathrm{i}J_1/R \xrightarrow{R\to\infty} -\mathrm{i}P_2,$$

$$[P_2, J_3] \approx [-J_1, J_3]/R = \mathrm{i}J_2/R \xrightarrow{R\to\infty} \mathrm{i}P_1.$$

Das sind aber genau die Kommutatorrelationen (28.44) der Erzeugenden der E_2! Man sagt: die Euklidische Gruppe E_2 ist eine **Kontraktion** der Drehgruppe SO(3).

Die obigen Betrachtungen sind an dieser Stelle noch sehr heuristisch, und wir werden uns in Abschnitt 29 eingehender mit Gruppenkontraktionen beschäftigen. Es wird aber bereits deutlich, dass durch die Gruppenkontraktion die Rotationen um die x- und y-Achsen zu Translationen entlang der y- und x-Richtungen entarten, wodurch sich auch die Topologie

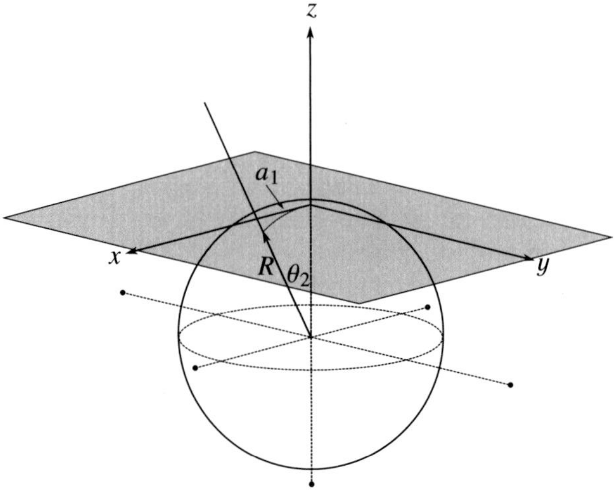

Abbildung 3.1: Die Drehgruppe SO(3) kontrahiert für $R \longrightarrow \infty$ zur Euklidischen Gruppe E_2. Rotationen um die x- beziehungsweise y-Achse entarten zu Translationen entlang der y- beziehungsweise x-Achse.

der Gruppe entsprechend ändert. Unser Ausgangspunkt (28.59) war dabei die Drehgruppe SO(3) beziehungsweise ihre irreduziblen (ganzzahligen) Darstellungen. Als Folge behält bei der Betrachtung der entsprechenden unitären Darstellungen in der Quantenmechanik der Operator $\hat{J}_3$ die bereits klassisch verständlichen Quantenzahlen $\sigma = 0, 1, 2, \ldots$ bei. Geht man nun allerdings von den irreduziblen Darstellungen der SU(2) aus, „überleben" eben auch die halbzahligen Quantenzahlen die Kontraktion. Zusammenfassen kann man also sagen: wir erhalten die halbzahligen Helizitäten, indem wir *zuerst* ausgehen vom massiven Fall ($m > 0$) und den irreduziblen Darstellungen der SU(2) als universelle Überlagerungsgruppe der SO(3) und erst *anschließend* den Grenzfall $m \longrightarrow 0$ untersuchen und eine Gruppenkontraktion hin zur Euklidischen Gruppe E_2 betrachten. Damit besitzen auch die halbzahligen Helizitäten masseloser Teilchen letztlich denselben Hintergrund wie Spin-$\frac{1}{2}$ für massive Teilchen.

Wir werden in Abschnitt 29 nochmals auf Gruppenkontraktionen zurückkommen, und zwar im Zusammenhang mit dem nichtrelativistischen Grenzfall der Poincaré-Gruppe.

Wichtig ist an dieser Stelle aber noch zu verstehen: die Helizität eines masselosen Teilchens ist eine relativistische Invariante! Denn mit (28.12) haben wir:

$$\hat{U}(\Lambda)\,|p,\sigma\rangle = \mathrm{e}^{-\mathrm{i}\sigma\theta}\,|\Lambda p,\sigma\rangle\,,$$

wobei der Winkel $\theta(\Lambda)$ implizit durch (28.10) bestimmt ist:

$$L^{-1}(\Lambda p)\Lambda L(p) = \lambda(\theta). \tag{28.60}$$

Die Helizität σ ändert sich also nicht:

$$\hat{J}_3\hat{U}(\Lambda)\,|p,\sigma\rangle = \sigma\hbar\hat{U}(\Lambda)\,|p,\sigma\rangle\,,$$

der Zustand selbst erfährt allerdings durchaus eine Transformation.

Irreduzible tachyonische Darstellungen: der raumartige Fall $k^2 < 0$
Dieser Fall beschreibt **tachyonische** Darstellungen und keine Teilchendarstellungen. Wir wählen ohne Beschränkung der Allgemeinheit $k^\mu = (0, 0, 0, q)$, so dass

$$C_1 = -q^2, \tag{28.61}$$

sowie

$$\hat{W}^\mu = q(\hat{J}_3, -\hat{K}_2, \hat{K}_1, 0), \tag{28.62}$$

beziehungsweise

$$\hat{W}_\mu = q(\hat{J}_3, \hat{K}_2, -\hat{K}_1, 0), \tag{28.63}$$

so dass

$$\hat{C}_2 = q^2(\hat{J}_3^2 - \hat{K}_1^2 - \hat{K}_2^2). \tag{28.64}$$

Die Kommutatorrelationen lauten:

$$[\hat{K}_2, \hat{J}_3] = \mathrm{i}\hbar\hat{K}_1, \tag{28.65}$$
$$[\hat{J}_3, \hat{K}_1] = \mathrm{i}\hbar\hat{K}_2, \tag{28.66}$$
$$[\hat{K}_1, \hat{K}_2] = -\mathrm{i}\hbar\hat{J}_3, \tag{28.67}$$

das heißt: die Generatoren $\hat{K}_1, \hat{K}_2, \hat{J}_3$ erzeugen die Gruppe $\mathrm{SO}_+(2,1)$. Diese Gruppe ist wie die Lorentz-Gruppe nicht-kompakt, so dass die irreduziblen unitären Darstellungen allesamt unendlich-dimensional sind, und ihre universelle Überlagerungsgruppe ist

$$\mathrm{Spin}_+(2,1) \cong \mathrm{Sp}(2,\mathbb{R}) \cong \mathrm{SL}(2,\mathbb{R}),$$

siehe Abschnitt II-12.

Eine Schlussbemerkung an dieser Stelle: es ist auffällig, dass die in der Natur realisierten kleinen Gruppen in allen Kausalklassen stets kompakt sind: für $k^2 > 0$ ist die universelle Überlagerungsgruppe der kleinen Gruppe die SU(2), für $k^2 = 0$ ist es nach Forderung von $\hat{C}_2 \equiv 0$ für physikalische Zustände die U(1), und der Fall $k^2 < 0$ ist in der Natur nicht realisiert. Das bedeutet, dass nach heutigem Wissen sämtliche in der Natur realisierten irreduziblen Darstellungen von kleinen Gruppen, beziehungsweise von deren universellen Überlagerungruppen, gleichzeitig unitär und endlich-dimensional sind. Die irreduziblen Darstellungen der vollen Poincaré-Gruppe sind allerdings nach wie vor unendlich-dimensional, da der Generator $\hat{p}^\mu$ in (28.1) ein Kontinuum an Eigenwerten besitzt. In diesem Punkt unterscheiden sich nichtrelativistische Quantenmechanik und relativistische Quantentheorie nicht.

29 Der nichtrelativistische Grenzfall: Gruppenkontraktionen

Wir haben bereits in Abschnitt 28 gesehen, wie die Drehgruppe SO(3) unter einer Reskalierung ihrer Erzeugenden zur Euklidischen Gruppe E_2 kontrahiert. Die hier betrachteten Gruppenkontraktionen wurden zuerst 1953 von Wigner und dem türkischen theoretischen Physiker und späteren türkischen Ministerpräsidenten Erdal İnönü untersucht [IW53], auf vorangehende allgemeinere Arbeiten des US-amerikanischen Mathematikers Irving E. Segal aufbauend [Seg51]. Aus diesem Grunde heißen Gruppenkontraktionen auch **Wigner–İnönü-Kontraktionen**.

Ausgangspunkt der Betrachtungen sind die definierenden Kommutatorrelationen einer Lie-Algebra $\mathfrak{g}$, siehe (II-6.26):

$$[G_i, G_j] = \mathrm{i} f_{ijk} G_k, \tag{29.1}$$

mit den Strukturkonstanten f_{ijk}. Unter einem parametrisierten Basiswechsel der Form

$$G_i'(\epsilon) = M_{ij}(\epsilon) G_j \tag{29.2}$$

transformieren sich die Strukturkonstanten entsprechend wie ein (2, 1)-Tensor:

$$f_{ijk}'(\epsilon) = M_{il}(\epsilon) M_{jm}(\epsilon) (M^{-1})_{kn}(\epsilon) f_{lmn}, \tag{29.3}$$

wie trivial nachgerechnet werden kann. Solange der Basiswechsel regulär ist, ändert sich die Struktur der Lie-Algebra nicht, auch wenn die Strukturkonstanten andere Werte annehmen. Grundlage von Gruppenkontraktionen ist, dass selbst in einem zu definierenden Grenzfall $\epsilon \longrightarrow 0$ unter gewissen Bedingungen eine neue Lie-Algebra mit neuen Strukturkonstanten

$$f_{ijk}' = \lim_{\epsilon \to 0} f_{ijk}'(\epsilon) \tag{29.4}$$

existiert und die entsprechende Gruppenkontraktion vollkommen andere Eigenschaften besitzt.

Die betrachtete Lie-Algebra $\mathfrak{g}$ habe nun eine Unteralgebra $\mathfrak{h}$:

$$[\mathfrak{h}, \mathfrak{h}] \subseteq \mathfrak{h}, \tag{29.5}$$

und es sei $\mathfrak{p}$ das orthogonale Komplement zu $\mathfrak{h}$ als Vektorraum, also $\mathfrak{g} = \mathfrak{h} \oplus \mathfrak{p}$. Es gelte ferner

$$[\mathfrak{h}, \mathfrak{p}] \subseteq \mathfrak{p}, \tag{29.6}$$

so dass $\mathfrak{g}$ also algebraisch die semi-direkte Summe von $\mathfrak{h}$ und $\mathfrak{p}$ ist:

$$\mathfrak{g} = \mathfrak{h} \ltimes \mathfrak{p}. \tag{29.7}$$

Nun betrachten wir die Abbildung

$$\begin{pmatrix} \mathfrak{h}' \\ \mathfrak{p}' \end{pmatrix} = \begin{pmatrix} \mathbb{1}_h & 0 \\ 0 & \epsilon \mathbb{1}_p \end{pmatrix} \begin{pmatrix} \mathfrak{h} \\ \mathfrak{p} \end{pmatrix}, \tag{29.8}$$

mit $h = \dim \mathfrak{h}$ und $p = \dim \mathfrak{p}$. Dann sind im Limes $\epsilon \to 0$ die Kommutatorrelationen wohldefiniert, und die entstehende **kontrahierte** Lie-Algebra $\mathfrak{g}' = \mathfrak{h} \oplus \mathfrak{p}'$ als Vektorraum ist die semi-direkte Summe

$$\mathfrak{g}' = \mathfrak{h} \ltimes \mathfrak{p}'. \tag{29.9}$$

Außerdem ist $\mathfrak{p}'$ eine invariante kommutative Unteralgebra von $\mathfrak{g}'$. Es gilt also:

$$[\mathfrak{h}, \mathfrak{h}] \subseteq \mathfrak{h}, \tag{29.10}$$

$$[\mathfrak{h}, \mathfrak{p}'] \subseteq \mathfrak{p}', \tag{29.11}$$

$$[\mathfrak{p}', \mathfrak{p}'] = 0. \tag{29.12}$$

Beweis. Es ist nach Voraussetzung

$$[\mathfrak{h}', \mathfrak{h}'] = [\mathfrak{h}, \mathfrak{h}] \subseteq \mathfrak{h},$$

also ist $\mathfrak{h}' = \mathfrak{h}$ trivialerweise wieder eine Unteralgebra von $\mathfrak{g}'$. Außerdem gilt offenbar ebenfalls

$$\lim_{\epsilon \to 0} [\mathfrak{h}', \mathfrak{p}'] = \lim_{\epsilon \to 0} \epsilon [\mathfrak{h}, \mathfrak{p}] \subseteq \epsilon \mathfrak{p} = \mathfrak{p}',$$

während

$$\lim_{\epsilon \to 0} [\mathfrak{p}', \mathfrak{p}'] = \lim_{\epsilon \to 0} \epsilon^2 [\mathfrak{p}, \mathfrak{p}] \subseteq \lim_{\epsilon \to 0} \epsilon^2 \mathfrak{g} = 0.$$ ■

Kontrahierte Lie-Algebren sind also stets nicht halbeinfach und darüber hinaus auch stets nicht-kompakt, da die von ihnen erzeugten Lie-Gruppen ebenfalls stets nicht-kompakt sind.

Die Kontraktion $\mathrm{SO}(3) \to \mathrm{E}_2$
Diese Gruppenkontraktion haben wir bereits in Abschnitt 28 kennengelernt und auch geometrisch motiviert. Die betrachtete Lie-Algebra ist $\mathfrak{g} = \mathfrak{so}(3) = \mathfrak{su}(2)$. In diesem Beispiel spannt $\hat{J}_3$ die Unteralgebra $\mathfrak{h}$ auf, und $\hat{J}_1, \hat{J}_2$ das orthogonale Komplement $\mathfrak{p}$. Die kontrahierte Lie-Algebra ist $\mathfrak{g}' = \mathfrak{e}_2$, die Unteralgebra $\mathfrak{h}$ bleibt identisch bestehen, und die Operatoren $\hat{p}_1, \hat{p}_2$ erzeugen die invariante kommutative Unteralgebra $\mathfrak{p}'$.

Interessant ist noch zu untersuchen, wie sich der Casimir-Operator $\hat{\boldsymbol{J}}^2$ im Grenzfall $\epsilon \to 0$ verhält. Hierzu beachten wir, dass mit $\hat{\boldsymbol{J}}^2$ auch der Operator $\epsilon^2 \hat{\boldsymbol{J}}^2$ ein Casimir-Operator der SO(3) darstellt. Dann gilt aber:

$$\begin{aligned} \lim_{\epsilon \to 0} \epsilon^2 \hat{\boldsymbol{J}}^2 &= \lim_{R \to \infty} \left((\hat{J}_1/R)^2 + (\hat{J}_2/R)^2 + (\hat{J}_3/R)^2 \right) \\ &= (-\hat{p}_2)^2 + (\hat{p}_1)^2 = \hat{p}_1^2 + \hat{p}_2^2. \end{aligned} \tag{29.13}$$

Anknüpfend an die Betrachtung in Abschnitt 28 erkennen wir nun die Kontraktion des Casimir-Operators (28.16). Es ist ausgehend von (28.24):

$$\hat{C}_2 = \hat{W}^\mu \hat{W}_\mu = -m^2 c^2 \hat{\boldsymbol{J}}^2,$$

während im lichtartigen Fall $m = 0$ (28.41) gilt:

$$\hat{C}_2 = -\left(\hat{W}_1^2 + \hat{W}_2^2 \right) = -p^2 (\hat{A}^2 + \hat{B}^2),$$

in völliger Konsistenz mit (29.13).

Die Kontraktion Poincaré-Gruppe → Galilei-Gruppe

Die Untersuchung der Kontraktion der Poincaré-Gruppe zur Galilei-Gruppe durch einen Grenzübergang $c \longrightarrow \infty$ und damit den nichtrelativistischen Grenzfall war das ursprüngliche Anliegen der Arbeiten von İnönü und Wigner [IW53]. Wir betrachten im Folgenden zunächst den massiven Fall ($k^2 > 0$, so dass $m > 0$).

Wir gehen aus von den Kommutatorrelationen (25.48):

$$[\hat{J}_i, \hat{J}_j] = \mathrm{i}\hbar\epsilon_{ijk}\hat{J}_k, \tag{29.14a}$$

$$[\hat{J}_i, \hat{K}_j] = \mathrm{i}\hbar\epsilon_{ijk}\hat{K}_k, \tag{29.14b}$$

$$[\hat{K}_i, \hat{K}_j] = -\mathrm{i}\hbar\epsilon_{ijk}\hat{J}_k, \tag{29.14c}$$

$$[\hat{J}_i, \hat{p}_j] = \mathrm{i}\hbar\epsilon_{ijk}\hat{p}_k, \tag{29.14d}$$

$$[\hat{K}_i, \hat{p}_j] = \mathrm{i}\hbar\hat{p}_0\delta_{ij}, \tag{29.14e}$$

$$[\hat{p}_i, \hat{p}_j] = 0, \tag{29.14f}$$

$$[\hat{J}_i, \hat{p}_0] = 0, \tag{29.14g}$$

$$[\hat{p}_i, \hat{p}_0] = 0, \tag{29.14h}$$

$$[\hat{K}_i, \hat{p}_0] = \mathrm{i}\hbar\hat{p}_i. \tag{29.14i}$$

Es bilden die Generatoren $\hat{J}_i, \hat{p}_j$ sowie $\hat{p}_0$ eine 7-dimensionale Unteralgebra $\mathfrak{h}$. Zum orthogonalen Komplement $\mathfrak{p}$ gehören dann die drei Boost-Generatoren $\hat{K}_i$. Es sind dann

$$\hat{K}'_i = \epsilon\hat{K}_i, \tag{29.15}$$

mit $\epsilon = 1/c$. Der Grenzfall $c \longrightarrow \infty$ hat allerdings noch eine weitere Komplikation: es ist $\hat{p}_0 = \hat{E}_{\boldsymbol{p}}/c$, aber die relativistische Energie auf der linken Seite von (29.14i) verhält sich im Fall $m > 0$ für $c \longrightarrow \infty$ gemäß (13.6):

$$\hat{E}_{\boldsymbol{p}} = \sqrt{\hat{\boldsymbol{p}}^2c^2 + m^2c^4\mathbb{1}} \xrightarrow{c\to\infty} mc^2\mathbb{1} + \frac{\hat{\boldsymbol{p}}^2}{2m} + O(c^{-2}).$$

Aus (29.14i) folgt nun trivialerweise

$$[\hat{K}'_i, c\hat{p}_0] = \mathrm{i}\hbar\hat{p}_i, \tag{29.16}$$

und verwenden wir den nichtrelativistischen Hamilton-Operator

$$\hat{H} = c\hat{p}_0 - mc^2\mathbb{1} \tag{29.17}$$

in (29.16), erhält man somit aus (29.14i) für $c \longrightarrow \infty$:

$$[\hat{K}_i, \hat{H}] = \mathrm{i}\hbar\hat{p}_i.$$

Entsprechend erhält man aus (29.14e):

$$[\hat{K}'_i, \hat{p}_j] = \frac{\mathrm{i}\hbar}{c}\hat{p}_0\delta_{ij}, \tag{29.18}$$

woraus mit (29.17) folgt:

$$[\hat{K}'_i, \hat{p}_j] = \frac{\mathrm{i}\hbar}{c}\left(\frac{\hat{H}}{c} + mc\mathbb{1}\right)\delta_{ij} \xrightarrow{c\to\infty} \mathrm{i}\hbar m\delta_{ij}. \tag{29.19}$$

Im Grenzfall $\epsilon \to 0$ ($c \to \infty$) wird aus (29.14) dann nach durchgängiger Verwendung von (29.17):

$$[\hat{J}_i, \hat{J}_j] = \mathrm{i}\hbar\epsilon_{ijk}\hat{J}_k, \tag{29.20a}$$
$$[\hat{J}_i, \hat{K}'_j] = \mathrm{i}\hbar\epsilon_{ijk}\hat{K}'_k, \tag{29.20b}$$
$$[\hat{K}'_i, \hat{K}'_j] = 0, \tag{29.20c}$$
$$[\hat{J}_i, \hat{p}_j] = \mathrm{i}\hbar\epsilon_{ijk}\hat{p}_k, \tag{29.20d}$$
$$[\hat{K}'_i, \hat{p}_j] = \mathrm{i}\hbar m\delta_{ij}, \tag{29.20e}$$
$$[\hat{p}_i, \hat{p}_j] = 0, \tag{29.20f}$$
$$[\hat{J}_i, \hat{H}] = 0, \tag{29.20g}$$
$$[\hat{p}_i, \hat{H}] = 0, \tag{29.20h}$$
$$[\hat{K}'_i, \hat{H}] = \mathrm{i}\hbar\hat{p}_i. \tag{29.20i}$$

Die Kommutatorrelationen (29.20) sind aber nichts anderes als die definierenden Kommutatorrelationen der Galilei-Algebra (II-17.18), nach Ersetzung $\hat{K}'_i = \hbar c_i = m\hat{r}_i$, einschließlich der kanonischen Kommutatorrelationen (I-15.34). Die Poincaré-Gruppe kontrahiert also im Grenzfall $c \to \infty$ zur quantenmechanischen Galilei-Gruppe. Man erkennt nun auch genau, an welcher Stelle sich die kanonischen Kommutatorrelationen herausbilden: es ist die Aufspaltung (29.17) von $\hat{p}_0$ in zwei Operatoren:

$$c\hat{p}_0 = \underbrace{\hat{H}}_{\text{überlebt in (29.20i)}} + \underbrace{mc^2\mathbb{1}}_{\text{überlebt in (29.20e)}} . \tag{29.21}$$

Diese Aufspaltung führt dazu, dass die quantenmechanische Galilei-Algebra eine zentrale Ladung $\hat{M} = m\mathbb{1}$ besitzt, sowie 3 anstelle von 2 Casimir-Operatoren, siehe Abschnitt II-19. Für weitergehende Ausführungen siehe das Review [BA83].

Es stellt sich an dieser Stelle noch die Frage, wie sich die drei anderen in Abschnitt 28 betrachteten Fälle ($k^\mu \equiv 0$, $k^2 = 0$, $k^2 < 0$) im Grenzfall $c \to \infty$ verhalten und fassen kurz die Ergebnisse zusammen – siehe [Ryd67] für eine ausführlichere Betrachtung:

- $k^\mu \equiv 0$: die Gruppenkontraktion ist $\mathrm{SO}_+(3,1) \to \mathrm{E}_3$.
- $k^2 = 0$: die Gruppenkontraktion ist $\mathrm{E}_2 \to \mathrm{E}_2$ (die Kommutatorrelationen ändern sich nicht).
- $k^2 < 0$: die Gruppenkontraktion ist $\mathrm{SO}_+(2,1) \to \mathrm{E}_2$.

Besonders interessant, aber vom physikalischen Bedeutungsgehalt bestenfalls ungeklärt, sind die Gruppenkontraktionen des masselosen Falls $k^2 = 0$ und des tachyonischen Falls

$k^2 < 0$. Hier zeigt sich, dass für diese irreduzible unitäre Darstellungen existieren (im Unterschied zum massiven Fall $k^2 > 0$, der nur projektive Darstellungen erlaubt, siehe Abschnitt II-18), dass aber kein Ortsoperator definiert werden kann [IW52; Ryd67]. Auf diesen werden wir in Abschnitt 30 zurückkommen.

Weitere Gruppenkontraktionen sind:

$$\begin{aligned} \mathrm{SO}(4) &\to \mathrm{E}_3, \\ \text{de Sitter-Gruppe } \mathrm{SO}(4,1) &\to \text{Poincaré-Gruppe } \mathrm{ISO}(3,1), \\ \mathrm{SO}(3,2) &\to \text{Poincaré-Gruppe } \mathrm{ISO}(3,1). \end{aligned}$$

Zu weitergehenden Ausführungen siehe die weiterführende Literatur am Ende dieses Kapitels, sowie die Lehrwerke von Robert Gilmore (siehe die weiterführende Literatur zur Gruppentheorie am Ende dieses Bandes). Mathematisch strengere Darstellungen sind beispielsweise [Sal61; DR85]. Eine ausführliche Betrachtung der Kontraktion der Lorentz-Gruppe SO(3, 1) – insbesondere ihrer irreduziblen unendlich-dimensionalen unitären Darstellungen – zur homogenen Galilei-Gruppe (welche isomorph ist zur Euklidischen Gruppe E_3, siehe Abschnitt II-17) bietet [Voi67].

30 Der Ortsoperator in der relativistischen Quantentheorie

Im Folgenden wenden wir uns wie weiter oben bereits angekündigt der Frage zu, unter welchen Bedingungen für irreduzible unitäre Darstellungen der Poincaré-Gruppe der Ortsoperator $\hat{\boldsymbol{r}}$ definiert ist. Wir fassen an dieser Stelle die Ergebnisse zusammen und verweisen weitgehend auf Originalarbeiten.

In der nichtrelativistischen Quantenmechanik ist der hermitesche Ortsoperator $\hat{\boldsymbol{r}}$ gegeben durch

$$\hat{\boldsymbol{r}}\psi(\boldsymbol{r}) = \boldsymbol{r}\psi(\boldsymbol{r}), \tag{30.1}$$

und er genügt den kanonischen Kommutatorrelationen (I-15.34–I-15.36) und besitzt die Transformationseigenschaften eines Vektors unter Rotationen, die die Kommutatorrelationen (II-1.7) ergeben. Im Impulsraum ist $\hat{\boldsymbol{r}}$ gegeben durch $\mathrm{i}\hbar\nabla_{\boldsymbol{p}}$. Er stellt ferner die Erzeugende der Galilei-Boosts dar, üblicherweise mit $\hat{\boldsymbol{c}} = (m/\hbar)\hat{\boldsymbol{r}}$ bezeichnet, siehe Abschnitt II-16. Für den Gesamtdrehimpuls $\hat{\boldsymbol{J}}$ gilt:

$$\hat{\boldsymbol{J}} = \hat{\boldsymbol{r}} \times \hat{\boldsymbol{p}} + \hat{\boldsymbol{S}}, \tag{30.2}$$

so dass eine eindeutige Aufspaltung in einen Bahndrehimpuls- und einen Spinanteil gegeben ist.

An einen relativistischen Ortsoperator möchte man nun dieselben drei Anforderungen stellen, zusammenfassend:

- kanonische Kommutatorrelationen (I-15.34–I-15.36)
- Transformation (II-1.7) unter Rotationen
- eindeutige Aufspaltung in einen Bahndrehimpuls- und einen Spinanteil gemäß $\hat{\boldsymbol{J}} = \hat{\boldsymbol{r}} \times \hat{\boldsymbol{p}} + \hat{\boldsymbol{S}}$, so dass $[\hat{H}, \hat{\boldsymbol{L}}] = [\hat{H}, \hat{\boldsymbol{S}}] = 0$

und wir wissen bereits, dass zumindest in der Dirac-Theorie der Newton–Wigner-Ortsoperator (22.29) alle drei Eigenschaften besitzt, sofern der Spin-Operator $\hat{\boldsymbol{S}}$ genau der Newton–Wigner-Spinoperator (22.39) ist. Wir fordern also von einem relativistischen Ortsoperator allgemein, dass er diese drei Anforderungen für alle irreduziblen unitären Darstellungen der Poincaré-Gruppe erfüllt.

Wir betrachten nun vorrangig den massiven Fall ($k^2 > 0$). Die Casimir-Invariante $\hat{C}_2$ (siehe (28.16)) nimmt in den irreduziblen unitären Darstellungsräumen der Poincaré-Gruppe die Form (28.22) an, wobei

$$\hat{\boldsymbol{p}} \cdot \hat{\boldsymbol{J}} = \hat{\boldsymbol{p}} \cdot \hat{\boldsymbol{S}}$$

gilt. Foldy berechnete für die Erzeugenden der Boosts die zur Erfüllung der Kommutatorrelationen (25.48) beziehungsweise (29.14) notwendige Form [Fol56; Fol61]:

$$\hat{\boldsymbol{K}} = \frac{1}{2c}(\hat{E}_{\boldsymbol{p}}\hat{\boldsymbol{r}} + \hat{\boldsymbol{r}}\hat{E}_{\boldsymbol{p}}) + \frac{c\hat{\boldsymbol{p}} \times \hat{\boldsymbol{S}}}{\hat{E}_{\boldsymbol{p}} + mc^2}, \tag{30.3}$$

wobei $\hat{\boldsymbol{r}}$ der allgemeine (gesuchte) Newton–Wigner-Ortsoperator ist, der die obigen drei Eigenschaften erfüllt. Damit ist

$$\begin{aligned}\hat{p}_0\hat{\boldsymbol{J}} + \hat{\boldsymbol{p}} \times \hat{\boldsymbol{K}} &= \frac{\hat{E}_{\boldsymbol{p}}}{c}\hat{\boldsymbol{J}} - \frac{\hat{E}_{\boldsymbol{p}}}{c}\hat{\boldsymbol{L}} + \frac{c(\hat{\boldsymbol{p}} \cdot \hat{\boldsymbol{S}})\hat{\boldsymbol{p}} - c\hat{\boldsymbol{p}}^2\hat{\boldsymbol{S}}}{\hat{E}_{\boldsymbol{p}} + mc^2} \\ &= \frac{\hat{E}_{\boldsymbol{p}}}{c}\hat{\boldsymbol{S}} + \frac{c(\hat{\boldsymbol{p}} \cdot \hat{\boldsymbol{S}})\hat{\boldsymbol{p}} - c\hat{\boldsymbol{p}}^2\hat{\boldsymbol{S}}}{\hat{E}_{\boldsymbol{p}} + mc^2} \\ &= \frac{c(\hat{\boldsymbol{p}} \cdot \hat{\boldsymbol{S}})\hat{\boldsymbol{p}}}{\hat{E}_{\boldsymbol{p}} + mc^2} + mc\hat{\boldsymbol{S}}. \end{aligned} \tag{30.4}$$

Dann wird aus (28.22):

$$\hat{W}^{\mu} = \left(\hat{\boldsymbol{p}} \cdot \hat{\boldsymbol{S}}, \frac{c(\hat{\boldsymbol{p}} \cdot \hat{\boldsymbol{S}})\hat{\boldsymbol{p}}}{\hat{E}_{\boldsymbol{p}} + mc^2} + mc\hat{\boldsymbol{S}}\right). \tag{30.5}$$

Löst man (30.4) nach $\hat{\boldsymbol{S}}$ auf und verwendet wieder, dass $\hat{\boldsymbol{p}} \cdot \hat{\boldsymbol{J}} = \hat{\boldsymbol{p}} \cdot \hat{\boldsymbol{S}}$, erhält man so einen allgemeinen Ausdruck für den Newton–Wigner-Spinoperator $\hat{\boldsymbol{S}}$:

$$\hat{\boldsymbol{S}} = \frac{1}{mc^2}(\hat{E}_{\boldsymbol{p}}\hat{\boldsymbol{J}} + c\hat{\boldsymbol{p}} \times \hat{\boldsymbol{K}}) - \frac{c^2(\hat{\boldsymbol{p}} \cdot \hat{\boldsymbol{J}})\hat{\boldsymbol{p}}}{mc^2(\hat{E}_{\boldsymbol{p}} + mc^2)}, \tag{30.6}$$

was auch kompakt mit Hilfe des Pauli–Lubański-Pseudovektors $\hat{W}^{\mu} = (\hat{W}_0, \hat{\boldsymbol{W}})$ geschrieben werden kann:

$$\hat{\boldsymbol{S}} = \frac{1}{mc}\left(\hat{\boldsymbol{W}} - \hat{W}_0\frac{\hat{\boldsymbol{p}}}{\hat{p}_0 + mc}\right). \tag{30.7}$$

Und aus (30.3) erhalten wir mit $[\hat{\boldsymbol{r}}, \hat{E}_{\boldsymbol{p}}] = \mathrm{i}\hbar\frac{c^2\hat{\boldsymbol{p}}}{\hat{E}_{\boldsymbol{p}}}$ (vergleiche (17.22)) schließlich:

$$\hat{\boldsymbol{r}} = \frac{c}{\hat{E}_{\boldsymbol{p}}}\left(\hat{\boldsymbol{K}} - \frac{\mathrm{i}\hbar c\hat{\boldsymbol{p}}}{2\hat{E}_{\boldsymbol{p}}}\right) - \frac{c^2\hat{\boldsymbol{p}} \times \hat{\boldsymbol{S}}}{\hat{E}_{\boldsymbol{p}}(\hat{E}_{\boldsymbol{p}} + mc^2)},$$

und mit Verwendung von (30.6):

$$\hat{\boldsymbol{r}} = \frac{c}{\hat{E}_{\boldsymbol{p}}}\left(\hat{\boldsymbol{K}} - \frac{\mathrm{i}\hbar c\hat{\boldsymbol{p}}}{2\hat{E}_{\boldsymbol{p}}}\right) - \frac{c^2}{mc^2\hat{E}_{\boldsymbol{p}}(\hat{E}_{\boldsymbol{p}} + mc^2)}\hat{\boldsymbol{p}} \times \left(\hat{E}_{\boldsymbol{p}}\hat{\boldsymbol{J}} + c\hat{\boldsymbol{p}} \times \hat{\boldsymbol{K}}\right). \tag{30.8}$$

Der Audruck (30.8) stellt den allgemeinen relativistischen Ortsoperator dar, der alle drei oben geforderten Eigenschaften besitzt. Er ist außerdem eindeutig [Jor80] und damit der allgemeine Newton–Wigner-Ortsoperator, ausgedrückt in den Generatoren der Poincaré-Gruppe. Im Grenzfall $c \to \infty$ sieht man mit $\hat{\boldsymbol{K}} = c\hat{\boldsymbol{K}}'$ (siehe (29.15)), dass

$$\hat{\boldsymbol{K}}' \xrightarrow{c\to\infty} m\hat{\boldsymbol{r}}, \tag{30.9}$$

ganz wie es sein soll (siehe Abschnitt 29).

Für den masselosen Fall kann man ebenfalls die explizite Form der Generatoren $\hat{\boldsymbol{J}}, \hat{\boldsymbol{K}}$ angeben [LM62], die für den Fall $C_2 \neq 0$ komplizierter ist als für den Fall $C_2 = 0$. Dann kann man zeigen, dass nur für den Fall $C_2 = 0$ und Helizität $\sigma = 0$ die Definition eines relativistischen Ortsoperator möglich ist. Für die Darstellungen kontinuierlichen Spins ($C_2 \neq 0$) sowie für $C_2 = 0$ und nichtverschwindende (halb- oder ganzzahlige) Helizität σ existiert kein Ortsoperator. Dieses Ergebnis wurde bereits von Newton und Wigner in ihrer Arbeit von 1949 [NW49] mitgeteilt, allerdings ohne Beweis. Diesen erbrachte in strenger Form erst Wightman [Wig62], eine deutlich einfachere Darstellung bietet [Jor78].

Dieses Resultat bedeutet unter anderem, dass es physikalisch nicht sinnvoll ist, von der Position eines Photons zu sprechen, da für dieses keine Formulierung einer wie auch immer gearteten Lokalisierbarkeit existiert.

Die explizite Form der Generatoren $\hat{\boldsymbol{J}}, \hat{\boldsymbol{K}}$ im tachyonischen Fall existiert ebenfalls [Mos68], den wir aber nicht weiter betrachten.

31 Diskrete Symmetrien II: Raumspiegelung, Zeitumkehr und Ladungskonjugation

In Abschnitt II-20 haben wir die Wirkung zweier diskreter Raumzeit-Transformationen auf physikalische Zustände in der nichtrelativistischen Quantenmechanik betrachtet: der Raumspiegelung oder Paritätstransformation P und der Zeitumkehr T, im Minkowski-Raum jeweils dargestellt durch (25.9) und (25.10). Alles dort Gesagte wie beispielsweise das Transformationsverhalten von Operatoren wie Ort, Impuls oder Drehimpuls gilt weiterhin in der relativistischen Quantentheorie. Die Eigenschaften der Einteilchen-Zustände in bezug auf Raumspiegelung und Zeitumkehr, die Existenz einer intrinsischen, Lorentz-invarianten Parität, sowie die Aussagen zur Kramers-Entartung gelten unverändert.

In Folgenden wollen wir das betrachten, was die relativistische Quantentheorie an dieser Stelle Neues bringt, und das sind zwei Dinge: das Transformationsverhalten masseloser Teilchen unter $\hat{\mathcal{P}}$ und $\hat{\mathcal{T}}$, sowie die Ladungskonjugation $\hat{\mathcal{C}}$. Zunächst halten wir nochmals fest, dass P und T in der Quantentheorie gegeben sind durch $\hat{\mathcal{P}} = \hat{U}(P)$ und $\hat{\mathcal{T}} = \hat{U}\hat{K}$, wobei $\hat{U}$ ein unitärer Operator in Abhängigkeit von der Darstellung ist und $\hat{K}$ der anti-unitäre Operator, der alle nachfolgenden Größen komplex-konjugiert.

Wirkung von Raumspiegelung und Zeitumkehr auf masselose Einteilchen-Zustände
Wir betrachten einen Einteilchen-Zustand $|k,\sigma\rangle$, wobei $k^\mu = (p,0,0,p)$ der Referenzvektor im masselosen Fall aus Abschnitt 28 ist. Durch die Raumspiegelung P wird $k^\mu = (p,0,0,p)$ auf $(Pk)^\mu = (p,0,0,-p)$ abgebildet, und die Quantenzahl σ bleibt unverändert, daher ändert die Helizität h gemäß (28.57) ihr Vorzeichen. Das bedeutet aber aufgrund der Lorentz-Invarianz der Helizität masseloser Teilchen unmittelbar:

Satz. *In einer paritätsinvarianten Theorie folgt aus der Existenz eines masselosen Teilchens der Helizität h die Existenz eines masselosen Teilchens der Helizität $-h$.*

Man beachte, dass es sich hierbei nicht um Teilchen und Antiteilchen handelt, sondern um zwei nicht-identische Teilchen, die dieselbe Ladung besitzen, aber unterschiedliche Helizität. Natürlich existieren aber wiederum von beiden Teilchen die entsprechenden Antiteilchen. Nur wenn die Teilchen keine Ladung tragen, sind Teilchen und Antiteilchen identisch, wie es bei Photonen der Fall ist – wir kommen weiter unten darauf zurück. Ob die Naturgesetze allerdings paritätsinvariant ist, besprechen wir weiter unten.

Wie ist die Wirkung von $\hat{\mathcal{P}}$ auf $|k,\sigma\rangle$? Hierzu erweist es sich als vorteilhaft, nicht die Wirkung von $\hat{\mathcal{P}}$ alleine zu betrachten, sondern die von $\hat{U}(R_2(\pi))\,\hat{\mathcal{P}}$, da die Hintereinanderausführung der Raumspiegelung mit einer Drehung um die y-Achse um den Winkel $-\pi$ den Referenzvektor invariant lässt. Dafür wird aber σ auf $-\sigma$ abgebildet. Also:

$$\hat{U}(R_2(\pi))\,\hat{\mathcal{P}}\,|k,\sigma\rangle = \eta_\sigma\,|k,-\sigma\rangle\,, \tag{31.1}$$

mit der jeweiligen intrinsischen Parität $\eta_\sigma = \pm 1$.

Für allgemeine lichtartige Einteilchen-Zustände $|p', \sigma\rangle$ betrachten wir dann:

$$\begin{aligned}\hat{\mathcal{P}}\,|p',\sigma\rangle &= \hat{\mathcal{P}}\,\hat{U}(L(p'))\,|k,\sigma\rangle \\ &= \hat{\mathcal{P}}\,\hat{U}(R(\boldsymbol{p}')B_3(|\boldsymbol{p}'|/p))\,|k,\sigma\rangle\,. \end{aligned} \tag{31.2}$$

Hierbei ist $B_3(|\boldsymbol{p}'|/p)$ der Boost, der $\boldsymbol{k} = p\boldsymbol{e}_3$ auf $\boldsymbol{q} = p'\boldsymbol{e}_3$ abbildet, und $R(\boldsymbol{p}')$ die Rotation, die anschließend $\boldsymbol{q}$ auf $\boldsymbol{p}'$ abbildet.

Wie man nun leicht nachrechnen kann, kommutieren $R_2(\pi)P$ und $B_3(|\boldsymbol{p}'|/p)$ miteinander (man nehme die explizite Darstellung in Abschnitt 25 zu Hilfe). Außerdem kommutiert $\hat{\mathcal{P}}$ mit $\hat{\boldsymbol{J}}$ und daher mit Rotationen. Daher folgt aus (31.2):

$$\begin{aligned}\hat{\mathcal{P}}\,|p',\sigma\rangle &= \hat{\mathcal{P}}\,\hat{U}(R(\boldsymbol{p}')B_3(|\boldsymbol{p}'|/p))\,|k,\sigma\rangle \\ &= \hat{U}(R(\boldsymbol{p}')PB_3(|\boldsymbol{p}'|/p))\,|k,\sigma\rangle \\ &= \hat{U}(R(\boldsymbol{p}')R_2(-\pi)R_2(\pi)PB_3(|\boldsymbol{p}'|/p))\,|k,\sigma\rangle \\ &= \hat{U}(R(\boldsymbol{p}')R_2(-\pi)B_3(|\boldsymbol{p}'|/p))\hat{U}(R_2(\pi))\,\hat{\mathcal{P}}\,|k,\sigma\rangle \\ &= \eta_\sigma \hat{U}(R(\boldsymbol{p}')R_2(-\pi)B_3(|\boldsymbol{p}'|/p))\,|k,-\sigma\rangle\,. \end{aligned} \tag{31.3}$$

Nun ist $R(\boldsymbol{p}')$ die Rotation, die $\boldsymbol{e}_3$ auf den Einheitvektor $\boldsymbol{p}'/|\boldsymbol{p}'|$ entlang der neuen Impulsrichtung abbildet. In der Parametrisierung (II-7.8) durch Eulersche Winkel ist $\hat{U}(R(\boldsymbol{p}'))$ dann (ohne vorausgehende Drehung um die alte 3-Achse) gegeben durch

$$\hat{U}(R(\boldsymbol{p}')) = \exp\left(-\frac{\mathrm{i}}{\hbar}\phi\hat{J}_3\right)\exp\left(-\frac{\mathrm{i}}{\hbar}\theta\hat{J}_2\right), \tag{31.4}$$

mit Polarwinkel θ und Azimutwinkel ϕ. Dann ist aber

$$\hat{U}(R(-\boldsymbol{p}')) = \exp\left(-\frac{\mathrm{i}}{\hbar}(\phi \pm \pi)\hat{J}_3\right)\exp\left(-\frac{\mathrm{i}}{\hbar}(\pi - \theta)\hat{J}_2\right), \tag{31.5}$$

wobei das Vorzeichen bei der Drehung um die z-Achse so gewählt wird, dass das gesamte Winkelargument im Exponenten im Bereich $[0, 2\pi[$ bleibt. Es ist dann weiter

$$\begin{aligned}\hat{U}^{-1}(R(-\boldsymbol{p}'))\hat{U}(R(\boldsymbol{p}'))\hat{U}(R_2(-\pi)) &= \exp\left(\frac{\mathrm{i}}{\hbar}(\pi - \theta)\hat{J}_2\right)\exp\left(\frac{\mathrm{i}}{\hbar}(\phi \pm \pi)\hat{J}_3\right)\exp\left(-\frac{\mathrm{i}}{\hbar}\phi\hat{J}_3\right) \\ &\quad\times \exp\left(-\frac{\mathrm{i}}{\hbar}\theta\hat{J}_2\right)\exp\left(+\frac{\mathrm{i}}{\hbar}\pi\hat{J}_2\right) \\ &= \exp\left(\frac{\mathrm{i}}{\hbar}(\pi - \theta)\hat{J}_2\right)\exp\left(\pm\frac{\mathrm{i}}{\hbar}\pi\hat{J}_3\right)\exp\left(\frac{\mathrm{i}}{\hbar}(\pi - \theta)\hat{J}_2\right). \end{aligned} \tag{31.6}$$

In einer Nebenrechnung (die der Leser gerne durchführen darf) stellt man fest, dass die rechte Seite von (31.6) sich stark vereinfacht, da

$$\exp\left(\frac{\mathrm{i}}{\hbar}(\pi - \theta)\hat{J}_2\right)\exp\left(\pm\frac{\mathrm{i}}{\hbar}\pi\hat{J}_3\right) = \exp\left(\pm\frac{\mathrm{i}}{\hbar}\pi\hat{J}_3\right)\exp\left(-\frac{\mathrm{i}}{\hbar}(\pi - \theta)\hat{J}_2\right),$$

so dass

$$\hat{U}(R(\boldsymbol{p}'))\hat{U}(R_2(-\pi)) = \hat{U}(R(-\boldsymbol{p}'))\exp\left(\pm\frac{\mathrm{i}}{\hbar}\pi\hat{J}_3\right). \tag{31.7}$$

Wir können (31.3) daher wie folgt vereinfachen:

$$\begin{aligned}\hat{\mathcal{P}}\,|p',\sigma\rangle &= \eta_\sigma\hat{U}(R(-\boldsymbol{p}'))\exp\left(\pm\frac{\mathrm{i}}{\hbar}\pi\hat{J}_3\right)\hat{U}(B_3(|\boldsymbol{p}'|/p))\,|k,-\sigma\rangle\\ &= \eta_\sigma\mathrm{e}^{\mp\mathrm{i}\pi\sigma}\hat{U}(R(-\boldsymbol{p}'))\hat{U}(B_3(|\boldsymbol{p}'|/p))\,|k,-\sigma\rangle\,,\end{aligned}$$

da ja die Rotation um die z-Achse mit B_3 vertauscht. Nun ist $R(-\boldsymbol{p}')B_3(|\boldsymbol{p}'|/p)$ nichts anderes als $L(Pp')$, da ja durch die Raumspiegelung $\boldsymbol{p}'$ auf $-\boldsymbol{p}'$ abgebildet wird. Zusammenfassend erhalten wir also nach Wegfall des Strichs für allgemeine lichtartige Vierer-Impulse p^μ:

$$\hat{\mathcal{P}}\,|p,\sigma\rangle = \eta_\sigma\mathrm{e}^{\mp\mathrm{i}\pi\sigma}\,|Pp,-\sigma\rangle \quad (\phi \lessgtr \pi). \tag{31.8}$$

Dabei gilt für das Vorzeichen im Exponenten: es ist negativ, wenn für den Azimutwinkel ϕ von $\boldsymbol{p}$ gilt: $\phi < \pi$ und entsprechend umgekehrt.

Nun zur Zeitumkehr. Der Referenzvektor $k^\mu = (p, 0, 0, p)$ wird durch die Zeitumkehr auf $(Tk)^\mu = (Pk)^\mu = (p, 0, 0, -p)$ abgebildet, und die Quantenzahl σ ändert ihr Vorzeichen – daher ist die Helizität h invariant. Auch hier ist es wieder vorteilhaft, zunächst nicht die Wirkung von $\hat{\mathcal{T}}$ auf $|k,\sigma\rangle$ alleine zu betrachten, sondern die von $\hat{U}(R_2(\pi))\,\hat{\mathcal{T}}$, und es ist

$$\hat{U}(R_2(\pi))\,\hat{\mathcal{T}}\,|k,\sigma\rangle = \zeta_\sigma\,|k,-\sigma\rangle\,, \tag{31.9}$$

mit einem Phasenfaktor vom Betrag $|\zeta_\sigma| = 1$. Es lässt sich wieder leicht nachprüfen, dass $\hat{U}(R_2(\pi))\,\hat{\mathcal{T}}$ mit $B_3(|\boldsymbol{p}'|/p)$ kommutiert, und außerdem kommutiert $\hat{\mathcal{T}}$ ja mit allen Rotationen. Damit ist für allgemeine lichtartige Einteilchen-Zustände $|p',\sigma\rangle$:

$$\begin{aligned}\hat{\mathcal{T}}\,|p',\sigma\rangle &= \hat{\mathcal{T}}\,\hat{U}(R(\boldsymbol{p}')B_3(|\boldsymbol{p}'|/p))\,|k,\sigma\rangle\\ &= \hat{U}(R(\boldsymbol{p}'))\hat{U}(R_2(-\pi))\hat{U}(R_2(\pi))\,\hat{\mathcal{T}}\,\hat{U}(B_3(|\boldsymbol{p}'|/p))\,|k,\sigma\rangle\\ &= \zeta_\sigma\hat{U}(R(\boldsymbol{p}'))\hat{U}(R_2(-\pi))\hat{U}(B_3(|\boldsymbol{p}'|/p))\,|k,-\sigma\rangle\\ &= \zeta_\sigma\hat{U}(R(-\boldsymbol{p}'))\exp\left(\pm\frac{\mathrm{i}}{\hbar}\pi\hat{J}_3\right)\hat{U}(B_3(|\boldsymbol{p}'|/p))\,|k,-\sigma\rangle\\ &= \zeta_\sigma\mathrm{e}^{\mp\mathrm{i}\pi\sigma}\hat{U}(R(-\boldsymbol{p}'))\hat{U}(B_3(|\boldsymbol{p}'|/p))\,|k,-\sigma\rangle\,,\end{aligned}$$

unter Verwendung von (31.7) in der vorletzten Zeile. Schlussendlich erhalten wir also wie im Falle der Paritätstransformation:

$$\hat{\mathcal{T}}\,|p,\sigma\rangle = \zeta_\sigma\mathrm{e}^{\mp\mathrm{i}\pi\sigma}\,|Pp,-\sigma\rangle \quad (\phi \lessgtr \pi), \tag{31.10}$$

mit den Ausführungen zum Vorzeichen im Exponenten wie bei (31.8).

Die Ladungskonjugation und Antiteilchen – intrinsische Parität und Ladungsparität

Wir haben bereits im zurückliegenden Kapitel 2 gesehen, dass die spezielle Relativitätstheorie die Existenz von Antiteilchen mindestens nahelegt und der Quantentheorie eine dritte diskrete Transformation beschert: die Ladungskonjugation. Sie bildet Teilchen auf Antiteilchen ab und umgekehrt. Wie wir bereits in Abschnitt 17 festgestellt haben, können wir einen Ladungsoperator $\hat{Q}$ definieren, der mit allen Erzeugenden der Poincaré-Algebra kommutiert und daher für eine zentrale Erweiterung derselben verwendet werden kann. In dieser zentral erweiterten Poincaré-Algebra stellt $\hat{Q}$ dann einen Casimir-Operator dar und dient zur Klassifizierung der irreduziblen Darstellungen. In Konsequenz führt dies im Hamilton-Formalismus der relativistischen Quantenmechanik zu einer entsprechenden Superauswahlregel, der Ladungs-Superauswahlregel, die jedoch erst in der relativistischen Quantenfeldtheorie überhaupt eine Begründung finden kann.

Bei der Betrachtung diskreter Symmetrien in der Dirac-Theorie in Abschnitt 20 haben wir darüber hinaus festgestellt, dass Teilchen und Antiteilchen jeweils entgegengesetzte intrinsische Parität besitzen. Die Frage ist: ist das immer so? Die Antwort: nein. Erinnern wir uns: um Paritätsinvarianz des freien Hamilton-Operators zu erreichen, mussten wir in Abschnitt 20 die Abbildung $\boldsymbol{p} \longrightarrow -\boldsymbol{p}$ durch die Wirkung des Paritätsoperators dadurch kompensieren, dass durch den Operator β im Dirac-Raum die Abbildung $\boldsymbol{\alpha} \longrightarrow -\boldsymbol{\alpha}$ erfolgt. In der Klein–Gordon-Theorie ist dies nicht notwendig: der freie Hamilton-Operator (16.9) ist trivialerweise paritätsinvariant, weil der Impuls quadratisch darin auftaucht. Allgemein gilt: bei Bosonen haben Teilchen und Antiteilchen die gleiche intrinsische Parität, während für Fermionen Teilchen und Antiteilchen entgegengesetzte intrinsische Parität besitzen, und die Festlegung, wie $\eta = \pm 1$ auf Teilchen und Antiteilchen verteilt sind, ist weitestgehend Konvention.

Darüber, welche absolute intrinsische Parität nun allerdings die bosonischen Teilchensorten besitzen, gibt uns die Theorie nur bedingt Auskunft. Überhaupt spielt sie – wie auch die Ladungsparität – nur in der Quantenfeldtheorie eine Rolle, und zwar bei der Erzeugung und Vernichtung von Teilchen, wo die Erhaltung von Parität und Ladungsparität – sofern Parität und Ladungskonjugation Symmetrien der Theorie sind – Auswahlregeln für diverse Zerfallsprozesse liefern. Im Fock-Raum-Formalismus ist es dann vielmehr eine definierende Eigenschaft, dass skalare Felder intrinsische Parität $\eta = +1$ besitzen und pseudoskalare Felder $\eta = -1$. Ob ein Teilchen durch ein skalares oder ein pseudoskalares Feld dargestellt wird, muss schlichtweg experimentell bestimmt werden. Photonen sind ihre eigenen Antiteilchen mit Helizität $\pm\hbar$ und werden daher durch ein hermitesches (also reelles) Vektorfeld $\hat{\boldsymbol{A}}(\boldsymbol{r}, t)$ dargestellt und besitzen negative Parität ($\eta = -1$). Für ein Pseudovektorfeld gilt hingegen $\eta = +1$.

Schauen wir uns den Fall der Photonen etwas genauer an. Wie bereits erläutert folgt aus den Eigenschaften eines Vektorfelds, spätestens aber aus den Maxwell-Gleichungen unmittelbar, dass unter der Paritätstransformation $\boldsymbol{r} \longrightarrow -\boldsymbol{r}$ das Vektorfeld sich transformiert gemäß $\boldsymbol{A}(-\boldsymbol{r}) = -\boldsymbol{A}(\boldsymbol{r})$. Nun betrachte man die Fourier-Entwicklung (3.1) des freien elektromagnetischen Felds. Die Paritätstransformation führt zur Ersetzung $\boldsymbol{r} \longrightarrow -\boldsymbol{r}$, die in

(3.1) aber äquivalent ist mit einer Ersetzung $\boldsymbol{k} \longrightarrow -\boldsymbol{k}$ und damit

$$\hat{a}_{\boldsymbol{k},\lambda} \longrightarrow \hat{a}_{-\boldsymbol{k},\lambda},$$
$$\hat{a}^{\dagger}_{\boldsymbol{k},\lambda} \longrightarrow \hat{a}^{\dagger}_{-\boldsymbol{k},\lambda},$$
$$\boldsymbol{\epsilon}_{\boldsymbol{k},\lambda} \longrightarrow \boldsymbol{\epsilon}_{-\boldsymbol{k},\lambda}.$$

Gemäß unserer Konvention (siehe Abschnitt 2) ist aber $\boldsymbol{\epsilon}_{-\boldsymbol{k},1} = -\boldsymbol{\epsilon}_{\boldsymbol{k},1}$ und $\boldsymbol{\epsilon}_{-\boldsymbol{k},2} = +\boldsymbol{\epsilon}_{\boldsymbol{k},2}$. Damit aber $\hat{\mathcal{P}}\,\hat{\boldsymbol{A}}(\boldsymbol{r},t)\,\hat{\mathcal{P}} = -\hat{\boldsymbol{A}}(-\boldsymbol{r},t)$ gilt, muss dann sein:

$$\hat{\mathcal{P}}\,\hat{a}_{\boldsymbol{k},1}\,\hat{\mathcal{P}} = \hat{a}_{-\boldsymbol{k},1}, \tag{31.11}$$
$$\hat{\mathcal{P}}\,\hat{a}_{\boldsymbol{k},2}\,\hat{\mathcal{P}} = -\hat{a}_{-\boldsymbol{k},2}, \tag{31.12}$$

woraus wiederum durch hermitesche Konjugation

$$\hat{\mathcal{P}}\,\hat{a}^{\dagger}_{\boldsymbol{k},1}\,\hat{\mathcal{P}} = \hat{a}^{\dagger}_{-\boldsymbol{k},1}, \tag{31.13}$$
$$\hat{\mathcal{P}}\,\hat{a}^{\dagger}_{\boldsymbol{k},2}\,\hat{\mathcal{P}} = -\hat{a}^{\dagger}_{-\boldsymbol{k},2} \tag{31.14}$$

folgt.

Erinnern wir uns nun die Ausführungen am Ende von Abschnitt 3, so schließen wir, dass unter der Wirkung von $\hat{\mathcal{P}}$ gilt:

$$\hat{\mathcal{P}}\,|\boldsymbol{k},1\rangle = |-\boldsymbol{k},1\rangle\,,$$
$$\hat{\mathcal{P}}\,|\boldsymbol{k},2\rangle = -\,|-\boldsymbol{k},2\rangle\,,$$

und damit

$$\hat{\mathcal{P}}\,|\boldsymbol{k},\pm\rangle = -\,|-\boldsymbol{k},\mp\rangle\,. \tag{31.15}$$

Entsprechend gilt (vergleiche (3.18)):

$$\hat{\mathcal{P}}\,\hat{a}^{\dagger}_{\boldsymbol{k},\pm}\,\hat{\mathcal{P}} = -\hat{a}^{\dagger}_{-\boldsymbol{k},\mp}. \tag{31.16}$$

Linear polarisierte Ein-Photon-Zustände (die ja keine Eigenzustände zu $\hat{S}_{\mathrm{em},z}$ sind) ändern unter $\hat{\mathcal{P}}$ ihre Spin-Einstellung nicht, während ein links-polarisierter Ein-Photon-Zustand durch $\hat{\mathcal{P}}$ auf einen rechts-polarisierten Ein-Photon-Zustand abgebildet wird und umgekehrt (beides wiederum Eigenzustände zu $\hat{S}_{\mathrm{em},z}$). Da die Spin-Einstellung sich nicht ändert, wohl aber der Impuls sein Vorzeichen wechselt, bildet die Paritätstransformations also ein rechtshändiges Photon mit Impuls $\hbar\boldsymbol{k}$ auf ein linkshändiges Photon mit Impuls $-\hbar\boldsymbol{k}$ ab und umgekehrt. Aus dem negativen Vorzeichen in (31.15) beziehungsweise (31.16) leitet man die negative intrinsische Parität des Photons ab.

Eine intrinsische Ladungsparität oder C-Parität besitzen nur neutrale Teilchen, die entsprechend durch ein hermitesches (also reelles) Quantenfeld dargestellt werden. Sie ist von deutlich untergeordneter Bedeutung im Vergleich zur Parität, denn es existieren schlichtweg nicht viele Elementarteilchen, die unter allen inneren Ladungen (elektrische Ladung,

Farbladung, Leptonenzahl, Leptonfamilienzahl) neutral sind. Photonen beispielsweise besitzen die C-Parität -1, während neutrale Pionen die C-Parität $+1$ besitzen. Ob Neutrinos Majorana-Fermionen und damit ihre eigenen Antiteilchen sind, ist Gegenstand der modernen Forschung.

Wir haben eingangs dieses Abschnittes festgestellt, dass aus der Paritätsinvarianz einer Theorie folgt, dass zu jedem masselosen Teilchen der Helizität h ein masseloses Teilchen der Helizität $-h$ geben muss. Seit Mitte der 1950er-Jahre ist allerdings bekannt, dass die Natur eben nicht unter der Paritätstransformation invariant ist: die schwache Wechselwirkung, die unter anderem für den nuklearen Beta-Zerfall verantwortlich ist, verletzt die Paritätssymmetrie, sprich: sie ist nicht invariant gegenüber der Transformation $\hat{\mathcal{P}}$. So gibt es ausschließlich (und nicht nur überwiegend) linkshändige Neutrinos ($\sigma = -\frac{1}{2}$) und rechtshändige Antineutrinos ($\sigma = +\frac{1}{2}$). Da die Helizität masseloser Teilchen eine Lorentz-Invariante ist, gilt dies also in allen Bezugssystemen. Man sagt: die schwache Wechselwirkung verletzt die Paritätssymmetrie maximal. Aus demselben Grund ist auch sie auch nicht invariant unter der Ladungskonjugation, sondern verletzt die Ladungssymmetrie ebenfalls maximal.

Mittlerweile wissen wir, dass (Anti-)Neutrinos eine sehr kleine Masse besitzen. Damit *muss* es in einem geeigneten Bezugssystem eben doch rechtshändige Neutrinos und linkshändige Antineutrinos geben. Die Modellierung des Standardmodells der Elementarteilchen wird dadurch ungleich komplizierter, als sie ohnehin schon ist, und es existieren noch zahlreiche Unklarheiten.

Nun könnte man vermuten, dass aus diesem Grund wenigstens die Kombination aus Ladungskonjugation $\hat{\mathcal{C}}$ und Raumspiegelung $\hat{\mathcal{P}}$ eine Symmetrietransformation der schwachen Wechselwirkung ist, diese also **CP-Invarianz** aufweist. Seit Mitte der 1960-Jahre ist allerdings klar, dass die schwache Wechselwirkung auch keine CP-Invarianz besitzt. Wegen des CPT-Theorems (siehe weiter unten) bedeutet dies, dass damit die Zeitumkehrinvarianz verletzt wird! Das Standardmodell der Teilchenphysik trägt diesen Symmetrieverletzungen in seiner Modellierung Rechnung, ein tieferes Verständnis hingegen fehlt bis heute.

Die starke Wechselwirkung, die durch die Quantenchromodynamik (QCD) beschrieben wird, ist paritätsinvariant. Sie scheint darüber hinaus invariant gegenüber $\hat{\mathcal{C}}\hat{\mathcal{P}}$ und damit $\hat{\mathcal{T}}$ zu sein, was durchaus ein ernstzunehmendes theoretisches Problem darstellt, denn die QCD als solche lässt die Verletzung der CP-Invarianz zu. Warum diese dennoch gilt, wird als **starkes CP-Problem** (*''strong CP problem''*) bezeichnet. Wir wollen diese Thematik an dieser Stelle nicht weiterverfolgen und verweisen auf gängige Lehrwerke zur Teilchenphysik.

Das CPT-Theorem

Im Unterschied zur Raumspiegelung und zur Ladungskonjugation gibt es keine Eigenzustände zum Zeitumkehroperator $\hat{\mathcal{T}}$ und damit auch keine intrinsische Quantenzahl diesbezüglich. Eine direkte experimentelle Überprüfung einer Zeitumkehrinvarianz ist nur in begrenztem Umfang für elektromagnetische Prozesse und jene der starken Wechselwirkung möglich, indem die umgekehrten Zerfalls- und Übergangsprozesse betrachtet werden, und dort ist bis jetzt keine Verletzung der Zeitumkehrinvarianz festgestellt worden. Zu erwarten ist eine mögliche Verletzung derselben natürlich bei der schwachen Wechselwirkung, bei denen die umgekehrten Prozesse jedoch sehr schwierig zu bewirken sind.

Es gibt nun einen indirekten Weg, eine Verletzung der Zeitumkehrinvarianz nachzuweisen: aus sehr allgemeinen Grundprinzipien heraus kann man innerhalb der relativistischen Quantenfeldtheorie das sogenannte **CPT-Theorem** beweisen. Dieser fundamentale Satz besagt, dass jede Quantenfeldtheorie, die folgende Eigenschaften besitzt:

- Invarianz unter eigentlich-orthochronen Lorentz-Transformationen $\hat{U}(\Lambda) \in \mathrm{SL}(2, \mathbb{C})$, also $\Lambda \in \mathcal{L}_+^\uparrow$
- Existenz eines Lorentz-invarianten Vakuumzustands (als Folge eines nach unten beschränkten Hamilton-Operator)
- Mikrokausalität

invariant ist unter Hintereinanderausführung von $\hat{\mathcal{T}}$, $\hat{\mathcal{P}}$ und $\hat{C}$. In anderen Worten: jede hinreichend vernünftige Quantenfeldtheorie muss CPT-Invarianz aufweisen – die CPT-Transformation ist eine notwendige Symmetrietransformation sämtlicher physikalischer Theorien.

Aus der CPT-Symmetrie folgt die Existenz von Antiteilchen, auch wenn die Ladungskonjugation keine exakte Symmetrietransformation ist. Teilchen und Antiteilchen müssen darüber hinaus die gleiche Masse und die gleiche Lebensdauer besitzen [LZ57]. Sie ist also die nachträgliche Rechtfertigung der Antiteilchenhypothese, sowie die Grundlage der Feynman–Stückelberg-Interpretation der Lösungen zu negativer Energie.

Das CPT-Theorem wurde erstmalig 1951 von Julian Schwinger formuliert [Sch51], aber erst im Jahre 1954 erfolgten Beweise von Gerhart Lüders [Lüd54] und Wolfgang Pauli [Pau55], weshalb in der älteren Literatur das CPT-Theorem noch als „Pauli–Lüders-Theorem" bezeichnet wurde. Unabhängig davon erbrachte 1955 John S. Bell einen Beweis [Bel55]. Einen recht einfachen Beweis erbrachte Lüders 1957 [Lüd57]. Im Rahmen der axiomatischen Quantenfeldtheorie erfolgte ein strenger Beweis (der auch die Annahme der Lokalität der Lagrange-Dichte durch die Forderung nach Mikrokausalität ersetzte) ebenfalls 1957 durch Res Jost [Jos57]. In allen Beweisen des CPT-Theorems ist die Lorentz-Invarianz eine grundlegende Voraussetzung, und man kann zeigen, dass eine Verletzung der CPT-Invarianz die Verletzung der Lorentz-Symmetrie nach sich zieht.

Für eine umfangreichere Darstellung diskreter Symmetrien und ihrer Verletzungen sei die Monographie von Marco Sozzi sehr empfohlen, siehe die weiterführende Literatur am Ende von Kapitel II-2. Zum CPT-Theorem siehe auch [Bai11; Bai16].

Weiterführende Literatur

M. A. Naimark: *Linear Representations of the Lorentz Group*, Pergamon Press, 1964.

Y. Ohnuki: *Unitary Representations of the Poincaré Group and Relativistic Wave Equations*, World Scientific, 1988.

I. M. Gelfand, R. A. Minlos, Z. Ya. Shapiro: *Representations of the rotation and Lorentz groups and their applications*, Pergamon Press, 1963.

Moshe Carmeli: *Group Theory and General Relativity – Representations of the Lorentz Group and Their Applications to the Gravitational Field*, McGraw-Hill, 1977.

K.N. Srinivasa Rao: *The Rotation and Lorentz Groups and Their Representations for Physicists*, John Wiley & Sons, 1988.

Y. S. Kim, Marilyn E. Noz: *Theory and Applications of the Poincaré Group*, D. Reidel, 1986.

Roman U. Sexl, Helmuth K. Urbantke: *Relativität, Gruppen, Teilchen – Spezielle Relativitätstheorie als Grundlage der Feld- und Teilchenphysik*, Springer-Verlag, 3. Aufl. 1992. Eine hervorragende Lektüre. Die überarbeitete englische Übersetzung hierzu:

Roman U. Sexl, Helmuth K. Urbantke: *Relativity, Groups, Particles – Special Relativity and Relativistic Symmetry in Field and Particle Physics*, Springer-Verlag, 2001.

Weiterführende Literatur

Lehrbuchklassiker der alten Schule

Albert Messiah: *Quantenmechanik 1*, de Gruyter, 2. Aufl. 1991. *Quantenmechanik 2*, de Gruyter, 3. Aufl. 1990.
Dieser Lehrbuchklassiker zur Quantenmechanik aus dem Jahre 1959 ist zeitlos gut: er enthält den kanonischen Stoff der Quantenmechanik recht vollständig und erklärt nicht nur durch Rechnungen, sondern im klassischen Lehrbuchstil auch durch umfangreiche Erläuterungen, die allesamt lesenswert sind und in heutzutage üblichen Skriptdarstellungen fehlen. Auch die mathematischen Zusammenhänge werden der französischen Lehrbuchtradition entsprechend gründlich erläutert. Relativistische Quantenmechanik und Wechselwirkung von Strahlung mit Materie werden ebenfalls behandelt. Insgesamt wirkt die Notation allerdings etwas angestaubt, und modernere grundlegende Themen wie Pfadintegralformalismus, topologische Aspekte der Quantenmechanik oder Diskussionen zu Messproblem, Verschränkung, offenen Quantensystemen fehlen vollständig.

Eugen Merzbacher: *Quantum Mechanics*, John Wiley & Sons, 3rd ed. 1998.
Ein weiterer Lehrbuchklassiker, für den das Gleiche mit Bezug auf Gründlichkeit der Erklärung im klassischen Lehrbuchstil zutrifft wie für den „Messiah". Auch die Stoffauswahl ist vergleichbar: relativistische Quantenmechanik und Wechselwirkung von Strahlung mit Materie sind in Grundzügen drin, modernere Themen fehlen. Insgesamt ist der „Merzbacher" vielleicht etwas rechnerischer und weniger mathematisch, die Darstellung moderner.

Claude Cohen-Tannoudji, Bernard Diu, Franck Laloë: *Quantenmechanik*, de Gruyter, Bände 1–2: 5. Aufl. 2019, Band 3: 2020.
Ebenfalls ein Klassiker, an dem sich allerdings die Geister scheiden. Auf der einen Seite sehr französisch-enzyklopädisch und mit sehr vielen durchgerechneten Beispielen. Auf der anderen Seite führt die oft ungewohnte Sortierung und die tiefe Gliederung dazu, dass der rote Faden nicht immer ersichtlich ist, und man sich oft fragt, ob gerade ein Beispiel durchgerechnet oder ein zentrales Ergebnis abgeleitet wird. Sucht man allerdings gezielt nach einem Thema, findet man dies sehr gründlich erklärt und durchgerechnet. Mit der zweiten französischen Originalauflage von 2018 (die erste Auflage stammte aus dem Jahre 1973) erschien nun auch ein dritter Band mit lange vermissten Inhalten wie Wechselwirkung von Strahlung mit Materie oder zweite Quantisierung. Relativistische Quantenmechanik fehlt allerdings nach wie vor.

Leonard I. Schiff: *Quantum Mechanics*, McGraw-Hill, 3rd ed. 1968.
Begründer der amerikanischen Schule in der Literatur zur und lange Zeit das führende Lehrbuch zur Quantenmechanik. Sprachlich in einem sehr guten, typisch amerikanischen Stil geschrieben, mit einem großen Schwerpunkt auf physikalischem

O. Tennert, *Quantenmechanik IV*, https://doi.org/10.1007/978-3-662-68591-4

Verständnis. Im Unterschied zu den Werken oben ist es aber eher knapp in den Ausführungen. Es streift zwar sehr viele Themen, lässt die Rechnungen aber häufig lediglich anskizziert.

A. S. Dawydow: *Quantenmechanik*, Johann Ambrosius Barth, 8. Aufl. 1992.
Basierend auf der zweiten russischen Auflage von 1973, die leider im Vergleich zur ersten um einige fortgeschrittene Themen gekürzt, dafür um andere ergänzt wurde. Die deutsche Übersetzung bietet zusätzliche Kapitel zu Festkörpern und Supraleitern. Dieses Lehrbuch russischer Schule bietet eine exzellente Darstellung der Quantenmechanik, mit sehr präziser Notation und fundierten physikalischen Diskussionen.

Neuere Lehrbücher und Monographien

Jun John Sakurai, Jim Napolitano: *Modern Quantum Mechanics*, Cambridge University Press, 3rd ed. 2020.
Eines der ältesten „modernen" Lehrbücher und das erste, das das Zwei-Zustands-System als Modellsystem für die Erarbeitung der quantenmechanischen Konzepte heranzog. Leider zu Lebzeiten des Autors unvollendet und seitdem nie wirklich „aus einem Guss". In der nun vorliegenden dritten Auflage hat Jim Napolitano dieses didaktisch hervorragende Werk aber in eine wirklich sehr gute, fehlerbereinigte und etwas „geradegezogene" Form gebracht.

Nouredine Zettili: *Quantum Mechanics – Concepts and Applications*, John Wiley & Sons, 3rd ed. 2022.
Ein einführendes Lehrbuch mit einer eher konservativen Stoffauswahl, dafür aber mit sehr gründlichen Rechnungen und vielen explizit durchgerechneten Beispielen und Problemen. Die dritte Auflage enthält nun auch Kapitel zur relativistischen Quantenmechanik.

Ramamurti Shankar: *Principles of Quantum Mechanics*, Plenum Press, 2nd ed. 1994, seit 2011 Springer-Verlag.
Mittlerweile eines der neueren Standardwerke.

David J. Griffiths, Darrell F. Schroeter: *Introduction to Quantum Mechanics*, Cambridge University Press, 3rd ed. 2018.
Definitiv eines der gegenwärtigen Standardwerke für den Einstieg.

B. H. Bransden, C. J. Joachain: *Quantum Mechanics*, Pearson Education, 2nd ed. 2000.
Eine hervorragende Darstellung mit sehr gründlichen Diskussionen.

Kenichi Konishi, Giampiero Paffuti: *Quantum Mechanics – A New Introduction*, Oxford University Press, 2009.
Einer der interessanteren Neuzugänge in der Lehrbuchliteratur zur Quantenmechanik, der den Versuch unternimmt, sowohl eine Einführung zum Thema zu sein als auch einige fortgeschrittene Themen mindestens einmal anzusprechen, wobei im letzteren Fall die Darstellung häufig an die Grenzen der platzlichen Darstellbarkeit stößt. Die Autoren haben sich auch sehr viel Mühe bei der grafischen Illustration gegeben.

Gennaro Auletta, Mauro Fortunato, Giorgio Parisi: *Quantum Mechanics into a Modern Perspective*, Cambridge University Press, 2009.

Ein recht modernes Lehrbuch mit einem speziellen Fokus: zu den Stärken gehört die ausführliche Behandlung des Messproblems in der Quantenmechanik, der Quantenoptik und der Quanteninformationstheorie, sowie offener Quantensysteme. Die Schwächen sind allerdings, dass einige Standardthemen sehr zu kurz kommen: die Streutheorie wird am Rande im Rahmen von Störungstheorie und Pfadintegralen erwähnt, relativistische Quantenmechanik fehlt vollständig.

Steven Weinberg: *Lectures on Quantum Mechanics*, Cambridge University Press, 2nd ed. 2015.

Von einem der bedeutendsten Großmeister der Quantenfeldtheorie als *Lecture Notes* angesetzt, besticht dieses recht schlanke Werk durch einige hintergründige Betrachtungen zu Themen, wie sie in anderen Lehrbüchern eher selten anzutreffen sind. Allerdings sind diese *Lectures* mit Bezug auf Stofffülle und Ausführlichkeit in keiner Weise mit dem Opus Magnum des Nobelpreisträgers, dem dreibändigen Werk zur Quantenfeldtheorie, zu vergleichen.

Kurt Gottfried, Tung-Mow Yan: *Quantum Mechanics: Fundamentals*, 2nd ed. 2003, Springer-Verlag.

Eine hervorragende Monographie mit einer sehr guten Themenauswahl in moderner Darstellung.

Reinhold Bertlmann, Nicolai Friis: *Modern Quantum Mechanics – From Quantum Mechanics to Entanglement and Quantum Information*, Oxford University Press, 2023.

Alberto Galindo, Pedro Pascual: *Quantum Mechanics I*, Springer-Verlag, 1990; *Quantum Mechanics II*, Springer-Verlag, 1991.

Ein hervorragender, aber anspruchsvoller monographischer Text, der sicher keine Erstlektüre zur Quantenmechanik darstellt. Die Autoren halten sich insgesamt eher knapp mit den Formulierungen, legen aber sehr viel Wert auf begriffliche und mathematische Präzision und bieten einen wahren Schatz an Verweisen auf Originalarbeiten. Inhaltlich beschränkt sich die Monographie allerdings auf den nichtrelativistischen Kanon.

Arno Bohm: *Quantum Mechanics – Foundations and Applications*, Springer-Verlag, 3rd ed. 1993.

Ein weitere, sehr gründliche Monographie zur Quantenmechanik, die sehr viel Wert auf eine genaue Begrifflichkeit legt und die ebenfalls nicht zur Einstiegsliteratur zählt. Mathematische Genauigkeit und physikalische Darstellung sind in einem sehr ausgewogenen Verhältnis zueinander, aber auf hohem Niveau. Auch komplizierte Rechnungen werden ausführlich gezeigt. Dennoch ist auch hier der Inhalt auf den nichtrelativistischen Kanon beschränkt. Definitiv zur Vertiefung vieler Themen geeignet, insbesondere aus den Bereichen der zeitabhängigen Systeme, der Streutheorie sowie zu geometrischen Phasen. Es gibt seit 2019 eine Art Prequel hierzu:

Arno Bohm, Piotr Kielanowski, G. Bruce Mainland: *Quantum Physics – States, Observables and Their Time Evolution*, Springer-Verlag, 2019.

Leslie E. Ballentine: *Quantum Mechanics: A Modern Development*, World Scientific, 2nd ed. 2014.

Eine sehr gelungene Darstellung der Quantenmechanik, das schon seit der ersten Auflage 1990 mit sehr viel modernen Themen glänzt. Leslie Ballentine gehört zum Anhänger der sogenannten Ensemble-Interpretation der Quantenmechanik, was man der Darstellung ansieht. Relativistische Quantentheorie fehlt vollständig.

K. T. Hecht: *Quantum Mechanics*, Springer-Verlag, 2000.
Sehr umfangreich, sehr gründlich, mit recht vielen Spezialthemen. Die Sortierung ist bisweilen etwas merkwürdig.

Ernest S. Abers: *Quantum Mechanics*, Pearson Education, 2004.
Ein inhaltlich eigentlich sehr gelungenes, wenn auch knappes Buch mit fortgeschrittenen Themen. Allein die schiere Anzahl an Druckfehlern (es gibt eine 63-seitige Errata-Liste!) trübt den Eindruck.

Michel Le Bellac: *Quantum Physics*, Cambridge University Press, 2006.
Die englische Übersetzung der ersten französischen Auflage von 2003. Mittlerweile ist aber die stark erweiterte dritte französische Auflage 2013 in zwei Bänden erschienen.

S. Rajasekar, R. Velusamy: *Quantum Mechanics I: The Fundamentals*, CRC Press, 2nd ed. 2023; *Quantum Mechanics II: Advanced Topics*, CRC Press, 2nd ed. 2023.

Harald J. W. Müller-Kirsten: *Introduction to Quantum Mechanics: Schrödinger Equation and Path Integral*, World Scientific, 2nd ed. 2012.

Ravinder R. Puri: *Non-Relativistic Quantum Mechanics*, Cambridge University Press, 2017.

Thomas Banks: *Quantum Mechanics – An Introduction*, CRC Press, 2019.

E. B. Manoukian: *Quantum Mechanics – A Wide Spectrum*, Springer-Verlag, 2006.
Diese recht neue Monographie bietet in der Tat ein sehr weites Spektrum an Themen.

Jean-Louis Basdevant, Jean Dalibard: *Quantum Mechanics*, Springer-Verlag, 2002.

Bipin R. Desai: *Quantum Mechanics With Basic Field Theory*, Cambridge University Press, 2010.

Vishnu Swarup Mathur, Surendra Singh: *Concepts in Quantum Mechanics*, CRC Press, 2009.

Roger G. Newton: *Quantum Physics – A Text for Graduate Students*, Springer-Verlag, 2002.

Horaţiu Năstase: *Quantum Mechanics: A Graduate Course*, Cambridge University Press, 2023.

Literatur zu *"Advanced Quantum Mechanics"*

In den mit *"Advanced Quantum Mechanics"* bezeichneten Vorlesungen werden an US-amerikanischen Universitäten typischerweise die Themen Streutheorie, Theorie der Strahlung und Einführung in die relativistische Quantentheorie behandelt, welche dann je nach Fakultät oder *Lecturer* unterschiedlich tief in die relativistische Quantenfeldtheorie hineinragt.

Barry R. Holstein: *Topics in Advanced Quantum Mechanics*, Addison-Wesley, 1992.

Rainer Dick: *Advanced Quantum Mechanics – Materials and Photons*, Springer-Verlag, 3. Aufl. 2020.

J. J. Sakurai: *Advanced Quantum Mechanics*, Addison-Wesley, 1967.

Michael D. Scadron: *Advanced Quantum Theory*, World Scientific, 3rd ed. 2007.

Rubin H. Landau: *Quantum Mechanics II: A Second Course in Quantum Theory*, John Wiley & Sons, 1996.

Paul Roman: *Advanced Quantum Theory: An Outline of the Fundamental Ideas*, Addison-Wesley, 1965.

J. M. Ziman: *Elements of Advanced Quantum Theory*, Cambridge University Press, 1969.

Hans A. Bethe, Roman Jackiw: *Intermediate Quantum Mechanics*, Westview Press, 3rd ed. 1986.

Yuli V. Nazarov, Jeroen Danon: *Advanced Quantum Mechanics – a practical guide*, Cambridge University Press, 2013.

Giampiero Esposito, Giuseppe Marmo, Gennaro Miele, George Sudarshan: *Advanced Concepts in Quantum Mechanics*, Cambridge University Press, 2015.
Ein Buch, das einen gemischten Eindruck hinterlässt: es finden sich Kapitel zu elementaren Themen auf Einführungsniveau neben Kapiteln zur Phasenraumquantisierung, die dann aber recht knapp geraten sind.

Literatur zur Mathematik für Physiker

Helmut Fischer, Helmut Kaul: *Mathematik für Physiker*, Springer-Verlag, Band 1: 8. Aufl. 2018, Band 2: 4. Aufl. 2014, Band 3: 4. Aufl. 2017.

Karl-Heinz Goldhorn, Hans-Peter Heinz: *Mathematik für Physiker*, Springer-Verlag, Bände 1–2: 2007, Band 3: 2008.

Karl-Heinz Goldhorn, Hans-Peter Heinz, Margarita Kraus: *Moderne mathematische Methoden der Physik*, Spinger-Verlag, Band 1: 2009, Band 2: 2010.

Hans Kerner, Wolf von Wahl: *Mathematik für Physiker*, Springer-Verlag, 3. Aufl. 2013.

Klaus Jänich: *Mathematik 1: Geschrieben für Physiker*, Springer-Verlag, 2. Aufl. 2005; *Mathematik 2: Geschrieben für Physiker*, Springer-Verlag, 2. Aufl. 2011; *Analysis für Physiker und Ingenieure*, Springer-Verlag, 4. Aufl. 2001.

Richard Courant, David Hilbert: *Methoden der mathematischen Physik*, Springer-Verlag, 4. Aufl. 1993.
Der Klassiker hat einige Neuauflagen und auch eine Übersetzung ins Englische erfahren. Es handelt sich im Wesentlichen um die 3. Auflage von Band I, mitsamt eines Kapitels der 2. Auflage von Band II:

Richard Courant, David Hilbert: *Methoden der mathematischen Physik Band II*, Springer-Verlag, 2. Aufl. 1967.

Michael Stone, Paul Goldbart: *Mathematics for Physics: A Guided Tour for Graduate Students*, Cambridge University Press, 2009.

Kevin Cahill: *Physical Mathematics*, Cambridge University Press, 2nd ed. 2019.

Walter Appel: *Mathematics for Physics and Physicists*, Princeton University Press, 2007.

Sadri Hassani: *Mathematical Physics: A Modern Introduction to Its Foundations*, Springer-Verlag, 2nd ed. 2013.

Peter Szekeres: *A Course in Modern Mathematical Physics: Groups, Hilbert Space and Differential Geometry*, Cambridge University Press, 2004.

Esko Keski-Vakkuri, Claus K. Montonen, Marco Panero: *Mathematical Methods for*

Physicists – An Introduction to Group Theory, Topology, and Geometry, Cambridge University Press, 2022.
George B. Arfken, Hans J. Weber, Frank E. Harris: *Mathematical Methods for Physicists – A Comprehensive Guide*, Academic Press, 7th ed. 2013.
Philip M. Morse, Herman Feshbach: *Methods of Theoretical Physics – 2 Volumes*, McGraw-Hill, 1953.
Harold Jeffreys, Bertha Jeffreys: *Methods of Mathematical Physics*, Cambridge University Press, 3rd ed. 1956.
Paul Bamberg, Shlomo Sternberg: *A Course in Mathematics for Students of Physics: 1*, Cambridge University Press, 1988; *A Course in Mathematics for Students of Physics: 2*, Cambridge University Press, 1990.
Frederick W. Byron, Robert W. Fuller: *Mathematics of Classical and Quantum Physics*, Dover Publications, 1970.
Robert D. Richtmyer: *Principles of Advanced Mathematical Physics – Volume I*, Springer-Verlag, 1978; *Principles of Advanced Mathematical Physics – Volume II*, Springer-Verlag, 1981.
Nirmala Prakash: *Mathematical Perspectives on Theoretical Physics – A Journey From Black Holes to Superstrings*, Imperial College Press, 2003.

Literatur zur Funktionalanalysis

Siegfried Grossmann: *Funktionalanalysis*, Springer-Verlag, 5. Aufl. 2014.
Joachim Weidmann: *Lineare Operatoren in Hilberträumen Teil I: Grundlagen*, B. G. Teubner, 2000; *Lineare Operatoren in Hilberträumen Teil II: Anwendungen*, B. G. Teubner, 2003.
Dirk Werner: *Funktionalanalysis*, Springer-Verlag, 8. Aufl. 2018.
Herbert Schröder: *Funktionalanalysis*, Verlag Harri Deutsch, 2. Aufl. 2000.
Harro Heuser: *Funktionalanalysis*, B. G. Teubner, 4. Aufl. 2006.

Literatur zur Gruppentheorie

Wu-Ki Tung: *Group Theory in Physics – An Introduction to Symmetry Principles, Group Representations, and Special Functions in Classical and Quantum Physics*, World Scientific, 1985.
Ein hervorragender Text mit einer sehr gründlichen Behandlung der Darstellungstheorie wichtiger Lie-Gruppen und -Algebren. Der Übungs- und Lösungsband hierzu:
Wu-Ki Tung: *Group Theory in Physics – Problems & Solutions*, World Scientific, 1991.
Morton Hamermesh: *Group Theory and Its Application to Physical Problems*, Dover Publications, 1989.
Ein immer noch sehr gut lesbarer, einführender Klassiker aus dem Jahre 1962.
Robert Gilmore: *Lie Groups, Lie Algebras, and Some of Their Applications*, Dover Publications, 2006.
Original von 1974, ist dieser Klassiker ein sehr ausführlich geschriebenes Buch über Lie-Gruppen und -Algebren in der Physik. Das nächste Buch ist eine Art aktualisierte, aber gestraffte Version hiervon:

Robert Gilmore: *Lie Groups, Physics, and Geometry – An Introduction for Physicists, Engineers and Chemists*, Cambridge University Press, 2008.
H. F. Jones: *Groups, Representations and Physics*, Taylor & Francis, 2nd ed. 1998.
S. Sternberg: *Group Theory and Physics*, Cambridge University Press, 1994.
Eine hervorragende Lektüre für Physiker.
W. Ludwig, C. Falter: *Symmetries in Physics – Group Theory Applied to Physical Problems*, Springer-Verlag, 2nd ed. 1996.
Willard Miller, Jr.: *Symmetry Groups and Their Applications*, Academic Press, 1972.
Rolf Berndt: *Representations of Linear Groups – An Introduction Based on Examples from Physics and Number Theory*, Vieweg-Verlag, 2007.
Manfred Böhm: *Lie-Gruppen und Lie-Algebren in der Physik – Eine Einführung in die mathematischen Grundlagen*, Springer-Verlag, 2011.
Wolfgang Lucha, Franz F. Schöberl: *Gruppentheorie – Eine elementare Einführung für Physiker*, B.I.-Wissenschaftsverlag, 1993.
Pierre Ramond: *Group Theory – A Physicist's Survey*, Cambridge University Press, 2010.
Brian G. Wybourne: *Classical Groups for Physicists*, John Wiley & Sons, 1974.
Ebenfalls ein hervorragendes Werk mit sehr vielen *"case studies"*, unter anderem zur Symmetrie des Coulomb-Potentials.
T. Inui, Y. Tanabe, Y. Onodera: *Group Theory and Its Application in Physics*, Springer-Verlag, 1990.
Ein sehr kompaktes und äußerst leicht lesbares Werk, sehr gut als Erstlektüre geeignet.
J. F. Cornwell: *Group Theory in Physics – An Introduction*, Academic Press, 1997.
Eine stark gekürzte Ausgabe von den Bänden 1 und 2 des dreibändigen Werks von 1984 beziehungsweise 1989:
J. F. Cornwell: *Group Theory in Physics: Volume 1*, Academic Press, 1984; *Group Theory in Physics: Volume 2*, Academic Press, 1984; *Group Theory in Physics: Volume 3*, Academic Press, 1989.
Asim O. Barut, Ryszard Rączka: *Theory of Group Representations and Applications*, Polish Scientific Publishers, 2nd ed. 1980.
Ein sehr umfangreiches, aber hervorragend geschiebenes Werk zur Anwendung der Darstellungstheorie insbesondere von Lie-Gruppen in der Theoretischen Physik. Mittlerweile im Dover-Verlag erhältlich.
J. P. Elliott, P. G. Dawber: *Symmetry in Physics – Vol. 1: Principles and Simple Applications*, Macmillan Press, 1979; *Symmetry in Physics – Vol. 2: Further Applications*, Macmillan Press, 1979.
Jürgen Fuchs, Christoph Schweigert: *Symmetries, Lie Algebras and Representations – A Graduate Course for Physicists*, Cambridge University Press, 1997.
José A. de Azcárraga, José M. Izquierdo: *Lie Groups, Lie Algebras, Cohomology and Some Applications in Physics*, Cambridge University Press,1995.
Roe Goodman, Nolan R. Wallach: *Symmetry, Representations, and Invariants*, Springer-Verlag, 2009.
J. D. Vergados: *Group and Representation Theory*, World Scientific, 2017.

Brian Hall: *Lie Groups, Lie Algebras, and Representations: An Elementary Introduction*, Springer-Verlag, 2. Aufl. 2015.
Francesco Iachello: *Lie Algebras and Applications*, Springer-Verlag, 2nd ed. 2015.
Peter Woit: *Quantum Theory, Groups and Representations: An Introduction*, Springer-Verlag, 2017.
D. H. Sattinger, O. L. Weaver: *Lie Groups and Algebras with Applications to Physics, Geometry, and Mechanics*, Springer-Verlag, 1986.
Theodor Bröcker, Tammo tom Dieck: *Representations of Compact Lie Groups*, Springer-Verlag, 1985.
Alexander Kirillov, Jr.: *An Introduction to Lie Groups and Lie Algebras*, Cambridge University Press, 2008.
Luiz A. B. Martin: *Lie Groups*, Springer-Verlag, 2021.
Joachim Hilgert, Karl-Hermann Neeb: *Structure and Geometry of Lie Groups*, Springer-Verlag, 2010.
Eine aktualisierte englische Neuauflage des folgenden Werks:
J. Hilgert, K.-H. Neeb: *Lie-Gruppen und Lie-Algebren*, Springer-Verlag, 1991.
Jean Gallier, Jocelyn Quaintance: *Differential Geometry and Lie Groups – A Computational Perspective*, Springer-Verlag, 2020; *Differential Geometry and Lie Groups – A Second Course*, Springer-Verlag, 2020.

Literatur zur Differentialgeometrie und Topologie

M. Crampin, F. A. E. Pirani: *Applicable Differential Geometry*, Cambridge University Press, 1986.
Robert H. Wasserman: *Tensors and Manifolds with Applications to Physics*, Oxford University Press, 2nd ed. 2004.
Mikio Nakahara: *Geometry, Topology and Physics*, IOP Publishing, 2nd ed. 2003.
Marián Fecko: *Differential Geometry and Lie Groups for Physicists*, Cambridge University Press, 2006.
Theodore Frankel: *The Geometry of Physics – An Introduction*, Cambridge University Press, 3rd ed. 2012.
Helmut Eschrig: *Topology and Geometry for Physics*, Springer-Verlag, 2011.
Daniel Martin: *Manifold Theory: An Introduction for Mathematical Physicists*, Horwood Publishing, 2002.
Liviu I. Nicolaescu: *Lectures on the Geometry of Manifolds*, World Scientific, 3rd ed. 2021.
R. Sulanke, P. Wintgen: *Differentialgeometrie und Faserbündel*, Springer-Verlag, 1972.
Adam Marsh: *Mathematics for Physics – An Illustrated Handbook*, World Scientific, 2018.
Yvonne Choquet-Bruhat, Cécile DeWitt-Morette: *Analysis, Manifolds and Physics – Part I: Basics*, North-Holland, Revised ed. 1982; *Analysis, Manifolds and Physics – Part II: Applications*, North-Holland, Revised and Enlarged ed. 2000.
Michael Spivak: *A Comprehensive Introduction to Differential Geometry, Vols. 1–5*, Publish or Perish, 3rd ed. 1999.
Ein voluminöses, umfassendes Epos zur modernen Differentialgeometrie, in einem sehr ansprechenden sprachlichen Stil geschrieben.

Bernard Schutz: *Geometrical methods of mathematical physics*, Cambridge University Press, 1980.

M. Göckeler, T. Schücker: *Differential Geometry, Gauge Theories, and Gravity*, Cambridge University Press, 1987.

Chris J. Isham: *Modern Differential Geometry for Physicists*, World Scientific, 2nd ed. 1999.

Charles Nash, Siddhartha Sen: *Topology and Geometry for Physicists*, Academic Press, 1983.

Ein zwar knappes, aber sehr eingängig geschriebenes Werk, das insbesondere sehr stark auf die Motivation eingeht, warum viele der mathematischen Konzepte in der Topologie und Differentialgeometrie eine Rolle spielen. Leider enthält es doch einige Druckfehler, auch an relevanten Stellen. Mittlerweile im Dover-Verlag als Nachdruck erhältlich.

Jeffrey M. Lee: *Manifolds and Differential Geometry*, AMS, 2009.

Joel W. Robbin, Dietmar A. Salamon: *Introduction to Differential Geometry*, Springer-Verlag, 2022.

Harley Flanders: *Differential Forms with Applications to the Physical Sciences*, Dover Publications, 1989.

Ein Klassiker, ehemals 1963 bei Academic Press erschienen.

Samuel I. Goldberg: *Curvature and Homology*, Dover Publications, Revised & Enlarged ed. 1989.

Richard L. Bishop, Samuel I. Goldberg: *Tensor Analysis and Manifolds*, Dover Publications, 1980.

Ehemals bei Macmillan 1968 erschienen.

Shoshichi Kobayashi, Katsumi Nomizu: *Foundations of Differential Geometry Volume I*, John Wiley & Sons, 1963; *Foundations of Differential Geometry Volume II*, John Wiley & Sons, 1969.

Ein äußerst empfehlenswerter ausführlicher Klassiker der modernen Differentialgeometrie.

John M. Lee: *Introduction to Topological Manifolds*, Springer-Verlag, 2nd ed. 2011; *Introduction to Smooth Manifolds*, Springer-Verlag, 2nd ed. 2013; *Introduction to Riemannian Manifolds*, Springer-Verlag, 2nd ed. 2018.

Eines der (nach meinem persönlichen Geschmack natürlich) besten neueren Werke zur Differentialgeometrie. Sehr ausführlich und umfassend.

Loring W. Tu: *An Introduction to Manifolds*, Springer-Verlag, 2nd ed. 2011; *Differential Geometry – Connections, Curvature, and Characteristic Classes*, Springer-Verlag, 2017.

Ein weiteres neueres und modernes, sehr zu empfehlendes Werk zur Differentialgeometrie.

Literaturverzeichnis

[Abb76] L. F. Abbott. “Massless particles with continuous spin indices”. In: *Phys. Rev. D* 13 (1976), pp. 2291–2294 (cit. on p. 271).

[AS65] Milton Abramowitz and Irene A. Stegun. *Handbook of Mathematical Functions.* Dover Publications, 1965 (cit. on p. vii).

[AW05] George B. Arfken and Hans J. Weber. *Mathematical Methods for Physicists.* 6th ed. Academic Press, 2005 (cit. on p. vii).

[AWH13] George B. Arfken, Hans J. Weber, and Frank E. Harris. *Mathematical Methods for Physicists.* 7th ed. Academic Press, 2013 (cit. on p. vii).

[BA83] A. Bohm and R. R. Aldinger. “Examples of group contraction”. In: *Group Theoretical Methods in Physics – Proceedings of the XIth International Colloquium Held at Boğaziçi University, Istanbul, Turkey, August 23–28, 1982.* Ed. by M. Serdaroğlu and E. Ínönü. Lecture Notes in Physics (LNP) 180. Springer-Verlag, 1983, pp. 370–381 (cit. on p. 280).

[Bai11] Jonathan Bain. “CPT Invariance, the Spin-Statistics Connection, and the Ontology of Relativistic Quantum Field Theories”. In: *Erkenntnis* 78 (2011), pp. 797–821 (cit. on p. 293).

[Bai16] Jonathan Bain. *CPT Invariance and the Spin-Statistics Connection.* Oxford University Press, 2016 (cit. on p. 293).

[Bar47] V. Bargmann. “Irreducible Unitary Representations of the Lorentz Group”. In: *Ann. Math.* 48 (1947), pp. 568–640 (cit. on p. 259).

[Bau+14] Heiko Bauke et al. “What is the relativistic spin operator?” In: *New Journal of Physics* 16 (2014), p. 043012 (cit. on p. 220).

[BB81] A. O. Barut and A. J. Bracken. “Magnetic-moment operator of the relativistic electron”. In: *Phys. Rev. D* 24 (1981), pp. 3333–3334 (cit. on p. 218).

[BBS50] H. A. Bethe, L. M. Brown, and J. R. Stehn. “Numerical Value of the Lamb Shift”. In: *Phys. Rev.* 77 (1950), pp. 370–374 (cit. on p. 74).

[Bel55] John Stewart Bell. “Time reversal in field theory”. In: *Proc. R. Soc. A* 231 (1955), pp. 479–495 (cit. on p. 293).

[Bet47] H. A. Bethe. “The Electromagnetic Shift of Energy Levels”. In: *Phys. Rev.* 72 (1947), pp. 339–341 (cit. on pp. 67, 79).

[BHJ25] Max Born, Werner Heisenberg und Pascual Jordan. „Zur Quantenmechanik. II.“ In: *Z. Phys.* 35 (1925), S. 557–615 (siehe S. 3).

[BKS24a] N. Bohr, H. A. Kramers, and J. C. Slater. “The Quantum Theory of Radiation.” In: *The London, Edinburgh, and Dublin Philosophical Magazine and Journal of Science* 47 (1924), pp. 785–802 (cit. on p. 86).

O. Tennert, *Quantenmechanik IV*, https://doi.org/10.1007/978-3-662-68591-4

[BKS24b] N. Bohr, H. A. Kramers und J. C. Slater. „Über die Quantentheorie der Strahlung." In: *Z. Phys.* 24 (1924), S. 69–87 (siehe S. 86).

[BR33] N. Bohr and L. Rosenfeld. "Zur Frage der Messbarkeit der elektromagnetischen Feldgrößen". In: *Kgl. Danske Videnskab. Selskab, Mat.-Fys. Medd.* 12 (1933), pp. 1–65 (cit. on pp. 6, 32).

[BR76] P. J. M. Bongaarts and S. N. M. Ruijsenaars. "The Klein Paradox as a Many Particle Problem". In: *Ann. Phys.* 101 (1976), pp. 289–318 (cit. on p. 235).

[Bre28] G. Breit. "An Interpretation of Dirac's Theory of the Electron". In: *Proc. Natl. Acad. Sci. USA* 14 (1928), pp. 553–559 (cit. on p. 150).

[Bre32] G. Breit. "Quantum Theory of Dispersion". In: *Rev. Mod. Phys.* 4 (1932), pp. 504–576 (cit. on p. 53).

[BS17] Xavier Bekaert and Evgeny D. Skvortsov. "Elementary particles with continuous spin". In: *Int. J. Mod. Phys. A* 32 (2017), p. 1730019 (cit. on p. 272).

[BW48] V. Bargmann and E. P. Wigner. "Group Theoretical Discussion of Relativistic Wave Equations". In: *Proc. Natl. Acad. Sci.* 34 (1948), pp. 211–223 (cit. on p. 259).

[BZ84] A. O. Barut and Nino Zanghi. "Classical Model of the Dirac Electron". In: *Phys. Rev. Lett.* 52 (1984), pp. 2009–2012 (cit. on p. 218).

[Cas48] H. B. G. Casimir. "On the attraction between perfectly conducting plates." In: *Proc. K. Ned. Akad. Wet.* 51 (1948), pp. 793–795 (cit. on pp. 91, 95).

[Cas54] K. M. Case. "Some Generalizations of the Foldy–Wouthuysen Transformation". In: *Phys. Rev.* 95 (1954), pp. 1323–1328 (cit. on pp. 131, 147, 225).

[CD99] A. Calogeracos and N. Dombey. "History and physics of the Klein paradox". In: *Contemporary Physics* 40 (1999), pp. 313–321 (cit. on p. 235).

[Cin01] Marcello Cini. "Fermi and quantum electrodynamics". In: *Enrico Fermi: His Work and Legacy*. Ed. by C. Bernardini and L. Bonolis. Springer-Verlag, 2001, pp. 126–137 (cit. on p. 9).

[CM95] John P. Costella and Bruce H. J. McKellar. "The Foldy–Wouthuysen transformation". In: *Am. J. Phys.* 63 (1995), pp. 1119–1121 (cit. on p. 219).

[CP48] H. B. G. Casimir and D. Polder. "The Influence of Retardation on the London-van der Waals Forces". In: *Phys. Rev.* 73 (1948), pp. 360–372 (cit. on p. 95).

[CRW13] Paweł Caban, Jakub Rembieliński, and Marta Włodarczyk. "Spin operator in the Dirac theory". In: *Phys. Rev. A* 88 (2013), p. 022119 (cit. on p. 220).

[CT58] M. Cini and B. Touschek. "The Relativistic Limit of the Theory of Spin $\frac{1}{2}$ Particles." In: *Il Nuovo Cim. (1955–1965)* 7 (1958), pp. 422–423 (cit. on p. 219).

[Cug12] J. Cugnon. "The Casimir Effect and the Vacuum Energy: Duality in the Physical Interpretation". In: *Few-Body Systems* 53 (2012), pp. 181–188 (cit. on pp. 96 sq.).

[Dar28] C. G. Darwin. "The Wave Equations of the Electron." In: *Proc. R. Soc. A* 118 (1928), pp. 654–680 (cit. on p. 202).

[DC99] N. Dombey and A. Calogeracos. "Seventy years of the Klein paradox". In: *Phys. Rep.* 315 (1999), pp. 41–58 (cit. on p. 235).

[Dir27a] P. A. M. Dirac. "The Quantum Theory of Dispersion." In: *Proc. R. Soc. A* 114 (1927), pp. 710–728 (cit. on p. 53).

[Dir27b] P. A. M. Dirac. "The Quantum Theory of the Emission and Absorption of Radiation." In: *Proc. R. Soc. A* 114 (1927), pp. 243–265 (cit. on p. 3).

[Dir28a] P. A. M. Dirac. "The Quantum Theory of the Electron." In: *Proc. R. Soc. A* 117 (1928), pp. 610–624 (cit. on pp. 4, 6, 157).

[Dir28b] P. A. M. Dirac. "The Quantum Theory of the Electron. Part II." In: *Proc. R. Soc. A* 118 (1928), pp. 351–361 (cit. on pp. 4, 6, 157).

[Dir30] P. A. M. Dirac. "A Theory of Electrons and Protons." In: *Proc. R. Soc. A* 126 (1930), pp. 360–365 (cit. on p. 4).

[Dir31] P. A. M. Dirac. "Quantised Singularities in the Electromagnetic Field." In: *Proc. R. Soc. A* 133 (1931), pp. 60–72 (cit. on p. 4).

[Dir38] P. A. M. Dirac. "Classical theory of radiating electrons". In: *Proc. R. Soc. A* 167 (1938), pp. 148–169 (cit. on p. 85).

[Dir45] P. A. M. Dirac. "Unitary representations of the Lorentz group". In: *Proc. R. Soc. A* 183 (1945), pp. 284–295 (cit. on p. 259).

[DR85] A. H. Dooley and J. W. Rice. "On contractions of semisimple Lie groups". In: *Trans. Amer. Math. Soc.* 289 (1985), pp. 185–202 (cit. on p. 281).

[Dre87] M. Dresden. *H. A. Kramers – Between Tradition and Revolution.* Springer-Verlag, 1987 (cit. on p. 89).

[Dre93] Max Dresden. "Renormalization in Historical Perspective – The First Stage". In: *Renormalization – From Lorentz to Landau (and Beyond).* Ed. by Laurie M. Brown. Springer-Verlag, 1993, pp. 29–55 (cit. on p. 81).

[Dun12] Anthony Duncan. *The Conceptual Framework of Quantum Field Theory.* Oxford University Press, 2012 (cit. on p. 3).

[Dys48] F. J. Dyson. "The Electromagnetic Shift of Energy Levels". In: *Phys. Rev.* 73 (1948), pp. 617–626 (cit. on p. 80).

[Fer29] Enrico Fermi. «Sopra l'elettrodinamica quantistica.» In: *Rendiconti Lincei* 5 (1929), pp. 881–997 (cit. a p. 8).

[Fer30] Enrico Fermi. «Sopra l'elettrodinamica quantistica.» In: *Rendiconti Lincei* 12 (1930), pp. 431–435 (cit. a p. 8).

[Fer32] Enrico Fermi. "Quantum Theory of Radiation". In: *Rev. Mod. Phys.* 4 (1932), pp. 87–132 (cit. on p. 9).

[Fey48] R. P. Feynman. "Space-Time Approach to Non-Relativistic Quantum Mechanics". In: *Rev. Mod. Phys.* 20 (1948), pp. 367–387 (cit. on p. 122).

[Fey49] R. P. Feynman. "Theory of Positrons". In: *Phys. Rev.* 76 (1949), pp. 749–759 (cit. on p. 122).

[FF82] Michael G. Fuda and Edward Furlani. "*Zitterbewegung* and the Klein paradox for spin-zero particles". In: *Am. J. Phys.* 50 (1982), pp. 545–549 (cit. on pp. 150, 227, 234).

[FG58] R. P. Feynman and M. Gell-Mann. "Theory of the Fermi Interaction". In: *Phys. Rev.* 109 (1958), pp. 193–198 (cit. on p. 181).

[Foc26] V. Fock. „Zur Schrödingerschen Wellenmechanik." In: *Z. Phys.* 38 (1926), S. 242–250 (siehe S. 117).

[Foc32] V. Fock. „Konfigurationsraum und zweite Quantelung." In: *Z. Phys.* 75 (1932), S. 622–647 (siehe S. 10).

[Fol56] Leslie L. Foldy. "Synthesis of Covariant Particle Equations". In: *Phys. Rev.* 102 (1956), pp. 568–581 (cit. on p. 283).

[Fol61] Leslie L. Foldy. "Relativistic Particle Systems With Interactions". In: *Phys. Rev.* 122 (1961), pp. 275–288 (cit. on p. 283).

[FV58] Herman Feshbach and Felix Villars. "Elementary Relativistic Wave Mechanics of Spin 0 and Spin 1/2 Particles". In: *Rev. Mod. Phys.* 30 (1958), pp. 24–45 (cit. on pp. 147, 150, 225).

[FW49] J. B. French and V. F. Weisskopf. "The Electromagnetic Shift of Energy Levels". In: *Phys. Rev.* 75 (1949), pp. 1240–1248 (cit. on p. 80).

[FW50] Leslie L. Foldy and Siegfried A. Wouthuysen. "On the Dirac Theory of Spin 1/2 Particles and Its Non-Relativistic Limit". In: *Phys. Rev.* 78 (1950), pp. 29–36 (cit. on pp. 147, 209, 219).

[GGT54] M. Gell-Mann, M. L. Goldberger, and W. E. Thirring. "Use of Causality Conditions in Quantum Theory". In: *Phys. Rev.* 95 (1954), pp. 1612–1627 (cit. on p. 65).

[Gor26] Walter Gordon. „Der Comptoneffekt nach der Schrödingerschen Theorie." In: *Z. Phys.* 40 (1926), S. 117–133 (siehe S. 117).

[Gor28a] Walter Gordon. „Der Strom der Diracschen Elektronentheorie." In: *Z. Phys.* 50 (1928), S. 630–632 (siehe S. 164).

[Gor28b] Walter Gordon. „Die Energieniveaus des Wasserstoffatoms nach der Diracschen Quantentheorie des Elektrons." In: *Z. Phys.* 48 (1928), S. 11–14 (siehe S. 202).

[GPS10] David J. Griffiths, Thomas C. Proctor, and Darrell F. Schroeter. "Abraham–Lorentz versus Landau–Lifshitz". In: *Am. J. Phys.* 78 (2010), pp. 391–402 (cit. on pp. 85 sq.).

[Har47] Harish-Chandra. "Infinite irreducible representations of the Lorentz group". In: *Proc. R. Soc. A* 189 (1947), pp. 372–401 (cit. on p. 259).

[Hei25] Werner Heisenberg. „Über quantentheoretische Umdeutung kinematischer und mechanischer Beziehungen." In: *Z. Phys.* 33 (1925), S. 879–893 (siehe S. 4).

[Hes09] David Hestenes. "Zitterbewegung in Quantum Mechanics". In: *Found. Phys.* 40 (2009), pp. 1–54 (cit. on p. 156).

[Hes90] David Hestenes. "The Zitterbewegung Interpretation of Quantum Mechanics". In: *Found. Phys.* 20 (1990), pp. 1213–1232 (cit. on p. 156).

[Hir77] Kohji Hirata. "Quantization of Massless Fields with Continuous Spin". In: *Progr. Theor. Phys.* 58 (1977), pp. 652–666 (cit. on p. 271).

[HJ26] Werner Heisenberg und Pascual Jordan. „Anwendung der Quantenmechanik auf das Problem der anomalen Zeemaneffekte." In: *Z. Phys.* 37 (1926), S. 263–277 (siehe S. 117).

[Hol98] Barry R. Holstein. "Klein's paradox". In: *Am. J. Phys.* 66 (1998), pp. 507–512 (cit. on p. 234).

[HP29] W. Heisenberg und W. Pauli. „Zur Quantendynamik der Wellenfelder." In: *Z. Phys.* 56 (1929), S. 1–61 (siehe S. 7).

[HP30] W. Heisenberg und W. Pauli. „Zur Quantentheorie der Wellenfelder. II." In: *Z. Phys.* 59 (1930), S. 168–190 (siehe S. 7).

[HR81] Alex Hansen and Finn Ravndal. "Klein's Paradox and Its Resolution". In: *Phys. Scr.* 23 (1981), pp. 1036–1042 (cit. on p. 234).

[Hun41] F. Hund. „Materieerzeugung im anschaulichen und im gequantelten Wellenbild der Materie." In: *Z. Phys.* 117 (1941), S. 1–17 (siehe S. 234).

[IW52] E. Inönü and E. P. Wigner. "Representations of the Galilei group." In: *Il Nuovo Cim. (1943–1954)* 9 (1952), pp. 705–718 (cit. on p. 281).

[IW53] E. Inonu and E. P. Wigner. "On the Contraction of Groups and Their Representations". In: *Proc. Natl. Acad. Sci.* 39 (1953), pp. 510–524 (cit. on pp. 277, 279).

[Jac99] John David Jackson. *Classical Electrodynamics*. 3rd ed. John Wiley & Sons, 1999 (cit. on pp. 62, 85, 90).

[Jaf05] R. L. Jaffe. "Casimir effect and the quantum vacuum". In: *Phys. Rev. D* 72 (2005), 021301(R) (cit. on pp. 96 sq.).

[JK27] P. Jordan und O. Klein. „Zum Mehrkörperproblem der Quantentheorie." In: *Z. Phys.* 45 (1927), S. 751–765 (siehe S. 4).

[JM06] Michel Janssen and Matthew Mecklenburg. "From Classical to Relativistic Mechanics: Electromagnetic Models of the Electron". In: *Interactions – Mathematics, Physics and Philosophy, 1860–1930*. Ed. by Vincent F. Hendricks et al. Springer-Verlag, 2006, pp. 65–134 (cit. on p. 86).

[Jor78] T. F. Jordan. "Simple proof of no position operator for quanta with zero mass and nonzero helicity". In: *J. Math. Phys.* 19 (1978), pp. 1382–1385 (cit. on p. 285).

[Jor80] T. F. Jordan. "Simple derivation of the Newton–Wigner position operator". In: *J. Math. Phys.* 21 (1980), pp. 2028–2032 (cit. on p. 284).

[Jos57] Res Jost. „Eine Bemerkung zum CTP Theorem". In: *Helv. Phys. Acta* 30 (1957), S. 409–416 (siehe S. 293).

[JP28] P. Jordan und W. Pauli. „Zur Quantenelektrodynamik ladungsfreier Felder." In: *Z. Phys.* 47 (1928), S. 151–173 (siehe S. 6).

[JW28] P. Jordan und E. Wigner. „Über das Paulische Äquivalenzverbot." In: *Z. Phys.* 47 (1928), S. 631–651 (siehe S. 5).

[KH25] H. A. Kramers und W. Heisenberg. „Über die Streuung von Strahlung durch Atome." In: *Z. Phys.* 31 (1925), S. 681–708 (siehe S. 53).

[KL49] Norman M. Kroll and Willis E. Lamb, Jr. "On the Self-Energy of a Bound Electron". In: *Phys. Rev.* 75 (1949), pp. 388–398 (cit. on p. 80).

[Kle26] Oskar Klein. „Quantentheorie und fünfdimensionale Relativitätstheorie." In: *Z. Phys.* 37 (1926), S. 895–906 (siehe S. 117).

[Kle27] Oskar Klein. „Elektrodynamik und Wellenmechanik vom Standpunkt des Korrespondenzprinzips.“ In: *Z. Phys.* 41 (1927), S. 407–442 (siehe S. 117).

[Kle29] Oskar Klein. „Die Reflexion von Elektronen an einem Potentialsprung nach der relativistischen Dynamik von Dirac.“ In: *Z. Phys.* 53 (1929), S. 157–165 (siehe S. 227, 234).

[Koj02] Alexei Kojevnikov. “Dirac’s Quantum Electrodynamics”. In: *Einstein Studies in Russia*. Ed. by Yuri Balashov and Vladimir Vizgin. Birkhäuser, 2002, pp. 229–259 (cit. on p. 3).

[Kra27] M. H. A. Kramers. « La diffusion de la lumière par les atomes ». In : *Atti del Congresso Internationale dei Fisici, 11–20 Settembre 1927, Como* (Como). T. 2. Nicola Zanichelli, 1927, p. 545-557 (cf. p. 61).

[Kra38] H. A. Kramers. „Die Wechselwirkung zwischen geladenen Teilchen und Strahlungsfeld“. In: *Il Nuovo Cim.* 15 (1938), S. 108–114 (siehe S. 79, 88).

[Kra81] Helge Kragh. “The Genesis of Dirac’s Relativistic Theory of Electrons”. In: *Archive for History of Exact Sciences* 24 (1981), pp. 31–67 (cit. on p. 117).

[Kro46] R. Kronig. “A supplementary condition in Heisenberg’s theory of elementary particles”. In: *Physica* 12 (1946), pp. 543–544 (cit. on p. 65).

[L K26] R. de L. Kronig. “On the Theory of Dispersion of X-Rays”. In: *J. Soc. Opt. Am.* 12 (1926), pp. 547–557 (cit. on p. 61).

[Lec18] Kurt Lechner. *Classical Electrodynamics – A Modern Perspective*. Springer-Verlag, 2018 (cit. on pp. 85, 90).

[LM62] J. S. Lomont and H. E. Moses. “Simple Realizations of the Infinitesimal Generators of the Proper Orthochronous Lorentz Group for Mass Zero”. In: *J. Math. Phys.* 3 (1962), pp. 405–408 (cit. on p. 285).

[Lon30] F. London. „Zur Theorie und Systematik der Molekularkräfte.“ In: *Z. Phys.* 63 (1930), S. 245–279 (siehe S. 95).

[Lon37] F. London. “The general theory of molecular forces”. In: *Trans. Faraday Soc.* 33 (1937), pp. 8–26 (cit. on p. 95).

[LR47] Willis E. Lamb, Jr. and Robert C. Retherford. “Fine Structure of the Hydrogen Atom by a Microwave Method”. In: *Phys. Rev.* 72 (1947), pp. 241–243 (cit. on p. 79).

[LR50] Willis E. Lamb, Jr. and Robert C. Retherford. “Fine Structure of the Hydrogen Atom. Part I”. In: *Phys. Rev.* 79 (1950), pp. 549–572 (cit. on p. 80).

[LR51] Willis E. Lamb, Jr. and Robert C. Retherford. “Fine Structure of the Hydrogen Atom. Part II”. In: *Phys. Rev.* 81 (1951), pp. 222–232 (cit. on p. 80).

[LR52a] Willis E. Lamb, Jr. and Robert C. Retherford. “Fine Structure of the Hydrogen Atom. III”. In: *Phys. Rev.* 85 (1952), pp. 259–276 (cit. on p. 80).

[LR52b] Willis E. Lamb, Jr. and Robert C. Retherford. “Fine Structure of the Hydrogen Atom. IV”. In: *Phys. Rev.* 86 (1952), pp. 1014–1022 (cit. on p. 80).

[Lüd54] Gerhart Lüders. “On the Equivalence of Invariance under Time Reversal and under Particle-Antiparticle Conjugation for Relativistic Field Theories”. In: *Kgl. Danske Videnskab. Selskab, Mat.-Fys. Medd.* 28.5 (1954) (cit. on p. 293).

[Lüd57] Gerhart Lüders. "Proof of the TCP theorem". In: *Ann. Phys.* 2 (1957), pp. 1–15 (cit. on p. 293).

[LZ57] Gerhart Lüders and Bruno Zumino. "Some Consequences of *TCP*-Invariance". In: *Phys. Rev.* 106 (1957), pp. 385–386 (cit. on p. 293).

[Maj37] Ettore Majorana. «Teoria simmetrica dell'elettrone e del positrone». In: *Il Nuovo Cim.* 14 (1937), pp. 171–184 (cit. a p. 194).

[Man88] Corinne A. Manogue. "The Klein Paradox and Superradiance". In: *Ann. Phys.* 181 (1988), pp. 261–283 (cit. on p. 235).

[MCG88] P. W. Milonni, R. J. Cook, and M. E. Goggin. "Radiation pressure from the vacuum: Physical interpretation of the Casimir force". In: *Phys. Rev. A* 38 (1988), pp. 1621–1623 (cit. on p. 97).

[Mil84] P. W. Milonni. "Why spontaneous emission?" In: *Am. J. Phys.* 52 (1984), pp. 340–343 (cit. on p. 37).

[Mos68] Harry E. Moses. "Reduction of Reducible Representations of the Poincaré Group to Standard Helicity Representations". In: *J. Math. Phys.* 9 (1968), pp. 2039–2049 (cit. on p. 285).

[MS74] E. J. Moniz and D. H. Sharp. "Absence of runaways and divergent self-mass in nonrelativistic quantum electrodynamics". In: *Phys. Rev. D* 10 (1974), pp. 1133–1136 (cit. on p. 90).

[MS77] E. J. Moniz and D. H. Sharp. "Radiation reaction in nonrelativistic quantum electrodynamics". In: *Phys. Rev. D* 15 (1977), pp. 2850–2865 (cit. on p. 90).

[MS87] B. V. Medvedev and D. V. Shirkov. "P. A. M. Dirac and the formation of the basic ideas of quantum field theory". In: *Sov. Phys. Usp.* 30 (1987), pp. 791–815 (cit. on p. 3).

[NW49] T. D. Newton and E. Wigner. "Localized States for Elementary Systems". In: *Rev. Mod. Phys.* 21 (1949), pp. 400–406 (cit. on pp. 147, 152, 219, 285).

[Olv+10] Frank W. J. Olver et al., eds. *NIST Handbook of Mathematical Functions.* Cambridge University Press, 2010 (cit. on p. vii).

[Olv+22] F. W. J. Olver et al., eds. *NIST Digital Library of Mathematical Functions.* Version 1.1.8. 2022. URL: http://dlmf.nist.gov/ (cit. on p. vii).

[Pai72] A. Pais. "The Early History of the Theory of the Electron: 1897–1947". In: *Aspects of Quantum Theory.* Ed. by Abdus Salam and E. P. Wigner. Cambridge University Press, 1972, pp. 79–93 (cit. on p. 81).

[Pal11] Palash B. Pal. "Dirac, Majorana, and Weyl fermions". In: *Am. J. Phys.* 79 (2011), pp. 485–498 (cit. on p. 194).

[Pas20] Oliver Passon. „Mystifizierung der Quantenmechanik und Trivialisierung der Teilchenphysik". In: *Kohärenz im Unterricht der Elementarteilchenphysik – Tagungsband des Symposiums zur Didaktik der Teilchenphysik, Wuppertal 2018.* Hrsg. von Oliver Passon, Thomas Zügge und Johannes Grebe-Ellis. Springer-Verlag, 2020, S. 79–90 (siehe S. 48).

[Pau55] W. Pauli. "Exclusion principle, Lorentz group and reflexion of space-time and charge". In: *Niels Bohr and the Development of Physics – Essays dedicated to Niels Bohr on the occasion of his seventieth birthday*. Ed. by W. Pauli, L. Rosenfeld, and V. Weisskopf. Pergamon Press, 1955, pp. 30–51 (cit. on p. 293).

[Pei73] Rudolf E. Peierls. "The Development of Quantum Field Theory". In: *The Physicist's Conception of Nature*. Ed. by Jagdish Mehra. D. Reidel, 1973, pp. 370–379 (cit. on p. 3).

[Pry35] M. H. L. Pryce. "Commuting Co-ordinates in the New Field Theory." In: *Proc. R. Soc. A* 150 (1935), pp. 166–172 (cit. on p. 219).

[Pry48] M. H. L. Pryce. "The mass-centre in the restricted theory of relativity and its connexion with the quantum theory of elementary particles." In: *Proc. R. Soc. A* 195 (1948), pp. 62–81 (cit. on p. 219).

[PW34] Wolfgang Pauli und Victor Weisskopf. „Über die Quantisierung der skalaren relativistischen Wellengleichung". In: *Helv. Phys. Acta* 7 (1934), S. 709–731 (siehe S. 8, 10, 117, 120).

[RB77] S. N. M. Ruijsenaars and P. J. M. Bongaarts. "Scattering theory for one-dimensional step potentials". In: *Annales de l'I. H. P. A* 26 (1977), pp. 1–17 (cit. on p. 235).

[Roh00] F. Rohrlich. "The self-force and radiation reaction". In: *Am. J. Phys.* 68 (2000), pp. 1109–1112 (cit. on p. 86).

[Roh73] Fritz Rohrlich. "The Electron: Development of the First Elementary Particle Theory". In: *The Physicist's Conception of Nature*. Ed. by Jagdish Mehra. D. Reidel, 1973, pp. 331–369 (cit. on p. 81).

[Roh97] F. Rohrlich. "The dynamics of a charged sphere and the electron". In: *Am. J. Phys.* 65 (1997), pp. 1051–1056 (cit. on p. 86).

[Ryd67] L. H. Ryder. "Physical and Nonphysical Representations of the Galilei Group." In: *Il Nuovo Cim. A (1965–1970)* 52 (1967), pp. 879–891 (cit. on pp. 280 sq.).

[Sal61] Eugene J. Saletan. "Contraction of Lie Groups". In: *J. Math. Phys.* 2 (1961), pp. 1–21 (cit. on p. 281).

[Sau31] Fritz Sauter. „Über das Verhalten eines Elektrons im homogenen elektrischen Feld nach der relativistischen Theorie Diracs." In: *Z. Phys.* 69 (1931), S. 742–764 (siehe S. 227, 234).

[Sau32] Fritz Sauter. „Zum „Kleinschen Paradoxon"." In: *Z. Phys.* 73 (1932), S. 547–552 (siehe S. 227, 234).

[Sch02] Silvan S. Schweber. "Enrico Fermi and Quantum Electrodynamics, 1929–32". In: *Physics Today* 55 (2002), pp. 31–36 (cit. on p. 9).

[Sch26a] Erwin Schrödinger. „Quantisierung als Eigenwertproblem (Erste Mitteilung)". In: *Ann. Phys.* 384 (1926), S. 361–376 (siehe S. 117, 130).

[Sch26b] Erwin Schrödinger. „Quantisierung als Eigenwertproblem (Vierte Mitteilung)". In: *Ann. Phys.* 386 (1926), S. 109–139 (siehe S. 117).

[Sch30] Erwin Schrödinger. „Über die kräftefreie Bewegung in der relativistischen Quantenmechanik." In: *Sitzungsberichte der Preußischen Akademie der Wissenschaften Phys.-Math. Klasse* (1930), S. 418–428 (siehe S. 150, 156).

[Sch31] Erwin Schrödinger. „Zur Quantendynamik des Elektrons.“ In: *Sitzungsberichte der Preußischen Akademie der Wissenschaften Phys.-Math. Klasse* (1931), S. 63–72 (siehe S. 150, 156).

[Sch51] Julian Schwinger. “The Theory of Quantized Fields. I”. In: *Phys. Rev.* 82 (1951), pp. 914–927 (cit. on p. 293).

[Sch61] Silvan S. Schweber. *Relativistic Quantum Field Theory*. Row, Petersen and Company, 1961 (cit. on p. 111).

[Sch86] Silvan S. Schweber. “Shelter Island, Pocono, and Oldstone: The Emergence of American Quantum Electrodynamics after World War II”. In: *Osiris* 2 (1986), pp. 265–302 (cit. on p. 77).

[Sch94] Silvan S. Schweber. *QED and the Men Who Made It: Dyson, Feynman, Schwinger, and Tomonaga*. Princeton University Press, 1994 (cit. on pp. 3, 80).

[Sch96] Sam Schweber. *Web of Stories. Hans Bethe, Scientist.* 1996. URL: `https://www.webofstories.com/play/hans.bethe/1` (cit. on p. 79).

[Seg51] I. E. Segal. “A class of operator algebras which are determined by groups”. In: *Duke Math. J.* 18 (1951), pp. 221–265 (cit. on p. 277).

[Ser36] Robert Serber. “A Note on Positron Theory and Proper Energies”. In: *Phys. Rev.* 49 (1936), pp. 545–550 (cit. on p. 88).

[Sil93] Z. K. Silagadze. *The Newton-Wigner Position Operator and the Domain of Validity of One Particle Relativistic Theory*. Preprint SLAC-PUB-5754. Stanford Linear Accelerator Center (SLAC), 1993. URL: `http://slac.stanford.edu/pubs/slacpubs/5750/slac-pub-5754.pdf` (cit. on p. 155).

[Sme23] Adolf Smekal. „Zur Quantentheorie der Dispersion“. In: *Die Naturwissenschaften* 11 (1923), S. 873–875 (siehe S. 54).

[SP51] E. C. G. Stueckelberg and A. Petermann. “The normalization group in quantum theory”. In: *Helv. Phys. Acta* 24 (1951), pp. 317–319 (cit. on p. 122).

[SP53] E. C. G. Stueckelberg et A. Petermann. « La normalisation des constantes dans la théorie de quanta ». In : *Helv. Phys. Acta* 26 (1953), p. 499-520 (cf. p. 122).

[Ste03] A. M. Stewart. “Vector potential of the Coulomb gauge”. In: *Eur. J. Phys.* 24 (2003), pp. 519–524 (cit. on p. 45).

[Sto44] G. G. Stokes. “On some Cases of Fluid Motion.” In: *Transactions of the Cambridge Philosophical Society* 8 (1844), pp. 105–137 (cit. on p. 81).

[Stu34] E. C. G. Stueckelberg. „Relativistisch invariante Störungstheorie des Diracschen Elektrons I. Teil: Streustrahlung und Bremsstrahlung“. In: *Ann. Phys.* 413 (1934), S. 367–389, 744 (siehe S. 122).

[Stu38a] E. C. G. Stueckelberg. „Die Wechselwirkungskräfte in der Elektrodynamik und in der Feldtheorie der Kernkräfte. (Teil I)“. In: *Helv. Phys. Acta* 11 (1938), S. 225–244 (siehe S. 122).

[Stu38b] E. C. G. Stueckelberg. „Die Wechselwirkungskräfte in der Elektrodynamik und in der Feldtheorie der Kernkräfte. (Teil II und III)“. In: *Helv. Phys. Acta* 11 (1938), S. 299–328 (siehe S. 122).

[Stu41a] E. C. G. STUECKELBERG. « La signification du temps propre en mécanique ondulatoire ». In : *Helv. Phys. Acta* 14 (1941), p. 322-323 (cf. p. 122).

[Stu41b] E. C. G. STUECKELBERG. « Remarque à propos de la création de paires de particules en théorie de relativité ». In : *Helv. Phys. Acta* 14 (1941), p. 588-594 (cf. p. 122).

[Stu42] E. C. G. STUECKELBERG. « La mécanique du point matériel en théorie de relativité et en théorie des quanta ». In : *Helv. Phys. Acta* 15 (1942), p. 23-37 (cf. p. 122).

[SW74] F. Strocchi and A. S. Wightman. "Proof of the charge superselection rule in local relativistic quantum field theory". In: *J. Math. Phys.* 15 (1974), pp. 2198–2224 (cit. on p. 144).

[Tho81] J. J. Thomson. "On the Electric and Magnetic Effects produced by the Motion of Electrified Bodies." In: *Phil. Mag.* 5 (1881), pp. 229–249 (cit. on p. 82).

[TS40] M. Taketani and S. Sakata. "On the Wave Function of Meson". In: *Proc. Phys.-Math. Soc. Japan* 22 (1940), pp. 757–770 (cit. on p. 131).

[Voi67] Jacques Voisin. "Representations of the Lie Algebra of the Homogeneous Galilei Group and Their Relation to the Representation of the Lorentz Algebra". In: *J. Math. Phys.* 8 (1967), pp. 611–614 (cit. on p. 281).

[Wei] Eric W. Weisstein. *MathWorld – A Wolfram Web Resource*. URL: `http://mathworld.wolfram.com/` (cit. on p. vii).

[Wei09] Eric W. Weisstein, ed. *The CRC Encyclopedia of Mathematics (3 Volumes)*. 3rd ed. CRC Press, 2009 (cit. on p. vii).

[Wei77] Steven Weinberg. "The Search for Unity: Notes for a History of Quantum Field Theory". In: *Daedalus* 106 (1977), pp. 17–35 (cit. on p. 3).

[Wei83] Victor F. Weisskopf. "Growing up with field theory: the development of quantum electrodynamics". In: *The Birth of Particle Physics*. Ed. by Laurie M. Brown and Lillian Hoddeson. Cambridge University Press, 1983, pp. 56–81 (cit. on p. 80).

[Wei89] Steven Weinberg. "The cosmological constant problem". In: *Rev. Mod. Phys.* 61 (1989), pp. 1–23 (cit. on p. 96).

[Wel48] Theodore A. Welton. "Some Observable Effects of the Quantum-Mechanical Fluctuations of the Electromagnetic Field". In: *Phys. Rev.* 74 (1948), pp. 1157–1167 (cit. on p. 74).

[Wen73] Gregor Wentzel. "Quantum Theory of Fields (until 1947)". In: *The Physicist's Conception of Nature*. Ed. by Jagdish Mehra. D. Reidel, 1973, pp. 380–403 (cit. on p. 3).

[Wes97] Geoffrey West. *Web of Stories. Murray Gell-Mann, Scientist*. 1997. URL: `https://www.webofstories.com/play/murray.gell-mann/1` (cit. on p. 80).

[Wig39] E. Wigner. "On unitary representations of the inhomogeneous Lorentz group". In: *Ann. Math.* 40 (1939), pp. 149–204 (cit. on p. 261).

[Wig47] E. P. Wigner. „Relativistische Wellengleichungen." In: *Z. Phys.* 124 (1947), S. 665–684 (siehe S. 259).

[Wig62] A. S. Wightman. "On the Localizability of Quantum Mechanical Systems". In: *Rev. Mod. Phys.* 34 (1962), pp. 845–872 (cit. on p. 285).

[Wil09] Frank Wilczek. "Majorana returns". In: *Nature Physics* 5 (2009), pp. 614–618 (cit. on p. 195).

[Win59] Rolf G. Winter. "Klein Paradox for the Klein–Gordon Equation". In: *Am. J. Phys.* 27 (1959), pp. 355–358 (cit. on pp. 227, 234 sq.).

[WWW52] G.-C. Wick, A. S. Wightman, and Eugene P. Wigner. "The Intrinsic Parity of Elementary Particles". In: *Phys. Rev.* 88 (1952), pp. 101–105 (cit. on p. 143).

[WWW70] G.-C. Wick, A. S. Wightman, and Eugene P. Wigner. "Superselection Rule for Charge". In: *Phys. Rev. D* 1 (1970), pp. 3267–3269 (cit. on p. 143).

[Zic06] Antonino Zichichi. *Ettore Majorana: Genius and Mystery*. Ed. by Ettore Majorana Foundation and Centre for Scientific Culture. 2006. URL: `http://www.ccsem.infn.it/em/EM_genius_and_mystery.pdf` (cit. on p. 194).

Personenverzeichnis

O. Tennert, *Quantenmechanik IV*, https://doi.org/10.1007/978-3-662-68591-4

Stichwortverzeichnis

O. Tennert, *Quantenmechanik IV*, https://doi.org/10.1007/978-3-662-68591-4

Personenverzeichnis aller Bände

O. Tennert, *Quantenmechanik IV*, https://doi.org/10.1007/978-3-662-68591-4

W

Y

Z

Stichwortverzeichnis aller Bände

O. Tennert, *Quantenmechanik IV*, https://doi.org/10.1007/978-3-662-68591-4

I

L

M

N

S

Printed in the United States
by Baker & Taylor Publisher Services